出入境检验检疫行业标准汇编

食品、化妆品检验卷

农药残留检测方法（上）

国家认证认可监督管理委员会　编

中 国 质 检 出 版 社
中 国 标 准 出 版 社

北　京

图书在版编目(CIP)数据

出入境检验检疫行业标准汇编. 食品、化妆品检验卷. 农药残留检测方法. 上/国家认证认可监督管理委员会编. —北京:中国标准出版社,2012
ISBN 978-7-5066-6689-3

Ⅰ.①出…　Ⅱ.①国…　Ⅲ.①国境检疫:卫生检疫-行业标准-汇编-中国②食品-农药残留-残留量测定-行业标准-汇编-中国③化妆品-农药残留-残留量测定-行业标准-汇编-中国　Ⅳ.①R185.3-65②TS207.5-65③TQ658-65

中国版本图书馆 CIP 数据核字(2012)第 020443 号

中国质检出版社
中国标准出版社 出版发行
北京市朝阳区和平里西街甲 2 号(100013)
北京市西城区三里河北街 16 号(100045)
网址:www.spc.net.cn
总编室:(010)64275323　发行中心:(010)51780235
读者服务部:(010)68523946
中国标准出版社秦皇岛印刷厂印刷
各地新华书店经销
*
开本 880×1230　1/16　印张 42.5　字数 1 094　千字
2012 年 6 月第一版　2012 年 6 月第一次印刷
*
定价 218.00 元

《出入境检验检疫行业标准汇编》

总编委会

《出入境检验检疫行业标准汇编　食品、化妆品检验卷》

编　委　会

主　编　郑自强　唐英章

副主编　黄志强　蒋　原　储晓刚

编　者　(按姓氏笔画排序)

王凤池　王国民　王俊苏　代汉慧　朱　坚　牟　峻

吴　斌　李卫华　李晓娟　杨　方　邹志飞　陈冬东

陈笑梅　陈　颖　岳振峰　郑文杰　康庆贺　黄晓蓉

彭　涛　曾　静　温志海　鲍晓霞　戴　华

序

检验检疫标准化工作始于上世纪二十年代末，由于进出口贸易的需要，品质检验机构开始制定部分商品的品质和检测方法标准。新中国成立后，为促进和规范我国商品进出口工作，国家规定进出口商品检验部门可制定外贸标准。1992年，为配合《中华人民共和国标准化法》的实施，进出口商品检验部门将原外贸标准和专业标准调整为进出口商品检验行业标准，代号SN。1998年，原国家进出口商品检验局、动植物检疫局和卫生检疫局“三检”合并，进出口商品检验行业标准随之更名为检验检疫行业标准。2001年底，国家质量监督检验检疫总局成立，检验检疫标准化工作整体划归国家认证认可监督管理委员会管理，由此开启了检验检疫标准化工作新篇章。

时光荏苒，不知不觉中检验检疫标准化工作已经走过了八十多个年头。2003年我曾主持编写了《出入境检验检疫行业标准汇编》，八年来，检验检疫标准化工作又有了长足的发展：行业标准数量从当初的1484项发展到现在的3181项；标准的质量也稳步提升，方法标准验证要求已比肩国际权威机构，规程标准也已开始向国际通行的合格评定程序靠拢；国际地位显著提升；标准制修订各个环节管理更加科学系统；与检验检疫业务和科技工作的联动机制逐渐成熟；检验检疫标准对检验检疫业务的覆盖日趋完善，检验检疫标准体系不断健全。今天，我非常高兴地看到检验检疫标准化工作不断推进，检验检疫行业标准再次修订汇编成册，作为检验检疫行政执法的技术依据，行业标准多年来在保国安民、服务外贸、服务质检事业发展等方面发挥着越来越重要的作用，成为检验检疫业务工作不可或缺的技术支撑。

作为一个在检验检疫部门工作了几十年的老兵，我衷心希望检验检疫标准化工作能够在继承和发扬老一辈优良作风和传统的基础上，站在国家和社会的高度，开拓创新，不断进取，持之以恒，再创辉煌；也祝愿检验检疫行业标准进一步提升国际地位，更好地为检验检疫业务工作服务，在严把国门、促进外贸，推动检验检疫事业科学发展方面做出更大贡献。

王凤清

2011年9月

前　言

出入境检验检疫行业标准是检验检疫系统技术执法的主要依据，自1992年起，检验检疫系统已发布的行业标准达3753项，现行有效的3181项。一直以来，检验检疫行业标准受到了系统内外相关部门的普遍关注和使用。为了便于检验检疫技术执法，更好地服务外贸，也便于生产部门和相关单位的人员在工作中及时掌握、查找和使用检验检疫行业标准，组织出版《出入境检验检疫行业标准汇编》丛书，它在一定程度上反映了检验检疫行业标准化事业发展的基本情况和主要成就。

《出入境检验检疫行业标准汇编》是我国检验检疫行业标准化方面的一套大型丛书，按专业分类分别立卷。本套丛书收录了截至2011年7月1日前发布并有效的出入境检验检疫行业标准3181项，其中有36项标准因各种原因仅收录了标准名称。本套丛书由中国标准出版社陆续出版，分卷情况如下：

——动物检疫卷；

——纺织检验卷；

——化工品、矿产品及金属材料卷；

——机电卷；

——鉴定卷；

——轻工检验卷；

——食品、化妆品检验卷；

——卫生检疫卷；

——危险品包装检验卷；

——植物检疫卷；

——管理卷。

本卷为食品、化妆品检验卷，收集了截至2011年7月1日批准发布的食品、化妆品检验方面行业标准1030项。食品、化妆品检验卷分为食品检验规程分册，食品检测通用方法、感官评审和一般理化检测方法分册，农药残留检测方法分册，兽药残留检测方法分册，生物毒素和有机污染物残留检测方法分册，生物污染物检测方法分册，无机元素和放射性元素及其他检测方法分册，化妆品检验方法分册。

农药残留检测方法分册分为(上)、(中)和(下)。本书为农药残留检测方法(上)。

本汇编可供出入境检验检疫行业管理部门、科研机构、技术部门、出口企业的技术人员，各级出入境检验检疫局、检验机构、检测机构的相关人员使用。

编　者

2011年9月

目　录

注：本汇编收集的标准年代号用四位数字表示。

中华人民共和国出入境检验检疫行业标准

SN/T 0122—2011
代替 SN 0122—1992

进出口肉及肉制品中甲萘威残留量检验方法　液相色谱-柱后衍生荧光检测法

Determination of carbaryl residues in meat and meat products for import and export—HPLC-fluoresce detector with post column derivation

2011-02-25 发布　　　　2011-07-01 实施

中华人民共和国
国家质量监督检验检疫总局 发布

前　言

本标准按照 GB/T 1.1—2009 给出的规则起草。

本标准代替 SN 0122—1992《出口肉及肉制品中甲萘威残留量检验方法》。

本标准与 SN 0122—1992 相比，主要技术变化如下：

——样品净化方法采用全自动凝胶渗透色谱净化方法替代原有的液液分配法；

——测定采用柱后衍生液相色谱-荧光检测法。

本标准由国家认证认可监督管理委员会提出并归口。

本标准起草单位：中华人民共和国天津出入境检验检疫局。

本标准主要起草人：葛宝坤、赵孔祥、陈其勇、陈旭艳。

本标准所代替标准的历次版本发布情况为：

——SN 0122—1992。

进出口肉及肉制品中甲萘威残留量检验方法　液相色谱-柱后衍生荧光检测法

1　范围

本标准规定了进出口肉及肉制品中甲萘威残留量的液相色谱-柱后衍生荧光检测法。

本标准适用于进出口牛肉、鸡肉、虾肉、鱼肉及火腿罐头中甲萘威残留量的测定。

2　规范性引用文件

下列文件对于本文件的应用是必不可少的。凡是注日期的引用文件，仅注日期的版本适用于本文件。凡是不注日期的引用文件，其最新版本(包括所有的修改单)适用于本文件。

GB/T 6682　分析实验室用水规格和试验方法

3　制样

3.1　肉

将所取全部样品，充分搅碎混匀，取有代表性的样品，总量不少于500 g，装入清洁容器内，密封并标明标记。

3.2　罐头

将所取全部样品整罐倒出，充分搅碎混匀，取有代表性的样品，总量不少于500 g，装入清洁容器密封并标明标记。

4　试样保存

试样应于−18 ℃以下保存。在抽样和制样的操作中，应防止样品受到污染或发生含量的变化，以保证实验样品能代表总体样本。

5　原理

用丙酮-石油醚混合溶液提取样品中的甲萘威残留物，经凝胶层析柱净化后，浓缩，高效液相色谱分离，经柱后衍生后，用荧光检测器检测，外标法定量。

6　试剂和材料

本标准所用试剂和水在没有注明其他要求时，均指分析纯试剂，有机试剂为色谱纯和GB/T 6682中规定的三级水。

6.1　乙腈。

6.2　乙酸乙酯。

6.3 环己烷。

6.4 丙酮。

6.5 石油醚:沸程 30 ℃~60 ℃。

6.6 无水硫酸钠:650 ℃灼烧 4 h,在干燥器内冷却至室温,贮于密封瓶中备用。

6.7 氯化钠。

6.8 柱后衍生试剂。

6.8.1 氢氧化钠溶液(0.2%,质量浓度)。

6.8.2 邻苯二甲醛(O-Phthaladehyde,OPA)。

6.8.3 邻苯二甲醛稀释液:硼砂溶液(0.4%,质量浓度)。

6.8.4 巯基乙醇(Thiofluor)。

6.8.5 邻苯二甲醛试液的配制:溶剂储罐中注入 945 mL OPA 稀释剂,用惰性气体(氮气)吹扫至少 10 min,100 mg OPA 固体溶解于约 10 mL 的色谱纯甲醇中,将 OPA 溶液加入除氧的 OPA 稀释剂中,溶解 2 g 巯基乙醇固体于 5 mL OPA 稀释剂中,加入到储罐中,盖上瓶盖,打开气流,再不断的吹扫几分钟,关闭排气阀,轻轻地搅动溶剂以使其完全混合。

6.9 乙酸乙酯-环己烷混合溶液(1+1,体积比)。

6.10 0.45 μm 尼龙滤膜。

6.11 甲萘威:分子式 $C_{12}H_{11}NO_2$,CAS 编号 63-25-2,纯度大于 99.5%。

6.12 甲萘威标准储备液:准确称取适量的甲奈威标准品,以乙腈溶解,4 ℃冰箱保存,有效期为 6 个月。

6.13 甲萘威标准工作液:取一定量的标准储备液,用乙腈稀释至适当浓度,4 ℃冰箱保存,有效期为 1 周。

7 仪器和设备

7.1 液相色谱仪:配有荧光检测器和柱后衍生单元。

7.2 全自动凝胶色谱仪(配有馏分收集浓缩器)。

7.3 旋转蒸发装置。

7.4 氮吹仪。

7.5 组织匀浆机。

7.6 振荡器。

8 分析步骤

8.1 提取及净化

8.1.1 样品的提取

称取试样 20 g(精确到 0.01 g),于 100 mL 具塞三角瓶中,加水 6 mL(视样品水分含量加水使总水量约 20 g,肉通常在 70%左右,加水 6 mL),加 40 mL 丙酮,匀浆 1 min,加氯化钠 6 g,充分摇匀,再加 30 mL 石油醚,振摇 30 min。取 35 mL 有机层上清液,经无水硫酸钠滤于旋转蒸发瓶中,浓缩至约 1 mL,加 2 mL 乙酸乙酯-环己烷(6.9)溶液再浓缩,如此重复 3 次。乙酸乙酯-环己烷(6.9)定容为 5 mL,0.45 μm 滤膜过滤,待净化。

8.1.2 样品的凝胶色谱(GPC)净化

8.1.2.1 凝胶色谱净化条件

8.1.2.1.1 净化柱:400 mm×30 mm,Bio Beads S-X3,或相当者。

8.1.2.1.2　流动相：乙酸乙酯-环己烷(6.9)。
8.1.2.1.3　流速：5.0 mL/min。
8.1.2.1.4　样品定量环：5 mL。
8.1.2.1.5　馏分收集段：10.0 min～15.0 min。
8.1.2.1.6　净化柱平衡时间：5 min。

8.1.2.2　凝胶色谱浓缩条件

8.1.2.2.1　样品浓缩条件见表1。

表1　馏分浓缩条件

浓缩时间段	浓缩杯区域	温度 ℃	真空度 Torr
样品浓缩过程	1区	50	280
	2区	52	220
	3区	54	210
浓缩终点到达过程	1区	52	220
	2区	53	220

8.1.2.2.2　浓缩终点判定：液位传感模式。
8.1.2.2.3　溶剂替换：2 mL 乙腈，重复两次。
8.1.2.2.4　定容体积：1 mL。

8.1.2.3　凝胶色谱净化步骤

将5 mL待净化液按8.1.2.1和8.1.2.2规定的条件进行净化与浓缩，最后得到1 mL净化液待测定。

8.2　测定

8.2.1　液相色谱条件

8.2.1.1　色谱柱：C_{18}，250 mm×4.6 mm×5 μm，或相当者。
8.2.1.2　柱温：42 ℃。
8.2.1.3　荧光检测器：λ_{ex}330 nm，λ_{em}465 nm。
8.2.1.4　流动相：乙腈＋水(40＋60，体积比)。
8.2.1.5　流速：1.0 mL/min。
8.2.1.6　进样量：20 μL。

8.2.2　柱后衍生

8.2.2.1　衍生试剂1：水解试剂，0.4%的氢氧化钠溶液，流速0.4 mL/min。
8.2.2.2　衍生试剂2：OPA试剂，流速0.4 mL/min。
8.2.2.3　反应器温度：水解温度为100 ℃，衍生温度为室温。

8.2.3　色谱测定

根据样液中被测甲萘威的含量情况，选定浓度相近的标准工作液，其响应值应在方法检测的线性范围内。在上述液相色谱条件下，甲萘威保留时间为11.1 min，色谱图参见图A.1。

8.2.4　空白试验

除不加试样外，均按上述步骤进行。

8.2.5　**结果计算**

按式(1)计算试样中甲萘威的含量：

$$X = \frac{A \times c_s \times V}{A_s \times m} \qquad \cdots\cdots(1)$$

式中：

X ——试样中甲萘威的含量，单位为毫克每千克(mg/kg)；

A ——试样中甲萘威的色谱峰面积；

c_s ——标准工作溶液中甲萘威的浓度，单位为微克每毫升(μg/mL)；

V ——样液最终定容体积，单位为毫升(mL)；

A_s——标准工作溶液中甲萘威的色谱峰面积；

m ——最终样液所代表的量，单位为克(g)。

9　测定低限、回收率

9.1　测定低限

本方法的测定低限：0.005 mg/kg。

9.2　回收率

肉及肉制品添加回收率见表2。

表2　肉及肉制品添加回收率

样品	添加水平 mg/kg	回收率范围 %	样品	添加水平 mg/kg	回收率范围 %
鱼肉	0.005	82.0～110.0	火腿	0.005	90.0～96.0
	0.010	89.0～107.0		0.010	100.0～114.0
	0.020	94.0～112.5		0.020	97.0～115.5
	0.050	90.0～105.6		0.050	101.6～113.6
	0.100	92.0～111.2		0.100	92.5～107.3
牛肉	0.005	82.0～98.0	虾肉	0.005	86.0～100.0
	0.010	86.0～99.0		0.010	85.0～96.0
	0.020	84.5～109.5		0.020	87.0～105.0
	0.050	90.6～98.0		0.050	88.6～94.6
	0.100	88.4～98.0		0.100	86.7～95.1
鸡肉	0.005	86.0～96.0			
	0.010	89.0～97.0			
	0.020	95.5～112.5			
	0.050	92.0～97.2			
	0.100	85.9～95.0			
	0.500	87.7～102.5			

附 录 A
（资料性附录）
甲萘威标准色谱图

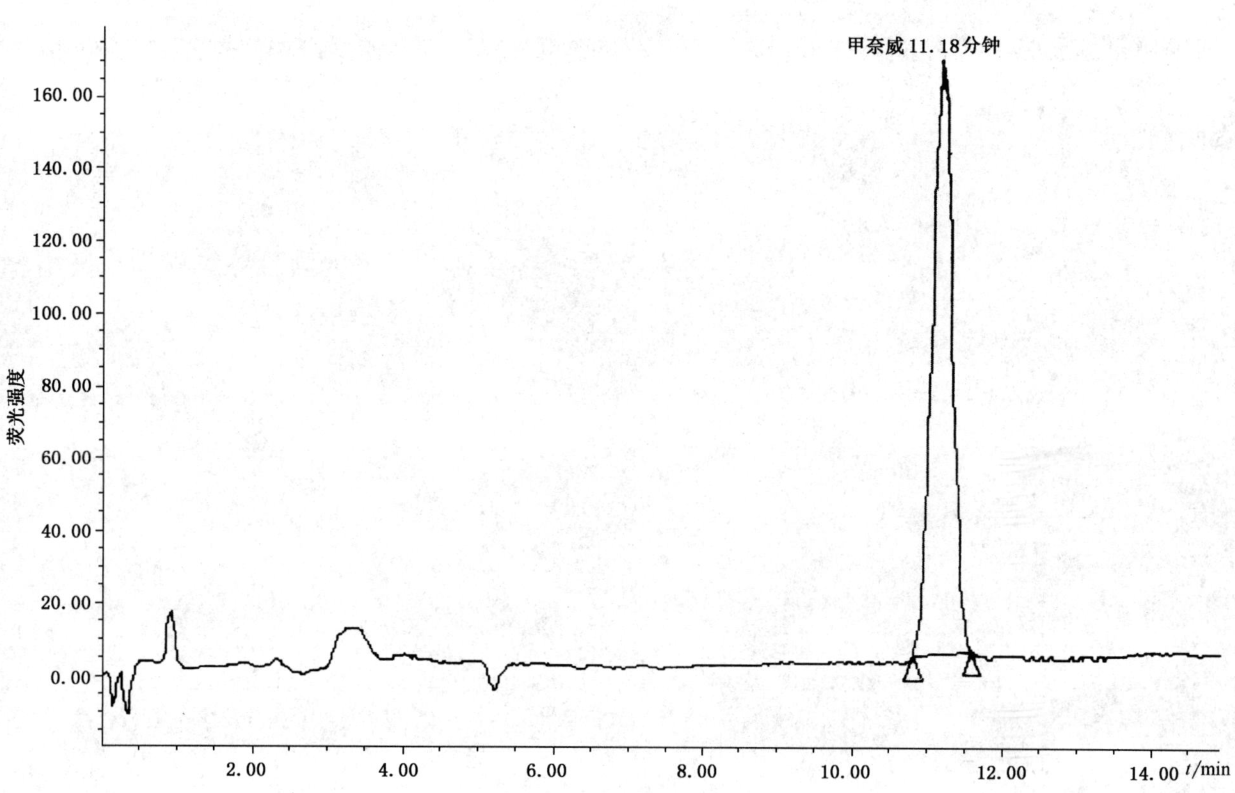

图 A.1 甲萘威标准的液相色谱图（0.1 μg/mL）

中华人民共和国出入境检验检疫行业标准

SN/T 0123—2010
代替 SN 0123—1992,SN 0214—1993

进出口动物源食品中有机磷农药残留量检测方法 气相色谱-质谱法

Determination of organophosphorus multiresidues in foodstuffs of animal origin for import and export—GC-MS method

2010-11-01 发布　　2011-05-01 实施

中华人民共和国
国家质量监督检验检疫总局 发布

前　言

本部分按照 GB/T 1.1—2009 给出的规则起草。

本部分代替 SN 0123—1992《出口肉及肉制品中敌敌畏、二嗪磷、倍硫磷、马拉硫磷残留量检验方法》、SN 0214—1993《出口肉及肉制品中敌敌畏、二嗪磷、皮蝇磷、毒死蜱、杀螟硫磷、对硫磷、乙硫磷、蝇毒磷残留量检验方法》。

本部分与 SN 0123—1992、SN 0214—1993 相比，主要技术变化如下：

——使用范围；

——指标包括原 2 项相关标准的内容；

——采用气相色谱质谱法；

——增加阳性确证内容；

——整合前处理条件。

请注意本文件的某些内容可能涉及专利。本文件的发布机构不承担识别这些专利的责任。

本部分由国家认证认可监督管理委员会提出并归口。

本部分起草单位：中华人民共和国吉林出入境检验检疫局。

本部分主要起草人：李爱军、王明泰、牟峻、卢利军、周晓、王莹。

本部分所代替标准的历次版本发布情况为：

——ZBB 22016—1988、SN 0123—1992；

——SN 0214—1993。

进出口动物源食品中有机磷农药残留量检测方法　气相色谱-质谱法

1　范围

本标准规定了进出口动物源食品中9种有机磷农药残留量(敌敌畏、二嗪磷、皮蝇磷、杀螟硫磷、马拉硫磷、毒死蜱、倍硫磷、对硫磷、乙硫磷)的气相色谱-质谱检测方法。

本标准适用于清蒸猪肉罐头、猪肉、鸡肉、牛肉、鱼肉中有机磷农药残留量的测定和确证。

2　规范性引用文件

下列文件对于本文件的应用是必不可少的。凡是注日期的引用文件,仅注日期的版本适用于本文件,凡是不注日期的引用文件,其最新版本(包括所有的修改单)适用于本文件。

GB/T 6682　分析实验室用水规格和试验方法

3　方法提要

试样用水-丙酮溶液均质提取,二氯甲烷液-液分配,凝胶色谱柱净化,再经石墨化炭黑固相萃取柱净化,气相色谱-质谱检测,外标法定量。

4　试剂和材料

除另有规定外,所用试剂均为分析纯,水为GB/T 6682规定的一级水。

4.1　丙酮:残留级。

4.2　二氯甲烷:残留级。

4.3　环己烷:残留级。

4.4　乙酸乙酯:残留级。

4.5　正己烷:残留级。

4.6　氯化钠。

4.7　无水硫酸钠:650 ℃灼烧4 h,储于密封容器中备用。

4.8　氯化钠水溶液(5%):称取5.0 g氯化钠,用水溶解,并定容至100 mL。

4.9　乙酸乙酯-正己烷(1+1,体积比):量取100 mL乙酸乙酯和100 mL正己烷,混匀。

4.10　环己烷-乙酸乙酯:(1+1,体积比):量取100 mL环己烷和100 mL正己烷,混匀。

4.11　10种有机磷农药标准品:纯度均≥95%。

4.12　标准储备溶液:分别准确称取适量的每种农药标准品(见附录A),用丙酮分别配制成浓度为100 μg/mL~1 000 μg/mL的标准储备溶液。

4.13　混合标准工作溶液:根据需要再用丙酮逐级稀释成适用浓度的系列混合标准工作溶液。

4.14　氟罗里硅土固相萃取柱:Florisil,500 mg,6 mL,或相当者。

4.15　石墨化炭黑固相萃取柱:ENVI-Carb,250 mg,6 mL,或相当者,使用前用6 mL乙酸乙酯-正己烷预淋洗。

4.16 有机相微孔滤膜：0.45 μm。

4.17 石墨化炭黑：60目～80目。

5 仪器与设备

5.1 气相色谱-质谱仪：配有电子轰击源(EI)。

5.2 电子天平：感量：0.000 1 g。

5.3 凝胶色谱仪：配有单元泵、馏分收集器。

5.4 均质器。

5.5 旋转蒸发器。

5.6 具塞锥型瓶：250 mL。

5.7 分液漏斗：250 mL。

5.8 浓缩瓶：250 mL。

5.9 离心机：4 000 r/min 以上。

6 试样制备与保存

6.1 试样制备

取代表性样品约 1 kg，取可食部分，经捣碎机充分捣碎均匀，装入洁净容器，密封，标明标记。

6.2 试样保存

试样于－18 ℃保存。在抽样及制样的操作过程中，应防止样品受到污染或发生残留物含量的变化。

7 测定步骤

7.1 提取

称取解冻后的试样 20 g(精确到 0.01 g)于 250 mL 具塞锥形瓶中，加入 20 mL 水和 100 mL 丙酮(4.1)，均质提取 3 min。将提取液过滤，残渣再用 50 mL 丙酮重复提取一次，合并滤液于 250 mL 浓缩瓶中，于 40 ℃水浴中浓缩至约 20 mL。

将浓缩提取液转移至 250 mL 分液漏斗中，加入 150 mL 氯化钠水溶液(4.8)和 50 mL 二氯甲烷(4.2)，振摇 3 min，静置分层，收集二氯甲烷相。水相再用 50 mL 二氯甲烷重复提取两次，合并二氯甲烷相。经无水硫酸钠脱水，收集于 250 mL 浓缩瓶中，于 40 ℃水浴中浓缩至近干。加入 10 mL 环己烷-乙酸乙酯(4.10)溶解残渣，用 0.45 μm 滤膜过滤，待凝胶色谱(GPC)净化。

7.2 净化

7.2.1 凝胶色谱(GPC)净化

7.2.1.1 凝胶色谱条件

凝胶色谱条件如下：

a) 凝胶净化柱：Bio Beads S-X3，700 mm×25 mm(内径)，或相当者；

b) 流动相：乙酸乙酯-环己烷(1＋1，体积比)；

c) 流速:4.7 mL/min;

d) 样品定量环:10 mL;

e) 预淋洗时间:10 min;

f) 凝胶色谱平衡时间:5 min;

g) 收集时间:23 min~31 min。

7.2.1.2 凝胶色谱净化步骤

将 10 mL 待净化液按 7.2.1.1 规定的条件进行净化,收集 23 min~31 min 区间的组分,于 40 ℃下浓缩至近干,并用 2 mL 乙酸乙酯-正己烷溶解残渣,待固相萃取净化。

7.2.2 固相萃取(SPE)净化

将石墨化炭黑固相萃取柱(对于色素较深试样,在石墨化炭黑固相萃取柱上加 1.5 cm 高的石墨化炭黑(4.17))用 6 mL 乙酸乙酯-正己烷预淋洗,弃去淋洗液;将 2 mL 待净化液倾入上述连接柱中,并用 3 mL 乙酸乙酯-正己烷分 3 次洗涤浓缩瓶,将洗涤液倾入石墨化炭黑固相萃取柱中,再用 12 mL 乙酸乙酯-正己烷洗脱,收集上述洗脱液至浓缩瓶中,于 40 ℃水浴中旋转蒸发至近干,用乙酸乙酯溶解并定容至 1.0 mL,供气相色谱-质谱测定和确证。

7.3 测定

7.3.1 气相色谱-质谱条件

气相色谱-质谱条件如下:

a) 色谱柱:30 m×0.25 mm(内径),膜厚 0.25 μm,DB-5MS 石英毛细管柱,或相当者;

b) 色谱柱温度:50 ℃(2 min)$\xrightarrow{30\ ℃/min}$ 180 ℃(10 min)$\xrightarrow{30\ ℃/min}$ 270 ℃(10 min);

c) 进样口温度:280 ℃;

d) 色谱-质谱接口温度:270 ℃;

e) 载气:氦气,纯度≥99.999%,流速 1.2 mL/min;

f) 进样量:1 μL;

g) 进样方式:无分流进样,1.5 min 后开阀;

h) 电离方式:EI;

i) 电离能量:70 eV;

j) 测定方式:选择离子监测方式;

k) 选择监测离子(m/z):见表 1 和参见附录 B;

l) 溶剂延迟:5 min;

m) 离子源温度:150 ℃;

n) 四级杆温度:200 ℃。

表 1 选择离子监测方式的质谱参数表

通道	时间/min	选择离子/amu
1	5.00	109,125,137,145,179,185,199,220,270,285,304
2	17.00	109,127,158,169,214,235,245,247,258,260,261,263,285,286,314
3	19.00	153,125,384,226,210,334

7.3.2 气相色谱-质谱检测及确证

根据样液中被测物含量情况，选定浓度相近的标准工作溶液，对标准工作溶液与样液等体积参插进样测定，标准工作溶液和待测样液中每种有机磷农药的响应值均应在仪器检测的线性范围内。

如果样液与标准工作溶液的选择离子色谱图中，在相同保留时间有色谱峰出现，则根据附录 B 中每种有机磷农药选择离子的种类及其丰度比进行确证。在上述气相色谱-质谱条件下，9 种有机磷农药标准物的参考保留时间和气相色谱-质谱选择离子色谱图参见附录 B 和附录 C 中图 C.1。

7.4 结果计算和表述

试样中每种有机磷农药残留量按式(1)计算：

$$X_i = \frac{A_i \times c_i \times V}{A_{is} \times m} \qquad \cdots\cdots(1)$$

式中：

X_i ——试样中每种有机磷农药残留量，单位为毫克每千克(mg/kg)；

A_i ——样液中每种有机磷农药的峰面积(或峰高)；

c_i ——标准工作液中每种有机磷农药的浓度，单位为微克每毫升(μg/mL)；

V ——样液最终定容体积，单位为毫升(mL)；

A_{is}——标准工作液中每种有机磷农药的峰面积(或峰高)；

m ——最终样液代表的试样质量，单位为克(g)。

8 测定低限、回收率

8.1 测定低限

本方法对进出口动物源食品中 9 种有机磷农药残留量的测定低限参见附录 B。

8.2 回收率

8.2.1 清蒸猪肉罐头中 10 种有机磷农药在 0.02 mg/kg～1.00 mg/kg 时，回收率为 70.0%～94.9%。

8.2.2 猪肉中 9 种有机磷农药在 0.02 mg/kg～1.00 mg/kg 时，回收率为 71.2%～97.1%。

8.2.3 鸡肉中 9 种有机磷农药在 0.02 mg/kg～1.00 mg/kg 时，回收率为 74.3%～94.8%。

8.2.4 牛肉中 9 种有机磷农药在 0.02 mg/kg～1.00 mg/kg 时，回收率为 70.6%～96.9%。

8.2.5 鱼肉中 9 种有机磷农药在 0.02 mg/kg～1.00 mg/kg 时，回收率为 76.3%～93.3%。

附 录 A
（规范性附录）
9种有机磷农药种类表

表 A.1 9种有机磷农药种类表

序号	农药名称	英文名称	CAS 编号	化学分子式
1	敌敌畏	dichlorvos	000062-73-7	$C_4H_7Cl_2O_4P$
2	二嗪磷	diazinon	000333-41-5	$C_{12}H_{21}N_2O_3PS$
3	皮蝇磷	fenchlorphos	000299-84-3	$C_8H_8Cl_3O_3PS$
4	杀螟硫磷	fenitrothion	000122-14-5	$C_9H_{12}HO_5PS$
5	马拉硫磷	malathion	000121-75-5	$C_{10}H_{19}O_6PS_2$
6	毒死蜱	chlorpyrifos	002921-88-2	$C_9H_{11}Cl_3NO_3PS$
7	倍硫磷	fenthion	000055-38-9	$C_{10}H_{15}O_3PS_2$
8	对硫磷	parathion	000056-38-2	$C_{10}H_{14}NO_5PS$
9	乙硫磷	ethion	000563-12-2	$C_9H_{22}O_4P_2S_4$

附 录 B
（资料性附录）
9种有机磷农药的保留时间、定量和定性选择离子及测定低限表

表 B.1 9种有机磷农药的保留时间、定量和定性选择离子及测定低限表

序号	农药名称	保留时间/min	特征碎片离子/amu			测定低限 μg/g
			定量	定性	丰度比	
1	敌敌畏	6.57	109	185,145,220	37∶100∶12∶07	0.02
2	二嗪磷	12.64	179	137,199,304	62∶100∶29∶11	0.02
3	皮蝇磷	16.43	285	125,109,270	100∶38∶56∶68	0.02
4	杀螟硫磷	17.15	277	260,247,214	100∶10∶06∶54	0.02
5	马拉硫磷	17.53	173	127,158,285	07∶40∶100∶10	0.02
6	毒死蜱	17.68	197	314,258,286	63∶68∶34∶100	0.01
7	倍硫磷	17.80	278	169,263,245	100∶18∶08∶06	0.02
8	对硫磷	17.90	291	109,261,235	25∶22∶16∶100	0.02
9	乙硫磷	20.16	231	153,125,384	16∶10∶100∶06	0.02

附　录　C
（资料性附录）
9种有机磷农药标准物质的气相色谱-质谱图

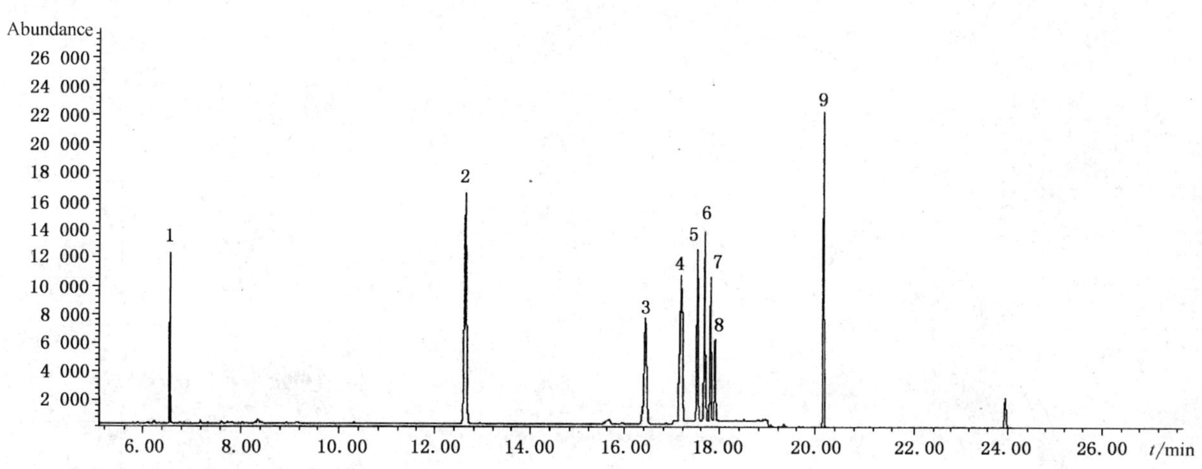

1——敌敌畏；

2——二嗪磷；

3——皮蝇磷；

4——杀螟硫磷；

5——马拉硫磷；

6——毒死蜱；

7——倍硫磷；

8——对硫磷；

9——乙硫磷。

图 C.1　9种有机磷农药标准物的气相色谱-质谱选择离子色谱图(GC-MSD)

中华人民共和国出入境检验检疫行业标准

SN/T 0125—2010
代替 SN 0125—1992

进出口食品中敌百虫残留量检测方法 液相色谱-质谱/质谱法

Determination of trichlorfon residues in meat and meat products for import and export—LC-MS/MS method

2010-11-01 发布　　　　2011-05-01 实施

中华人民共和国国家质量监督检验检疫总局 发布

前　言

本标准按照 GB/T 1.1—2009 给出的规则起草。

本标准代替 SN 0125—1992《出口肉及肉制品中敌百虫残留量的检验方法》。

本标准与 SN 0125—1992 相比，主要技术变化如下：

——使用范围、指标包括原标准的内容；

——采用气相色谱质谱法；

——增加阳性确证内容；

——整合前处理条件。

请注意本文件的某些内容可能涉及专利。本文件的发布机构不承担识别这些专利的责任。

本部分由国家认证认可监督管理委员会提出并归口。

本标准起草单位：中华人民共和国吉林出入境检验检疫局、中华人民共和国天津出入境检验检疫局。

本标准主要起草人：李爱军、王明泰、马旭、牟峻、卢利军、马书民、周晓。

本标准所代替标准历次版本发布情况为：

——ZBX 71002—1987、ZBX 22009—1988、SN 0125—1992。

进出口食品中敌百虫残留量检测方法 液相色谱-质谱/质谱法

1 范围

本标准规定了出口农产品中敌百虫残留量的液相色谱-质谱/质谱检测和确证方法。

本标准适用于出口清蒸猪肉罐头、猪肉、鸡肉、牛肉、鱼肉、香肠、糙米、玉米、洋葱、核桃中敌百虫残留量的测定。

2 规范性引用文件

下列文件对于本文件的应用是必不可少的。凡是注日期的引用文件,仅注日期的版本适用于本文件,凡是不注日期的引用文件,其最新版本(包括所有的修改单)适用于本文件。

GB/T 6682 分析实验室用水规格和试验方法

3 方法提要

试样用环己烷+乙酸乙酯(1+1,体积比)提取,经凝胶色谱净化,用甲醇+水(1+1,体积比)定容,供液相色谱-质谱/质谱仪测定,外标法定量。

4 试剂和材料

除另有规定外,所用试剂均为分析纯,水为 GB/T 6682 规定的一级水。

4.1 环己烷:高效液相色谱级。

4.2 甲醇:高效液相色谱级。

4.3 乙酸乙酯:残留级。

4.4 无水硫酸钠:650 ℃灼烧 4 h,储于密封容器中备用。

4.5 环己烷+乙酸乙酯:(1 +1,体积比):量取 100 mL 环己烷和 100 mL 正己烷,混匀。

4.6 乙酸铵:优级纯。

4.7 50 mmol/L 乙酸铵溶液:称取 0.385 g 乙酸铵溶于 1 000 mL 水中。

4.8 敌百虫标准品(trichlorfon,CAS 编号:52-68-6,分子式:$C_4H_8Cl_3O_4P$):纯度大于等于 98.0%。

4.9 敌百虫标准储备溶液:准确称取适量的敌百虫标准品,用甲醇配制成浓度为 100 μg/mL 的标准储备溶液。该溶液在 0 ℃~4 ℃冰箱中保存。

4.10 敌百虫标准工作溶液:根据需要将敌百虫标准储备溶液(3.10)用甲醇稀释成适用浓度的标准工作溶液。该溶液在 0 ℃~4 ℃冰箱中保存。

4.11 有机微孔滤膜:0.20 μm,0.45 μm。

5 仪器与设备

5.1 液相色谱-质谱/质谱仪:配有电喷雾离子源(ESI)。

5.2 电子天平:感量:0.000 1 g。

5.3 凝胶色谱仪:配有单元泵、馏分收集器。

5.4 均质器。

5.5 旋转蒸发器。

5.6 浓缩瓶:250 mL。

5.7 离心机:3 000 r/min 以上。

5.8 离心管:四氟乙烯,50 mL。

5.9 涡旋混匀器。

6 试样制备与保存

6.1 试样制备

6.1.1 肉:将所取全部样品,缩分出有代表性样品不少于 500 g,经捣碎机充分捣碎均匀,装入洁净容器,密封,标明标记。

6.1.2 罐头:将所取全部样品正罐倒出,缩分出有代表性样品不少于 500 g,经捣碎机充分捣碎均匀,装入洁净容器,密封,标明标记。

6.1.3 糙米、玉米、洋葱、核桃:取代表性样品约 500 g,用粉碎机粉碎,混匀,装入洁净容器,密封,标明标记。

6.2 试样保存

肉类试样于−18 ℃以下冷冻保存;粮谷类、坚果类及其他类试样于 0 ℃~4 ℃保存。

在制样的操作过程中,应防止样品受到污染或发生残留物含量的变化。

7 测定步骤

7.1 提取

称取解冻试样 10 g(精确到 0.01 g)于 50 mL 离心管(5.8)中,加 6 g 无水硫酸钠(4.5)和 20 mL 环己烷+乙酸乙酯(4.6),均质 2 min,在 3 000 r/min 离心 3 min,吸出环己烷+乙酸乙酯层通过装有无水硫酸钠的桶形漏斗,收集于 250 mL 浓缩瓶中,残渣分别用 15 mL 环己烷+乙酸乙酯提取两次,提取液合并于 250 mL 浓缩瓶中,于 40 ℃下浓缩至约 2 mL,将 2 mL 提取液转移至试管中,并用 3 mL 环己烷-乙酸乙酯(4.6)分三次洗涤浓缩瓶,合并洗涤液于试管中,在室温下,氮吹浓缩近干,用环己烷-乙酸乙酯(4.6)定容 10 mL,过 0.45 μm 滤膜,待凝胶色谱(GPC)净化。

7.2 净化

7.2.1 凝胶色谱(GPC)净化

7.2.1.1 凝胶色谱条件

凝胶色谱条件如下:

a) 凝胶净化柱:Bio Beads S-X3,700 mm×25 mm(内径),或相当者;

b) 流动相:乙酸乙酯-环己烷(1+1,体积比);

c) 流速:4.7 mL/min;

d) 样品定量环:10 mL;

e) 预淋洗时间:10 min;

f) 凝胶色谱平衡时间:5 min;

g) 收集时间:21 min～28 min。

7.2.1.2 凝胶色谱净化步骤

将 10 mL 待净化液(7.1)按 7.2.1.1 规定的条件进行净化,收集组分于室温下氮吹浓缩近干,用甲醇+水(1+1,体积比)溶解并定容至 1.0 mL,过 0.20 μm 滤膜,供液相色谱-质谱/质谱仪测定。

7.3 测定

7.3.1 液相色谱-质谱/质谱条件

液相色谱-质谱/质谱条件如下:

a) 色谱柱:kromasil 100-5 C_{18}色谱柱,150 mm×2.1 mm(内径),粒径 5 μm 或相当者;

b) 流动相:甲醇(4.4)-50 mmol/L 乙酸胺溶液(4.9),梯度洗脱程序见表 1:

表 1 流动相梯度洗脱程序

时间 min	甲醇 %	50 mmol/L 乙酸胺溶液 %
0	10.0	90.0
5.00	10.0	90.0
10.00	95.0	5.0
18.00	95.0	5.0
18.01	10.0	90.0
25.00	10.0	90.0

c) 流速:0.20 mL/min;

d) 柱温:40 ℃;

e) 进样量:10 μL;

f) 离子源:电喷雾离子源;

g) 扫描方式:正离子;

h) 检测方式:多反应检测(MRM);

i) 质谱条件参见附录 A。

7.3.2 色谱测定

根据试样中被测样液的含量情况,选取响应值相近的标准工作液进行色谱分析。标准工作液和样液中待测物的响应值均应在仪器线性响应范围内。在上述色谱条件下敌百虫的参考保留时间约为:15.75 min,敌百虫标准品多反应检测(MRM)色谱图参见附录 B 中 B.1;外标法定量。

7.3.3 定性测定

按照液相色谱-质谱/质谱条件测定样品和标准工作溶液,如果检测的质量色谱峰保留时间与标准品一致,定量测定时采用标准曲线法。定性时应当与浓度相当标准溶液的相对丰度一致,相对丰度允许偏差不超过表 2 规定的范围,则可判定样品中存在对应的被测物。

表 2 定性确证时相对离子丰度的最大允许偏差

相对离子丰度/%	>50	>20～50	>10～20	≤10
允许的相对偏差/%	±20	±25	±30	±50

7.3.4 空白试验

除不加试样外，均按上述操作步骤进行。

8 结果计算和表述

用色谱数据处理机或用标准曲线按式(1)计算试样中敌百虫的残留量，计算结果需扣除空白值：

$$X=\frac{c\times V\times n}{m\times 1\,000} \quad \cdots\cdots(1)$$

式中：

X——试样中敌百虫残留量，单位为毫克每千克(mg/kg)；

c——从标准曲线上得到的待测液中敌百虫的浓度，单位为纳克每毫升(ng/mL)；

V——样液最终定容体积，单位为毫升(mL)；

n——稀释倍数；

m——最终样液所代表的试样质量，单位为克(g)。

注：计算结果应扣除空白值。

9 测定低限(LOQ)和回收率

9.1 测定低限(LOQ)

本方法对出口清蒸猪肉罐头、猪肉、鸡肉、牛肉、鱼肉、香肠中敌百虫残留量的测定低限均为0.002 mg/kg(LOQ)；糙米、玉米、洋葱、核桃中敌百虫残留量的测定低限均为0.004 mg/kg(LOQ)。

9.2 回收率

回收率的实验数据(在不同添加浓度范围内)见表3。

表 3 本方法添加浓度及回收率范围

样品名称	添加浓度 mg/kg	回收率范围 %	测定低限 mg/kg
清蒸猪肉罐头	0.002	70.0～86.5	0.002
	0.010	71.0～107.0	
	0.200	81.8～99.2	
猪肉	0.002	69.5～95.5	0.002
	0.010	70.0～101.0	
	0.200	76.4～102.7	

表 3（续）

样品名称	添加浓度 mg/kg	回收率范围 %	测定低限 mg/kg
鸡肉	0.002	71.0～91.5	0.002
	0.010	68.0～109.0	
	0.200	85.1～95.8	
牛肉	0.002	70.5～96.5	0.002
	0.010	67.0～86.0	
	0.200	85.7～100.0	
鱼肉	0.002	69.0～101.5	0.002
	0.010	71.0～105.0	
	0.200	89.6～110.1	
香肠	0.002	65.0～86.5	0.002
	0.010	71.0～107.0	
	0.200	74.9～99.2	
糙米	0.004	70.0～87.5	0.004
	0.010	70.0～82.0	
	0.200	71.1～98.9	
玉米	0.004	70.0～96.0	0.004
	0.010	71.0～95.0	
	0.200	72.3～87.9	
洋葱	0.004	71.0～92.5	0.004
	0.010	70.0～96.0	
	0.500	93.4～100.9	
核桃	0.004	70.0～95.0	0.004
	0.010	70.0～94.0	
	0.500	71.6～92.6	

附 录 A
(资料性附录)
API 4000 LC/MS/MS 检测敌百虫色谱条件
电喷雾离子源参考条件

检测离子对及电压参数：

a) 气帘气(CUR)：15.00 psi；

b) 雾化气(GS1)：40.00 psi；

c) 辅助加热气(GS2)：45.00 L/min；

d) 碰撞气(CAD)：7.00 psi；

e) 离子源喷雾电压(IS)：5 000.00 V；

f) 离子源温度(TEM)：550 ℃；

g) 定性离子对、定量离子对、去簇电压、碰撞能量、碰撞室出口电压见表 A.1。

表 A.1 Q_1、Q_3、去簇电压、碰撞能量、碰撞室出口电压表

名称	Q_1 m/z	Q_3 m/z	去簇电压 V	碰撞能量 eV	碰撞室出口电压 V
敌百虫 trichlorfon	259.0	109.2	63.0	26.5	19.0
	256.9	221.2	63.0	16.0	13.0

1) 非商业声明：附录 A 所列参考质谱条件是在 API 4000 液相色谱-质谱/质谱仪上完成的，此处列出试验用仪器型号仅为提供参考，并不涉及商业目的，鼓励标准使用者尝试不同厂家或型号的仪器。

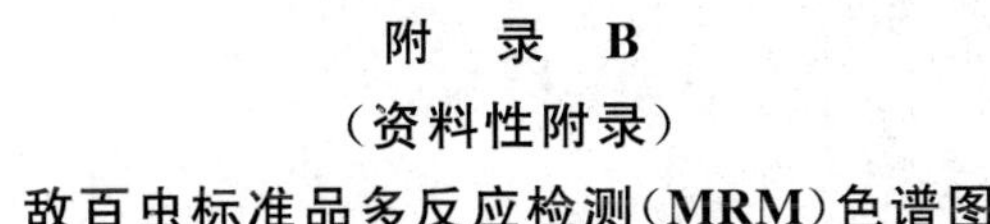

附 录 B
（资料性附录）
敌百虫标准品多反应检测（MRM）色谱图

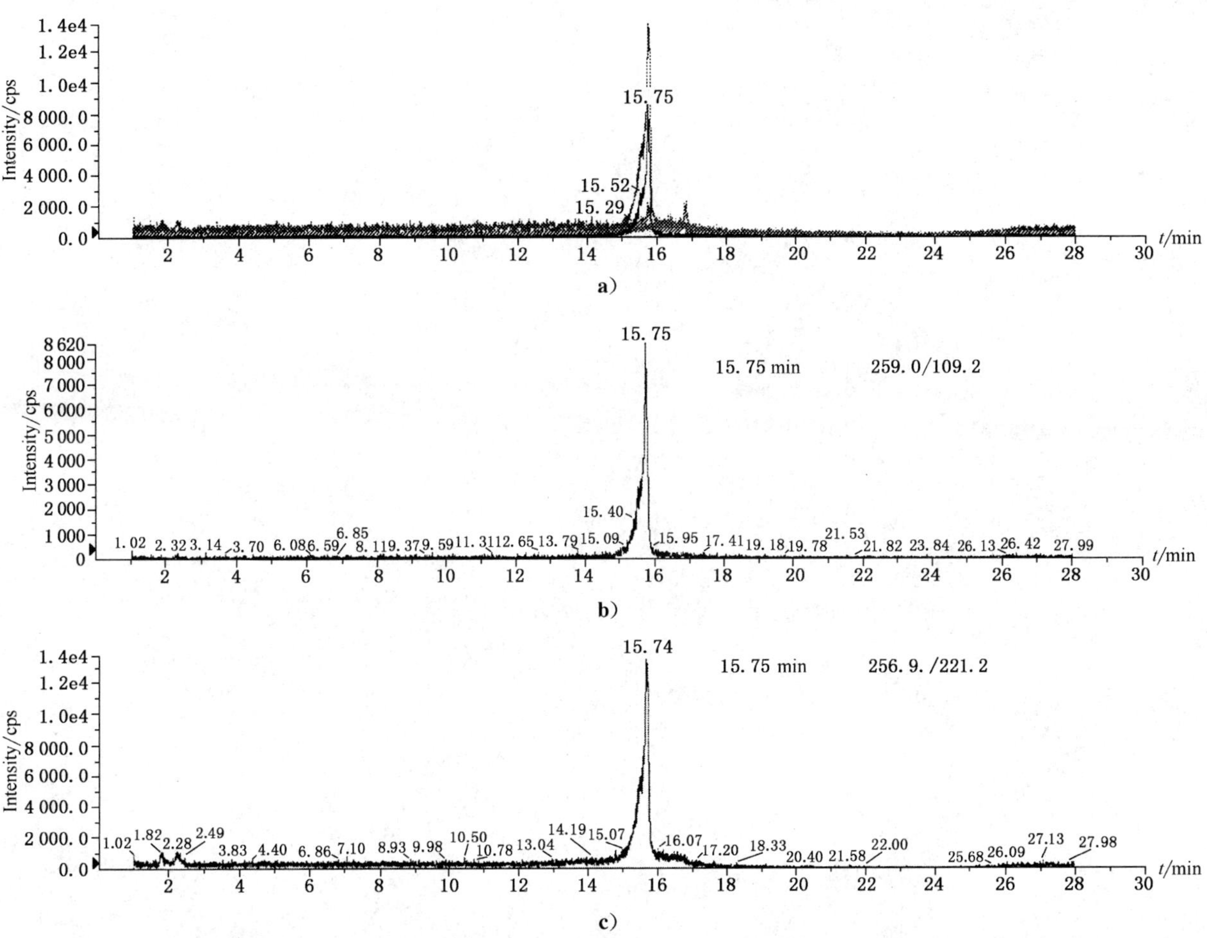

图 B.1 敌百虫标准品多反应检测（MRM）色谱图（0.01 μg/mL）

中华人民共和国出入境检验检疫行业标准

SN/T 0131—2010
代替 SN 0131—1992

进出口粮谷中马拉硫磷残留量检测方法

Determination of malathion residues in grain for import and export

2010-11-01 发布　　2011-05-01 实施

中华人民共和国国家质量监督检验检疫总局　发布

前　言

本标准按照 GB/T 1.1—2009 给出的规则起草。

本标准替代 SN 0131—1992《出口粮谷中马拉硫磷残留量检测方法》。

本标准与 SN 0131—1992 相比，主要技术变化如下：

——修改了标准的样品前处理方法；

——增加了阳性样品的气相色谱质谱确证实验。

请注意本文件的某些内容可能涉及专利。本文件的发布机构不承担识别这些专利的责任。

本标准由中国国家认证认可监督管理委员会提出并归口。

本标准起草单位：中华人民共和国安徽出入境检验检疫局。

本标准主要起草人：朱梦栩、郑屏、胡艳云、盛旋、张萍、韩芳、王月水。

本标准所代替标准的历次版本发布情况为：

——ZBB 22014—1988、SN 0131—1992。

进出口粮谷中马拉硫磷残留量检测方法

1 范围

本标准规定了进出口粮谷中马拉硫磷残留量的检测方法。

本标准适用于进出口粮谷中大米、小麦、高粱、玉米中马拉硫磷残留量的测定和确证。

2 规范性引用文件

下列文件对于本文件的应用是必不可少的。凡是注日期的引用文件，仅注日期的版本适用于本文件。凡是不注日期的引用文件，其最新版本(包括所有的修改单)适用于本文件。

GB/T 6682 分析实验室用水规格和试验方法

3 原理

试样用丙酮提取，经二氯甲烷液-液分配，再经氧化铝固相萃取柱净化。洗脱液浓缩并溶解定容，用气相色谱仪进行测定，气相色谱-质谱确证，外标法定量。

4 试剂和材料

除另有说明外，所用试剂均为分析纯，水为 GB/T 6682 规定的一级水。

4.1 丙酮：色谱级。

4.2 二氯甲烷：色谱级。

4.3 正己烷：色谱级。

4.4 乙酸乙酯：色谱级。

4.5 无水硫酸钠：650 ℃灼烧 4 h，冷却后储于密封容器中备用。

4.6 中性氧化铝固相萃取柱：ALUMINA-N SPE 柱，1 g，3 mL，或相当者。

4.7 硫酸钠溶液(20 g/L)：20 g 无水硫酸钠溶于 1 000 mL 水中。

4.8 马拉硫磷标准品(Malathion，$C_{10}H_{19}O_6PS_2$，CAS 编号：121-75-5)：纯度大于 99%。

4.9 马拉硫磷标准溶液：准确称取适量的马拉硫磷标准品(精确至 0.1 mg)，用丙酮配制成浓度为 100 mg/L的标准储备溶液。该溶液在 0 ℃～4 ℃冰箱中保存。

4.10 马拉硫磷标准工作液：根据需要吸取适量马拉硫磷标准储备溶液，用丙酮稀释成适用浓度的标准工作液。该溶液在 0 ℃～4 ℃冰箱中保存。

5 仪器和设备

5.1 气相色谱仪：配有火焰光度检测器(FPD)。

5.2 气相色谱-质谱联用仪：配有电子轰击离子源(EI)。

5.3 粉碎机。

5.4 分析天平：感量 0.01 g。

5.5　分析天平：感量 0.000 1 g。

5.6　均质器。

5.7　离心机：转速 3 000 r/min 以上。

5.8　振荡器。

5.9　旋转蒸发仪。

5.10　固相萃取装置，带真空泵。

5.11　氮吹仪。

6　试样的制备

将样品缩分至 1 000 g，用粉碎机全部粉碎，混匀，均匀分成两份作为试样，装入洁净容器内，密封，标明标记。试样置于−18 ℃冰箱中保存。在抽样及制样的操作过程中，应防止样品受到污染或发生残留物含量的变化。

7　测定步骤

7.1　提取

称取试样 20 g(精确至 0.01 g)，于 100 mL 具塞离心管中，加入 40 mL 水，摇匀后放置 1 h。加 40 mL 丙酮，高速均质提取 2 min，将离心管置于离心机内以 3 000 r/min 的速度离心 5 min，将上清液转移至装有 80 mL 硫酸钠溶液(4.7)的 250 mL 分液漏斗中，然后在离心管中加入 20 mL 丙酮，重复上述操作，将上清液转移至分液漏斗中。

于上述分液漏斗中加入二氯甲烷 30 mL，充分振摇，静置分层，收集下层二氯甲烷相于另一 100 mL 离心管内。再用 20 mL 二氯甲烷重复上述操作一次，合并于离心管中，在离心管中加入 2 g 无水硫酸钠，涡旋振荡 2 min，将离心管置于离心机内以 3 000 r/min 的速度离心 2 min，清液倾入 100 mL 茄形瓶中，用二氯甲烷清洗上述离心管两次，每次 5 mL，洗液全部转入茄形瓶中，于 40 ℃以下浓缩至近干。

7.2　净化

中性氧化铝固相萃取柱用前内填充约 10 mm 高无水硫酸钠层，依次以 3 mL 正己烷、3 mL 乙酸乙酯预淋洗。用 4 mL 乙酸乙酯溶解上述茄形瓶中的残余物并倾入固相萃取柱中，再以 6 mL 乙酸乙酯分两次洗涤浓缩瓶并全部转入柱中，流速控制为 3 mL/min，收集全部流出液于 10 mL 玻璃试管中，于 40 ℃下吹氮浓缩至干后用丙酮定容至 2 mL，供气相色谱和气相色谱质谱测定。

7.3　测定

7.3.1　气相色谱测定参考条件

7.3.1.1　色谱柱：DB-1701 石英毛细管柱，30 m×0.53 mm(内径)，膜厚 1.0 μm，或相当者。

7.3.1.2　色谱柱温度：210 ℃。

7.3.1.3　进样口温度：250 ℃。

7.3.1.4　检测器温度：250℃。

7.3.1.5　载气：氮气，纯度≥99.999%，流速 15 mL/min。

7.3.1.6　补偿气：氮气，纯度≥99.999%，流速 30 mL/min。

7.3.1.7　燃烧气：氢气，纯度≥99.9%，流速 75 mL/min。

7.3.1.8　检测器：火焰光度检测器，磷滤光片：526 nm。

7.3.1.9 进样方式：不分流进样；0.75 min 后开阀。

7.3.1.10 进样量：1.0 μL。

7.3.2 气相色谱质谱测定参考条件

7.3.2.1 色谱柱：DB-5MS 石英毛细管柱，30 m×0.25 mm(内径)，膜厚 0.25 μm，或相当者。

7.3.2.2 色谱柱温度：100 ℃(2 min)$\xrightarrow{10\ ℃/min}$250 ℃(20 min)。

7.3.2.3 进样口温度：250 ℃。

7.3.2.4 气相色谱-质谱接口温度：280 ℃。

7.3.2.5 载气：氦气，纯度≥99.999%，流速 1.0 mL/min。

7.3.2.6 进样方式：不分流进样，1 min 后开阀。

7.3.2.7 进样量：1.0 μL。

7.3.2.8 电离方式：EI。

7.3.2.9 电离能量：70 eV。

7.3.2.10 测定方式：选择离子监测方式(SIM)。

7.3.2.11 监测离子(m/z)：143，158，173；定量离子：173。

7.3.2.12 溶剂延迟：4 min。

7.3.3 气相色谱测定

根据样液中被测物含量情况，选取浓度相近的标准工作溶液。标准工作溶液和样液等体积穿插进样测定。标准工作溶液和样液中被测物的响应值均应在仪器检测的线性范围内。保留时间定性，峰面积(或峰高)比较定量。在 7.3.1 给定的色谱条件下，马拉硫磷的保留时间约为 3.8 min。标准品的色谱图参见附录 A 中图 A.1。

7.3.4 气相色谱-质谱检测及确证

对标准工作溶液及样液按 7.3.2 规定的条件进行测定，如果样液与标准工作溶液的选择离子色谱图中，在相同保留时间处有色谱峰出现，并且在扣除背景后的样品的质量色谱图中，所选离子均出现，所选离子的丰度比与标准品对应离子的丰度比，其值在允许范围内(允许范围见表 1)。在 7.3.2 条件下，马拉硫磷的保留时间约为 14.9 min，根据定量离子 m/z 173 对其进行外标法定量。如果不能确证，应重新进样，以扫描方式(有足够灵敏度)或采用增加其他确证离子的方式来确证。马拉硫磷标准品的气相色谱-质谱选择离子色谱图和全扫描质谱图参见附录 B 中图 B.1 和图 B.2。

表 1 使用气相色谱-质谱定性时相对离子丰度最大允许偏差

相对丰度/%	>50	>20～50	>10～20	≤10
允许的相对偏差/%	±10	±15	±20	±50

7.3.5 空白试验

除不加试样外，均按上述步骤进行。

7.3.6 结果计算

试样中马拉硫磷残留量按式(1)计算：

$$X=\frac{A\times c\times V\times 1\,000}{A_s\times m\times 1\,000} \qquad \cdots\cdots(1)$$

式中：

X ——马拉硫磷残留量，单位为毫克每千克(mg/kg)；

A ——样液中马拉硫磷峰面积(或峰高)；

c ——标准工作溶液中马拉硫磷的浓度，单位为微克每毫升(μg/mL)；

V ——样液定容体积，单位为毫升(mL)；

A_s——标准工作溶液中马拉硫磷峰面积(或峰高)；

m ——试样的质量，单位为克(g)；

注：计算结果需将空白值扣除。

8 测定低限、回收率

8.1 测定低限

气相色谱检测方法和气相色谱-质谱检测方法马拉硫磷残留量的测定低限均为 0.005 mg/kg。

8.2 回收率

样品的添加浓度及回收率的实验数据见表 2 和表 3。

表 2 样品的添加浓度及回收率的实验数据(GC)

样品名称	添加浓度 mg/kg	回收率范围 %	样品名称	添加浓度 mg/kg	回收率范围 %
大米	0.005	72～104	高粱	0.005	68～108
	0.010	75～105		0.010	72～107
	0.050	78～108		0.050	74～108
	0.10	81～105		8.0	81～103
小麦	0.005	70～100	玉米	0.005	64～104
	0.010	73～107		0.010	70～103
	0.050	78～110		0.050	72～110
	8.0	84～103		2.0	78～105

表 3 样品的添加浓度及回收率的实验数据(GC-MS)

样品名称	添加浓度 mg/kg	回收率范围 %	样品名称	添加浓度 mg/kg	回收率范围 %
大米	0.005	68～106	高粱	0.005	68～114
	0.010	70～107		0.010	72～107
	0.050	74～104		0.050	74～110
	0.10	80～106		8.0	78～102
小麦	0.005	68～112	玉米	0.005	64～110
	0.010	71～107		0.010	65～107
	0.050	70～106		0.050	70～110
	8.0	78～102		2.0	74～106

附 录 A
（资料性附录）
马拉硫磷标准品气相色谱图

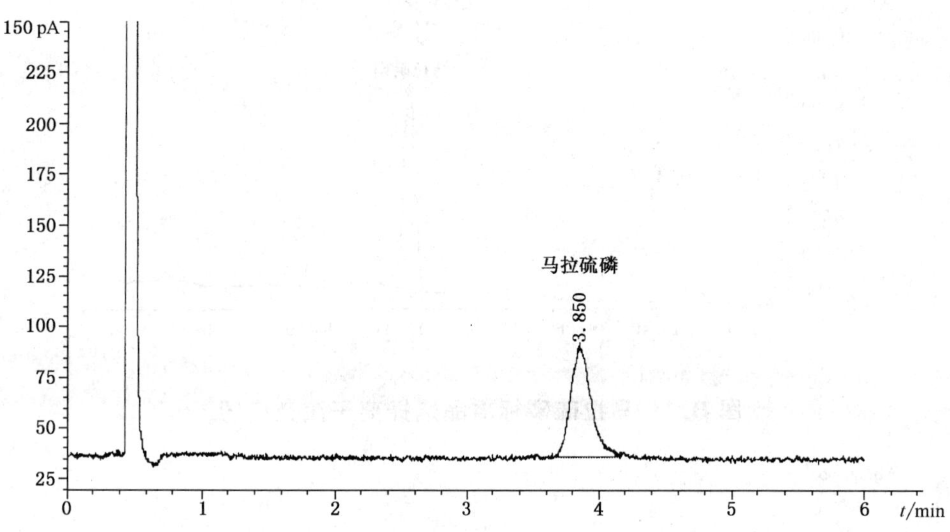

图 A.1 马拉硫磷标准品气相色谱图

附　录　B
（资料性附录）
马拉硫磷标准品的选择离子色谱图和全扫描质谱图

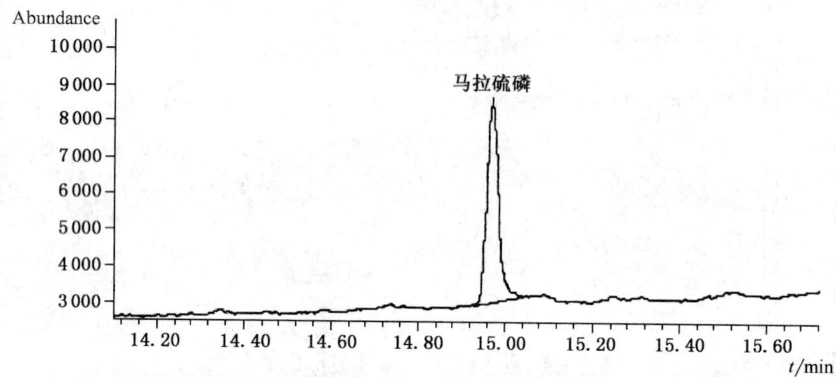

图 B.1　马拉硫磷标准品选择离子流色谱图

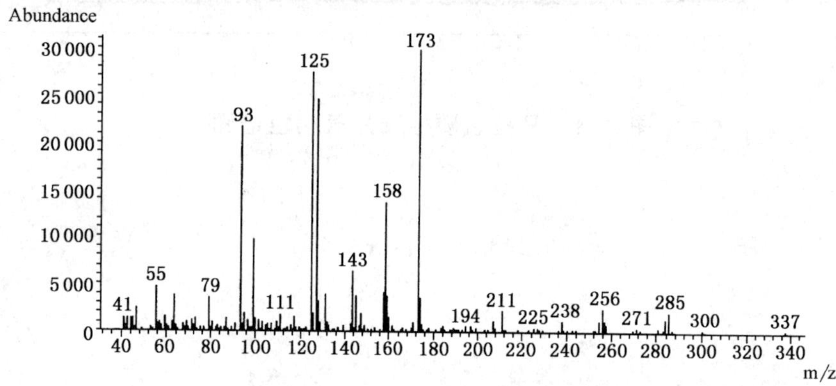

图 B.2　马拉硫磷标准品全扫描质谱图

中华人民共和国进出口商品检验行业标准

出口粮谷中二嗪磷、倍硫磷、杀螟硫磷、对硫磷、稻丰散、苯硫磷残留量检验方法

SN 0133—92

代替 ZB X10 002—86

Method for determination of diaginon, fenthion, fenitrothion, parathion, phenthoate, EPN residues in grain for export

1 主题内容与适用范围

本标准规定了出口大米中二嗪磷、倍硫磷、杀螟硫磷、对硫磷、稻丰散、苯硫磷残留量的抽样和测定方法。

本标准适用于出口大米中二嗪磷、倍硫磷、杀螟硫磷、对硫磷、稻丰散、苯硫磷残留量的检验。

2 抽样和制样

2.1 检验批

以不超过 4 000 件为一检验批。

同一检验批的商品应具有相同的包装、标记、产地、规格和等级等。

2.2 样本大小

1 000 件及以下取 100 件;

1 001～2 000 件取 130 件;

2 001～3 000 件取 150 件;

3 001～4 000 件取 160 件。

2.3 抽样工具和方法

从堆垛不同部位按 2.2 规定的数量抽取包件。用取样器由袋口(或袋底)依斜对角方向插入袋内抽取等量样品,各袋内抽取的样品经混合后即为原始样品。原始样品的总重量不得少于 4 kg。

2.4 实验室样品和试样的制备

将取回的原始样品全部磨碎,或通过分样器缩取部分磨碎,全部通过 20 筛目,用四分法缩分出均匀样品二份(每份 250 g),试样供检验和复验用,试样必须立即密封并填写标签,注明品名、日期、垛位、报验号、申请单位、抽样人。

注:在抽样和制样的操作中,必须防止样品受到污染和发生任何变化。

3 测定方法

3.1 方法提要

用丙酮提取残留农药。加入硫酸钠水溶液,用石油醚萃取。气相色谱法(火焰光度检测器)测定。

3.2 试剂和材料

3.2.1 石油醚:分析纯,重蒸馏,收集 65～75℃馏分。

3.2.2 丙酮:分析纯,重蒸馏。

3.2.3 无水硫酸钠:分析纯,650℃灼烧 4 h,贮于密封瓶中备用。

中华人民共和国国家进出口商品检验局 1992-12-25 批准　　1993-05-01 实施

3.2.4 硫酸钠水溶液(20 g/L):将 2 g 灼烧过的无水硫酸钠溶于 100 mL 蒸馏水中。

3.2.5 内标物标准品:内吸磷、乙硫磷纯度>98%。

3.2.6 农药标准品:二嗪磷、倍硫磷、杀螟硫磷、对硫磷、稻丰散、苯硫磷纯度>98%。

3.2.7 内标物标准溶液及农药标准溶液的配制:准确称取适当的农药标准品和内标物标准品,用少量苯溶解,然后用石油醚分别配制成浓度为 0.100 mg/mL 的标准储备溶液,根据需要再配制成适用浓度的含内标物混合标准工作溶液。

注:如果试样中存在内吸磷、乙硫磷,可选择其他适当内标物。

3.3 仪器和设备

3.3.1 气相色谱仪并配备火焰光度检测器。

3.3.2 分液漏斗:250 mL、500 mL。

3.3.3 振荡器。

3.3.4 旋转蒸发器。

3.3.5 气流吹蒸浓缩装置。

3.3.6 容量瓶:50 mL。

3.3.7 无水硫酸钠柱:筒形漏斗,内装 5 cm 高的无水硫酸钠。

3.4 测定步骤

3.4.1 提取

称取试样 20.0 g 于锥形瓶内,加丙酮 40 mL 振荡 45 min。

3.4.2 净化

将提取液过滤于 250 mL 分液漏斗内,用 15 mL 丙酮分数次洗涤残渣,并用 40 mL 石油醚从残渣上滤下,弃去残渣。加 150 mL 硫酸钠水溶液(3.2.4)于分液漏斗内,猛烈振摇 1 min,静置分层,分出石油醚层。在丙酮水溶液中再加 30 mL 石油醚萃取,合并石油醚层,并通过 5 cm 高的无水硫酸钠小柱脱水,然后,浓缩定容 50 mL,供气相色谱测定。

3.4.3 测定

3.4.3.1 色谱条件

柱Ⅰ:

a. 玻璃色谱柱Ⅰ:2 m×3 mm(内径),色谱柱填充物为 4%SE-30+6%OV-210 混合液涂于 Gas Chrom Q(80~100 筛目);

b. 柱温:200℃;

c. 进样口温度:220℃;

d. 检测器温度:220℃;

e. 载气:高纯氮,纯度>99.99%,50 mL/min;

f. 氢气:150 mL/min;

g. 空气:100 mL/min。

柱Ⅱ:

a. 玻璃色谱柱Ⅱ:2 m×3 mm(内径),色谱柱填充物为 1.5%SE-30 涂于 Gas Chrom Q(80~100 筛目);

b. 柱温:210℃;

c. 进样口温度:220℃;

d. 检测器温度:220℃;

e. 载气:高纯氮,纯度>99.99%,72 mL/min;

f 氢气:150 mL/min;

g. 空气:100 mL/min。

3.4.3.2 色谱测定

准确地取适量上述净化液进行浓缩或稀释，定量加入内标物标准溶液后定容，作为色谱测定的样液。另选择与样液中农药(浓度)相近的含内标物的混合标准工作溶液与样液同时进行色谱测定。样液和混合农药标准工作溶液中内标物的浓度应一致。农药和内标物的响应值应尽量接近。

注：①各农药组分出峰顺序及保留时间为：

柱Ⅰ：二嗪磷(3.29 min)；
内吸磷(4.03 min)；
倍硫磷(8.49 min)；
杀螟硫磷(10.11 min)；
对硫磷(11.21 min)；
稻丰散(12.43 min)。

柱Ⅱ：乙硫磷(4.01 min)；
苯硫磷(6.44 min)。

② 实际使用的标准工作溶液及样液中各农药组分的响应值均应在仪器检测的线性范围之内。样液测定过程中要参插注入标准工作溶液以检查检测器的灵敏度。

3.4.4 空白试验：按上述操作条件进行试剂空白试验。

3.5 结果计算

用色谱数据处理机按适当程序计算各种农药残留量。也可按下列分工分别计算。

$$农药残留量(mg/kg) = \frac{H}{H'} \times \frac{c'}{c} \times \frac{H'_i}{H_i} \times \frac{c_i}{c'_i}$$

式中：H——样液中农药峰高，mm；

H'——标准工作溶液中农药峰高，mm；

H_i——样液中内标物峰高，mm；

H'_i——标准工作溶液中内标物峰高，mm；

c——样液浓度，g/μL；

c'——标准工作溶液中农药浓度，μg/μL；

c_i——样液中内标物浓度，μg/μL；

c'_i——标准工作溶液中内标物浓度，μg/μL。

注：计算结果需将空白值扣除。

附加说明：

本标准由中华人民共和国国家进出口商品检验局提出。

本标准由中华人民共和国上海、黑龙江、吉林进出口商品检验局起草。

本标准主要起草人陈余英、刁娟华、吴子良、鲍清泰、许晓村。

中华人民共和国出入境检验检疫行业标准

SN/T 0134—2010
代替 SN 0134—1992，SN 0490—1995，SN 0534—1996，SN 0582—1996

进出口食品中杀线威等12种氨基甲酸酯类农药残留量的检测方法 液相色谱-质谱/质谱法

Determination for pesticide residues of 12 kinds of carbamates including oxamyl in foods for import and export—LC-MS/MS method

2010-11-01 发布　　　　2011-05-01 实施

中华人民共和国国家质量监督检验检疫总局　发布

前　言

本标准按照 GB/T 1.1—2009 给出的规则起草。

本标准代替了 SN 0134—1992《出口粮谷中甲萘威、克百威残留量检验方法》、SN 0490—1995《出口粮谷中异丙威残留量检验方法》、SN 0534—1996《出口粮谷中仲丁威残留量检验方法》、SN 0582—1996《出口粮谷及油籽中灭多威残留量检验方法》。本标准与 SN 0134—1992、SN 0490—1995、SN 0534—1996 和 SN 0582—1996 相比，主要技术变化如下：

——本标准扩大了检测样品基质至 13 种；

——增加了检测项目至 12 种；

——采用了液相色谱-质谱/质谱法；

——提高了方法灵敏度；

——增加了定性手段；

——优化了前处理方法。

请注意本文件的某些内容可能涉及专利。本文件的发布机构不承担识别这些专利的责任。

本标准由国家认证认可监督管理委员会提出并归口。

本标准起草单位：中华人民共和国吉林出入境检验检疫局、中华人民共和国湖南出入境检验检疫局、中国检验检疫科学研究院。

本标准主要起草人：王明泰、牟峻、黄志强、邱月明、张代辉、周晓、韩大川。

本标准所代替标准的历次版本发布情况为：

——ZBB 22017—1998、SN 0134—1992；

——SN 0490—1995；

——SN 0534—1996；

——SN 0582—1996。

进出口食品中杀线威等12种氨基甲酸酯类农药残留量的检测方法 液相色谱-质谱/质谱法

1 范围

本标准规定了食品中杀线威、灭多威、抗蚜威、涕灭威、速灭威、噁虫威、克百威、甲萘威、乙硫甲威、异丙威、乙霉威和仲丁威等12种氨基甲酸酯类农药残留量的液相色谱-质谱/质谱检测方法。

本标准适用于玉米、糙米、大麦、白菜、大葱、小麦、大豆、花生、苹果、柑橘、牛肝、鸡肾和蜂蜜中杀线威、灭多威、抗蚜威、涕灭威、速灭威、噁虫威、克百威、甲萘威、乙硫甲威、异丙威、乙霉威、仲丁威残留量的检测和确证。

2 规范性引用文件

下列文件对于本文件的应用是必不可少的。凡是注日期的引用文件，仅所注日期的版本适用于本文件。凡是不注日期的引用文件，其最新版本(包括所有的修改单)适用于本文件。

GB/T 6682 分析实验室用水规格和试验方法

3 方法提要

试样用乙腈提取(蜂蜜用丙酮提取，二氯甲烷液-液分配)，乙腈饱和的正己烷液-液分配，经活性炭和氟罗里硅土固相柱净化后，液相色谱-质谱/质谱仪检测和确证，外标法定量。

4 试剂和材料

除另有规定外，所用试剂均为分析纯，水为GB/T 6682规定的一级水。

4.1 乙腈：残留级。

4.2 丙酮：残留级。

4.3 甲醇：高效液相色谱级。

4.4 正己烷：残留级。

4.5 二氯甲烷：残留级。

4.6 无水硫酸钠：经650 ℃灼烧4 h，储于密封容器中备用。

4.7 丙酮-正己烷(3+7，体积比)：量取30 mL丙酮和70 mL正己烷，混匀。

4.8 乙腈饱和的正己烷：取少量乙腈加入正己烷中，剧烈振摇，并继续加入乙腈至出现明显分层，静置备用。

4.9 杀线威、克百威、猛杀威、灭多威、甲萘威、速灭威、涕灭威、异丙威、乙硫甲威、抗蚜威、噁虫威、乙霉威等农药标准物质，纯度均≥98.5%。

4.10 标准储备溶液：分别准确称取适量的各种氨基甲酸酯标准物质(4.7)，用甲醇配制成浓度为100 μg/mL的标准储备溶液。该溶液于－18 ℃保存。

4.11 混合标准中间溶液：分别准确吸取适量的杀线威等12种氨基甲酸酯类农药标准储备溶液(4.8)，用甲醇配制成浓度为10 μg/mL的混合标准中间溶液。该溶液于−18 ℃保存。

4.12 混合标准工作溶液：标准工作溶液根据需要使用前吸取适量的混合标准中间溶液，用空白样品基质溶液配制成适当浓度的混合标准工作溶液。该溶液在0 ℃～4 ℃冰箱中保存，现用现配。

4.13 氟罗里硅土固相萃取柱：Florisil，1 000 mg，6 mL，或相当者。

4.14 活性炭固相萃取柱：Carbon，500 mg，6 mL，或相当者。

4.15 滤膜：有机滤膜，0.2 μm。

5 仪器与设备

5.1 液相色谱-质谱/质谱仪：配备电喷雾离子源(ESI)。

5.2 天平：感量0.1 mg和0.01 g。

5.3 组织捣碎机。

5.4 粉碎机。

5.5 均质器。

5.6 涡旋混合器。

5.7 离心机：4 000 r/min。

5.8 旋转蒸发器。

5.9 聚四氟乙烯离心管：50 mL。

5.10 锥形瓶：250 mL。

5.11 浓缩瓶：250 mL。

6 试样制备与保存

6.1 试样制备

6.1.1 玉米、糙米、大豆、花生

取代表性样品约500 g，用粉碎机粉碎，混匀，装入洁净容器，密封，标明标记。

6.1.2 柑桔、苹果、大葱、白菜、洋葱、大蒜

取代表性样品约500 g，将其可食用部分(不可用水洗)切碎后，用捣碎机将样品加工成浆状，混匀，装入洁净容器，密封，标明标记。

6.1.3 牛肝、鸡肾

牛肝取代表性样品约1 kg，鸡肾取代表性样品约100 g，经捣碎机充分捣碎均匀，装入洁净容器，密封，标明标记。

6.1.4 蜂蜜

取代表性样品约500 g，对无结晶的蜂蜜样品将其搅拌均匀；对有结晶析出的蜂蜜样品，在密闭情况下，将样品瓶置于不超过60 ℃的水浴中温热，振荡，待样品全部融化后搅匀，迅速冷却至室温，在融化时应注意防止水分挥发。装入洁净容器，密封，标明标记。

6.2 试样保存

粮谷类、坚果类、蜂蜜试样于0 ℃～4 ℃保存；其他类试样于−18 ℃以下冷冻保存。在抽样及制样

的操作过程中，应防止样品受到污染或发生残留物含量的变化。

7 测定步骤

7.1 提取

7.1.1 玉米、糙米、白菜、大葱、大麦、小麦、大豆、花生、苹果、柑橘、牛肝、鸡肾

称取试样 5 g(精确到 0.01 g)于 50 mL 离心管中，加入 20 mL 乙腈，均质提取 1 min，于 4 000 r/min 离心 3 min。将上清液倾入 50 mL 离心管中，残渣再用 10 mL 乙腈重复提取 1 次，合并上清液于 50 mL 离心管中，加入 10 mL 正己烷，旋涡混匀，弃去正己烷(大豆、花生再加入 10 mL 正己烷，旋涡混匀，弃去正己烷)。将乙腈层转入 250 mL 浓缩瓶中，于 40 ℃水浴中浓缩至近干，加 2 mL 丙酮-正己烷(3+7)溶解。

7.1.2 蜂蜜

称取试样 15 g(精确到 0.01 g)于 250 mL 锥形瓶中，加入 30 mL 水，40 ℃水浴振荡 15 min。再加入 10 mL 丙酮，将其转入 250 mL 分液漏斗中，用 40 mL 二氯甲烷分数次洗涤锥形瓶，洗涤液移入另一分液漏斗，用力振摇 8 次，静置分层(小心排气)。下层有机相经无水硫酸钠脱水，收集于 250 mL 浓缩瓶中。再用 5 mL 丙酮和 40 mL 二氯甲烷振荡提取上层蜂蜜 1 min，重复两次，合并上述收集液，40 ℃水浴中浓缩至近干，加 2 mL 丙酮-正己烷(3+7)溶解。

7.2 净化

自上而下将活性炭固相萃取柱(4.14)与氟罗里硅土固相萃取柱(4.13)串联连接，使用前用 20 mL 丙酮-正己烷(3+7)预淋洗，弃去流出液。将 7.1.1 或 7.1.2 制备的样品提取液倾入柱中，再用 2 mL 丙酮-正己烷(3+7)润洗浓缩瓶并倾入柱中。用 20 mL 丙酮-正己烷(3+7)进行洗脱(流速不超过 2 mL/min)。收集全部洗脱液于 250 mL 浓缩瓶中，于 40 ℃水浴中浓缩至近干。用甲醇溶解并定容至 2.0 mL，过滤膜(4.15)，供液相色谱-质谱/质谱仪测定和确证。

7.3 测定

7.3.1 液相色谱条件

液相色谱条件如下：

a) 色谱柱：Zorbax C_{18}，150 mm×2.1 mm(内径)，5 μm，或相当者；
b) 柱温：40 ℃；
c) 流速：0.2 mL/min；
d) 进样量：5 μL；
e) 流动相及梯度洗脱条件见表 1。

表 1 流动相及梯度洗脱条件

时间 min	流速 μL/min	甲醇 %	水(1%甲酸) %	水 %
0.00	200	20.0	20.0	60.0
2.00	200	20.0	20.0	60.0
3.00	200	60.0	40.0	0
20.00	200	75.0	25.0	0
20.10	200	20.0	40.0	40.0
25.00	200	20.0	40.0	40.0

7.3.2 质谱条件

a) 电离方式:电喷雾电离(ESI);
b) 扫描方式:正离子扫描;
c) 检测方式:多反应监测(MRM);
d) 电喷雾电压:3.0 kV;
e) 雾化气、气帘气、辅助加热气、碰撞气均为高纯氮气,适用前应调节各气体流量以使质谱灵敏度达到检测要求;
f) 辅助气温度;
g) 定性离子对、定量离子对、采集时间、去簇电压及碰撞能量等参数参见附录A。

7.3.3 液相色谱-质谱/质谱检测及确证

根据样液中被测物含量情况,选定浓度相近的标准工作溶液,标准工作溶液和待测样液中杀线威等12种氨基甲酸酯类农药的响应值均应在仪器检测的线性范围内。标准工作溶液与样液等体积参插进样测定。

标准溶液及样液均按7.3.1和7.3.2规定的条件进行测定,如果样液中与标准溶液相同的保留时间有峰出现,则对其进行确证。经确证分析被测物质量色谱峰保留时间与标准物质相一致,并且在扣除背景后的样品谱图中,所选择的离子均出现;同时所选择离子的丰度比与标准样物质相关离子的相对丰度一致,相似度在允许偏差之内(见表2),被确证的样品可判定为阳性检出。杀线威等12种氨基甲酸酯类农药标准物质的液相色谱-质谱/质谱总离子流图参见附录B中图B.1。

表2 定性确证时相对离子丰度的最大允许偏差

相对离子丰度/%	>50	>20~50	>10~20	≤10
允许的相对偏差/%	±20	±25	±30	±50

7.4 空白试验

除不称取试样外,均按上述步骤进行。

7.5 结果计算和表述

用色谱数据处理机或按式(1)计算试样中杀线威等12种氨基甲酸酯类农药残留量:

$$X_i = \frac{A_i \cdot c_i \cdot V}{A_{is} \cdot m} \times \frac{1\,000}{1\,000} \qquad \cdots\cdots(1)$$

式中:

X_i ——试样中农药 i 残留量,单位为毫克每千克(mg/kg);
A_i ——样液中杀线威等12种氨基甲酸酯类农药的峰面积(或峰高);
c_i ——标准工作液中农药 i 的浓度,单位为微克每毫升(μg/mL);
V ——样液最终定容体积,单位为毫升(mL);
A_{is} ——标准工作液中农药 i 的峰面积(或峰高);
m ——最终样液所代表的试样质量,单位为克(g)。

注:计算结果应扣除空白值。

8 测定低限和回收率

8.1 测定低限

本方法的测定低限参见附录C。

8.2 添加浓度范围及回收率

本方法添加浓度及回收率参见附录C中表C.1。

附 录 A
（资料性附录）
质 谱 条 件[1)]

质谱条件：

a) 电离方式：电喷雾电离(ESI)；
b) 电喷雾电压(IS)：5 500 V；
c) 雾化气压力(GS1)：20 psi；
d) 气帘气压力(CUR)：20 psi；
e) 辅助气流速(GS2)：30 psi；
f) 离子源温度(TEM)：550 ℃；
g) 碰撞气(CAD)：6 mL/min；
h) 碰撞池出口电压(CXP)：10 V；
i) 碰撞池入口电压(EP)：10 V；
j) 扫描方式：正离子扫描；
k) 检测方式：多反应监测(MRM)；
l) 质谱参数见表 A.1。

表 A.1 杀线威等 12 种氨基甲酸酯类农药的质谱参数（多反应监测条件）

被测物名称	英文名称	母离子 (m/z)	子离子 (m/z)	采集时间 ms	去簇电压 V	碰撞能量 eV	保留时间 min
杀线威	oxamyl	242.1	121.3	30	73	18	7.43
			72.3*	30	73	35	
灭多威	methomyl	163.0	106.1	30	58	12	9.28
			88.1*	30	58	12	
抗蚜威	pirimicarb	238.7	182.2	30	66	22	11.47
			72.2*	30	66	36	
涕灭威	aldicarb	208.1	116.2	30	55	10	12.28
			89.2*	30	55	21	
速灭威	metolcarb	166.2	109.1*	30	62	14	12.88
			94.1	30	62	42	
噁虫威	bendiocarb	224.4	167.1	30	65	13	13.37
			109.0*	30	65	25	
克百威	carbofuran	222.3	165.0	30	70	16	13.40
			123.2*	30	70	30	

1) 非商业声明：附录 A 所列参考质谱条件是在 API 4000 液相色谱-质谱/质谱仪上完成的，此处列出试验用仪器型号仅为提供参考，并不涉及商业目的，鼓励标准使用者尝试不同厂家或型号的仪器。

表 A.1（续）

被测物名称	英文名称	母离子 (m/z)	子离子 (m/z)	采集时间 ms	去簇电压 V	碰撞能量 eV	保留时间 min
甲萘威	carbaryl	202.2	145.2	30	55	12	14.15
			127.2*	30	55	38	
乙硫甲威	ethiofencarb	226.2	164.0*	30	53	11	14.61
			107.0	30	53	19	
异丙威	isoprocarb	194.2	137.2*	30	70	12	15.41
			95.3	30	70	20	
乙霉威	diethofencarb	268.3	180.0*	30	55	23	17.87
			152.0	30	55	30	
仲丁威	fenobucarb	208.4	151.2*	30	70	12	19.28
			109.1	30	70	21	

注 1：“*”的离子用于定量。

注 2：对于不同质谱仪器，仪器参数可能存在差异，测定前应将质谱参数优化到最佳。

附 录 B
（资料性附录）
杀线威等 12 种氨基甲酸酯类农药总离子流图

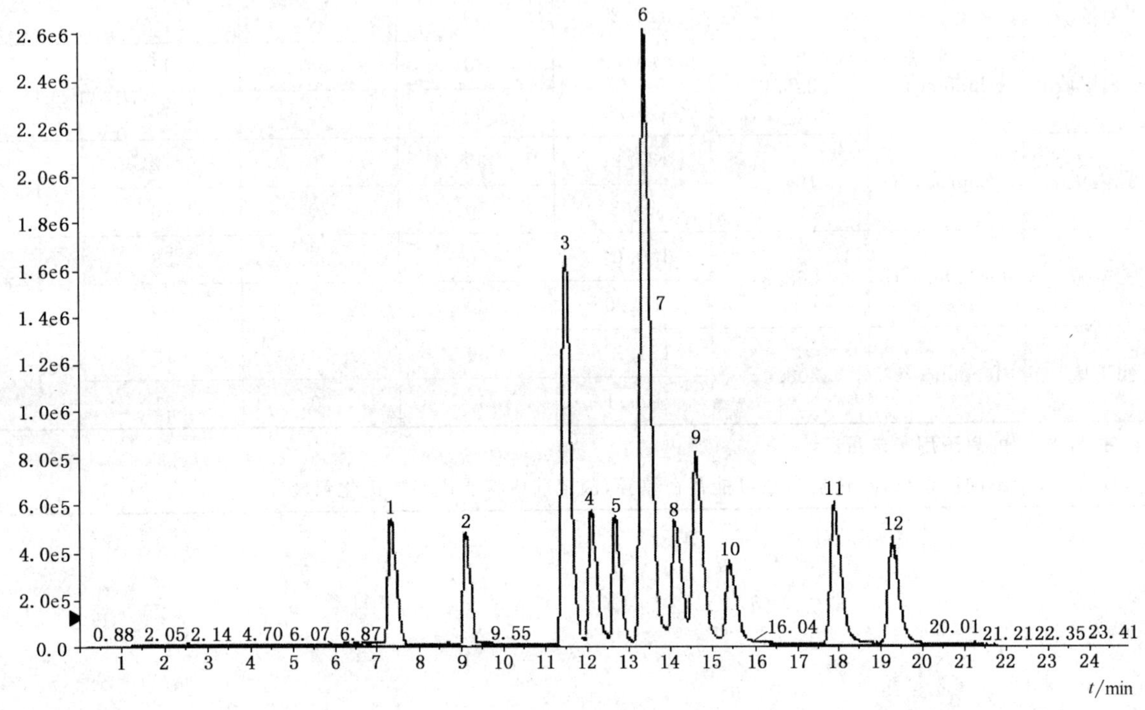

1——杀线威；
2——灭多威；
3——抗蚜威；
4——涕灭威；
5——速灭威；
6——噁虫威；
7——克百威；
8——甲萘威；
9——乙硫甲威；
10——异丙威；
11——乙霉威；
12——仲丁威。

图 B.1 杀线威等 12 种氨基甲酸酯类农药(0.1 μg/mL)总离子流

附 录 C
（资料性附录）
方法测定低限和确证低限及回收率范围

表 C.1 测定低限和确证低限及回收率范围

药品名称	样品名称	添加水平 mg/kg	测定和确证低限 mg/kg	回收率范围 %
杀线威	糙米	0.010	0.01	81.0～93.0
		0.100	0.01	82.5～94.9
		1.000	0.01	89.4～108.3
	玉米	0.010	0.01	84.0～98.0
		0.100	0.01	79.2～95.4
		1.000	0.01	81.6～99.7
	白菜	0.010	0.01	83.0～99.0
		0.100	0.01	84.3～97.0
		1.000	0.01	81.2～102.4
	大葱	0.010	0.01	80.0～97.0
		0.100	0.01	84.7～99.1
		1.000	0.01	81.9～92.4
	大麦	0.010	0.01	81.0～103.0
		0.100	0.01	76.8～95.7
		1.000	0.01	83.2～103.6
	小麦	0.010	0.01	86.0～102.0
		0.100	0.01	82.5～98.0
		1.000	0.01	88.0～108.4
	苹果	0.010	0.01	82.0～96.0
		0.100	0.01	86.3～98.7
		1.000	0.01	83.6～102.1
	柑橘	0.010	0.01	85.0～101.0
		0.100	0.01	87.2～110.0
		1.000	0.01	84.3～99.2
	大豆	0.010	0.01	80.0～93.0
		0.100	0.01	82.6～96.7
		1.000	0.01	83.1～102.6
	花生	0.010	0.01	79.0～95.0
		0.100	0.01	86.4～102.3
		1.000	0.01	79.2～96.1
	牛肝	0.010	0.01	86.0～105.0
		0.100	0.01	89.4～106.0
		1.000	0.01	84.3～99.6
	鸡肾	0.010	0.01	83.0～103.0
		0.100	0.01	81.0～96.1
		1.000	0.01	82.1～99.2
	蜂蜜	0.010	0.01	78.0～92.0
		0.100	0.01	82.6～99.7
		1.000	0.01	83.6～97.8

表 C.1（续）

药品名称	样品名称	添加水平 mg/kg	测定和确证低限 mg/kg	回收率范围 %
灭多威	糙米	0.010	0.01	86.0～100.0
		0.100	0.01	81.1～99.3
		1.000	0.01	86.8～102.7
	玉米	0.010	0.01	80.0～94.0
		0.100	0.01	85.7～97.6
		1.000	0.01	85.5～101.2
	白菜	0.010	0.01	80.0～97.0
		0.100	0.01	88.2～106.0
		1.000	0.01	88.5～100.4
	大葱	0.010	0.01	82.0～97.0
		0.100	0.01	79.6～98.2
		1.000	0.01	78.5～96.4
	大麦	0.010	0.01	81.0～97.0
		0.100	0.01	82.9～97.3
		1.000	0.01	82.4～103.7
	小麦	0.010	0.01	83.0～97.0
		0.100	0.01	85.2～106.0
		1.000	0.01	81.1～95.7
	苹果	0.010	0.01	80.0～94.0
		0.100	0.01	87.3～103.4
		1.000	0.01	81.3～99.6
	柑橘	0.010	0.01	78.0～95.0
		0.100	0.01	81.4～96.7
		1.000	0.01	80.2～99.3
	大豆	0.010	0.01	86.0～102.0
		0.100	0.01	82.3～95.7
		1.000	0.01	80.1～97.3
	花生	0.010	0.01	78.0～95.0
		0.100	0.01	77.8～95.3
		1.000	0.01	80.3～97.7
	牛肝	0.010	0.01	89.0～104.0
		0.100	0.01	79.5～96.0
		1.000	0.01	81.6～99.1
	鸡肾	0.010	0.01	79.0～95.0
		0.100	0.01	86.7～105.0
		1.000	0.01	88.6～100.3
	蜂蜜	0.010	0.01	78.0～92.0
		0.100	0.01	82.6～99.7
		1.000	0.01	83.6～97.8
抗蚜威	糙米	0.010	0.01	78.0～97.0
		0.100	0.01	81.9～98.0
		1.000	0.01	83.4～99.1
	玉米	0.010	0.01	78.0～96.0
		0.100	0.01	89.2～103.0
		1.000	0.01	83.6～97.1

表 C.1（续）

药品名称	样品名称	添加水平 mg/kg	测定和确证低限 mg/kg	回收率范围 %
抗蚜威	白菜	0.010	0.01	76.0～93.0
		0.100	0.01	82.2～95.1
		1.000	0.01	81.5～96.3
	大葱	0.010	0.01	79.0～93.0
		0.100	0.01	83.4～97.6
		1.000	0.01	82.8～96.4
	大麦	0.010	0.01	76.0～92.0
		0.100	0.01	78.6～95.3
		1.000	0.01	84.8～103.7
	小麦	0.010	0.01	85.0～98.0
		0.100	0.01	78.6～95.8
		1.000	0.01	80.0～93.6
	苹果	0.010	0.01	80.0～95.0
		0.100	0.01	81.2～98.8
		1.000	0.01	88.4～100.9
	柑橘	0.010	0.01	81.0～94.0
		0.100	0.01	80.9～97.7
		1.000	0.01	82.6～96.1
	大豆	0.010	0.01	82.0～96.0
		0.100	0.01	84.0～107.0
		1.000	0.01	80.2～97.3
	花生	0.010	0.01	82.0～96.0
		0.100	0.01	84.3～97.3
		1.000	0.01	83.2～96.3
	牛肝	0.010	0.01	76.0～95.0
		0.100	0.01	80.5～96.4
		1.000	0.01	85.3～102.6
	鸡肾	0.010	0.01	82.0～95.0
		0.100	0.01	77.6～98.2
		1.000	0.01	81.2～96.2
	蜂蜜	0.010	0.01	76.0～93.0
		0.100	0.01	83.0～95.6
		1.000	0.01	85.3～101.5
涕灭威	糙米	0.010	0.01	81.0～95.0
		0.100	0.01	79.3～97.7
		1.000	0.01	80.1～97.7
	玉米	0.010	0.01	79.0～95.0
		0.100	0.01	78.8～94.0
		1.000	0.01	83.1～99.0

表 C.1（续）

药品名称	样品名称	添加水平 mg/kg	测定和确证低限 mg/kg	回收率范围 %
涕灭威	白菜	0.010	0.01	82.0～97.0
		0.100	0.01	78.6～91.5
		1.000	0.01	82.0～97.7
	大葱	0.010	0.01	81.0～97.0
		0.100	0.01	83.3～100.8
		1.000	0.01	79.8～93.5
	大麦	0.010	0.01	81.0～95.0
		0.100	0.01	81.1～95.6
		1.000	0.01	85.3～95.7
	小麦	0.010	0.01	77.0～95.0
		0.100	0.01	84.5～98.3
		1.000	0.01	83.6～95.8
	苹果	0.010	0.01	76.0～95.0
		0.100	0.01	81.9～98.8
		1.000	0.01	77.5～90.7
	柑橘	0.010	0.01	76.0～93.0
		0.100	0.01	81.9～98.0
		1.000	0.01	77.6～93.1
	大豆	0.010	0.01	80.0～97.0
		0.100	0.01	78.4～93.7
		1.000	0.01	85.8～100.4
	花生	0.010	0.01	82.0～109.0
		0.100	0.01	82.1～94.6
		1.000	0.01	78.7～93.1
	牛肝	0.010	0.01	80.0～97.0
		0.100	0.01	80.2～95.1
		1.000	0.01	82.3～96.1
	鸡肾	0.010	0.01	76.0～93.0
		0.100	0.01	82.3～96.7
		1.000	0.01	81.2～98.9
	蜂蜜	0.010	0.01	82.0～97.0
		0.100	0.01	82.6～97.2
		1.000	0.01	84.4～99.0
速灭威	糙米	0.010	0.01	76.0～93.0
		0.100	0.01	82.1～98.8
		1.000	0.01	81.1～95.8
	玉米	0.010	0.01	79.0～95.0
		0.100	0.01	81.9～98.8
		1.000	0.01	83.3～97.3
	白菜	0.010	0.01	86.0～106.0
		0.100	0.01	80.0～96.2
		1.000	0.01	78.6～92.1
	大葱	0.010	0.01	79.0～95.0
		0.100	0.01	80.1～95.4
		1.000	0.01	80.7～96.3

表 C.1（续）

药品名称	样品名称	添加水平 mg/kg	测定和确证低限 mg/kg	回收率范围 %
速灭威	大麦	0.010	0.01	81.0～97.0
		0.100	0.01	81.6～96.1
		1.000	0.01	76.1～97.1
	小麦	0.010	0.01	83.0～97.0
		0.100	0.01	81.9～97.8
		1.000	0.01	84.4～95.0
	苹果	0.010	0.01	77.0～92.0
		0.100	0.01	85.6～99.3
		1.000	0.01	85.3～98.9
	柑橘	0.010	0.01	81.0～99.0
		0.100	0.01	80.9～96.0
		1.000	0.01	82.9～97.5
	大豆	0.010	0.01	87.0～104.0
		0.100	0.01	81.2～96.9
		1.000	0.01	82.6～96.8
	花生	0.010	0.01	80.0～96.0
		0.100	0.01	81.2～96.5
		1.000	0.01	81.0～97.8
	牛肝	0.010	0.01	86.0～102.0
		0.100	0.01	81.7～95.4
		1.000	0.01	84.4～97.7
	鸡肾	0.010	0.01	80.0～94.0
		0.100	0.01	81.1～97.4
		1.000	0.01	81.2～95.9
	蜂蜜	0.010	0.01	78.0～95.0
		0.100	0.01	81.0～96.7
		1.000	0.01	80.0～93.7
噁虫威	糙米	0.010	0.01	86.0～103.0
		0.100	0.01	86.0～96.1
		1.000	0.01	82.6～95.2
	玉米	0.010	0.01	81.0～95.0
		0.100	0.01	82.5～96.4
		1.000	0.01	79.0～93.9
	白菜	0.010	0.01	86.0～101.0
		0.100	0.01	81.1～96.0
		1.000	0.01	83.6～97.8
	大葱	0.010	0.01	83.0～95.0
		0.100	0.01	80.8～96.4
		1.000	0.01	82.3～95.1
	大麦	0.010	0.01	82.0～96.0
		0.100	0.01	80.1～97.7
		1.000	0.01	85.2～103.6

表 C.1（续）

药品名称	样品名称	添加水平 mg/kg	测定和确证低限 mg/kg	回收率范围 %
噁虫威	小麦	0.010	0.01	85.0～99.0
		0.100	0.01	81.2～98.6
		1.000	0.01	84.4～96.1
	苹果	0.010	0.01	81.0～97.0
		0.100	0.01	81.2～99.7
		1.000	0.01	82.1～96.6
	柑橘	0.010	0.01	88.0～105.0
		0.100	0.01	78.6～97.8
		1.000	0.01	85.1～96.3
	大豆	0.010	0.01	82.0～97.0
		0.100	0.01	78.6～95.5
		1.000	0.01	85.3～97.5
	花生	0.010	0.01	78.0～95.0
		0.100	0.01	87.8～102.0
		1.000	0.01	81.2～97.4
	牛肝	0.010	0.01	76.0～95.0
		0.100	0.01	81.2～99.0
		1.000	0.01	84.5～98.8
	鸡肾	0.010	0.01	78.0～91.0
		0.100	0.01	86.4～98.6
		1.000	0.01	77.3～94.6
	蜂蜜	0.010	0.01	77.0～94.0
		0.100	0.01	83.9～99.8
		1.000	0.01	81.2～104.8
克百威	糙米	0.010	0.01	85.0～99.0
		0.100	0.01	78.6～94.4
		1.000	0.01	82.2～98.7
	玉米	0.010	0.01	85.0～105.0
		0.100	0.01	84.7～98.0
		1.000	0.01	80.3～96.8
	白菜	0.010	0.01	83.0～95.0
		0.100	0.01	80.5～109.0
		1.000	0.01	83.3～98.9
	大葱	0.010	0.01	86.0～100.0
		0.100	0.01	81.2～96.7
		1.000	0.01	78.7～95.5
	大麦	0.010	0.01	80.0～96.0
		0.100	0.01	82.6～94.8
		1.000	0.01	82.1～98.7
	小麦	0.010	0.01	79.0～96.0
		0.100	0.01	85.1～96.7
		1.000	0.01	81.3～97.9

表 C.1（续）

药品名称	样品名称	添加水平 mg/kg	测定和确证低限 mg/kg	回收率范围 %
克百威	苹果	0.010	0.01	79.0～89.0
		0.100	0.01	80.6～94.5
		1.000	0.01	81.6～98.7
	柑橘	0.010	0.01	83.0～106.0
		0.100	0.01	85.3～99.4
		1.000	0.01	79.7～91.3
	大豆	0.010	0.01	77.0～91.0
		0.100	0.01	77.8～95.6
		1.000	0.01	85.1～96.2
	花生	0.010	0.01	87.0～103.0
		0.100	0.01	84.5～99.7
		1.000	0.01	78.7～98.6
	牛肝	0.010	0.01	79.0～95.0
		0.100	0.01	89.0～112.0
		1.000	0.01	85.7～97.2
	鸡肾	0.010	0.01	85.0～99.0
		0.100	0.01	76.9～95.7
		1.000	0.01	82.3～98.8
	蜂蜜	0.010	0.01	81.0～95.0
		0.100	0.01	86.5～99.8
		1.000	0.01	81.4～95.6
甲萘威	糙米	0.010	0.01	81.0～102.0
		0.100	0.01	79.2～94.5
		1.000	0.01	83.7～100.0
	玉米	0.010	0.01	77.0～95.0
		0.100	0.01	82.4～98.0
		1.000	0.01	82.5～97.8
	白菜	0.010	0.01	80.0～94.0
		0.100	0.01	77.3～95.4
		1.000	0.01	78.6～93.4
	大葱	0.010	0.01	82.0～95.0
		0.100	0.01	83.4～98.3
		1.000	0.01	86.8～100.5
	大麦	0.010	0.01	82.0～106.0
		0.100	0.01	76.5～92.1
		1.000	0.01	79.6～95.3
	小麦	0.010	0.01	76.0～92.0
		0.100	0.01	82.5～106.5
		1.000	0.01	76.6～95.3
	苹果	0.010	0.01	82.0～99.0
		0.100	0.01	77.6～95.4
		1.000	0.01	82.0～99.9
	柑橘	0.010	0.01	87.0～104.0
		0.100	0.01	84.1～99.7
		1.000	0.01	80.4～95.1

表 C.1（续）

药品名称	样品名称	添加水平 mg/kg	测定和确证低限 mg/kg	回收率范围 %
甲萘威	大豆	0.010	0.01	80.0～95.0
		0.100	0.01	82.6～95.3
		1.000	0.01	78.6～93.3
	花生	0.010	0.01	83.0～99.0
		0.100	0.01	82.5～107.4
		1.000	0.01	82.7～99.8
	牛肝	0.010	0.01	83.0～101.0
		0.100	0.01	79.3～98.5
		1.000	0.01	77.6～93.6
	鸡肾	0.010	0.01	82.0～97.0
		0.100	0.01	81.4～97.8
		1.000	0.01	82.4～96.7
	蜂蜜	0.010	0.01	81.0～96.0
		0.100	0.01	80.1～94.6
		1.000	0.01	83.5～98.7
乙硫甲威	糙米	0.010	0.01	84.0～97.0
		0.100	0.01	77.5～95.8
		1.000	0.01	81.4～95.5
	玉米	0.010	0.01	81.0～109.0
		0.100	0.01	81.5～99.3
		1.000	0.01	77.4～95.1
	白菜	0.010	0.01	82.0～94.0
		0.100	0.01	80.2～99.8
		1.000	0.01	88.6～100.2
	大葱	0.010	0.01	89.0～102.0
		0.100	0.01	83.6～96.1
		1.000	0.01	81.6～95.3
	大麦	0.010	0.01	80.0～96.0
		0.100	0.01	81.0～97.3
		1.000	0.01	83.3～96.5
	小麦	0.010	0.01	83.0～97.0
		0.100	0.01	83.6～97.6
		1.000	0.01	85.1～99.1
	苹果	0.010	0.01	81.0～96.0
		0.100	0.01	81.4～95.2
		1.000	0.01	82.2～94.2
	柑橘	0.010	0.01	79.0～91.0
		0.100	0.01	82.9～98.4
		1.000	0.01	81.6～93.5
	大豆	0.010	0.01	83.0～95.0
		0.100	0.01	83.8～97.1
		1.000	0.01	80.6～96.3

表 C.1（续）

药品名称	样品名称	添加水平 mg/kg	测定和确证低限 mg/kg	回收率范围 %
乙硫甲威	花生	0.010	0.01	82.0～96.0
		0.100	0.01	83.4～97.7
		1.000	0.01	81.4～98.6
	牛肝	0.010	0.01	81.0～95.0
		0.100	0.01	80.6～96.6
		1.000	0.01	81.2～95.3
	鸡肾	0.010	0.01	81.0～96.0
		0.100	0.01	81.1～94.5
		1.000	0.01	82.1～97.0
	蜂蜜	0.010	0.01	80.0～98.0
		0.100	0.01	81.2～96.0
		1.000	0.01	83.6～94.6
异丙威	糙米	0.010	0.01	81.0～95.0
		0.100	0.01	81.2～99.7
		1.000	0.01	80.1～98.1
	玉米	0.010	0.01	81.0～95.0
		0.100	0.01	80.1～96.3
		1.000	0.01	80.4～95.1
	白菜	0.010	0.01	82.0～95.0
		0.100	0.01	82.5～97.6
		1.000	0.01	80.0～96.1
	大葱	0.010	0.01	81.0～95.0
		0.100	0.01	84.9～104.0
		1.000	0.01	81.4～96.8
	大麦	0.010	0.01	81.0～95.0
		0.100	0.01	81.0～97.4
		1.000	0.01	81.3～97.6
	小麦	0.010	0.01	81.0～103.0
		0.100	0.01	81.4～97.5
		1.000	0.01	81.3～96.7
	苹果	0.010	0.01	80.0～95.0
		0.100	0.01	81.2～98.2
		1.000	0.01	80.7～96.6
	柑橘	0.010	0.01	79.0～96.0
		0.100	0.01	82.6～95.5
		1.000	0.01	80.7～96.1
	大豆	0.010	0.01	81.0～95.0
		0.100	0.01	80.3～91.2
		1.000	0.01	81.0～95.2
	花生	0.010	0.01	86.0～100.0
		0.100	0.01	83.7～97.6
		1.000	0.01	83.6～96.0

表 C.1(续)

药品名称	样品名称	添加水平 mg/kg	测定和确证低限 mg/kg	回收率范围 %
异丙威	牛肝	0.010	0.01	83.0～96.0
		0.100	0.01	80.2～96.5
		1.000	0.01	80.3～97.6
	鸡肾	0.010	0.01	81.0～96.0
		0.100	0.01	80.3～96.9
		1.000	0.01	80.1～95.5
	蜂蜜	0.010	0.01	81.0～103.0
		0.100	0.01	85.9～105.0
		1.000	0.01	80.2～95.6
乙霉威	糙米	0.010	0.01	80.0～101.0
		0.100	0.01	80.1～97.3
		1.000	0.01	80.9～96.7
	玉米	0.010	0.01	81.0～97.0
		0.100	0.01	81.1～97.5
		1.000	0.01	81.7～97.7
	白菜	0.010	0.01	86.0～101.0
		0.100	0.01	80.0～98.2
		1.000	0.01	80.8～95.7
	大葱	0.010	0.01	79.0～94.0
		0.100	0.01	80.5～102.1
		1.000	0.01	80.7～97.7
	大麦	0.010	0.01	84.0～103.0
		0.100	0.01	80.9～97.2
		1.000	0.01	77.9～95.0
	小麦	0.010	0.01	82.0～98.0
		0.100	0.01	80.2～98.4
		1.000	0.01	81.5～98.8
	苹果	0.010	0.01	85.0～104.0
		0.100	0.01	81.5～100.9
		1.000	0.01	79.1～96.9
	柑橘	0.010	0.01	80.0～100.0
		0.100	0.01	81.2～98.7
		1.000	0.01	83.6～95.9
	大豆	0.010	0.01	85.0～106.0
		0.100	0.01	81.7～93.5
		1.000	0.01	84.2～99.1
	花生	0.010	0.01	76.0～93.0
		0.100	0.01	80.6～98.0
		1.000	0.01	80.3～97.3
	牛肝	0.010	0.01	84.0～100.0
		0.100	0.01	82.5～103.6
		1.000	0.01	81.2～97.1
	鸡肾	0.010	0.01	84.0～102.0
		0.100	0.01	82.3～98.5
		1.000	0.01	80.4～96.6

表 C.1（续）

药品名称	样品名称	添加水平 mg/kg	测定和确证低限 mg/kg	回收率范围 %
乙霉威	蜂蜜	0.010	0.01	82.0～96.0
		0.100	0.01	83.7～99.2
		1.000	0.01	78.7～95.9
仲丁威	糙米	0.010	0.01	84.0～99.0
		0.100	0.01	80.9～98.7
		1.000	0.01	81.5～99.0
	玉米	0.010	0.01	85.0～96.0
		0.100	0.01	80.0～95.8
		1.000	0.01	82.3～95.6
	白菜	0.010	0.01	82.0～98.0
		0.100	0.01	82.7～97.5
		1.000	0.01	80.1～96.8
	大葱	0.010	0.01	82.0～96.0
		0.100	0.01	81.7～98.4
		1.000	0.01	82.6～96.7
	大麦	0.010	0.01	86.0～101.0
		0.100	0.01	86.9～97.8
		1.000	0.01	80.6～98.1
	小麦	0.010	0.01	84.0～96.0
		0.100	0.01	84.1～93.7
		1.000	0.01	80.5～96.3
	苹果	0.010	0.01	82.0～97.0
		0.100	0.01	82.9～98.4
		1.000	0.01	81.7～95.1
	柑橘	0.010	0.01	82.0～95.0
		0.100	0.01	82.4～97.0
		1.000	0.01	80.1～98.0
	大豆	0.010	0.01	81.0～97.0
		0.100	0.01	82.5～97.1
		1.000	0.01	80.2～98.3
	花生	0.010	0.01	81.0～99.0
		0.100	0.01	83.2～97.3
		1.000	0.01	85.1～103.1
	牛肝	0.010	0.01	82.0～104.0
		0.100	0.01	81.2～94.7
		1.000	0.01	82.0～97.5
	鸡肾	0.010	0.01	81.0～97.0
		0.100	0.01	81.0～96.3
		1.000	0.01	81.8～94.7
	蜂蜜	0.010	0.01	82.0～96.0
		0.100	0.01	81.7～96.4
		1.000	0.01	80.3～93.7

中华人民共和国进出口商品检验行业标准

出口粮谷中敌敌畏、二嗪磷、倍硫磷、马拉硫磷残留量检验方法

SN 0136—92

Method for determination of dichlorovos, diazinon, fenthion, malathion residues in grain for export

代替 ZB B22 016—88

1 主题内容与适应范围

本标准规定了出口玉米中敌敌畏、二嗪磷、倍硫磷、马拉硫磷残留量的抽样和测定方法。

本标准适用于出口玉米中敌敌畏、二嗪磷、倍硫磷、马拉硫磷残留量的检验。

2 抽样和制样

2.1 检验批

产地以不超过200 t 为一检验批，口岸装船前以不超过 500 t 为一检验批。

同一检验批的商品应具有相同的包装、标记、产地、规格和等级等。

2.2 样本大小

2.2.1 袋装

50件以下抽取5件；

51～100件抽取10件；

101～500件抽取42件；

501～1 000件抽取72件；

1 000件以上每增50件增抽1件，不足50件按50件计。

2.2.2 散装

按粮堆面积分区设点，以50 m^2为一个抽样小区，每区设中心及四角(距边缘1 m 处)五个点，每增加一个抽样小区，增加三个点。

2.3 抽样工具和方法

2.3.1 抽样工具

1m 或2 m 长的双套管取样器。

2.3.2 抽样方法

2.3.2.1 袋装

从堆垛的各部位按2.2.1抽取应取件数，抽样袋的点要分布均匀。每袋用取样器从袋口一角向对角插入袋内抽取100～200 g 样品。将抽取的全部样品混合后，用分样器或四分法缩分出不少于2 kg 的代表性样品，装入清洁容器中。填写样品标签，注明品名、日期、报验号、申请单位、取样人等，送交实验室。

2.3.2.2 散装

按2.2.2设定取样点，逐点抽取100～200 g 样品。以下按2.3.2.1项内容进行操作。

2.3.3 实验室样品制备

用分样器将收到的实验室样品(约2 kg)混合均匀，分为两份，一份作为存查样品，另一份继续缩分，

中华人民共和国国家进出口商品检验局1992-12-25批准 1993-05-01实施

分出500 g试样，用磨粉机粉碎，通过20筛目，混匀，装入广口瓶中。在试样标签上填明品名、报验号、申请单位、取样人员及日期等，保存在0℃以下，待测。

注：在抽样和制样的操作中，必须防止样品受到污染和农药残留量含量发生变化，以保证实验室样品能代表全批商品。

3 测定方法

3.1 方法原理

用乙腈-水溶液提取试样，加入乙酸锌，消除脂肪，用三氯甲烷萃取，净化，萃取液浓缩定容后，注入配有火焰光度检测器的气相色谱仪测定，外标法定量。

3.2 试剂和材料

3.2.1 乙腈：分析纯，重蒸馏。

3.2.2 蒸馏水：重蒸馏。

3.2.3 三氯甲烷：分析纯，重蒸馏。

3.2.4 无水硫酸钠：分析纯，650℃灼烧4 h，贮于干燥器中备用。

3.2.5 乙酸锌：分析纯。

3.2.6 敌敌畏、二嗪磷、倍硫磷、马拉硫磷标准品：纯度均>99%。

3.2.7 乙腈-水溶液(1+1)。

3.2.8 无水硫酸钠溶液(20g/L)：将2 g灼烧过的无水硫酸钠(3.2.4)溶于100 mL蒸馏水中。

3.2.9 农药标准溶液：准确称取适量的敌敌畏、二嗪磷、倍硫磷、马拉硫磷标准品(3.2.6)，用三氯甲烷配制成浓度为1 mg/mL的混合标准储备溶液，根据需要再配制成适宜浓度的混合标准工作溶液。

3.3 仪器和设备

3.3.1 气相色谱仪并配有火焰光度检测器：磷滤光片526 nm。

3.3.2 磨粉机。

3.3.3 组织捣碎机。

3.3.4 旋转蒸发器。

3.3.5 振荡器。

3.3.6 微量注射器：10 μL。

3.3.7 无水硫酸钠柱：筒形漏斗15 cm×1.5 cm(内径)，内装5 cm高无水硫酸钠。

3.4 测定步骤

3.4.1 提取

称取20.0 g试样置于具塞锥形瓶中，加乙腈-水溶液(3.2.7)100 mL和乙酸锌(3.2.5)0.5 g，在振荡器上振荡45 min后通过定性滤纸过滤，收集滤液于锥形瓶中。

3.4.2 净化

用移液管准确移取50 mL滤液于盛有硫酸钠溶液(3.2.8)100 mL的分液漏斗中，分别用三氯甲烷(3.2.3)萃取二次，每次50 mL，合并萃取液，在53±2℃下，用旋转蒸发器浓缩至10 mL左右，将浓缩液通过硫酸钠柱(3.3.7)，用三氯甲烷定容至25 mL，供气相色谱测定。

3.4.3 测定

3.4.3.1 色谱条件

a. 色谱柱：玻璃柱，2m×2.6 mm(内径)，填充物为4%(*m*/*m*)SE-30+6%(*m*/*m*)OV-210涂于Chrom Q(80～100筛目)上。

b. 色谱柱温度：190℃。

c. 检测器温度：230℃。

d. 进样口温度：230℃。

e. 载气：高纯氮，纯度＞99.99%，71 mL/min。

f. 氢气，纯度＞99.9%，82.5 mL/min。

g. 空气，47.5 mL/min。

在上述操作条件下，保留时间分别约为：敌敌畏1.6 min；二嗪磷4.30 min；倍硫磷9.46 min；马拉硫磷12.2 min。

3.4.3.2 色谱测定

用微量注射器准确吸取适量的农药样液注入气相色谱仪，并测量其峰高，用相应的工作曲线估计样液中农药的大约浓度，然后取与样液中农药浓度最相近的标准工作溶液，与样液同时进行色谱测定。

3.4.4 空白试验：按上述有关步骤进行试剂空白试验。

3.5 结果计算

用色谱数据处理机或下列公式计算含量：

$$x=\frac{H_1\cdot c\cdot V}{H_2\cdot m}$$

式中：x——农药残留量，mg/kg；

H_1——样液中农药峰高，mm；

H_2——标准工作溶液中农药峰高，mm；

c——标准工作溶液中农药浓度，μg/mL；

m——所取试样质量，g；

V——样液定容体积，mL。

注：计算结果需将空白值扣除。

附加说明：

本标准由中华人民共和国国家进出口商品检验局提出。

本标准由中华人民共和国吉林、黑龙江进出口商品检验局负责起草。

本标准主要起草人王明泰、杨英华、顾学成、许晓村、鲍清泰。

中华人民共和国进出口商品检验行业标准

出口粮谷中甲基嘧啶磷残留量检验方法

SN 0137—92

Method for determination of pirimiphos-methyl residue in grain for export

代替 ZB B22 018—88

1 主题内容与适用范围

本标准规定了出口玉米中甲基嘧啶磷残留量的抽样和测定方法。

本标准适用于出口玉米等粮谷中甲基嘧啶磷残留量的检验。

2 抽样和制样

2.1 检验批

产地以不超过 200 t 为一检验批，口岸装船前以不超过 500 t 为一检验批。

同一检验批内商品应具有同一特征，如包装、标记、产地、规格、等级等。

2.2 样本大小

2.2.1 袋装

50 件及以下取 5 件；

51～100 件抽取 10 件；

101～500 件抽取 42 件；

501～1 000 件抽取 72 件；

1 000 件以上每增 50 件增抽 1 件，不足 50 件按 50 件计。

2.2.2 散装

按粮堆面积分区设点，按粮堆高度分层取样。每区面积不超过 50 m^2，每区在中心和四角设 5 个点，每层高度 1 m 左右。

2.3 取样工具和方法

2.3.1 取样工具

1 m 或 2 m 长的双套管取样器。

2.3.2 取样方法

2.3.2.1 袋装

从堆垛的各部位按 2.2.1 抽取应取件数，抽袋的点要分布均匀。将取样器从袋口的一角向对角插入袋内抽取样品。

2.3.2.2 散装

按 2.2.2 设定取样点，逐点抽取样品。

2.4 试样的制备

从每件（或每个取样点）抽取等量的、不少于 100 g 的样品，混合后的原始样品用分样器（或四分法）缩分出不少于 2 kg 的实验室样品装入盛样器内，注明报检号、批号、日期等，并由取样员签字送交实验室。

中华人民共和国国家进出口商品检验局 1992-12-25 批准　　1993-05-01 实施

用分样器将实验室样品分为两份，一份作为存查样品，另一份继续缩分出500 g，用粉磨机磨成粉末(通过20筛目)贮于严密的样品瓶内，标签上填明品名、日期、报验号、申请单位、取样人等。

注：在抽样和制样的操作中，必须防止受到污染和发生任何变化。

3 测定方法

3.1 方法提要

试样用丙酮-正己烷(1+4)提取，提取液经净化、无水硫酸钠脱水后，使用配有火焰光度检测器的气相色谱仪测定，外标法定量。

3.2 试剂和材料

3.2.1 正己烷：分析纯，重蒸馏。

3.2.2 丙酮：分析纯，重蒸馏。

3.2.3 无水硫酸钠：分析纯，650 ℃灼烧4 h，于干燥器内贮存。

3.2.4 甲基嘧啶磷标准品：纯度＞99%。

3.2.5 甲基嘧啶磷标准溶液：准确称取适量(精确至0.000 2 g)的甲基嘧啶磷标准品(3.2.4)，用正己烷(3.2.1)配成浓度为1 mg/mL的标准贮备溶液，根据需要再配制成适用浓度的标准工作溶液。

3.3 仪器和设备

3.3.1 气相色谱仪：配有火焰光度检测器。

3.3.2 微量注射器：5 μL、10 μL。

3.3.3 振荡器。

3.3.4 无水硫酸钠柱：筒形漏斗，内装5 cm高的无水硫酸钠(3.2.3)。

3.4 测定步骤

3.4.1 提取

称取20.0 g试样于具塞锥形瓶内，加入10 mL蒸馏水，混匀，然后加入丙酮-正己烷(1+4)100 mL，在振荡器上振荡45 min。静置至上层溶液澄清，取上清液50 mL于分液漏斗中。

3.4.2 净化

在上述分液漏斗中加入50 mL蒸馏水，振荡1 min，分层后放掉下层水相。正己烷相过无水硫酸钠柱脱水后，定容至50 mL，供色谱测定。

3.4.3 测定

3.4.3.1 色谱条件(可根据所用仪器另行优选)

a. 色谱柱：玻璃柱，2 m×3 mm(内径)，填充物为涂有4%(*m*/*m*)SE-30+6%(*m*/*m*)QF-1的chromosorb WHP(80～100筛目)。

b. 柱温：210 ℃。

c. 进样口温度：250 ℃。

d. 检测器温度：250 ℃。

e. 载气：高纯氮，纯度＞99.99%，30 mL/min。

f. 氢气：流量，65 mL/min。

g. 空气：110 mL/min。

3.4.3.2 色谱测定

用微量注射器准确吸取适量的净化样液进行色谱测定，测量样液中农药峰值。用相应的工作曲线估计样液中农药的大约浓度，然后取与样液浓度最接近的标准工作溶液与样液等体积同时测定。

3.4.4 空白试验

按上述的操作步骤进行试剂空白试验。

3.4.5 结果计算

用色谱数据处理机或按下列公式计算，求出含量。

$$x = \frac{h}{h'} \cdot \frac{c}{m} \cdot V$$

式中：x——甲基嘧啶磷残留量，mg/kg；

h——样液中农药峰高，mm；

h'——标准工作溶液中农药峰高，mm；

c——标准工作溶液中农药浓度，μg/mL；

m——所取试样量，g；

V——样液定容体积，mL。

注：计算结果需将空白值扣除。

附加说明：

本标准由中华人民共和国国家进出口商品检验局提出。

本标准由中华人民共和国安徽、山东进出口商品检验局起草。

本标准主要起草人朱梦栩、王新、刘钢。

中华人民共和国进出口商品检验行业标准

出口粮谷中艾氏剂、狄氏剂、异狄氏剂残留量检验方法

SN 0138—92

代替 ZB B20 013—86

Method for determination of aldrin, diedrin and endrin residues in grain for export

1 主题内容与适应范围

本标准规定了出口荞麦中艾氏剂、狄氏剂、异狄氏剂残留量的抽样和测定方法。

本标准适用于出口荞麦(或其他粮谷)中艾氏剂、狄氏剂、异狄氏剂残留量的检验。

2 抽样和制样

2.1 检验批

以不超过1 500 件为一检验批。同一检验批内商品应具有同一的特征，如包装、产地、标记、等级、规格等。

2.2 样本大小

50件及以下抽5件；

51～100件抽10件；

101～500件抽42件；

501～1 000件抽72件；

1 000件以上每增50件，增抽1件，不足50件按50件计。

2.3 抽样工具和方法

从堆垛不同部位按2.2规定的数量抽取包件，用取样器从所抽取包的包口的一角，依斜对角方向插入包内，抽取等量样品，各包内取得的样品经混合后，即为原始样品；原始样品的总重量不得少于4 kg，然后缩分出1 kg 均匀样品送交实验室。

2.4 试样的制备

将送来实验室的样品全部去皮，将籽实粉碎至全部通过20筛目，用四分法缩分出均匀样品二份(每份250 g)，作为实验室样品供检验和复验用。实验室样品必须密封并填写标签，注明品名、日期、垛位、报验号、申请单位、取样人。

注：在抽样和样品的制备操作中，必须注意不使样品受到污染或发生任何变化。

3 测定方法

3.1 方法提要

用丙酮-石油醚溶液提取试样中农药残留物，经弗罗里硅土和中性氧化铝柱层析净化后，用气相色谱法测定。

3.2 试剂和材料

3.2.1 石油醚：重蒸馏，收集沸程65～75℃馏份。取300 mL 在旋转蒸发器中浓缩至5 mL，在与测定方

中华人民共和国国家进出口商品检验局1992-12-25批准　　1993-05-01实施

法相同的色谱条件下，取5 μL 进行测定，除石油醚峰外无干扰被测物的杂质。

3.2.2 蒸馏水：取蒸馏水100 mL，用石油醚 10 mL 提取，在与测定方法相同的色谱条件下，取 5 μL 提取液进行测定，应无石油醚以外的峰。

3.2.3 丙酮：分析纯，重蒸馏。

3.2.4 苯：分析纯，重蒸馏。

3.2.5 乙醚：分析纯。

3.2.6 无水硫酸钠：分析纯，650℃灼烧 4 h，贮于密封瓶中备用。

3.2.7 中性氧化铝(层析用)：500℃灼烧 4 h，使用前夕在130℃干燥 2 h，置于干燥器冷却，每100 g 加10 mL 水，摇至均匀待用。

3.2.8 弗罗里硅土(60～100目)650℃灼烧 4 h，使用前夕在130℃干燥 2 h，置于干燥器内冷却。每100 g 加5 mL 水，摇至均匀待用。

3.2.9 作为内标物的环氧七氯及标准农药的纯度均应大于99%。

3.2.10 内标物标准溶液及农药标准溶液的配制：准确称取适量的环氧七氯、艾氏剂、狄氏剂、异狄氏剂，用少量苯溶解，然后用石油醚分别配成浓度为0.100 mg/mL 的标准储备溶液。根据需要再配制成适用浓度的含内标物的混合标准工作溶液和内标物标准工作溶液。

注：如果试样中存在环氧七氯，可选择其他适当内标物。

3.3 仪器和设备

3.3.1 气相色谱仪，备有电子俘获检测器。

3.3.2 脂肪抽提器：150 mL。

3.3.3 层析柱：20 cm×1.5 cm(内径)。

3.3.4 旋转蒸发器。

3.3.5 气流吹蒸浓缩装置。

3.3.6 容量瓶：50 mL。

3.3.7 微量注射器：10 μL。

3.3.8 脱脂棉和滤纸筒：用丙酮-石油醚(2+8)混合液回流 2 h 后，取出挥发至干，保存在清洁容器中备用。

3.4 测定步骤

3.4.1 提取

称取制备好的样品10.0 g(用氧化铝净化时称5.0 g)于滤纸筒内，样品表面覆盖少许脱脂棉，装入抽提器中。加丙酮-石油醚(2+8)混合液100 mL 于抽取瓶中，在水浴上浸抽 4 h(从第一次回流开始计时，回流速度8～10次/h)，取出滤纸筒，将提取液浓缩至5 mL 左右待用。

3.4.2 净化

A 法：于层析柱内，依次装入2 cm 高无水硫酸钠，10 g 中性氧化铝及 2 cm 高无水硫酸钠。用乙醚-石油醚(3+17)作淋洗剂预淋洗层析柱。收集20 mL 弃去，然后将浓缩后的提取液倒入柱内，流出液收集于50 mL 容量瓶内(流速为30滴/min，约1.25 mL)供气相色谱测定。

B 法：于层析柱内，依次装入 2 cm 高无水硫酸钠，10 g 弗罗里硅土和 2 cm 高无水硫酸钠。用乙醚-石油醚(3+17)作淋洗剂预淋洗层析柱。收集20 mL 弃去，然后将浓缩的提取液倒入柱内，流出液收集于50 mL 容量瓶内(流速为30滴/min，约1.25 mL)供气相色谱测定。

3.4.3 测定

3.4.3.1 色谱条件

色谱柱 I

a. 玻璃柱，2m×3mm(内径)，填充物为：1.6%OV-17+6.4%OV-210混合液涂于 Gas Chrom Q (80～100筛目)。

b. 载气:高纯氮,纯度>99.99%,30 mL/min。

c. 柱温:200℃。

d. 进样口温度:230℃。

e. 检测器温度:250℃。

色谱柱 Ⅱ

a. 玻璃柱,2 m×3 mm(内径),填充物为:3%(*m*/*m*)DEGS 涂于 Chromosorb W HP(80~100筛目)。

b. 载气:高纯氮,纯度>99.99%,30 mL/min。

c. 柱温:190℃。

d. 进样口温度:230℃。

e. 检测器温度:250℃。

3.4.3.2 色谱测定

准确地移取适量上述净化液进行浓缩或稀释,定量加入内标物标准溶液作为色谱测定的样液。另选择与样液中农药相近的标准工作溶液与样液同时进行色谱测定。

注:① 在上述色谱情况下,各农药组分出峰顺序:

柱Ⅰ:艾氏剂约为4.36 min;
环氧七氯约为7.06 min;
狄氏剂约为 11.08 min;
异狄氏剂约为 13.40 min。

柱Ⅱ:艾氏剂约为 3.50 min;
环氧七氯约为8.56 min;
狄氏剂约为11.42 min;
异狄氏剂约为13.16 min。

② 实际使用的农药标准工作溶液及样液中各浓药组分的响应值均应在仪器检测的线性范围之内,样液测定过程中要参插注入标准工作溶液以检查检测器的灵敏度。

3.5 空白试验

按 3.4 测定步骤进行试剂空白试验。

3.6 结果计算

用色谱数据处理机按适当程序计算各种农药残留量。也可按下式分别计算:

$$\text{农药残留量(mg/kg)} = \frac{h}{h'} \times \frac{c'}{c} \times \frac{h_i'}{h_i} \times \frac{c_i}{c_i'}$$

式中: h——样液中农药峰高,mm;

h'——标准工作溶液中农药峰高,mm;

h_i——样液中内标物峰高,mm;

h_i'——标准工作溶液中内标物峰高,mm;

c——样液浓度,g/μL;

c'——标准工作溶液中农药浓度 μg/μL;

c_i——样液中内标物浓度,μg/μL;

c_i'——标准工作溶液中内标物浓度,μg/μL。

注:① 计算结果需扣除空白值。

② 本法可同时测定六六六和滴滴涕残留量。

附加说明：

本标准由中华人民共和国国家进出口商品检验局提出。
本标准由中华人民共和国上海、湖北进出口商品检验局负责起草。
本标准主要起草人陈余英、吴子良、范崇阳。

中华人民共和国进出口商品检验行业标准

出口粮谷中二硫代氨基甲酸酯残留量检验方法

SN 0139—92

代替 ZB B31 015—88

Method for determination of dithiocarbamate residues in grain for export

1 主题内容与适用范围

本标准规定了出口玉米中二硫代氨基甲酸酯残留量的抽样和测定方法。

本标准适用于出口玉米中二硫代氨基甲酸酯(包括代森锌、福美双等)残留量的检验。

本标准不适用于二硫化碳薰蒸过的玉米。

2 抽样和制样

2.1 检验批

产地以不超过 200 t 为一检验批,口岸装船前以不超过 500 t 为一检验批。

同一检验批内商品应具有同一的特征,如包装、标记、产地、规格、等级等。

2.2 样本大小

2.2.1 袋装

50 件以下,抽取 5 件,不足 5 件者全部抽取;

51～100 件,每增加 10 件增抽 1 件,不足 10 件者以 10 件计;

101～500 件,每增加 100 件增抽 8 件,不足 100 件者以 100 件计;

501～1 000 件,每增加 100 件增抽 6 件,不足 100 件者以 100 件计;

1 001～5 000 件,每增加 100 件增抽 3 件,不足 100 件者以 100 件计;

5 000 件以上,每增加 100 件增抽 1 件,不足 100 件者以 100 件计。

2.2.2 散装

粮堆高度不超过 2 m。按粮堆面积划区设点,每区面积不得超过 50 m^2,在中心和距边缘约 1 m 处的四角设五个点。每增加一个抽样区,增设三个点。

2.3 抽样工具和方法

2.3.1 抽样工具

a. 长度 1 m、2 m、3 m 的双套管取样器;

b. 分样器;

c. 盛样器:气密性容器。

2.3.2 抽样方法

a. 袋装从堆垛的各部位按 2.2.1 抽取应取件数,被抽袋要分布均匀。将取样器从袋口一角向对角插入袋内抽取样品。

b. 散装按 2.2.2 设定的抽样点,逐点抽取样品。

2.4 试样的制备

中华人民共和国国家进出口商品检验局1992-12-25批准　　1993-05-01实施

从每件(或每个取样点)抽取等量的、不少于 100 g 的样品,混合后用分样器(或四分法)缩分出不少于 2 kg 的原始样品,装入盛样器内。注明品名、报验号、批号、抽样时间、抽样地点等,并由抽样人封识尽快送交实验室。

当样品送达实验室后应尽快制备试样并进行分析,但如不能马上进行分析,就不要制备试样。试样不用粉碎,混匀后直接按 3.4.1 操作。

2.5 样品保存

样品取回后,不是当日检验,应在密闭容器中冷藏。

注:在抽样和制样的操作中,必须防止样品受到污染和发生任何变化。

3 测定方法

3.1 方法提要

试样在密闭系统中与还原性酸溶液反应,二硫代氨基甲酸酯被分解,定量释放出二硫化碳,取液上气体用气相色谱法测定二硫化碳含量。

3.2 试剂和材料

3.2.1 丙酮:分析纯,在测试条件下不含与二硫化碳的色谱峰有干扰的物质。

3.2.2 盐酸溶液(5 mol/L):量取浓盐酸(分析纯)430 mL 稀释至 1 000 mL。

3.2.3 氯化亚锡溶液:溶解 15 g 氯化亚锡(分析纯)于适量盐酸溶液(3.2.2)中并用盐酸溶液稀释至 1 L。

3.2.4 二硫化碳标准溶液:准确称取 0.4～0.6 g 二硫化碳(分析纯,经重蒸馏)于装有少量丙酮的 50 mL容量瓶内,以丙酮定容。临用前可再用丙酮稀释到适用浓度。

3.3 仪器和设备

3.3.1 气相色谱仪配备有电子俘获检测器。

3.3.2 顶空瓶:250 mL,可以用 250 mL 血浆瓶,配有丁字胶塞和铝盖代替。

3.3.3 气密性注射器:100～250 μL。

3.3.4 微量注射器:10～100 μL。

3.3.5 恒温水浴。

3.4 测定步骤

3.4.1 试样前处理

a. 在试样制备好以后,立即称取试样 25 g 于顶空瓶(3.3.2)中。

b. 向顶空瓶中加氯化亚锡溶液(3.2.3)100 mL,迅速密封顶空瓶。

c. 将顶空瓶置于 80±2 ℃水浴(3.3.5)中加热 1 h,每隔 15 min 取出用力振摇一次(注意:不要将内容物溅到胶塞上)。

3.4.2 测定

3.4.2.1 色谱条件

a. 色谱柱:玻璃柱,2 m×2.6 mm(内径),填充物为 20%(*m*/*m*)OV-101 涂于 Gas Chrom Q(80～100 筛目)上。

b. 柱温度:60 ℃。

c. 进样口和检测器温度:200 ℃。

d. 载气:高纯氮,纯度>99.99%,40 mL/min。

3.4.2.2 色谱测定

用气密性注射器(3.3.3)取顶空瓶内气体 10～100 μL 立即注入气相色谱仪(3.3.1),与含量最近的标准二硫化碳气比较峰高并按第 3.6 计算二硫化碳含量。

3.4.3 标准二硫化碳气的制备

取几个顶空瓶用水代替试样重复 3.4.1 中 a、b 的操作，用微量注射器向各个顶空瓶内注入不同量的二硫化碳标准溶液使其覆盖适当的含量范围，然后进行 3.4.1 中 c 和 3.4.2.2 的操作。

3.5 空白试验

用水代替试样按 3.4.1 和 3.4.2.2 所列步骤进行。

3.6 结果计算

用色谱数据处理机或按下式计算农药残留量：

$$x = \frac{h}{h'} \times \frac{E}{m}$$

式中：x——样品中二硫代氨基甲酸酯含量(以 CS_2 计)，mg/kg；

h——试样顶空气中二硫化碳峰高，mm；

h'——标准顶空气中二硫化碳峰高，mm；

E——制备标准二硫化碳气时向顶空瓶中加入的二硫化碳的质量，μg；

m——试样的质量，g。

注：① 计算结果需将空白值扣除。

② 二硫代氨基甲酸酯残留量，一般以代森锌量计，一分子代森锌在酸溶液中产生二分子二硫化碳。

附加说明：

本标准由中华人民共和国国家进出口商品检验局提出。

本标准由中华人民共和国河南、湖北进出口商品检验局负责起草。

本标准主要起草人杨冀州、卢康全。

中华人民共和国进出口商品检验行业标准

SN 0140—92
代替 ZB X11 002—84
ZB B20 012—86

出口粮谷中六六六、滴滴涕残留量检验方法

Method for determination of BHC and DDT residues in grain for export

1 主题内容与适用范围

本标准规定了出口大米和荞麦中六六六、滴滴涕残留量的抽样和测定方法。

本标准适用于出口大米和荞麦中六六六、滴滴涕残留量的检验。

2 抽样和制样

2.1 检验批

以不超过 1 500 件为一检验批。同一检验批内商品应具有同一特征，如包装、标记、产地、规格、等级等。

2.2 抽样数量

50 件及以下取 5 件；

51～100 件取 10 件；

101～500 件取 42 件；

501～1 000 件取 72 件；

1 000 件以上每增 50 件增取 1 件，不足 50 件按 50 件计。

2.3 抽样工具和方法

从堆垛不同部位按 2.2 规定的数量抽取包件，用取样器从所抽取包的包口的一角，依斜对角方向插入包内抽取等量样品，各包内取得的样品经混合后即为原始样品。原始样品的总重量不少于 4kg，用四分法缩分出 1kg 的均匀样品送交实验室。

2.4 试样的制备

将送至实验室的荞麦样品全部去皮，将籽实粉碎至全部通过 20 目筛，对于大米样品直接粉碎至全部通过 40 目筛。过筛后缩分出均匀样品二份（每份 250g），装入清洁广口瓶中，作为实验室样品供检验和复验用。实验室样品应密封并填写标签，注明品名、日期、垛位、报验号、申请单位、抽样人。

注：在抽样和样品制备的操作中，必须注意不使样品受到污染，或者发生任何变化。

3 测定方法

3.1 方法提要

用丙酮-石油醚混合物提取试样中农药残留物，用浓硫酸净化后，用气相色谱法测定。

3.2 试剂和材料

3.2.1 石油醚：重蒸馏，收集 65～75℃馏分。取 300mL 用 K.D 浓缩器浓缩至 5mL，在与测定方法相同的色谱条件下，取 5μL 进行色谱测定，除石油醚峰外无其他干扰被测物的杂质峰。

中华人民共和国国家进出口商品检验局 1992-12-25 批准　　1993-05-01 实施

3.2.2 丙酮：分析纯，重蒸馏。

3.2.3 无水硫酸钠：分析纯，650℃灼烧4h，贮于密闭容器中。

3.2.4 硫酸钠水溶液(20g/L)：将2g灼烧过的无水硫酸钠溶于100mL蒸馏水中。

3.2.5 蒸馏水：取蒸馏水100mL用石油醚10mL提取，在与测定方法相同的色谱条件下，取5μL提取液进行色谱测定，应无石油醚以外的杂质峰。

3.2.6 浓硫酸：优级纯。

3.2.7 苯：分析纯，重蒸馏。

3.2.8 标准农药和作为内标物的环氧七氯标准品的纯度均应大于99%。

3.2.9 内标物标准溶液和农药标准溶液的配制：准确称取适量的环氧七氯、甲体六六六、乙体六六六、丙体六六六、丁体六六六、对，对'-滴滴依、邻，对-滴滴涕、对，对'-滴滴滴、对，对'-滴滴涕，用少量苯溶解，然后用石油醚分别配制成浓度为0.100mg/mL标准储备溶液，根据需要再配制成适用浓度的混合标准工作溶液。

注：如果试样中含有环氧七氯，可选择其他适当的内标物。

3.3 仪器和设备

3.3.1 气相色谱仪并配备电子俘获检测器。

3.3.2 微量注射器：1μL、10μL、50μL、100μL。

3.3.3 粉碎机。

3.3.4 脂肪提取器。

3.3.5 K.D浓缩器。

3.3.6 全玻璃蒸馏装置。

3.3.7 无水硫酸钠柱：筒形漏斗，内装5cm高无水硫酸钠。

3.3.8 心形瓶式脂肪提取器：250mL心形瓶(24号口)，见附录A中图A1。

3.3.9 抽吸装置：见附录A中图A2。

3.4 测定步骤

3.4.1 提取

称取样品20.0g，装入脂肪提取器或心形瓶式脂肪提取器中的滤纸筒内，加入丙酮-石油醚(2+8)混合液150mL，在水浴中提取6h(回流速度每小时8～10次)，在原提取器或心形瓶内将提取液蒸发至约80mL。

3.4.2 净化

A法：将提取液转移至250mL分液漏斗中，以约15mL石油醚分三次洗涤提取瓶，洗液并入分液漏斗内。慢慢地加入浓硫酸(提取液与浓硫酸体积比为10+1)，摇动0.5min静置分层，弃去下层酸液。如上重复净化直至酸液呈无色或淡黄色为止。然后，分两次每次用100mL硫酸钠水溶液洗涤净化液，弃去下层。净化液通过内盛5g无水硫酸钠的筒形漏斗脱水，需要时进行浓缩或稀释。

B法：向心形瓶中的提取液内加入浓硫酸(提取液与浓硫酸体积比为10+1)，轻轻摇动1～2次，静置分层，用抽吸管将下层酸液缓慢抽除。再如上重复净化1～3次(净化至下层酸液呈无色或淡黄色为止)，每次振摇0.5min，静置分层后抽除下层溶液，用硫酸钠水溶液洗涤两次(每次100mL)，抽除水层，在旋转蒸发器上将净化液浓缩至合适的体积(约20mL)。

注：A法和B法可任选一种。

3.4.3 测定

3.4.3.1 色谱条件

3.4.3.1.1 色谱柱Ⅰ：

a. 玻璃柱：2m×2.5mm(内径)。填充物为2.5%(*m/m*)OV-17和3.3%(*m/m*)QF-1混合液涂于Chromosorb WAW-DMCS(80筛目)；

b. 载气：高纯氮，纯度＞99.99％，40mL/min；

c. 柱温：192℃；

d. 进样口温度，230℃；

e. 检测器温度，210℃。

3.4.3.1.2 色谱柱Ⅱ：

a. 玻璃柱：2m×3mm（内径）。填充物为1.32％（*m/m*）OV-17和4.68％（*m/m*）QF-1涂于Diatomite C AW-DMCS（80～90筛目）；

b. 载气：5％甲烷/氩气，60mL/min；

c. 柱温：190℃；

d. 进样口温度：250℃；

e. 检测器温度：270℃。

3.4.3.2 色谱测定

视样品中农药组分含量多少，将净化液稀释或浓缩，并定量加入内标物标准工作溶液。将此样液和与样液中农药浓度最接近的混合农药标准工作溶液，选用色谱柱Ⅰ或Ⅱ，进行气相色谱测定。

3.4.4 空白试验

按3.4测定步骤进行试剂空白试验。

3.4.5 结果计算

用色谱数据处理机按适当程序计算各种农药残留量，也可按式(1)分别计算：

$$\text{农药残留量(mg/kg)}=\frac{h}{h'}\times\frac{h_i'}{h_i}\times\frac{c'}{c_i'}\times\frac{m'}{m} \quad\cdots\cdots(1)$$

式中：h——样液中农药的峰高，mm；

h'——标准工作溶液中农药的峰高，mm；

h_i'——标准工作溶液中内标物的峰高，mm；

h_i——样液中内标物的峰高，mm；

c'——标准工作溶液中农药的浓度，ng/μL；

c_i'——标准工作溶液中内标物的浓度，ng/μL；

m'——样液中加入内标物量，μg；

m——样品量，g。

注：计算结果需将空白值扣除。

附 录 A
心形瓶式脂肪抽提器及抽吸装置
（补充件）

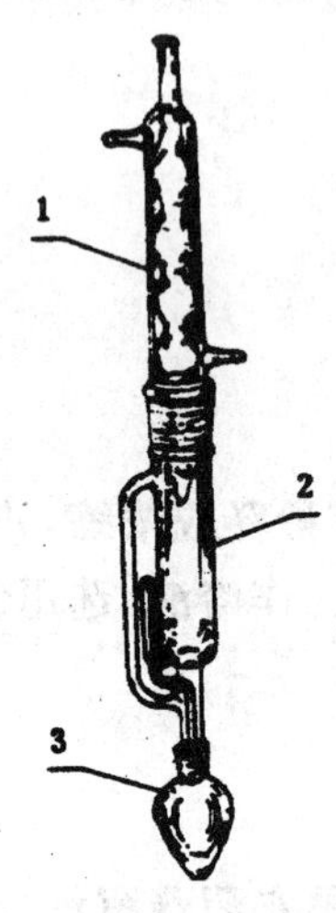

图 A1　心形瓶式脂肪提取器

1—冷凝器；2—提取器；3—心形瓶

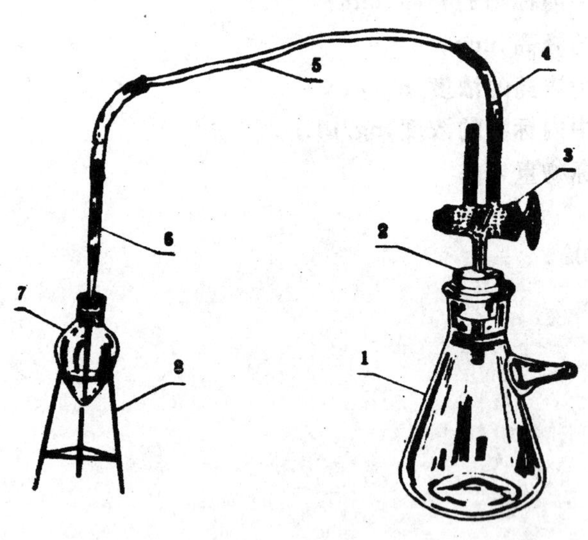

图 A2　抽吸装置

1—抽滤瓶；2—橡胶塞；3—玻璃三通节门；4—胶管；5—聚乙烯软管；
6—玻璃吸管；7—心形瓶；8—心形瓶架

附加说明：

本标准由中华人民共和国国家进出口商品检验局提出。

本标准由中华人民共和国广东进出口商品检验局、天津进出口商品检验局、湖北进出口商品检验局起草。

本标准主要起草人云大俊、梁伟大、富恩承、郭朝阳、范崇阳。

中华人民共和国进出口商品检验行业标准

出口蔬菜及蔬菜制品中敌敌畏、二嗪磷和马拉硫磷残留量的检验方法

SN 0144—92

代替 ZBX77 002—87

Method for determination of DDVP、diazinon and malathion residues in vegetable and vegatable product for export

1 主题内容与适用范围

本标准规定了出口蘑菇和蘑菇罐头中敌敌畏、二嗪磷和马拉硫磷残留量的抽样和测定方法。

本标准适用于出口蘑菇和蘑菇罐头中敌敌畏、二嗪磷和马拉硫磷残留量的检验。

2 抽样和制样

2.1 检验批

以不超过 4 000 箱为一检验批。同一批内商品应具有同一特征，如产地、包装、标记、等级、规格等。

2.2 样本大小

批量(件)	最低抽取数(件)
25以下	1
26～100	5
101～250	10
251～1 500	15
1 501以上	20

2.3 抽样工具和方法

抽样必须按产地，分批次不同部位随机取样，每件至少取 500 g(罐头样品每件取 1 罐)，作为原始样品。原始样品总量不得少于 2 000 g。

2.4 试样的制备

将所抽取原始样品混匀，缩分出 1 000 g，经组织捣碎机捣碎均化，均分成两份，装入洁净容器内，密封，作为检验和复验试样。填写标签，注明品名、日期、产地、垛位、报验号、申请单位、抽样人。

2.5 样品保存

试样制备后，不是当日检验，应在－18 ℃冷冻保存。

注：在抽样和制样的操作中，必须防止样品受到污染或发生任何变化。

3 测定方法

3.1 方法提要

中华人民共和国国家进出口商品检验局 1992-12-25 批准　　1993-05-01 实施

本方法采用丙酮和二氯甲烷提取。在有丙酮-二氯甲烷(2+1)存在时除去大部分色素，然后将二氯甲烷液浓缩，用气相色谱-火焰光度检测器测定。

3.2 试剂和材料

3.2.1 丙酮：分析纯，重蒸馏。

3.2.2 二氯甲烷：分析纯，重蒸馏。

3.2.3 无水硫酸钠：分析纯，经 650 ℃灼烧 4 h，贮于气密塞瓶中备用。

3.2.4 硫酸钠水溶液(20 g/L)：取 2 g 无水硫酸钠(3.2.3)溶于 100 mL 水中。

3.2.5 标准农药的纯度>99%。

3.2.6 分别称取适量的敌敌畏、二嗪磷、马拉硫磷，用少量丙酮溶解，然后用二氯甲烷分别配制成 0.20 mg/mL 的标准储备溶液，根据需要在使用前配制成适用浓度的混合农药标准工作溶液。

3.2.7 内标物纯度>98%。

3.2.8 称取甲基-对硫磷(内标物)适量，用少量丙酮溶解，然后用二氯甲烷配制成 0.10 mg/mL 的内标物储备溶液，根据需要在使用前配制成适用浓度的内标物标准工作溶液。

3.2.9 含内标物的混合农药标准工作溶液：取适量混合农药标准工作溶液和适量内标储备溶液配制含内标物的混合农药标准工作溶液。

注：如果试样中存在甲基-对硫磷，可选用其他合适的内标物。

3.3 仪器和设备

3.3.1 气相色谱仪配备火焰光度检测器，用 526 nm 磷滤光片。

3.3.2 高速组织捣碎机。

3.3.3 旋转蒸发器。

3.3.4 分液漏斗：125 mL，500 mL。

3.3.5 过滤漏斗。

3.3.6 纱布：经丙酮提取。

3.3.7 无水硫酸钠柱：内径 1.8 cm，长 7 cm，内填装 5 cm 高的无水硫酸钠。

3.4 测定步骤

3.4.1 提取和净化

称取样品 50 g 于具塞锥形瓶内，加丙酮 40 mL，振荡 5 min，静置 30 min，过滤。残渣用丙酮-二氯甲烷 40 mL(2+1)提取。最后用 20 mL 二氯甲烷洗涤残渣。合并提取液于分液漏斗内，静置分层。收集下层有机相，水相再用 15 mL 二氯甲烷分两次提取。合并有机相，弃去水相。用硫酸钠水溶液洗涤有机相两次，每次 100 mL。有机相通过无水硫酸钠柱脱水。用少量二氯甲烷洗涤无水硫酸钠柱。

收集已脱水的有机相于旋转蒸发器内，在 45 ℃水浴中减压浓缩至适用体积，移入刻度管内，用少量二氯甲烷洗涤浓缩瓶，合并有机液于同一刻度管内，定容，定量加入内标物溶液，供气相色谱测定。

3.4.2 测定

a. 色谱柱：玻璃柱 1 m×2.5 mm(内径)，填充物为 5%(*m*/*m*)OV-101 涂于 Chromosorb W HP (80～100 目)。

b. 载气：高纯氮，纯度>99.99%，80 mL/min；

c. 氢气：100 mL/min；

d. 空气：80 mL/min；

e. 柱温：180℃；

f. 进样口温度：220 ℃；

g. 检测器温度：220℃。

3.4.3 色谱测定

用微量注射器准确吸取适量净化液，注入气相色谱仪内，并测量其峰值。用相应的工作曲线估计样液中农药的大约浓度，然后取与样液中浓度接近的含内标物混合 农药标准工作溶液与样液同时进行气相色谱测定。

注：各农药组分及内标物出峰顺序：敌敌畏、二嗪磷、甲基-对硫磷、马拉硫磷。

3.4.4 空白试验：按上述测定步骤进行试剂空白试验。

3.4.5 结果计算

用色谱数据处理机计算农药残留量，也可按下式计算：

$$x = \frac{h}{h'} \times \frac{c'}{c} \times \frac{h_i{}'}{h_i} \times \frac{c_1}{c_1{}'}$$

式中：x——农药残留量，mg/kg；

h——样液中农药峰高，mm；

h'——含内标物混合农药标准工作溶液中农药峰高，mm；

h_i——样液中内标物峰高，mm；

$h_i{}'$——含内标物混合农药标准工作溶液中内标物峰高，mm；

c——样液浓度，g/μL；

c'——含内标物混合农药标准工作溶液中农药浓度，μg/μL；

$c_1{}'$——含内标物混合农药标准工作溶液中内标物浓度，μg/μL；

c_1——样液中内标物浓度，μg/μL。

注：计算结果需将空白值扣除。

附加说明：

本标准由中华人民共和国国家进出口商品检验局提出。

本标准由中华人民共和国湖北进出口商品检验局起草。

本标准主要起草人李冬、卢康全。

中华人民共和国出入境检验检疫行业标准

SN/T 0145—2010

代替 SN 0164—1992、SN 0145—1992

进出口植物产品中六六六、滴滴涕残留量测定方法 磺化法

Determination of BHC and DDT residues in plant products for import and export—Sulfonane method

2010-11-01 发布　　　　2011-05-01 实施

中华人民共和国国家质量监督检验检疫总局　发布

前　言

本标准按照 GB/T 1.1—2009 给出的规则起草。

本标准代替 SN 0164—1992《出口水果中六六六、滴滴涕残留量检验方法》和 SN 0145—1992《出口蔬菜及蔬菜制品中六六六、滴滴涕残留量检验方法》。

本标准与 SN 0164—1992 和 SN 0145—1992 相比，主要技术变化如下：

——整合上述两标准的样品测定范围；

——增加了茶叶样品的测定；

——修改了样品提取步骤；

——磺化过程中第一次加浓硫酸磺化离心后，转移上层液置另外离心管中，再继续磺化至硫酸层清亮；

——本标准采用外标法定量；

——将样品测定填充色谱柱改成毛细管色谱柱；

——增加了可疑样品的气相色谱质谱确证实验。

请注意本文文件的某些内容可能涉及专利。本文件的发布机构不承担识别这些专利的责任。

本标准由国家认证认可监督管理委员会提出并归口。

本标准由中华人民共和国广西出入境检验检疫局负责起草，广西分析测试中心参加起草。

本标准主要起草人：吴玉杰、李湧、刘晓松、杨益林、劳燕文、黄大新、吕春秋、刘军义。

本标准所代替标准的历次版本发布情况为：

——SN 0164—1992；

——SN 0145—1992。

进出口植物产品中六六六、滴滴涕残留量测定方法 磺化法

1 范围

本标准规定了植物产品中六六六、滴滴涕残留检验的制样和测定方法。

本标准适用于茶叶、柑桔、生姜、青刀豆等植物产品中六六六、滴滴涕残留量的检测。

2 规范性引用文件

下列文件对于本文件的应用是必不可少的。凡是注日期的引用文件，仅注日期的文件适用于本文件。凡是不注日期的引用文件，其最新版本(包括所有的修改单)适用于本标准。

GB/T 6682 分析实验室用水规格和试验方法

3 原理

样品用丙酮和正己烷混和溶液提取，取上层有机相浓缩定容，加入浓硫酸磺化净化后，用配备电子捕获检测器(ECD)的气相色谱仪检测，外标法定量；如有必要用气相-质谱联用进行确证。

4 试剂和材料

除另有规定外，所用试剂均为分析纯，GB/T 6682 规定的水为二级水。

4.1 正己烷：农残级。

4.2 丙酮：农残级。

4.3 浓硫酸：优级纯。

4.4 无水硫酸钠：650 ℃灼烧 4 h，冷却至室温，储于干燥器中备用。

4.5 标准品：α-BHC、β-BHC、γ-BHC、δ-BHC 四种六六六同分异构体；*p*,*p*'-DDE、*o*,*p*'-DDT、*p*,*p*'-DDT、*p*,*p*'-DDD 四种 DDT 同分异构体纯度大于 99%。

4.6 标准储备液：称取六六六、滴滴涕标准品各 10.0 mg，正己烷溶解并定容至 100 mL，浓度为 100 μg/mL，标准储备液在−20 ℃冷冻条件下可以储存 4 个月。

4.7 标准工作液：用标准储备液(4.6)，根据需要用正己烷配制成适当浓度的标准工作液。所有标准工作液均需在 4 ℃左右环境中储存(每周配制)。

4.8 聚丙烯塑料离心管：50 mL。

4.9 15 mL 玻璃离心管。

5 仪器和设备

5.1 气相色谱仪：配有电子俘获检测器(ECD)。

5.2 气相色谱-质谱联用仪：配有电子轰击离子源(EI)。

5.3 粉碎机。

5.4 均质器。

5.5 氮吹仪。

5.6 旋转蒸发仪。

5.7 涡旋混匀器。

5.8 振荡器。

5.9 低速离心机:5 000 r/min。

6 试样的制备

6.1 新鲜样品的制备和保存

取适量新鲜样品,用均质器均质后取样。冷冻状态下的新鲜样品,应自然解冻至室温状态,再用均质器均质后取样。

需要短期保存的样品,应密封完好,置 4 ℃左右环境中储存备用;需要长期保存的样品,应置于—20 ℃以下冰箱中储存。

6.2 干样品的制备和保存

取适量干样品,用粉碎机粉碎后取样。避光密封保存。

6.3 注意事项

在样品的保存和制样过程中,应防止样品受到污染或发生残留含量的变化。

7 测定步骤

7.1 提取

称取 1 g(精确至 0.01 g)新鲜样品(湿样称取 2 g)于 50 mL 聚丙烯塑料离心管中,加入 2 mL 水,0.5 g 左右无水硫酸钠,振荡混匀后,分别加入 2 mL 丙酮和 2 mL 正己烷,涡旋混匀 3 min,3 500 r/min 速度离心 3 min,取上清液,残渣再分别加入 2 mL 正己烷提取两次,合并三次提取液。

7.2 浓缩

提取液经 40 ℃氮气溜吹至近干,正己烷定容至 2.00 mL。

7.3 净化

2.00 mL 浓缩液中加入 0.2 mL 浓硫酸,盖上离心管塞,轻轻振荡防止乳化,3 500 r/min 速度离心 3 min,将上层有机相转到另一个离心管,再加入 0.2 mL 浓硫酸进行磺化 2 次～3 次,直至浓硫酸层变为清亮,弃去下层硫酸溶液,有机相用 2 mL 2%硫酸钠溶液清洗,3 500 r/min 离心 3 min,取上层清液供气相色谱和气-质联用仪测定。

7.4 测定

7.4.1 气相色谱参考条件

气相色谱参考条件如下:

a) 色谱柱:DB-17 石英毛细管柱,30 m×0.25 mm(内径),膜厚 0.25 μm,或相当者;

b) 柱温程序：160 ℃（3 min）$\xrightarrow{10\ ℃/min}$ 200 ℃（10 min）$\xrightarrow{3\ ℃/min}$ 250℃（8min）$\xrightarrow{20\ ℃/min}$ 270 ℃（5 min）；

c) 进样口温度：250 ℃；

d) 检测器温度：300 ℃；

e) 载气：氮气，纯度≥99.999%；流速 1.0 mL/min；

f) 不分流进样；

g) 进样量：1.0 μL。

7.4.2 气相色谱-质谱参考条件

气相色谱-质谱参考条件如下：

a) 色谱柱：DB-5MS 石英毛细管柱，30 m×0.25 mm（内径），膜厚 0.25 μm，或相当者；柱温：50 ℃（1 min）$\xrightarrow{20\ ℃/min}$ 200 ℃（1 min）$\xrightarrow{8\ ℃/min}$ 250 ℃（1 min）$\xrightarrow{20\ ℃/min}$ 280 ℃（10 min）；

b) 载气：纯度≥99.999%氦气，流速：1.5 mL/min；

c) 进样口温度：250 ℃；

d) 离子源温度 230 ℃；

e) GC-MS 接口温度：280 ℃；

f) 进样方式：不分流进样，1 min 后开阀；

g) 进样量：1 μL；外标法定量；

h) 电离方式：EI；

i) 电离能量：70 eV；

j) 测定方式：选择离子监测方式（SIM）（见表 1）。

表 1 六六六、滴滴涕定量离子、定性离子及丰度值

化合物	定量离子	定性离子 1	定性离子 2	定性离子 3
α-BHC	219(100)	183(98)	181(102)	217(78)
β-BHC	219(100)	217(78)	181(94)	183(98)
γ-BHC	183(100)	219(93)	217(78)	181(110)
δ-BHC	219(100)	217(78)	181(94)	183(94)
p,*p*'-DDE	318(100)	316(80)	246(139)	248(70)
o,*p*'-DDT	235(100)	237(63)	165(37)	199(14)
p,*p*' DDD	235(100)	237(64)	199(12)	165(46)
p,*p*'-DDT	235(100)	237(65)	246(7)	165(34)

7.4.3 气相色谱测定

7.4.3.1 标准曲线制作：采用混合标准储备液，分别配制成 0.001、0.005、0.01、0.02、0.05、0.1 μg/mL 标准溶液，直接进气相色谱测定，峰面积对浓度作线性回归曲线，计算相关系数。

7.4.3.2 根据样液中被测物含量情况，选取浓度相近的标准工作溶液。标准工作溶液和样液中待测物的响应值均应在仪器检测的线性范围内。标准工作溶液和样液等体积穿插进样测定。标准品的色谱图参见附录 A 中图 A.1。

7.4.4 气相色谱-质谱确证

对标准工作溶液及样液按7.4.2规定的条件进行测定，如样品中待测物质和外标物的保留时间相一致，并且在扣除背景后的样品谱图中均出现；同时将样品谱图中各组分定性离子的相对丰度与浓度接近的标准工作溶液谱图中对应的定性离子的相对丰度进行比较，若偏差在表2规定允许的范围，则可判定为样品中存在对应的待测物。六六六、滴滴涕标准溶液选择离子监测总离子流图和全扫描质谱图参见附录B。

表2 使用定性气相色谱-质谱时相对离子丰度最大允许偏差

相对丰度/%	>50	>20～50	>10～20	≤10
允许的相对偏差/%	±10	±15	±20	±50

7.4.5 空白试验

除不加试样外，均按上述步骤进行。

7.4.6 结果计算

试样中六六六、滴滴涕各组分残留量分别按式(1)计算：

$$X=\frac{A\times c_s\times V\times 1\,000}{A_s\times m\times 1\,000} \qquad \cdots\cdots(1)$$

式中：

X——试样中各组分的含量，单位为毫克每千克(mg/kg)；

A——试样中各组分的色谱峰面积；

c_s——标准工作溶液中各组分的浓度，单位为微克每毫升(μg/mL)；

V——样液最终定容体积，单位为毫升(mL)；

A_s——标准工作溶液中各组分的色谱峰面积；

m——称取样品的质量，单位为克(g)。

8 测定低限、回收率

8.1 测定低限

本方法气相色谱法测定六六六、滴滴涕残留量的测定低限均为0.005 mg/kg，如有必要对可疑干性样品净化液进行浓缩用气-质联用仪器测定，确保测定低限达到0.01 mg/kg。

8.2 回收率及精密度

样品选择干样茶叶，添加浓度分别为0.005、0.010和0.020 mg/kg，湿、油脂含量高样品，选择青刀豆、生姜和柑桔样品，添加浓度分别为0.005、0.010和0.020 mg/kg。上述样品添加六六六和滴滴涕回收率范围在77.8%～104.0%之间，相对标准偏差范围在2.81%～10.6%之间。

附 录 A
（资料性附录）
六六六、滴滴涕标准溶液气相色谱图

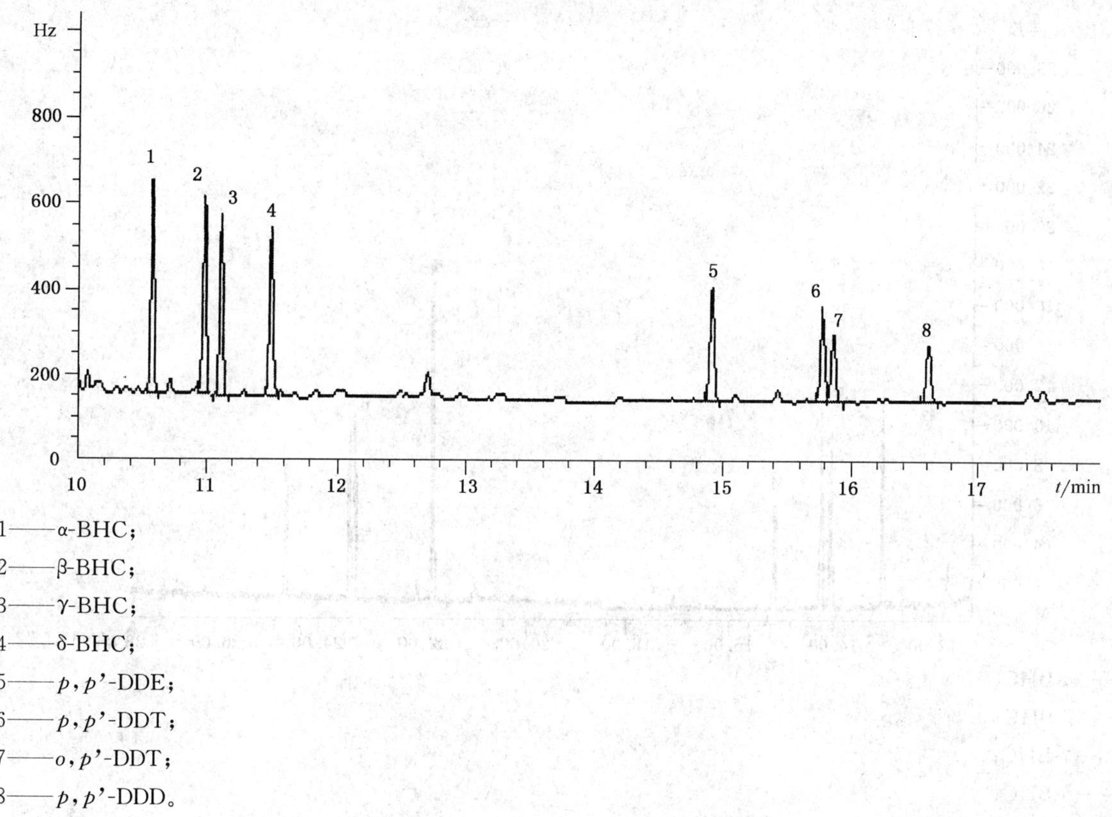

1——α-BHC；

2——β-BHC；

3——γ-BHC；

4——δ-BHC；

5——*p*,*p*'-DDE；

6——*p*,*p*'-DDT；

7——*o*,*p*'-DDT；

8——*p*,*p*'-DDD。

图 A.1 六六六、滴滴涕标准溶液气相色谱图

附 录 B
(资料性附录)
六六六、滴滴涕标准溶液选择离子监测总离子流图和全扫描质谱图

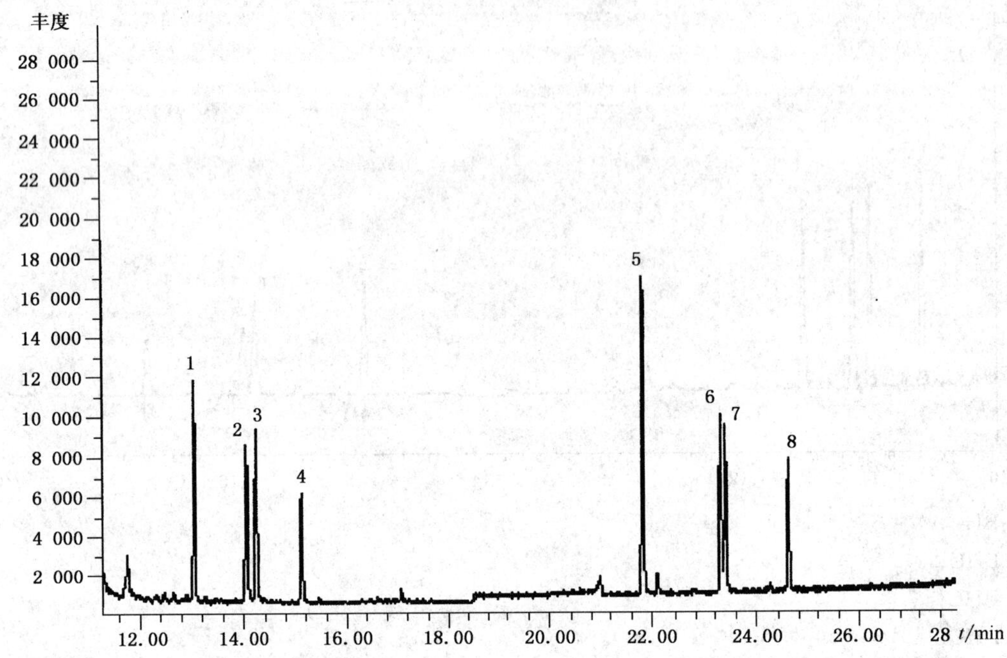

1——α-BHC;

2——β-BHC;

3——γ-BHC;

4——δ-BHC;

5——*p*,*p*'-DDE;

6——*p*,*p*'-DDT;

7——*o*,*p*'-DDT;

8——*p*,*p*'-DDD。

图 B.1 六六六、滴滴涕标准选择离子监测总离子流图(0.01 mg/L)

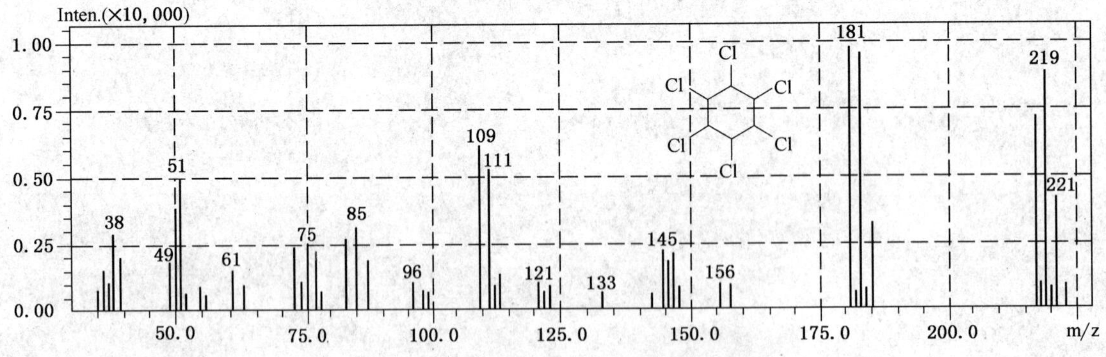

图 B.2 α-BHC 全扫描质谱图

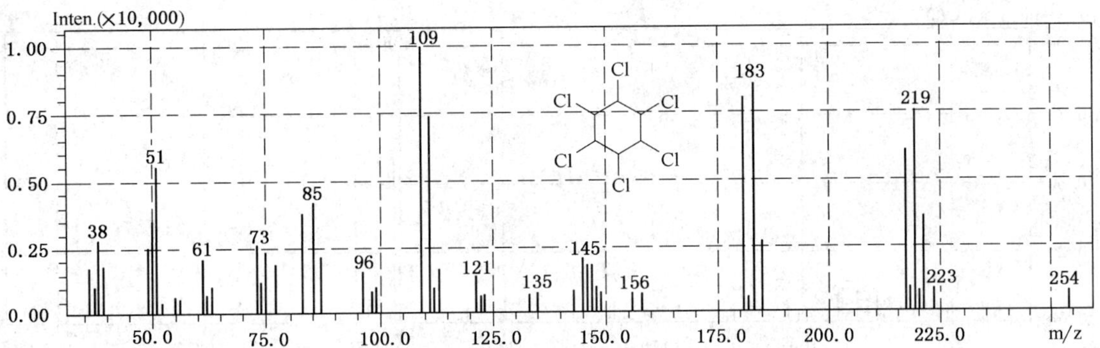

图 B.3 β-BHC 全扫描质谱图

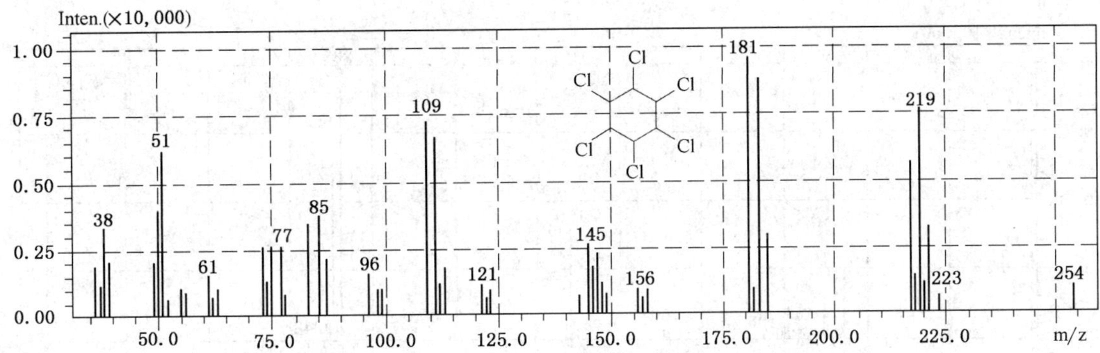

图 B.4 γ-BHC 全扫描质谱图

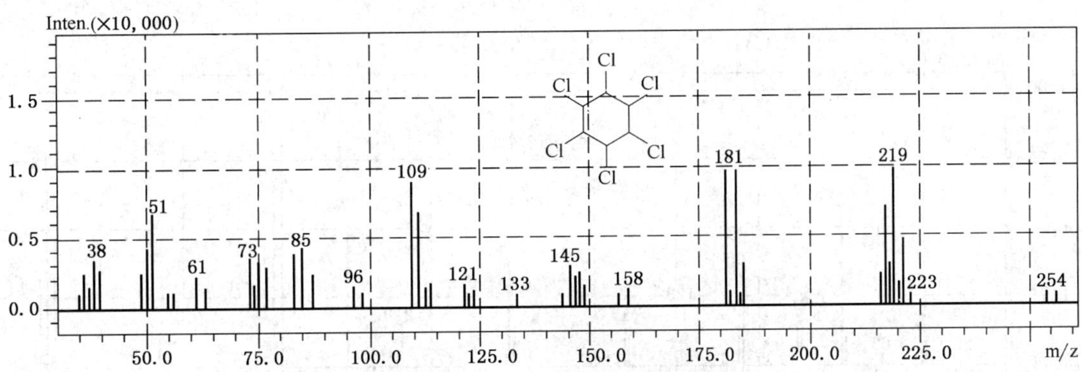

图 B.5 δ-BHC 全扫描质谱图

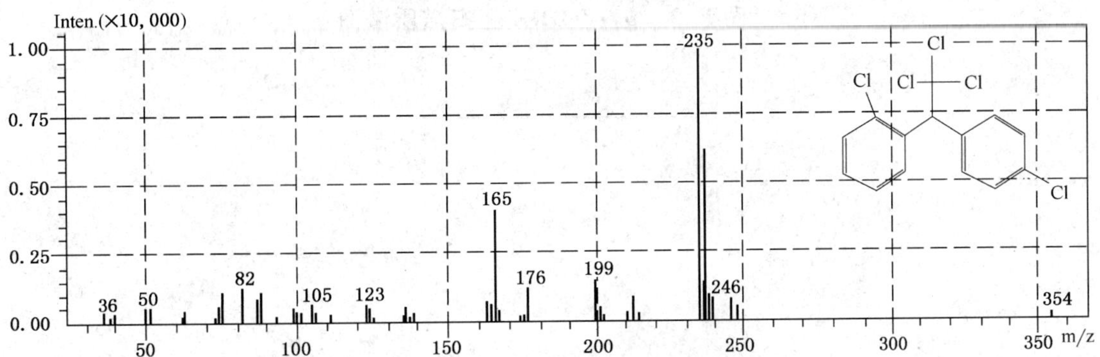

图 B.6 *o*,*p*-DDT 全扫描质谱图

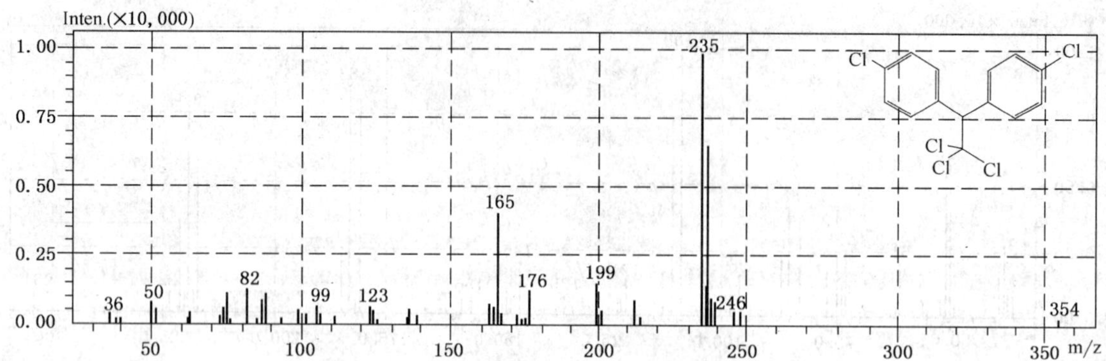

图 B.7 *p*,*p*'-DDT 全扫描质谱图

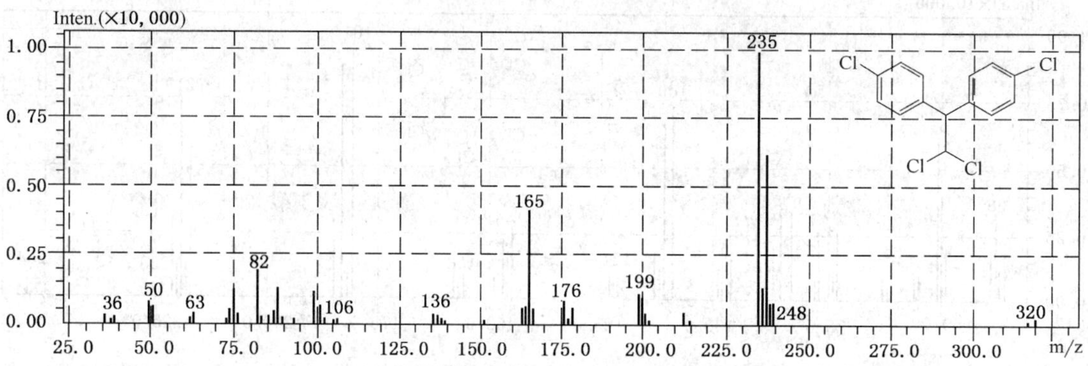

图 B.8 *p*,*p*'-DDD 全扫描质谱图

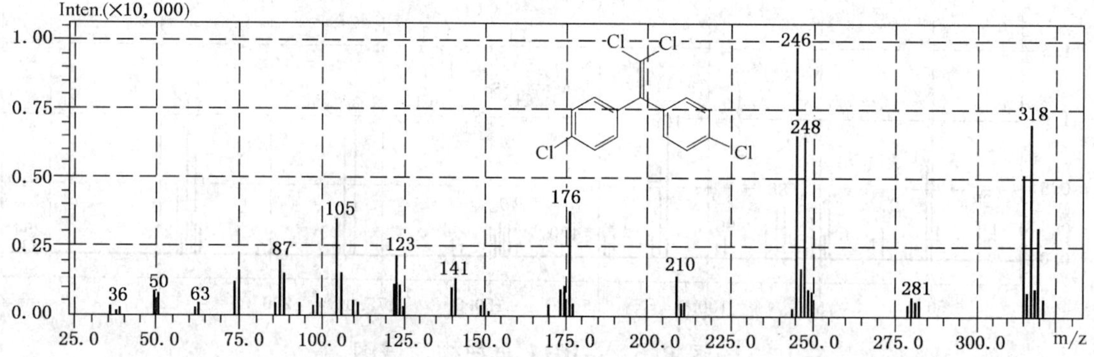

图 B.9 *p*,*p*'-DDE 全扫描质谱图

中华人民共和国进出口商品检验行业标准

出口烟叶及烟叶制品中六六六滴滴涕残留量检验方法

SN 0146—92

代替 ZB X87 001—84

Method for determination of BHC and DDT residues in tobacco and tobacco prodncts for export

1 主题内容与适用范围

本标准规定了出口烟叶和烟叶制品中六六六、滴滴涕残留量的抽样和测定方法。

本标准适用于出口烟叶和烟叶制品中六六六、滴滴涕残留量的检验。

2 抽样和制样

2.1 检验批

以不超过 1 000 件为一检验批，同一检验批的商品应具有同一特征，如包装、标记、产地、批次、等级等。

2.2 样本大小

批量(件)	最低抽取数(件)
50以下	2
51～100	4
101～150	5
151～200	6

200 件以上每增 50 件(不足 50 件按 50 件计)增取 1 件。

2.3 抽样工具和方法

打开一件烟叶的端，分左、中、右三个部位随机取三点，每件取 3 把，未扎把者，拣取叶片，所取的样品装入塑料袋里，密封作为原始样品。

2.4 试样的制备

将取回的原始样品全部磨碎或随机地取部分磨碎，全部通过 20 目筛，用四分法缩分出均匀样品二份(每份 250 g)，作实验室样品供检验和复验。实验室样品必须立即密封并填写标签，注明品名、日期、垛位、报验号、申请单位、抽样人。

2.5 样品保存

试样制备后应保存于密闭容器内。

注：抽样和制样过程中应防止样品受到污染或发生任何变化。

中华人民共和国国家进出口商品检验局1992-12-25批准　　1993-05-01实施

3 测定方法

3.1 方法提要

试样用脂肪提取器抽提农药残留量，提取液用浓硫酸净化，净化液浓缩后用气相色谱电子俘获检测器测定。

3.2 试剂和材料

3.2.1 石油醚：重蒸馏，收集65～75℃馏分。取300 mL在旋转蒸发器中浓缩至5 mL，在与测定方法相同的色谱条件下，取5 μL进行测定，除石油醚峰外，无干扰欲测物的杂峰。

3.2.2 蒸馏水：取蒸馏水100 mL用石油醚10 mL提取，在与测定方法相同的色谱条件下，取5 μL提取液进行测定，应无干扰欲测物的杂峰。

3.2.3 苯：分析纯，重蒸馏。

3.2.4 丙酮：分析纯，重蒸馏。

3.2.5 无水硫酸钠：分析纯，650℃灼烧4 h，贮于密封瓶中备用。

3.2.6 硫酸钠水溶液(20 g/L)：将2 g无水硫酸钠(3.2.5)溶于蒸馏水中，稀释至100 mL。

3.2.7 浓硫酸：优级纯。

3.2.8 内标物环氧七氯及农药标准品：纯度均＞99%。

3.2.9 内标物标准溶液及农药标准溶液的配制：准确称取适量的环氧七氯、甲体六六六、乙体六六六、丙体六六六、丁体六六六、对，对'-滴滴依、邻，对'-滴滴涕，对，对'-滴滴滴、对，对'-滴滴涕，用少量的苯溶解，然后用石油醚分别配成浓度为0.100 mg/mL的标准储备溶液。根据需要再配制成适用浓度的混合农药标准工作溶液和内标物标准工作溶液。

3.2.10 含内标物混合农药标准工作溶液：取适量混合农药标准工作溶液和内标物标准储备溶液，配制成合用的含内标物混合农药标准工作溶液。

3.2.11 脱脂棉和滤纸筒：用丙酮-石油醚(2＋8)混合液100 mL回流2 h后，取出挥发至干，保存于清洁容器中备用。

3.3 仪器和设备

3.3.1 气相色谱仪并配备电子俘获检测器。

3.3.2 微量注射器：10 μL。

3.3.3 脂肪提取器：150 mL。

3.3.4 旋转蒸发器。

3.3.5 气流吹蒸浓缩装置。

3.3.6 分液漏斗：125 mL。

3.3.7 容量瓶：50 mL，100 mL。

3.3.8 无水硫酸钠柱：筒形漏斗，内装5 cm高的无水硫酸钠(3.2.5)。

3.4 测定步骤

3.4.1 提取：称取制备好的试样5.0 g于滤纸筒内，试样表面覆盖少许脱脂棉，装入提取器中，加丙酮-石油醚(2＋8)混合液100 mL于提取瓶中，在水浴上浸抽4 h，(回流速度每小时8～10次)，取出滤纸筒。

3.4.2 净化：将提取瓶中提取液浓缩至约40 mL，转入125 mL分液漏斗内，用石油醚以少量多次洗涤提取瓶，洗液并入分液漏斗内，使总体积达45 mL。然后加入4.5 mL浓硫酸，轻轻振摇后猛烈振摇1 min，静置分层，弃去酸液。将石油醚液从上口倒入另一个分液漏斗内，再按上述操作净化一次，然后用硫酸钠水溶液(3.2.6)50 mL洗涤石油醚液，振摇1 min，静置分层，弃去水层，再如上洗涤一次，然后将石油醚液通过无水硫酸钠柱脱水，用石油醚洗涤数次，收集于容量瓶内，定容50 mL，供气相色谱测定用。

3.4.3 测定

3.4.3.1 色谱条件

a. 色谱柱：玻璃柱 2 m×3 mm（内径），填充物 1.6%（*m/m*）OV-17 和 6.4%（*m/m*）OV-210 混合液涂于 Gas Chrom Q（80～100 目）；

b. 载气：高纯氮纯度>99.99%，30 mL/min；

c. 柱温：190 ℃；

d. 进样口温度：230 ℃；

e. 检测器温度：250 ℃。

3.4.3.2 色谱测定

准确地取适量上述净化液进行浓缩或稀释，定量加入内标物标准溶液后定容，作为色谱测定的样液，同时选择与样液中农药含量情况相近的标准工作溶液进行色谱测定。

注：① 各组分出峰顺序为：甲体六六六、丙体六六六、乙体六六六、丁体六六六、环氧七氯、对，对'-滴滴依、邻，对'-滴滴涕、对，对'-滴滴滴、对，对'-滴滴涕。

② 含内标物混合农药标准工作溶液及样液中农药及内标物的响应值，均应在仪器线性范围内。

3.4.4 空白试验

按上述测定步骤进行。

3.4.5 结果计算

用色谱数据处理机计算各种农药残留量，也可按下式分别计算：

$$x=\frac{h}{h'}\times\frac{c'}{c}\times\frac{h_i'}{h_i}\times\frac{c_i}{c_i'}$$

式中：x——样液中农药某组分残留量，mg/kg；

h——样液中农药峰高，mm；

h'——含内标物混合农药标准工作溶液中农药峰高，mm；

h_i——样液中内标物峰高，mm；

h_i'——含内标物混合农药标准工作溶液中内标物峰高，mm；

c'——含内标物混合农药标准工作溶液中农药浓度，mg/mL；

c——样液浓度，g/mL；

c_i——样液中内标物浓度，mg/mL；

c_i'——含内标物混合农药标准工作溶液中内标物浓度，mg/mL。

注：计算结果需将空白值扣除。

附加说明：

本标准由中华人民共和国国家进出口商品检验局提出。

本标准由中华人民共和国上海进出口商品检验局、湖北进出口商品检验局起草。

本标准主要起草人陈余英、习娟华、卢康全。

中华人民共和国进出口商品检验行业标准

出口茶叶中六六六、滴滴涕残留量检验方法

SN 0147—92

代替 ZB X50 015—86
ZB X50 016—86

Method for determination of BHC, DDT residues in tea for export

1 主题内容与适用范围

本标准规定了出口茶叶和茶汤中六六六、滴滴涕残留量的抽样和测定方法。

本标准适用于出口茶叶和茶汤中六六六、滴滴涕残留量检验。

2 抽样和制样

2.1 检验批

以不超过 2 000 箱为一检验批。同一检验批内商品应具有同一特征，如包装、标记、产地、规格、等级等。

2.2 样本大小

每批件数	抽样件数
1～5	1
6～50	7
51～500	11
501～1 000	16
1 001～1 500	19
1 501～2 000	20

2.3 抽样方法与工具

从堆装不同部位抽取样箱。启开箱盖，将箱内茶叶倒入软箩或塑料布上，用抽样铲在各部位抽取样茶，每件抽取约 500 g。将所抽样品充分拌匀（或用分样器分取）缩分出 500 g，装入清洁密封的样品筒内密封，作为原始样品。

2.4 试样的制备

将原始样品全部磨碎，通过 20 目筛，用四分法缩分出均匀样品二份，装入洁净的容器内，密封。一份为存样，另一份作为试样。并填写标签，注明品名、日期、垛位产地、报验号、申请单位、抽样人。

注：在抽样和制样的操作中，必须防止样品受到污染或发生任何变化。

3 测定方法

3.1 方法提要

试样中六六六、滴滴涕残留用丙酮、石油醚提取，浓硫酸净化，然后用带电子俘获检测器的气相色谱仪测定。

3.2 试剂和材料

中华人民共和国国家进出口商品检验局1992-12-25批准　　1993-05-01实施

3.2.1 石油醚:重蒸馏,收集65~75℃馏分,取300 mL在旋转蒸发器中浓缩至5 mL,在与测定方法相同的色谱条件下,取5 μL进行测定,无干扰被测物的杂峰。

3.2.2 丙酮:分析纯,重蒸馏。

3.2.3 苯:分析纯,重蒸馏。

3.2.4 无水硫酸钠:分析纯,650℃灼烧4 h,贮于密封瓶中备用。

3.2.5 浓硫酸:优级纯。

3.2.6 硫酸钠水溶液(20 g/L):将2 g灼烧过的无水硫酸钠溶于100 mL蒸馏水中。

3.2.7 内标物和农药标准品:内标物环氧七氯和农药六六六、滴滴涕各异物体的纯度均大于99%。

3.2.8 内标物标准溶液及农药标准溶液的配制:准确称取适量的环氧七氯、甲体-六六六、乙体-六六六、丙体-六六六、丁体-六六六、对,对'-滴滴依、邻,对'-滴滴涕、对,对'-滴滴滴、对,对'-滴滴涕,用少量的苯溶解,然后用石油醚分别配成浓度为0.100 mg/mL的标准储备溶液,根据需要再配制成适用浓度的含内标物的混合标准工作溶液。

注:如果试样中存在环氧七氯,可选择其他适当内标物。

3.3 仪器和设备

3.3.1 气相色谱仪并配有电子俘获检测器。

3.3.2 微量注射器:10 μL。

3.3.3 索氏抽取器:150 mL。

3.3.4 旋转蒸发器。

3.3.5 气相吹蒸浓缩装置。

3.3.6 分液漏斗:125 mL、500 mL。

3.3.7 容量瓶:25 mL、50 mL、100 mL。

3.3.8 无水硫酸钠柱:筒形漏斗,内装5cm高的无水硫酸钠(3.2.7条)。

3.3.9 脱脂棉和滤纸筒:用丙酮-石油醚(2+8)混合液回流2 h,取出挥发至干,保存在清洁容器内备用。

3.3.10 布氏漏斗:内径9 cm。

3.4 测定步骤

3.4.1 提取

茶汤:称取均匀试样5.0 g于500 mL具塞锥形瓶中。在400 mL烧杯中加入300 mL蒸馏水,煮沸后立即倒入锥形瓶内,加塞。放于室内静置5 min(从沸水倒入时计时)。在500 mL抽滤瓶内加6 g无水硫酸钠,将冲泡后的茶水倒入布氏漏斗内抽滤(可用瓶塞挡住茶渣,使茶渣留在锥形瓶中)。茶渣再按上述操作重复冲泡一次,过滤后用10~15 mL沸水洗涤残渣,合并二次冲泡的茶水,混匀,储于1 000 mL具塞量筒内。

用250 mL量筒量取总体积四分之一的茶水于500 mL分液漏斗内,加入60 mL丙酮和20 mL稀硫酸溶液(1+1),摇匀后加入70 mL石油醚振摇1 min,静置分层后,将水层放入另一500 mL分液漏斗内。再依次用50 mL、30 mL石油醚重复抽取2次,合并石油醚提取液,通过无水硫酸钠柱脱水,并用约5 mL石油醚洗涤无水硫酸钠柱,收集于250 mL容器中。

茶叶:称取试样5.0 g于滤纸筒内,试样表面覆盖少许脱脂棉,装入提取器中,加丙酮-石油醚(2+8)混合液100 mL于提取器中,在水浴上浸抽4 h(回流速度8~10次/h)。取出滤纸筒。

3.4.2 净化

将提取液浓缩至约40 mL,倒入125 mL分液漏斗内,用石油醚以少量多次洗涤提取器,洗液并入分液漏斗内,使总体积达45 mL。然后加入4.5 mL浓硫酸,轻轻振摇后猛烈振摇1 min。静置分层。弃去酸液。将石油醚从上口倒入另一个分液漏斗内,再按上述操作净化一次(红茶需三次)。然后用硫酸钠水溶液50 mL洗涤石油醚,振摇1 min。静置分层,弃去水层。然后将石油醚液通过无水硫酸钠柱脱水,用石油醚洗涤数次，收集于 50 mL 容量瓶内，定容。

3.4.3 测定

3.4.3.1 色谱条件

玻璃色谱柱：2 m×3 mm(内径)，色谱柱填充物：

柱Ⅰ：1.6%(*m/m*)OV-17+6.4%(*m/m*)OV-210 混合液涂于 Gas Chrom Q(80～100 目)；

柱Ⅱ：3%(*m/m*)DEGS 涂于 Chromosorb W HP(80～100 目)。

柱Ⅰ：

a. 载气：高纯氮，纯度>99.99%，72 mL/min；

b. 柱温：200℃；

c. 进样口温度：230℃；

d. 检测器温度：250℃。

柱Ⅱ：

a. 载气：高纯氮，纯度>99.99%，30 mL/min；

b. 柱温：190℃；

c. 进样口温度：230℃；

d. 检测器温度：250℃。

3.4.3.2 色谱测定

准确地取适量上述净化液进行浓缩或稀释，定量加入内标物标准溶液后定容，作为色谱测定的样液，同时选择与样液中农药含量相近的含内标的混合标准工作溶液进行色谱测定。

注：① 各农药组分出峰顺序

柱Ⅰ：甲体-六六六、丙体-六六六、乙体-六六六、丁体-六六六、环氧七氯、对，对'-滴滴依、邻，对'-滴滴涕、对，对'-滴滴滴、对，对'-滴滴涕。

柱Ⅱ：甲体-六六六、丙体-六六六、环氧七氯、对，对'-滴滴依、乙体-六六六、丁体-六六六、邻，对'-滴滴涕、对，对'-滴滴涕、对，对'-滴滴滴。

② 实际使用的混合标准工作溶液和样液中内标物，以及各农药组分的响应值均在仪器检测的线性范围之内。样液测定过程中要穿插注入混合标准工作溶液检查检测器的灵敏度。

3.4.4 空白试验

按上述操作条件进行试剂空白试验。

3.4.5 结果计算

用色谱数据处理机按适当程序计算各种农药残留量。也可按下式分别计算：

$$x = \frac{h}{h'} \times \frac{c'}{c} \times \frac{h'_i}{h_i} \times \frac{c_i}{c'_i}$$

式中：x——各种农药残留量，mg/kg。

h——样液中农药峰高，mm。

h'——混合标准工作溶液中农药峰高，mm；

h_i——样液中内标物峰高，mm；

h'_i——混合标准工作溶液中内标物峰高，mm；

c——样液浓度，g/mL；

c'——混合标准工作溶液中农药浓度，μg/μL；

c_i——样液中内标物浓度，μg/μL；

c'_i——混合标准工作溶液中内标物浓度，μg/μL。

注：计算结果需将空白值扣除。

附加说明：

本标准由中华人民共和国国家进出口商品检验局提出。

本标准由中华人民共和国上海进出口商品检验局、浙江进出口商品检验局负责起草。

本标准主要起草人陈余英、习娟华、许惠发、朱宏。

中华人民共和国出入境检验检疫行业标准

SN/T 0148—2011

代替 SN 0148—1992、SN 0153—1992、SN 0154—1992、SN 0155—1992、SN 0161—1992 等

进出口水果蔬菜中有机磷农药残留量检测方法　气相色谱和气相色谱-质谱法

Determination of organophosphorus residues in fruits and vegetables for import and export—GC-FPD and GC-MS methods

2011-02-25 发布　　　　2011-07-01 实施

中华人民共和国国家质量监督检验检疫总局　发布

前　　言

本标准按照 GB/T 1.1—2009 给出的规则起草。

本标准代替 SN 0148—1992《出口水果中甲基毒死蜱残留量检验方法》、SN 0153—1992《出口水果中马拉硫磷残留量检验方法》、SN 0154—1992《出口水果中甲基嘧啶磷残留量检验方法》、SN 0155—1992《出口水果中内吸磷残留量检验方法》、SN 0161—1992《出口水果中甲基对硫磷残留量检验方法》、SN 0189—1993《出口水果中三硫磷残留量检验方法》、SN 0196—1993《出口蔬菜中水胺硫磷残留量检验方法》、SN 0278—1993《出口蔬菜中甲胺磷残留量检验方法》、SN 0288—1993《出口水果中倍硫磷残留量检验方法》、SN 0291—1993《出口水果中乐果、甲基对硫磷残留量检验方法》、SN 0334—1995《出口水果蔬菜中 22 种有机磷农药多残留检验方法》、SN 0342—1995《出口水果中甲基谷硫磷、乙基谷硫磷残留量检验方法》、SN 0344—1995《出口水果中甲噻硫磷残留量检验方法》、SN 0354—1995《出口水果中伏杀硫磷残留量检验方法》、SN 0599—1996《出口水果中速灭磷残留量检验方法》。

本标准与 SN/T 0148—1992 等 15 项标准相比，主要技术变化如下：

——检测项目由 15 个标准中的 30 项增至 70 项；

——增加了确证部分内容；

——删除了抽样部分内容。

请注意本文件的某些内容可能涉及专利，本文件的发布机构不承担识别这些专利的责任。

本标准由国家认证认可监督管理委员会提出并归口。

本标准起草单位：中华人民共和国厦门出入境检验检疫局、中华人民共和国广东出入境检验检疫局、中华人民共和国湖南出入境检验检疫局、中华人民共和国吉林出入境检验检疫局。

本标准主要起草人：周昱、徐敦明、张志刚、刘艳英、杜凤君、蔡纯、黄志强、牟峻、郑向华。

本标准所代替标准的历次版本发布情况为：

——SN 0148—1992；

——SN 0153—1992；

——SN 0154—1992；

——SN 0155—1992；

——SN 0161—1992；

——SN 0189—1993；

——SN 0196—1993；

——SN 0278—1993；

——SN 0288—1993；

——SN 0291—1993；

——SN 0334—1995；

——SN 0342—1995；

——SN 0344—1995；

——SN 0354—1995；

——SN 0599—1996。

进出口水果蔬菜中有机磷农药残留量检测方法　气相色谱和气相色谱-质谱法

1　范围

本标准规定了水果蔬菜中敌敌畏、乙酰甲胺磷、硫线磷、百治磷、乙拌磷、乐果、甲基对硫磷、毒死蜱、嘧啶磷、倍硫磷、丙虫硫磷、辛硫磷、灭菌磷、三硫磷、三唑磷、哒嗪硫磷、亚胺硫磷、敌百虫、灭线磷、甲拌磷、氧化乐果、内吸磷、二嗪磷、地虫硫磷、异稻瘟净、氯唑磷、甲基毒死蜱、对氧磷、杀螟硫磷、溴硫磷、乙基溴硫磷、噻唑磷、丙溴磷、乙硫磷、敌瘟磷、吡唑硫磷、蝇毒磷、甲胺磷、治螟磷、特丁硫磷、久效磷、除线磷、皮蝇磷、甲基嘧啶磷、对硫磷、甲基毒虫畏、异柳磷、稻丰散、杀扑磷、甲基硫环磷、伐杀磷、伏杀硫磷、甲基谷硫磷、二溴磷、速灭磷、甲基乙拌磷、巴胺磷、乙嘧硫磷、磷胺、地毒磷、马拉硫磷、甲基异柳磷、水胺硫磷、喹硫磷、杀虫畏、碘硫磷、硫环磷、威菌磷、苯硫磷、乙基谷硫磷70种有机磷类农药残留量的气相色谱及气相色谱-质谱检测方法。

本标准适用于菠萝、苹果、荔枝、胡萝卜、马铃薯、茄子、菠菜、荷兰豆、鲜木耳、鲜蘑菇、鲜牛蒡、鲜香菇、大葱中上述70种有机磷类农药残留量的检测。

2　方法提要

样品中有机磷农药残留经乙腈提取，过Envi-Carb/PSA小柱净化，浓缩、定容后，用气相色谱法(GC-FPD)和气相色谱-质谱法(GC-MS)测定，外标法定量。

3　试剂材料

除另有说明外，所用试剂均为分析纯，水为去离子水。

3.1　乙腈：液相色谱纯。

3.2　丙酮：液相色谱纯。

3.3　甲苯：液相色谱纯。

3.4　乙酸乙酯：液相色谱纯。

3.5　丙酮-甲苯(65+35，体积比)：量取65 mL丙酮(3.2)和35 mL甲苯(3.3)，混匀。

3.6　无水硫酸镁：550 ℃灼烧4 h，在干燥器内冷却至室温，贮于密封瓶中备用。

3.7　氯化钠：140 ℃烘烤4 h，在干燥器内冷却至室温，贮于密封瓶中备用。

3.8　Envi-Carb/PSA复合小柱[1)]：500 mg/500 mg/6 mL(本标准中是使用Sigma-Aldrich/Supelco公司产品完成的)，或相当者。

3.9　70种有机磷类农药标准物质：纯度均≥95%，详细见表A.1。

3.10　标准溶液：

3.10.1　标准储备溶液：分别准确称取10.0 mg(按其纯度折算为100%)的农药各标准物质(3.9)于小烧杯中，用少量丙酮溶解，转移至100 mL容量瓶中，再用少量乙酸乙酯洗涤小烧杯数次，洗涤液倒入容

---

1)　非商业性声明：此处列出公司名字仅为工作方便提供参考，并不涉及商业目的，鼓励标准使用者尝试不同厂家的产品。

量瓶中并用乙酸乙酯定容至刻度，混匀，配成标准储备溶液浓度为 100 mg/mL。0 ℃～4 ℃冷藏保存，备用。

3.10.2　混合标准储备液：将 70 种有机磷农药分为 4 组，按照表 B.1 中的组别，根据各农药在仪器上的响应值，逐一准确吸取一定体积的同组别的单个农药储备液分别注入同一容量瓶中，用乙酸乙酯稀释至刻度，配制成 4 组农药混合标准储备溶液。气相色谱图参见图 C.1～图 C.4。

3.10.3　混合标准工作溶液：使用前用乙酸乙酯将混合标准储备液稀释成所需浓度的标准工作液。

4　仪器和设备

4.1　气相色谱仪：配火焰光度检测器(FPD-磷滤光片)。

4.2　气相色谱质谱仪：配有电子轰击电离源(EI)。

4.3　分析天平：感量 0.1 mg 和 0.01 g。

4.4　容量瓶：100 mL，10 mL。

4.5　移液器：20 μL～200 μL 和 100 μL～1 000 μL。

4.6　玻璃离心管：50 mL 和 15 mL 具塞。

4.7　10 mL 玻璃刻度试管。

4.8　旋涡混合器。

4.9　离心机(4 000 r/min)。

4.10　氮吹浓缩仪。

4.11　均质器。

4.12　捣碎机。

5　样品制备与保存

从所取全部样品中取出有代表性样品可食部分约 500 g，用捣碎机全部磨碎混合均匀，均分成两份，分别装入洁净容器中，密封，并标明标记，于－18 ℃以下冷冻存放。在样品制备操作过程中，应防止样品受到污染或发生残留物含量的变化。

6　提取及净化

6.1　提取

称取均质试样 10 g(精确到 0.01 g)，置于 50 mL 玻璃离心管中，加入 10 mL 乙腈溶液，高速均质 2 min，再加入约 4 g 无水硫酸镁和 1 g 氯化钠，盖上塞子剧烈振荡 2 min 后，以 4 000 r/min 的转速离心 4 min，取出乙腈层装入另一 50 mL 离心管，用 10 mL 乙腈重复提取一次，合并提取液，并加入 1 g 无水硫酸镁，剧烈振荡后，以 4 000 r/min 的转速离心 1 min，移出上清液并浓缩至约 1 mL(45 ℃氮吹)，待净化。

6.2　净化

将 ENVI-Carb/PSA 小柱(3.8)装在固相萃取装置上，先用 5 mL 丙酮-甲苯混合溶剂(3.5)预淋洗小柱，保持流速约为 1 mL/min。将 6.1 提取液通过小柱，再用 10 mL 丙酮-甲苯混合溶剂洗脱，收集全部洗脱液于 10 mL 玻璃刻度试管，置于 40 ℃下氮吹至近 0.5 mL，用乙酸乙酯定容至 1.0 mL，供 GC-FPD 或 GC-MS 分析。

6.3 测定

6.3.1 仪器条件

6.3.1.1 气相色谱仪器条件(GC-FPD):

a) 色谱柱:DB-17(30 m×0.53 mm×0.25 μm)石英毛细管柱或相当者;
b) 柱箱升温程序:100 ℃保持 0.5 min,然后以 15 ℃/min 升温至 250 ℃,保持 20 min;
c) 载气:氮气,纯度≥99.999%,恒流模式,流量为 10 mL/min;
d) 进样口温度:200 ℃;
e) 进样量:2 μL;
f) 进样方式:不分流进样;
g) 检测器温度:250 ℃。

6.3.1.2 气相色谱-质谱仪器条件(GC-MS):

a) 色谱柱:DB-5MS(30 m×0.25 mm×0.25 μm)石英毛细管柱或相当者;
b) 柱箱升温程序:60 ℃保持 6 min,然后以 10 ℃/min 升温至 250 ℃,再以 15 ℃/min 升温至 280 ℃,保持 6 min;
c) 载气:氦气,纯度≥99.999%,恒压模式,压力为 120 kPa;
d) 进样口温度:220 ℃;
e) 进样量:1 μL;
f) 进样方式:不分流进样,1.0 min 后打开分流阀和隔垫吹扫阀;
g) 电子轰击电离源(EI):70 eV;
h) 离子源温度:200 ℃;
i) GC-MS 接口温度 250 ℃;
j) 选择离子监测:每个目标化合物选择 1 个定量离子和 2 个~3 个定性离子,详参见表 D,1,每组所有需要检测离子按照出峰顺序,分时段分别检测。每组检测离子的开始时间和驻留时间参见表 E.1。气相色谱-质谱选择离子色谱图参见图 F.1~图 F.4。

6.3.2 气相色谱法测定

在仪器最佳工作条件下,气相色谱采用外标法定量。根据样液中被测物残留的含量情况,选定峰面积相近的标准工作溶液。标准工作溶液和样液中被测物的响应值应在仪器的线性范围内,如果含量超过标准曲线范围,应稀释到合适浓度后分析。对标准工作溶液和样液等体积参差进样测定。在6.3.1.1色谱条件下,70 种有机磷农药在气相色谱仪上的保留时间、方法的检出限参见附录 B 中的表 B.1,气相色谱图参见图 C.1~图 C.4。如检测结果出现阳性,建议使用其他准确定量方法进行测定。

6.3.3 气相色谱-质谱法测定

按 6.3.1.2 色谱-质谱条件下进行样品测定,如果样液保留时间与标准溶液相一致(±0.5%),并且在扣除背景后的样品质谱图中,所选择的离子均出现,而且所选择的离子峰度比与标准样品的离子相一致,则可判断样品中存在这种被测物。使用气相色谱-质谱定性分析时相对离子丰度最大允许误差见表 1。

表 1 使用气相色谱-质谱定性确证时相对离子丰度最大允许误差

相对离子丰度/%	>50	>20~50	>10~20	≤10
允许的相对偏差/%	±10	±15	±20	±50

6.3.4 空白试验

除不加试样外，按上述测定步骤进行。

7 结果计算与表述

试样中每种有机磷农药残留量按式(1)计算。

$$X_i = \frac{A_i \times c_i \times V}{A_{is} \times m} \quad \cdots\cdots(1)$$

式中：

X_i ——试样中每种有机磷农药残留量，单位为毫克每千克(mg/kg)；

A_i ——样液中每种有机磷农药的峰面积(或峰高)；

A_{is}——标准工作液中每种有机磷农药的峰面积(或峰高)；

c_i ——标准工作液中每种有机磷农药的浓度，单位为微克每毫升(μg/mL)；

V ——样液最终定容体积，单位为毫升(mL)；

m ——最终样液代表的试样质量，单位为克(g)。

8 测定低限与回收率

8.1 测定低限

本方法中气相色谱法对菠萝、苹果、荔枝、胡萝卜、马铃薯、茄子、菠菜、荷兰豆、鲜木耳、鲜蘑菇、鲜牛蒡、鲜香菇、大葱中70种农药的测定低限参见表B.1，气相色谱质谱法的测定低限参见表D.1。

8.2 回收率

菠萝、苹果、荔枝、胡萝卜、马铃薯、茄子、菠菜、荷兰豆、鲜木耳、鲜蘑菇、鲜牛蒡、鲜香菇、大葱中70种农药不同添加水平的平均回收率数据参见表G.1。

附 录 A
（规范性附录）
70种有机磷农药种类表

表 A.1 70种有机磷农药种类表

序号	中文名称	英文名称	分子式	相对分子质量	CAS号	纯度≥
1	敌敌畏	dichlorvos	$C_4H_7Cl_2O_4P$	220.98	62-73-7	97.0%
2	乙酰甲胺磷	acephate	$C_4H_{10}NO_3PS$	183.17	30560-19-1	97.5%
3	硫线磷	cadusafos	$C_{10}H_{23}O_2PS_2$	270.39	95465-99-9	99.0%
4	百治磷	dicrotophos	$C_8H_{16}NO_5P$	237.22	141-66-2	97.5%
5	乙拌磷	disulfoton	$C_8H_{19}O_2PS_3$	274.4	298-04-4	95.3%
6	乐果	dimethoate	$C_5H_{12}NO_3PS_2$	229.28	60-51-5	98.0%
7	甲基对硫磷	parathion-methyl	$C_8H_{10}NO_5PS$	263.21	298-00-0	98.5%
8	毒死蜱	chloropyriphos	$C_9H_{11}C_{13}NO_3PS$	350.59	2921-88-2	99.5%
9	嘧啶磷	pirimiphos-ethyl	$C_{13}H_{24}N_3O_3PS$	333.39	23505-41-1	98.5%
10	倍硫磷	fenthion	$C_{10}H_{15}O_3PS_2$	278.33	55-38-9	97.0%
11	丙虫硫磷	propaphos	$C_{11}H_{15}Cl_2O_2PS_2$	345.25	34643-46-4	93.5%
12	辛硫磷	phoxim	$C_{12}H_{15}N_2O_3PS$	298.3	14816-18-3	98.5%
13	灭菌磷	ditalimfos	$C_{12}H_{14}NO_4PS$	299.28	5131-24-8	99.5%
14	三硫磷	carbofenothion	$C_{11}H_{16}ClO_2PS_3$	342.87	786-19-6	95.0%
15	三唑磷	triazophos	$C_{12}H_{16}N_3O_3PS$	313.31	24017-47-8	81.0%
16	哒嗪硫磷	pyridaphenthion	$C_{14}H_{17}N_2O_4PS$	340.33	119-12-0	98.0%
17	亚胺硫磷	phosmet	$C_{11}H_{12}NO_4PS_2$	317.32	732-11-6	98.5%
18	敌百虫	trichlorphon	$C_4H_8Cl_3O_4P$	257.44	52-68-6	97.0%
19	灭线磷	ethoprophos	$C_8H_{19}O_2PS_2$	242.34	13194-48-4	93.0%
20	甲拌磷	phorate	$C_7H_{17}O_2PS_3$	260.38	298-02-2	94.5%
21	氧化乐果	omethoate	$C_5H_{12}NO_4PS$	213.19	1113-02-6	97.0%
22	内吸磷	demeton	$C_8H_{19}O_3PS_2$	258.34	8065-48-3	98.0%
23	二嗪磷	diazinon	$C_{12}H_2N_2O_3PS$	304	333-41-5	96.0%
24	地虫硫磷	dyfonate	$C_{10}H_{15}OPS_2$	246.33	994-22-9	95.0%
25	异稻瘟净	iprobenfos	$C_{13}H_{21}O_3PS$	288.34	26087-47-8	94.5%
26	氯唑磷	isazofos	$C_9H_{17}ClN_3O_3PS$	313.74	42509-80-8	95.0%
27	甲基毒死蜱	chlorpyrifos methyl	$C_7H_7Cl_3NO_3PS$	322.53	5598-13-0	98.5%
28	对氧磷	paraoxon	$C_{10}H_{14}NO_6P$	275.2	311-45-5	99.0%
29	杀螟硫磷	fenitrothion	$C_9H_{12}NO_5PS$	277.23	122-14-5	97.5%
30	溴硫磷	bromophos methyl	$C_8H_8BrCl_2O_3PS$	366	2104-96-3	99.5%

表 A.1（续）

序号	中文名称	英文名称	分子式	相对分子质量	CAS 号	纯度≥
31	乙基溴硫磷	bromophos ethyl	$C_{10}H_{12}BrCl_2O_3PS$	394.05	4824-78-6	98.5%
32	噻唑磷	fosthiazate	$C_9H_{18}NO_3PS_2$	283.35	98886-44-3	96.5%
33	丙溴磷	profenofos	$C_{11}H_{15}BrClO_3PS$	373.63	41198-08-7	95.0%
34	乙硫磷	ethion	$C_9H_{22}O_4P_2S_4$	384.48	563-12-2	98.8%
35	敌瘟磷	edifenphos	$C_{14}H_{15}O_2PS_2$	310.37	17109-49-8	93.5%
36	吡唑硫磷	pyraclofos	$C_{14}H_{18}ClN_2O_3PS$	360.8	77458-01-6	97.0%
37	蝇毒磷	coumaphos	$C_{14}H_{16}ClO_5PS$	362.77	56-72-4	97.5%
38	甲胺磷	methamidophos	$C_2H_8NO_2PS$	141.13	10265-92-6	98.5%
39	治螟磷	sulfotep	$C_8H_{20}O_5P_2S_2$	322.32	3689-24-5	94.0%
40	特丁硫磷	terbufos	$C_9H_{21}O_2PS_3$	288.43	13071-79-9	93.0%
41	久效磷	monocrotophos	$C_7H_{14}NO_5P$	223.16	6923-22-4	97.5%
42	除线磷	dichlofenthion	$C_{10}H_{13}Cl_2O_3PS$	315.15	97-17-6	98.5%
43	皮蝇磷	fenchlorphos	$C_8H_8Cl_3O_3PS$	321.55	299-84-3	98.0%
44	甲基嘧啶磷	pirimiphos-methyl	$C_{11}H_{20}N_3O_3PS$	305.33	29232-93-7	99.0%
45	对硫磷	parathion	$C_{10}H_{14}NO_5PS$	291.26	56-38-2	99.0%
46	甲基毒虫畏	dimethylvinphos	$C_{10}H_{10}Cl_3O_4P$	331.52	71363-52-5	99.0%
47	异柳磷	isophenphos	$C_{15}H_{24}NO_4PS$	345.39	25311-71-1	91.0%
48	稻丰散	phenthoate	$C_{12}H_{17}O_4PS_2$	320.36	2597-03-7	96.6%
49	杀扑磷	methidathion	$C_6H_{11}N_2O_4PS_3$	302.33	950-37-8	98.5%
50	甲基硫环磷	phosfolan methyl	$C_5H_{10}NO_8PS_2$	227.25	14731-55-2	97.5%
51	伐灭磷	famphur	$C_{10}H_{16}NO_5PS_2$	325.34	52-85-7	99.0%
52	伏杀硫磷	phosalone	$C_{12}H_{15}ClNO_4PS_2$	367.81	2310-17-0	98.5%
53	甲基谷硫磷	azinphos methyl	$C_{10}H_{12}N_3O_3PS_2$	317.32	86-50-0	99.0%
54	二溴磷	dibrom	$C_4H_7Br_2Cl_2O_4P$	380.78	300-76-5	98.0%
55	速灭磷	phosdrin	$C_7H_{13}O_6P$	224.15	26718-65-0	92.0%
56	甲基乙拌磷	thiometon	$C_6H_{15}O_2PS_3$	246.35	640-15-3	92.0%
57	巴胺磷	propetamphos	$C_{10}H_{20}NO_4PS$	281.31	31218-83-4	94.0%
58	乙嘧硫磷	etrimfos	$C_{10}H_{17}N_2O_4PS$	292.29	38260-54-7	96.5%
59	磷胺	phosphamidon	$C_{10}H_{19}ClNO_5P$	299.69	13171-21-6	95.5%
60	壤虫磷	trichloronate	$C_{10}H_{12}Cl_3O_2PS$	333.6	327-98-0	96.0%
61	马拉硫磷	malathion	$C_{10}H_{19}O_6PS_2$	330.36	121-75-5	99.0%
62	甲基异柳磷	isofenphos-methyl	$C_{14}H_{22}NO_4PS$	331.37	99675-03-3	96.0%
63	水胺硫磷	isocarbophos	$C_{11}H_{16}NO_4PS$	289.29	24353-61-5	95.0%
64	喹硫磷	quinalphos	$C_{12}H_{15}N_2O_3PS$	298.3	13593-03-8	96.0%

表 A.1(续)

序号	中文名称	英文名称	分子式	相对分子质量	CAS 号	纯度≥
65	杀虫畏	tetrachlorvinphose	$C_{10}H_9Cl_4O_4P$	365.96	22350-76-1	99.5%
66	碘硫磷	iodofenphos	$C_8H_8Cl_2IO_3PS$	413	18181-70-9	97.5%
67	硫环磷	phosfolan	$C_7H_{14}NO_3PS_2$	255.29	947-02-4	97.5%
68	威菌磷	triamiphos	$C_{12}H_{19}N_6OP$	294.29	1031-47-6	96.3%
69	苯硫磷	EPN	$C_{14}H_{14}NO_4PS$	323.3	2104-64-5	99.0%
70	乙基谷硫磷	azinphos ethyl	$C_{12}H_{16}N_3O_3PS_2$	345.38	2642-71-9	97.7%

附 录 B
（资料性附录）
有机磷农药 GC-FPD 检测参考数据

表 B.1 有机磷农药 GC-FPD 检测参考数据

序号	中文名称	保留时间 min	测定低限 mg/kg	组别	序号	中文名称	保留时间 min	测定低限 mg/kg	组别
1	敌敌畏	4.733	0.01	Ⅰ	36	吡唑硫磷	21.968	0.01	Ⅱ
2	乙酰甲胺磷	7.139	0.01	Ⅰ	37	蝇毒磷	25.171	0.01	Ⅱ
3	硫线磷	8.043	0.01	Ⅰ	38	甲胺磷	5.531	0.01	Ⅲ
4	百治磷	8.821	0.01	Ⅰ	39	治螟磷	8.288	0.01	Ⅲ
5	乙拌磷	9.196	0.01	Ⅰ	40	特丁硫磷	8.740	0.005	Ⅲ
6	乐果	9.519	0.01	Ⅰ	41	久效磷	9.095	0.01	Ⅲ
7	甲基对硫磷	10.155	0.01	Ⅰ	42	除线磷	9.481	0.01	Ⅲ
8	毒死蜱	10.397	0.01	Ⅰ	43	皮蝇磷	9.988	0.01	Ⅲ
9	嘧啶磷	10.533	0.01	Ⅰ	44	甲基嘧啶磷	10.204	0.01	Ⅲ
10	倍硫磷	10.843	0.01	Ⅰ	45	对硫磷	10.481	0.01	Ⅲ
11	丙虫硫磷	11.483	0.01	Ⅰ	46	甲基毒虫畏	10.817	0.01	Ⅲ
12	辛硫磷	11.878	0.01	Ⅰ	47	异柳磷	10.927	0.01	Ⅲ
13	灭菌磷	12.493	0.01	Ⅰ	48	稻丰散	11.614	0.01	Ⅲ
14	三硫磷	14.126	0.01	Ⅰ	49	杀扑磷	12.335	0.01	Ⅲ
15	三唑磷	15.322	0.01	Ⅰ	50	甲基硫环磷	12.876	0.01	Ⅲ
16	哒嗪硫磷	17.938	0.01	Ⅰ	51	伐杀磷	15.375	0.01	Ⅲ
17	亚胺硫磷	19.424	0.01	Ⅰ	52	伏杀硫磷	18.837	0.01	Ⅲ
18	敌百虫	5.328	0.01	Ⅱ	53	甲基谷硫磷	22.955	0.01	Ⅲ
19	灭线磷	7.883	0.005	Ⅱ	54	二溴磷	4.714	0.01	Ⅳ
20	甲拌磷	8.359	0.01	Ⅱ	55	速灭磷	6.460	0.01	Ⅳ
21	氧化乐果	8.570	0.01	Ⅱ	56	甲基乙拌磷	8.750	0.01	Ⅳ
22	内吸磷	7.595/8.732	0.01	Ⅱ	57	巴胺磷	8.853	0.01	Ⅳ
23	二嗪磷	8.886	0.01	Ⅱ	58	乙嘧硫磷	9.228	0.01	Ⅳ
24	地虫硫磷	9.211	0.01	Ⅱ	59	磷胺	9.483/10.006	0.01	Ⅳ
25	异稻瘟净	9.436	0.01	Ⅱ	60	地毒磷	10.285	0.01	Ⅳ
26	氯唑磷	9.545	0.01	Ⅱ	61	马拉硫磷	10.430	0.01	Ⅳ
27	甲基毒死蜱	9.980	0.01	Ⅱ	62	甲基异柳磷	10.836	0.01	Ⅳ
28	对氧磷	10.157	0.01	Ⅱ	63	水胺硫磷	11.096	0.01	Ⅳ
29	杀螟硫磷	10.475	0.01	Ⅱ	64	喹硫磷	11.364	0.01	Ⅳ
30	溴硫磷	10.824	0.01	Ⅱ	65	杀虫畏	11.817	0.01	Ⅳ
31	乙基溴硫磷	10.142	0.01	Ⅱ	66	碘硫磷	12.251	0.01	Ⅳ
32	噻唑磷	11.636	0.01	Ⅱ	67	硫环磷	13.325	0.01	Ⅳ
33	丙溴磷	12.038	0.01	Ⅱ	68	威菌磷	14.703	0.01	Ⅳ
34	乙硫磷	13.257	0.01	Ⅱ	69	苯硫磷	16.978	0.01	Ⅳ
35	敌瘟磷	15.878	0.01	Ⅱ	70	乙基谷硫磷	24.363	0.01	Ⅳ

附 录 C
（资料性附录）
70 种有机磷农药标准物质的气相色谱图（GC-FPD）

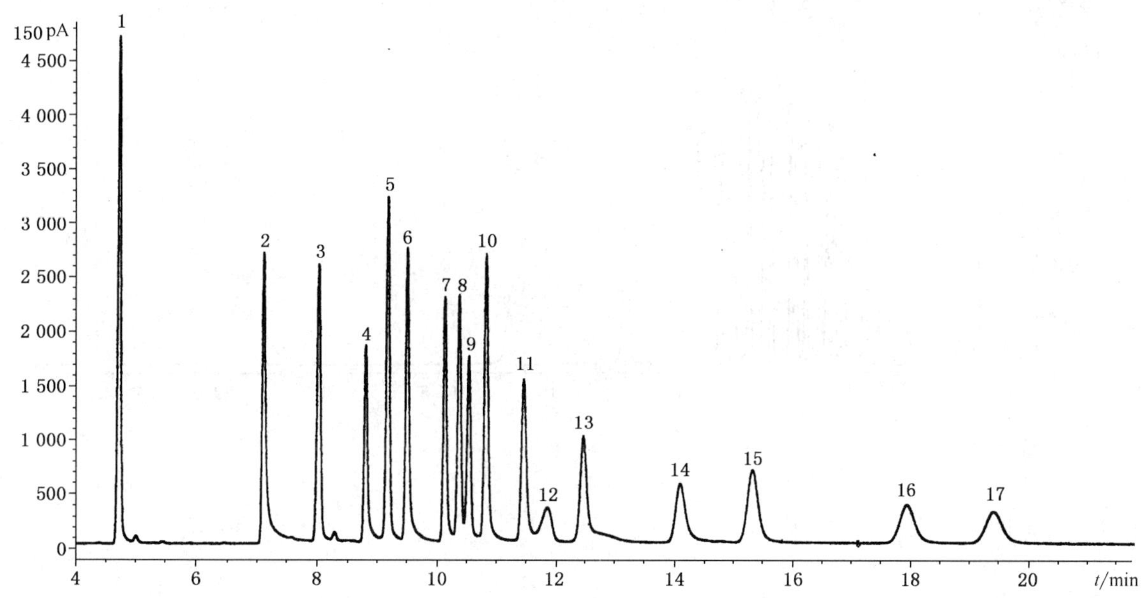

1 ——敌敌畏；
2 ——乙酰甲胺磷；
3 ——硫线磷；
4 ——百治磷；
5 ——乙拌磷；
6 ——乐果；
7 ——甲基对硫磷；
8 ——毒死蜱；
9 ——嘧啶磷；
10 ——倍硫磷；
11 ——丙虫硫磷；
12 ——辛硫磷；
13 ——灭菌磷；
14 ——三硫磷；
15 ——三唑磷；
16 ——哒嗪硫磷；
17 ——亚胺硫磷。

图 C.1 第Ⅰ组有机磷农药标准溶液的气相色谱图

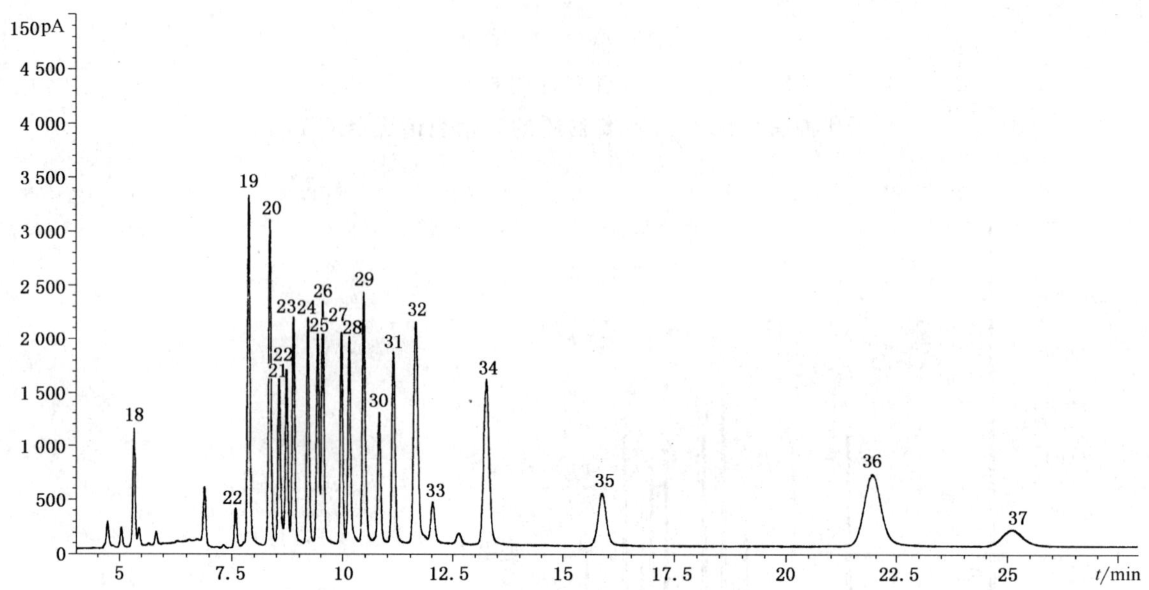

18——敌百虫；
19——灭线磷；
20——甲拌磷；
21——氧化乐果；
22——内吸磷；
23——二嗪磷；
24——地虫硫磷；
25——异稻瘟净；
26——氯唑磷；
27——甲基毒死蜱；
28——对氧磷；
29——杀螟硫磷；
30——溴硫磷；
31——乙基溴硫磷；
32——噻唑磷；
33——丙溴磷；
34——乙硫磷；
35——敌瘟磷；
36——吡唑硫磷；
37——蝇毒磷。

图 C.2　第Ⅱ组有机磷农药标准溶液气相色谱图

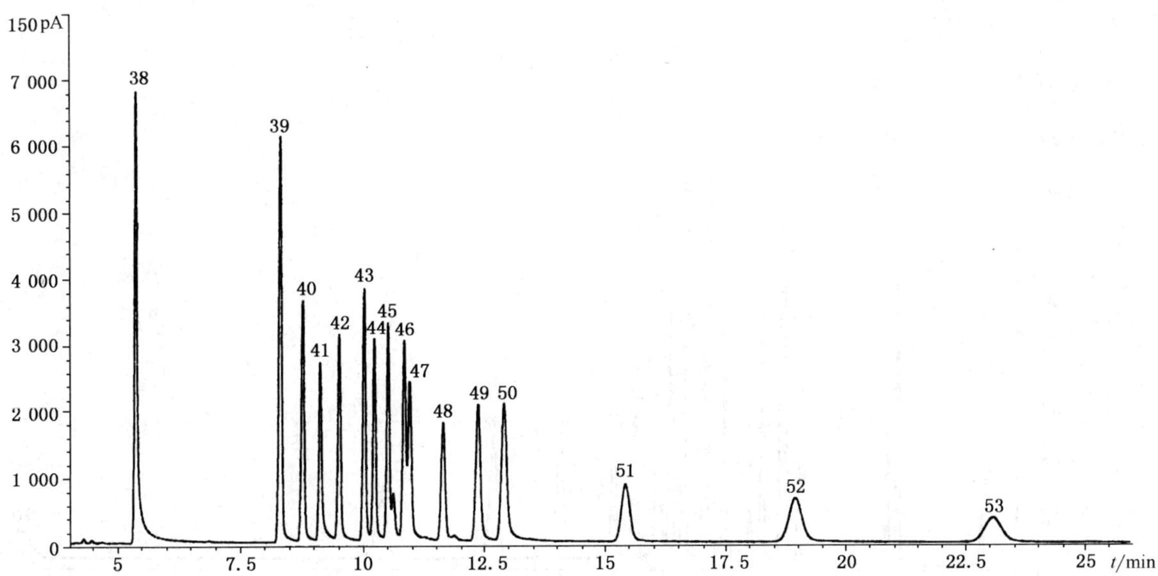

38 ——甲胺磷；
39 ——治螟磷；
40 ——特丁硫磷；
41 ——久效磷；
42 ——除线磷；
43 ——皮蝇磷；
44 ——甲基嘧啶磷；
45 ——对硫磷；
46 ——甲基毒虫畏；
47 ——异柳磷；
48 ——稻丰散；
49 ——杀扑磷；
50 ——甲基硫环磷；
51 ——伐杀磷；
52 ——伏杀硫磷；
53 ——甲基谷硫磷。

图 C.3　第Ⅲ组有机磷农药标准溶液气相色谱图

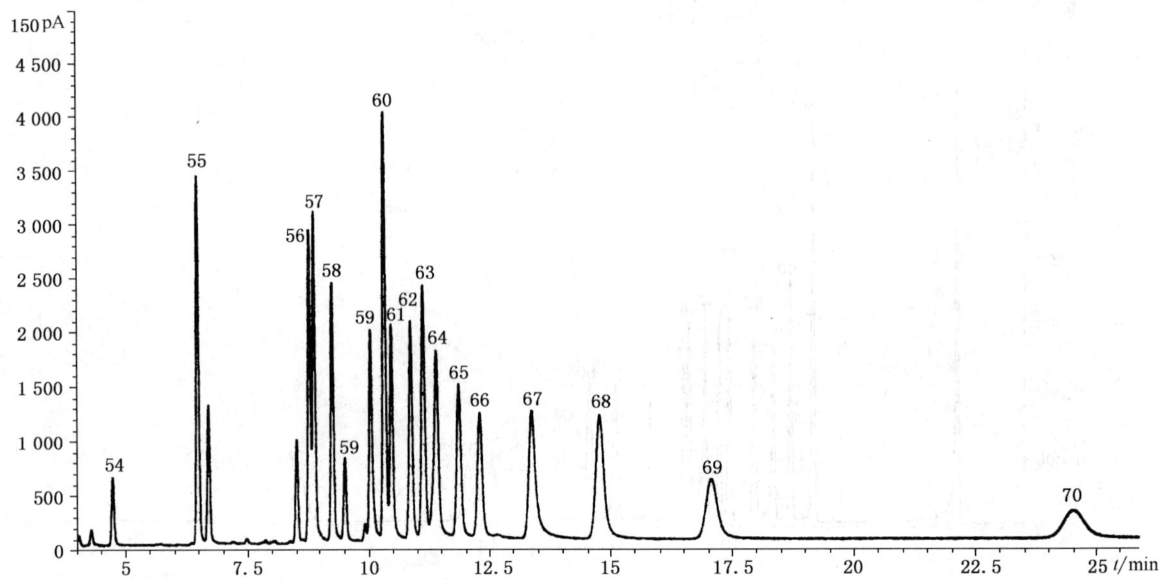

54 ——二溴磷；

55 ——速灭磷；

56 ——甲基乙拌磷；

57 ——巴胺磷；

58 ——乙嘧硫磷；

59 ——磷胺；

60 ——地毒磷；

61 ——马拉硫磷；

62 ——甲基异柳磷；

63 ——水胺硫磷；

64 ——喹硫磷；

65 ——杀虫畏；

66 ——碘硫磷；

67 ——硫环磷；

68 ——威菌磷；

69 ——苯硫磷；

70 ——乙基谷硫磷。

图 C.4 第Ⅳ组有机磷农药标准溶液气相色谱图

附　录　D
（资料性附录）
70 种有机磷农药的保留时间、定量和定性选择离子及测定低限

表 D.1　70 种有机磷农药的保留时间、定量和定性选择离子及测定低限表

序号	农药名称	保留时间 min	特征碎片离子 amu				测定低限 mg/kg
			定性			丰度比	
1	敌敌畏	9.63	109 *	185	220	100：19：4	0.01
2	乙酰甲胺磷	12.64	136 *	94	142	100：45：10	0.01
3	硫线磷	15.36	159 *	127	270	100：65：9	0.01
4	百治磷	15.15	127 *	193	237	100：10：7	0.01
5	乙拌磷	16.77	88 *	89	142	100：35：8	0.01
6	乐果	16.05	87 *	93	125	100：65：50	0.01
7	甲基对硫磷	17.75	109 *	125	263	100：82：30	0.01
8	毒死蜱	18.51	97 *	199	314	100：45：20	0.01
9	嘧啶磷	18.88	168 *	318	333	100：40：35	0.01
10	倍硫磷	18.63	125 *	109	278	100：95：70	0.01
11	丙虫硫磷	19.83	220 *	304	262	100：70：35	0.01
12	辛硫磷	8.67	103 *	130	77	100：50：42	0.01
13	灭菌磷	20.19	130 *	148	299	100：40：18	0.01
14	三硫磷	21.48	157 *	342	199	100：49：28	0.01
15	三唑磷	22.08	161 *	162	172	100：55：40	0.01
16	哒嗪硫磷	24.11	97 *	199	340	100：38：25	0.01
17	亚胺硫磷	24.17	160 *	161	—	100：18	0.01
18	敌百虫	13.15	79 *	109	145	100：80：25	0.01
19	灭线磷	14.81	158 *	139	200	100：55：40	0.01
20	甲拌磷	15.52	75 *	121	260	100：25：5	0.01
21	氧化乐果	14.47	110 *	156	79	100：80：79	0.01
22	内吸磷	14.52/15.91	88 *	89	171	100：70：30	0.01
23	二嗪磷	16.52	137 *	179	304	100：95：30	0.01
24	地虫硫磷	16.56	109 *	137	246	100：75：50	0.01
25	异稻瘟净	17.13	91 *	204	288	100：45：7	0.01
26	氯唑磷	16.83	161 *	119	257	100：87：25	0.01
27	甲基毒死蜱	17.62	125 *	286	288	100：86：75	0.01
28	对氧磷	18.04	109 *	81	275	100：63：22	0.01
29	杀螟硫磷	18.29	125 *	109	277	100：87：55	0.01

表 D.1（续）

序号	农药名称	保留时间 min	特征碎片离子 amu				测定低限 mg/kg
			定性			丰度比	
30	溴硫磷	19.04	125 *	329	331	100∶67∶90	0.01
31	乙基溴硫磷	19.85	97 *	302	358	100∶98∶66	0.01
32	噻唑磷	19.09	195 *	97	283	100∶80∶25	0.01
33	丙溴磷	10.66	156 *	97	208	100∶95∶15	0.01
34	乙硫磷	21.62	231 *	97	153	100∶99∶92	0.01
35	敌瘟磷	22.57	109 *	172	309	100∶85∶75	0.01
36	吡唑硫磷	27.92	138 *	194	360	100∶80∶55	0.01
37	蝇毒磷	28.73	109 *	226	362	100∶60∶45	0.01
38	甲胺磷	9.95	94 *	95	141	100∶68∶58	0.01
39	治螟磷	15.19	97 *	202	322	100∶90∶80	0.01
40	特丁硫磷	16.40	57 *	231	—	100∶40	0.01
41	久效磷	15.61	127 *	67	192	100∶23∶13	0.01
42	除线磷	17.42	223 *	279	97	100∶88∶87	0.01
43	皮蝇磷	17.93	285 *	125	287	100∶60∶50	0.01
44	甲基嘧啶磷	18.08	276 *	305	290	100∶64∶53	0.01
45	对硫磷	18.72	97 *	109	291	100∶80∶30	0.01
46	甲基毒虫畏	18.57	109 *	295	297	100∶55∶35	0.01
47	异柳磷	19.34	58 *	121	213	100∶35∶35	0.01
48	稻丰散	19.47	121 *	125	274	100∶92∶70	0.01
49	杀扑磷	19.86	145 *	85	—	100∶98	0.01
50	甲基硫环磷	19.55	196 *	140	106	100∶85∶69	0.01
51	伐杀磷	22.28	218 *	125	93	100∶45∶39	0.01
52	伏杀硫磷	26.17	182 *	121	367	100∶54∶12	0.01
53	甲基谷硫磷	26.72	77 *	132	160	100∶82∶78	0.01
54	二溴磷	15.07	109 *	145	301	100∶55∶10	0.01
55	速灭磷	12.20	127 *	109	192	100∶30∶30	0.01
56	甲基乙拌磷	15.78	88 *	125	93	100∶35∶20	0.01
57	巴胺磷	16.85	138 *	194	236	100∶45∶25	0.01
58	乙嘧硫磷	16.88	181 *	153	292	100∶92∶63	0.01
59	磷胺	16.55/17.35	127 *	72	264	100∶55∶25	0.01
60	地毒磷	18.88	109 *	268	296	100∶75∶55	0.01
61	马拉硫磷	18.34	125 *	173	93	100∶98∶81	0.01
62	甲基异柳磷	19.07	58 *	199	121	100∶45∶35	0.01

表 D.1（续）

序号	农药名称	保留时间 min	特征碎片离子 amu				测定低限 mg/kg
			定性			丰度比	
63	水胺硫磷	18.86	136*	121	230	100∶75∶15	0.01
64	喹硫磷	19.56	146*	157	298	100∶87∶13	0.01
65	杀虫畏	19.92	109*	329	331	100∶35∶30	0.01
66	碘硫磷	20.37	376*	125	378	100∶55∶35	0.01
67	硫环磷	19.54	92*	140	196	100∶75∶45	0.01
68	威菌磷	21.72	160*	135	294	100∶35∶15	0.01
69	苯硫磷	24.57	157*	169	185	100∶50∶30	0.01
70	乙基谷硫磷	27.56	132*	160	77	100∶78∶50	0.01

注：标“*”的离子为定量离子。

附 录 E
（资料性附录）
选择离子监测分组表

表 E.1 选择离子监测分组表

组别	序号	时间 min	离子 amu	驻留时间 s
第Ⅰ组	1	7.00	77、103、130	0.36
	2	9.00	109、185、220	0.36
	3	10.00	94、136、142	0.36
	4	13.00	127、159、193、237、270	0.59
	5	15.80	87、88、89、93、237、270	0.70
	6	17.00	109、125、263	0.36
	7	18.00	97、109、125、168、199、278、314、318、333	1.05
	8	19.30	130、148、220、262、299、304	0.70
	9	21.00	77、97、125、161、162、172、293	0.82
	10	23.00	97、160、161、199、340	0.59
第Ⅱ组	1	9.00	79、97、109、145、156、208	0.70
	2	13.50	79、88、89、109、110、139、156、158、170、200	1.16
	3	15.10	75、88、89、121、170、260	0.70
	4	16.20	109、119、137、152、161、179、246、257、304	1.05
	5	16.95	91、125、204、286、288	0.59
	6	17.85	81、109、125、275、277	0.59
	7	18.60	97、125、195、283、302、329、331、358	0.93
	8	20.00	109、172、309	0.36
	9	21.00	97、153、231	0.36
	10	22.00	109、138、194、226、360、362	0.70
第Ⅲ组	1	8.00	94、95、141	0.24
	2	11.00	67、97、127、192、202、322	0.70
	3	16.00	57、231	0.24
	4	17.00	97、125、223、276、279、285、287、290、305	1.05
	5	18.30	97、109、291、295、297	0.59
	6	19.00	58、85、106、121、125、140、145、196、213、274	1.16
	7	21.00	93、125、128	0.36
	8	23.00	77、121、132、160、182、367	0.70

表 E.1(续)

组别	序号	时间 min	离子 amu	驻留时间 s
第Ⅳ组	1	11.00	109、127、192	0.36
	2	13.00	88、93、109、125、145、301	0.70
	3	16.00	72、127、138、153、181、194、236、264、292	1.05
	4	18.00	93、125、173、109、268、296、136、121、230	0.70
	5	18.95	58、92、109、121、140、146、157、196、199、298、329、331	1.05
	6	20.00	125、376、378	0.36
	7	21.00	135、160、294	0.36
	8	23.00	157、169、185	0.36
	9	25.00	77、132、160	0.36

附 录 F
（资料性附录）
70种有机磷农药标准物质的色相色谱-质谱图(GC-MSD)

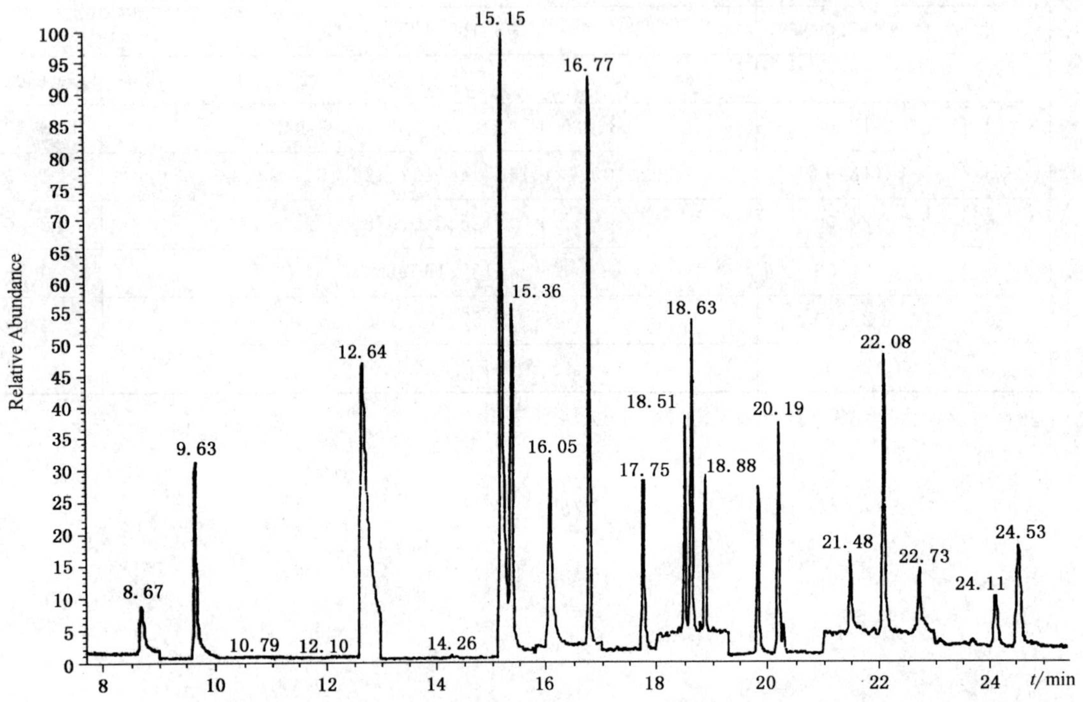

图 F.1 第Ⅰ组 有机磷农药标准溶液气相色谱-质谱选择离子色谱图

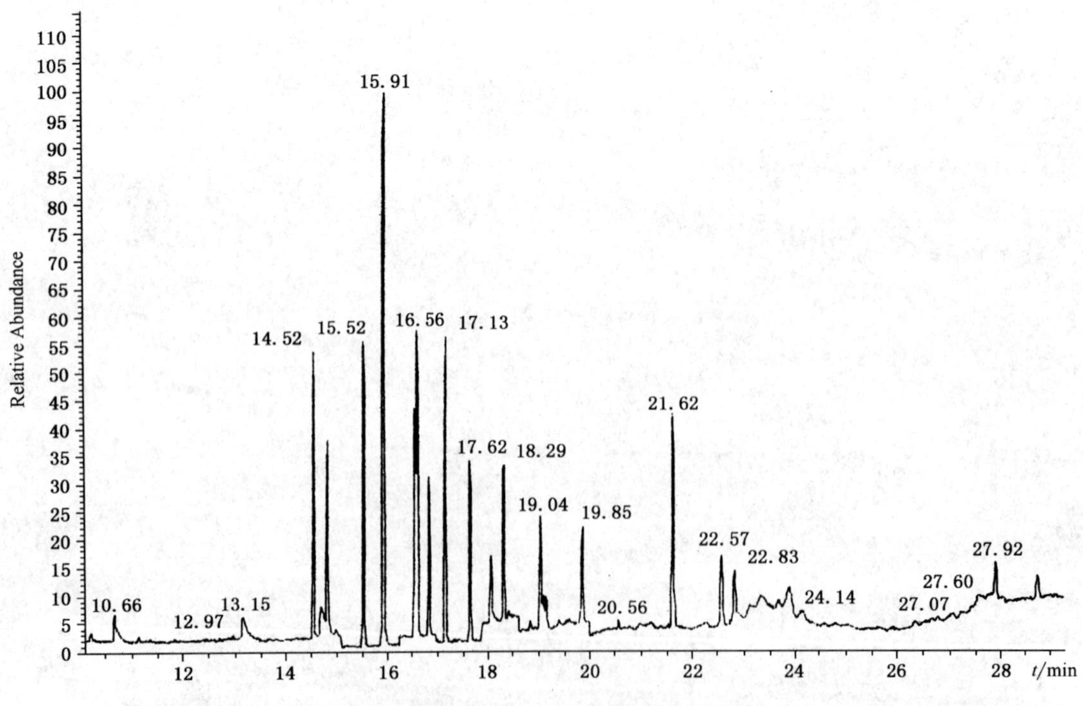

图 F.2 第Ⅱ组 有机磷农药标准溶液气相色谱-质谱选择离子色谱图

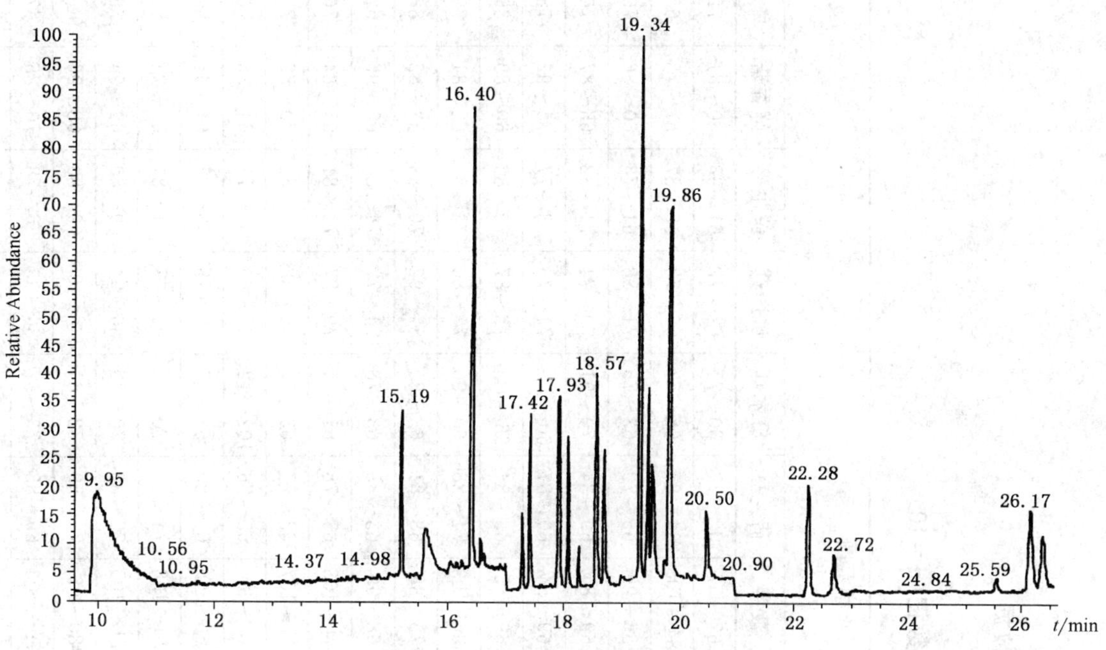

图 F.3 第Ⅲ组 有机磷农药标准溶液气相色谱-质谱选择离子色谱图

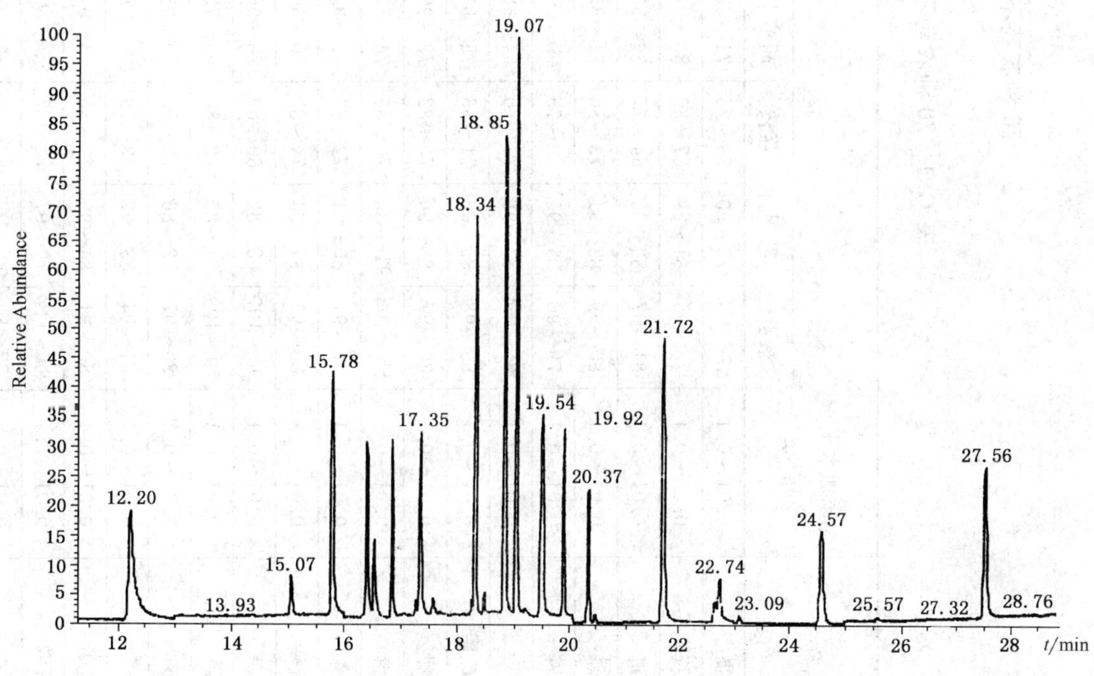

图 F.4 第Ⅳ组 有机磷农药标准溶液气相色谱-质谱选择离子色谱图

附　录　G
（资料性附录）
70 种农药不同添加水平回收率数据

表 G.1　70 种农药不同添加水平回收率数据(n=10)

农药名称	添加水平 mg/kg	回收率范围 %												
		菠萝	苹果	荔枝	胡萝卜	马铃薯	茄子	菠菜	荷兰豆	鲜木耳	鲜蘑菇	鲜牛蒡	鲜香菇	大葱
敌敌畏	0.01～0.1	87～100	75～90	60～75	71～89	66～76	65～77	67～97	62～77	60～71	61～72	61～98	60～81	72～82
乙酰甲胺磷	0.01～0.1	78～95	81～89	67～80	83～97	70～81	67～81	84～108	64～85	68～77	66～73	60～87	67～78	68～83
硫线磷	0.01～0.1	81～97	80～92	64～77	66～85	73～78	69～91	85～99	65～79	63～75	71～88	61～78	60～86	70～76
百治磷	0.01～0.1	80～99	82～91	73～80	64～89	65～72	63～101	69～84	69～84	70～91	70～74	71～82	65～87	70～86
乙拌磷	0.01～0.1	79～90	85～96	68～75	76～112	65～78	65～79	69～94	60～87	60～111	71～76	63～77	75～92	78～83
乐果	0.01～0.1	82～104	83～98	73～80	64～88	69～78	66～84	69～95	65～84	66～120	78～87	70～83	60～89	80～85
甲基对硫磷	0.01～0.1	83～98	85～95	71～86	75～91	70～79	62～91	65～103	74～86	60～90	77～80	74～84	62～81	75～79
毒死蜱	0.01～0.1	80～97	88～99	70～82	73～90	72～81	71～98	75～88	68～81	63～80	87～92	70～83	63～82	88～99
嘧啶磷	0.01～0.1	85～105	91～100	75～83	74～87	63～73	72～95	68～99	63～85	63～78	74～77	74～84	60～95	67～87
倍硫磷	0.01～0.1	87～97	80～91	72～84	72～94	65～78	75～92	64～108	65～78	61～74	79～87	70～81	65～84	76～88
丙虫硫磷	0.01～0.1	80～95	81～94	74～87	70～90	69～81	71～89	63～107	63～77	63～77	93～103	67～83	70～82	75～85
辛硫磷	0.01～0.1	90～107	65～82	60～89	78～96	68～80	61～82	64～95	65～76	102～120	61～69	60～77	64～96	76～87
灭菌磷	0.01～0.1	79～109	71～80	72～80	65～75	78～101	84～105	66～99	67～80	63～77	65～78	63～75	64～95	80～97
三硫磷	0.01～0.1	80～97	72～86	72～86	79～98	75～98	77～89	70～108	71～82	70～88	90～97	61～81	67～94	84～89
三唑磷	0.01～0.1	81～94	83～97	73～79	81～102	72～101	76～94	71～105	72～86	70～80	86～94	69～80	69～94	76～90
哒嗪硫磷	0.01～0.1	80～91	84～99	72～86	75～92	81～95	68～90	80～99	70～89	72～84	90～105	69～80	68～96	90～110
亚胺硫磷	0.01～0.1	84～112	70～97	72～87	85～115	88～98	62～84	79～103	69～83	73～87	86～93	68～78	70～85	67～89
敌百虫	0.01～0.1	77～82	90～105	60～75	63～98	65～73	61～99	64～75	63～74	61～83	61～102	60～71	80～96	77～90
灭线磷	0.005～0.1	75～85	88～104	60～77	71～83	63～78	64～108	66～89	65～79	60～75	87～104	60～80	60～84	78～97

表 G.1（续）

农药名称	添加水平 mg/kg	回收率范围 %												
		菠萝	苹果	荔枝	胡萝卜	马铃薯	茄子	菠菜	荷兰豆	鲜木耳	鲜蘑菇	鲜牛蒡	鲜香菇	大葱
甲拌磷	0.01～0.1	74～84	84～97	60～75	62～74	65～74	63～97	63～85	63～75	61～74	80～87	65～79	65～87	69～98
氧化乐果	0.01～0.1	78～88	104～117	67～78	89～97	62～78	60～72	66～79	65～80	78～109	67～85	68～84	75～82	66～89
内吸磷	0.01～0.1	71～85	98～108	64～76	62～78	63～71	62～75	63～77	64～78	68～85	83～86	65～80	65～76	69～89
二嗪磷	0.01～0.1	94～109	62～77	68～95	71～88	65～78	65～77	64～78	63～79	69～86	85～93	69～89	65～86	78～89
地虫硫磷	0.01～0.1	77～89	82～97	67～77	74～86	66～82	66～88	63～75	64～76	72～96	86～94	63～81	60～74	79～87
异稻瘟净	0.01～0.1	74～91	84～90	65～77	71～82	70～85	64～89	60～79	76～84	71～99	89～103	69～93	83～90	70～75
氯唑磷	0.01～0.1	72～87	77～92	63～76	68～79	68～81	65～97	65～85	69～79	78～91	65～80	63～85	60～76	75～87
甲基毒死蜱	0.01～0.1	79～92	75～86	65～77	69～81	69～85	63～96	66～87	59～79	75～105	62～83	71～90	62～74	69～80
对氧磷	0.01～0.1	84～101	74～85	76～99	75～90	71～89	69～86	60～79	60～112	79～90	91～103	74～83	87～98	65～90
杀螟硫磷	0.01～0.1	97～102	71～84	75～84	80～98	66～81	69～92	63～78	60～115	69～85	76～87	71～81	78～90	74～89
溴硫磷	0.01～0.1	85～99	72～83	73～80	81～93	67～82	67～104	65～84	61～79	70～89	74～89	73～80	74～93	67～91
乙基溴硫磷	0.01～0.1	96～100	71～82	78～85	72～86	70～85	66～119	66～112	70～115	71～91	74～104	73～81	78～97	61～76
噻唑磷	0.01～0.1	98～108	75～87	77～85	76～89	71～90	73～112	63～82	70～92	70～93	94～102	74～85	94～106	80～90
丙溴磷	0.01～0.1	92～103	74～85	82～89	74～92	70～83	62～81	60～75	70～92	79～95	93～103	82～93	93～102	67～79
乙硫磷	0.01～0.1	79～92	75～88	76～85	71～89	68～79	63～99	61～84	80～108	71～93	94～105	72～81	97～108	67～90
敌瘟磷	0.01～0.1	90～105	77～89	77～81	73～88	69～85	60～76	60～75	77～111	73～94	100～104	76～83	95～108	78～90
吡唑硫磷	0.01～0.1	81～92	76～90	76～86	75～91	73～97	77～94	69～81	100～119	63～86	93～101	70～81	90～93	90～98
蝇毒磷	0.01～0.1	91～101	83～95	85～95	69～85	75～101	63～102	65～87	90～120	79～96	88～111	75～90	65～90	67～89
甲胺磷	0.01～0.1	77～88	73～81	70～88	63～77	72～93	74～97	63～79	63～89	60～73	64～85	74～87	73～82	67～90
治螟磷	0.01～0.1	79～93	80～87	60～73	61～78	80～92	88～104	70～84	60～79	61～75	84～104	70～80	63～80	77～80
特丁硫磷	0.005～0.1	65～80	85～91	64～79	62～99	66～78	84～118	70～105	101～120	66～77	70～82	70～88	60～81	85～90
久效磷	0.01～0.1	65～99	85～93	88～120	75～101	85～97	81～94	69～79	60～119	67～81	100～106	76～89	109～119	67～92
除线磷	0.01～0.1	85～99	83～90	84～107	70～81	71～88	88～101	79～87	75～97	63～78	61～82	66～84	70～74	68～89
皮蝇磷	0.01～0.1	83～92	88～93	79～110	72～98	73～89	82～89	69～88	64～75	68～79	69～75	73～86	72～76	65～78

表 G.1(续)

农药名称	添加水平 mg/kg	回收率范围 %												
		菠萝	苹果	荔枝	胡萝卜	马铃薯	茄子	菠菜	荷兰豆	鲜木耳	鲜蘑菇	鲜牛蒡	鲜香菇	大葱
甲基嘧啶磷	0.01～0.1	89～97	81～95	77～98	87～110	75～98	76～109	70～102	63～78	74～91	82～93	75～89	70～79	78～90
对硫磷	0.01～0.1	87～94	82～99	75～85	78～96	78～101	81～103	63～89	60～78	67～79	89～104	74～88	80～89	65～78
甲基毒虫畏	0.01～0.1	92～103	90～100	85～90	91～108	82～95	77～98	64～79	63～83	65～80	100～104	70～87	87～112	80～98
异柳磷	0.01～0.1	75～84	80～89	70～80	65～81	75～93	71～92	75～83	60～75	64～81	101～106	70～82	86～95	77～87
稻丰散	0.01～0.1	81～91	81～92	69～81	63～82	85～110	72～106	73～86	60～82	64～76	74～94	74～89	71～83	67～90
杀扑磷	0.01～0.1	82～99	82～91	79～87	70～83	82～112	73～99	74～87	61～85	60～75	91～106	74～87	84～99	89～97
甲基硫环磷	0.01～0.1	80～90	80～87	80～87	71～86	82～101	71～92	70～89	67～95	63～77	104～118	61～73	90～102	70～90
伐灭磷	0.01～0.1	82～96	87～98	82～85	79～93	83～98	74～99	74～92	62～80	63～84	101～123	80～95	96～100	66～88
伏杀硫磷	0.01～0.1	83～95	82～94	83～97	78～104	79～95	73～95	70～90	60～105	64～78	98～111	78～86	101～111	69～97
甲基谷硫磷	0.01～0.1	79～84	70～81	78～87	74～95	78～98	97～107	71～99	61～120	71～88	91～98	61～74	96～107	87～98
二溴磷	0.01～0.1	104～120	83～96	68～79	63～86	75～93	70～92	63～85	60～88	97～120	101～107	88～112	87～97	78～94
速灭磷	0.01～0.1	64～79	85～99	60～77	62～69	82～98	76～92	64～90	65～105	60～71	64～74	79～87	81～86	78～89
甲基乙拌磷	0.01～0.1	65～75	75～90	92～104	61～83	63～77	77～82	60～75	60～89	60～70	61～89	60～83	70～85	68～88
巴胺磷	0.01～0.1	70～79	73～87	66～79	66～79	80～91	80～92	73～85	61～115	63～75	85～93	75～106	91～98	64～88
乙嘧硫磷	0.01～0.1	65～80	78～90	99～109	62～76	88～93	72～93	64～86	69～107	63～74	77～97	75～87	73～85	65～78
磷胺	0.01～0.1	60～75	83～99	80～120	69～80	73～90	80～120	88～112	69～110	78～92	71～79	83～91	98～112	63～70
壤虫磷	0.01～0.1	69～78	80～89	80～93	75～86	88～101	90～110	85～98	89～111	71～80	86～91	80～90	83～96	79～100
马拉硫磷	0.01～0.1	71～86	79～94	80～93	74～86	80～99	82～94	79～89	66～120	75～84	71～80	79～93	93～103	69～89
甲基异柳磷	0.01～0.1	70～85	80～91	77～89	71～90	79～102	77～95	70～97	61～104	76～85	88～96	77～92	97～110	79～97
水胺硫磷	0.01～0.1	62～77	89～101	63～83	70～86	80～98	73～102	67～97	60～104	69～78	90～101	76～89	103～113	69～90
喹硫磷	0.01～0.1	64～80	80～93	75～85	73～90	86～103	75～110	70～108	61～96	68～78	87～90	76～88	91～99	75～87
杀虫畏	0.01～0.1	63～78	101～115	74～84	77～97	92～115	80～99	69～85	85～106	72～85	67～82	83～98	106～111	70～89
碘硫磷	0.01～0.1	79～85	65～79	76～92	76～91	84～103	79～100	68～88	70～101	76～80	70～84	81～95	103～113	67～89
硫环磷	0.01～0.1	65～78	60～75	82～91	77～93	83～98	82～104	74～100	60～112	77～85	101～103	60～74	91～98	90～98
威菌磷	0.01～0.1	80～95	63～78	72～81	65～78	81～95	69～94	60～75	60～103	70～80	96～102	60～71	106～122	80～85
苯硫磷	0.01～0.1	70～85	78～90	81～90	70～79	90～104	87～101	68～94	61～104	74～86	92～97	83～91	96～107	67～79
乙基谷硫磷	0.01～0.1	60～74	75～89	76～93	85～112	95～112	98～115	70～95	64～101	81～92	100～110	66～77	107～114	69～80

中华人民共和国进出口商品检验行业标准

SN 0149—92

出口水果中甲萘威残留量检验方法

代替 ZB X24 010—87

Method for determination of carbaryl residue in fruit for export

1 主题内容与适用范围

本标准规定了出口柑桔中甲萘威残留量的抽样和测定方法。

本标准适用于出口柑桔中甲萘威残留量的检验。

2 抽样和制样

2.1 检验批

以不超过 1 500 箱为一检验批。同一检验批内商品应具有同一的特征，如产地、包装、标记、等级、规格等。

2.2 样本大小

批量，箱	最低抽取数，箱
1～25	1
26～100	5
101～250	10
251～1 500	15

2.3 抽样工具和方法

取样必须按产地、分批次、等级在不同部位随机取样，每件至少取 500g 作为原始样品，原始样品总重不得少于 2 000g。

2.4 试样的制备

将所取原始样品去皮去籽，取可食部分，缩分出 1 000g，经组织捣碎机均化后分成二份，装入洁净容器内，密封，置于冰箱中保存，作为实验室样品。实验室样品必须立即密封，并填写标签，注明品名、日期、产地、垛位、报验号、申请单位，取样人。

注：在取样和样品制备的操作中，必须注意不使样品受到污染和发生任何变化。

3 测定方法

3.1 方法提要

用二氯甲烷提取试样中农药残留物，经用磷酸分离干扰物质后，进行液相色谱测定。

3.2 试剂和材料

3.2.1 二氯甲烷：分析纯。

3.2.2 甲醇：紫外光谱纯。

中华人民共和国国家进出口商品检验局1992-12-25批准　　1993-05-01实施

3.2.3　超纯水：用 0.2μm 滤膜过滤。

3.2.4　无水硫酸钠：650℃灼烧 4h，贮于干燥器中备用。

3.2.5　氯化铵：分析纯。

3.2.6　磷酸：分析纯。

3.2.7　氯化铵-磷酸溶液：称取 5g 氯化铵于小烧杯内，用蒸馏水溶解并转移至 100mL 容量瓶中，加入 10mL 磷酸，用蒸馏水稀释至刻度，摇匀。用二氯甲烷萃取杂质，氯化铵-磷酸溶液贮存试剂瓶内备用。

3.2.8　甲萘威标准品：纯度大于 99%。

3.2.9　甲萘威标准贮备溶液（1mg/mL）

准确称取 0.0100g 甲萘威标准品，放入 10mL 容量瓶内，以甲醇溶解并稀释至刻度，摇匀，备用。根据需要再配制成适用浓度的标准工作溶液。

3.3　仪器和设备

3.3.1　液相色谱仪配备紫外检测器和六通阀进样器。

3.3.2　微量注射器。

3.3.3　组织捣碎机。

3.3.4　震荡器。

3.3.5　旋转蒸发器。

3.3.6　具塞磨口锥形瓶：250mL。

3.3.7　分液漏斗：250mL。

3.3.8　有柄平底瓷皿：150mL。

3.4　测定步骤

3.4.1　提取

称取捣碎试样 5.0g 于有柄平底瓷皿中，加入 30g 无水硫酸钠，用玻杵进行研磨（如试样脱水不够，可酌情再加入无水硫酸钠）。用玻杵将拌有硫酸钠的柑桔样转入锥形瓶中，用 25mL 二氯甲烷洗涤瓷皿，转移至上面的锥形瓶内，共进行三次。锥形瓶盖上玻璃塞，放在震荡器上提取 30min。将提取液过滤于浓缩瓶中，每次用 25mL 二氯甲烷洗涤残渣，共洗涤二次。合并二氯甲烷液于浓缩瓶中，用旋转蒸发器在 50℃以下的水浴中蒸发至干。

3.4.2　净化

用 1.5mL 甲醇沿瓶壁加入浓缩瓶中，再加入 20mL 氯化铵-磷酸溶液，摇匀，静置 30min 后，过滤于 250mL 分液漏斗中。浓缩瓶再用 20mL 氯化铵-磷酸溶液洗涤，共洗涤三次。洗涤液合并于分液漏斗中，依次分别用 30，20，10mL 二氯甲烷反提取。合并二氯甲烷溶液于浓缩瓶中，用旋转蒸发器在 50℃以下水浴中蒸发至干。重复净化一次。在浓缩瓶中，准确加入 5mL 甲醇，摇匀，供色谱测定。

3.4.3　测定

3.4.3.1　色谱条件

a.　色谱柱：不锈钢柱，0.46cm×15cm，内装 Eorbax ODS；

b.　流动相：甲醇-水（60+40）；

c.　流量：1mL/min；

d.　泵压：12.5mPa；

e.　温度：室温；

f.　检测器：UV，280nm；

g.　六通阀定量管进样：10μL 定量管。

3.4.3.2　色谱测定

绘制标准工作曲线：取甲萘威标准贮备溶液 1mL，置 100mL 容量瓶内，用甲醇稀释至刻度，摇匀，浓度为 10μg/mL。用移液管吸取 0.5，1.0，2.0，3.0，4.0mL 分别置于 10mL 容量瓶内，用甲醇稀释至刻度，摇匀。用微量注射器分别吸标准工作溶液进行液相色谱分析。按不同甲萘威的量对所得峰面积绘制标准曲线，求得检验浓度的线性范围。

标准工作溶液和试样溶液按上述色谱条件进行分析。

3.5　空白试验

按3.4测定步骤进行试剂空白试验。

3.6　结果计算

用色谱数据处理机或按下式计算农药含量：

$$甲萘威残留量(mg/kg)=\frac{h}{h'}\times\frac{c'}{c}$$

式中：h——样液的峰高，mm；

h'——标准溶液的峰高，mm；

c'——标准溶液中农药的浓度，μg/μL；

c——样液的浓度，g/μL。

注：计算结果需将空白值扣除。

附加说明：

本标准由中华人民共和国国家进出口商品检验局提出。

本标准由中华人民共和国上海进出口商品检验局、湖北进出口商品检验局负责起草。

本标准主要起草人陈家华、朱申生、范崇阳。

中华人民共和国进出口商品检验行业标准

SN 0150—92

出口水果中三唑锡残留量检验方法

Method for determination of axocyclotin residue in fruit for export

代替 ZB B31 024—88

1 主题内容与适用范围

本标准规定了出口苹果中三唑锡残留量的抽样和测定方法。

本标准适用于出口苹果中三唑锡残留量检验，也适用于柑桔、香蕉中三唑锡残留量的检验。

2 抽样和制样

2.1 检验批

以不超过 1 500 件的产品为一检验批。同一检验批的包装、规格、标记、等级和产地必须相同。

2.2 样本大小

批量，件	最低抽取样，件
25 件以下	1
26～100	5
101～250	10
251～1 500	15

2.3 抽样工具和方法

从抽取的每件内随机取样至少 500g 作为原始样品，原始样品总量不得少于 4kg。

2.4 试样的制备

取每个苹果的四分之一，去梗去核，切碎，用四分法缩分出 1kg，置高速捣碎机中，捣碎成果酱状，均分成二份，装入洁净容器内，密封，作为试样。并填写标签，注明品名、日期、产地、垛位、报验号、申请单位、抽样人。

2.5 样品保存

试样制备后，不是当日检验，应在－18℃冷冻保存。

注：在抽样和制样操作中必须防止样品受到污染和发生任何变化。

3 测定方法

3.1 方法提要

将苹果试样中三唑锡及其降解产物三环羟基锡卤化为三环溴化锡，然后与甲基碘化镁反应生成三环甲锡，用气相色谱法火焰光度检测器测定。外标法定量。

3.2 试剂和材料

3.2.1 丙酮：分析纯。取 300mL 浓缩至 3mL，在测定方法相同条件下，取 5μL 进行测定，不得有干扰被测物的杂峰。

中华人民共和国国家进出口商品检验局 1992-12-25 批准　　1993-05-01 实施

3.2.2 石油醚(60～90℃):分析纯。

3.2.3 乙醚:分析纯。

3.2.4 无水乙醚:分析纯。

3.2.5 浓氢溴酸:分析纯。

3.2.6 浓盐酸:分析纯。

3.2.7 无水硫酸钠:分析纯。650℃灼烧4h,贮于密封瓶中。

3.2.8 弗罗里硅土(60～80筛目)。

3.2.9 碘甲烷:分析纯,使用前用蒸馏水洗涤三次,无水硫酸钠脱水,重新蒸馏。

3.2.10 金属钠。

3.2.11 金属镁屑:使用前60～80℃干燥30min。

3.2.12 甲基碘化镁:

制备方法:将28g镁屑(3.2.11)置于干燥的锥形瓶中,加入用金属钠(3.2.10)脱水过的无水石油醚至没过镁屑,约800mL无水乙醚(用钠脱水)和142g碘甲烷(3.2.9)混合液从分液漏斗中加入锥形瓶内。开始加入90mL混合液,然后用1h滴加完其余混合液,使反应保持在回流状态。加毕,加热回流1.5h。将甲基碘化镁溶液转移到干燥的棕色试剂瓶中,干燥器内保存备用。

3.2.13 三环甲锡标准品:纯度大于98%。

3.2.14 三环甲锡标准溶液:准确称取适量的三环甲锡标准品(3.2.13),用丙酮(3.2.1)配制成浓度为1mg/mL的贮备溶液。根据需要配成适用浓度的标准工作溶液。

3.3 仪器和设备

3.3.1 气相色谱仪配备火焰光度检测器,硫滤光片326nm。

3.3.2 微量注射器:10μL。

3.3.3 旋转蒸发器。

3.3.4 康氏振荡器。

3.3.5 净化柱:15cm×20mm(内径)玻璃层析柱,下填玻璃棉,内填充8g弗罗里硅土(3.2.8)。

3.4 测定步骤

3.4.1 提取和溴化

称取100.0g试样,加入20mL浓氢溴酸(3.2.5),加200mL丙酮(3.2.1),高速捣碎2min。抽滤。滤完后,再在滤渣中加100mL丙酮重复上述步骤提取一次。合并滤液于1 000mL分液漏斗中,分别用100mL石油醚(3.2.2)反复萃取二次,分出石油醚层,用无水硫酸钠脱水,旋转蒸发至干。

3.4.2 甲基化

用20mL无水乙醚(3.2.4)溶解上述残渣,加入7mL甲基碘化镁(3.2.12)。旋摇反应5min。加入10mL蒸馏水和1mL浓盐酸(3.2.6),转移反应混合物到100mL分液漏斗中,弃去水相,有机相浓缩至乙醚逸尽。

3.4.3 净化

用10mL石油醚(3.2.2)转移上述残留物到弗罗里硅土净化柱中,用120mL石油醚洗容器和淋洗,流速1.5mL/min。收集淋洗液,旋转蒸发器浓缩至干,用丙酮定容为1mL。

3.4.4 测定

3.4.4.1 色谱条件

a. 色谱柱:玻璃柱2.5m×2mm(内径),填充物为5%(*m*/*m*)DC-200涂于Gas Chrom Q(80～100目);

b. 柱温度:200℃;

c. 进样口温度:250℃;

d. 检测器温度:250℃;

e.　载气：高纯氮，纯度＞99.99％，80mL/min；

f.　氢气，150mL/min；

g.　氧气，12mL/min。

3.4.4.2　色谱测定

用微量注射器准确吸取适量的净化后的样液注入气相色谱仪，并测量其峰值。用相应的工作曲线估计样液中测定物的大约浓度。然后取与样液中浓度最接近的标准工作溶液与样液同时进行色谱测定。

在上述色谱条件下，三环甲锡的保留时间约为12.6min。

3.5　空白试验

按上述测定步骤进行试剂空白试验。

3.6　结果计算

用色谱数据处理机计算三唑锡残留量，也可按下式计算：

$$x=\frac{A}{A'}\times\frac{c}{m}\times V\times K$$

式中：x——三唑锡残留量，mg/kg；

A——样液中三环甲锡峰面积，mm^2

A'——标准工作液中三环甲锡的峰面积，mm^2；

c——标准工作液中三环甲锡的浓度，μg/mL；

m——试样质量，g；

V——样液体积，mL；

K——分子量校正因子：1.14。

注：计算结果需将空白值扣除。

附加说明：

本标准由中华人民共和国国家进出口商品检验局提出。

本标准由中华人民共和国秦皇岛进出口商品检验局、湖北进出口商品检验局、中国科学院生态环境研究中心负责起草。

本标准主要起草人庞国芳、刘雪杉、王克欧、牛喜业、卢康全。

中华人民共和国进出口商品检验行业标准

出口水果中乙硫磷残留量检验方法

SN 0151—92

Method for determination of etion residue in fruit for export

代替 ZB B31 013—86

1 主题内容与适用范围

本标准规定了出口苹果中乙硫磷残留量的抽样和测定方法。

本标准适用于出口苹果中乙硫磷残留量的检验。也适用于出口柑橘等水果中乙硫磷残留量的检验。

2 抽样和制样

2.1 检验批

以不超过 1 500 件为一检验批。同一检验批内商品应具有同一的特征，如包装、标记、产地、规格、等级等。

2.2 样本的大小

每批件数	最低抽样件数
1～25	1
26～100	5
101～250	10
251～1 500	15

2.3 抽样方法

从抽取的每件内随机抽样至少 500g 作为原始样品，原始样品总量不得小于 4kg。

2.4 试样制备

取每只苹果的四分之一，去梗去核，切碎，用四分法缩分成 1kg，置高速组织捣碎机中捣碎成果酱状，均分成二份，装入洁净容器内，密封，作为实验室试样。并填写标签，注明品名、日期、产地、垛位、报验号、申请单位、抽样人。

注：在抽样和制样操作中，必须防止样品受到污染或发生任何变化。

3 测定方法

3.1 方法提要

试样中的乙硫磷残留量经丙酮提取，利用丙酮与水的互溶性，在提取液中加入硫酸钠水溶液，然后用石油醚反萃取。用气相色谱仪、火焰光度检测器检测，外标法定量。

3.2 试剂和材料

3.2.1 丙酮：分析纯，重蒸馏。

3.2.2 石油醚：分析纯，重蒸馏。

3.2.3 无水硫酸钠：分析纯，650℃烧灼 4h 后贮于密封瓶中备用。

中华人民共和国国家进出口商品检验局1992-12-25批准　　1993-05-01实施

3.2.4 硫酸钠溶液(20g/L):称取 2g 无水硫酸钠(3.2.3)溶于 100g 水中。

3.2.5 农药标准品:乙硫磷,纯度大于 99%。

3.2.6 乙硫磷标准溶液的配制:准确称取适量乙硫磷(3.2.5),用少量苯溶解,然后用石油醚配制成 4mg/mL 标准贮备溶液,根据需要再配制成适用浓度的标准工作溶液。

3.3 仪器和设备

3.3.1 气相色谱仪,配有火焰光度检测器。

3.3.2 微量注射器:1μL,10μL。

3.3.3 旋转蒸发器或 K-D 浓缩器。

3.3.4 振荡器。

3.3.5 分液漏斗:500mL。

3.3.6 具塞锥形瓶:250mL。

3.3.7 无水硫酸钠柱:在一筒形漏斗中加 5cm 高的无水硫酸钠(3.2.3)。

3.4 测定步骤

3.4.1 提取和净化

称取捣碎混匀的试样 50.0g 于 250mL 具塞锥形瓶中,加入 80mL 丙酮,加塞,在振荡器上振荡 45min。过滤。分别用 15mL 丙酮洗涤残渣三次,合并丙酮提取液及洗涤液于 500mL 分液漏斗中,加入 100mL 硫酸钠溶液。然后用石油醚提取三次,每次 50mL,合并石油醚提取液。

将石油醚提取液通过无水硫酸钠柱脱水。用旋转蒸发器于 50℃左右的水浴中将提取液浓缩,定容至 10mL。

3.4.2 测定

3.4.2.1 色谱条件

a. 色谱柱:玻璃柱,2m×3mm(内径),填充物为 3%(*m/m*)SE-30+4%(*m/m*)QF-1 涂于 Chrom W HP(80~100 筛目)上;

b. 色谱柱温度:220℃;

c. 进样口温度:255℃;

d. 检测器温度:255℃;

e. 载气:高纯氮,纯度>99.99%,30mL/min;

f. 氢气:纯度>99.9%,60mL/min;

g. 空气:100mL/min。

3.4.2.2 色谱测定

用微量注射器准确吸取适量净化后的样液注入气相色谱仪,并测量其峰高,用相应的工作曲线估计样液中农药的大约浓度。然后取与样液中浓度接近的标准工作溶液与样液同时进行色谱测定。

在上述色谱条件下,乙硫磷的保留时间约为 3.0min。

3.4.3 空白试验

按上述有关步骤进行试剂空白试验。

3.4.4 结果计算

用色谱数据处理机按适当程序计算乙硫磷残留量,也可按下式计算:

$$x=\frac{h}{h'}\times\frac{c}{m}\times V$$

式中:x——乙硫磷残留量,mg/kg;

h——样液中农药峰高,mm;

h'——标准工作溶液中农药峰高,mm;

c——标准工作溶液农药浓度,μg/mL;

m——试样量,g;

V——样液的定溶体积,mL。

注:计算结果需将空白值扣除。

附加说明:

本标准由中华人民共和国国家进出口商品检验局提出。

本标准由中华人民共和国安徽进出口商品检验局、浙江进出口商品检验局负责起草。

本标准主要起草人王新、朱梦栩、崔镜、朱宏。

中华人民共和国进出口商品检验行业标准

出口水果中2,4-滴残留量检验方法

SN 0152—92

Method for inspection of 2,4-D residue in fruit for export

代替 ZB B31 012—86

1 主题内容与适用范围

本标准规定了出口柑橘中2,4-滴残留量的抽样和测定方法。

本标准适用于出口柑橘中2,4-滴残留量的检验。

2 抽样和制样

2.1 检验批

以不超过1 500件为一检验批。同一检验批内商品应具有同一的特征,如包装、标记、产地、规格、等级等。

2.2 样本的大小

每批件数	抽样件数
1～25	1
26～100	5
101～250	10
251～1 500	15

2.3 抽样方法

抽样必须按产地、分批次、论等级在不同部位随机抽样,每件至少取500g作为原始样品。原始样品总量不得少于2 000g。

2.4 试样的制备

将原始样品缩分出1 000g,去皮去籽,取可食部分经组织捣碎机捣碎,均匀分成两份,装入洁净容器内,密封,作为实验室试样。并填写标签,注明品名、日期、产地、垛位、报验号、申请单位、抽样人。

注:在抽样和制样的操作中,必须防止样品受到污染或发生任何变化。

3 测定方法

3.1 方法提要

试样用磷酸-丙酮溶剂提取,经液-液分配净化,以三氟化硼为催化剂,将2,4-滴酯化成2,4-滴丁酯,再经弗罗里硅土-氧化铝层析柱净化,进行气相色谱仪电子俘获检测器测定。外标法定量。

3.2 试剂和材料

3.2.1 丙酮:分析纯。

3.2.2 磷酸:分析纯。

3.2.3 磷酸水溶液(1+1)。

中华人民共和国国家进出口商品检验局1992-12-25批准　　1993-05-01实施

3.2.4 三氯甲烷:分析纯。

3.2.5 乙醚:分析纯。

3.2.6 正己烷:分析纯。

3.2.7 氢氧化钠:分析纯。

3.2.8 磷酸氢二钠:分析纯。

3.2.9 磷酸盐溶液:称取 2g 氢氧化钠(3.2.7)和 33g 磷酸氢二钠(3.2.8),以水溶解,稀释至 1 000mL。

3.2.10 盐酸水溶液(1+1)。

3.2.11 三氟化硼乙醚溶液:47%(V/V)。

3.2.12 正丁醇:分析纯。

3.2.13 丁酯化液:将正丁醇(3.2.12)和三氟化硼溶液(3.2.11)冰浴冷却至 0℃,迅速量取 30mL 三氟化硼乙醚溶液(3.2.11)和 120mL 正丁醇(3.2.12),在冰浴中混合均匀,冷却后,密闭保存于冰箱中。

3.2.14 弗罗里硅土(Florisil):在 650℃下活化 4h 后,置于干燥器中。放置时间超过一个星期,应用前需于 130℃温度下加热过夜。

3.2.15 氧化铝(中性,层析用):在 650℃下活化 4h 后,每 100g 加 1~2mL 水降活。干燥器中保存。

3.2.16 无水硫酸钠:650℃灼烧 4h 后,保存于干燥器中。

3.2.17 乙醚-正己烷混合溶液(5+95)。

3.2.18 硫酸钠水溶液(20g/L):2g 无水硫酸钠(3.2.16)溶于 100mL 蒸馏水中。

3.2.19 2,4-滴标准品:纯度大于 99%。

3.2.20 标准溶液的配制:准确称取适量的 2,4-滴标准品(3.2.19),用乙醚配制成浓度为 0.50mg/mL 的标准储备溶液。根据需要再配制成适用浓度的标准工作溶液,供酯化用。

3.3 仪器和设备

3.3.1 气相色谱仪,配有电子俘获检测器。

3.3.2 微量注射器:10μL。

3.3.3 组织捣碎机:3 000r/min。

3.3.4 离心机:0~4 000r/min,可放置 50mL 离心管。

3.3.5 旋转蒸发器。

3.3.6 分液漏斗:500mL。

3.3.7 具塞锥形瓶:250mL。

3.3.8 具塞刻度管:10mL。

3.3.9 微型浓缩试管:具标准磨口,10mL。

3.3.10 冷凝管:具标准磨口。

3.3.11 层析柱:柱径 10mm,柱长 150mm,在柱底部先塞入少量玻璃棉,依次加入 1g 弗罗里硅土(3.2.14)、1g 中性氧化铝(3.2.15)和 2g 无水硫酸钠(3.2.16)。

3.3.12 K-D 浓缩器。

3.4 测定步骤

3.4.1 提取

称取试样 25.0g 于具塞锥形瓶内,加入 5mL 磷酸溶液(3.2.2)和 50mL 丙酮(3.2.1),振荡提取 30min,离心分离,倾出提取液。残渣再如此重复提取两次,合并提取液。用旋转蒸发器除去丙酮,残留溶液转入分液漏斗中,分别用 50mL 三氯甲烷(3.2.4)提取三次,合并三氯甲烷层于分液漏斗中。

3.4.2 净化

向分液漏斗加入 50mL 磷酸盐溶液(3.2.9),振摇 1min。静置分层后,分出上层水相,三氯甲烷层再分别用 50mL 磷酸盐溶液(3.2.9)提取两次。合并水相于分液漏斗中,用盐酸溶液(3.2.10)调 pH 等于 1,分别用 75mL 乙醚(3.2.5)萃取三次。合并乙醚层,加入 20g 无水硫酸钠(3.2.16)脱水后,于 K-D 浓缩器中浓缩到 5mL，转入 10mL 具有标准磨口的微型浓缩试管（3.3.9）中，继续浓缩至干。

3.4.3 酯化

向上述微型浓缩试管中加入 3mL 丁酯化液（3.2.13），连上冷凝管，置于电炉上加热至沸，并回流 30min。冷却后取下，每次用 10mL 硫酸钠水溶液（3.2.18）洗涤三次，酯化液供柱层析净化用。

3.4.4 柱层析净化

先用乙醚正己烷混合溶液（3.2.17）淋洗层析柱（3.3.11），然后倒入酯化液，用 10mL 具塞刻度管接收。用乙醚正己烷（3.2.17）淋洗，以 1mL/min 的速度收集 10mL，定容后，加少许无水硫酸钠（3.2.16）脱水，供气相色谱测定。

3.4.5 标准工作溶液的酯化

准确取适量的农药标准工作溶液（3.2.20）于 10mL 微型浓缩试管，置水浴中加热挥干后，按 3.4.3 和 3.4.4 进行，根据需要再稀释或浓缩成适当浓度的标准工作溶液。

3.4.6 测定

3.4.6.1 色谱条件

a. 色谱柱：玻璃柱 1.5m×3mm（内径），填充物为 2.5%（m/m）OV-17 和 3.3%（m/m）QF-1 涂于 Chromosorb W AW DMCS（80～100 筛目）；

b. 载气：高纯氮，纯度＞99.99%，60mL/min；

c. 柱温：220℃；

d. 进样口温度：240℃；

e. 检测器温度：300℃。

3.4.6.2 色谱测定

用微量注射器准确吸取适量净化后的样液注入气相色谱仪，并测量其峰值，用相应的工作曲线估计样液中农药的大约浓度。然后取样液中浓度接近的标准工作溶液与样液等体积进样，进行色谱测定。

注：农药标准工作溶液及样液中农药组分的响应值均应在仪器检测线性范围内。样液测定过程中要穿插标准工作溶液的测定，以检查检测器的灵敏度。

3.4.7 空白试验

按上述有关步骤进行试剂空白试验。

3.4.8 结果计算

用色谱数据处理机按适当程序计算农药残留量，也可按下式计算：

$$x = \frac{h}{h'} \times \frac{c}{m} \times V$$

式中：x——2,4-滴残留量，mg/kg；

h——样液中农药（衍生物）峰高，mm；

h'——标准工作溶液中农药（衍生物）峰高，mm；

c——标准工作溶液中相当于农药浓度，μg/mL；

m——取样量，g；

V——样液的定容体积，mL。

注：计算结果需将空白值扣除。

附加说明：

本标准由中华人民共和国国家进出口商品检验局提出。

本标准由中华人民共和国湖南进出口商品检验局、浙江进出口商品检验局负责起草。

本标准主要起草人聂洪勇、周昱、朱宏。

中华人民共和国进出口商品检验行业标准

出口水果中抗蚜威残留量检验方法

SN 0156—92

代替 ZB B31 010—88

Method for determination of pirimicarb residue in fruit for export

1 主题内容与适用范围

本标准规定了出口柑桔中抗蚜威残留量的抽样和测定方法。

本标准适用于出口柑桔中抗蚜威残留量的检验。

2 抽样和制样

2.1 检验批

以不超过 1 500 箱为一检验批。同一检验批内商品应具有同一的特征,例如产地、包装、标记、等级、规格等。

2.2 样本大小

批量,件	最低抽取数,件
1～25	1
26～100	5
101～250	10
251～1 500	15

2.3 抽样工具和方法

抽样必须按产地、分批次、等级在不同部位随机抽样,每件至少取 500g 作为原始样品,原始样品总量不得少于 2kg。

2.4 实验室样品和试样的制备

将所取原始样品缩分出 1kg,取可食部分,经组织捣碎机捣碎,均分成两份,装入洁净容器内,密封,作为试样,并填写标签,注明品名、日期、产地、垛位、报验号、申请单位、抽样人等。

2.5 样品保存

试样制备后,不是当日检验,应在－18℃冷冻保存。

注:在抽样和制样操作中,必须防止不使样品受到污染或发生任何变化。

3 测定方法

3.1 方法提要

本方法采用丙酮提取,凝聚法净化消除植物色素及其他干扰杂质。用气相色谱-氮磷检测器直接测定。

3.2 试剂和材料

中华人民共和国国家进出口商品检验局1992-12-25批准　　　　1993-05-01实施

3.2.1　丙酮：分析纯，重蒸馏。

3.2.2　三氯甲烷：分析纯，重蒸馏。

3.2.3　无水硫酸钠：分析纯，650℃灼烧4h，贮于密闭瓶中备用。

3.2.4　凝聚液（磷酸-氯化铵水溶液）：称取2.5g氯化铵于400mL含5mL磷酸的水中。

3.2.5　饱和碳酸钠水溶液。

3.2.6　农药标准品：抗蚜威、叶蝉散（内标物），纯度99.5%。

3.2.7　抗蚜威标准溶液：准确称取适量的抗蚜威标准品（3.2.6），用丙酮配成浓度为0.10mg/mL的标准储备溶液。根据需要再配成适当浓度的标准工作溶液。

3.2.8　叶蝉散内标溶液：准确称取适量的叶蝉散标准品（3.2.6），用丙酮配成浓度为0.10mg/mL的内标储备溶液。根据需要再配成适当浓度的内标工作溶液。

3.2.9　混合标准工作溶液：取适量农药标准工作溶液和内标储备溶液配成混合标准工作溶液。

3.2.10　无水硫酸钠柱：用约8cm×2cm（内径）筒形漏斗，底部塞以玻璃毛，内加约4cm高无水硫酸钠（3.2.3）。

3.3　仪器和设备

3.3.1　气相色谱仪配备氮磷检测器。

3.3.2　电动振荡器。

3.3.3　旋转蒸发器。

3.4　测定步骤

3.4.1　提取

称取10.0g试样于塞有少量玻璃棉的小漏斗内，先将试样中的水过滤到100mL烧杯中（保留）。再将残渣和玻璃棉一起移入150mL锥形瓶内，用少量丙酮洗涤小漏斗并转入锥形瓶内，加15mL丙酮，加塞后在振荡器上振荡30min（注意放气）。用布氏漏斗减压过滤。残渣再用15mL丙酮振荡提取15min。减压过滤，合并两次丙酮滤液于旋转蒸发器中，在40℃水浴中浓缩至2～3mL，然后转入盛有试样水的烧杯内。用1～2mL丙酮洗涤蒸发瓶，合并丙酮液（注意应控制丙酮总量为5mL）。

3.4.2　净化

向浓缩液中加入50mL凝聚液，混匀。放置30min后用有滤纸的漏斗过滤到250mL分液漏斗内。用少量凝聚液洗涤烧杯，一起滤入分液漏斗内。弃去残渣，滴加碳酸钠饱和水溶液中和。立即加20mL三氯甲烷，剧烈振荡约0.5min，静置至分层。将有机层通过无水硫酸钠柱至蒸发瓶中，水溶液再用20mL三氯甲烷按上述操作重复提取一次，合并提取液于蒸发瓶中，在70℃水浴中浓缩至1～3mL，移浓缩液于有塞试管中，用氮气在40℃水浴上将溶剂吹干。残渣用1.0mL丙酮溶解，再加入1.0mL内标标准工作溶液，混匀，供气相色谱测定用。

3.4.3　测定

3.4.3.1　色谱条件

a.　色谱柱：玻璃柱2m×2mm（内径），填充物为3%（*m*/*m*）OV-101涂于Chromosorb W HP（80～100目）；

b.　柱温：180℃；

c.　进样口温度：250℃；

d.　检测器温度：300℃；

e.　载气：高纯氮，纯度＞99.99%，50mL/min；

f.　氢气：4mL/min；

g.　空气：50mL/min。

3.4.3.2　色谱测定

用微量注射器准确吸取适量的净化后的样液，注入气相色谱仪内，并测定其峰值。用相应的工作曲线估计样液中农药的大约浓度。然后取与样液中浓度最接近的混合标准工作溶液与样液同时进行色谱测定。

抗蚜威的保留时间约为 5.22min，内标物保留时间约为 2.10min。

3.4.4 空白试验

按上述测定步骤进行试剂空白试验。

3.4.5 结果计算

用色谱数据处理机计算农药残留量，也可按下式计算：

$$x=\frac{h}{h'}\times\frac{h'_i}{h_i}\times\frac{c'}{c}\times\frac{c_i}{c_i'}$$

式中：x——抗蚜威残留量，mg/kg；

h——样液中农药峰高，mm；

h'——混合农药标准工作溶液中农药峰高，mm；

h_i——样液中内标物峰高，mm；

h'_i——混合农药标准工作溶液中内标物峰高，mm；

c——样液浓度，g/μL；

c'——混合农药标准工作溶液中农药浓度，μg/μL；

c_i'——混合农药标准工作溶液中内标物浓度，μg/μL；

c_i——样液中内标物浓度，μg/μL。

附加说明：

本标准由中华人民共和国国家进出口商品检验局提出。

本标准由中华人民共和国湖北进出口商品检验局负责起草。

本标准主要起草人田慧明、卢康全。

中华人民共和国进出口商品检验行业标准

出口水果中二硫代氨基甲酸酯残留量检验方法

SN 0157—92

代替 ZB B31 015—88

Method for determination of dithiocarbamate residue in fruit for export

1 主题内容与适用范围

本标准规定了出口苹果中二硫代氨基甲酸酯残留量的抽样和测定方法。

本标准适用于出口苹果中二硫代氨基甲酸酯(包括代森锌、福美双等)残留量的检验。

2 抽样和制样

2.1 检验批

以不超过1 500件的产品为一检验批。

同一检验批内商品应具有同一的特征,如包装、标记、产地、规格、等级等。

2.2 样本大小

批量,件	最低抽取样,件
25件以下	1
26～100	5
101～250	10
251～1 500	15

2.3 抽样工具和方法

从一批货物的各个部位随机选取抽样点,每点抽取不少于500g作为原始样品,原始样品总量不得少于4kg。

2.4 试样的制备

原始样品混合后如数量太多,可进行适当缩分,对单个苹果不得进行切割,制样时应除去明显杂质及非食用部分,样品制备完毕后,放入干净的惰性容器(如聚乙烯袋)内,密封,注明品名,报验号、批号、抽样时间、抽样地点、抽样人等,尽快送交实验室。

当接到试样后,应迅速切碎混匀,并立即按3.4.1进行操作。

2.5 样品保存

样品取回后,不是当日检验,应在密闭容器中冷藏。

注:在抽样和制样的操作中,必须防止样品受到污染和发生任何变化。

中华人民共和国国家进出口商品检验局1992-12-25批准　　1993-05-01实施

3 测定方法

3.1 方法提要

试样在密闭系统中与还原性酸溶液反应，二硫代氨基甲酸酯被分解，定量释放出二硫化碳，取液上气体用气相色谱法测定二硫化碳含量。

3.2 试剂和材料

3.2.1 丙酮：分析纯，在测试条件下不含与二硫化碳的色谱峰干扰的物质。

3.2.2 盐酸溶液(5mol/L)：量取浓盐酸(分析纯)430mL，稀释至1 000mL。

3.2.3 氯化亚锡溶液：溶解15g氯化亚锡(分析纯)于适量盐酸溶液(3.2.2)中并用盐酸溶液稀释至1L。

3.2.4 二硫化碳标准溶液：准确称取0.4～0.6g二硫化碳(分析纯，经重蒸馏)于装有少量丙酮的50mL容量瓶内，以丙酮定容。临用前可再用丙酮稀释到适用浓度。

3.3 仪器和设备

3.3.1 气相色谱仪配备有电子俘获检测器。

3.3.2 顶空瓶：250mL，可以用250mL血浆瓶，配有丁字胶塞和铝盖代替。

3.3.3 气密性注射器：100～250μL。

3.3.4 微量注射器：10～100μL。

3.3.5 恒温水浴。

3.4 测定步骤

3.4.1 试样前处理

3.4.1.1 在试样制备好以后，立即称取试样50g于顶空瓶(3.3.2)中。

3.4.1.2 向顶空瓶中加氯化亚锡溶液(3.2.3)50mL，迅速密封顶空瓶。

3.4.1.3 将顶空瓶置于80±2℃水浴(3.3.5)中加热1h，每隔15min取出用力振摇一次(注意：不要将内容物溅到胶塞上)。

3.4.2 测定

3.4.2.1 色谱条件

a. 色谱柱：玻璃柱，2m×2.5mm(内径)，填充物为20%(*m/m*)OV-101涂于Gas Chrom Q(80～100筛目)上；

b. 柱温度：60℃；

c. 进样口和检测器温度：200℃；

d. 载气：高纯氮，纯度>99.99%，40mL/min。

3.4.2.2 色谱测定

用气密性注射器(3.3.3)取顶空瓶内气体10～100μL立即注入气相色谱仪(3.3.1)，与含量最近的标准二硫化碳气比较峰高并按第3.6条计算二硫化碳含量。

3.4.3 标准二硫化碳气的制备

取几个顶空瓶用水代替试样重复3.4.1.1、3.4.1.2的操作，用微量注射器向各个顶空瓶内注入不同量的二硫化碳标准溶液使其覆盖适当的含量范围，然后进行3.4.1.3和3.4.2.2的操作。

3.5 空白试验

用水代替试样按3.4.1和3.4.2.2所列步骤进行。

3.6 结果计算

用色谱数据处理机或按下式计算农药残留量：

$$x = \frac{h}{h'} \times \frac{E}{m}$$

式中：x——样品中二硫代氨基甲酸酯含量(以 CS_2 计)，mg/kg；

h——试样顶空气中二硫化碳峰高，mm；

h'——标准顶空气中二硫化碳峰高，mm；

E——制备标准二硫化碳气时向顶空瓶中加入的二硫化碳质量，μg；

m——试样的质量，g。

注：① 计算结果需将空白值扣除。

② 二硫代氨基甲酸酯残留量，一般以代森锌量计，一分子代森锌在酸溶液中产生二分子二硫化碳。

附加说明：

本标准由中华人民共和国国家进出口商品检验局提出。

本标准由中华人民共和国河南进出口商品检验局、湖北进出口商品检验局负责起草。

本标准主要起草人杨冀州、卢康全。

中华人民共和国进出口商品检验行业标准

出口水果中螨完锡残留量检验方法

Method for determination of fenbutatin residue in fruit for export

SN 0158—92

代替 ZB B31 023—88

1 主题内容与适用范围

本标准规定了出口苹果中螨完锡残留量的抽样和测定方法。

本标准适用于出口苹果中螨完锡残留量检验,也适用于柑桔、菠萝、黄瓜中螨完锡残留量的检验。

2 抽样和制样

2.1 检验批

以不超过 1 500 件为一检验批。同一检验批的包装、规格、标记、等级和产地必须相同。

2.2 样本大小

批量,件	最低抽取数,件
25 件以下	1
26～100	5
101～250	10
251～1 500	15

2.3 抽样工具和方法

从抽取的每件内随机抽样不少于 500g 作为原始样品,原始样品总量不得少于 4kg。

2.4 试样的制备

取每个苹果的四分之一,去梗、去核,切碎,用四分法缩分出 1kg,置高速捣碎机中,捣碎成果酱状,均分成二份,装入洁净容器内,密封,作为试样,并填写标签,注明品名、日期、产地、垛位、报验号、申请单位、抽样人。

2.5 样品保存

试样制备后,不是当日检验,应在－18℃冷冻保存。

注:在抽样和制样操作中必须防止样品受到污染和发生任何变化。

3 测定方法

3.1 方法提要

用浓盐酸将试样中的螨完锡转化为氯化三苯基叔丁基锡。经过氧化铝层析柱净化,用气相色谱法电子俘获检测器测定。外标法定量。

中华人民共和国国家进出口商品检验局1992-12-25批准　　1993-05-01实施

3.2 试剂和材料

3.2.1 二氯甲烷：分析纯。

3.2.2 盐酸：分析纯。

3.2.3 石油醚：沸程60～90℃，分析纯，重蒸馏。取300mL浓缩至3mL，在测定方法相同条件下，取5μL进行测定。不得有干扰被测物的杂峰。

3.2.4 乙醚：分析纯。

3.2.5 石油醚-乙醚混合液：7+3。

3.2.6 无水硫酸钠：分析纯，650℃灼烧4h，贮于密封瓶中。

3.2.7 氧化铝（酸性，100～200筛目）：400℃烘4h，贮于密封瓶中。

3.2.8 螨完锡标准品：纯度大于99%。

3.2.9 农药标准贮备溶液：准确称取适量的螨完锡标准品，用石油醚（3.2.3）配制成浓度为0.10mg/mL的标准贮备溶液。

3.2.10 农药标准工作溶液：取10.0mL标准贮备溶液（3.2.9），蒸干溶剂，按测定步骤（3.4.2）进行转化为氯化三苯基叔丁基锡，根据需要配成适当浓度的标准工作溶液。

3.3 仪器和设备

3.3.1 气相色谱仪，配备电子俘获检测器。

3.3.2 微量注射器：10μL。

3.3.3 组织捣碎机。

3.3.4 康氏振荡器。

3.3.5 旋转蒸发器。

3.3.6 K-D浓缩器。

3.3.7 净化柱：30cm×10mm（内径）玻璃层析柱，下填玻璃棉，依次填充6g氧化铝（3.2.7）和1g无水硫酸钠（3.2.6），用5mL石油醚（3.2.3）预洗柱子。

3.4 测定步骤

3.4.1 提取

称取50.0g试样于组织捣碎机缸中；加120mL二氯甲烷（3.2.1），高速捣碎2min。转移混合物到具塞锥形瓶中，加60g无水硫酸钠（3.2.6），振荡提取60min。抽滤。残渣分别用50mL二氯甲烷重复提取三次，每次10min。合并滤液于旋转蒸发器中，浓缩至2～5mL，再用氮气吹干。

3.4.2 卤化

向上述残留物加5mL浓盐酸（3.2.2），振荡反应30min，转化为氯化三苯基叔丁基锡，加蒸馏水5mL，石油醚（3.2.3）20.0mL，剧烈振荡2min，静置分层。

3.4.3 净化

取4.0mL石油醚萃取液移入氧化铝净化柱中，分别用2mL和20mL石油醚（3.2.3）洗涤，弃之。再用2mL和15mL石油醚-乙醚混合液分别淋洗，弃去开始的2mL，收集随后的15mL，浓缩，用石油醚定容10mL。

3.4.4 测定

3.4.4.1 色谱条件

a. 色谱柱：玻璃柱，0.55m×2mm（内径），填充物2%（*m/m*）OV-17涂于Gas Chrom Q（80～100筛目）；

b. 色谱柱温度：240℃；

c. 进样口温度：260℃；

d. 检测器温度：245℃；

e. 载气：高纯氮，纯度>99.99%，80mL/min。

3.4.4.2 色谱测定

用微量注射器准确吸取适量的净化后的样液注入气相色谱仪，并测量其峰值。用相应的工作曲线估计样液中相当于农药的大约浓度。然后取与样液中浓度最接近的标准工作溶液与样液同时进行色谱测定。

3.4.5 空白试验

按上述测定步骤进行试剂空白试验。

3.4.6 结果计算

用色谱数据处理机计算螨完锡残留量，也可按下式计算：

$$x = \frac{A}{A'} \times \frac{c}{m} \times V \times K$$

式中：x——螨完锡残留量，mg/kg；

A——样液中农药(衍生物)峰面积，mm^2；

A'——标准工作液农药(衍生物)峰面积，mm^2；

c——标准工作液相当于农药浓度，μg/mL；

m——试样质量，g；

V——样液定容体积，mL；

K——净化步骤中体积换算因子：5。

注：计算结果需将空白值扣除。

附加说明：

本标准由中华人民共和国国家进出口商品检验局提出。

本标准由中华人民共和国秦皇岛进出口商品检验局、湖北进出口商品检验局、中国科学院生态环境研究中心负责起草。

本标准主要起草人庞国芳、刘雪杉、王克欧、牛喜业、卢康全。

中华人民共和国进出口商品检验行业标准

出口水果中艾氏剂、狄氏剂、七氯残留量检验方法

SN 0159—92

Method for determination of aldrin, dieldrin and heptachior residues in fruit for export

代替 ZB B31 025—88

1 主题内容与适用范围

本标准规定了出口柑桔中艾氏剂、狄氏剂、七氯残留量的抽样和测定方法。

本标准适用于出口柑桔中艾氏剂、狄氏剂、七氯残留量的检验。也适用于检验六六六和滴滴涕。

2 抽样和制样

2.1 检验批

以不超过 1 500 件为一检验批。同一检验批内商品应具有同一的特征，如包装、标记、产地、规格、等级等。

2.2 样本大小

批量，件	最低抽样数，件
1～25	1
26～100	5
101～250	10
251～1 500	15

2.3 抽样工具和方法

按产地、分批次、等级在不同部位随机取样，每件至少取 500g 作为原始样品，原始样品总量不得少于 2 000g。

2.4 试样的制备

将所取原始样品缩分，去皮去籽，取可食部分，经组织捣碎机匀化分成两份，装入洁净容器内，密封，作为试样，并填写标签，注明品名、日期、产地、垛位、报验号、申请单位、取样人等。

注：在抽样和制样的操作中，必须防止样品受到污染和发生任何变化。

3 测定方法

3.1 方法提要

本方法用丙酮-石油醚提取试样中农药残留，经弗罗里硅土、中性氧化铝及活性炭混合层析柱净化后，进行气相色谱测定。

3.2 试剂和材料

中华人民共和国国家进出口商品检验局1992-12-25批准　　　　1993-05-01实施

3.2.1 石油醚：重蒸馏，收集沸程 65～75℃馏分。取 300mL 在旋转蒸发器中浓缩至 5mL，在与测定方法相同的色谱条件下，取 5μL 进行测定，除石油醚峰外，无干扰被测物的杂峰。

3.2.2 丙酮：分析纯，重蒸馏。

3.2.3 乙醚：分析纯，重蒸馏。

3.2.4 蒸馏水：重蒸馏。

3.2.5 丙酮-石油醚混合液：2＋8。

3.2.6 乙醚-石油醚混合液：3＋17。

3.2.7 无水硫酸钠：分析纯，在 650℃灼烧 4h，贮于密封容器内备用。

3.2.8 硫酸钠溶液（20g/L）：称取 2g 硫酸钠，溶于 100mL 蒸馏水中。

3.2.9 中性氧化铝（层析用 80～100 筛目）：650℃灼烧 4h，使用前在 130℃干燥 5h，贮于干燥器中备用。

3.2.10 弗罗里硅土（60～100 筛目）：650℃灼烧 4h，使用前在 130℃干燥 5h，于干燥器内冷却，每 100g 加 5mL 蒸馏水脱活并充分摇匀，放置过夜后使用。

3.2.11 活性炭（层析用）：用盐酸（1＋19）浸泡 0.5h，用蒸馏水洗涤至中性，烘干。用前在 130℃干燥 5h，贮于干燥器待用。

3.2.12 农药标准品：七氯、艾氏剂、狄氏剂和作为内标物的环氧七氯的纯度均应大于 99％。

3.2.13 内标物标准溶液和农药标准溶液的配制：分别准确称取适量的环氧七氯、艾氏剂、狄氏剂、七氯，用少量苯溶解，然后用石油醚分别配成浓度为 0.100mg/mL 的标准储备液，根据需要再配制成适用浓度的内标物标准工作溶液和含内标物的混合农药标准工作溶液。

注：如试样中存在环氧七氯，可选用其他适当的内标物。

3.3 仪器和设备

3.3.1 气相色谱仪，配备电子俘获检测器。

3.3.2 微量注射器：1μL、10μL。

3.3.3 振荡器。

3.3.4 组织捣碎机。

3.3.5 旋转蒸发器。

3.3.6 全玻璃系统蒸馏装置。

3.3.7 层析柱：20cm×1.5cm（内径），内装混合均匀的 6g 弗罗里硅土、3.5g 中性氧化铝和 5g 活性炭，顶末两端各装入 2cm 高无水硫酸钠。

3.3.8 容量瓶：50mL。

3.3.9 无水硫酸钠柱：筒形漏斗，内装 5cm 高无水硫酸钠。

3.3.10 具塞锥形瓶：250mL。

3.3.11 分液漏斗：250mL。

3.3.12 脱脂棉和滤纸：用丙酮-石油醚混合液（3.2.5）回流 2h 后，取出挥发至干，保存于清洁容器中备用。

3.4 测定步骤

3.4.1 提取

称取捣碎的试样 20.0g 于具塞锥形瓶内，加丙酮-石油醚混合液（3.2.5）100mL 振荡 40min，将提取液过滤到 250mL 分液漏斗内，滤渣用 20mL 石油醚再提取一次。过滤，滤液并入分液漏斗中，加 80mL 硫酸钠溶液（3.2.8），振摇，静置分层，弃去下层，合并石油醚提取液并过无水硫酸钠柱（3.3.9），用旋转蒸发器浓缩至 5mL 左右。

3.4.2 净化

将已制备好的层析柱（3.3.7）用乙醚-石油醚混合液作淋洗剂淋洗，收集 20mL 弃去，然后将浓缩液倒入柱内，流出液收集于 50mL 容量瓶内(流量为 30 滴/分，约 1.25mL)，收集至近 50mL。

3.4.3 测定

3.4.3.1 色谱条件

色谱柱Ⅰ：

a. 玻璃柱 2m×3mm(内径)。填充物为：1.5%(*m/m*)OV-17＋1.5%(*m/m*)OF-1 涂于 Chromosorb W AW-DMCS(80～100 筛目)；

b. 色谱柱温度：175℃；

c. 进样口温度：200℃；

d. 检测器温度：300℃；

e. 载气：高纯氮，纯度大于 99.99%，30mL/min。

色谱柱Ⅱ：

a. 玻璃柱 2m×3mm(内径)，填充物为：5%(*m/m*)SE-30 涂于 Chromosorb W AW-DMCS(60～80 筛目)；

b. 色谱柱温度：200℃；

c. 进样口温度：230℃；

d. 检测器温度：300℃；

e. 载气：高纯氮，纯度大于 99.99%，30mL/min。

3.4.3.2 色谱测定

于 3.4.2 条样液中(必要时进行浓缩或稀释)定量加入内标物标准工作溶液后，用乙醚-石油醚混合液定容。将此样液和与样液中农药浓度最接近的混合农药标准工作溶液进行气相色谱测定。

注：各农药组分出峰顺序和保留时间：

柱Ⅰ：			柱Ⅱ：		
	甲体-六六六	1.28min		甲体-六六六	3.48min
	丙体-六六六	1.53min		丙体-六六六	4.36min
	乙体-六六六	2.20min		乙体-六六六	4.7min
	七氯	2.25min		丁体-六六六	4.72min
	丁体-六六六	2.50min		七氯	5.37min
	艾氏剂	2.52min		艾氏剂	6.29min
	环氧七氯	4.38min		环氧七氯	8.42min
	对,对'-滴滴涕	7.32min		对,对"-滴滴涕	12.20min
	狄氏剂	8.2min		狄氏剂	12.57min
	邻,对'-滴滴涕	10.30min		邻,对'-滴滴涕	16.57min
	对,对'-滴滴滴	11.40min		对,对'-滴滴滴	18.2min
	对,对'-滴滴涕	14min		对,对'-滴滴涕	20.14min

3.5 空白试验

按 3.4 条测定步骤进行试剂空白试验。

3.6 结果计算

用色谱数据处理机或按下式计算农药残留量：

$$农药残留量(mg/kg) = \frac{h \times c' \times h'_1 \times c_1}{h' \times c \times h_1 \times c'_1}$$

式中：h——样液中农药峰高，mm；

h'——标准工作溶液中农药峰高，mm；

h_1——样液中内标物峰高；mm；

h'_1——标准工作溶液中内标物峰高，mm；

c——样液浓度，g/μL；

c'——标准工作溶液中农药浓度，μg/μL；

c_1——样液中内标物浓度，μg/μL；

c_1'——工作标准溶液中内标物浓度，μg/μL。

注：① 计算结果须将空白值扣除。

② 本法也可同时测定六六六、滴滴涕农药残留量。

③ 本法当试样中不含六六六、滴滴涕时，可任选柱 I 或柱 I 来测定。

附加说明：

本标准由中华人民共和国国家进出口商品检验局提出。

本标准由中华人民共和国江西进出口商品检验局、湖北进出口商品检验局负责起草。

本标准主要起草人黎双珍、范崇阳。

中华人民共和国进出口商品检验行业标准

出口水果中硫丹残留量检验方法

SN 0160—92

Method for determination of endosulfan residue in fruit for export

代替 ZB B31 014—88

1 主题内容与适用范围

本标准规定了出口柑橘中硫丹残留量的抽样和测定方法。

本标准适用于出口柑橘中硫丹残留量的检验。

2 抽样和制样

2.1 检验批

抽样以检验批为单位,每检验批不得超过 1 500 件。同一检验批应具有同一包装、标记、产地、规格、等级等。

2.2 样本大小

批量,件	最低抽取数,件
1～25	1
26～100	5
101～250	10
251～1 500	15

2.3 试样的制备

抽样必须按产地、分批次、论等级在不同部位随机取样,每件至少抽取 500g 作为原始样品,原始样品总量不得少于 2 000g。

将所取的原始样品缩分出 1 000g,作为实验室样品,去皮去籽,取可食部分,经捣碎机捣碎后均分成两份,装入洁净容器内密封,作为试样,并贴上标签,注明品名、日期、产地、垛位、报验号、申请单位、抽样人。

注:在抽样和制样的操作中,必须防止样品受到污染和发生任何变化。

3 测定方法

3.1 方法提要

用丙酮提取试样中的硫丹,提取液用石油醚萃取,过弗罗里硅土柱净化,然后用石油醚-乙醚混合液淋洗,洗脱液用带有电子俘获检测器的气相色谱仪测定,外标法定量。

3.2 试剂和材料

3.2.1 丙酮:分析纯,重蒸馏。

中华人民共和国国家进出口商品检验局1992-12-25批准 1993-05-01实施

3.2.2 石油醚：于全玻璃系统重蒸馏，收集65～75℃馏分。取300mL在旋转蒸发器中浓缩至5mL，在与测定方法相同的色谱条件下，取5μL进行测定，不得有干扰被测物的杂峰。

3.2.3 乙醚：全玻璃系统重蒸馏，收集32～34℃馏分，干扰物检查同石油醚。

3.2.4 蒸馏水：取100mL蒸馏水用10mL石油醚提取。在与测定方法相同条件下，取5μL提取液进行色谱测定，应无石油醚以外的杂峰。

3.2.5 无水硫酸钠：分析纯。650℃灼烧4h，贮于干燥器备用。使用前应于130℃烘干5h。

3.2.6 氯化钠水溶液(50g/L)：将50g分析纯氯化钠用蒸馏水(3.2.4)溶解，稀释到1L。

3.2.7 弗罗里硅土(60～80目)：650℃灼烧4h，贮于干燥器中备用。使用前应于130℃干燥5h。

3.2.8 石油醚-乙醚混合液(4+1)：将400mL石油醚(3.2.2)与100mL乙醚(3.2.3)混合均匀。

3.2.9 硫丹标准品：硫丹纯度大于99%。

3.2.10 硫丹标准溶液的配制：准确称取适量硫丹标准品(精确至0.000 2g)，用石油醚溶解，并稀释至浓度为1.0mg/mL的标准贮备溶液。根据需要再配制成适用的标准工作溶液。

3.3 仪器和设备

3.3.1 气相色谱仪，并配备电子俘获检测器。

3.3.2 组织捣碎机：3 000r/min。

3.3.3 旋转蒸发器。

3.3.4 层析柱：30cm×1.5cm(内径)，具活塞及砂芯板。

3.3.5 分液漏斗：500mL。

3.3.6 容量瓶：200mL。

3.3.7 无水硫酸钠柱：10cm×2cm筒形漏斗，内装约3～4cm高的无水硫酸钠(3.2.5)。

3.4 测定步骤

3.4.1 提取

称取试样100.0g于组织捣碎机(3.3.2)内，加入200mL丙酮(3.2.1)，均浆2min，然后抽滤。用少量丙酮洗涤捣碎机缸及残渣数次。将油滤液和洗涤液合并，用丙酮定容至250mL。

从上述溶液中移取50mL于500mL分液漏斗中，加入氯化钠水溶液(3.2.7)100mL，加石油醚(3.2.2)萃取二次(每次30mL)，合并二次萃取液，通过无水硫酸钠柱(3.3.7)。将过柱后的溶液用旋转蒸发器浓缩至1～3mL(浓缩时加热不得超过45℃)。

3.4.2 净化

于层析柱(3.3.4)内加1cm高的无水硫酸钠(3.2.5)，在其上加10g弗罗里硅土(3.2.7)，再加无水硫酸钠(3.2.5)约2cm高，将柱敲实。用50mL石油醚(3.2.2)预淋层析柱。待柱内液面下降至上部无水硫酸钠层时，将浓缩液移入柱内，以5mL/min的流速过柱。用二份10mL石油醚(3.2.2)淋洗容器，将淋洗液移入柱内，再用少量石油醚(3.2.2)淋洗管壁数次，用石油醚-乙醚混合液(3.2.8)以5mL/min的流速洗脱收集至20mL为净化样液，供气相色谱测定。

3.4.3 测定

3.4.3.1 色谱条件

a. 色谱柱：2m×3mm(内径)。柱1：填充物为涂有3%(*m/m*)QF-1的Chromosorb W AWO(80～100目)。或柱2：填充物为涂有6.4%(*m/m*)OV-17+1.6%(*m/m*)QF-1的Chromosorb W AWO(80～100目)；

b. 柱温：195℃；

c. 进样口温度：220℃；

d. 检测器温度：250℃；

e. 载气：高纯氮，纯度>99.99%，60mL/min。

3.4.3.2 色谱测定

准确地吸取适量净化液进行浓缩或稀释后定容，用 10μL 微量注射器吸取 3～8μL 进行色谱测定，同时选择与样液中硫丹含量相近的标准工作溶液进行色谱测定。

注：实际使用的标准工作溶液及样液，响应值均应在仪器检测器检测的线性范围内。

3.4.4 空白试验

按上述步骤进行试剂空白试验。

3.4.5 结果计算

使用色谱数据处理机或按下式计算：

$$X=\frac{h\times c'\times V'}{h'\times c\times V}$$

式中：X——硫丹残留量，mg/kg；

h——样液中硫丹峰高，mm；

h'——标准工作溶液中硫丹峰高，mm；

c——样液浓度，g/μL；

c'——标准溶液中硫丹浓度，μg/μL；

V——样液进样体积，μL；

V'——标准工作溶液体积，μL。

附加说明：

本标准由中华人民共和国国家进出口商品检验局提出。

本标准由中华人民共和国福建进出口商品检验局、山东进出口商品检验局负责起草。

本标准主要起草人林碧珍、宋培荣、刘钢。

中华人民共和国进出口商品检验行业标准

出口水果中甲基托布津残留量检验方法

SN 0162—92

Method for determination of thiophanate-methyl residue in fruit for export

代替 ZB B31 011—88

1 主题内容与适用范围

本标准规定了出口柑橘中甲基托布津残留量的抽样和测定方法。

本标准适用于出口柑橘中甲基托布津残留量的检验。

2 抽样和制样

2.1 检验批

每检验批不得超过 1 500 件。同一检验批内商品应具有同一特征,如包装、标记、产地、等级和规格等。

2.2 样本大小

批量,件	最低抽取数,件
1～25	1
26～100	5
101～250	10
250～1 500	15

2.3 试样的制备

取样必须分批次,按产地、等级在不同部位随机取样,每件至少取 500g,原始样品总量不得少于 2 000g。

将所取样品缩分出 1 000g,去皮去籽,取可食部分,用组织捣碎机捣碎,均分成两份,装入洁净容器内,密封,作为试样,贴上标签,注明品名、日期、产地、报验号、申请单位、抽样人。

注:在抽样和制样的操作中,必须防止样品受到污染和发生任何变化。

3 测定方法

3.1 方法提要

用丙酮提取柑桔试样中甲基托布津残留,经二氯甲烷分配净化,用带有火焰光度检测器(硫滤光片)的气相色谱仪测定,外标法定量。

3.2 试剂和材料

3.2.1 二氯甲烷:分析纯,重蒸馏。

3.2.2 丙酮:分析纯,重蒸馏。

3.2.3 无水硫酸钠:分析纯,650℃灼烧 4h,贮于密封瓶内。

中华人民共和国国家进出口商品检验局1992-12-25批准　　　　1993-05-01实施

3.2.4 硫酸钠水溶液(50g/L):将无水硫酸钠(3.2.3)50g 用蒸馏水溶解,并稀释至 1L。

3.2.5 甲基托布津标准品:含量大于 99%。

3.2.6 甲基托布津标准溶液:称取适量的甲基托布津标准品(3.2.5),用二氯甲烷配制成浓度为 0.100mg/mL 的标准溶液。根据需要再配制成适当的标准工作溶液。

3.3 仪器和设备

3.3.1 气相色谱仪:配有火焰光度检测器(硫滤光片)。

3.3.2 组织捣碎机:3 000r/min。

3.3.3 K-D 浓缩器。

3.3.4 微量注射器:10μL。

3.4 测定步骤

3.4.1 提取

称取 50.0g 试样于组织捣碎机中,捣碎 5min,加入 40mL 丙酮(3.2.2)进行匀浆。匀浆液抽滤。滤渣用 20mL 丙酮(3.2.2)洗涤,合并洗涤液到提取液中。

3.4.2 净化

将提取液转入 500mL 分液漏斗中,加入硫酸钠水溶液(3.2.4)50mL,摇匀。用 50,30,25mL 二氯甲烷(3.2.1)萃取 3 次,每次振摇 10min。合并二氯甲烷萃取液于 K-D 浓缩器中浓缩,定容至 1.0mL 供气相色谱测定。

3.4.3 测定

3.4.3.1 色谱条件(可根据所用仪器另行优选)

a. 色谱柱:玻璃柱 1m×3mm(内径),填充物为涂有 1.7%(*m*/*m*)OV-17 的 Gaschrom Q(80～100 目);

b. 柱温:120℃;

c. 进样口温度:250℃;

d. 检测器温度:250℃;

e. 载气:高纯氮,纯度>99.99%,20mL/min;

f. 氢气:30mL/min;

g. 空气:60mL/min。

3.4.3.2 色谱测定

用微量注射器(3.3.4)准确吸取适量(1～5μL)净化后的样液注入气相色谱仪,并测量峰高,然后取与样液浓度最接近的标准工作溶液与样液,同时进行气相色谱测定。

3.4.4 空白试验

按上述的操作步骤进行试剂空白试验。

3.4.5 结果计算

用色谱数据处理机或按下式计算,求出含量。

$$X = \frac{h \times c}{h' \times m} \times V$$

式中:X——甲基托布津残留量,mg/kg;

h——样液中甲基托布津峰高,mm;

h'——标准工作溶液中甲基托布津峰高,mm;

c——标准工作溶液浓度,μg/mL;

m——所取试样量,g;

V——样液定容体积,mL。

注：若有空白值，计算结果需要将空白值扣除。

附加说明：

本标准由中华人民共和国国家进出口商品检验局提出。

本标准由中华人民共和国湖南进出口商品检验局、山东进出口商品检验局负责起草。

本标准主要起草人聂洪勇、黄志强、刘钢。

中华人民共和国进出口商品检验行业标准

出口水果中二溴乙烷残留量检验方法

SN 0163—92

代替 ZB X24 011—87

Method for determination of ethane dibromide residue in fruit for export

1 主题内容与适用范围

本标准规定了出口柑桔中二溴乙烷残留量检验的抽样和测定方法。

本标准适用于出口柑桔中二溴乙烷残留量的检验。

2 抽样和制样

2.1 抽样数量

每检验批不超过 1 500 箱,按下列规定抽样。

1～25 箱抽取 1 箱;

26～100 箱抽取 5 箱;

101～250 箱抽取 10 箱;

251～1 500 箱抽取 15 箱。

抽样必须按产地、分批次、论等级在不同部位随机抽样,每箱至少取 500 g 作为原始样品,原始样品的总量不得少于 2 000 g。

2.2 试样的制备

将所取原始样品缩分出 1 000 g,去皮去籽,取可食部分用组织捣碎机捣碎,均化成二份,装入洁净容器内,密封,作为试样及备查样。并填写标签,注明品名、日期、产地、垛位、报验号、申请单位、取样人。

注:在抽样和样品制备的操作中,必须注意不使样品受到污染或发生任何变化。

3 测定方法

3.1 方法提要

在经组织捣碎的试样中加入硫酸钠水溶液,再加入正己烷,在沸水浴上蒸馏至正己烷完全蒸发。提取液用气相色谱法测定。

3.2 试剂和材料

3.2.1 正己烷:分析纯,重蒸馏,收集 60℃馏分。

3.2.2 无水硫酸钠:分析纯,650℃灼烧 4 h。

3.2.3 硫酸钠水溶液(50 g/L):50 g 无水硫酸钠(3.2.2)溶于 1 000 mL 蒸馏水中。

3.2.4 二溴乙烷:含量大于 99%。

3.2.5 农药标准溶液的配制:准确称取适量的二溴乙烷,用正己烷配成浓度为 1 mg/mL 的标准储备溶液。根据需要再配制成适用浓度的标准工作溶液。

3.3 仪器和设备

中华人民共和国国家进出口商品检验局1992-12-25批准　　1993-05-01实施

3.3.1 气相色谱仪并配备电子俘获检测器。

3.3.2 微量注射器：1 μL、10 μL。

3.3.3 二溴乙烷蒸馏装置（见下图）。

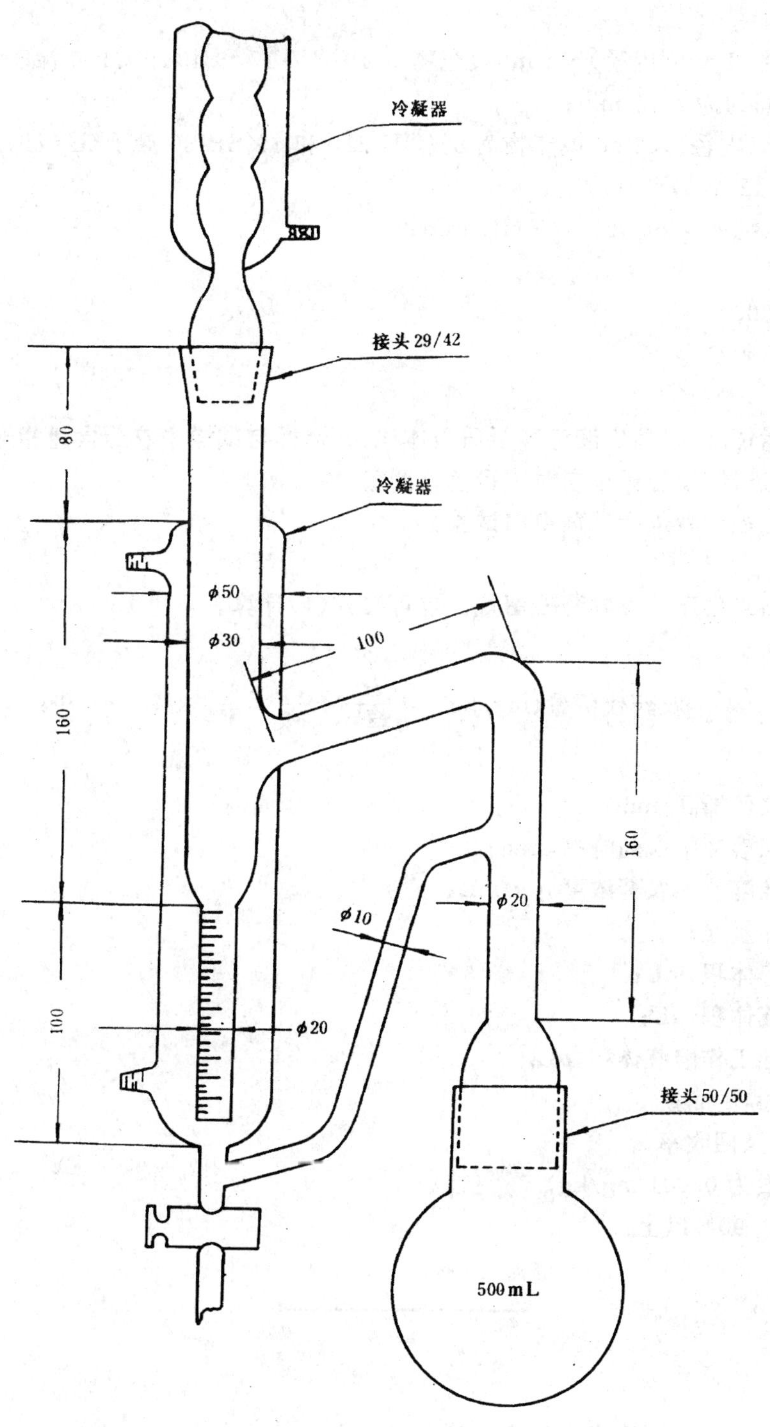

二溴乙烷蒸馏装置

3.3.4 刻度管：10 mL、20 mL。具塞，0.1 mL 分度值。

3.3.5 组织捣碎机。

3.3.6 水浴锅。

3.4 测定步骤

3.4.1 提取

称取混匀试样 50 g，装入 500 mL 圆底烧瓶中，加 200 mL 硫酸钠水溶液(3.2.3)和 10 mL 正己烷，充分摇匀，在沸水浴上加热蒸馏，直至馏出液中有 2～3 mL 水时停止，馏出液供气相色谱测定。

3.4.2 测定

3.4.2.1 色谱条件

a. 色谱柱玻璃柱：3 mm(内径)×2 m，填充物 1.4%OV-17 和 4.6%QF-1 涂于 Gas chrom Q(80～100 筛目)。保留时间约为 2.37 min；

b. 玻璃柱：3 mm(内径)×2 m，填充物为 6%OV-210 和 4%SE-30 涂于 Gas chrom Q(80～100 筛目)。保留时间约为 4.12 min；

c. 载气：高纯氮，纯度>99.99%，45 mL/min；

d. 柱温：80℃；

e. 进样口温度：200℃；

f. 检测器温度：300℃。

3.4.2.2 色谱测定

视试样中农药含量情况，将馏出液定容至适当体积，并选择与试样中农药含量相近的二溴乙烷标准工作溶液，采用等体积进样，按外标法同时进行色谱测定。

3.4.3 空白试验：按上述步骤进行试剂空白试验。

3.4.4 结果计算

用数据处理机按适当程序计算农药残留量。也可按式(1)计算。

$$\text{农药残留量(mg/kg)} = \frac{H}{H'} \times \frac{c}{M} \times \frac{V'}{V''} \times V \qquad \cdots\cdots(1)$$

式中：H ——样液中农药峰高，mm；

H' ——工作标准溶液中农药峰高，mm；

c ——工作标准溶液中农药浓度，μg/mL；

M ——所取试样量，g；

V ——样液定容体积，mL；

V' ——注入样液体积，μL；

V'' ——注入标准工作溶液体积，μL。

注：计算结果需将空白值扣除。

3.5 方法的测定低限及回收率。

本方法的测定低限为 0.001 mg/kg。

本方法的回收率达 90%以上。

附加说明：

本标准由中华人民共和国国家进出口商品检验局提出。

本标准由中华人民共和国广西进出口商品检验局起草。

本标准主要起草人田继军、付雪夫、张翠兴。

中华人民共和国进出口商品检验行业标准

出口干果中六六六、滴滴涕残留量检验方法

SN 0165—92

代替 ZB X24 002—84
ZB X24 009—87

Method for determination of BHC, DDT residues in nut for export

1 主题内容与适用范围

本标准规定了出口核桃、白瓜子中六六六、滴滴涕残留量检验的抽样和测定方法。

本标准适用于出口核桃、核桃仁、白瓜子、黑瓜子、红瓜子中六六六、滴滴涕残留量的检验。

2 抽样和制样

2.1 样本大小

每检验批核桃不超过 1 200 件，核桃仁不超过 900 件，白瓜子、黑瓜子、红瓜子不超过 5 000 件。

100 件以下抽 5 件，不足 5 件者逐件开采；101 件抽 10 件；501～1 000 件抽 20 件；1 000 件以上抽 25 件。核桃每件抽 10 个。白瓜子每件抽 500g。核桃仁每件抽 200～500g。

2.2 试样的制备

核桃：将所抽取的大样（核桃应去壳）充分混匀，用四分法缩分出 0.5kg 用切片机切碎（二次）后混匀，装入清洁的具磨塞的玻璃容器内，作为试样。试样必须立即密封，并填写标签，注明品名、日期、垛位、报验号、申请单位、抽样人。

瓜子：将抽得的样品全部置于样台上，充分混匀，用分样器多次缩分到最后剩 2kg。剥瓜子皮后全部用捣碎机捣碎，捣碎的样品装在玻璃磨口瓶内，放在 4℃冰箱中保存并供检验用。

盛装样品的磨口瓶应贴上样品标签，注明品名、日期、垛位、报验号、申请单位、抽样人。

注：在抽样和制样的操作中，必须注意不使样品受到污染或发生任何变化。

3 测定方法

3.1 方法提要

本方法用丙酮-石油醚的混合试剂，在脂肪抽提器中，提取试样中的农药残留，经浓硫酸净化处理，提取液定容后用内标法在气相色谱（电子俘获检测器）上进行定性定量测定。

3.2 试剂和材料

3.2.1 石油醚：重蒸馏。取 300mL 在旋转蒸发器中浓缩至 5mL，在与测定方法相同的色谱条件下，取 5μL 进行色谱测定。应无干扰欲测物的杂峰。

3.2.2 丙酮：分析纯，重蒸馏。

3.2.3 蒸馏水：取蒸馏水 100mL，用石油醚 10mL 提取，在与测定方法相同的色谱条件下，取 5μL 提取液进行色谱测定，应无干扰欲测物的杂峰。

3.2.4 无水硫酸钠：分析纯，650℃灼烧 4h，贮于密闭容器中。

3.2.5 硫酸钠水溶液（20g/L）：将 20g（3.2.4）无水硫酸钠溶于蒸馏水中，稀释至 1 000mL。

中华人民共和国国家进出口商品检验局 1992-12-25 批准　　1993-05-01 实施

3.2.6 浓硫酸:优级纯。

3.2.7 内标物(环氧化氯)和标准农药的纯度应大于99%。

3.2.8 内标物标准溶液和农药标准溶液的配制

准确称取适量的环氧七氯、甲体-六六六、乙体-六六六、丙体-六六六、丁体-六六六、对,对′-滴滴依、邻,对-滴滴涕、对,对′-滴滴滴、对,对′-滴滴涕,用少量苯溶解,然后用石油醚分别配成浓度为0.10mg/mL的标准贮备溶液,根据需要再配制适用浓度的(含内标物)标准工作溶液。

注:如果试样中含有环氧七氯,可选择其他适当的内标物。

3.2.9 无水硫酸钠柱:筒形漏斗,内填5cm无水硫酸钠(3.2.4)。

3.3 仪器和设备

3.3.1 气相色谱仪,配备电子俘获检测器。

3.3.2 微量注射器:1μL,10μL,100μL。

3.3.3 旋转蒸发器。

3.3.4 脂肪抽提器。

3.3.5 全玻璃蒸馏装置。

3.3.6 分液漏斗:500mL。

3.3.7 筒形漏斗。

3.4 测定步骤

3.4.1 提取

核桃试样的提取:称取试样5g,置于滤纸筒内,装入脂肪抽提器中,加丙酮-石油醚混合溶液(1+1)220mL,在水浴上抽提8h(5~6min回流一次)。弃去滤纸筒和试样残渣,用原脂肪抽提将提取液缓慢蒸发至约50mL,然后将提取液移入分液漏斗中,分四次,每次用25mL石油醚洗脂肪瓶,洗涤液并入分液漏斗中。最后用石油醚将提取液稀释至约220mL。

瓜子试样的提取:称取混匀的试样10g,置滤纸筒内(滤纸筒底部铺一层薄薄的脱脂棉),试样表面覆盖少许脱脂棉,在脂肪抽提器的提取管内,顺壁加入150mL石油醚,再加50mL丙酮,然后接上脂肪提取器的冷凝管,放在80℃的水浴中加热回流,自第一滴开始记录,每小时回流10~12次,回流6h,以少量石油醚洗净滤纸筒和提取管,洗液并入接收瓶内,将提取好的石油醚、丙酮混合液慢慢移入500mL分液漏斗内,再用少量石油醚洗净接收瓶,洗液也并入上述分液漏斗内,加硫酸钠水溶液200mL于分液漏斗内,轻轻振摇静置分层后弃去水层。

3.4.2 净化

于提取液中加入浓硫酸(浓硫酸与提取液的比例为1:10),轻轻振摇,静置分层,弃去酸层。再按上述操作重复净化4~5次,至下层酸液呈无色或淡黄色,静置分层后,弃去酸层,加硫酸钠水溶液200mL,振摇1min,静置分层后弃去水层,加入5~10g无水硫酸钠于分液漏斗内,轻轻摇动几次,然后将石油醚层通过5cm高的无水硫酸钠柱,收集石油醚于旋转蒸发器中,再用少量石油醚洗涤分液漏斗及无水硫酸钠柱,洗液合并至旋转蒸发器内,浓缩至约20mL,供气相色谱测定。

3.4.3 测定

3.4.3.1 色谱条件

a. 色谱柱:玻璃柱,2m×3mm(内径);

色谱柱填充物(下列三种可任选其一):

柱Ⅰ:0.3%(*m*/*m*)OV-17+3%(*m*/*m*)QF-1混合固定液,涂于Chromosorb W HP(80~100目)。

柱Ⅱ:3% DEGS涂于Chromosorb W HP(80~100目)。

柱Ⅲ:3.2%(*m*/*m*)QF-1和1.5%(*m*/*m*)OV-17,分别涂于Chromosorb W AW-DMCS(60~80目),然后按5:2比例混合均匀;

b. 载气:高纯氮,纯度>99.99%,60mL/min;

c. 柱温:175℃(或 190℃);

d. 进样口温度:250℃;

e. 检测器温度:250℃(或 270℃)。

3.4.3.2 色谱测定

视样品中农药组分含量多少,将净化液稀释或浓缩,并定量加入内标物标准溶液,然后选择与样品溶液中农药含量相近的混合(含内标物)标准工作溶液与样液同时进行色谱测定。

注:① 出峰顺序为甲体-六六六、丙体-六六六、乙体-六六六、丁体-六六六、环氧七氯、对,对'-滴滴依、邻,对-滴滴涕、对,对'-滴滴滴、对,对-滴滴涕。

② 混合标准工作溶液及待测样液中农药组分的响应值均应在仪器检测器线性范围之内。

3.4.4 空白试验

按上述步骤进行。

3.4.5 结果计算

用色谱数据处理机按适当程序计算各种农药残留量,也可按下式分别计算。

$$农药残留量(mg/kg) = \frac{h}{h'} \times \frac{h_i'}{h_i} \times \frac{c'}{c_i'} \times \frac{m'}{m}$$

式中:h——样液中农药的峰高,mm;

h'——混合标准工作溶液中农药的峰高,mm;

h_i'——混合标准工作溶液中内标物的峰高,mm;

h_i——样液中内标物的峰高,mm;

c'——混合标准溶液中农药的浓度,ng/μL;

c_i'——混合标准溶液中内标物的浓度,ng/μL;

m'——样液中加入内标物的质量,μg;

m——样品量,g。

注:计算结果需将空白值扣除。

附加说明:

本标准由中华人民共和国国家进出口商品检验局提出。

本标准由中华人民共和国陕西进出口商品检验局、山东进出口商品检验局负责起草。

本标准主要起草人吴伯华、刘淑贞、刘学悌、田洁、刘钢。

中华人民共和国进出口商品检验行业标准

出口酒中六六六、滴滴涕残留量检验方法

SN 0166—92

代替 ZB 7—83

Method for determination of BHC, DDT residue in wines for export

1 主题内容与适用范围

本标准规定了出口酒中六六六、滴滴涕残留量的抽样及测定方法。

本标准适用于出口酒及饮料中六六六、滴滴涕残留量的检验。

2 抽样和制样

2.1 检验批

每检验批最多不超过 10 000 箱。同一检验批内商品应具有同一特征，如包装、产地、标记、等级和规格等。

2.2 样本大小

1～100 箱取 10 箱；

101～500 箱，每增加 10 箱，增取 4 箱；

501～1 000 箱，每增加 100 箱，增取 6 箱；

1 001～5 000 箱，每增加 1 000 箱，增取 2 箱；

5 001～10 000 箱，每增加 2 000 箱，增取 1 箱。

每箱取酒一瓶。

2.3 实验室样品及试样的制备

将取得的全部样品倒入洁净的搪瓷混样桶内充分搅拌混匀，再将混匀样品分装密封，冷藏于 4℃冰箱中保存。

盛装混匀样品的容器，应贴上样品标签，注明品名、日期、垛位、报验号、申请单位、抽样人。

注：在抽样和制样的操作中，必须防止样品受到污染和发生任何变化。

3 测定方法

3.1 方法提要

试样用丙酮及石油醚提取。提取液经无水硫酸钠脱水后，加浓硫酸净化，用配有电子俘获检测器的气相色谱仪测定，内标法定量。

3.2 试剂和材料

3.2.1 石油醚：重蒸馏，收集 65～75℃馏分，取 300 mL 在旋转蒸发器中浓缩至 5 mL，在与测定方法相同的条件下，取 5 μL 进行色谱测定，不得有干扰被测物的杂峰。

3.2.2 丙酮：分析纯，重蒸馏。用 3.2.1 条中的方法进行纯度试验。

3.2.3 蒸馏水：取 100 mL，用石油醚(3.2.1)10 mL，在与测定方法相同的色谱条件下，取 5 μL 提取液

中华人民共和国国家进出口商品检验局1992-12-25批准 1993-05-01实施

进行色谱测定，不得有干扰被测物的杂峰。

3.2.4 无水硫酸钠：分析纯，650℃灼烧 4 h，贮于干燥器中。

3.2.5 硫酸钠水溶液（20 g/L）：将 2 g 无水硫酸钠（3.2.4）溶于 100 mL 蒸馏水中。

3.2.6 浓硫酸：优级纯。

3.2.7 农药及内标物（环氧七氯）标准品：纯度均大于 99%。

3.2.8 农药及内标物标准溶液：准确称取环氧七氯、甲体-六六六、乙体-六六六、丙体-六六六、丁体-六六六、对，对'-滴滴依、邻，对-滴滴涕、对，对'-滴滴滴、对，对'-滴滴涕标准品各 0.0100 g，分别用少量苯溶解后，再用石油醚转移于 100 mL 容量瓶中并定容，其浓度均为 100 μg/mL。

根据需要再配制成适用浓度的含内标物的混合标准工作溶液。

注：如果试样中存在环氧七氯，可选择其他内标物。

3.3 仪器和设备

3.3.1 气相色谱仪，并配备电子俘获检测器。

3.3.2 微量注射器：1 μL、10 μL、100 μL。

3.3.3 旋转蒸发器。

3.3.4 全玻璃系统蒸馏装置。

3.3.5 无水硫酸钠柱：筒形漏斗，内装 5 cm 高的无水硫酸钠（3.2.4）。

3.4 测定步骤

3.4.1 提取

称取混匀的实验室样品（酿制酒 200 g，蒸馏酒 800 g），置于分液漏斗中，加丙酮 50 mL，振摇 1 min，再加石油醚 40 mL，静置分层，将下层放入另一分液漏斗中。加 30 mL 石油醚提取，再用 30 mL 石油醚提取 1 次。合并提取液，然后加硫酸钠水溶液（3.2.5）150 mL，振摇 1 min，静置分层，弃去水层。将石油醚层通过无水硫酸钠柱脱水，收集于 50 mL 分液漏斗中，再用少量石油醚洗涤原分液漏斗及无水硫酸钠柱，将洗液合并到提取液中。

3.4.2 净化

于提取液中加入浓硫酸（提取液和浓硫酸的比例为 10∶1），轻轻振摇 0.5 min，打开活塞放气，静置至分层，弃去酸层。重复 1～2 次（净化至下层酸液呈无色或淡黄色），静置分层后弃去酸层。加硫酸钠水溶液 100 mL，振摇 1 min，静置至分层，弃去水层。加 5～10 g 无水硫酸钠于分液漏斗内，轻轻摇动几次，然后石油醚层通过无水硫酸钠柱，收集石油醚于旋转蒸发器内，再用少量石油醚洗涤分液漏斗及无水硫酸钠柱，洗液合并至旋转蒸发器内，浓缩至约 20 mL。

3.4.3 测定

3.4.3.1 色谱条件

a. 色谱柱：2 m×3 mm（内径）玻璃柱，填充物为 1.5%（*m/m*）OV-17＋1.95（*m/m*）QF-1 涂于 Chromosorb WAW-DMCS（80～100 目）；

b. 柱温：190℃；

c. 进样口温度：250℃；

d. 检测器温度：250℃；

e. 载气：高纯氮，纯度＞99.99%，60 mL/min。

3.4.3.2 色谱测定

向净化液中定量加入内标物标准溶液。将此样液和与样液中农药浓度最接近的混合农药标准工作溶液进行气相色谱测定。样液和混合农药标准工作溶液中内标物的浓度应相近。

3.4.4 空白试验

按上述步骤同时进行试剂空白试验。

3.4.5 结果计算

用色谱数据处理机或下式计算：

$$x=\frac{h}{h'}\times\frac{h'_i}{h_i}\times\frac{c'}{c'_i}\times\frac{m_i}{m}$$

式中：x——农药残留量，mg/kg；

h——样液中农药峰高，mm；

h'——混合标准工作溶液中农药峰高，mm；

h'_i——混合标准工作溶液中内标物峰高，mm；

h_i——样液中内标物峰高，mm；

c'——混合标准工作溶液中农药浓度，μg/μL；

c'_i——混合标准工作溶液中内标物浓度，μg/μL；

m_i——样液中加入内标物的量，μg；

m——样品量，g。

注：计算结果应将空白值扣除。

3.5 回收率

a. 甲体-六六六：85%～94%；

b. 乙体-六六六：82%～90%；

c. 丙体-六六六：84%～105%；

d. 丁体-六六六：89%～114%；

e. 对，对-滴滴依：91%～102%；

f. 邻，对-滴滴涕：83%～109%；

g. 对，对-滴滴滴：97%～105%；

h. 对，对-滴滴涕：90%～103%。

附加说明：

本标准由中华人民共和国国家进出口商品检验局提出。

本标准由山东进出口商品检验局负责起草。

本标准主要起草人刘学悌、孙铁林、刘钢。

中华人民共和国进出口商品检验行业标准

出口啤酒花中六六六、滴滴涕残留量检验方法

SN 0167—92

代替 ZB X60 001—84

Method for determination of BHC and DDT residues in hop for export

1 主题内容与适用范围

本标准规定了出口啤酒花中六六六、滴滴涕残留量的抽样和测定方法。

本标准适用于出口啤酒花中六六六、滴滴涕残留量检验。

2 抽样和制样

2.1 检验批

以不超过600包为一检验批。

2.2 样本大小

30包以下取3包；

31～100包每增加10包，增取1包；

101～220包每增加20包，增取1包；

大于221包，每增加50包，增取1包；

每包取样不少于50 g，每批取样量不少于200 g。

2.3 试样的制备

将抽取的大样充分混匀，用四分法缩分至200 g，然后用植物粉碎机粉碎样品约16 mm^2的小片，混匀，装入清洁的容器内，作为实验室样品。实验室样品必须立即密封，填写标签，注明品名、日期、垛位、报验号、申请单位、抽样人。

注：在取样和样品制备的操作中，必须防止样品受到污染或者发生任何变化。

3 测定方法

3.1 方法提要

用丙酮-石油醚混合物提取试样中农药残留物，浓硫酸净化后用气相色谱法测定。

3.2 试剂和材料

3.2.1 石油醚：重蒸馏，收集65～75℃馏分。取300 mL用旋转蒸发器浓缩至5 mL，在与测定方法相同的色谱条件下取5 μL进行色谱测定，除石油醚峰外无其他干扰被测物的杂质峰。

3.2.2 丙酮：分析纯，重蒸馏。

3.2.3 蒸馏水：取蒸馏水100 mL用石油醚10 mL提取，在与测定方法相同的色谱条件下，取5 μL提取液进行色谱测定，应无石油醚以外的峰。

3.2.4 无水硫酸钠：分析纯，650℃灼烧4 h，贮于密闭容器中。

3.2.5 硫酸钠水溶液(20 g/L)：将2 g灼烧过的无水硫酸钠溶于100 mL蒸馏水中。

中华人民共和国国家进出口商品检验局1992-12-25批准　　1993-05-01实施

3.2.6 浓硫酸:优级纯。

3.2.7 标准农药和作为内标物的环氧七氯的纯度均应>99%。

3.2.8 内标物标准溶液中农药标准溶液的配制:准确称取适量的环氧七氯、甲体-六六六、乙体-六六六、丙体-六六六、丁体-六六六、对,对'-滴滴依、邻,对-滴滴涕、对,对'-滴滴滴、对,对'-滴滴涕,用少量苯溶解,然后用石油醚分别配制成浓度为0.100 mg/mL标准储备溶液,根据需要再配制成适用浓度的混合标准工作溶液。

注:如果试样中含有环氧七氯,可选择其他适当的内标物。

3.3 仪器和设备

3.3.1 气相色谱仪备有电子俘获检测器。

3.3.2 微量注射器:1 μL、10 μL、50 μL、100 μL。

3.3.3 脂肪提取器:150 mL。

3.3.4 全玻璃系统蒸馏装置。

3.3.5 植物粉碎机。

3.3.6 无水硫酸钠柱:筒形漏斗,直径1 cm,内装5 cm高的无水硫酸钠。

3.3.7 容量瓶:10 mL、50 mL、100 mL。

3.3.8 吹氮蒸发器(全玻璃装置),并配有5 mL、10 mL、20 mL、25 mL的接受管。

3.3.9 脱脂棉和滤纸:用丙酮-石油醚(2+8)混合液在脂肪提取器内回流2 h后,取出挥发至干,保存在清洁容器内备用。

3.4 测定步骤

3.4.1 提取

称取粉碎混匀的实验室样品3.0 g,将样品装入滤纸筒内,上面覆盖少许脱脂棉,然后置提取器内,加入100 mL丙酮-石油醚(2+8)混合液,在水浴上提取6 h(回流速度每小时6~10次)。取出滤纸筒,在原提取器内将瓶中溶剂浓缩至约40 mL,然后将瓶内提取液转入干燥的分液漏斗内,再用80 mL石油醚分四次洗涤瓶,洗涤液合并于上述分液漏斗中,使总体积约为120 mL。

3.4.2 净化

于上述分液漏斗中的提取液内加入12 mL浓硫酸,摇动数次后静置分层,弃去下层酸液,如此重复数次直至下层酸液呈无色或淡黄色为止。用硫酸钠水溶液洗涤石油醚层两次,每次100 mL,振摇0.5 min,静置分层后弃去水层。将石油醚层通过无水硫酸钠柱脱水,用少量石油醚洗涤无水硫酸钠柱三次,收入瓶中,需要时进行浓缩或稀释。

3.4.3 测定

3.4.3.1 色谱条件

a. 色谱柱:玻璃柱,2 m×3 mm(内径),填充物为2.5%(*m/m*)OV-17和3.3%(*m/m*)QF-1混合液涂于Chromosorb W AW-DMCS(80~100筛目);

b. 载气:高纯氮,纯度>99.99%,30 mL/min;

c. 柱温:193℃;

d. 进样口温度:230℃;

e. 检测器温度:215℃。

3.4.3.2 色谱测定

向净化后的样液中定量加入内标物标准工作溶液,将此样液和与样液中农药浓度最接近的混合农药标准工作溶液进行气相色谱测定。

3.4.4 空白试验

按3.4条测定步骤进行试剂空白试验。

3.4.5 结果计算

用色谱数据处理机按适当程序计算各种农药残留量，也可按下式分别计算。

$$农药残留量(mg/kg) = \frac{h}{h'} \times \frac{h_i'}{h_i} \times \frac{c'}{c_i'} \times \frac{m_i}{m}$$

式中：h——样液中农药峰高，mm；

h'——标准工作溶液中农药峰高，mm；

h_i'——标准工作溶液中内标物峰高，mm；

h_i——样液中内标物峰高，mm；

c'——标准工作溶液中农药浓度，ng/μL；

c_i'——标准工作溶液中内标物浓度，ng/μL；

m_i——样液中加入内标物量，μg；

m——样品量，g。

注：计算结果需将空白值扣除。

附加说明：

本标准由中华人民共和国国家进出口商品检验局提出。

本标准由中华人民共和国新疆进出口商品检验局、内蒙古进出口商品检验局、湖北进出口商品检验局起草。

本标准主要起草人张曦静、郑树桐、范崇阳。

中华人民共和国进出口商品检验行业标准

出口中药材中六六六、滴滴涕残留量检验方法

SN 0181—92

代替 ZB C23 001—84
ZB C23 002—84
ZB C23 003—84
ZB X66 001—84

Method for determination of BHC and DDT residues in Chinese medicinal material for export

1 主题内容与适用范围

本标准规定了出口田七、杜仲、罗汉果、桂皮中六六六、滴滴涕残留量的抽样和测定方法。

本标准适用于出口田七、杜仲、罗汉果、桂皮中六六六、滴滴涕残留量的检验。

2 抽样和制样

2.1 样本大小

2.1.1 田七：田七(头)5箱以内取2箱；6～10箱以内取3箱；11～20箱以内取5箱；20箱以上每增5箱加取1箱。田七制品(粉、片)每检验批的数量不超过500箱。

50箱及以下取5箱；不足5箱者逐箱开取。51～100箱取8箱；101～500箱取11箱；每箱取样量不少于100 g。

2.1.2 杜仲：每检验批的数量不超过250件。

1～25件取1件；26～100件取5件；101～250件取10件。

按照上述规定每件抽取各种厚度的杜仲约100 g作为原始样品，总样量不得少于400 g。

2.1.3 罗汉果：每检验批的数量不超过500箱。

3～25箱开3箱；26～50箱开5箱；51～100箱开7箱；101～300箱开10箱；301～500箱开15箱。

按上述规定，每箱随机取果20个(约300 g)作为原始样品。

2.1.4 桂皮：每检验批的数量不超过2 000件。

100件以下，取8件；101～500件，取13件；501～1 000件，取20件；1 001～2 000件，取32件。

从按上述规定抽取件数中，每件随机取250 g作为原始样品。

2.2 试样的制备

2.2.1 田七、罗汉果、桂皮

将原始样品磨碎，过20目筛后混合，然后用四分法缩分出100 g，装入清洁广口瓶内，作为实验室样品。实验室样品必须立即密封，并填写标签，注明品名、日期、垛位、报验号、申请单位、抽样人。

2.2.2 杜仲

将抽取的原始样品用毛刷清除杜仲上苔藓、地衣等异物，切碎，混匀，用四分法缩分成2份，一份供保存复验，另一份约100 g送化验室，用小型粉碎机粉碎，装入清洁的广口瓶内。实验室样品必须立即密封，填写标签，注明品名、日期、垛位、报验号、申请单位、抽样人。

注：在抽样和制样的操作中，必须注意不得使试样带进任何污染物，或使试样发生任何变化。

中华人民共和国国家进出口商品检验局1992-12-25批准　　1993-05-01实施

3 测定方法

3.1 方法提要

本方法采用脂肪提取器，以石油醚或丙酮-石油醚的混合试剂提取试样中残留的有机氯农药，经浓硫酸净化，用气相色谱法测定。

3.2 试剂和材料

3.2.1 石油醚：重蒸馏，收集65～75 ℃馏分。取300 mL浓缩至5 mL，在与测定方法相同的色谱条件下取5 μL进行色谱测定，应无石油醚以外的干扰被测物的杂峰。

3.2.2 蒸馏水：取蒸馏水100 mL，用石油醚10 mL提取，在与测定方法相同的色谱条件下，取5 μL提取液进行色谱测定，应无石油醚以外的干扰被测物的杂峰。

3.2.3 丙酮：分析纯，重蒸馏。

3.2.4 无水硫酸钠：分析纯，650 ℃灼烧4 h，贮于密闭容器中。

3.2.5 浓硫酸：优级纯。

3.2.6 硫酸钠水溶液(20 g/L)：将2 g无水硫酸钠(3.2.4)溶于100 mL蒸馏水中。

3.2.7 内标物(环氧七氯)和标准农药的纯度均大于99%。

3.2.7.1 内标物溶液和农药标准溶液的配制：准确称取适量的环氧七氯、乙体-六六六、丙体-六六六、丁体-六六六、对，对'-滴滴依、邻，对'-滴滴涕、对，对'-滴滴滴、对，对'-滴滴涕，用少量苯溶解，然后用石油醚分别配成浓度为0.100 mg/mL标准储备溶液。根据需要再制成适用浓度的混合标准工作溶液(含内标物)。

注：如果试样中含有环氧七氯，可选择其他适当的内标物。

3.3 仪器和设备

3.3.1 气相色谱并配备电子俘获检测器。

3.3.2 微量注射器：5 μL，10 μL，50 μL。

3.3.3 玻璃蒸馏装置。

3.3.4 脂肪提取器：150 mL。

3.3.5 旋转蒸发器。

3.3.6 滤纸和滤纸筒：置于脂肪提取器中，经丙酮-石油醚(2+8)混合液提取8 h后备用。

3.3.7 无水硫酸钠柱：柱径20 mm，柱高70 mm，下部放玻璃棉后装入15 g无水硫酸钠。

3.4 测定步骤

3.4.1 提取及净化

3.4.1.1 罗汉果、桂皮：称取混匀试样5 g，装入滤纸筒中，置于脂肪提取器内，加入石油醚40 mL提取4 h(回流速度每5～6 min一次)。将接收瓶中的石油醚提取液倒入250 mL分液漏斗中，用10～15 mL石油醚洗涤接收瓶三次，合并提取液再加石油醚定容至100 mL。

向提取液中加入浓硫酸10 mL，轻轻振摇，待打开活塞无气体冲出后，再振摇1 min。静置分层，弃去酸层，重复净化3～4次，至酸层呈无色或淡黄色止。用硫酸钠水溶液100 mL洗涤石油醚层，放去水层，然后通过无水硫酸钠柱脱水，用15 mL石油醚分3次洗涤无水硫酸钠柱，收集于瓶中。

3.4.1.2 杜仲：称取混匀的试样5.0 g，装入滤纸筒内，上面覆盖少许脱脂棉，滴加约10滴用石油醚处理过的蒸馏水于滤纸筒中，然后置于提取器内，加入100 mL丙酮-石油醚(2+8)混合液在水浴上提取4 h(回流速度每小时6～10次)。

将提取液趁热倒入分液漏斗中，对提取瓶壁上的粘附物，用少许丙酮使其溶解倒入分液漏斗中，再用少量石油醚洗涤三次，合并于分液漏斗内，加入热的(40～50 ℃)硫酸钠水溶液100 mL，振摇1 min，静置分层，将水层放入另一分液漏斗中，加30 mL石油醚提取一次，放出水层，将两次的石油醚提取液通过5 cm高的无水硫酸钠柱脱水于另一分液漏斗中，加入浓硫酸10 mL，静置5 min后轻摇并注意放气,再振摇 1 min,静置过夜,弃去酸液。再如上重复净化两次,然后加硫酸钠水溶液洗涤石油醚液三次(每次 100 mL),振摇 1 min,静置分层,放去水层,将石油醚液通过无水硫酸钠柱脱水,用少量石油醚洗涤无水硫酸钠柱三次,收于瓶中。

3.4.1.3 田七:称取混匀的试样 5.0 g,装入滤纸筒内,置于脂肪提取器内,加丙酮-石油醚(2+8)混合溶剂 100 mL,在水浴锅上提取 6 h(每小时回流 10～12 次)在原脂肪提取器内将提取液蒸发至约 40 mL。

将脂肪瓶中的提取液小心倒入分液漏斗中,原脂肪瓶用石油醚洗涤数次,并入提取液中,加入石油醚使提取液总体积约为 100 mL,向提取液中加入浓硫酸 10 mL,轻轻摇动将分液漏斗倒置,待打开活塞无气体冲出后,振摇半分钟,静置分层,放去下层酸液,再从分液漏斗上口将石油醚转入另一分液漏斗中,原分液漏斗用 10 mL 石油醚洗涤一次,合并石油醚液。再重复净化 1～2 次(净化至下层酸液呈无色),每次振摇 0.5 min,放去下层酸液,用硫酸钠溶液洗涤两次(每次 100 mL),静置分层后,放去水层,然后,通过无水硫酸钠柱脱水,用少量石油醚洗涤无水硫酸钠柱三次,收于瓶中。

3.4.2 测定

3.4.2.1 色谱条件

a. 色谱柱:玻璃柱:2 m×3 mm(内径),色谱柱填充物(可任选下列一种);

柱Ⅰ:1.6%(*m*/*m*)OV-17+6.4%(*m*/*m*)OV-210 混合液涂于 Gas Chrom Q(80～100 目)。

柱Ⅱ:2.5%(*m*/*m*)OV-17+3.3%(*m*/*m*)QF-1 混合液涂于 Chromosorb W AW-DMCS(80～100 目)。

柱Ⅲ:1.38%(*m*/*m*)OV-17+4.62%(*m*/*m*)QF-1 混合液涂于 Diatomite C AW-DMCS(80～90 目)。

b. 载气:高纯氮,纯度>99.99%,60 mL/min;

c. 柱温:190 ℃;

d. 进样口温度:225 ℃;

e. 检测器温度:280 ℃。

也可采用下列条件:

a. 载气:10%甲烷/氩,60 mL/min;

b. 柱温:200 ℃;

c. 进样口温度:250 ℃;

d. 检测器温度:250 ℃。

3.4.2.2 色谱测定

视样品中农药组分含量多少,将净化液稀释或浓缩,并定量加入内标物标准溶液,然后选择与样品溶液中农药含量情况相近的标准工作溶液及样液同时进行色谱测定。

注:① 出峰顺序为甲体-六六六、丙体-六六六、丁体-六六六、环氧七氯、对,对'-滴滴依、邻,对-滴滴涕、对,对'-滴滴滴、对,对'-滴滴涕。

② 混合标准工作溶液及样液中各农药组分及内标物的响应值均应在仪器检测的线性范围之内。

3.4.3 空白试验:按上述步骤进行。

3.4.4 结果计算:用色谱数据处理机按适当程序计算各种农药残留量,也可按下式分别计算。

$$农药残留量=\frac{h}{h'}\times\frac{h_i'}{h_i}\times\frac{c'}{c_i}\times\frac{m'}{m}$$

式中:h——样液中农药的峰高,mm;

h'——混合标准工作溶液中农药的峰高,mm;

h_i'——混合标准工作溶液中内标物的峰高,mm;

h_i——样液中内标物的峰高,mm;

c'——混合标准工作溶液中农药的浓度，ng/μL；

c_i'——混合标准工作溶液中内标物的浓度，ng/μL；

m'——样液中加入内标物的质量，μg；

m——样品量，g。

注：计算结果需将空白值扣除。

附加说明：

本标准由中华人民共和国国家进出口商品检验局提出。

本标准由中华人民共和国云南进出口商品检验局、贵州进出口商品检验局、广西进出口商品检验局起草。

本标准主要起草人明景信、支义龙、沈力生、杨国富、田继军、粟木清。

中华人民共和国进出口商品检验行业标准

出口水果中乙撑硫脲残留量检验方法

SN 0190—93

Method for determination of ethylenethiourea residues in fruits for export

1 主题内容与适用范围

本标准规定了出口水果中乙撑硫脲残留量检验的抽样、制样和气相色谱测定法。

本标准适用于出口鲜桔、速冻马蹄中乙撑硫脲残留量的检验。

2 抽样和制样

2.1 检验批

以不超过1 500件为一检验批。

同一检验批的商品应具有相同的特征，如包装、标记、产地、规格、等级等。

2.2 抽样数量

批量(件)	最低抽样数(件)
1～25	1
26～100	5
101～250	10
251～1 500	15

2.3 抽样方法

按2.2规定的件数随机抽取，逐件开启。每件至少取500 g作为原始样品，原始样品总量不得少于4 kg，加封后，标明标记并及时送实验室。

2.4 试样制备

分取出部分有代表性样品，取可食部分切碎，用四分法缩分出1 kg左右，置高速组织捣碎机中，捣碎成果酱状，均分成二份，装入洁净容器内，密封，标明标记。

2.5 试样保存

将试样于－18℃冷冻保存。

注：在抽样和制样的操作过程中，必须防止样品受到污染和发生残留物含量的变化。

3 测定方法

3.1 方法提要

水果中残留的乙撑硫脲采用甲醇提取。加1%苄基氯-甲醇溶液于提取液中，并在沸水浴上回流30 min，使乙撑硫脲苄基化生成乙撑苄硫脲，直接用配有火焰光度检测器的气相色谱仪测定，外标法定量。

3.2 试剂和材料

除特殊规定外，试剂均为分析纯，水为蒸馏水或相适应的去离子水。

3.2.1 甲醇：重蒸馏。

3.2.2 苄基氯-甲醇溶液：1%(*m*/*V*)。

中华人民共和国国家进出口商品检验局1993-06-04批准　　1993-08-01实施

3.2.3 盐酸:1 mol/L。

3.2.4 氢氧化钠:5 mol/L。

3.2.5 二氯甲烷:重蒸馏。

3.2.6 正己烷:重蒸馏。

3.2.7 无水硫酸钠:650℃灼烧 4 h,冷却后,贮于密封瓶中备用。

3.2.8 乙撑硫脲标准品:纯度>99%。

3.2.9 乙撑硫脲标准溶液:准确称取适量的乙撑硫脲标准品,用乙醇溶解,并配制成浓度为 1.000 mg/mL的储备液。根据需要再稀释配制成适用浓度的标准工作液。

3.3 仪器和设备

3.3.1 气相色谱仪并配备火焰光度检测器(硫滤光片)。

3.3.2 震荡器。

3.3.3 电热恒温水浴锅。

3.3.4 空气(或氮气)流浓缩装置。

3.3.5 全玻璃系统蒸馏装置。

3.3.6 无水硫酸钠柱:6 cm×18 mm(内径),内装 5 cm 高无水硫酸钠。

3.3.7 微量注射器:10 μL。

3.3.8 分液漏斗:125 mL。

3.4 测定步骤

3.4.1 提取:称取约 20 g 试样(精确至 0.1 g)于 250 mL 锥形瓶中,加入 50 mL 甲醇震荡 30 min,过滤。在盛有残渣的锥形瓶内再加入 20 mL 甲醇,震荡 30 min,过滤,用甲醇洗涤残渣。合并提取液并定容于 100 mL 容量瓶中,混匀。

3.4.2 苄基化:吸取 10 mL 提取液,加 10 mL 水、1 mL1%苄基氯-甲醇溶液,即接上冷凝管,并在沸水浴上加热 30 min。移去冷凝管,继续在沸水浴上加热 15 min,馏去甲醇。

3.4.3 净化:将上述苄基化后的溶液冷却后移入分液漏斗内,加 10 mL 水,5 mL 1 mol/L 盐酸。用 20 mL二氯甲烷洗涤,静置分层,弃去二氯甲烷层。向水层中加入 5 mL 5 mol/L 氢氧化钠,用 40 mL 二氯甲烷分二次萃取,萃取液经脱水并浓缩到近干,添加适量的正己烷溶解残留物,供气相色谱测定。

3.4.4 测定

3.4.4.1 色谱条件

a. 色谱柱:玻璃柱,2 m×3 mm(内径),填充物为 3%(*m*/*m*)OV-225,涂于 Chromosorb W HP (100~120 目);

b. 氮气:纯度≥99.99%,40 mL/min;

c. 空气:100 mL/min;

d. 氢气:75 mL/min;

e. 柱温:200℃;

f. 进样口温度:220℃;

g. 检测器温度:255℃。

3.4.4.2 色谱测定

分别将等体积的标准工作液、样液注入气相色谱仪,乙撑苄硫脲出峰保留时间约为 2.7 min。

注:① 标准工作液应加入 10 mL 甲醇试剂中与试样同步苄基化、净化、色谱测定。

② 实际使用的标准工作液及样液中农药的响应值应在仪器检测的线性范围之内。样液测定过程中要参插注入标准工作液,以便准确定量。

3.4.5 空白试验:除不称取试样外,均按上述测定步骤进行。

3.4.6 结果的计算和表述

用色谱数据处理机或按下式计算试样中乙撑硫脲含量：

$$X = \frac{\sqrt{A} \cdot c_s}{\sqrt{A_s} \cdot c}$$

式中：X——试样中乙撑硫脲含量，mg/kg；

A——样液中乙撑苄硫脲色谱峰面积（或峰高），mm^2(mm)；

A_s——标准工作液中乙撑苄硫脲色谱峰面积（或峰高），mm^2(mm)；

c_s——标准工作液中乙撑苄硫脲（以乙撑硫脲计）浓度，μg/mL；

c——最终样液所代表的试样浓度，g/mL。

注：计算结果需将空白值扣除。

4 测定低限、回收率

4.1 测定低限

本方法的测定低限为 0.05 mg/kg。

4.2 回收率

回收率的实验数据：

乙撑硫脲浓度在 0.050～1.00 mg/kg 范围内，回收率为 96.4％～107.6％。

附加说明：

本标准由中华人民共和国国家进出口商品检验局提出。

本标准由中华人民共和国上海进出口商品检验局负责起草。

本标准主要起草人陈余英、刁娟华、朱坚。

主要参考文献：

AOAC-Official Methods of Analysis，15th edition，section 978.16，1990.

中华人民共和国进出口商品检验行业标准

出口水果中灭菌丹残留量检验方法

SN 0191—93

Method for determination of folpet residues in fruits for export

1 主题内容与适用范围

本标准规定了出口水果中灭菌丹残留量检验的抽样、制样和气相色谱测定法。

本标准适用于出口苹果中灭菌丹残留量的检验。

2 抽样和制样

2.1 检验批

以不超过1 500件为一检验批。

同一检验批的商品应具有相同的特征，如包装、标记、产地、规格、等级等。

2.2 抽样数量

批量(件)	最低抽样数(件)
1～25	1
26～100	5
101～250	10
251～1 500	15

2.3 抽样方法

按2.2规定的件数，随机逐件开启，每件至少取500 g作为原始样品，原始样品总量不得少于4 kg，加封后，标明标记并及时送实验室。

2.4 试样制备

分取出部分有代表性苹果样，每个苹果取四分之一，去梗去核，切碎，用四分法缩分出1 kg左右。置高速组织捣碎机中，捣碎成果酱状，均分成二份，装入洁净容器内，密封并标明标记。

2.5 试样保存

将试样于－18℃冷冻保存。

注：在抽样和制样的操作中，必须防止样品受到污染和发生残留物含量的变化。

3 测定方法

3.1 方法提要

苹果中残留的灭菌丹(N-三氯甲硫基邻苯二甲酰亚胺)，采用丙酮提取。二氯甲烷萃取，弗罗里硅土柱净化，乙醚-正己烷(1+1)淋洗。净化液用配有电子俘获检测器的气相色谱仪测定，外标法定量。

3.2 试剂和材料

除特殊规定外，试剂均为分析纯，水为蒸馏水或相适应的去离子水。

3.2.1 丙酮：重蒸馏。

3.2.2 正己烷：重蒸后收集68～69℃馏分。

中华人民共和国国家进出口商品检验局1993-06-04批准　　1993-08-01实施

3.2.3 二氯甲烷:重蒸馏。

3.2.4 苯:重蒸馏。

3.2.5 乙醚。

3.2.6 无水硫酸钠:650℃灼烧 4 h,冷却后,贮于密封瓶中备用。

3.2.7 氯化钠。

3.2.8 弗罗里硅土(牌号:Fluka):650℃灼烧 4 h,贮于密封瓶中,使用前夕在 130℃烘 5 h,贮于干燥器内备用。

3.2.9 灭菌丹标准品:纯度≥99%。

3.2.10 灭菌丹标准溶液:准确称取适量的灭菌丹标准品,用少量苯溶解,然后用正己烷配制成浓度为 0.100 mg/mL 的储备液,根据需要再稀释配制成适用浓度的标准工作液。

3.3 仪器和设备

3.3.1 气相色谱仪并配备电子俘获检测器。

3.3.2 震荡器。

3.3.3 离心管:具塞 50 mL。

3.3.4 微型层析柱:15 cm×0.5 cm(内径),带有 10 mL 贮液斗。

3.3.5 空气(或氮气)流浓缩装置。

3.3.6 全玻璃系统蒸馏装置。

3.3.7 无水硫酸钠柱:6 cm×18 mm(内径),内装 5 cm 高无水硫酸钠。

3.3.8 微量注射器:10 μL。

3.3.9 脱脂棉:用乙醚-正己烷(1+1)回流 2 h,取出挥发至干,保存在清洁容器中备用。

3.4 测定步骤

3.4.1 提取:称取约 10 g 试样(精确至 0.1 g)于锥形瓶中,加入 40 mL 丙酮,震荡 1 h,过滤,用丙酮洗涤滤渣。将滤液移入 100 mL 容量瓶中并稀释定容。

3.4.2 净化:准确吸取 10 mL 提取液,于具塞离心管中,加 5 mL 蒸馏水,在氮气流中吹净全部丙酮,然后加 2.5 g 氯化钠于水溶液中,再加入 25 mL 二氯甲烷,猛烈振摇 1 min。静置 1 h 后,吸取下层二氯甲烷溶液,经无水硫酸钠柱脱水,并浓缩至 0.5 mL,加入 5 mL 正己烷,继续浓缩至约 1 mL。

于微型层析柱的下端填入少量脱脂棉,依次装入 0.5 cm 高的无水硫酸钠,1 g 弗罗里硅土和 1 cm 高无水硫酸钠。用 5 mL 正己烷预淋层析柱,弃去流出液。待液面下降至上层无水硫酸钠层时,将上述浓缩液倒入柱内。并用 2 mL 乙醚-正己烷(1+1)洗涤器皿并倒入柱内,继用乙醚-正己烷(1+1)淋洗层析柱,收集流出液 10 mL,供气相色谱测定。

3.4.3 测定

3.4.3.1 色谱条件

a. 色谱柱:玻璃柱,2 m×3 mm(内径),填充物为 1.5%(*m*/*m*)SE-30 涂于 Chromosorb W HP (60~80 目);

b. 氮气:纯度≥99.99%,60 mL/min;

c. 柱温:200℃;

d. 进样口温度:220℃;

e. 检测器温度:250℃。

3.4.3.2 色谱测定

分别将等体积的标准工作液、样液注入气相色谱仪,灭菌丹出峰保留时间约 2.21 min。

注:实际使用的标准工作液及样液中农药的响应值均应在仪器检测的线性范围之内。样液测定过程中要参插注入标准工作液,以便准确定量。

3.4.4 空白试验:除不称取试样外,均按上述测定步骤进行。

3.4.5 结果的计算和表述

用色谱数据处理机或按下式计算试样中灭菌丹含量：

$$X = \frac{A \cdot c_s}{A_s \cdot c}$$

式中：X——试样中灭菌丹含量，mg/kg；

A——样液中灭菌丹色谱峰面积（或峰高），mm^2（mm）；

A_s——标准工作液中灭菌丹色谱峰面积（或峰高），mm^2（mm）；

c_s——标准工作液中灭菌丹的浓度，μg/mL；

c——最终样液所代表的试样浓度，g/mL。

注：计算结果需将空白值扣除。

4 测定低限、回收率

4.1 测定低限

本方法的测定低限为 0.2 mg/kg。

4.2 回收率

回收率的实验数据：

灭菌丹浓度在 0.200～10.0 mg/kg 范围内，回收率为 97.1%～101.5%。

附加说明：

本标准由中华人民共和国国家进出口商品检验局提出。

本标准由中华人民共和国上海进出口商品检验局负责起草。

本标准主要起草人陈余英、习娟华。

主要参考文献：

FDA-THE PESTICIDE ANALYTICAL MANUAL, Vol. Ⅰ, Table 201-A, 1985.

中华人民共和国进出口商品检验行业标准

出口水果中溴螨酯残留量检验方法

SN 0192—93

Method for determination of bromopropylate residues in fruits for export

1 主题内容与适用范围

本标准规定了出口水果中溴螨酯残留量检验的抽样、制样和气相色谱测定法。

本标准适用于出口苹果中溴螨酯残留量的检验。

2 抽样和制样

2.1 检验批

以不超过1 500件为一检验批。

同一检验批的商品应具有相同的特征，如包装、标记、产地、规格、等级等。

2.2 抽样数量

批量(件)	最低抽样数(件)
1～25	1
26～100	5
101～250	10
251～1 500	15

2.3 抽样方法

按2.2规定的抽样件数随机抽取逐件开启。每件至少取500 g作为原始样品，原始样品总量不得少于4 kg，加封后，标明标记并及时送实验室。

2.4 试样制备

分取出部分有代表性苹果样，每个苹果取四分之一，去梗去核，切碎，用四分法缩分出1 kg左右。置高速组织捣碎机中，捣碎成果酱状，均分成二份，装入洁净容器内，密封并标明标记。

2.5 试样保存

将试样于－18℃冷冻保存。

注：在抽样和制样的操作中，必须防止样品受到污染和发生残留物含量的变化。

3 测定方法

3.1 方法提要

苹果中残留的溴螨酯(4,4'-二溴二苯乙醇酸异丙酯)用丙酮提取，提取液用正己烷萃取，弗罗里硅土柱净化，乙醚-正己烷(7＋3)淋洗。净化液用配有电子俘获检测器的气相色谱仪测定，外标法定量。

3.2 试剂和材料

除特殊规定外，试剂均为分析纯，水为蒸馏水或相适应的去离子水。

3.2.1 丙酮：重蒸馏。

中华人民共和国国家进出口商品检验局1993-06-04批准　　1993-08-01实施

3.2.2 正己烷:重蒸后收集68～69℃馏分。

3.2.3 苯:重蒸馏。

3.2.4 乙醚。

3.2.5 无水硫酸钠:650℃灼烧4 h,冷却后,贮于密封瓶中备用。

3.2.6 硫酸钠水溶液,2%(*m*/*m*):称取2 g无水硫酸钠,溶于100 mL蒸馏水中。

3.2.7 弗罗里硅土(牌号:Fluka):650℃灼烧4 h,贮于密封瓶中,使用前夕在130℃烘5 h,贮于干燥器内备用。

3.2.8 溴螨酯标准品:纯度≥99%。

3.2.9 溴螨酯标准溶液:准确称取适量的溴螨酯标准品,用少量苯溶解,然后用正己烷配制成浓度为0.100 mg/mL的储备液。根据需要再稀释配制成适用浓度的标准工作液。

3.3 仪器和设备

3.3.1 气相色谱仪并配备电子俘获检测器。

3.3.2 震荡器。

3.3.3 离心管:具塞50 mL。

3.3.4 微型层析柱:15 cm×0.5 cm(内径),带有10 mL贮液斗。

3.3.5 空气(或氮气)流浓缩装置。

3.3.6 全玻璃系统蒸馏装置。

3.3.7 无水硫酸钠柱:6 cm×18 mm(内径),内装5 cm高无水硫酸钠。

3.3.8 微量注射器:10 μL。

3.3.9 脱脂棉:用乙醚-正己烷(7+3)回流2 h,取出挥发至干,保存在清洁容器中备用。

3.4 测定步骤

3.4.1 提取:称取约10 g试样(精确至0.1 g)于锥形瓶中。加入40 mL丙酮,震荡45 min,过滤,用丙酮洗涤滤渣,将滤液定容至100 mL。

3.4.2 净化:准确吸取10 mL提取液,于具塞离心管中,加入20 mL 2%硫酸钠水溶液,用正己烷对丙酮-水溶液相萃取二次(每次10 mL)。合并正己烷萃取液,并通过无水硫酸钠柱脱水,浓缩至约1 mL。

于微型层析柱的下端填入少量脱脂棉,依次装入0.5 cm高无水硫酸钠、1 g弗罗里硅土和1 cm高无水硫酸钠。用5 mL正己烷预淋层析柱,弃去流出液。待液面下降至上层无水硫酸钠层时,将上述浓缩液倒入柱内,并用2 mL乙醚-正己烷(7+3)洗涤器皿,倒入柱内,继用乙醚-正己烷(7+3)淋洗层析柱,收集流出液10 mL。浓缩以除尽乙醚,再以正己烷定容至10 mL,供气相色谱测定。

3.4.3 测定

3.4.3.1 色谱条件

a. 色谱柱,玻璃柱,2 m×3 mm(内径),填充物为3%(*m*/*m*)OV-1涂于Gas Chrom Q (80～100目);

b. 氮气:纯度≥99.99%,30 mL/min;

c. 柱温:230℃;

d. 进样口温度:250℃;

e. 检测器温度:270℃。

3.4.3.2 色谱测定

分别将等体积的标准工作液、样液注入气相色谱仪。溴螨酯出峰保留时间约4.5 min。

注:实际使用的标准工作液及待测样液中农药的响应值均应在仪器检测的线性范围之内。样液测定过程中要参插注入标准工作液,以便准确定量。

3.4.4 空白试验:除不称取试样外,均按上述测定步骤进行。

3.4.5 结果的计算和表述

用色谱数据处理机或按下式计算：

$$X = \frac{A \cdot c_s}{A_s \cdot c}$$

式中：X——试样中溴螨酯含量，mg/kg；

A——样液中溴螨酯色谱峰面积（或峰高），mm^2(mm)；

A_s——标准工作液中溴螨酯色谱峰面积（或峰高），mm^2(mm)；

c_s——标准工作液中溴螨酯的浓度，μg/mL；

c——最终样液所代表的试样浓度，g/mL。

注：计算结果需将空白值扣除。

4 测定低限、回收率

4.1 测定低限

本方法的测定低限为 0.04 mg/kg。

4.2 回收率

回收率的实验数据：

溴螨酯浓度在 0.0400～1.00 mg/kg 范围内，回收率为 95.3%～109.1%。

附加说明：

本标准由中华人民共和国国家进出口商品检验局提出。

本标准由中华人民共和国上海进出口商品检验局负责起草。

本标准主要起草人陈余英、刁娟华。

主要参考文献：

FDA-PESTICIDE ANALYTICAL MANUAL, Vol. I, Table 201-A, 1985.

中华人民共和国进出口商品检验行业标准

出口肉及肉制品中2,4-滴残留量检验方法

SN 0195—93

Method for determination of 2,4-D residues in meat and meat products for export

1 主题内容与适用范围

本标准规定了出口肉及肉制品中2,4-滴残留量检验的抽样、制样和气相色谱测定方法。

本标准适用于出口冻分割肉、清蒸猪肉罐头和咸牛肉中2,4-滴残留量的检验。

2 抽样和制样

2.1 检验批

以不超过2 500件为一检验批。

同一检验批的商品应具有相同的特征,如包装、标记、产地、规格和等级等。

2.2 抽样数量

批量(件)	最少抽样数(件)
1～25	1
26～100	5
101～250	10
251～500	15
501～1 000	17
1 001～2 500	20

2.3 抽样方法

按2.2规定的抽样件数随机抽取,逐件开启。

肉及肉制品(罐头除外):从每件中取一袋作为原始样品,其总量不少于2 kg,放入清洁容器内,加封后,标明标记,及时送交实验室。

如每件中无小包装或有小包装但每袋重量超过2 kg者,则可用锋利刀(用酒精灭菌过)在抽出的包件中,每件割取不少于100 g,混合后置于清洁容器内,作为混合原始样。混合原始样的重量不少于2 kg。加封后,标明标记,及时送交实验室。

罐头:每件随机取一罐。

所抽取的样品应标明标记,及时送交实验室。

2.4 试样制备

肉及肉制品(罐头除外):从所取全部样品中取出有代表性样品约1 000 g,充分搅碎,混匀,均分成两份,分别装入洁净容器内。密封,作为试样,标明标记。

罐头:将所取全部样品开罐后,充分搅碎、混匀,取出约1 000 g,装入洁净容器内,密封,作为试样,标明标记。

2.5 试样保存

中华人民共和国国家进出口商品检验局1993-06-04批准　　1993-08-01实施

将试样于－18℃冷冻保存。

注：在抽样和制样的操作过程中，必须防止样品受到污染或发生残留物含量的变化。

3 测定方法

3.1 方法提要

在酸性条件下，以三氯甲烷提取组织中残留的2,4-滴及其钠盐，并转移至碱液中。用有机溶剂洗涤后再将其酸化，2,4-滴再用三氯甲烷提取。蒸除溶剂将其甲酯化，用气相色谱仪电子俘获检测器检测，外标法定量。

3.2 试剂和材料

3.2.1 三氯甲烷：分析纯，重蒸馏。

3.2.2 乙醇：分析纯，重蒸馏。

3.2.3 正己烷：分析纯，重蒸馏。

3.2.4 无水乙醚：分析纯，重蒸馏。

3.2.5 硫酸-水(1＋9)：以优级纯浓硫酸配制。每500 mL硫酸-水(1＋9)用50 mL三氯甲烷抽提两次后备用。

3.2.6 氢氧化钠溶液(30 g/L)：以优级纯氢氧化钠配制。每500 mL氢氧化钠溶液(30 g/L)用25 mL三氯甲烷抽提两次后备用。

3.2.7 氯化钠：优级纯，每250 g氯化钠用100 mL正己烷超声波抽提两次，挥干，于600℃灼烧4 h，贮于具塞瓶中。

3.2.8 饱合氯化钠溶液：以优级纯氯化钠配制。每250 mL饱合氯化钠溶液用25 mL三氯甲烷抽提两次后备用。

3.2.9 无水硫酸钠：分析纯，每100 g无水硫酸钠用20 mL正己烷超声波抽提两次后，挥干，于600℃灼烧4 h，储于密封容器中备用。

3.2.10 硫酸钠溶液(40 g/L)：称取无水硫酸钠(3.2.9)4 g溶于100 mL蒸馏水中。每100 mL溶液用10 mL正己烷抽提两次后备用。

3.2.11 三氟化硼-乙醚试剂(470 g/L)：分析纯，北京化工厂。

3.2.12 甲酯化溶液：将三氟化硼-乙醚试剂和甲醇置于－15℃下预冷，将30 mL冷三氟化硼-乙醚试剂和120 mL冷甲醇混和，置0～4℃下储存备用。

3.2.13 2,4-滴标准品：纯度≥99%。

3.2.14 2,4-滴标准溶液：准确称取2,4-滴标准品以无水乙醚(3.2.4)配制成浓度为0.1 mg/mL标准贮备溶液。再以无水乙醚稀释成适用浓度的标准工作溶液。

3.3 仪器和设备

3.3.1 气相色谱仪配备电子俘获检测器。

3.3.2 组织捣碎机。

3.3.3 康氏振荡器。

3.3.4 心形瓶：250 mL。

3.3.5 密封试管：15 mL，带螺旋盖(附聚四氟乙烯内衬密封垫)。

3.3.6 恒温水浴箱。

注：全部玻璃器皿经超声波清洗，用前以少量正己烷淋洗。

3.4 测定步骤

3.4.1 提取及净化

称取搅碎混匀的试样约20 g(精确到0.1 g)于500 mL具塞锥形瓶中，加15 mL乙醇、5 mL硫酸-水(1＋9)、10 g氯化钠和100 mL三氯甲烷。加塞，振荡提取30 min。通过快速滤纸过滤，滤液收集于

250 mL分液漏斗中，用约 50 mL 三氯甲烷分三次洗涤锥形瓶及滤渣。合并洗液于分液漏斗中，于上述分液漏斗中加 25 mL 氢氧化钠(30 g/L)和 50 mL 蒸馏水，再加入 10 mL 饱和氯化钠溶液〔此时水相 pH 应>12，否则应补加适量氢氧化钠溶液(3.2.6)。对于极易乳化的样品可再补加约 3 g 氯化钠〕，振摇提取 2 min。静置分层，弃去三氯甲烷层。以 25 mL 三氯甲烷洗涤水层二次，弃去三氯甲烷层。再以 25 mL 乙醚洗涤水层，静置分层，将下层水相转移至另一 250 mL 分液漏斗中，弃去乙醚层。于上述水相中，加入 25 mL 硫酸-水(1+9)进行酸化，摇匀〔水相 pH 应<2，否则应适量补加硫酸-水(1+9)〕，然后分别用 50 mL、25 mL、25 mL 三氯甲烷提取水相。将三氯甲烷提取液收集于 250 mL 心形瓶中。于 60℃水浴中通以氮气流将三氯甲烷挥至约 3～5 mL。以数毫升三氯甲烷将其定量转移至密封试管(3.3.5)中。再以氮气流将三氯甲烷完全挥除。

3.4.2 甲酯化

于上述密封试管中，加 1 mL 甲酯化溶液(3.2.12)，将螺旋盖密封。充分振动混匀，于 70℃水浴酯化 1 h，放冷至室温。以约 10 mL 硫酸钠溶液(3.2.10)将甲酯液转移至 25 mL 具塞试管中，分别以 4 mL 正己烷提取两次。用滴管将正己烷层转移至另一 25 mL 具塞试管中，以 2 mL 硫酸钠溶液洗涤正己烷层二次，用滴管吸除水层，以容量瓶定容至 10 mL。吸取上述正己烷溶液 3～5 mL 于 10 mL 具塞试管中，加约 1 g 无水硫酸钠，振摇脱水。供气相色谱分析。

3.4.3 2,4-滴甲酯标准工作溶液的制备

准确吸取适用浓度的 2,4-滴标准溶液 1 mL 于带螺旋帽盖的试管(3.3.5)中。以氮气流将溶剂挥除。按 3.4.2 操作进行甲酯化后供气相色谱分析。

3.4.4 测定

3.4.4.1 色谱条件

a. 色谱柱：玻璃柱，2 m×2 mm(id)，填充物为 2.5%(*m*/*m*)OV-17+3.3%(*m*/*m*)QF-1 涂于 Chromosorb HP (80～100 筛目)；

b. 色谱柱温度：220℃；

c. 进样口温度：280℃；

d. 检测器温度：280℃；

e. 载气：氮气，纯度>99.99%，60 mL/min。

3.4.4.2 色谱测定：分别准确吸取上述液(3.4.2)及标准工作溶液(3.4.3)1～2 μL(等量进样)注入气相色谱仪。实际应用的标准工作溶液及待测样液中，2,4-滴甲酯的响应值应相近并均应在检测器的线性范围内。

在上述条件下 2,4-滴甲酯保留时间约为 2 min。

3.4.5 空白试验

除不加样品外，按上述相同条件和步骤进行。

3.5 结果计算和表述

用色谱数据处理机或按下列公式计算：

$$X=\frac{h\cdot c\cdot V}{h_s\cdot m}$$

式中：X——试样中 2,4-滴含量，mg/kg；

h——样液中 2,4-滴甲酯的峰高，mm；

h_s——标准溶液中 2,4-滴甲酯的峰高，mm；

c——标准工作溶液中 2,4-滴浓度，μg/mL；

V——样液定容体积，mL；

m——样品重，g。

注：计算结果需扣除空白值。

4 方法的测定低限、回收率

4.1 测定低限

本方法测定低限为：0.02 mg/kg。

4.2 回收率

回收率的实验数据：2,4-滴浓度在 0.02～0.20 mg/kg 范围，回收率为 70%～97%。

附加说明：

本标准由中华人民共和国国家进出口商品检验局提出。

本标准由中华人民共和国天津进出口商品检验局负责起草。

本标准主要起草人穆乃强、林安清、王虹。

主要参考文献：

FDA-Pesticide Analytical Manual, Vol. I, 201-11-16, 1985。

中华人民共和国进出口商品检验行业标准

出口蔬菜中复硝盐残留量检验方法

SN 0198—93

Method for determination of nitrophenol salt residues in vegetables for export

1 主题内容与适用范围

本标准规定了出口蔬菜中复硝盐残留量检验的抽样、制样和气相色谱测定方法。

本标准适用于出口蕃茄中复硝盐残留量的检验。

2 抽样和制样

2.1 检验批

以不超过 1 000 件为一检验批，同一检验批的商品应具有相同的特征，如包装、标记、产地、规格和等级等。

2.2 抽样数量

批量(件)	最低抽样数(件)
1～25	1
26～100	5
101～250	10
251～1 000	15

2.3 抽样方法

按 2.2 规定的抽样件数随机抽取，逐件开启。每件至少取 500 g 作为原始样品，其总量不得少于 2 kg。加封后，标明标记，及时送实验室。

2.4 试样制备

将所取原始样品缩分出 500 g，取可食部分，经组织捣碎机捣碎，均分成两份，装入洁净容器内，密封，作为试样，并标明标记。

2.5 试样保存

将试样于－18 ℃冷冻保存。

注：在抽样和制样的操作过程中，必须防止样品受到污染或发生残留物含量的变化。

3 测定方法

3.1 方法提要

硝基苯酚的钠盐，在碱性水溶液中与乙酸酐衍生化反应，生成相对应的酯类化合物，用石油醚提取，定容后，用配有电子俘获检测器的气相色谱仪测定，外标法定量。

3.2 试剂和材料

中华人民共和国国家进出口商品检验局1993-06-04批准　　1993-08-01实施

3.2.1 丙酮：分析纯。

3.2.2 磷酸：分析纯。

3.2.3 石油醚（60～90 ℃）：分析纯，重蒸馏。

3.2.4 乙醚：分析纯。

3.2.5 碳酸钠：分析纯。

3.2.6 乙酸酐：分析纯。

3.2.7 Celite 545 助滤剂。

3.2.8 邻硝基苯酚钠、对硝基苯酚钠和5-硝基邻甲氧基苯酚钠标准品：纯度≥99%。

3.2.9 蒸馏水或相当纯度的去离子水。

3.2.10 标准储备溶液：准确称取适量的邻硝基苯酚钠、对硝基苯酚钠和5-硝基邻甲氧基苯酚钠标准品，用蒸馏水溶解定容，配成各组分浓度为3.5×10^{-5} g/mL 的混合标准储备液。

3.3 仪器和设备

3.3.1 气相色谱仪并配有电子俘获检测器。

3.3.2 高速组织捣碎机。

3.3.3 匀质器。

3.3.4 摆动式振荡器。

3.3.5 真空旋转蒸发器。

3.3.6 层析柱。

3.4 测定步骤

3.4.1 提取和净化

称取经捣碎的蕃茄浆试样约40 g（精确到0.1 g）于烧杯中，加70 mL 丙酮，匀质抽提5 min，抽滤。滤渣移入烧杯中，重复提取二次，每次使用丙酮40 mL。合并三次滤液，在真空旋转蒸发器上浓缩至仅存水相（水浴温度为40 ℃）。水相通过Celite545 助滤剂层析柱（用约1 mL 蒸馏水淋洗），流出液收集于250 mL 分液漏斗中，加4 mL 磷酸，分别用50 mL、50 mL 石油醚和40 mL 乙醚提取，合并三次有机相。再分别用0.2 mol/L 碳酸钠水溶液30 mL、20 mL、20 mL 提取，每次应充分静置分层，合并这三次碳酸钠提取液。

3.4.2 衍生化

在盛有约70 mL 上述碳酸钠提取液的分液漏斗中，加入2 mL 乙酸酐，充分振荡（必须放气），直至无气泡产生，衍生化反应即完毕。后用石油醚提取三次，每次20 mL。合并提取液，浓缩，定容，供气相色谱测定。

3.4.3 标准工作溶液制备

取标准储备溶液1 mL，加到盛有70 mL0.2 mol/L 碳酸钠水溶液的分液漏斗中，按3.4.2操作，制备成组分浓度为1.5×10^{-7} g/mL 的标准工作溶液，供气相色谱外标法测定使用。使用前临时制备。

3.4.4 测定

3.4.4.1 色谱条件

a. 色谱柱：玻璃柱，1 m×4 mm（内径），填充15%（*m/m*）FFAP Chromosorb 880A DMCS（80～100目）；

b. 色谱柱温度：175 ℃；

c. 进样口温度：230 ℃；

d. 检测器温度：220 ℃；

e. 氮气：纯度≥99.99%，55 mL/min。

3.4.4.2 色谱测定

分别将样液及标准工作液以等体积注入气相色谱仪，进行气相色谱测定。标准工作溶液和样液应穿插进样，并要求标准工作溶液和样液中待测组分的响应值在仪器检测线性范围内。在上述色谱条件下，各待测组分的衍生物的保留时间为：

邻硝基苯酚钠 1.85 min；

对硝基苯酚钠 2.80 min；

5-硝基邻甲氧基苯酚钠 10.75 min。

3.4.5 空白试验

除不加入试样外，按上述测定步骤进行。

3.4.6 结果计算和表述

用色谱数据处理机或按下列公式计算各待测组分的残留量：

$$X=\frac{h\cdot V_s\cdot V_o\cdot c}{h_s\cdot V\cdot m}$$

式中：X——复硝盐中单一组分的残留量，mg/kg；

h——样液中待测组分的峰高，mm；

h_s——标准工作溶液中有关标准组分的峰高，mm；

V——样液的进样体积，μL；

V_s——标准工作溶液的进样体积，μL；

V_o——样液的最终定容体积，mL；

c——标准工作溶液中待测组分的浓度，μg/mL；

m——称取的试样量，g。

注：计算结果需扣除空白值。

4 方法的测定低限和回收率

4.1 测定低限

邻硝基苯酚钠：0.01 mg/kg；

对硝基苯酚钠：0.02 mg/kg；

5-硝基邻甲氧基苯酚钠：0.01 mg/kg。

4.2 回收率

回收率的实验数据：

邻硝基苯酚钠添加浓度在 0.001～0.100 mg/kg 范围，回收率为 91.2%～99.0%；

对硝基苯酚钠添加浓度在 0.005～0.100 mg/kg 范围，回收率为 99.3%～107.4%；

5-硝基邻甲氧基苯酚钠添加浓度在 0.005～0.100 mg/kg 范围，回收率为 74.0%～100.0%。

附加说明：

本标准由中华人民共和国国家进出口商品检验局提出。

本标准由中国进出口商品检验技术研究所、深圳进出口商品检验局和浙江农业大学负责起草。

本标准主要起草人庄无忌、潘坤永、陈忠明、谢丽琪、罗荣杰、李淑娟、储可铭。

主要参考文献：

Asahi Chemical MFG. CO. LTD. Japan. Residue Analysis of Atonik in Farm Products. 1986.

中华人民共和国进出口商品检验行业标准

出口粮谷中除草醚残留量检验方法　SN 0204—93

Method for determination of nitrofen residues in grains for export

1　主题内容与适用范围

本标准规定了出口粮谷中除草醚残留量检验的抽样、制样和气相色谱测定方法。

本标准适用于出口大米中除草醚残留量的检验。

2　抽样和制样

2.1　检验批

以不超过 4 000 袋为一检验批。

同一检验批的商品应具有相同的特征，如包装、标记、产地、规格和等级等。

2.2　抽样数量

按一批总袋数的平方根抽取：

$$a = \sqrt{N} \quad \cdots\cdots(1)$$

式中：N——全批袋数；

a——抽样袋数。

注：a 值取整数，小数部分向前进位为整数。

2.3　抽样工具

2.3.1　金属单管取样器：全长 55 cm(包括手柄)，直径 1.5～2.5 cm，沟槽长度应超过袋对角线长度二分之一。

2.3.2　取样铲：见图 1。

2.3.3　分样板：见图 2。

2.3.4　样品筒(袋)：可密封。

2.3.5　分样布或适用铺垫物。

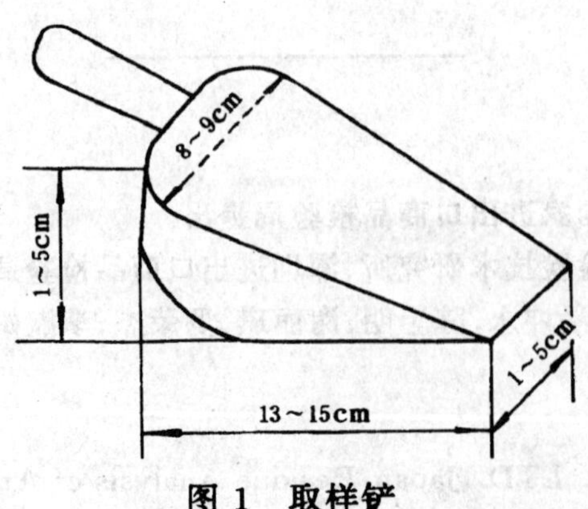

图 1　取样铲

中华人民共和国国家进出口商品检验局 1993-06-04 批准　　1993-08-01 实施

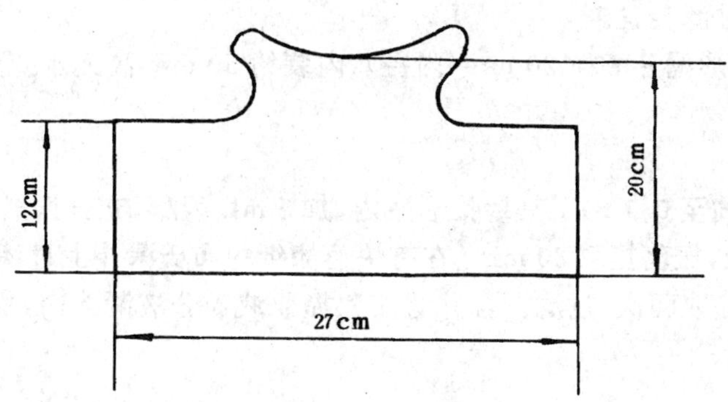

图 2 分样板

2.4 抽样方法

2.4.1 袋内抽样：按 2.2 规定计算抽样袋数，在堆垛四周上、中、下各部位以曲线形走向，随机抽取。将扦槽朝下，从每袋一角依斜对角方向插入袋内，然后将扦槽旋转朝上，抽出扦样器，立即倒入盛样容器内。每袋扦取样品数量应基本一致。

2.4.2 倒包抽样：将袋口缝线全部拆开，平置于分样布或其他洁净的铺垫物上，双手紧握袋底两角提起约成 45°倾斜角，倒拖 1 m 以上，使袋内货物全部倒出后，用取样铲在各部位扦取样品约 100 g，立即倒入盛样容器内。

2.4.3 大样缩分：集中袋内或倒包所取样品，倒于分样布上，使用分样板，按四分法缩分样品不少于 4 kg，加封后，标明标记并及时送实验室。

2.5 试样制备

将样品缩分至 1 kg，全部磨碎，通过 20 目筛，混匀，均分成两份，装入洁净容器内，密封，标明标记。

2.6 试样保存

将试样于 5℃下避光保存。

注：在抽样和制样的操作过程中，必须防止样品受到污染或发生残留物含量的变化。

3 测定方法

3.1 方法提要

大米中除草醚的残留量用丙酮和石油醚提取。洗去丙酮后，提取液用硫酸净化。将净化液浓缩后，残渣用环氧七氯内标溶液溶解，用配有电子俘获检测器的气相色谱仪定量测定。

3.2 试剂和材料

3.2.1 丙酮：分析纯，重蒸馏。

3.2.2 石油醚：分析纯，重蒸馏，收集 65～75℃馏分。

3.2.3 浓硫酸：密度 1.84 g/mL。

3.2.4 硫酸：于 200 mL 烧杯中加 5.0 mL 蒸馏水，缓缓加入 95.0 mL 浓硫酸，冷却后贮于玻璃瓶内。

3.2.5 无水硫酸钠：分析纯，650℃灼烧 4 h。冷却后贮于密闭容器中。

3.2.6 硫酸钠水溶液（20 g/L）：将灼烧过的无水硫酸钠 20 g 溶于热水中，最后以水定容至 1 L。

3.2.7 除草醚和环氧七氯（内标物）：纯度≥99.5%。

3.2.8 除草醚和环氧七氯标准溶液：准确称取适量除草醚和环氧七氯标准品，用石油醚配制成 0.5 mg/mL的标准贮备溶液，根据需要分别配制成适用浓度标准工作溶液和混合农药标准工作溶液。

3.3 仪器和设备

3.3.1 气相色谱仪配备有电子俘获检测器。

3.3.2 振荡器或匀浆器。

3.3.3 旋转蒸发器。

3.3.4 布氏漏斗和减压过滤装置。

3.3.5 无水硫酸钠柱：筒形漏斗 80×20 mm(内径)，内装约 50 mm 高无水硫酸钠。

3.4 测定步骤

3.4.1 提取

称取试样约 10 g(精确至 0.1 g)于具塞锥形瓶内，加 5 mL 丙酮，充分振摇后加 20 mL 石油醚，匀浆 2～3 min 或置于振荡器上，振荡提取 30 min。在有快速滤纸的布氏漏斗上过滤。残渣分别用 2 份 20 mL 石油醚，按上述操作重复提取两次，过滤。合并滤液和提取液于分液漏斗内，加 50 mL 热硫酸钠水溶液洗涤，分层后，弃去水溶液。

3.4.2 净化

有机相加入 6 mL 硫酸(3.2.4)，振荡 20 s。分层后，弃去硫酸层。石油醚层分别再用 2 份 6 mL 硫酸(3.2.4)，剧烈振摇 0.5 min，净化两次。弃去硫酸层。然后分别用 25 mL 硫酸钠水溶液，洗涤有机相两次。分层后弃去水溶液。石油醚层通过无水硫酸钠柱，滤入心形瓶内。用 10 mL 石油醚洗涤分液漏斗和无水硫酸钠柱。合并滤液和洗液，接心形瓶于旋转蒸发器上，在 50℃水浴内减压浓缩至近干。加2.00 mL 环氧七氯标准工作溶液，溶解残渣后移入具塞刻度试管内。加约 0.2 g 无水硫酸钠，供气相色谱测定。

3.4.3 测定

3.4.3.1 色谱条件

a. 色谱柱：玻璃柱，2 m×3 mm(内径)，填充物为 0.27%(*m*/*m*)OV-17 和 2.8%(*m*/*m*)QF-1 混合液，涂于 Chromosorb W HP(80～100 目)；

b. 色谱柱温度：200℃；

c. 进样口温度：230℃；

d. 检测器温度：250℃；

e. 氮气：纯度≥99.99%，50 mL/min。

3.4.3.2 色谱测定

根据样液中除草醚含量，选定峰高相近的混合标准工作溶液。混合标准工作溶液和样液中除草醚响应值应在仪器检测线性范围内。混合标准工作溶液和样液等体积进样。在上述色谱条件下，除草醚的保留时间约 8.3 min，环氧七氯的保留时间约 3 min。

3.4.4 空白试验

除不加试样外，按上述测定步骤进行。

3.4.5 结果计算和表述

用色谱数据处理机或按式(2)计算：

$$X=\frac{A\cdot A_i'\cdot c'\cdot c_i}{A'\cdot A_i\cdot c\cdot c_i'} \qquad \cdots\cdots(2)$$

式中：X——除草醚残留量，mg/kg；

A——样液中除草醚的峰面积，mm^2；

A'——混合农药标准工作溶液中除草醚的峰面积，mm^2；

A_i——样液中内标物的峰面积，mm^2；

A_i'——混合农药标准工作溶液中内标物的峰面积，mm^2；

c——样液浓度，g/μL；

c'——混合农药标准工作溶液中除草醚的浓度，μg/μL；

c_i——样液中内标物的浓度，μg/μL；

c_i'——混合农药标准工作溶液中内标物的浓度，μg/μL。

注：计算结果需扣除空白值。

4 方法的测定低限、回收率

4.1 测定低限：10 μg/kg。

4.2 回收率

回收率的实验数据：除草醚 0.01～0.15 mg/kg 范围，回收率为 82.3%～91.7%。

附加说明：

本标准由中华人民共和国国家进出口商品检验局提出。

本标准由中华人民共和国湖北进出口商品检验局负责起草。

本标准主要起草人卢康全。

中华人民共和国进出口商品检验行业标准

出口粮谷中辛硫磷残留量检验方法

SN 0209—93

Method for determination of phoxim residues in grains for export

1 主题内容与适用范围

本标准规定了出口粮谷中辛硫磷残留量检验的抽样、制样和气相色谱测定方法。

本标准适用于出口玉米、大米、小麦和荞麦中辛硫磷残留量的检验。

2 抽样与制样

2.1 检验批

以不超过 4 000 袋为一检验批。

同一检验批的商品应具有相同的特征，如包装、标记、产地、规格、等级等。

2.2 抽样数量

按一批总袋数的平方根抽取。

$$a = \sqrt{N} \qquad \cdots\cdots(1)$$

式中：N——全批袋数；

a——抽样袋数。

注：抽样袋数 a 值取整数，小数部分向前进位为整数。

2.3 抽样工具

2.3.1 金属单管取样器：全长 55 cm（包括手柄），直径 1.5～2.5 cm，沟槽长度应超过袋对角线长度的二分之一。

2.3.2 取样铲：见图 1。

2.3.3 分样板：见图 2。

2.3.4 样品筒（袋）：可密封。

2.3.5 分样布或适用铺垫物。

中华人民共和国国家进出口商品检验局1993-06-04批准　　1993-08-01实施

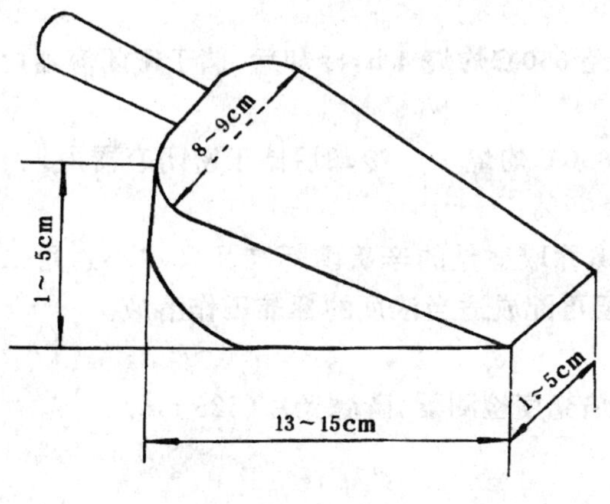

图 1　取样铲

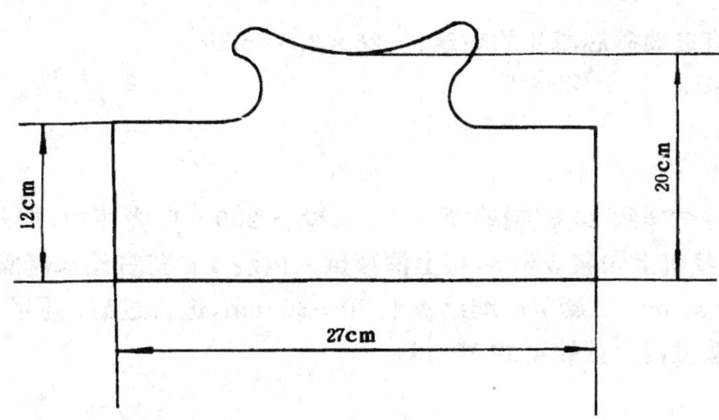

图 2　分样板

2.4　抽样方法

2.4.1　袋内抽样：按 2.2 规定计算抽样袋数，在堆垛四周上、中、下各部位以曲线形走向，随机抽取。将扦槽朝下，从每袋一角依斜对角方向插入袋内，然后将扦槽旋转朝上，抽出扦样器，立即倒入盛样容器内。每袋扦取样品数量应基本一致。

2.4.2　倒包抽样：将袋口缝线全部拆开，平置于分样布或其他洁净的铺垫物上，双手紧握袋底两角，提起约成 45°倾斜角，倒拖 1 m 以上，使袋内货物全部倒出后，用取样铲在各部位扦取样品约 100 g，立即倒入盛样容器内。

2.4.3　大样缩分：集中倒包或袋内所取的样品，倒于分样布上，使用分样板按四分法缩分样品不少于 4 kg，加封后，标明标记并及时送实验室。

2.5　试样制备

将样品缩分至 1 kg，全部磨碎，通过 20 目筛，混匀，均分成两份，装入洁净容器内，密封，标明标记。

2.6　试样保存

将试样于 5℃下避光保存。

3　测定方法

3.1　方法提要

以二氯甲烷提取粮谷中残留的辛硫磷，用中性氧化铝和活性炭层析柱净化，浓缩、定容后，用配有火焰光度检测器的气相色谱仪进行测定，外标法定量。

3.2 试剂和材料

3.2.1 二氯甲烷:分析纯。

3.2.2 中性氧化铝:层析用,经650℃灼烧4 h,冷却后,储于密闭容器内。

3.2.3 活性炭:层析用。

3.2.4 无水硫酸钠:分析纯,650℃灼烧4 h,冷却后储于密闭容器内。

3.2.5 辛硫磷标准品:纯度≥99%。

3.2.6 辛硫磷标准溶液:准确称取适量的辛硫磷标准品(3.2.5),用二氯甲烷配成浓度为1.000 mg/mL的标准储备溶液,根据需要再配成适当浓度的标准工作溶液。

3.3 仪器和设备

3.3.1 气相色谱仪并配备火焰光度检测器,磷滤光片(526 nm)。

3.3.2 旋转蒸发器。

3.3.3 心形瓶:150 mL。

3.3.4 匀浆机。

3.3.5 K-D浓缩器。

3.3.6 层析柱:底部具有玻璃砂芯滤片的玻璃柱,26×2.5 cm(id)。

3.3.7 微量注射器:10 μL。

3.4 测定步骤

3.4.1 提取

称取粉碎均匀的粮谷试样约20 g(精确至0.1 g),置于200 mL烧杯中,加入100 mL二氯甲烷,在冰浴中浸泡1 h后,在匀浆机上匀浆5 min,将上清液倒入内装5 g左右无水硫酸钠的筒形漏斗中,收集滤液于心形瓶,残渣用约50 mL二氯甲烷继续浸泡20~30 min,进行过滤。再用少量二氯甲烷洗涤残渣二次,合并滤液,在旋转蒸发器上浓缩至约10 mL。

3.4.2 净化

将上述二氯甲烷提取液,采用柱层析法净化处理。用末端具有玻璃砂芯过滤器的层析柱,先铺1 cm厚无水硫酸钠,上面依次装入2 g活性炭,4 g中性氧化铝和1 cm厚无水硫酸钠。先用20~30 mL二氯甲烷预淋层析柱。然后将二氯甲烷提取浓缩液从柱顶倒入,下接以K-D浓缩器接收瓶。用100 mL二氯甲烷分三次淋洗层析柱,将淋洗液浓缩近干,用二氯甲烷定容至1 mL,供气相色谱测定。

3.4.3 测定

3.4.3.1 色谱条件

a. 色谱柱:玻璃柱1 m×3 mm(内径),填充物为5%(*m*/*m*)OV-101涂于Gas Chrom Q(80~100目);

b. 色谱柱温:180℃;

c. 进样口温度:230℃;

d. 检测器温度:280℃;

e. 氮气:纯度≥99.99%,80 mL/min;

f. 氢气:50 mL/min;

g. 空气:50 mL/min。

3.4.3.2 色谱测定

根据样液中辛硫磷含量情况,选定峰高相近的标准工作溶液。标准工作溶液和样液中辛硫磷响应值均应在仪器检测线性范围内。对标准工作溶液和样液等体积参插进样测定。在上述色谱条件下,辛硫磷的保留时间约为2 min。

3.4.4 空白试验

除不加试样外,按上述测定步骤进行。

3.4.5　结果计算和表述

用色谱数据处理机或按式(2)计算：

$$X=\frac{h\cdot c\cdot V}{h_s\cdot m} \quad \cdots\cdots(2)$$

式中：X——试样中辛硫磷残留量,mg/kg；

h——样液中辛硫磷的峰高,mm；

h_s——标准工作溶液中辛硫磷的峰高,mm；

c——标准工作溶液中辛硫磷的浓度,μg/mL；

m——称取的试样量,g；

V——样液最终定容体积,mL。

注：计算结果需扣除空白值。

4　方法的测定低限、回收率

4.1　测定低限

本方法测定低限为 0.02 mg/kg。

4.2　回收率

回收率的实验数据：辛硫磷浓度在 0.02～0.10 mg/kg 范围,回收率为 87.8%～94.4%。

附加说明：

本标准由中华人民共和国国家进出口商品检验局提出。

本标准由中华人民共和国贵州进出口商品检验局负责起草。

本标准主要起草人沈力生。

主要参考文献：

The Offical Methods of Analysis of the AOAC, 974 • 22,15th edition,1990.

中华人民共和国进出口商品检验行业标准

出口蜂蜜中杀虫脒残留量检验方法 气相色谱法

SN/T 0213.1—93

Method for determination of chlordimeform residues in honey for export —Gas chromatography

1 主题内容与适用范围

本标准规定了出口蜂蜜中杀虫脒残留量检验的抽样、制样和气相色谱测定方法。

本标准适用于出口蜂蜜中杀虫脒残留量的检验。

2 抽样和制样

2.1 检验批

以不超过1 000件为一个检验批。同一检验批的商品应具有相同的特征，如包装、标记、产地、规格、等级等。

2.2 抽样数量

批量(件)	最低抽样数(件)
50以内	5
50～100	10
101～500	每增加100，增取5
501以上	每增加100，增取2

2.3 抽样工具

2.3.1 取样管：不锈钢管，长约115 cm，直径约2.5 cm。

2.3.2 混样器：搪瓷桶(或杯)。

2.3.3 单套杆：不锈钢制。

2.3.4 样品瓶：500 mL磨砂盖广口玻璃瓶。

2.4 抽样方法

按2.2规定的抽取件数随机抽取，逐件开启。将取样管缓缓放入，吸取样品，如遇蜂蜜结晶时，则用单套杆插到底，抽取样品。每件抽取样品不少于100 g，作为原始样品。将所取样品倾入混样器，混和均匀，装入清洁干燥的样品瓶内，封口后，标明标记并及时送实验室。

2.5 试样制备

对未结晶的样品将其用力搅拌均匀，对有结晶析出的样品可将样品瓶盖塞紧后，置于不超过60℃的水浴中温热，俟样品全部融化后搅匀，迅速冷却至室温。在融化时必须注意防止水分挥发。制备好的试样置于样品瓶中，密封，并标明标记。

2.6 试样保存

将试样于室温下保存。

中华人民共和国国家进出口商品检验局1993-06-04批准　　1993-08-01实施

注：在抽样和制样的操作过程中，必须防止样品污染或发生残留物含量的变化。

3 测定方法

3.1 方法提要

蜂蜜中残留的杀虫脒[N-(4-氯-邻甲苯基)-N′,N′-二甲基甲脒 $C_{10}H_{13}N_2Cl$]在丙酮氢氧化钠溶液中用正己烷提取，提取液经碱-正己烷、酸-正己烷液液分配法净化后，以气相色谱仪氮磷检测器进行检测，以二苯胺作内标进行定量。

3.2 试剂和材料

除特殊规定外试剂均为分析纯，水为蒸馏水或相适应的去离子水。

3.2.1 丙酮：重蒸馏。

3.2.2 正己烷：加碱重蒸馏。

3.2.3 氢氧化钠溶液：1 mol/L。

3.2.4 氢氧化钠溶液：0.5 mol/L。

3.2.5 盐酸溶液：0.1 mol/L。

3.2.6 内标溶液：二苯胺-正己烷溶液：0.500 μg/mL。

3.2.7 杀虫脒标准品：纯度>99%。

3.2.8 标准溶液配制：称取约 40.0 mg 杀虫脒标准品，精确至 0.1 mg，于 100 mL 容量瓶中，用正己烷溶解并定容作为贮备液，浓度为 0.400 mg/mL。再用正己烷定量稀释并定量加入内标物二苯胺，制得标准工作液。其中杀虫脒浓度约为 0.200 μg/mL 或与样液中杀虫脒浓度相近，二苯胺浓度约为 0.500 μg/mL。新鲜配制。

3.3 仪器和设备

3.3.1 气相色谱仪并配有氮磷检测器。

3.3.2 积分仪或记录仪。

3.3.3 旋转蒸发器。

3.3.4 微量注射器：10 μL。

3.4 测定步骤

3.4.1 提取

称取约 20 g 试样，精确至 0.1 g，于 100 mL 烧杯中，加入 30 mL 1 mol/L 氢氧化钠溶液，搅拌溶解，再加 50 mL 丙酮，搅匀后倒入 250 mL 分液漏斗中。用数毫升丙酮洗涤烧杯二次，并入上述分液漏斗中，并继加 50 mL 正己烷，剧烈振摇 2 min。静置分层后，保留上层正己烷溶液，弃去下层或下层及中层液。

3.4.2 净化

将上述正己烷溶液先后以 30 mL，20 mL0.5 mol/L 氢氧化钠溶液各洗涤一次，弃去氢氧化钠洗涤液。在正己烷中加入 20 mL0.1 mol/L 盐酸溶液，剧烈振摇 2 min，静置分层。将下层盐酸溶液放入另一 250 mL 分液漏斗。于正己烷液中再加入 10 mL0.1 mol/L 盐酸溶液，剧烈振摇 2 min，静置分层，合并盐酸溶液于同一分液漏斗中，并弃去正己烷层。在盐酸溶液中，加入 30 mL1 mol/L 氢氧化钠溶液，再加入 60 mL 正己烷，剧烈振摇 2 min，静置分层。弃去全部水层。将正己烷溶液从分液漏斗上口倒入旋转蒸发器的蒸 发瓶内，并用数毫升正己烷洗涤分液漏斗二次，合并洗涤液于同一蒸发瓶内。在 45℃水浴中减压浓缩至近干。定量加入 1.00 mL0.500 μg/mL 二苯胺-正己烷溶液，溶解残渣，所制成样液供气相色谱测定。

3.4.3 测定

3.4.3.1 色谱条件

a. 色谱柱：玻璃柱，2 m×3 mm(内径)，填充物为 6%(*m*/*m*)SE-54 涂于 Chromosorb W HP(80～100 目)。或填充物为 15%(*m*/*m*)SE-30 涂于 Chromosorb W HP(80～100 目)，加 0.6%(*m*/*m*)KOH；

b. 氮气:纯度≥99.99%,60 mL/min;

c. 氢气:2.5 mL/min;

d. 空气:170 mL/min;

e. 柱温:198℃;

f. 进样口温度:250℃;

g. 检测器温度:250℃;

h. 铷珠电压:6.8×2 V。

3.4.3.2 色谱测定

分别将标准工作溶液、样液注入气相色谱仪,进样量:各 2μL。出峰保留时间:二苯胺约为 3.8 min;杀虫脒约为 4.4 min。

3.4.4 空白试验:除不加试样外,按上述测定步骤进行。

3.5 结果的计算及表述

用色谱数据处理机按内标法计算或按下式计算:

$$X = \frac{c_s \cdot A \cdot A_{si} \cdot m_i}{c_{si} \cdot A_i \cdot A_s \cdot m}$$

式中:X——蜂蜜样品中杀虫脒含量,mg/kg;

c_s——标准工作液中杀虫脒浓度,μg/mL;

c_{si}——标准工作液中二苯胺浓度,μg/mL;

A——样液中杀虫脒色谱峰面积,mm^2;

A_i——样液中二苯胺色谱峰面积,mm^2;

A_s——标准工作液中杀虫脒色谱峰面积,mm^2;

A_{si}——标准工作液中二苯胺色谱峰面积,mm^2;

m_i——样液中二苯胺总添加量,μg;

m——蜂蜜试样总量,g。

注:计算结果须扣除空白值。

4 方法的测定低限、回收率

4.1 测定低限

本方法的测定低限为 0.005 mg/kg。

4.2 回收率

回收率实验数据:

杀虫脒浓度在 0.005~0.100 mg/kg 范围,回收率为 89.8%~100.5%。

附加说明:

本标准由中华人民共和国国家进出口商品检验局提出。

本标准由中华人民共和国上海进出口商品检验局负责起草。

本标准主要起草人葛修丽、蔡则慈。

主要参考文献:

Dr. Wiertz, Kurzer Abri β der Methode-Chlordimeform in Honig.

中华人民共和国进出口商品检验行业标准

出口蜂蜜中杀虫脒残留量检验方法 溴化-气相色谱法

SN/T 0213.3—93

Method for determination of chlordimeform residues in honey for export —Bromination-gas chromatography

1 主题内容与适用范围

本标准规定了出口蜂蜜中杀虫脒残留量检验的抽样、制样和气相色谱测定方法。

本标准适用于出口蜂蜜中杀虫脒残留量的检验。

2 抽样和制样

2.1 检验批

以不超过1 000件为一检验批,同一检验批的商品应具有相同的特征,如包装、标记、产地、规格和等级等。

2.2 抽样数量

50件以内,	取5件;
50～100件,	取10件;
101～500件,每增加100件,	增取5件;
501件以上,每增加100件,	增取2件。

2.3 取样工具

2.3.1 取样管:不锈钢管,长约115 cm,直径约2.5 cm。

2.3.2 混样器:搪瓷桶(或杯)。

2.3.3 单套杆:不锈钢制。

2.3.4 样品瓶:500 mL磨砂盖广口玻璃瓶。

2.4 抽样方法

按2.2规定的抽样件数随机抽取,逐件开启。将取样管缓缓放入,吸取样品。如遇蜂蜜结晶时,则用单套杆或取样管插到底,吸取样品,每件取至少100 g倾入混样器。将所取样品混和均匀,装入清洁干燥的样品瓶内,加封后标明标记及时送实验室。

2.5 试样制备

未结晶的样品用力搅拌均匀,有结晶析出的样品可将样品瓶盖塞紧后,置于不超过60℃的水浴中温热,样品全部融化后搅匀,迅速冷却至室温(融样时应注意,勿使水分蒸发),分出两份,每份500 mL,装在清洁容器内作为试样,密封,并标明标记。

2.6 试样保存

将试样于4～5℃冷藏保存。

中华人民共和国国家进出口商品检验局1993-06-04批准　　　　1993-08-01实施

注：在抽样和制样的操作过程中，必须防止样品受到污染或发生残留物含量的变化。

3 测定方法

3.1 方法提要

将试样用氢氧化钠碱化，以正己烷提取杀虫脒，用盐酸反提取正己烷中的杀虫脒，经溴化反应，制备成溴化物，碱化后再提取至正己烷中，用带电子俘获检测器的气相色谱仪进行测定，外标法定量。

3.2 试剂材料

无特别说明，所有试剂均为分析纯，水为蒸馏水或相当的去离子水。

3.2.1 正己烷：重蒸馏。

3.2.2 固体亚硫酸钠。

3.2.3 无水硫酸钠：使用前650℃烧4 h，冷却，贮存于密闭容器中。

3.2.4 盐酸溶液：1 mol/L。

3.2.5 氢氧化钠溶液：5 mol/L。

3.2.6 饱和溴水。

3.2.7 杀虫脒标准品：纯度≥99.5%。

3.2.8 杀虫脒标准溶液：准确称取杀虫脒标准品，用1 mol/L 盐酸溶液配成0.2 mg/mL 的贮备液，根据需要稀释成适当浓度的标准工作液。

3.3 仪器和设备

3.3.1 气相色谱仪并配下列装置：

a. 电子俘获检测器(ECD)；

b. 记录仪或色谱数据处理机。

3.3.2 快速混匀器。

3.3.3 离心机：3 000 r/min。

3.3.4 多功能微量化学样品处理仪(室温～270℃)或其他相当的仪器。

3.3.5 具塞离心管：5 mL。

3.3.6 离心管：15 mL。

3.3.7 尖嘴吸管。

3.3.8 微量可调移液管：50 μL，200 μL，1 000 μL。

3.3.9 微量注射器：10 μL。

3.4 测定步骤

3.4.1 提取与溴化反应

称取约1 g(准确至0.01 g)均匀试样于15 mL 离心管中，加入2 mL 氢氧化钠溶液，1.5 mL 正己烷，在混匀器中快速混匀1 min，离心3 min，用尖嘴吸管将正己烷转入另一具塞离心管中，再用1 mL 正己烷提取1次残渣。合并正己烷提取液，加入1 mL 盐酸溶液，快速混匀1 min，弃去上层正己烷。所得的1 mL 盐酸溶液中加入200μ L 饱和溴水，于多功能微量化学样品处理仪上85℃反应15 min，冷却，用少许固体亚硫酸钠还原多余的溴，加入0.5 mL 氢氧化钠溶液和1 mL 正己烷，快速混匀1 min，离心3 min，弃去水层。于正己烷层中，加入1 mL盐酸溶液，快速混匀1 min，离心3 min，弃去正己烷层。加入0.5 mL氢氧化钠溶液和1 mL 正己烷，快速混匀1 min，离心3 min，弃去水层。于正己烷层中，加入1 mL 盐酸溶液，快速混匀1 min，离心3 min，弃去正己烷，加入0.5 mL 氢氧化钠溶液和0.500 mL 正己烷，快速混匀1 min，离心3 min，弃去水层，加入少许无水硫酸钠脱水，供气相色谱分析。准确量取1 mL 杀虫脒标准工作液，按同样的方法溴化和气相色谱分析。

3.4.2 测定

3.4.2.1 色谱条件

a. 色谱柱：玻璃柱，2 m×3 mm（内径），填充物为 0.3%（*m/m*）OV-17+3%（*m/m*）OV-210 涂布于 Chromosorb W HP（80～100 目）；

b. 进样口温度：250℃；

c. 柱温：220℃；

d. 检测器温度：250℃；

e. 氮气：纯度≥99.99%，30 mL/min。

3.4.2.2 色谱测定

根据样液中杀虫脒含量情况，选定峰高相近的标准工作溶液。标准工作溶液和样液中杀虫脒响应值均应在仪器检测线性范围内。对标准工作溶液和样液等体积参插进样测定，在上述色谱条件下，杀虫脒保留时间约为 3.3 min。

3.4.3 空白试验

除不加试样外，按上述测定步骤进行。

3.4.4 结果计算和表述

用色谱数据处理机或按下列公式计算：

$$X = \frac{: \cdot V}{h_s \cdot m}$$

式中：X——样品中杀虫脒含量，mg/kg；

h——样液中溴化杀虫脒的峰高，mm；

h_s——标准工作溶液中溴化杀虫脒的峰高，mm；

c——标准工作溶液中杀虫脒的浓度，μg/mL；

m——称取的试样量，g；

V——样液最终定容体积，mL。

注：计算结果需扣除空白值。

4 方法的测定低限、回收率

4.1 测定低限

本方法的测定低限为 0.01 mg/kg。

4.2 回收率

回收率的实验数据：杀虫脒浓度在 0.01～0.1 mg/kg 范围，回收率为 80.1%～107.3%。

附加说明：

本标准由中华人民共和国国家进出口商品检验局提出。

本标准由中华人民共和国湖南进出口商品检验局负责起草。

本标准主要起草人黄志强、聂洪勇、彭三和、熊芳。

前　言

本标准是按照GB/T 1.1—1993《标准化工作导则　第1单元:标准的起草与表述规则　第1部分:标准编写的基本规定》及SN/T 0001—1995《出口商品中农药、兽药残留量及生物毒素检验方法标准编写的基本规定》的要求进行编写的。其中测定方法是参考国内外有关文献,经研究、改进和验证后制定的。本标准同时制定了抽样和制样方法。

测定低限是根据国际上对蜂蜜中氟胺氰菊酯残留量的最高限量和测定方法的灵敏度而制定的。

本标准附录A为提示的附录。

本标准由中华人民共和国国家认证认可监督管理委员会提出并归口。

本标准由中华人民共和国湖北出入境检验检疫局和湖南出入境检验检疫局共同起草。

本标准主要起草人:曾静、戴华、林雁飞、胡小钟、倪澜荪、余建新、吴涛。

本标准系首次发布的检验检疫行业标准。

中华人民共和国出入境检验检疫行业标准

出口蜂蜜中氟胺氰菊酯残留量检验方法　液相色谱法

SN/T 0213.5—2002

Determination of fluvalinate residues in honey for export —Liquid chromatographic method

1　范围

本标准规定了出口蜂蜜中氟胺氰菊酯残留量检验的抽样、制样和液相色谱测定方法。

本标准适用于出口蜂蜜中氟胺氰菊酯残留量的检验。

2　抽样和制样

2.1　检验批

以不超过1 000件(或25 t)为一检验批。

同一检验批的商品应具有相同的特征,如包装、标记、产地、规格和等级等。

2.2　抽样数量

批量,件	最低抽样数,件
1～10	1
11～50	5
51～100	10
101～500	每增加100,增取5
501以上	每增加100,增取2

2.3　抽样工具

2.3.1　取样管:不锈钢管,长约115 cm,内径约2.5 cm。

2.3.2　混样器:搪瓷桶(或杯)。

2.3.3　样品瓶:500 mL具塞广口玻璃瓶。

2.4　抽样方法

按2.2规定的抽样件数随机抽取,逐件开启。将玻璃管缓缓从开口处放入直至桶底,吸取样品。如遇蜂蜜结晶时,用不锈钢管缓缓插入,直至桶底,抽取样品。每件抽取样品不少于100 g作为原始样品。将所取样品倾入混样器内,混和均匀,分出约1 kg,装入清洁干燥的样品瓶内,加封后,标明标记,及时送交实验室。

如属瓶装蜂蜜,按应开件数,从每件中随机取一瓶,标明标记,及时送交实验室。

2.5　试样制备

将取回样品充分搅匀,均分成两份,装入试样瓶中作为试样。密封,标明标记。

如取回样品中有结晶析出,则将样品瓶加盖后,置于不超过40℃的水浴中温热。待结晶全部融化后,启盖,充分搅匀,均分成两份,密封,并标明标记。

中华人民共和国国家质量监督检验检疫总局2002-03-15批准　　　2002-09-01实施

如属瓶装蜂蜜，将取回的全部蜂蜜，倒在一起，充分搅匀，分取出约 1 kg 代表性样品。再将 1 kg 代表性样品经搅匀后，均分成两份，装入试样瓶中作为试样。密封，标明标记。

2.6 试样保存

将试样于室温下保存。

注：在抽样和制样的操作过程中，必须防止样品受到污染或发生残留物含量的变化。

3 测定方法

3.1 方法提要

试样碱化后用正己烷-丙酮混合溶液提取，提取液经蒸干后用乙腈和正己烷进行液液分配净化，使被测物进入乙腈层。乙腈提取液再经蒸干，用乙腈定量溶解残渣，溶液供液相色谱测定，外标法定量。

3.2 试剂和材料

除另有规定外，试剂均为分析纯，水为蒸馏水。

3.2.1 乙腈：液相色谱纯。

3.2.2 氢氧化钠溶液：0.5 g/L 水溶液。

3.2.3 乙酸溶液：体积分数 0.2%水溶液。

3.2.4 正己烷：用乙腈饱和。

3.2.5 乙腈：用正己烷饱和。

3.2.6 丙酮：重蒸馏。

3.2.7 正己烷：重蒸馏。

3.2.8 氟胺氰菊酯标准品：纯度≥97%。

3.2.9 氟胺氰菊酯标准溶液：准确称取适量的氟胺氰菊酯标准品，用乙腈配成浓度为 1 mg/mL 的标准储备液，根据需要再用乙腈稀释储备液，配成适当浓度的标准工作液。

3.3 仪器和设备

3.3.1 高效液相色谱仪：配有紫外检测器。

3.3.2 旋转蒸发器。

3.3.3 旋涡混匀器。

3.3.4 离心机：2 000 r/min。

3.3.5 离心管：100 mL，具塞。

3.3.6 浓缩瓶：100 mL，50 mL。

3.4 测定步骤

3.4.1 提取

称取试样约 25 g(精确至 0.01 g)于 100 mL 离心管中，加 15 mL 氢氧化钠溶液(3.2.2)，在旋涡混匀器上混匀 1 min，使试样溶解。加入 20 mL 正己烷和 10 mL 丙酮，在旋涡混匀器上提取 3 min，于 2 000 r/min离心 3 min，将正己烷层转移到 100 mL 浓缩瓶中。于残液中再加入 20 mL 正己烷和10 mL 丙酮，重复上述操作两次，合并正己烷层于同一浓缩瓶中，于 40℃旋转蒸发至近干。

3.4.2 净化

用 10 mL 正己烷饱和的乙腈溶解残渣，转入另一 100 mL 离心管中。加入乙腈饱和的正己烷 10 mL，在旋涡混匀器上混匀 2 min，于 2 000 r/min 离心 5 min 后，将上层正己烷相弃去。于残液中再加入乙腈饱和的正己烷 10 mL，重复上述操作两次，将乙腈相转入 50 mL 浓缩瓶中。乙腈相于 40℃旋转蒸发至近干，残渣定量加入 2.00 mL 乙腈溶解，过 0.45 μm 微孔滤膜，滤液供液相色谱测定。

3.4.3 测定

3.4.3.1 液相色谱条件

a) 色谱柱：C18 柱，250 mm×4.6 mm(内径)，粒径 5 μm，或相当者；

b）流动相：乙腈-0.2％乙酸水溶液(80＋20)；

c）流速：0.5 mL/min；

d）柱温：室温；

e）检测波长：257 nm；

f）进样量：20 μL。

3.4.3.2 色谱测定

根据样液中被测氟胺氰菊酯含量情况，选定峰高相近的标准工作溶液。标准工作溶液和样液中氟胺氰菊酯响应值均应在仪器检测线性范围内。对标准工作溶液和样液等体积参插进样测定。在上述色谱条件下，氟胺氰菊酯保留时间约为26 min，标准品色谱图见附录A(提示的附录)中图A1。

3.4.4 空白试验

除不加试样外，均按上述测定步骤进行。

3.4.5 结果计算和表述

用色谱数据处理机或按式(1)计算试样中氟胺氰菊酯残留含量：

$$X=\frac{h\times c\times V}{h_s\times m} \qquad (1)$$

式中：X——试样中氟胺氰菊酯残留含量，mg/kg；

h——样液中氟胺氰菊酯的峰高，mm；

h_s——标准工作溶液中氟胺氰菊酯的峰高，mm；

c——标准工作溶液中氟胺氰菊酯的浓度，μg/mL；

V——样液最终定容体积，mL；

m——最终样液所代表的试样量，g。

注：计算结果需扣除空白值。

4 测定低限、回收率

4.1 测定低限

本方法的测定低限为0.01 mg/kg。

4.2 回收率

蜂蜜中氟胺氰菊酯的添加浓度及其回收率的实验数据：

在0.01 mg/kg时，回收率为87.0％；

在0.05 mg/kg时，回收率为90.0％；

在0.10 mg/kg时，回收率为90.5％。

附 录 A
（提示的附录）
标准品色谱图

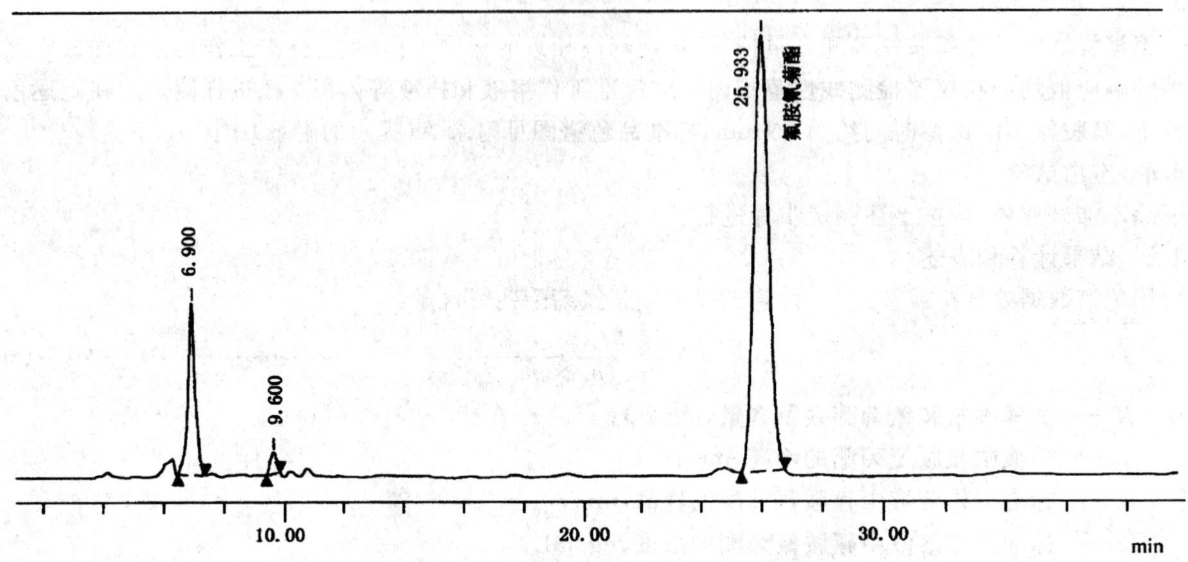

图 A1 氟胺氰菊酯标准品的液相色谱图

中华人民共和国进出口商品检验行业标准

出口蔬菜中氯菊酯、氯氰菊酯、氰戊菊酯、溴氰菊酯残留量检验方法

SN 0217—93

Method for the determination of permethrin, cypermethrin, fenvalerate, deltamethrin residues in vegetables for export

1 主题内容与适用范围

本标准规定了出口蔬菜中氯菊酯、氯氰菊酯、氰戊菊酯、溴氰菊酯残留量检验的抽样、制样和气相色谱测定法。

本标准适用于出口花菜、蘑菇中氯菊酯、氯氰菊酯、氰戊菊酯、溴氰菊酯残留量的检验。

2 抽样和制样

2.1 检验批

以不超过 1 000 件为一检验批。

同一检验批的商品应具有相同的特征,如包装、标记、产地、规格、等级等。

2.2 抽样数量

批量,件	最低抽样数,件
1～25	1
26～100	5
101～250	10
251～1 000	15

2.3 抽样方法

按 2.2 条规定的件数随机抽取,逐件开启。每件至少取 500 g 作为原始样品,原始样品总量不得少于 4 kg,加封后,标明标记并及时送实验室。

2.4 试样制备

分取出部分有代表性样品,取可食部分切碎,用四分法缩分出 1 kg 左右。置高速组织捣碎机中,捣碎成果酱状,均分成二份,装入洁净容器内,密封,标明标记。

2.5 试样保存

将试样于－18℃以下冷冻保存。

注:在抽样和制样的操作过程中,必须防止样品受到污染和发生残留物含量的变化。

3 测定方法

3.1 方法提要

蔬菜中残留的氯菊酯、氯氰菊酯、氰戊菊酯、溴氰菊酯,采用丙酮提取,提取液用正己烷萃取,硅胶柱净化,二氯甲烷洗脱。净化液用配有电子俘获检测器的气相色谱仪测定,外标法定量。

中华人民共和国国家进出口商品检验局 1993-12-28 批准　　1994-05-01 实施

3.2 试剂和材料

除另有规定外，试剂均为分析纯，水为蒸馏水或相适应的去离子水。

3.2.1 丙酮：重蒸馏。

3.2.2 正己烷：重蒸时收集 68～69℃馏分。

3.2.3 苯：重蒸馏。

3.2.4 二氯甲烷：重蒸馏。

3.2.5 无水硫酸钠：650℃灼烧 4 h，冷却后贮于密封瓶中备用。

3.2.6 2%（*m*/*m*）硫酸钠水溶液：称取 2 g 无水硫酸钠，溶于 100 mL 水中。

3.2.7 硅胶：Merck Kieselgel 60，70～230 目。在 130℃烘箱中烘 10 h，贮于密封瓶中备用。

3.2.8 氯菊酯、氯氰菊酯、氰戊菊酯、溴氰菊酯标准品：纯度≥99%。

3.2.9 氯菊酯、氯氰菊酯、氰戊菊酯、溴氰菊酯标准溶液：分别准确称取适量的农药标准品，用少量苯溶解，然后用正己烷各配制成浓度为 0.100 mg/mL 的储备液。根据需要再稀释配制成适用浓度的混合标准工作液。

3.3 仪器和设备

3.3.1 气相色谱仪并配备电子俘获检测器。

3.3.2 振荡器。

3.3.3 离心管：具塞 50 mL。

3.3.4 微型层析柱：15 cm×0.5 cm（内径），带有 10 mL 储液斗。

3.3.5 空气流（或氮气）浓缩装置。

3.3.6 刻度试管：10 mL，具磨口塞。

3.3.7 无水硫酸钠柱：6 cm×1.8 cm（内径），内装 5 cm 高的无水硫酸钠。

3.3.8 微量注射器：10 μL。

3.3.9 脱脂棉：用正己烷回流 2 h，取出挥发至干，保存在清洁容器中备用。

3.4 测定步骤

3.4.1 提取

称取约 20 g 试样，精确至 0.1 g，置于 250 mL 锥形瓶中。加入 80 mL 丙酮，振荡 40 min，过滤。用丙酮洗涤残渣。将滤液收集在 100 mL 容量瓶中并以丙酮稀释定容。

3.4.2 净化

准确吸取 5 mL 提取液于具塞离心管中，加入 20 mL 硫酸钠水溶液（2%），用正己烷对丙酮-水溶液相萃取二次（每次 10 mL）。合并正己烷萃取液，并通过无水硫酸钠柱脱水，以少量正己烷洗涤柱。将合并的流出液浓缩至约 1 mL。

于微型层析柱的下端填入少量脱脂棉，依次装入 0.5 cm 高的无水硫酸钠、用正己烷拌湿的 1 g 硅胶和 1 cm 高的无水硫酸钠。用 5 mL 正己烷预淋层析柱，弃去流出液。待液面下降至上层无水硫酸钠表面时，将上述浓缩液倒入柱内，并用 5 mL 正己烷-二氯甲烷（4+1）洗涤器皿，倒入柱内，弃去流出液。继用二氯甲烷洗脱层析柱，收集洗脱液 10 mL 于收集管内并加入 2 mL 正己烷。浓缩以除尽二氯甲烷（温度控制于 40℃），再以正己烷定容为 10 mL，供气相色谱测定。

3.4.3 测定

3.4.3.1 色谱条件

a. 色谱柱：石英毛细管柱，5 m×0.53 mm（内径），2.65 μm（膜厚度）。固定相为：HP-1［100% dimethyl-polysiloxane（Gum）］。

b. 氮气：纯度≥99.99%，13.3 mL/min。

c. 尾吹气：氮气，20 mL/min。

d. 柱温：245℃。

e. 进样口温度：260℃。

f. 检测器温度：280℃。

g. 进样方式：柱头进样，不分流。

3.4.3.2 色谱测定

根据试样中被测农药含量情况，选定峰高相近的标准工作液，标准工作液和待测样液中农药的响应值均应在仪器检测的线性范围内。对标准工作液与样液应体积参插进样测定。在上述色谱条件下，被测农药的保留时间为：氯菊酯约 2.5 min，氯氰菊酯约 3.4 min，氰戊菊酯约 4.4 min，溴氰菊酯约 5.7 min。

3.4.4 空白试验：除不称取试样外，均按上述测定步骤进行。

3.5 结果的计算和表述

用色谱数据处理机或按下式计算试样中各农药的残留含量：

$$X = \frac{A \cdot c_s}{A_s \cdot c}$$

式中：X——试样中被测农药的含量，mg/kg；

A——样液中被测农药的色谱峰面积(或峰高)，mm^2(mm)；

A_s——混合标准工作液中被测农药的色谱峰面积(或峰高)，mm^2(mm)；

c_s——混合标准工作液中被测农药的浓度，μg/mL；

c——最终样液所代表的试样浓度，g/mL。

注：计算结果需将空白值扣除。

4 测定低限，回收率

4.1 测定低限

本方法的测定低限：氯菊酯为 0.020 mg kg，氯氰菊酯为 0.040 mg/kg，氰戊菊酯为 0.020 mg/kg，溴氰菊酯为 0.020 mg/kg。

4.2 回收率

回收率的实验数据：氯菊酯浓度在 0.020～1.00 mg/kg 范围内，回收率为 93.4%～113.8%；氯氰菊酯浓度在 0.040～2.00 mg/kg 范围内，回收率为 91.7%～105.7%；氰戊菊酯浓度在 0.020～1.00 mg/kg 范围内，回收率为 86.7%～98.6%；溴氰菊酯浓度在 0.020～1.00 mg/kg 范围内，回收率为 93.0%～114.2%。

附加说明：

本标准由中华人民共和国国家进出口商品检验局提出。

本标准由中华人民共和国上海进出口商品检验局负责起草。

本标准主要起草人陈余英、刁娟华、朱坚。

中华人民共和国进出口商品检验行业标准

出口粮谷中天然除虫菊素残留量检验方法　SN 0218—93

Method for the determination of pyrethrins residues in cereals for export

1　主题内容与适用范围

本标准规定了出口粮谷中天然除虫菊素残留量检验的抽样、制样和气相色谱测定法。

本标准适用于出口大米中天然除虫菊素(包括瓜叶菊素Ⅰ、茉莉菊素Ⅰ、除虫菊素Ⅰ三种同系物)残留总量的检验。

2　抽样和制样

2.1　检验批

以不超过4 000袋(200 t)为一检验批。

同一检验批的商品应具有相同的特征,如包装、标记、产地、规格和等级等。

2.2　抽样数量

按式(1)抽取:

$$a = \sqrt{N} \qquad \cdots\cdots(1)$$

式中:a——抽样袋数;

N——全批袋数。

注:a值取整数,小数部分向前进位为整数。

2.3　抽样工具

2.3.1　单管取样管:不锈钢管,全长55 cm(包括手柄),直径1.5 cm,沟槽长度应超过袋对角线长度的一半。

2.3.2　分样板。

2.3.3　样品筒(袋):可密封。

2.3.4　分样布或适用铺垫物。

2.4　抽样方法

按2.2条规定计算抽样件数,在堆垛四周的上、中、下各层以曲线形走向,随机抽取。将取样管槽口朝下,从每袋一角依斜对角方向插入袋内,然后将管槽旋转朝上,抽出取样管,立即将样品倒入盛样容器内。每袋抽取样品数量应基本一致。

混合各袋内所取样品,倒于分样布上,用分样板按四分法缩分出样品不少于4 kg,放入盛样容器内,加封后,标明标记并及时送实验室。

2.5　试样制备

将所取样品缩分出约1 kg,全部磨碎并通过20目筛,混匀后均分成两份,装入洁净容器内,密封,标

中华人民共和国国家进出口商品检验局1993-12-28批准　　1994-05-01实施

明标记。

2.6 试样保存

将试样于－5℃以下避光保存。

注：在抽样和制样的操作过程中，必须防止样品受到污染或发生残留物含量的变化。

3 测定方法

3.1 方法提要

试样中除虫菊素用无水乙醚提取，弗罗里硅土柱净化，用配有电子俘获检测器的气相色谱仪测定，外标法定量。

3.2 试剂和材料

除另有规定外，所有试剂为分析纯，水为蒸馏水。

3.2.1 正己烷：每1 000 mL正己烷中加20 g氢氧化钠，蒸馏，收集69℃馏出部分。

3.2.2 无水乙醚。

3.2.3 无水硫酸钠：650℃灼烧4 h，冷却后置于干燥器内备用。

3.2.4 弗罗里硅土：650℃灼烧4 h，用前于130℃烘4 h，冷却后加5%（*m*/*m*）水摇匀，在密闭容器中放置过夜。

3.2.5 天然除虫菊素标准品：纯度（瓜叶菊素Ⅰ、茉莉菊素Ⅰ、除虫菊素Ⅰ总量）≥98%。

3.2.6 除虫菊素标准溶液：准确称取适量的天然除虫菊素标准品，用少量正己烷溶解，然后用正己烷配制成浓度为0.10 mg/mL的储备液。根据需要再用正己烷稀释成适当浓度的标准工作液。

3.3 仪器和设备

3.3.1 气相色谱仪，配有电子俘获检测器。

3.3.2 索氏抽提装置。

3.3.3 层析柱：玻璃柱120 mm×8 mm（内径），带有10 mL储液漏斗。

3.4 测定步骤

3.4.1 提取

称取试样约20 g（精确至0.1 g），置于滤纸筒内，在索氏抽提器上用乙醚回流4 h。蒸去乙醚，准确加入25.0 mL正己烷以溶解残渣。

3.4.2 净化

在层析柱中依次加入5 mm高的无水硫酸钠、2 g弗罗里硅土，顶端再加5 mm高的无水硫酸钠。以5 mL正己烷淋洗柱，待液面降至无水硫酸钠表面时，准确吸取1.00 mL提取液加到柱上，待液面降至无水硫酸钠表面时，加入12 mL无水乙醚-正己烷混合液（1＋9）混合液进行淋洗，待液面降至无水硫酸钠表面时，弃去流出液，立即加入无水乙醚-正己烷混合液（1＋1）混合液进行洗脱，同时开始收集6 mL洗脱液。在氮气流下驱除溶剂，准确加入1.00 mL正己烷以溶解残渣，供气相色谱测定。

3.4.3 测定

3.4.3.1 色谱条件

a. 色谱柱：玻璃柱，2 m×2 mm（内径）。填充物为1%（*m*/*m*）OV-17涂于Chromosorb W HP，80～100目。

b. 氮气：纯度≥99.99%，40 mL/min。

c. 色谱柱温度：200℃。

d. 进样口温度：220℃。

e. 检测器温度：280℃。

3.4.3.2 色谱测定

根据试样中除虫菊素含量情况，选定峰高相近的标准工作溶液。标准工作溶液和样液中除虫菊素的响应值均应在仪器的检测线性范围内。对标准工作溶液和样液等体积参插进行测定。在上述色谱条件下,天然除虫菊素中瓜叶菊素Ⅰ、茉莉菊素Ⅰ、除虫菊素Ⅰ三种主要同系物的保留时间分别约为:4.2 min、5.3 min、6.4 min。

3.4.4 空白试验

除不加试样外,均按上述测定步骤进行。

3.5 结果计算和表述

用色谱数据处理机或按式(2)计算瓜叶菊素Ⅰ、茉莉菊素Ⅰ及除虫菊素Ⅰ总量作为除虫菊素的残留量:

$$X = \frac{\Sigma A_i \cdot c_s}{\Sigma A_s \cdot c} \quad \cdots\cdots (2)$$

式中:X——试样中除虫菊素的含量,mg/kg;

ΣA_s——标准工作液中各除虫菊素的峰面积(或峰高)之和,mm^2(或 mm);

ΣA_i——样液中相应的各除虫菊素峰面积(或峰高)之和,mm^2(或 mm);

c_s——标准工作液中除虫菊素的浓度,μg/mL;

c——最终样液所代表的试样浓度,g/mL。

注:结果计算时需扣除空白值。

4 测定低限、回收率

4.1 测定低限

本方法的测定低限为 0.1 mg/kg。

4.2 回收率

回收率的实验数据:除虫菊素添加浓度在 0.1~5.0 mg/kg 之间,回收率为 84.5%~101.0%。

附加说明:

本标准由中华人民共和国国家进出口商品检验局提出。

本标准由中华人民共和国上海进出口商品检验局负责起草。

本标准主要起草人蔡则慈、朱坚。

中华人民共和国进出口商品检验行业标准

出口粮谷中溴氰菊酯残留量检验方法 SN 0219—93

Method for the determination of deltamethrin residues in cereals for export

1 主题内容与适用范围

本标准规定了出口粮谷中溴氰菊酯残留量检验的抽样、制样和气相色谱测定方法。

本标准适用于出口玉米中溴氰菊酯残留量的检验。

2 抽样和制样

2.1 检验批

以不超过 200 t 为一检验批。

同一检验批的商品应具有相同的特征，如包装、标记、产地、规格、等级等。

2.2 抽样数量

2.2.1 袋装商品：按式(1)计算抽样袋数。

$$a = \sqrt{N} \qquad \cdots\cdots(1)$$

式中：a——抽样袋数；

N——全批袋数。

注：a 值取整数，小数部分向前进位为整数。

2.2.2 散积商品：粮堆高度不超过 2 m。按粮堆面积划区设点。以 50 m² 为一个取样区，每区设中心及四角(距边线 1 m 处)5 个点。每增加一个取样区，增设 3 个点。

2.3 抽样工具

2.3.1 金属单管取样器：全长 55 cm(包括手柄)，直径 2.5 cm，沟槽长度应超过袋对角线长度的一半。

2.3.2 金属双套管取样器：长度 1 m(包括手柄)，直径 2.5 cm。

2.3.3 取样铲。

2.3.4 分样板。

2.3.5 样品筒(袋)：可密封。

2.3.6 分样布或适用铺垫物。

2.4 抽样方法

2.4.1 袋装抽样

2.4.1.1 倒包抽样：从堆垛的各部位随机抽取 2.2.1 条规定的应抽样件数的 10%(每一批一般不少于 3 包)，将袋口缝线全部拆开，平置于分样布或其他洁净的铺垫物上，双手紧握袋底两角提起约成 45°倾角，倒拖 1 m 以上，使袋内货物全部倒出。检查货物的外观、气味，有无发霉、变质等，并查看袋内和袋间品质是否均匀。确认情况正常后，用取样铲随机在各部位抽取样品，每袋抽取样品数量应基本一致，即将

中华人民共和国国家进出口商品检验局1993-12-28批准 1994-05-01实施

样品倒入盛样器内。

2.4.1.2 袋内抽样：按2.2.1条规定的应抽样件数的90%，在垛堆四周上、中、下各层以曲线形走向，随机抽取。将取样器（2.3.1条）管槽朝下，从每袋一角依斜对角方向插入袋内，然后将管槽旋转朝上，抽出取样器，立即将样品倒入盛样容器内。每袋抽取样品数量应与2.4.1.1条基本一致。

每批总样品量应不少于4 kg。

2.4.2 散积抽样：按2.2.2条规定的取样点，逐点将取样器（2.3.2条）插入粮堆至相应深度扦取代表性样品。从各点扦取的样品量应基本一致。总样品量应不少于4 kg。

2.4.3 大样缩分

袋装样品：集中袋内和倒包抽样所取全部样品，倒于分样布上，用分样板按四分法缩分样品至不少于2 kg，加封后标明标记并及时送实验室。

散积样品：将扦取的全部样品倒于分样布上，以下按上述同样方法进行。

2.5 试样制备

将样品缩分至1 kg，全部磨碎并通过20目筛，混匀，均分成两份，装入洁净的容器内，密封，标明标记。

2.6 试样保存

将试样于－5℃以下避光保存。

注：在抽样和制样的操作过程中，必须防止样品受到污染或发生残留物含量的变化。

3 测定方法

3.1 方法提要

试样用丙酮提取后，再用石油醚反提取，提取液经弗罗里硅土柱净化，脱水、浓缩、定容后，用配有电子俘获检测器的气相色谱仪测定，外标法定量。

3.2 试剂和材料

3.2.1 无水硫酸钠：分析纯，经650℃灼烧4 h，置干燥器内备用。

3.2.2 弗罗里硅土（100～200目）：650℃灼烧4 h。使用前一天在130℃下烘1 h，冷却后加2%（m/m）的水脱活，贮于干燥器中。

3.2.3 石油醚：分析纯，重蒸馏，收集65～75℃馏分。

3.2.4 丙酮：分析纯，重蒸馏后备用。

3.2.5 乙醚：分析纯。

3.2.6 溴氰菊酯标准品：纯度≥99%。

3.2.7 溴氰菊酯标准溶液：准确称取适量的溴氰菊酯标准品，用少量苯溶解，再用石油醚配成浓度为1.00 mg/mL的标准储备溶液，根据需要再配成适当浓度的标准工作液。

3.3 仪器和设备

3.3.1 气相色谱仪，配有电子俘获检测器。

3.3.2 净化柱：200 mm×15 mm(id)玻璃柱。柱底填约0.5 cm高的脱脂棉和2 cm高的无水硫酸钠，装入5 g弗罗里硅土，顶端加入2 cm高的无水硫酸钠。使用前用20 mL石油醚淋洗。

3.3.3 旋转蒸发器。

3.3.4 无水硫酸钠柱：80 mm×40 mm(id)筒形漏斗，底部垫0.5 cm高的玻璃棉，再装5 cm高的无水硫酸钠。

3.3.5 微量注射器：10 μL，100 μL。

3.3.6 超声波水浴。

3.3.7 离心机：4 000 r/min。

3.4 测定步骤

3.4.1 提取

称取试样约 2 g(精确到 0.01 g)于离心管中，加入 5 mL 丙酮，于超声波水浴上提取 5 min。于 4 000 r/min离心 1 min，取出上清液。残渣再用 5 mL 丙酮按上述同样步骤提取，合并提取液于心形瓶中。加入石油醚和蒸馏水各 20 mL，于超声波水浴中提取 5 min。取出上层石油醚提取液。再加入石油醚20 mL，同样提取一次，合并石油醚提取液于容器中。经无水硫酸钠柱脱水，并用少量石油醚分数次洗涤无水硫酸钠柱和容器。流出液收集于心形瓶内。流出液在 70℃水浴中减压旋转浓缩后，转移至刻度试管内。用少量石油醚洗涤心形瓶，并入刻度试管，稀至 10 mL。

3.4.2 净化

将上述 10 mL 提取液移入净化柱(3.3.2 条)中，弃去流出液。用 100 mL 乙醚-石油醚混合液(3+7)洗脱，收集全部洗脱液。在 70℃水浴中通氮气浓缩，用石油醚定容至 5 mL，供测定。

3.4.3 测定

3.4.3.1 色谱条件

a. 色谱柱：玻璃柱 2 m×3 mm(id)，填充物为 2%(*m*/*m*)OV-1 涂于 Chromosorb W HP(80～100 目)。

b. 色谱柱温度：250℃。

c. 进样口温度：280℃。

d. 检测器温度：300℃。

e. 氮气：纯度≥99.99%，70 mL/min。

3.4.3.2 色谱测定

根据样液中溴氰菊酯含量情况，选定峰高相近的标准工作溶液。标准工作溶液和样液中溴氰菊酯响应值均应在仪器检测线性范围内。取标准工作溶液和样液等体积参插进行测定。在上述色谱条件下，溴氰菊酯保留时间约为 5.8 min。

3.4.4 空白试验

除不加试样外，均按上述测定步骤进行。

3.5 结果计算和表述

用色谱数据处理机或按式(2)计算试样中溴氰菊酯残留量：

$$X = \frac{h \cdot c \cdot V}{h_s \cdot m} \qquad \cdots\cdots(2)$$

式中：X——试样中溴氰菊酯残留量，mg/kg；

h——样液中溴氰菊酯的峰高，mm；

h_s——标准工作溶液中溴氰菊酯的峰高，mm；

c——标准工作溶液中溴氰菊酯的浓度，μg/mL；

V——最终样液的体积，mL；

m——最终样液所相当的样品量，g。

注：计算结果需扣除空白值。

4 测定低限，回收率

4.1 测定低限

本方法的测定低限为 0.1 mg/kg。

4.2 回收率

回收率的实验数据：溴氰菊酯添加浓度在 0.02～2 mg/kg 范围内，回收率为 85.0%～97.5%。

附加说明：

本标准由中华人民共和国国家进出口商品检验局提出。
本标准由中华人民共和国陕西进出口商品检验局负责起草。
本标准主要起草人庄金侍、康定民。

中华人民共和国进出口商品检验行业标准

出口水果中多菌灵残留量检验方法

SN 0220—93

Method for the determination of carbendazim residues in fruits for export

1 主题内容与适用范围

本标准规定了出口水果中多菌灵残留量检验的抽样、制样和液相色谱测定方法。

本标准适用于出口柑桔中多菌灵残留量的检验。

2 抽样和制样

2.1 检验批

以不超过 1 500 件为一检验批。

同一检验批的商品应具有相同的特征,如包装、标记、产地、规格和等级等。

2.2 抽样数量

批量,件	最低抽样数,件
1～25	1
26～100	5
101～250	10
251～1 500	15

2.3 抽样方法

按 2.2 规定的抽样件数随机抽取,逐件开启。每件至少取 500 g 作为原始样品,原始样品总量不得少于 2 kg。加封后,标明标记,及时送实验室。

2.4 试样制备

将所取原始样品缩分出 1 kg,取可食部分,经组织捣碎机捣碎,均分成两份,装入洁净容器内,作为试样。密封,并标明标记。

2.5 试样保存

将试样于－18℃以下冷冻保存。

注:在抽样和制样的操作过程中,必须防止样品受到污染或发生残留物含量的变化。

3 测定方法

3.1 方法提要

试样用盐酸溶液加热回流,进行提取。提取液经过滤后调至碱性,再用二氯甲烷提取。提取液经浓缩,C_{18}预处理小柱净化,甲醇洗脱。洗脱液浓缩后用液相色谱仪-紫外检测器测定,外标法定量。

3.2 试剂和材料

所用试剂除注明外,均为分析纯,水为蒸馏水。

3.2.1 正己烷:优级纯。

中华人民共和国国家进出口商品检验局1993-12-28批准　　1994-05-01实施

3.2.2 二氯甲烷。

3.2.3 甲醇：色谱纯。

3.2.4 甲醇溶液：20%(V/V)水溶液。

3.2.5 盐酸溶液：2 mol/L。

3.2.6 氢氧化钠溶液：10 mol/L，2 mol/L。

3.2.7 碳酸氢钠溶液：用水溶解 5 g 碳酸氢钠并稀释至 100 mL。

3.2.8 多菌灵标准品：纯度≥96%。

3.2.9 多菌灵标准溶液：准确称取适量的多菌灵标准品，先用少量的盐酸溶液(3.2.5)微热溶解，再用该盐酸溶液定容，配成浓度为 1.00 mg/mL 的标准储备溶液。根据需要再配成适当浓度的标准工作溶液。

3.3 仪器和设备

3.3.1 液相色谱仪并配有紫外检测器。

3.3.2 离心管：具塞，5 mL，15 mL，50 mL。

3.3.3 离心机：转速 6 000 r/min。

3.3.4 快速混匀器。

3.3.5 高速组织捣碎机。

3.3.6 多功能微量化学样品处理仪(或相当的装置)。

3.3.7 微量注射器：25 μL、100 μL。

3.3.8 玻璃抽滤器。

3.3.9 砂芯漏斗：2 号或 3 号。

3.3.10 C_{18}预处理小柱：先用 3 mL 甲醇，再用同体积水分别淋洗。

3.3.11 注射器：5 mL。

3.4 测定步骤

3.4.1 提取、净化

称取试样约 5 g(精确到 0.1 g)于 50 mL 离心管(3.3.2)内，加 10 mL 盐酸溶液(3.2.5)，装上回流冷凝管后，加热至沸腾，回流 30 min。移出，冷却至室温。将离心管内的样液用砂芯漏斗抽滤，再用 10 mL 盐酸溶液(3.2.5)分数次洗涤残渣。合并滤液，在容量瓶中用盐酸溶液(3.2.5)定容至 25 mL。

准确吸取 2.5 mL 上述滤液，同时吸取与样液中多菌灵浓度相近的标准工作溶液 2.5 mL，分别置于 15 mL 离心管中，加 4 mL 二氯甲烷，在快速混匀器上混匀 2 min，离心(4 000 r/min)3 min。用尖嘴吸管吸出下层二氯甲烷，弃去。在水相中加入适量氢氧化钠溶液(10 mol/L)，使试液接近碱性，然后小心滴加氢氧化钠溶液(2 mol/L)，使试液的 pH 为 10～11。再滴加碳酸氢钠溶液，使试液的 pH 调至 9.5～10。用 3×4 mL 二氯甲烷在快速混匀器中提取 2 min，离心(4 000 r/min)3 min，用尖嘴吸管将二氯甲烷转入另一离心管中。合并三次二氯甲烷提取液，浓缩至 1 mL。

将上述浓缩的提取液通过注射器转入 C_{18}预处理小柱(3.3.10)。用 3 mL 甲醇溶液(3.2.4)洗涤离心管并过 C_{18}预处理小柱，弃去流出液。继用 3 mL 正己烷洗涤离心管并过 C_{18}预处理小柱，弃去流出液。用 2×2.5 mL 甲醇(3.2.3)洗涤离心管并过 C_{18}预处理小柱，收集二次洗脱液并浓缩至 1 mL 以下。用甲醇(3.2.3)定容至 1 mL，供液相色谱测定。

3.4.2 测定

3.4.2.1 色谱条件

a. 色谱柱：μBondapak C_{18}，300 mm×3.9 mm(id)；

b. 流动相：甲醇-水(4+6)；

c. 流速：0.8 mL/min；

d. 检测器：紫外检测器，测定波长 286 nm；

e. 色谱柱温度：室温。

3.4.2.2 色谱测定

根据样液中多菌灵含量情况，选定与样液峰高相近的标准工作溶液。标准工作溶液和样液中多菌灵响应值均在仪器检测线性范围内。对标准工作溶液和样液等体积参插进样测定。在上述色谱条件下，多菌灵保留时间约为 7 min。

3.4.3 空白试验

除不加试样外，按上述测定步骤进行。

3.5 结果计算和表述

用色谱数据处理机或按下式计算试样中多菌灵残留含量：

$$X = \frac{h \cdot c_s}{h_s \cdot c}$$

式中：X——试样中多菌灵残留量，mg/kg；

h——样液中多菌灵的峰高，mm；

h_s——标准工作溶液中多菌灵的峰高，mm；

c_s——标准工作溶液中多菌灵的浓度，μg/mL；

c——最终样液所代表的试样浓度，g/mL。

注：计算结果需扣除空白值。

4 测定低限、回收率

4.1 测定低限

本方法的测定低限为 0.7 mg/kg。

4.2 回收率

回收率的实验数据：多菌灵添加浓度在 0.7～12.0 mg/kg 范围内，回收率为 90.9%～102.2%。

附加说明：

本标准由中华人民共和国国家进出口商品检验局提出。

本标准由中华人民共和国江西进出口商品检验局负责起草。

本标准主要起草人徐文彦、施小珊、黎双珍。

中华人民共和国出入境检验检疫行业标准

SN/T 0278—2009
代替 SN 0278—1993

进出口食品中甲胺磷残留量检测方法

Determination of methamidophos residues in foods for import and export

2009-07-07 发布　　　　2010-01-16 实施

中华人民共和国国家质量监督检验检疫总局 发布

前　言

本标准代替 SN 0278—1993《出口蔬菜中甲胺磷残留量检测方法》。

本标准与 SN 0278—1993 相比，主要变化如下：

——扩大了使用范围；

——增加了液相色谱-质谱/质谱确证方法；

——取消了 SN 0278—1993 的“2　抽样和制样”，增加了“试样制备与保存”；

——改进了样品前处理技术路线。

本标准附录 A 和附录 B 均为资料性附录。

本标准由国家认证认可监督管理委员会提出并归口。

本标准起草单位：中华人民共和国广东出入境检验检疫局、中华人民共和国湖南出入境检验检疫局、中华人民共和国浙江出入境检验检疫局、中华人民共和国江苏出入境检验检疫局。

本标准主要起草人：陈捷、王岚、谢建军、林海丹、吴映旋、张莹、丁慧瑛、沈崇钰。

本标准于 1993 年首次发布，本次为第一次修订。

进出口食品中甲胺磷残留量检测方法

1 范围

本标准规定了进出口食品中甲胺磷残留量检测的气相色谱测定和液相色谱-质谱/质谱确证方法。

本标准适用于进出口大米、绿豆、菠菜、荷兰豆、柑橘、葡萄、甘蓝、板栗、茶叶、猪肉、鸡肉、猪肝、罗非鱼、蜂蜜中甲胺磷残留量的测定和确证。

2 方法提要

样品经乙腈或乙酸乙酯提取后，通过固相萃取小柱净化，采用气相色谱(火焰光度检测器)测定，外标法定量。液相色谱-质谱/质谱确证。

3 试剂和材料

除另有规定外，试剂均为分析纯，水为去离子水。

3.1 丙酮。

3.2 乙酸乙酯。

3.3 正己烷。

3.4 乙腈：色谱纯。

3.5 甲醇。

3.6 无水硫酸钠：650 ℃灼烧 4 h，在干燥器内冷却至室温，储于密闭干燥器中备用。

3.7 氯化钠。

3.8 正己烷-丙酮(2+1，体积比)：取正己烷 100 mL，加入 50 mL 丙酮，混匀。

3.9 甲胺磷标准物质：纯度大于等于 97.0%。

3.10 甲胺磷标准储备液：准确称取适量甲胺磷，用乙酸乙酯配制成浓度为 1.00 mg/mL 的标准储备液。该溶液于－18 ℃保存。

3.11 甲胺磷标准中间溶液：准确吸取适量标准储备液，用乙酸乙酯稀释至浓度为 100.0 μg/mL 的标准中间溶液。该溶液在－18 ℃保存。

3.12 甲胺磷标准工作液：使用前根据需要将标准中间溶液用乙酸乙酯稀释成适当浓度的标准工作液。

3.13 石墨化碳黑固相萃取柱：250 mg，3 mL，或相当者。

3.14 弗罗里硅土固相萃取柱：1 000 mg，2 mL，或相当者。

3.15 氨基固相萃取柱：200 mg，3 mL，或相当者。

3.16 CHROMABOND XTR 固相萃取柱：3 000 mg，15 mL，或相当者。

3.17 微孔滤膜：0.45 μm，有机系。

4 仪器和设备

4.1 气相色谱仪：配有火焰光度(FPD-P)检测器。

4.2 液相色谱-质谱/质谱联用仪：配有电喷雾离子源。

4.3 天平：感量为 0.1 mg 和 0.01 g。

4.4 食品捣碎机。

4.5 高速均质机。

4.6 离心机:6 000 r/min。

4.7 旋转蒸发仪。

4.8 氮气吹干仪。

4.9 旋涡振荡器。

4.10 振荡器。

4.11 固相萃取装置。

4.12 具塞塑料离心管:50 mL,聚丙烯。

4.13 具塞玻璃刻度试管:5 mL。

5 样品制备与保存

5.1 样品制备

5.1.1 菠菜、荷兰豆、柑橘、葡萄、甘蓝

取有代表性样品约500 g(不可水洗),将其可食用部分切碎后,用捣碎机加工成浆状。混匀,装入洁净容器,密闭,标明标记。

5.1.2 大米、绿豆、板栗、茶叶

取有代表性样品约500 g,用粉碎机粉碎并通过孔径2.0 mm圆孔筛。混匀,装入洁净容器,密闭,标明标记。

5.1.3 猪肉、鸡肉、猪肝、罗非鱼

取有代表性样品约500 g,剔骨去皮,用绞肉机绞碎,混匀,装入洁净容器,密闭,标明标记。

5.1.4 蜂蜜

取代表性样品约500 g,对无结晶的蜂蜜样品将其搅拌均匀;对有结晶析出的蜂蜜样品,在密闭情况下,将样品瓶置于不超过60 ℃的水浴中温热,振荡,待样品全部融化后搅匀,迅速冷却至室温,在融化时应注意防止水分挥发。装入洁净容器,密封,标明标记。

5.2 试样保存

茶叶、蜂蜜、粮谷及坚果类等试样于0 ℃~4 ℃保存;水果蔬菜类和动物源性食品等试样于−18 ℃以下冷冻保存。

在抽样及制样的操作过程中,应防止样品受到污染或发生残留物含量的变化。

6 测定步骤

6.1 提取

6.1.1 大米、绿豆、板栗

称取5 g试样(精确至0.01 g)于50 mL离心管中,加3 g无水硫酸钠(3.6),15 mL乙酸乙酯(3.2),匀质提取1 min,振荡提取20 min,4 000 r/min离心5 min,移取上清液于试管中,再分别用10 mL乙酸乙酯洗涤残渣两次,合并提取液,45 ℃以下氮吹至约2 mL,待净化。

6.1.2 菠菜、青豆、柑橘、葡萄、甘蓝

准确称取10 g试样(精确至0.01 g)于50 mL离心管中,加3 g无水硫酸钠,15 mL乙酸乙酯,匀质提取1 min,4 000 r/min离心5 min,移取上清液于25 mL容量瓶中,再用10 mL乙酸乙酯洗涤残渣一次,涡旋振荡2 min,4 000 r/min离心5 min,合并提取液于容量瓶中,用乙酸乙酯定容至刻度。取上述的样本提取液12.5 mL待净化。

6.1.3 猪肉、鸡肉、猪肝、罗非鱼肉

称取5 g试样(精确至0.01 g)于50 mL离心管中,加入10 g无水硫酸钠,15 mL乙腈,匀质提取1 min,6 000 r/min离心5 min,移取上清液于25 mL容量瓶中,再用10 mL乙腈萃取残渣一次,合并提

取液于容量瓶中，用乙腈定容至刻度，移取 10 mL 提取液待净化。

6.1.4 茶叶

称取 0.5 g 试样(精确至 0.01 g)于 10 mL 离心管中，加 1.5 mL 水，浸泡 20 min，加 0.2 g 无水硫酸钠，振荡混匀，再分别用 2 mL 乙酸乙酯提取 3 次，旋涡振荡提取，4 000 r/min 离心 3 min，合并提取液，待净化。

6.1.5 蜂蜜

称取 2 g 试样(精确至 0.01 g)于 50 mL 离心管中，加 3 mL 水，0.5 g 氯化钠(3.7)，振荡混匀，过固相萃取柱(3.16)，保持 5 min 后，用 35 mL 乙酸乙酯淋洗，流速控制为 1 mL/min，滤液过无水硫酸钠收集于 50 mL 浓缩瓶中，在 45 ℃以下旋转浓缩至约 1 mL，待净化。

6.2 净化

6.2.1 大米、绿豆、板栗

石墨化碳黑固相萃取柱(3.13)用 2×2 mL 乙酸乙酯活化，弃去流出液。将待净化溶液过石墨化碳黑固相萃取柱，再用 2×2 mL 乙酸乙酯洗脱，流速控制为 1 mL/min，收集全部流出液于试管中，在 45 ℃以下氮吹至近干，用乙酸乙酯定容至 1.0 mL，待测。

6.2.2 菠菜、荷兰豆、柑橘、葡萄、甘蓝

石墨化碳黑固相萃取柱用 2×2 mL 乙酸乙酯活化，弃去流出液。将待净化溶液过石墨化碳黑固相萃取柱，再用 2×2 mL 乙酸乙酯洗脱，流速控制为 1 mL/min，收集全部过柱溶液于 25 mL 浓缩瓶中，在 45 ℃下旋转浓缩至约 0.5 mL，用乙酸乙酯定容至 1.0 mL，待测。

6.2.3 猪肉、鸡肉、猪肝、罗非鱼、板栗

在氟罗里硅土固相萃取柱(3.14)上填装 0.5 g 无水硫酸钠，用 2×2 mL 乙腈(3.4)活化，弃去流出液。取 10 mL 待净化液过柱，用 3 mL 乙腈洗脱，收集全部流出液于 25 mL 浓缩瓶，在 45℃以下旋转浓缩至约 2mL；再过石墨化碳黑固相萃取柱，在柱上填装 0.5 g 无水硫酸钠，用 2×2 mL 乙腈活化。将浓缩液过石墨化碳黑固相萃取柱，再用 3×1 mL 正己烷-丙酮(3.8)洗脱，流速控制为 1 mL/min，收集流出液于试管中，在 45 ℃以下氮吹至约 0.5 mL，用乙酸乙酯定容至 2.0 mL，过 0.45 μm 滤膜(3.17)后，待测。

6.2.4 茶叶

在石墨化碳黑固相萃取柱上填装 0.5 g 无水硫酸钠，用 2×2 mL 乙酸乙酯活化，弃去流出液。将待净化液过柱，用 2×2 mL 乙酸乙酯洗脱，流速控制为 1 mL/min，收集全部过柱溶液，在 45 ℃下吹氮浓缩至约 1 mL。氨基柱(3.15)先用 2×2 mL 正己烷-丙酮活化，将浓缩液过氨基柱后，3×1 mL 正己烷-丙酮洗脱，流速控制为 1 mL/min，收集全部流出液于试管中，在 45 ℃以下氮吹至约 0.5 mL，用乙酸乙酯定容至 1.0 mL，待测。

6.2.5 蜂蜜

在石墨化碳黑固相萃取柱上填装 0.5 g 无水硫酸钠，用 2×2 mL 乙酸乙酯活化，弃去流出液。将待净化浓缩液过石墨化碳黑固相萃取柱，2×2 mL 乙酸乙酯洗脱，流速控制为 1 mL/min，收集洗脱液于吹氮管中，在 45 ℃下吹氮浓缩至约 0.5 mL，用乙酸乙酯定容至 2.0 mL，待测。

6.3 测定

6.3.1 气相色谱条件

a) 色谱柱：HP-INNOWAX 毛细管柱，30 m×0.25 mm(内径)×0.25 μm，或性能相当者；

b) 升温程序：120 ℃(1 min) $\xrightarrow{15\ ℃/min}$ 200 ℃(8 min) $\xrightarrow{25\ ℃/min}$ 250 ℃(4 min)；

c) 进样口温度：230 ℃；

d) 检测器温度：245 ℃；

e) 载气：氮气(纯度 99.999%)，流量 4.0 mL/min；

f) 进样模式:无分流进样;

g) 进样量:1 μL。

6.3.2 气相色谱测定

根据样液中甲胺磷含量情况,选定峰面积相近的标准工作溶液。标准工作溶液和样液中甲胺磷响应值均应在仪器检测线性范围内。标准工作溶液和样液等体积参插进样测定。在上述色谱条件下,甲胺磷的保留时间约为 11.32 min。标准品的色谱图参见附录 A 中图 A.1。

6.4 定性确证

6.4.1 LC/MS-MS 质谱条件

6.4.1.1 液相色谱参考条件

a) 色谱柱:Shiseido C_{18}柱,150 mm×2.0 mm(内径),5 μm,或相当者;

b) 柱温:40 ℃;

c) 流动相:甲醇-水(80+20,体积比);

d) 流速:0.30 mL/min;

e) 进样量:10 μL。

6.4.1.2 质谱参考条件

a) 离子源:电喷雾离子源(ESI);

b) 扫描方式:负离子扫描;

c) 检测方式:多反应选择离子检测(MRM);

d) 电喷雾电压(IS):4 500 V;

e) 雾化气、气帘气、辅助加热气、碰撞气均为高纯氮气及其他合适气体;使用前应调节各气体流量以使质谱灵敏度达到检测要求;

f) 辅助气温度(TEM):350 ℃;

g) 定性离子对、定量离子对、采集时间、去簇电压及碰撞能量见表 1。

注:非商业性声明,质谱条件是在 API 3000 液相色谱-质谱/质谱联用仪上完成,此处列出试验用仪器型号仅为提供参考,并不涉及商业目的,鼓励标准使用者尝试不同厂家或型号的仪器。

表 1 甲胺磷定性离子对、定量离子对、去簇电压及碰撞能量

被测物名称	定性离子对 (m/z)	采集时间/ ms	去簇电压/ V	碰撞能量/ V
甲胺磷	142.2/94.3	200	70	22
	142.2/112.3			18

6.4.2 液相色谱-质谱/质谱法定性确证

当进行 GC 样品测定时,检出试样中甲胺磷的量大于方法检测限时,取 0.5 mL 气相色谱上机测定溶液,用氮气吹干,用甲醇稀释到适当浓度,以 LC-MS/MS 法定性确证。被测组分选择 1 个母离子,2 个以上子离子,在相同实验条件下,如果样品中待检测物质与标准溶液中对应的保留时间偏差在±2.5%之内;且样品谱图中各组分定性离子的相对丰度与浓度接近的标准溶液谱图中对应的定性离子的相对丰度进行比较,偏差不超过表 2 规定的范围,被确证的样品可判定为甲胺磷阳性检出。标准品的子离子全扫描质谱图和多反应监测(MRM)色谱图参见附录 B 中图 B.1、图 B.2。

表 2 定性确证时相对离子丰度的最大允许偏差

相对离子丰度/%	>50	>20~50	>10~20	≤10
允许的相对偏差/%	±20	±25	±30	±50

6.5 空白试验

除不加试样外,按上述测定步骤进行。

7 结果计算和表述

用色谱数据处理机或按式(1)计算试样中甲胺磷的残留含量,计算结果需扣除空白值。

$$X=\frac{A\times c\times V}{A_s\times m} \quad \cdots\cdots (1)$$

式中:

X——试样中甲胺磷含量,单位为微克每千克(μg/kg);

A——样液中甲胺磷的峰面积;

c——标准工作溶液中甲胺磷浓度,单位为微克每升(μg/L);

V——最终样液的定容体积,单位为毫升(mL);

A_s——标准工作溶液中甲胺磷的峰面积;

m——最终样液所代表试样量,单位为克(g)。

注:计算结果应表示到小数点后两位。

8 测定低限、回收率

8.1 测定低限

本方法茶叶的测定低限为 50 μg/kg,大米、绿豆、菠菜、荷兰豆、柑橘、葡萄、甘蓝、板栗、猪肉、鸡肉、猪肝、罗非鱼、蜂蜜中甲胺磷的测定低限均为 10 μg/kg。

8.2 回收率

甲胺磷添加浓度及回收率的实验数据见表 3。

表 3 甲胺磷的回收率

样品名称	添加浓度/(μg/kg)	回收率/%
大米	10	82.0～92.0
	50	82.8～95.2
	200	93.0～102
绿豆	10	80.0～88.0
	50	91.6～103
	200	99.2～101
菠菜	10	80.0～107
	50	81.2～88.2
	200	80.2～89.8
荷兰豆	10	80.0～85.0
	50	80.0～89.8
	200	80.7～81.7
甘蓝	10	88.0～97.0
	50	80.0～81.2
	200	80.0～80.9

表 3（续）

样品名称	添加浓度/(μg/kg)	回收率/%
柑橘	10	80.0～84.0
	50	80.0～87.4
	200	79.5～86.3
葡萄	10	81.0～86.0
	50	80.2～90.6
	200	80.6～89.4
板栗	10	84.0～99.0
	50	80.4～93.2
	200	80.1～81.0
茶叶	50	87.2～93.8
	200	98.3～111
	500	81.0～86.8
猪肉	10	93.0～105
	50	84.8～102
	200	85.4～101
鸡肉	10	84.0～111
	50	88.4～101
	200	101～107
猪肝	10	79.6～96.1
	50	77.6～91.0
	200	79.0～86.5
罗非鱼	10	84.4～108
	50	78.6～97.8
	200	83.5～102
蜂蜜	10	93.8～105
	50	84.8～102
	200	85.0～104

附 录 A
（资料性附录）
甲胺磷标准物质气相色谱图

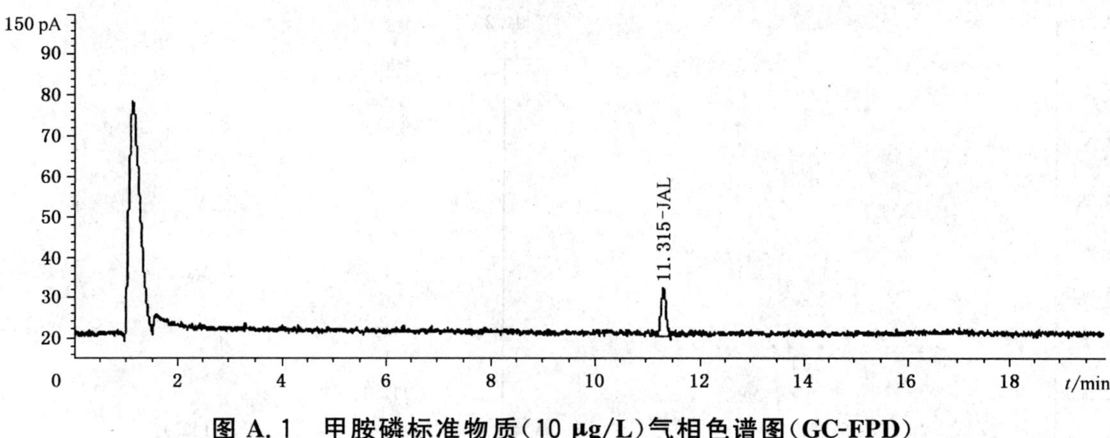

图 A.1 甲胺磷标准物质（10 μg/L）气相色谱图（GC-FPD）

附 录 B
（资料性附录）
甲胺磷标准品 LC-MS/MS 质谱图和色谱图

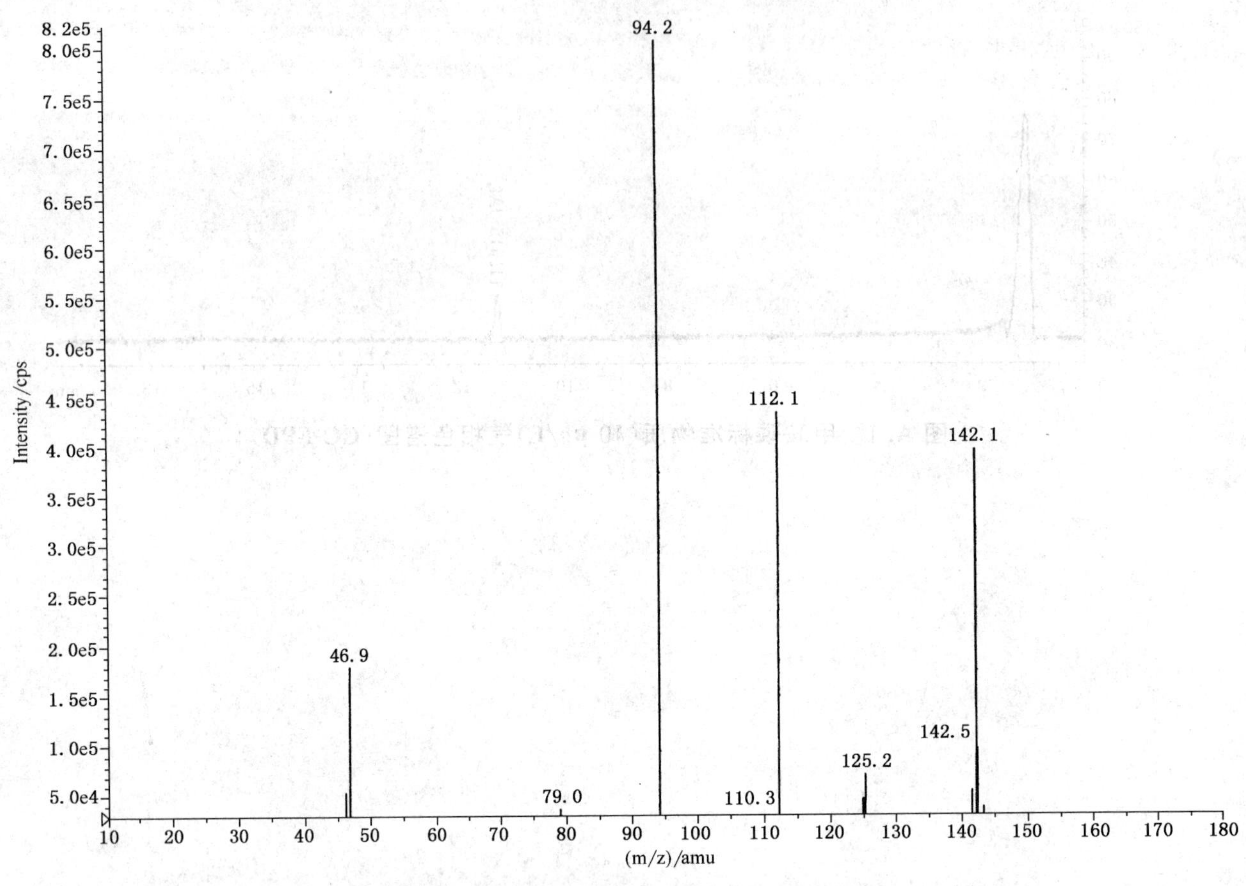

图 B.1 甲胺磷标准品子离子全扫描质谱图

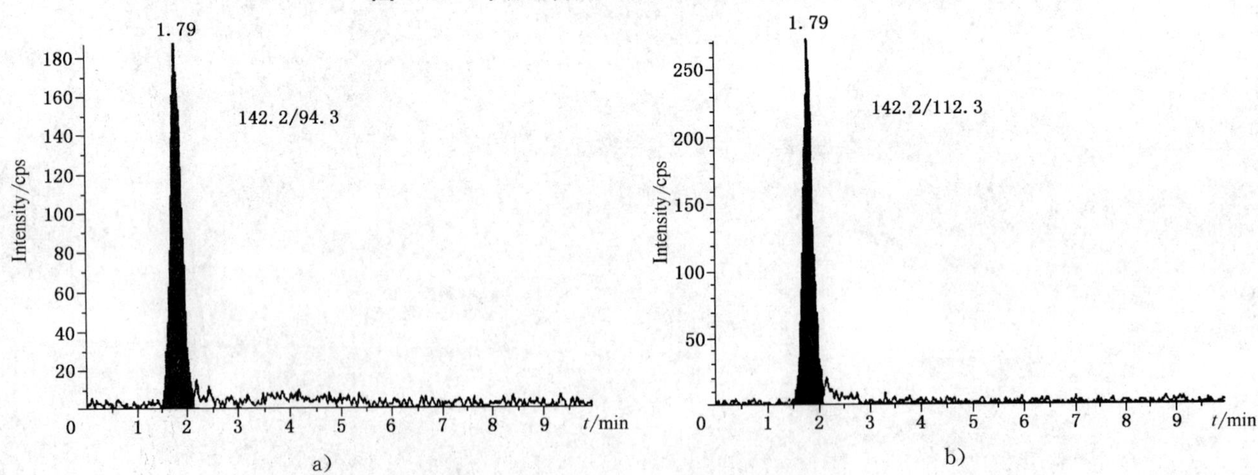

图 B.2 甲胺磷标准品多反应监测(MRM)色谱图(10 μg/L)

中华人民共和国进出口商品检验行业标准

出口水果中氯硝胺残留量检验方法　SN 0280—93

Method for the determination of dicloran residues in fruits for export

1　主题内容与适用范围

本标准规定了出口水果中氯硝胺残留量检验的抽样、制样和气相色谱测定方法。

本标准适用于出口柑桔中氯硝胺残留量的检验。

2　抽样和制样

2.1　检验批

以不超过1 500件为一检验批。

同一检验批的商品应具有相同的特征，如包装、标记、产地、规格、等级等。

2.2　抽样数量

批量，件	最低抽样数，件
1～25	1
26～100	5
101～250	10
251～1 500	15

2.3　抽样方法

按2.2规定的抽样件数随机抽取，逐件开启。每件至少取500 g作为原始样品，原始样品的总量不得少于2 kg。加封后，标明标记，及时送实验室。

2.4　试样制备

将所取原始样品缩分出1 kg，取可食部分，经组织捣碎机捣碎，混匀后，均分成两份，装入洁净容器内，作为试样，密封，并标明标记。

2.5　试样保存

将试样于－18℃以下冷冻保存。

注：在抽样和制样的操作过程中，必须防止样品受到污染或发生任何残留物的变化。

3　测定方法

3.1　方法提要

试样与丙酮一起匀浆，用石油醚和二氯甲烷提取，经弗罗里硅土柱净化后，用配有电子俘获检测器的气相色谱仪测定，外标法定量。

3.2　试剂和材料

除另有规定外，试剂均为分析纯，水为蒸馏水。

3.2.1　丙酮：重蒸馏，收集56℃馏分。

中华人民共和国国家进出口商品检验局1993-12-28批准　　1994-05-01实施

3.2.2 石油醚：重蒸馏，收集 30～60℃馏分。

3.2.3 二氯甲烷：重蒸馏，收集 40℃馏分。

3.2.4 无水乙醚-石油醚(15＋85)。

3.2.5 弗罗里硅土：60～100 目，于 650℃灼烧 4 h，冷却后立即转入具玻璃塞的干燥玻璃容器内。使用前于 130℃加热至少 5 h，趁热转入具玻璃塞的干燥玻璃容器内备用。

3.2.6 无水硫酸钠：于 650℃灼烧 4 h，冷却后，贮存于具玻璃塞的干燥玻璃容器内备用。

3.2.7 氯化钠。

3.2.8 氯硝胺标准品：含量≥99.5%。

3.2.9 氯硝胺标准溶液：用丙酮将氯硝胺标准品配成 0.100 mg/mL 的储备溶液，根据需要用无水乙醚-石油醚(15＋85)配成适当浓度的标准工作溶液。

3.3 仪器和设备

3.3.1 气相色谱仪：配有电子俘获检测器。

3.3.2 组织捣碎机。

3.3.3 移液管：5 mL。

3.3.4 多功能微量化样品处理仪及配件(或相当装置)。

3.3.5 微量注射器：10 μL。

3.3.6 具塞刻度离心管：5.00 mL。

3.3.7 微型层析柱：150 mm×7 mm(id)玻璃柱，带有 10 mL 储液斗。在柱底塞入少量玻璃棉，然后依次加入 1.0 g 弗罗里硅土；0.5 g 无水硫酸钠，轻轻敲打装实。用前经 10 mL 石油醚淋洗。

3.3.8 快速混匀器。

3.3.9 离心机：4 000 r/min。

3.4 测定步骤

3.4.1 提取

称取约 1 g(精确至 0.01 g)经捣碎、混匀的试样于 8 mL 离心管中，加入 2 mL 丙酮，快速混匀 1 min，3 000 r/min 离心 2 min，将上清液转入 20 mL 离心管中。残渣再用 2 mL 丙酮同上提取一次，合并提取液。于丙酮提取液中加入 2 mL 石油醚和 2 mL 二氯甲烷，快速混匀提取。3 000 r/min 离心 2 min，用尖嘴吸管将上层有机相转入另一 20 mL 离心管中。在下层水相中加入 0.2 g 氯化钠并快速混匀至大部分氯化钠溶解后，再用 2×2 mL 二氯甲烷提取两次，每次提取不得少于 1 min，合并提取液于 20 mL离心管中。加入 1 g 无水硫酸钠至提取液中，混匀(1 min)，离心(3 000 r/min，2 min)，脱水后转入另一 20 mL 磨口离心管中，再用 2 mL 二氯甲烷洗涤硫酸钠，洗涤液并入磨口离心管中。在多功能微量化样品处理仪或相当装置上，于小于等于 40℃温度下减压浓缩至干。

3.4.2 净化

上述残渣以 1.0 mL 无水乙醚-石油醚(15＋85)溶解并移入层析柱(3.3.7)上，待液面降至无水硫酸钠表面时，弃去上述流出液。然后用 5 mL 无水乙醚-石油醚(15＋85)洗涤离心管，洗涤液倾入层析柱(3.3.7)上进行洗涤，用具塞刻度离心管收集洗脱液，准确收集 5.00 mL。混匀后供测定。

3.4.3 测定

3.4.3.1 色谱条件

a. 毛细管色谱柱：0.5 μmSE-30，20 m×0.53 mm(id)熔融石英柱；

b. 色谱柱温度：180℃；

c. 进样口温度：250℃；

d. 检测器温度：300℃；

e. 载气：氮气，纯度≥99.99%；柱流量：25 mL/min；尾吹气流量：40 mL/min；

f. 进样方式：直接进样，不分流。

3.4.3.2 色谱测定

根据样液中氯硝胺残留浓度，选定峰高相近的氯硝胺标准工作溶液。标准工作溶液和样液中氯硝胺的响应值均应在仪器检测线性范围内。标准工作溶液和样液等体积参插进样测定。在上述色谱条件下，氯硝胺的保留时间约为 3.5 min。

3.4.4 空白试验

除不加试样外，按上述测定步骤测定。

3.5 结果计算与表述

用色谱数据处理机或按下式计算试样中氯硝胺残留含量：

$$X = \frac{h \cdot c \cdot V}{h_s \cdot m}$$

式中：X——试样中氯硝胺含量，mg/kg；

h——样液中氯硝胺的峰高，mm；

h_s——标准工作溶液中氯硝胺的峰高，mm；

c——标准工作溶液中氯硝胺的浓度，μg/mL；

V——样液最终定容的体积，mL；

m——称取的试样量，g。

注：计算结果需扣除空白值。

4 测定低限和回收率

4.1 测定低限

本方法测定低限为 0.025 mg/kg。

4.2 回收率

回收率实验数据：氯硝胺添加浓度在 0.025～0.25 mg/kg 范围内，回收率为 81.0%～109.4%。

附加说明：

本标准由中华人民共和国国家进出口商品检验局提出。

本标准由中华人民共和国湖南进出口商品检验局负责起草。

本标准主要起草人袁智能、黄志强、戴华。

中华人民共和国进出口商品检验行业标准

出口水果中甲霜灵残留量检验方法

SN 0281—93

Method for the determination of metalaxyl residues in fruits for export

1 主题内容与适用范围

本标准规定了出口水果中甲霜灵残留量检验的抽样、制样和气相色谱测定方法。

本标准适用于出口苹果中甲霜灵残留量的检验。

2 抽样和制样

2.1 检验批

以不超过1 500件为一检验批。

同一检验批的商品应具有相同的特征，如包装、标记、产地、规格和等级等。

2.2 抽样数量

批量，件	最低抽样数，件
1～25	1
26～100	5
101～250	10
251～1 500	15

2.3 抽样方法

按2.2规定的抽样件数随机抽取，逐件开启。每件至少取500 g作为原始样品，原始样品总量不得少于2 kg。加封后，标明标记，及时送实验室。

2.4 试样制备

将所取原始样品缩分出1 kg，取可食部分，经组织捣碎机捣碎，均分成两份，装入洁净容器内，作为试样。密封，并标明标记。

2.5 试样保存

将试样于－18℃以下冷冻保存。

注：在抽样和制样的操作过程中，必须防止样品受到污染或发生残留物含量的变化。

3 测定方法

3.1 方法提要

试样经丙酮、乙酸乙酯提取，提取液用水洗涤。脱水定容后，用配有氮磷检测器的气相色谱仪测定，外标法定量。

3.2 试剂和材料

3.2.1 丙酮：分析纯。

3.2.2 乙酸乙酯：分析纯。

中华人民共和国国家进出口商品检验局1993-12-28批准　　1994-05-01实施

3.2.3 无水硫酸钠:分析纯,650℃灼烧 4 h,储于密闭容器中。

3.2.4 甲霜灵标准品:纯度≥98%。

3.2.5 甲霜灵标准溶液:准确称取适量的甲霜灵标准品,用乙酸乙酯配成浓度为 1.000 mg/mL 的标准储备溶液,根据需要再配成适当浓度的标准工作溶液。

3.3 仪器和设备

3.3.1 气相色谱仪并配有氮磷检测器。

3.3.2 涡旋混合器。

3.3.3 离心机。

3.3.4 离心管:5 mL,具塞。

3.3.5 尖嘴吸管。

3.3.6 微量注射器:5 μL。

3.4 测定步骤

3.4.1 提取和净化

称取试样约 1 g(精确到 0.01 g)于 5 mL 离心管中,加 2～3 滴丙酮和 1.0 mL 乙酸乙酯,置涡旋混合器上混匀 1 min,2 000 r/min 离心 2 min。用尖嘴吸管将乙酸乙酯转入另一洁净的离心管中,再用 1.0 mL 乙酸乙酯提取残渣。合并乙酸乙酯相,用等体积的水洗涤乙酸乙酯相两次,2 000 r/min 离心 2min,弃去水相。用乙酸乙酯定容到 2 mL,加少量无水硫酸钠脱水后供气相色谱测定。

3.4.2 测定

3.4.2.1 色谱条件

a. 色谱柱:石英毛细管柱,HP-Ultra 1(OV-1)25 m×0.32 mm(内径)×0.25 μm 膜厚;

b. 色谱柱温度:60℃(1.5 min)$\xrightarrow{40℃/min}$240℃(10 min);

c. 进样口温度:250℃;

d. 检测器温度:250℃;

e. 氮气:纯度≥99.99%,1 mL/min;

f. 补充气:29 mL/min;

g. 氢气:3.5 mL/min;

h. 空气:120 mL/min;

i. 进样方式:无分流进样。

3.4.2.2 色谱测定

分别准确注入 1.0 μL 样品溶液和标准工作溶液于气相色谱仪中,按 3.4.2.1 条件进行色谱测定。响应值均应在仪器检测的线性范围之内。甲霜灵的保留时间约为 9 min。

3.4.3 空白试验

除不加试样外,按上述测定步骤进行。

3.5 结果计算和表述

用数据处理机或按下式计算试样中甲霜灵残留含量:

$$X=\frac{A\cdot c\cdot V}{A_s\cdot m}$$

式中:X——试样中甲霜灵残留量,mg/kg;

A——样液中甲霜灵峰面积,mm^2;

A_s——标准工作溶液中甲霜灵峰面积,mm^2;

c——标准工作溶液中甲霜灵浓度,μg/mL;

V——最终样液的体积,mL;

m——最终样液所代表的样品重量,g。

注：计算结果需扣除空白值。

4 测定低限、回收率

4.1 测定低限

本方法的测定低限为0.5 mg/kg。

4.2 回收率

回收率的实验数据：甲霜灵浓度在0.5～5.0 mg/kg范围,回收率为80%～105%。

附加说明：

本标准由中华人民共和国国家进出口商品检验局提出。

本标准由中华人民共和国浙江进出口商品检验局负责起草。

本标准主要起草人朱宏、李聪、郑自强。

中华人民共和国进出口商品检验行业标准

出口酒类中氨基甲酸乙酯残留量检验方法

SN 0285—93

Method for the determination of ethyl carbamate residues in wines for export

1 主题内容与适用范围

本标准规定了出口酒类中氨基甲酸乙酯残留量检验的抽样、制样和气相色谱测定方法。

本标准适用于出口蒸馏酒、黄酒中氨基甲酸乙酯残留量的检验。

2 抽样和制样

2.1 检验批

以不超过 2 500 箱为一检验批。

同一检验批的商品应具有相同的特征，如包装、标记、产地、规格和等级等。

2.2 抽样数量

批量，箱	最低抽样数，箱
1～25	1
26～100	5
101～250	10
251～500	15
501～1 000	17
1 001～2 500	20

2.3 抽样方法

按 2.2 规定的抽样箱数随机抽取，逐箱开启。每箱至少取一瓶作为原始样品，原始样品总量不得少于 2 kg。加封后，标明标记，及时送实验室。

2.4 试样制备

将所取原始样品倒入洁净的搪瓷混样桶内充分混匀，再将混匀样品分装，作为试样。密封，并标明标记。

2.5 试样保存

将试样于 4℃以下冷藏保存。

注：在抽样和制样的操作过程中，必须防止样品受到污染或发生残留物含量的变化。

3 测定方法

3.1 方法提要

已知酒精度的样品加水稀释，用正己烷洗涤，然后以二氯甲烷提取，浓缩、定容后，用气相色谱-质谱检测器测定，外标法定量。

中华人民共和国国家进出口商品检验局1993-12-28批准　　1994-05-01实施

3.2 试剂和材料

3.2.1 甲醇:分析纯。

3.2.2 正己烷:分析纯。

3.2.3 二氯甲烷:分析纯,经全玻璃蒸馏装置重蒸馏。

3.2.4 氯化钠:分析纯。

3.2.5 乙酸乙酯:分析纯。

3.2.6 氨基甲酸乙酯标准品:纯度≥99%。

3.2.7 氨基甲酸乙酯标准溶液:准确称取适量的氨基甲酸乙酯标准品,用甲醇配成浓度为 100 μg/mL 的标准储备溶液。根据需要再配成适当浓度的标准工作溶液。

3.3 仪器和设备

3.3.1 气相色谱仪,配有质谱检测器。

3.3.2 涡旋混合器。

3.3.3 离心机。

3.3.4 离心管:5 mL,10 mL。

3.3.5 尖嘴吸管。

3.3.6 微量注射器:10 μL。

3.4 测定步骤

3.4.1 提取

称取试样 1.0 g(精确到 0.01 g)于 10 mL 离心管中,加水调节样品的酒精度至 25%(酒精度低于 25%的样品不再稀释),加 0.4 g 氯化钠,混合使溶解。加等体积的正己烷,于涡旋混合器上混合 1 min,2 000r/min 离心 2 min,用尖嘴吸管吸出正己烷相,弃去。然后用 2×2 mL 二氯甲烷提取,于涡旋混合器上混匀 1 min,2 000 r/min 离心 2 min,用尖嘴吸管吸出二氯甲烷层,合并转入洁净的 5 mL 离心管中。于 30℃水浴中、氮气缓流下浓缩到 0.2 mL,加乙酸乙酯定容到 0.5 mL,供测定。

3.4.2 测定

3.4.2.1 色谱条件

a. 色谱柱:25 m×0.32 mm(内径)×0.3 μm 膜厚、HP-20 M(PEG-20M),石英毛细管柱;

b. 载气:氦气,纯度≥99.99%,1 mL/min;

c. 色谱柱温度:70℃(1 min)$\xrightarrow{30℃/min}$120℃(0.5 min)$\xrightarrow{3℃/min}$130℃$\xrightarrow{10℃/min}$200℃;

d. 进样口温度:180℃;

e. 检测器温度:280℃;

f. 进样方式:不分流进样;

g. 质谱采集方式:选择离子监视;

h. 选择离子:M/Z 62。

3.4.2.2 色谱测定

分别准确注入 2 μL 标准工作溶液和样液于气相色谱仪中,按 3.4.2.1 条件进行色谱分析。响应值均应在仪器检测的线性范围之内。

氨基甲酸乙酯的保留时间约为 6 min。

3.4.3 空白试验

除不加试样外,按上述测定步骤进行。

3.5 结果计算和表述

用色谱数据处理机或按下式计算试样中氨基甲酸乙酯残留量:

$$X = \frac{A \cdot c \cdot V}{A_s \cdot m}$$

式中：X ——试样中氨基甲酸乙酯残留量，mg/kg；

A——样液中氨基甲酸乙酯的峰面积，mm^2；

A_s——标准工作溶液中氨基甲酸乙酯的峰面积，mm^2；

c——标准工作溶液中氨基甲酸乙酯的浓度，μg/mL；

V——最终样液的体积，mL；

m——最终样液所代表的样品量，g。

注：计算结果需扣除空白值。

4 测定低限、回收率

4.1 测定低限

本方法测定低限为 0.01 mg/kg。

4.2 回收率

回收率的实验数据：氨基甲酸乙酯添加浓度在 0.01～0.10 mg/kg 范围内，回收率为 74.8%～114.4%。

附加说明：

本标准由中华人民共和国国家进出口商品检验局提出。

本标准由中华人民共和国浙江进出口商品检验局负责起草。

本标准主要起草人郑自强、杨建民、徐亮。

中华人民共和国进出口商品检验行业标准

出口水果中乙氧喹残留量检验方法 液相色谱法

SN 0287—93

Method for the determination of ethoxyquin residues in fruits for export —Liquid chromatography

1 主题内容与适用范围

本标准规定了出口水果中乙氧喹残留量检验的抽样、制样和液相色谱测定方法。

本标准适用于出口苹果、梨中乙氧喹残留量的检验。

2 抽样和制样

2.1 检验批

以不超过 1 500 件为一检验批。

同一检验批的商品应具有相同的特征,如包装、标记、产地、规格和等级等。

2.2 抽样数量

批量,件	最低抽样数,件
1～25	1
26～100	5
101～250	10
251～1 500	15

2.3 抽样方法

按 2.2 规定的抽样件数随机抽取,逐件开启。每件至少取 500 g 作为原始样品,原始样品总量不得少于 2 kg。加封后,标明标记,及时送实验室。

2.4 试样制备

将所取原始样品缩分出 1 kg,取可食部分,经组织捣碎机捣碎,均分成两份,装入洁净容器内,作为试样。密封,并标明标记。

2.5 试样保存

将试样于－18℃以下冷冻保存。

注：在抽样和制样的操作过程中,必须防止样品受到污染或发生残留物含量的变化。

3 测定方法

3.1 方法提要

以正己烷提取,然后分配到盐酸溶液中。用氢氧化钠溶液调 pH 为 13～14,用正己烷再提取后,液相色谱法测定,外标法定量。

中华人民共和国国家进出口商品检验局1993-12-28批准　　1994-05-01实施

3.2 试剂和材料

3.2.1 正己烷:分析纯。

3.2.2 三氯甲烷:分析纯。

3.2.3 盐酸溶液:0.1 mol/L,用分析纯试剂配制。

3.2.4 氢氧化钠溶液:4 mol/L,用分析纯试剂配制。

3.2.5 碳酸钠溶液:100 g/L,用分析纯试剂配制。

3.2.6 乙氧喹标准品:纯度≥99%。

3.2.7 乙氧喹标准溶液:准确称取适量的乙氧喹标准品,用正己烷配成浓度为 1.00 mg/mL 的标准储备溶液,根据需要再配成适当浓度的标准工作溶液。

3.3 仪器和设备

3.3.1 液相色谱仪:配有紫外检测器。

3.3.2 锥形瓶:250 mL,具磨口塞。

3.3.3 振荡器。

3.3.4 分液漏斗:150 mL。

3.3.5 移液管:50 mL,25 mL,5 mL。

3.3.6 微量注射器:50 μL。

3.4 测定步骤

3.4.1 提取与净化

称取试样约 20 g(精确到 0.1 g)于锥形瓶内,准确加入 50 mL 正己烷和 5 mL 碳酸钠溶液(100 g/L),振荡提取 20 min,过滤。准确吸取 25 mL 正己烷提取液于分液漏斗中,分别用 10 mL、5 mL、5 mL 盐酸溶液(0.1 mol/L)提取 3 次。合并盐酸提取液于另一个分液漏斗中,用氢氧化钠溶液(4 mol/L)调至碱性(pH13~14)。准确加入 5 mL 正己烷,振摇 3 min,静置分层。分出己烷层,过 0.45 μm 滤膜,供测定。

3.4.2 测定

3.4.2.1 色谱条件

a. 色谱柱:Hypersil NH_2(5 μm)或相当的色谱柱,100 mm×2.1 mm(id);

b. 检测器:紫外检测器,测定波长 230 nm;

c. 流动相:三氯甲烷-正己烷(8+92);

d. 流速:0.4 mL/min;

e. 定量管:10 μL;

f. 色谱柱温度:室温。

3.4.2.2 色谱测定

根据样液中乙氧喹含量情况,选定峰高相近的标准工作溶液。标准工作溶液和样液中乙氧喹响应值均应在仪器检测线性范围内。对标准工作溶液和样液等体积参插进样测定。在上述色谱条件下,乙氧喹保留时间约为 3.6 min。

3.4.3 空白试验

除不加试样外,按上述测定步骤进行。

3.5 结果计算和表述

用色谱数据处理机或按下式计算试样中乙氧喹残留量:

$$X = \frac{h \cdot c \cdot V}{h_s \cdot m}$$

式中:X——试样中乙氧喹残留量,μg/g;

h——样液中乙氧喹的峰高,mm;

h_s——标准工作溶液中乙氧喹的峰高，mm；

c——标准工作溶液中乙氧喹的浓度，μg/mL；

V——样液最终定容体积，mL；

m——最终样液所相当的试样量，g。

注：计算结果需扣除空白值。

4 测定低限、回收率

4.1 测定低限

本方法测定低限为0.3 mg/kg。

4.2 回收率

回收率的实验数据：乙氧喹浓度在0.3～3.0 mg/kg范围，回收率为87.8%～96.8%。

附加说明：

本标准由中华人民共和国国家进出口商品检验局提出。

本标准由中华人民共和国江苏进出口商品检验局负责起草。

本标准主要起草人陈惠兰、马玉笙。

中华人民共和国进出口商品检验行业标准

出口肉类中稻瘟净残留量检验方法

SN 0290—93

Method for the determination of kitazin residues in meat for export

1 主题内容与适用范围

本标准规定了出口肉类中稻瘟净残留量检验的抽样、制样和气相色谱测定方法。

本标准适用于出口分割猪肉中稻瘟净残留量的检验。

2 抽样和制样

2.1 检验批

以不超过 2 500 件为一检验批。

同一检验批的商品应有相同特征，如包装、标记、产地、规格和等级等。

2.2 抽样数量

批量，件	最低抽样数，件
1～25	1
26～100	5
101～250	10
251～500	15
501～1 000	17
1 001～2 500	20

2.3 抽样方法

按 2.2 规定的抽样件数随机抽取，逐件开启。

肉及肉制品（罐头除外）：从每件中取一袋作为原始样品，其总量不少于 2 kg，放入清洁容器内，加封后，标明标记，及时送交实验室。

如每件中无小包装，或有小包装但每袋重量超过 2 kg 者，则可用锋利刀（用酒精灭菌过）在抽出的包件中，每件割取不少于 100 g，混合后置于清洁容器内，作为混合原始样。混合原始样的总量不少于 2 kg。加封后，标明标记，及时送交实验室。

2.4 试样制备

从每袋原始样品中取出部分有代表性样品，经高速组织捣碎机捣碎均匀，充分混匀。用四分法缩分出不少于 1 000 g 试样，混匀，均分成两份。装入清洁的容器内，加封后，标明标记。

2.5 试样保存

将试样于－18℃以下冷冻保存。

注：在抽样及制样过程中，必须防止样品受到污染或发生残留物含量的变化。

3 测定方法

3.1 方法提要

中华人民共和国国家进出口商品检验局 1993-12-28 批准　　1994-05-01 实施

以乙腈提取试样中稻瘟净，经二氯甲烷液液分配，中性氧化铝柱净化。用配有火焰光度检测器的气相色谱仪测定，外标法定量。

3.2 试剂和材料

3.2.1 乙腈：分析纯，用二氯甲烷饱和。

3.2.2 二氯甲烷：分析纯。

3.2.3 氯化钠溶液：浓度为10%，用蒸馏水配制。

3.2.4 氧化铝：中性，层析用，100～200目，经650℃灼烧4 h，在130℃烘箱中活化2 h，贮藏于密闭容器中。

3.2.5 丙酮：分析纯。

3.2.6 滤纸：快速（用丙酮提取3 h）。

3.2.7 稻瘟净（kitazin）标准品：纯度≥99%。

3.2.8 稻瘟净标准溶液：称取适量的稻瘟净标准品，用丙酮配成浓度为1.0 mg/mL的标准储备液，根据需要再配成适当浓度的标准工作溶液。

3.3 仪器和设备

3.3.1 气相色谱仪，配有火焰光度检测器，磷滤光片（526 nm）。汽化室的石英管和柱前石英棉需要经常更换，以达到净化操作的要求。

3.3.2 锥形瓶：具塞：250 mL。

3.3.3 分液漏斗：500 mL。

3.3.4 蒸发瓶：150 mL。

3.3.5 刻度试管：具塞，10 mL。

3.3.6 振荡器。

3.3.7 水浴锅。

3.3.8 高速组织捣碎机。

3.3.9 旋转蒸发器。

3.3.10 氧化铝柱：60 mm×10 mm（id）玻璃柱，柱底部填约2 mm高脱脂棉（脱脂棉经丙酮提取3 h），装入约50 mm高的氧化铝（3.2.4）。用前经10 mL二氯甲烷淋洗。

3.3.11 微量注射器：10 μL。

3.4 测定步骤

3.4.1 提取

取试样约10 g（精确到0.1 g）于锥形瓶中，加30 mL乙腈（3.2.1），振荡30 min，用滤纸（3.2.6）过滤于分液漏斗中。滤渣用20 mL乙腈（3.2.1）再提取10 min，滤液一并收集于前一分液漏斗中。

3.4.2 净化

在滤液中加入100 mL氯化钠溶液（3.2.3）和30 mL二氯甲烷（3.2.2）。振摇2 min，放置分层，收集下层二氯甲烷提取液于另一分液漏斗中。水层用20 mL二氯甲烷（3.2.2）再提取一次。合并二氯甲烷提取液，用50 mL氯化钠溶液（3.2.3）洗涤，弃去水层。将二氯甲烷提取液浓缩到10 mL，并通过氧化铝柱（3.3.10）（流速2 mL/min），并收集于蒸发瓶中。再用10 mL二氯甲烷淋洗此氧化铝柱，淋洗液一并收集于同一蒸发瓶中。然后在40℃水浴中用旋转蒸发器蒸发至干。用少量丙酮溶解残渣，将溶液移入刻度试管，再用少量丙酮洗涤此蒸发瓶数次，并入同一刻度试管，用丙酮定容至10 mL，供测定。

3.4.3 测定

3.4.3.1 色谱条件

a. 色谱柱：1 m×3 mm（id），填充物为4%（*m*/*m*）SE30＋6%（*m*/*m*）OV-210涂于Chromosorb W HP（80～100目）；

b. 色谱柱温度：195℃；

c. 进样口温度：245℃；

d. 检测器温度：245℃；

e. 氮气：纯度≥99.99%，50 mL/min；

f. 氢气：50 mL/min；

g. 空气：50 mL/min。

3.4.3.2 色谱测定

根据试样中稻瘟净含量情况，选定峰高相近的标准工作溶液，标准工作溶液和样液中稻瘟净响应值均应在仪器检测的线性范围内。对标准工作溶液和样液等体积参插进样测定。在上述色谱条件下，稻瘟净保留时间约为 5 min。

3.4.4 空白试验

除不加试样外，按上述测定步骤进行。

3.5 结果计算和表述

用色谱数据处理机或按下式计算试样中稻瘟净残留含量：

$$X = \frac{h \cdot c \cdot V}{h_s \cdot m}$$

式中：X——试样中稻瘟净含量，mg/kg；

h——样液中稻瘟净峰高，mm；

c——标准工作溶液中稻瘟净浓度，μg/mL；

V——样液最终定容体积，mL；

h_s——标准工作溶液中稻瘟净峰高，mm；

m——称取的试样量，g。

注：空白值应从计算结果中扣除。

4 测定低限、回收率

4.1 测定低限

本方法测定低限为 0.01 mg/kg。

4.2 回收率

回收率的实验数据：稻瘟净添加浓度在 0.01～1.00 mg/kg 范围内，回收率为 83%～111%。

附加说明：

本标准由中华人民共和国国家进出口商品检验局提出。

本标准由中华人民共和国四川进出口商品检验局负责起草。

本标准主要起草人袁琼绮。

中华人民共和国出入境检验检疫行业标准

SN/T 0292—2010
代替 SN 0292—1993

进出口粮谷中灭草松残留量检测方法 气相色谱法

Determination of bentazon residues in cereals for import and export—GC method

2010-03-02 发布　　2010-09-16 实施

中华人民共和国国家质量监督检验检疫总局 发布

前 言

本标准代替 SN 0292—1993《出口粮谷中灭草松残留量检验方法》。

本标准与 SN 0292—1993 相比主要变化如下：

——修改了标准的名称；

——删去了抽样部分；

——修改了气相色谱条件；

——增加了附录 A。

本标准的附录 A 为资料性附录。

本标准由国家认证认可监督管理委员会提出并归口。

本标准起草单位：中华人民共和国黑龙江出入境检验检疫局。

本标准主要起草人：杨长志、康庆贺、马旭、汤敏顺。

本标准于 1993 年 12 月 28 日首次发布，本次为第一次修订。

进出口粮谷中灭草松残留量检测方法 气相色谱法

1 范围

本标准规定了大米中灭草松残留量的气相色谱检测方法。

本标准适用于大米中灭草松残留量的检测。

2 方法提要

试样中残留的灭草松先在酸性溶液中用丙酮提取，然后氮气吹去丙酮，加入硫酸钠溶液，再用正己烷提取。提取液经浓缩，甲基化，硅胶固相萃取柱净化。净化液用气相色谱附电子俘获检测器检测，外标法定量。

3 试剂和材料

除另有规定外，所有试剂均为分析纯，水为蒸馏水或相当纯度的水。

3.1 丙酮：色谱纯。

3.2 正己烷：色谱纯。

3.3 甲醇：色谱纯。

3.4 乙醇。

3.5 无水乙醚：色谱纯。

3.6 无水硫酸钠：在 650 ℃灼烧 4 h，贮于干燥器中备用。

3.7 盐酸。

3.8 氢氧化钾。

3.9 丙酮-正己烷（2+98，体积比）。

3.10 硫酸钠溶液：将 20 g 灼烧过的无水硫酸钠（3.6）溶于去离子水中，稀释至 1 L。

3.11 盐酸溶液：1 mol/L。取 90 mL 盐酸（3.7）溶于 1 000 mL 去离子水中。

3.12 氢氧化钾溶液：0.6 g/mL。称取 60 g 氢氧化钾（3.8）溶于 100 mL 去离子水中。

3.13 *N*-甲基-*N*-亚硝基-*p*-甲苯磺酰胺无水乙醚溶液：21.5 g/140 mL。称 21.5 g *N*-甲基-*N*-亚硝基-*p*-甲苯磺酰胺溶于 140 mL 无水乙醚（3.5）中。

3.14 重氮甲烷溶液：将装有 10 mL 氢氧化钾溶液（3.12）、35 mL 乙醇（3.4）及 10 mL 无水乙醚的混合液的双口蒸馏瓶，置于磁力搅拌器加热板上的水浴中，水温 70 ℃。将搅拌子放入瓶中。接上滴液漏斗和高效冷凝器，冷凝器后串连两个 125 mL 的烧瓶作为接收瓶。在第二个烧瓶中放入 10 mL 无水乙醚，且使入口管插到无水乙醚液面以下。在冰浴中冷却两个接收瓶。边用磁力搅拌边通过滴液漏斗滴加 *N*-甲基-*N*-亚硝基-*p*-甲苯磺酰胺无水乙醚溶液（3.13），滴完全部溶液的时间控制在 20 min 以上。当蒸馏瓶内溶液呈淡黄色时停止蒸馏。将两个接收瓶中的液体合并，在 70 ℃水浴中再蒸馏，其馏出液作为重氮甲烷溶液。此液密闭置于冰箱中保存，保存期为 1 个月。

3.15 灭草松标准品：灭草松（bentazon），$C_{10}H_{12}N_2O_3S$，CAS No. 25057-89-0，纯度≥99.5%。

3.16 灭草松标准储备溶液：准确称取适量灭草松的标准品，用丙酮配成浓度为 100 μg/mL 的标准储备液，标准储备液可在－18 ℃条件下储存 6 个月。

3.17 灭草松标准工作溶液：根据需要再用丙酮稀释成适当浓度的标准工作液，标准工作液可在 0 ℃～4 ℃条件下储存 3 个月。

3.18 PT-硅胶固相萃取柱：(1 000 mg，6 mL)或相当者。

4 仪器和设备

4.1 气相色谱仪：配电子捕获检测器。

4.2 电子天平：感量 0.01 mg，0.01 g。

4.3 固相萃取装置。

4.4 粉碎机。

4.5 离心机：4 000 r/min。

4.6 旋涡混合器。

4.7 氮吹仪。

4.8 具塞玻璃离心管：20 mL、30 mL。

4.9 具磨口塞刻度试管：15 mL。

5 试样制备与保存

5.1 试样制备

取有代表性样品约 500 g，用粉碎机粉碎，过 0.21 mm 筛，混匀，装入洁净容器作为试样，密封并标明标记。

5.2 试样保存

试样于 4 ℃以下保存。在制样的操作过程中，应防止样品污染或发生残留物含量的变化。

6 测定步骤

6.1 提取

称取试样约 10 g(精确到 0.01 g)于 30 mL 离心管中，滴加 0.3 mL 盐酸溶液(3.11)和 10 mL 丙酮(3.1)，在旋涡混合器上快速混匀 2 min，3 000 r/min 离心 3 min，用尖嘴吸管吸移丙酮层于 25 mL 容量瓶中。再用 10 mL、5 mL 丙酮重复提取两次，合并丙酮提取液于同一容量瓶中，并用丙酮定容。准确吸移 5 mL 丙酮提取液于 20 mL 离心管中，用氮气吹至 2 mL，然后加入 4 mL 硫酸钠溶液，滴加 0.3 mL 盐酸溶液(1 mol/L)和 3 mL 正己烷，在旋涡混合器上高速提取 2 min，离心 3 min(3 000 r/min)，用尖嘴吸管吸移上层液于 15 mL 刻度试管中。残液再用 3 mL 正己烷提取一次。合并正己烷提取液于同一刻度试管中，在 45 ℃水浴中用氮气吹干。

6.2 甲基化

6.2.1 样液的甲基化

用 0.2 mL 甲醇溶解残渣，加入过量重氮甲烷溶液(约 0.3 mL)，在 25 ℃水浴中反应 5 min，然后在 45 ℃水浴中用氮气吹干，用 3 mL 正己烷溶解反应产物。

6.2.2 标准溶液的甲基化

准确吸取适当浓度的标准工作液，在 45 ℃水浴中用氮气流下吹干，以下操作同 6.2.1。

6.2.3 净化

用 5 mL 丙酮预处理 PT-硅胶固相萃取柱，将甲基化后样液分 3 次(每次 1 mL)转移到 PT-硅胶固相萃取柱中，弃去流出液。用 10 mL 丙酮-正己烷(3.9)洗脱 PT-硅胶固相萃取柱，控制流速在 1 mL/min～2 mL/min，收集 10 mL 洗脱液。洗脱液在 45 ℃水浴中用氮气吹干后，用正己烷溶解并定容至 1 mL，供气相色谱分析用。

6.3 测定

6.3.1 气相色谱条件

a) 色谱柱：Rtx-1701 石英毛细管柱，30 m×0.25 mm(内径)×0.25 μm 或相当者；
b) 色谱柱温度：初始温度 180 ℃保持 3 min，以 15 ℃/min 升至 270 ℃，保持 3 min；
c) 进样口温度：230 ℃；
d) 检测器(ECD)温度：320 ℃；
e) 载气：氮气，纯度大于 99.999%，恒流模式，1.2 mL/min；
f) 进样量：1 μL；
g) 进样方式：无分流进样，0.75 min 后开阀。

6.3.2 色谱检测

根据样液中被测物的含量情况，选定浓度与样液相近的标准工作溶液。标准工作溶液和样液中灭草松响应值均应在仪器检测线性范围内。标准工作溶液和样液等体积参插进样测定。在上述色谱条件下，灭草松甲酯的保留时间约为 7.24 min。标准品的色谱图参见附录 A 中图 A.1。

6.4 空白试验

除不加试样外，均按上述步骤进行。

7 结果计算和表达

用 GC 色谱数据处理机或按式(1)计算试样中灭草松残留含量，计算结果需扣除空白值。

$$X = \frac{A \times c \times V}{A_s \times m} \qquad (1)$$

式中：

X——试样中灭草松残留量，单位为毫克每千克(mg/kg)；
A——样液中灭草松甲酯的峰面积；
c——标准工作液中灭草松甲酯的浓度，单位为微克每毫升(μg/mL)；
V——样液最终定容体积，单位为毫升(mL)；
A_s——标准工作液中灭草松甲酯的峰面积；
m——最终样液所代表的试样质量，单位为克(g)。

8 测定低限和回收率

8.1 测定低限

本方法的测定低限为 0.04 mg/kg。

8.2 回收率

样品的添加浓度及回收率的数据见表 1。

表 1 样品的添加浓度及回收率的数据

样品	添加浓度/(mg/kg)	回收率/%
大米	0.04	82.7～91.9
	0.05	85.5～91.0
	0.5	80.4～94.8

附 录 A
（资料性附录）
灭草松甲酯标准品气相色谱图

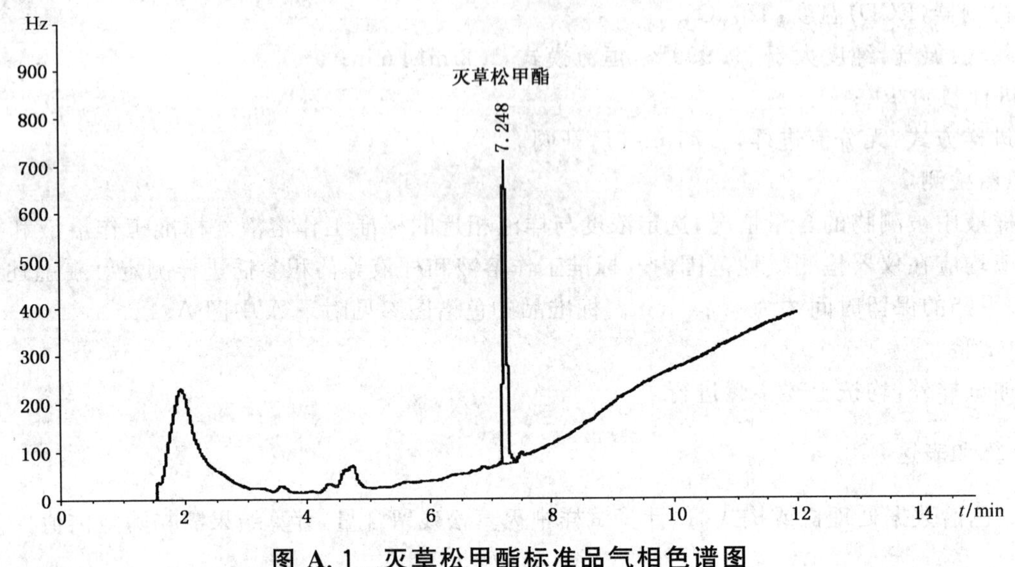

图 A.1 灭草松甲酯标准品气相色谱图

中华人民共和国进出口商品检验行业标准

出口粮谷中敌草快、对草快残留量检验方法

SN 0293—93

Method for the determination of diquat and paraquat residues in cereals for export

1 主题内容与适用范围

本标准规定了出口粮谷中敌草快、对草快残留量检验的抽样、制样和气相色谱测定方法。

本标准适用于出口玉米中敌草快、对草快残留量的检验。

2 抽样与制样

2.1 检验批

以不超过 200 t 为一检验批。

同一检验批的商品应具有相同的特征,如包装、标记、产地、规格和等级等。

2.2 抽样数量

2.2.1 袋装商品:

按式(1)计算抽样袋数:

$$a = \sqrt{N} \quad \cdots\cdots(1)$$

式中:a——抽样袋数;

N——全批袋数。

注:a 值取整数,小数部分向前进位为整数。

2.2.2 散积商品

粮堆高度不超过 2 m。按粮堆面积划区设点。以 50 m^2 为一个取样区,每区设中心及四角(距边线 1 m处)5 个点。每增加一个取样区,增设 3 个点。

2.3 取样工具

2.3.1 金属单管取样器:全长 55 cm(包括手柄),直径 2.5 cm,沟槽长度应超过袋对角线长度的一半。

2.3.2 金属双套管取样器:长度 1 m(包括手柄),直径 2.5 cm。

2.3.3 取样铲。

2.3.4 分样板。

2.3.5 样品筒(袋):可密封。

2.3.6 分样布或适用铺垫物。

2.4 抽样方法

2.4.1 袋装抽样

2.4.1.1 倒包抽样:从堆垛的各部位随机抽取 2.2.1 规定的应抽样件数的 10%(每批一般不少于 3 袋),将袋口缝线全部拆开,平置于分样布或其他洁净的铺垫物上,双手紧握袋底两角,提起约成 45°倾

中华人民共和国国家进出口商品检验局1993-12-28批准 1994-05-01实施

角，倒拖 1 m 以上，使袋内货物全部倒出。检查货物的外观、气味、有无发霉、变质等，并查看袋内和袋间品质是否均匀。确认情况正常后，用取样铲随机在各部位抽取样品，立即将样品倒入盛样器内。每袋抽取样品数量应基本一致。

2.4.1.2 袋内抽样：按 2.2.1 规定的应抽样件数的 90%，在堆垛四周上、中、下各层以曲线形走向随机抽取。将取样器(2.3.1)管槽朝下，从每袋一角依斜对角方向插入袋内，然后将管槽旋转朝上，抽出取样器，立即将样品倒入盛样容器内。每袋抽取样品数量应与 2.4.1.1 基本一致。

每批样品总量应不少于 4 kg。

2.4.2 散积抽样：按 2.2.2 规定的取样点，逐点将取样器(2.3.2)插入粮堆至相应深度抽取代表性样品。从各点中抽取的样品量应基本一致，每批样品总量应不少于 4 kg。

2.4.3 大样缩分

袋装样品：集中袋内或倒包抽样所取全部样品，倒于分样布上，用分样板按四分法缩分样品不少于 2 kg，加封后标明标记并及时送交实验室。

散积样品：将抽取的全部样品，倒于分样布上，以下按上述袋装样品方法进行。

2.5 试样制备

将样品按四分法缩分至 1 kg，全部磨碎并通过 20 目筛，混匀，均分成两份，装入洁净的容器内，密封，标明标记。

2.6 试样保存

将试样于－5℃以下避光保存。

注：在抽样和制样的操作过程中，必须防止样品受到污染或发生残留物含量的变化。

3 测定方法

3.1 方法提要

试样中残留的敌草快、对草快溶解于稀盐酸中，在氯化镍催化下，以硼氢化钠还原，然后用乙醚萃取。除去乙醚，用正己烷定容，气相色谱-氮磷检测器进行检测，外标法定量。

3.2 试剂和材料

3.2.1 正己烷：分析纯，重蒸馏。

3.2.2 乙醚：无水，分析纯。

3.2.3 硼氢化钠：分析纯。

3.2.4 浓盐酸：分析纯。

3.2.5 盐酸溶液：0.2 mol/L。

3.2.6 氢氧化钠溶液：5 mol/L。

3.2.7 无水硫酸钠：分析纯，经 650℃灼烧 4 h，置于干燥器内。

3.2.8 硫酸钠溶液：20 g/L。将 2 g 灼烧过的无水硫酸钠(2.2.7)溶于蒸馏水中，并稀释至 100 mL。

3.2.9 氯化镍($NiCl_2$)溶液：1 mol/L。

3.2.10 敌草快二溴盐标准品：纯度≥99%(纯品中敌草快阳离子的理论含量为 50.89%)。

3.2.11 对草快二氯盐标准品：纯度≥99%(纯品中对草快阳离子的理论含量为 72.3%)。

3.2.12 标准溶液：称取适量的敌草快二溴盐、对草快二氯盐，用 0.2 mol/L 盐酸配制成含敌草快阳离子浓度为 100 μg/mL 的标准储备溶液和对草快阳离子浓度为 300 μg/mL 的标准储备溶液。根据需要再分别由上述储备溶液配成适用浓度的单一或混合标准工作溶液。

3.3 仪器和设备

3.3.1 气相色谱仪并配有氮磷检测器。

3.3.2 混匀器。

3.3.3 离心机。

3.3.4 多功能微量化样品处理仪(或相当的装置)。

3.3.5 离心管:15 mL、50 mL。

3.3.6 尖嘴吸管。

3.3.7 微量注射器:0.5 μL。

3.4 测定步骤

3.4.1 提取

称取磨碎、混匀的试样 5.0 g(精确至 0.01 g),置于 50 mL 离心管中,加入 10 mL 盐酸溶液(0.2 mol/L),于 60℃水浴中加温浸泡 4 h 后,在混匀器上强烈振荡混匀 5 min。加入 3 mL 氯化镍溶液(1 mol/L),摇匀。小心加入 0.2 g 硼氢化钠,反应 30 min 后,加入 3 mL 氢氧化钠溶液(5 mol/L)。反应液以 3 000 r/min 离心 3 min,将上清液转移至 50 mL 离心管中,然后分别用 10 mL 硫酸钠溶液和 10 mL蒸馏水洗涤残渣,合并反应液与洗涤液。加入 5 mL 乙醚,在混匀器上振荡、萃取 5 min。离心1 min(2 000 r/min)。用尖嘴吸管将有机层转移至 15 mL 离心管中。每次用 5 mL 乙醚再萃取二次,合并萃取液于 15 mL 离心管中。加入 2 滴浓盐酸,用多功能微量化样品处理仪在 45℃和吹以空气的条件下蒸除全部乙醚。残留物以 1 mL 氢氧化钠溶液(5 mol/L)溶解,准确加入 0.5 mL 正己烷,振荡提取 1 min,静止分层后弃去水层。正己烷层经少许无水硫酸钠(3.2.7)脱水,供气相色谱测定。

3.4.2 测定

3.4.2.1 色谱条件

a. 色谱柱:FFAP 石英毛细管柱 25 m×0.53 mm(内径);

b. 载气:氮气纯度≥99.99%,2.5 mL/min;

c. 尾吹气:氮气纯度≥99.99%,40 mL/min;

d. 氢气:3 mL/min;

e. 空气:100 mL/min;

f. 色谱柱温度:150℃;

g. 进样口温度:230℃;

h. 检测器温度:250℃;

i. 记录纸速:0.5 mm/min。

3.4.2.2 色谱测定

根据样液中敌草快、对草快的含量,选定峰高相近的标准工作溶液,等体积参插进样测定。在上述色谱条件下,敌草快两个峰的保留时间分别约为 2.0 min 和 3.2 min,对草快的保留时间约为 2.3 min。

3.4.3 空白试验:除不称取试样外,均按上述测定步骤进行。

3.4.4 结果计算和表述

用色谱数据处理机或按式(2)计算试样中敌草快和对草快的残留量:

$$X = \frac{h \cdot c \cdot V}{h_s \cdot m} \qquad (2)$$

式中:X——试样中敌草快或对草快的含量,mg/kg;

h——样液中敌草快或对草快峰高,mm;

c——标准工作溶液中敌草快或对草快的浓度,μg/mL;

V——样液最终定容体积,mL;

h_s——标准工作溶液中敌草快或对草快峰高,mm;

m——所取试样量,g。

注:计算结果需扣除空白值。计算敌草快的含量时,应首先求出两个峰所分别代表的含量,然后将其相加。

4 测定低限及回收率

4.1 测定低限

敌草快、对草快的测定低限均为 0.05 mg/kg。

4.2 回收率

当敌草快、对草快添加浓度在 0.05～0.5 mg/kg 范围内，回收率分别为 84.9%～104.4%和 89.9%～96.0%。

附加说明：

本标准由中华人民共和国国家进出口商品检验局提出。

本标准由中华人民共和国黑龙江进出口商品检验局负责起草。

本标准主要起草人康庆贺、曲久辉、杨长志、李淑琪。

中华人民共和国进出口商品检验行业标准

出口蜂蜜中双甲脒残留量检验方法

SN 0336—95

Method for the determination of amitraz residues in honey for export

1 主题内容与适用范围

本标准规定了出口蜂蜜中双甲脒残留量检验的抽样、制样和气相色谱测定方法。

本标准适用于出口蜂蜜中双甲脒及其代谢物残留量检验。

2 抽样和制样

2.1 检验批

以不超过1 000件为一检验批。

同一检验批的商品应具有相同的特征，如包装、标记、产地、规格和等级等。

2.2 抽样数量

批量，件	最低抽样数，件
1～50	5
51～100	10
101～500	每增100件，增取5件
501～1 000	每增100件，增取2件

2.3 抽样工具

2.3.1 取样管：不锈钢管，长约115 cm，直径约2.5 cm。

2.3.2 混样器：搪瓷桶（或杯）。

2.3.3 单套杆：不锈钢制。

2.3.4 样品瓶：500 mL磨砂盖广口玻璃瓶。

2.4 抽样方法

按2.2规定的抽样件数随机抽取，逐件开启。将取样管缓缓放入，吸取样品。如遇蜂蜜结晶时，则用单套杆或取样管插到底，抽取样品。每件抽取样品不少于100 g。将所取样品倾入混样器，混合均匀，取出1 kg作为实验室样品，装入干燥的样品瓶内。加封后，标明标记，及时送实验室。

2.5 试样制备

对无结晶的实验室样品，将其搅拌均匀。对有结晶的样品，在密闭情况下，置于不超过60℃的水浴中温热，振荡，待样品全部融化后搅匀，迅速冷却至室温。分出0.5 kg作为试样。制备好的试样置于样品瓶中，密封，并标明标记。

2.6 试样保存

将试样于－18℃以下保存。

注：在抽样及制样的操作过程中，必须防止样品受到污染或发生残留物含量的变化。

中华人民共和国国家进出口商品检验局1995-05-29批准　　1995-11-01实施

3 测定方法

3.1 方法提要

试样中双甲脒及其代谢物在酸性条件下水解转化成2,4-二甲基苯胺。用异辛烷通过液-液蒸馏提取器提取2,4-二甲基苯胺,经液液分配进一步净化后,与七氟丁酸酐进行衍生化反应。2,4-二甲基苯胺的七氟丁酸酐衍生物用配有电子俘获检测器的气相色谱仪测定,外标法定量。

3.2 试剂和材料

所用水为蒸馏水或相当纯度的去离子水。所用试剂除特殊规定外均为分析纯。

3.2.1 乙酸溶液:2 mol/L。

3.2.2 氢氧化钠溶液:1.0 mol/L。

3.2.3 氢氧化钠溶液:25 mol/L。

3.2.4 异辛烷:重蒸馏。

3.2.5 正己烷:重蒸馏。

3.2.6 盐酸溶液:0.1 mol/L。

3.2.7 七氟丁酸酐。

3.2.8 饱和碳酸氢钠溶液。

3.2.9 无水硫酸钠:经650℃灼烧4 h,冷却后贮于密封瓶中备用。

3.2.10 沸石:酸洗后,蒸馏水洗净。

3.2.11 双甲脒标准品:纯度≥99%。

3.2.12 2,4-二甲基苯胺标准品:纯度≥99%。

3.2.13 双甲脒标准溶液:准确称取适量的双甲脒标准品,用异辛烷配成浓度为1.00 mg/mL的标准贮备溶液。根据需要再配成适当浓度的标准工作溶液。

3.2.14 2,4-二甲基苯胺标准溶液:准确称取适量的2,4-二甲基苯胺标准品,用异辛烷配成浓度为1.00 mg/mL的标准贮备溶液。根据需要再配成适当浓度的标准工作溶液。

3.3 仪器和设备

3.3.1 气相色谱仪:配备电子俘获检测器。

3.3.2 微量注射器:5 μL,10 μL。

3.3.3 液-液蒸馏提取器:141型,见图1。

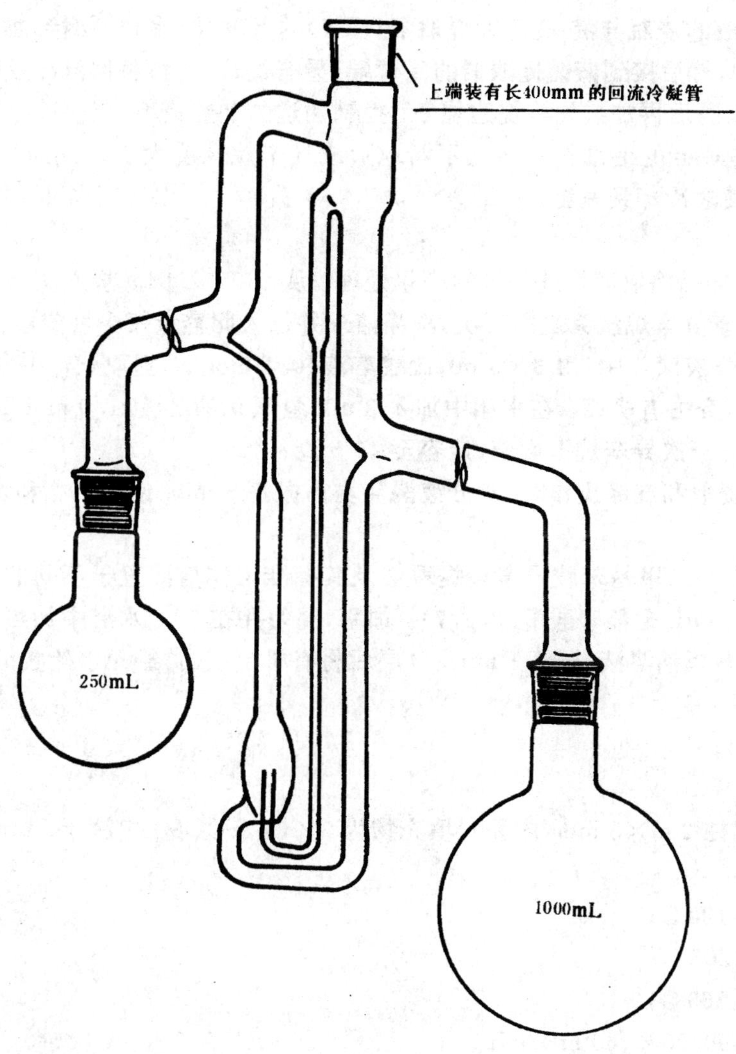

图 1 液-液蒸馏提取器装配图

3.3.4 恒温水浴。

3.3.5 旋转蒸发器。

3.3.6 振荡器。

3.3.7 刻度试管：具磨口塞，10 mL。

3.3.8 容量瓶：50 mL。

3.3.9 分液漏斗：50 mL。

3.4 测定步骤

3.4.1 水解

称取蜂蜜样品 50.0 g(精确到 0.1 g)放入 1 L 圆底烧瓶中，加入 350 mL 去离子水和 50 mL 乙酸溶液(2 mol/L)，再加入几粒沸石。装上回流冷凝管，加热回流 2 h。停止加热，仍不取下回流冷凝管，在室温下继续通冷却水15 min,移至冰浴中冷却15 min。加入40 mL氢氧化钠溶液(25 mol/L),继续在冰浴中冷却5 min。

3.4.2 水蒸气蒸馏提取

将盛有样品水解液的烧瓶与液-液蒸馏提取器(图1)的低臂端(水边)相接,加40±5 mL异辛烷到250 mL的圆底烧瓶中,然后接到蒸馏提取器的高臂端(异辛烷边)。再将回流冷凝管接到蒸馏提取器顶端。加热水边烧瓶至沸腾后再加热异辛烷边烧瓶。控制两边的加热速率,以使冷凝下来的水和异辛烷的量相等(这可从蒸馏提取器的毛细管中连续不断地形成异辛烷珠滴大小来判断)。如此蒸馏提取操作1 h。然后停止加热,使之冷却到室温。

3.4.3 净化

用液-液分配法对样品提取液作进一步的净化处理。从250 mL圆底烧瓶中将异辛烷提取液转移到50 mL容量瓶中,用少量异辛烷洗涤烧瓶三次,洗涤液一并加入此容量瓶中后定容。充分混合后,从中吸取5 mL移至50 mL分液漏斗中,用3×3 mL盐酸溶液(0.1 mol/L)提取,合并三次提取液。再用3×3 mL异辛烷洗涤三次,弃去有机相。在水相中加入3 mL氢氧化钠溶液(1.0 mol/L),充分混匀。用3×3 mL异辛烷提取,合并三次异辛烷提取液,定容至10 mL。

在进行上述每次提取和洗涤操作时,对分液漏斗均需振荡5 min,使有机相和水相充分混合。

3.4.4 衍生化

分别吸取4 mL 2,4-二甲基苯胺异辛烷提取液及其标准工作溶液置于不同的10 mL离心试管中,在各试管中分别加入10 μL七氟丁酸酐(3.2.7)。加塞,混匀并在50℃水浴中加热1 h。取出,冷却至室温,加入4 mL饱和碳酸氢钠溶液,振荡1 min。分层后将有机层吸出,经无水硫酸钠脱水后,供气相色谱仪测定。

3.4.5 测定

3.4.5.1 色谱条件

a. 色谱柱:玻璃柱2 m×3 mm(内径),填充物为3%(*m*/*m*)OV-17涂于Chromosorb W HP(80~100目);

b. 色谱柱温度:120℃;

c. 进样口温度:205℃;

d. 检测器温度:265℃;

e. 氮气:纯度≥99.99%,60 mL/min。

3.4.5.2 色谱测定

根据样液中双甲脒含量情况,选定峰高相近的2,4-二甲基苯胺标准工作溶液。标准工作溶液和样液中经衍生化后的2,4-二甲基苯胺的响应值均应在仪器的检测线性范围内。对此标准工作溶液和样液等体积参插进样测定。在上述色谱条件下,2,4-二甲基苯胺的七氟丁酸衍生物的保留时间约为4.3 min。

3.4.6 空白试验

除不加试样外,按上述测定步骤进行。

3.4.7 结果计算和表述

3.4.7.1 结果计算

用色谱数据处理机或按下式计算试样中双甲脒的残留量:

$$X = \frac{h \cdot c \cdot V \cdot d}{h_s \cdot m} \times 1.21$$

式中:X——试样中双甲脒的残留量,mg/kg;

h——试液中2,4-二甲基苯胺衍生物的峰高,mm;

h_s——标准工作液中2,4-二甲基苯胺衍生物的峰高,mm;

c——标准工作液中2,4-二甲基苯胺的浓度,μg/mL;

V——试液最终定容体积,mL;

m——称取的试样量,g;

d——取整份部分的系数;

1.21——由2,4-二甲基苯胺分子量换算为双甲脒分子量的转换系数。

注:计算结果需扣除空白值。

3.4.7.2 测定结果的表述

本检验方法的残留量测定结果系指双甲脒及其代谢物残留量之和,以双甲脒表示。

4 测定低限、回收率

4.1 测定低限

本方法的测定低限为0.1 mg/kg。

4.2 回收率

回收率的实验数据:双甲脒添加浓度在0.1～1.00 mg/kg范围内,回收率为80.2%～97.8%。

附加说明:

本标准由中华人民共和国国家进出口商品检验局提出。

本标准由中国进出口商品检验技术研究所负责起草。

本标准主要起草人李淑娟、庄无忌、罗荣杰。

中华人民共和国进出口商品检验行业标准

出口水果和蔬菜中克百威残留量检验方法

SN 0337—95

Method for the determination of carbofuran residues in fruits and vegetables for export

1 主题内容与适用范围

本标准规定了出口水果和蔬菜中克百威残留量的抽样、制样和气相色谱测定方法。

本标准适用于出口柑桔、荷兰豆中克百威残留量的检验。

2 抽样和制样

2.1 检验批

以不超过1 500件为一检验批。

同一检验批的商品应具有相同的特征。如包装、标记、产地、规格和等级等。

2.2 抽样数量

批量,件	最低抽样数,件
1～25	1
26～100	5
101～250	10
251～1 500	15

2.3 抽样方法

按2.2规定的抽样件数随机抽取,逐件开启。每件至少取500 g作为原始样品,原始样品总量不得少于2 kg。加封后,标明标记,及时送实验室。

2.4 试样制备

将所取原始样品缩分出1 kg,取可食部分,经组织捣碎机捣碎,均分成两份。装入洁净容器内,作为试样,密封,并标明标记。

2.5 试样保存

将试样于－18℃以下冷冻保存。

注:在抽样和制样的操作过程中,必需防止样品受到污染或发生残留物含量的变化。

3 测定方法

3.1 方法提要

用盐酸溶液提取试样中克百威,用苯反提取,离心、脱水、浓缩、定容后,用配有氮磷检测器的气相色谱仪测定,外标法定量。

3.2 试剂和材料

3.2.1 苯:分析纯,用玻璃器皿重蒸馏,取80～81℃馏分。

中华人民共和国国家进出口商品检验局1995-05-29批准　　1995-11-01实施

3.2.2 无水硫酸钠：分析纯，650℃灼烧 4 h，冷却后贮于密闭容器中。

3.2.3 盐酸：分析纯，1 mol/L。

3.2.4 克百威标准品：纯度≥99.8%。

3.2.5 克百威标准溶液：准确称取适量的克百威标准品，用苯配成浓度为 1.00 mg/mL 的标准贮备溶液，根据需要用苯配成适当浓度的标准工作溶液。

3.3 仪器和设备

3.3.1 气相色谱仪并配有氮磷检测器。

3.3.2 梨形瓶：具磨口塞，50 mL。

3.3.3 离心管：具磨口塞，50 mL。

3.3.4 涡流振荡器。

3.3.5 旋转蒸发器。

3.3.6 离心机。

3.3.7 高速组织捣碎机。

3.3.8 微量注射器：10 μL。

3.4 测定步骤

3.4.1 提取

称取试样 5.0 g（精确到 0.1 g）置于 50 mL 离心管内，加 10 mL 盐酸溶液（1 mol/L），用涡流振荡器振荡 5 min 后，加 5 mL 苯，振荡 3 min。以 3 000 r/min 离心 5 min，移出上层提取液。再按上述步骤分别用 5 mL 苯提取 2 次。合并苯提取液，经无水硫酸钠脱水，收集于梨形瓶内。在 60 ℃水浴中减压旋转浓缩至约 1 mL，用苯冲洗瓶壁后定容至 2 mL，供气相色谱测定。

3.4.2 测定

3.4.2.1 色谱条件

a. 色谱柱：石英毛细管柱，5 m×0.53 mm（内径），HP-1，2.65 μm（膜厚）；

b. 色谱柱温度：160℃；

c. 进样口温度：200℃；

d. 检测器温度 250℃；

e. 氮气：纯度≥99.99%，10 mL/min；

f. 氢气：3.0 mL/min；

g. 空气：70 mL/min。

3.4.2.2 色谱测定

根据样液中克百威含量情况，选定峰高相近的标准工作溶液。标准工作溶液和样液中克百威的响应值均应在仪器检测线性范围内。对标准工作溶液和样液等体积参插进样测定。在上述色谱条件下，克百威保留时间约为 1.5 min。

3.4.3 空白试验

除不加试样外，按上述操作步骤进行。

3.4.4 结果计算和表述

用色谱数据处理机或按下列公式计算试样中克百威含量：

$$X = \frac{h \cdot c \cdot V}{h_s \cdot m}$$

式中：X——试样中克百威含量，mg/kg；

h——样液中克百威的峰高，mm；

h_s——标准工作液中克百威的峰高，mm；

c——标准工作液中克百威的浓度,μg/mL;

V——样液最终定容体积,mL;

m——称取的试样量,g。

注:计算结果需扣除空白值。

4 测定低限、回收率

4.1 测定低限

本方法的测定低限为 0.02 mg/kg。

4.2 回收率

回收率的实验数据:克百威添加浓度在 0.02～5.0 mg/kg 范围内,回收率为 91.5%～97.9%。

附加说明:

本标准由中华人民共和国国家进出口商品检验局提出。

本标准由中国进出口商品检验技术研究所、中华人民共和国厦门进出口商品检验局负责起草。

本标准主要起草人王超、周昱、庄无忌、庄宿燕。

中华人民共和国进出口商品检验行业标准

出口水果中敌菌丹残留量检验方法

SN 0338—95

Method for the determination of captafol residues in fruits for export

1 主题内容和适用范围

本标准规定了出口水果中敌菌丹残留量检验的抽样、制样和气相色谱测定方法。

本标准适用于出口苹果、菠萝中敌菌丹残留量的检验。

2 抽样和制样

2.1 检验批

以不超过1 500件为一检验批。

同一检验批的商品应具有相同的特征，如包装、标记、产地、规格和等级等。

2.2 抽样数量

批量，件	最低抽样数，件
1～25	1
26～100	5
101～250	10
251～1 500	15

2.3 抽样方法

按2.2规定的抽样件数随机抽取，逐件开启，每件至少取500 g作为原始样品，原始样品总量不得少于2 kg。加封后，标明标记，及时送实验室。

2.4 试样制备

将所取原始样品缩分出1 kg，取可食部分，经组织捣碎机捣碎，均分成两份，装入洁净容器内，作为试样，密封，并标明标记。

2.5 试样保存

将试样于－18℃以下冷冻保存。

注：在抽样和制样的操作过程中，必须防止样品受到污染或发生残留物含量的变化。

3 测定方法

3.1 方法提要

以丙酮提取，再用石油醚抽提丙酮-水溶液，提取液经脱水、浓缩、定容后，用配有电子俘获检测器的气相色谱仪测定，外标法定量。

3.2 试剂和材料

3.2.1 石油醚：分析纯，重蒸馏，收集65～75℃馏分。

3.2.2 丙酮：分析纯，重蒸馏。

中华人民共和国国家进出口商品检验局1995-05-29批准　　1995-11-01实施

3.2.3 无水硫酸钠：分析纯，650℃灼烧 4 h，冷却后贮于密闭容器中。

3.2.4 敌菌丹标准品：纯度≥95%。

3.2.5 敌菌丹标准溶液：准确称取适量的敌菌丹标准品，用适量的丙酮预溶，再用石油醚配成浓度为 1.000 mg/mL 的标准贮备溶液，根据需要再配成适当浓度的标准工作溶液。

3.3 仪器和设备

3.3.1 气相色谱仪并配有电子俘获检测器。

3.3.2 多功能微量化样品处理仪，或相当者。

3.3.3 旋涡振荡器。

3.3.4 离心机。

3.3.5 全玻璃系统蒸馏装置。

3.3.6 离心管：具磨口塞，10 mL，25 mL。

3.3.7 无水硫酸钠柱：筒形漏斗，3 cm（内径），内装 2 cm 高的无水硫酸钠。

3.3.8 精密可调体积移液管：5 000 μL。

3.3.9 微量注射器：10 μL。

3.4 测定步骤

3.4.1 提取

称取试样约 2.0 g（精确到 0.1 g）于 10 mL 离心管中，加 3 mL 丙酮，振荡 2 min，离心（3 000 r/min）1 min，吸出上层清液，置于 25 mL 离心管中。再用 2 mL 丙酮重复提取一次，合并提取液。往提取液中加 10 mL 蒸馏水，每次用 3 mL 石油醚萃取三次，合并萃取液。用 4 mL 蒸馏水洗涤二次，弃去水相。石油醚相经无水硫酸钠柱脱水，并用少量石油醚洗涤无水硫酸钠柱，流出液收集于 25 mL 离心管内，于 50℃ 用空气吹干，用石油醚定容为 1.0 mL，供气相色谱测定。

3.4.2 测定

3.4.2.1 色谱条件

a. 色谱柱：石英毛细管柱 SE-30，25 m×0.53 mm（内径）；

b. 色谱柱温度：185℃；

c. 进样口温度：240℃；

d. 检测器温度：280℃；

e. 氮气：纯度≥99.99%，10 mL/min。

3.4.2.2 色谱测定

根据样液中敌菌丹含量情况，选定峰高相近的标准工作溶液。标准工作溶液和样液中敌菌丹响应值均应在仪器检测线性范围内。对标准工作溶液和样液等体积参插进样测定。在上述色谱条件下，敌菌丹保留时间约为 8.2 min。

3.4.3 空白试验

除不加试样外，按上述测定步骤进行。

3.4.4 结果计算和表述

用色谱数据处理机或按下列公式计算：

$$X = \frac{h \cdot c \cdot V}{h_s \cdot m}$$

式中：X——试样中敌菌丹残留量，mg/kg；

h——样液中敌菌丹的峰高，mm；

h_s——标准工作溶液中敌菌丹的峰高，mm；

c——标准工作溶液中敌菌丹的浓度，μg/mL；

V——样液最终定容体积,mL;

m——称取的试样量,g。

注:计算结果需扣除空白值。

4 方法的测定低限、回收率

4.1 测定低限

本方法的测定低限为0.02 mg/kg。

4.2 回收率

回收率的实验数据:敌菌丹浓度在0.02～0.20 mg/kg范围,回收率为89.5%～114.8%。

附加说明:

本标准由中华人民共和国国家进出口商品检验局提出。

本标准由中华人民共和国北京进出口商品检验局负责起草。

本标准主要起草人胡文炬、王晓强、张军。

中华人民共和国进出口商品检验行业标准

出口粮谷、蔬菜中百草枯残留量检验方法 紫外分光光度法

SN 0340—95

Method for the determination of paraquat residues in cereals, vegetables for export —UV-spectrophotometric method

1 主题内容与适用范围

本标准规定了出口粮谷、蔬菜中百草枯残留量检验的抽样、制样和紫外分光光度测定方法。

本标准适用于出口大米、白菜中百草枯残留量的检验。

2 抽样和制样

2.1 大米抽样

2.1.1 检验批

以不超过 4 000 袋为一检验批。

同一检验批的商品应具有相同的特征，如包装、标记、产地、规格和等级等。

2.1.2 抽样数量

按一批总袋数的平方根抽取：

$$a = \sqrt{N} \quad \cdots\cdots (1)$$

式中：a —— 抽样袋数；

N —— 全批袋数。

注：a 值取整数，小数部分向前进位为整数。

2.1.3 抽样工具

2.1.3.1 单管取样器：不锈钢管 全长 55 cm（包括手柄），直径 1.5 cm，沟槽长度应超过袋对角线长度的一半。

2.1.3.2 取样铲。

2.1.3.3 分样板。

2.1.3.4 样品筒（袋）：可密封。

2.1.3.5 分样布（分样）。

2.1.4 抽样方法

2.1.4.1 袋内抽样：按 2.1.2 规定计算抽样袋数（扣除倒包抽样袋数），在堆垛四周上、中、下各部位以曲线形走向，随机抽取。将扦槽朝下，从每袋一角依斜对角方向插入袋内，将扦槽朝上旋转 180°，抽出扦样器立即倒入盛样容器内。每袋扦取样品数量应基本一致。

2.1.4.2 倒包抽样：从堆垛的各部位随机抽取 2.1.2 规定的应抽样件数的 10%（每批不少于 3 袋），将袋口缝线全部拆开，平置于分样布或其他洁净的铺垫物上，双手紧握袋底两角提起约成 45°倾斜角，倒拖 1 m 以上，使袋内货物全部倒出后，用取样铲在各部位扦取样品约 100 g，立即倒入盛样容器内。

中华人民共和国国家进出口商品检验局1995-05-29批准 1995-11-01实施

2.1.4.3 大样缩分:集中袋内和倒包所取样品,倒于清洁分样布上,使用分样板,按四分法缩分样品不少于 4 kg,加封后,标明标记并及时送实验室。

2.1.5 试样制备

将样品缩分至 1 kg,全部磨碎,通过 20 目筛,混匀,均分成两份,装入洁净容器内,标明标记。

2.1.6 试样保存

将试样于-5℃以下避光保存。

2.2 蔬菜抽样

2.2.1 检验批

以不超过 1 000 件为一个检验批。

同一检验批内商品应具有同一特征,如包装、标记、产地、规格、等级等。

2.2.2 抽样数量

批量,件	最低抽样数,件
1～25	1
26～100	5
101～250	10
251～1 000	15

2.2.3 抽样工具

2.2.3.1 取样刀:不锈钢菜刀。

2.2.3.2 样品袋:聚乙烯塑料食品袋。

2.2.4 抽样方法

按 2.2.2 规定的抽样件数,在不同部位随机抽取,逐件开启。每件抽取样品不少于 500 g 为原始样品,原始样品总量不得少于 2 kg,将所取样品装入样品袋内,加封后,标明标记,及时送实验室。

2.2.5 试样制备

将所取原始样品混匀,取可食部分,切碎,按四分法缩分出 500 g,经组织匀浆机匀浆成均匀的样品,均分成两份,装入洁净的广口瓶中,密封,标明标记,作为实验室样品。

对于不易均匀的菜类样品,先将缩分过的样品切碎精确称重。然后将切碎的样品倒入组织匀浆机内,按样品重量的 20%(m/m)加入蒸馏水,匀浆。注意:后加入的水分在称样时要扣除。上述操作的每一步都应详细记录。

2.2.6 试样保存

将试样于-18℃冷冻保存,备用。

注:在抽样和制样的操作过程中,必须防止样品受到污染或发生残留物含量变化。

3 测定方法

3.1 方法提要

试样中百草枯用硫酸溶液煮沸回流加以提取,提取液经阳离子交换树脂柱净化,百草枯被吸附在树脂上,然后,以饱和氯化铵溶液洗脱。于流出液中加入连二亚硫酸钠溶液,百草枯被还原为蓝色化合物,用紫外分光光度计进行定量。

3.2 试剂和材料

除特殊规定外,试剂为分析纯,水为蒸馏水或相应的去离子水。

3.2.1 硫酸(比重 1.84)。

3.2.2 氢氧化钠。

3.2.3 氯化钠。

3.2.4 盐酸(比重 1.18)。

3.2.5 氯化铵。

3.2.6 乙二胺四乙酸二钠(EDTA)。

3.2.7 苯。

3.2.8 连二亚硫酸钠。

3.2.9 硫酸溶液:9 mol/L。

3.2.10 盐酸溶液:2 mol/L。

3.2.11 氢氧化钠溶液:12.5 mol/L。

3.2.12 氢氧化钠溶液:10 mol/L。

3.2.13 氢氧化钠溶液:0.3 mol/L。

3.2.14 饱和氯化钠溶液:溶解 360 g 氯化钠于 1 L 水中,搅拌溶解,澄清备用。

3.2.15 饱和氯化铵溶液:溶解 370 g 氯化铵于 1 L 水中,搅拌溶解,过滤备用。

3.2.16 稀氯化铵溶液:1/10 饱和溶液。量取 1 份饱和氯化铵溶液加入 9 份水,混匀。

3.2.17 连二亚硫酸钠溶液:0.2%于 0.3 mol/L 氢氧化钠溶液中。溶解 0.20 g 连二亚硫酸钠于少量 0.3 mol/L的氢氧化钠溶液中,于棕色容量瓶内以该氢氧化钠溶液定容至 100 mL,混匀。此溶液必须在临使用前新鲜配制,超过 1.5 h 后不宜使用。

3.2.18 离子交换树脂:AG 50WX-8,100～200 目,在水中浸泡。

3.2.19 百草枯标准品:百草枯二氯化物含量大于 99%。

3.2.20 百草枯标准溶液:准确溶解 0.025 0±0.000 1 g 百草枯标准品于少量饱和氯化铵溶液中,转移至 250 mL 棕色容量瓶中并以饱和氯化铵溶液准确定容,摇匀,作为标准贮备液,此溶液百草枯二氯化物的浓度为 100 μg/mL。根据需要再配成适用浓度的标准工作液。

3.3 仪器和设备

3.3.1 紫外分光光度计:具有连续波长与吸收扫描功能,配备 5 cm 比色皿。

3.3.2 粮谷粉碎机:筛板孔径 1 mm。

3.3.3 组织匀浆机。

3.3.4 减压抽滤装置:配备 1 000 mL 抽滤瓶及 ϕ10 cm 平底漏斗。

3.3.5 加热回流装置:1 000 mL 圆底烧瓶及配套的球形冷凝管。

3.3.6 净化柱:50 mL 酸式滴定管。在玻璃柱的下部塞入一小团玻璃棉,高度约 0.5～1 cm,垂直固定好柱子,加入 10 mL 在水中浸泡并沉降的树脂,分别用 50 mL 饱和氯化钠溶液和 50 mL 水洗柱。注意保持液面略高于树脂层。每个试样测定均须使用一根新制备的柱子。

3.4 测定步骤

3.4.1 提取

称取粮谷试样约 50.0 g 或蔬菜试样 200.0 g(精确至 0.1 g)置于 1 000 mL 圆底烧瓶中,根据试样的含水量加入适量的水和 9 mol/L 的硫酸溶液,使瓶内溶液的总体积约为 200～300 mL(包括试样的含水量)、硫酸的浓度为 2.5 mol/L。加入数粒小玻璃珠,连接回流冷凝管。加热至沸(如产生大量气泡可加入几滴正辛醇)并使之回流 5 h 以上。取下烧瓶,冷却,加入 500 mL 水。将提取液倒入已铺垫好双层快速滤纸(含油试样可多垫几层滤纸)的平底漏斗上,用抽滤装置过滤,用少量水分数次洗涤。对非油类试样,将滤液倒入 1 000 mL 的烧杯中。对含油试样可将滤液倒入 1 000 mL 分液漏斗中,然后用 100 mL 苯分三次萃取,收集水相于 1 000 mL 烧杯中。于烧杯中的溶液中加入 12.5 mol/L 的氢氧化钠溶液,其体积相当于回流前所加 9 mol/L 硫酸溶液的量,加入 5 gEDTA,搅拌至完全溶解,加水至溶液总体积约 900 mL,然后再用 10 mol/L 的氢氧化钠溶液调节 pH 至 9。冷却至室温,将溶液全部倒入 1 000 mL 的分液漏斗中备用。

3.4.2 净化和洗脱

3.4.2.1 净化

将盛有提取液的分液漏斗固定在净化柱的上方(可用洁净的胶管将二者连接),调节活塞,使溶液以10～12 mL/min 的速度过柱。过柱后移开分液漏斗。然后以 5 mL/min 的速度依次用 50 mL 水、50 mL 2 mol/L 的盐酸溶液、50 mL 水和 50 mL 稀氯化铵溶液淋洗柱子,弃去所有流出液。

3.4.2.2 洗脱

将上述处理后的柱子用饱和氯化铵溶液洗脱柱上百草枯,洗脱速度为 0.5～1 mL/min,收集 50 mL 洗脱液于 50 mL 容量瓶中。

注:洗脱时柱温(环境温度)不应低于 20℃。

3.4.3 测定

3.4.3.1 测定波长的选择

吸取 10 mL 含百草枯二氯化物为 1.0 μg/mL 的百草枯标准工作液于 50 mL 比色管中,加入 2 mL 连二亚硫酸钠溶液,摇匀后立即倒入 5 cm 比色皿中,置于紫外分光光度计比色皿中进行测定,设定波长从 410 至 380nm 进行吸光度扫描,选择最大吸收峰处为测定波长 λ_m,然后分别选择 $\lambda_m \pm$ 4nm 处为校正波长 λ_h 和 λ_l。

3.4.3.2 工作曲线的绘制

分别吸取百草枯标准贮备溶液 0.00 mL、0.05 mL、0.10 mL、0.25 mL、0.50 mL、0.75 mL、1.00 mL和 1.50 mL 于 8 只100 mL容量瓶中,各加入饱和氯化铵溶液至刻度。此工作液百草枯的浓度分别为 0.00 μg/mL、0.05 μg/mL、0.10 μg/mL、0.25 μg/mL、0.50 μg/mL、0.75 μg/mL、1.00 μg/mL 和1.50 μg/mL。分别吸取上述工作液 10 mL 于 8 支 50 mL 比色管中,各加入 2 mL 连二亚硫酸钠溶液,混匀后立即用紫外分光光度计,在 λ_m 处以空白液对照测定各工作液的吸光度,以吸光度为纵坐标,相应浓度为横坐标绘制标准曲线。

同时于 λ_h 和 λ_l 处(与空白液对照)分别测定 1.00 μg/mL 百草枯工作液的吸光度。

3.4.3.3 样品测定

吸取 10 mL 洗脱液于 50 mL 比色管中,加入 2 mL 连二亚硫酸钠溶液,混匀后立即于 λ_m、λ_h 和 λ_l 处以空白液对照分别测定吸光度。

3.4.4 空白试验

除不称取样品外,按上述测定步骤进行。

3.5 结果计算和表述

按下式计算试样中百草枯(以百草枯二氯化物计)的残留量:

$$X = \frac{c \cdot V}{m} \qquad \cdots\cdots(2)$$

式中:X ——试样中百草枯二氯化物的残留量,mg/kg;

c ——从标准曲线中以样品的校正吸光度值($A_{校}$)查出对应的百草枯二氯化物的浓度,μg/mL;

V ——洗脱液最终定容体积,mL;

m ——称取的试样量,g。

试样的校正吸光度值按下式计算:

$$A_{校} = \frac{A_m^p}{2A_m^p - (A_h^p + A_l^p)}[2A_m - (A_h + A_l)] \qquad \cdots\cdots(3)$$

式中:$A_{校}$ ——试样的校正吸光度;

A_m^p ——λ_m 处百草枯二氯化物浓度为 1 μg/mL 时测得的吸光度;

A_h^p ——λ_h 处百草枯二氯化物浓度为 1 μg/mL 时测得的吸光度;

A_l^p ——λ_l 处百草枯二氯化物浓度为 1 μg/mL 时测得的吸光度;

A_m ——λ_m 处测得试样的吸光度;

A_h ——λ_h 处测得试样的吸光度;

A_1——λ_1 处测得试样的吸光度。

注：计算结果需扣除空白值。

4 方法的测定低限、回收率

4.1 测定低限

本方法测定低限为 0.02 mg/kg。

4.2 回收率

回收率实验数据，百草枯添加浓度在 0.02～10 mg/kg 范围内，回收率为 70.2%～108.0%。

附加说明：

本标准由中华人民共和国国家进出口商品检验局提出。

本标准由中华人民共和国海南进出口商品检验局负责起草。

本标准主要起草人欧伟、陈如娅、卓海华、张惠。

主要参考文献：

FDA-Pesticide Analytical Manual, Vol. Ⅰ, Pesticide Reg, Sec. 180.205, 1985.

中华人民共和国进出口商品检验行业标准

出口禽肉中溴氰菊酯残留量检验方法

SN 0343—95

Method for the determination of deltamethrin residues in poultry meat for export

1 主题内容与适用范围

本标准规定了出口禽肉中溴氰菊酯残留量检验的抽样、制样和气相色谱测定方法。

本标准适用于出口鸡肉中溴氰菊酯残留量的检验。

2 抽样和制样

2.1 检验批

以不超过 2 500 件商品为一检验批。

同一检验批的商品应具有相同的特征，如包装、标记、产地、规格和等级等。

2.2 抽样数量

批量，件	最低抽样数，件
1～25	1
26～100	5
101～250	10
251～500	15
501～1 000	17
1 001～2 500	20

2.3 抽样方法

按 2.2 规定的抽样件数随机抽取，逐件开启。每件至少取 500 g（或一袋）作为原始样品，原始样品总量不少于 2 kg，放入洁净容器内，加封，标明标记，及时送交实验室。

2.4 试样制备

从原始样品中取出部分有代表性样品，将可食部分放入高速组织捣碎机捣碎、充分混匀，用四分法缩分出不少于 1 kg 试样，装入洁净容器内，加封，标明标记。

2.5 试样保存

将试样于－18℃以下冷冻保存。

注：在抽样及制样的操作过程中，必须防止样品受到污染或发生残留物含量的变化。

3 测定方法

3.1 方法提要

用石油醚-乙醚混合溶剂提取试样中的溴氰菊酯，经石油醚-乙腈液-液分配，弗罗里硅土柱净化后，用气相色谱电子俘获检测器进行测定，外标法定量。

中华人民共和国国家进出口商品检验局1995-05-29批准　　　　1995-11-01实施

3.2 试剂和材料

3.2.1 无水硫酸钠:分析纯,经650℃灼烧4 h,置于干燥器内备用。

3.2.2 石油醚:分析纯,经全玻璃系统重蒸缩,收集68～78℃馏分。

3.2.3 乙醚:分析纯,经全玻璃系统重蒸馏。

3.2.4 乙腈:分析纯,经全玻璃系统重蒸馏。

3.2.5 正己烷:分析纯,经全玻璃系统重蒸馏。

3.2.6 助滤剂:硅藻土(Celite)545。

3.2.7 弗罗里硅土(Florisil):层析用,60～100目。经130℃烘5 h,贮存于干燥器中备用。

3.2.8 溴氰菊酯标准品:纯度≥99%。

3.2.9 溴氰菊酯标准溶液:准确称取适量的溴氰菊酯标准品,用正己烷配成浓度为0.10 mg/mL的标准贮备液,用时再根据需要用正己烷稀释至适当浓度的标准工作液。

3.3 仪器和设备

3.3.1 气相色谱仪:配备电子俘获检测器。

3.3.2 微量注射器:1 μL、10 μL。

3.3.3 高速组织捣碎机。

3.3.4 振荡器。

3.3.5 旋转蒸发器。

3.3.6 恒温水浴锅。

3.3.7 梨形瓶:200 mL(24号磨口)。

3.3.8 分液漏斗:125 mL。

3.3.9 锥形瓶:250 mL,具磨口塞。

3.3.10 全玻璃蒸馏系统。

3.3.11 净化柱:250 mm×20 mm(内径)玻璃柱,柱底填约0.5 cm高的脱脂棉,干法装入10 cm高的弗罗里硅土(3.2.7),上填约3 g无水硫酸钠(3.2.1)。用前经40 mL石油醚预淋洗。

3.4 测定步骤

3.4.1 提取

称取经匀质后的试样20 g(精确到0.01 g)置于250 mL具塞锥形瓶中,加入3 g助滤剂及适量无水硫酸钠(约40 g)。振摇分散后,加入100 mL石油醚-乙醚(1+1),振荡30 min,抽滤,以50 mL石油醚-乙醚(1+1)分两次洗涤残渣,合并滤液。于50℃下减压旋转蒸发,浓缩至约3 mL。

3.4.2 净化

将浓缩后的样品提取液转移至125 mL分液漏斗中,用30 mL石油醚分数次洗涤样品瓶,溶液并入分液漏斗中。用50 mL乙腈分两次提取,合并乙腈提取液,于旋转蒸发器上减压蒸去乙腈。以少量石油醚溶解残渣,将溶液转移至净化柱(3.3.11),并用少量石油醚洗涤容器及柱子。待液面与柱内填充物顶端齐平时,弃去流出液。以100 mL含15%乙醚的石油醚洗脱,收集洗脱液于梨形瓶中。用旋转蒸发器蒸干,准确用2 mL正己烷冲洗瓶壁、溶解残渣,供气相色谱测定。

3.4.3 测定

3.4.3.1 色谱条件:从下列a、b二种条件中任选一种:

a. 色谱柱:玻璃柱1.1 m×3 mm(内径),填充物为3%(*m/m*)OV-1涂于Chromosorb W HP(80～100目);

色谱柱温度:245℃;

进样口温度:280℃;

检测器温度:300℃;

氮气:纯度≥99.99%,60 mL/min。

在此条件下溴氰菊酯的保留时间为 5.8 min。

b. 毛细管色谱柱：HP-1 熔融石英柱，5 m×0.53 mm（内径），2.6 μm（膜厚）；

柱温：245℃；

进样口温度：280℃；

检测器温度：300℃；

氮气：纯度≥99.99%，13 mL/min。

在此条件下溴氰菊酯的保留时间为 7.2 min。

3.4.3.2 色谱测定

分别准确注入 2 μL 待测溶液及与待测溶液浓度相近的标准工作溶液于气相色谱仪中，按 3.4.3.1 的任一色谱条件进行分析，响应值均应在仪器的线性范围之内。

3.5 空白试验

除不加样品外，按上述测定步骤进行。

3.6 结果计算和表述

用色谱数据处理机或按下式计算试样中溴氰菊酯含量：

$$X = \frac{h \cdot c \cdot V}{h_s \cdot m}$$

式中：X ——试样中溴氰菊酯的含量，mg/kg；

h ——样液中溴氰菊酯的峰高，mm；

h_s ——标准工作溶液中溴氰菊酯的峰高，mm；

c ——标准工作溶液中溴氰菊酯的浓度，μg/mL；

V ——样液最终定容体积，mL；

m ——称取的试样量，g。

注：计算结果需扣除空白值。

4 测定低限、回收率

4.1 测定低限

本方法测定低限为 0.001 mg/kg。

4.2 回收率

回收率的实验数据：溴氰菊酯添加浓度在 0.001～0.050 mg/kg 范围内时，回收率为 74%～110%。

附加说明：

本标准由中华人民共和国国家进出口商品检验局提出。

本标准由中国进出口商品检验技术研究所和中华人民共和国内蒙古进出口商品检验局负责起草。

本标准主要起草人邱月明、刘建华、庄无忌、张曦静。

中华人民共和国进出口商品检验行业标准

出口蔬菜中杀虫双残留量检验方法 SN 0345—95

Method for the determination of dimehypo residues in vegetables for export

1 主题内容与适用范围

本标准规定了出口蔬菜中杀虫双残留量检验的抽样，制样和气相色谱测定方法。

本标准适用于出口青菜中杀虫双残留量的检验。

2 抽样和制样

2.1 检验批

以不超过1 000件为一检验批。

同一检验批的商品应具有相同的特征，如包装、标记、产地、规格和等级等。

2.2 抽样数量

批量，件	最低抽样数，件
1～25	1
26～100	5
101～250	10
251～1 000	15

2.3 抽样方法

按2.2规定的抽样件数随机抽取，逐件开启。每件至少取500 g作为原始样品，其总量不少于2 kg，放入洁净容器内，加封，标明标记，及时送交实验室。

2.4 试样制备

从原始样品中取可食部分，用四分法缩分出不少于500 g样品放入组织捣碎机中捣碎、混匀，均分成两份试样，装入洁净容器中，加封，标明标记。

2.5 试样保存

将试样于－18℃以下冷冻保存。

注：在抽样及制样的操作过程中，必须防止样品受到污染或发生残留物含量的变化。

3 测定方法

3.1 方法提要

用稀盐酸溶液提取试样中的杀虫双，在碱性条件下，以硫化钠作催化剂，使杀虫双转化为沙蚕毒素，然后用乙酸乙酯提取，液—液分配净化以后，用配有电子俘获检测器的气相色谱仪进行测定，外标法定量。

3.2 试剂和材料

3.2.1 无水硫酸钠：分析纯，经650℃灼烧4 h以上，置于干燥器内备用。

3.2.2 乙酸乙酯：分析纯，经全玻璃系统重蒸馏。

中华人民共和国国家进出口商品检验局1995-05-29批准 1995-11-01实施

3.2.3 助滤剂：硅藻土(celite)545。

3.2.4 盐酸：分析纯，配成 0.1 mol/L，2 mol/L 水溶液。

3.2.5 氢氧化钠：分析纯，配成 2 mol/L，10 mol/L 水溶液。

3.2.6 硫化钠：分析纯，配成 0.2 mol/L 水溶液。

3.2.7 杀虫双标准品：纯度≥99%。

3.2.8 杀虫双标准溶液：准确称取杀虫双标准品，以蒸馏水配成 0.1 mg/mL 的标准贮备液，用时根据需要用蒸馏水稀释至适当浓度的标准工作溶液。

3.3 仪器和设备

3.3.1 气相色谱仪：配备电子俘获检测器。

3.3.2 微量注射器：1 μL、10 μL。

3.3.3 高速组织捣碎机：配有捣碎杯。

3.3.4 全玻璃系统蒸馏装置。

3.3.5 分液漏斗：50 mL、125 mL。

3.3.6 平底漏斗：9 cm(内径)。

3.3.7 抽滤瓶：500 mL。

3.3.8 刻度试管：具磨口塞，10 mL。

3.4 测定步骤

3.4.1 提取

称取试样 100 g(精确至 0.1 g)，置于捣碎杯中，加入 100 mL 盐酸溶液(0.1mol/L)，用组织捣碎机匀浆 5 min，经铺有助滤剂的布氏漏斗过滤于 250 mL 圆底烧瓶内，滤渣用 2×25 mL 盐酸溶液(0.1 mol/L)洗涤并过滤，合并滤液。

3.4.2 转化及净化

用氢氧化钠(2 mol/L)将上述滤液的 pH 调至 8.5～9.0，加入 2 mL 硫化钠溶液(0.2 mol/L)，于 70℃水浴中加热 2 h。待溶液冷却，用 3×20 mL 乙酸乙酯提取，合并提取液。用 3×5 mL 盐酸溶液(2 mol/L)提取乙酸乙酯提取液，合并盐酸提取液。用氢氧化钠溶液(10 mol/L)调至碱性，立即(20 min 之内)用 5 mL 乙酸乙酯提取，提取液经无水硫酸钠脱水，供气相色谱测定。

3.4.3 标准工作溶液的处理

移取适量的杀虫双标准工作溶液，按试样提取(3.4.1)、转化和净化(3.4.2)进行处理后，供测定用。

3.4.4 测定

3.4.4.1 色谱条件

从下列 a、b、c 三种条件中任选一种：

a. 色谱柱：玻璃柱，1.1 m×3 mm(内径)，填充物 3%(*m*/*m*)OV-1 涂于 Chromosorb W HP(80～100 目)；

色谱柱温度：120℃；

进样口温度：220℃；

检测器温度：250℃；

氮气：纯度≥99.99%，70 mL/min。

在此条件下沙蚕毒素的保留时间为 2.8 min。

b. 色谱柱：玻璃柱，2.0 m×3 mm(内径)，填充物 1.5%(*m*/*m*)OV-17＋2%QF-1(*m*/*m*)涂于 Chromosorb W HP(80～100 目)；

色谱柱温度：170℃；

进样口温度：220℃；

检测器温度：250℃；

氮气：纯度≥99.99%，70 mL/min。

在此条件下沙蚕毒素的保留时间为 2.4 min。

c. 色谱柱：石英毛细管色谱柱，5 m×0.53 mm(内径)，HP-1 键合固定相，2.6 μm(膜厚)；

色谱柱温度：130℃；

进样口温度：220℃；

检测器温度：250℃；

氮气：纯度≥99.99%，14 mL/min。

在此条件下沙蚕毒素的保留时间为 2.1 min。

3.4.4.2 色谱测定

分别注入 5 μL 标准工作溶液和样品溶液的待测液于气相色谱仪中，按 3.4.4.1 的色谱条件进行分析。样品溶液和标准工作液的响应值应在仪器的检测线性范围之内。否则应对样液和标准工作溶液进行适当稀释。

3.5 空白试验

除不加试样外，按上述测定步骤进行。

3.6 结果计算和表述

用色谱数据处理机或按下式计算试样中杀虫双含量：

$$X = \frac{h \cdot c \cdot V}{h_s \cdot m}$$

式中：X——试样中杀虫双的含量，mg/kg；

h——样液中杀虫双转化物(沙蚕毒素)的峰高，mm；

h_s——标准工作溶液中杀虫双转化物(沙蚕毒素)的峰高，mm；

c——标准工作溶液浓度，μg/mL；

V——样液最终定容体积，mL；

m——称取的试样量，g。

注：计算结果需扣除空白值。

4 测定低限，回收率

4.1 测定低限

本方法测定低限为 0.01 mg/kg。

4.2 回收率

回收率的实验数据：杀虫双添加浓度在 0.01～0.5 mg/kg 范围内，回收率为 72%～103%。

附加说明：

本标准由中华人民共和国国家进出口商品检验局提出。

本标准由中国进出口商品检验技术研究所负责起草。

本标准主要起草人庄无忌、邱月明。

中华人民共和国进出口商品检验行业标准

出口蔬菜中α-萘乙酸残留量检验方法

SN 0346—95

Method for the determination of α-naphthylacetic acid residues in vegetables for export

1 主题内容与适用范围

本标准规定了出口蔬菜中α-萘乙酸残留量检验的抽样、制样和气相色谱测定方法。

本标准适用于出口速冻荷兰豆中α-萘乙酸残留量的检验。

2 抽样和制样

2.1 检验批

以不超过1 500件为一检验批。

同一检验批的商品应具有相同的特征，如包装、标记、产地、规格和等级等。

2.2 抽样数量

批量，件	最低抽样数，件
1～25	1
26～100	5
101～250	10
251～1 500	15

2.3 抽样方法

按2.2规定的抽样件数随机抽取，逐件开启，每件至少取500 g作为原始样品，原始样品总量不得少于2 kg。加封后，标明标记，及时送实验室。

2.4 试样制备

将所取原始样品缩分出1 kg，取可食部分，经组织捣碎，均分成两份，装入洁净容器内，作为试样，密封，并标明标记。

2.5 试样保存

将试样于－18℃以下冷冻保存。

注：在抽样和制样的操作过程中，必须防止样品受到污染或发生残留物含量的变化。

3 测定方法

3.1 方法提要

试样酸化后，以乙醚-石油醚提取，浓缩定容后用配有氢火焰离子化检测器的气相色谱仪测定，外标法定量。

3.2 试剂

所有试剂均为分析纯，不得含有干扰物质。

中华人民共和国国家进出口商品检验局1995-05-29批准　　1995-11-01实施

3.2.1 乙醚。

3.2.2 石油醚(蒸馏范围 30～60℃)。

3.2.3 乙醚-石油醚(4+1)。

3.2.4 无水硫酸钠:650℃灼烧 4 h,冷却后贮于密闭容器中。

3.2.5 盐酸。

3.2.6 盐酸溶液:1 mol/L。

3.2.7 α-萘乙酸标准品:纯度≥99.0%。

3.2.8 α-萘乙酸标准溶液:准确称取适量的α-萘乙酸标准品,用乙醚-石油醚(4+1)配成浓度为0.10 mg/mL的标准储备液,根据需要再配成适当浓度的标准工作液。

3.3 仪器和设备

3.3.1 气相色谱仪并配有氢火焰离子化检测器。

3.3.2 高速组织捣碎机。

3.3.3 旋涡混匀器。

3.3.4 离心机:0～5 000 r/min。

3.3.5 多功能微量化样品处理仪或相当仪器。

3.3.6 离心管:50 mL。

3.3.7 K-D 浓缩瓶:20 mL(具 1 mL 尾管)。

3.3.8 微量注射器:10 μL。

3.4 测定步骤

3.4.1 提取

称取 15 g 试样(精确至 0.01 g)于 50 mL 离心管中,加入 2 mL 盐酸溶液(1 mol/L),混匀,加入 0.5 g无水硫酸钠,加入 10 mL 乙醚-石油醚(4+1),在旋涡混匀器上混匀 1 min,以 3 000 r/min 离心 2 min,醚层移至 K-D 浓缩瓶中。残渣再用 5 mL 乙醚-石油醚(4+1)以同样的步骤提取一次。合并有机相。置多功能微量化样品处理仪上,于 40℃通空气挥发,浓缩定容至 0.20 mL,供气相色谱测定。

3.4.2 测定

3.4.2.1 色谱条件

a. 毛细管色谱柱:HP-1(dimethylpolysiloxane Gum)10 m×0.53 mm(内径)×2.65 μm 熔融石英制或相当的毛细管柱;

b. 柱温:165℃;

c. 进样口温度:230℃;

d. 检测器温度:250℃;

e. 载气、尾吹气:氮气(纯度≥99.99%),柱流速 8 mL/min,尾吹气流速 30 mL/min;

f. 氢气:40 mL/min;

g. 空气:400 mL/min。

3.4.2.2 色谱测定

根据样液中α-萘乙酸含量情况,选择峰高相近的标准工作溶液。标准工作溶液和样液中α-萘乙酸的响应值应在仪器检测线性范围内。对标准工作溶液和样液等体积参插进样测定。在上述色谱条件下,α-萘乙酸保留时间约为 2.4 min。

3.4.3 空白试验

除不加试样外,按上述测定步骤进行。

3.4.4 结果计算和表述

用色谱数据处理机或按下列公式计算试样中α-萘乙酸含量:

$$X = \frac{h \cdot c \cdot V}{h_s \cdot m}$$

式中：X——试样中α-萘乙酸残留量，mg/kg；

h——样液中α-萘乙酸的峰高，mm；

h_s——标准工作溶液中α-萘乙酸的峰高，mm；

c——标准工作液中α-萘乙酸的浓度，μg/mL；

V——样液最终定容体积，mL；

m——称取的试样量，g。

注：计算结果需扣除空白值。

4 方法的测定低限、回收率

4.1 本方法的测定低限为0.02 mg/kg。

4.2 回收率

回收率的实验数据：α-萘乙酸添加浓度在(0.02～5.0)mg/kg范围内，回收率为89.5%～103.2%。

附加说明：

本标准由中华人民共和国国家进出口商品检验局提出。

本标准由中华人民共和国厦门进出口商品检验局负责起草。

本标准主要起草人周昱、庄宿燕。

中华人民共和国出入境检验检疫行业标准

SN/T 0348.1—2010
代替 SN/T 0348.1—1995

进出口茶叶中三氯杀螨醇残留量检测方法

Determination of dicofol residues in tea for import and export

2010-11-01 发布　　2011-05-01 实施

中华人民共和国国家质量监督检验检疫总局 发布

前 言

SN/T 0348 分两个部分：

——进出口茶叶中三氯杀螨醇残留量检测方法；

——出口茶叶中三氯杀螨醇残留量检验方法 液相色谱法。

本部分为 SN/T 0348 的第 1 部分。

本部分按照 GB/T 1.1—2009 给出的规则起草。

本部分代替 SN/T 0348.1—1995《出口茶叶中三氯杀螨醇残留量检验方法气相色谱法》。

本部分与 SN/T 0348.1—1995 相比，主要技术变化如下：

——修改了样品前处理方法。

——增加对阳性样品的气相色谱-质谱确证实验。

请注意本文件的某些内容可能涉及专利。本文件的发布机构不承担识别这些专利的责任。

本部分由国家认证认可监督管理委员会提出并归口。

本部分起草单位：中华人民共和国安徽出入境检验检疫局。

本部分主要起草人：朱梦栩、盛旋、胡艳云、郑屏、张萍、王勇、孙明凡。

本部分所代替标准历次版本发布情况为：

——SN/T 0348.1—1995。

进出口茶叶中三氯杀螨醇残留量检测方法

1 范围

SN/T 0348 的本部分规定了进出口茶叶中三氯杀螨醇残留量的检测方法。

本部分适用于进出口茶叶中三氯杀螨醇残留量的测定和确证。

2 规范性引用文件

下列文件对于本文件的应用是必不可少的。凡是注日期的引用文件，仅注日期的版本适用于本文件。凡是不注日期的引用文件，其最新版本(包括所有的修改单)适用于本文件。

GB/T 6682 分析实验室用水规格和试验方法

3 原理

用丙酮-正己烷混合溶液提取茶叶中的三氯杀螨醇，经石墨化碳黑、中性氧化铝柱净化，氢氧化钾溶液进行碱解，转化为 4,4′-二氯二苯甲酮(DBP)，用配有电子俘获检测器的气相色谱仪进行测定，气相色谱-质谱确证，内标法定量。

4 试剂和材料

除另有规定外，所用试剂均为分析纯，水为 GB/T 6682 规定的一级水。

4.1 丙酮：色谱级。

4.2 正己烷：色谱级。

4.3 无水乙醇：优级纯。

4.4 无水硫酸钠：650 ℃灼烧 4 h，储于干燥器中备用。

4.5 氢氧化钾。

4.6 丙酮-正己烷(1+4)混合溶液：量取 50 mL 丙酮与 200 mL 正己烷混合。

4.7 氢氧化钾溶液(10 mol/L)：称取 56.1 g 氢氧化钾，溶于 100 mL 蒸馏水中。

4.8 硫酸钠溶液(20 g/L)：20 g 无水硫酸钠(3.4)溶于 1 000 mL 蒸馏水中。

4.9 石墨化碳黑固相萃取柱：500 mg，3 mL，或相当者。

4.10 中性氧化铝固相萃取柱：500 mg，3 mL，或相当者。

4.11 三氯杀螨醇标准品(Dicofol，$C_{14}H_{9}C_{15}O$，CAS 编号：115-32-2)：纯度≥96.2%。

4.12 内标物标准品：艾氏剂(Aldrin，$C_{12}H_{8}C_{16}$，CAS 编号：309-00-2)，纯度≥99%。

4.13 三氯杀螨醇标准溶液：准确称取适量的三氯杀螨醇标准品(精确至 0.1 mg)，用正己烷配制成浓度为 100 mg/L 的标准储备液。根据需要再配制成适用浓度的标准工作液。

4.14 内标物标准溶液：准确称取适量的艾氏剂标准品(精确至 0.1 mg)，用正己烷配制成浓度为 100 mg/L 的内标物标准储备液，根据需要再配制成适用浓度的内标物标准工作液。

5 仪器和设备

5.1 气相色谱仪:配有电子俘获检测器(ECD)。
5.2 气相色谱-质谱联用仪:配有电子轰击离子源(EI)。
5.3 粉碎机。
5.4 分析天平:感量 0.01 g。
5.5 分析天平:感量 0.000 1 g。
5.6 均质器。
5.7 离心机:转速 3 000 r/min 以上。
5.8 涡旋混匀器。
5.9 氮吹仪。
5.10 固相萃取装置,带真空泵。

6 试样的制备

将样品缩分至 1 000 g,用粉碎机全部粉碎,混匀,均匀分成两份作为试样,装入洁净容器内,密封,标明标记。试样置于－18 ℃冰箱中保存。在抽样及制样的操作过程中,应防止样品受到污染或发生残留物含量的变化。

7 测定步骤

7.1 提取

称取试样 10 g(精确至 0.01 g)于 100 mL 具塞离心管中,加丙酮-正己烷混合溶液(4.6)40 mL,高速均质提取 5 min,将离心管置于离心机内以 3 000 r/min 的速度离心 5 min,将上清液转移至 100 mL 容量瓶中,在离心管中加入 40 mL 丙酮-正己烷混合溶液(4.6),重复上述操作,清液合并转入于容量瓶中,以丙酮-正己烷混合溶液准确定容至 100 mL。准确吸取 10 mL 提取液于试管中,然后于 40 ℃氮气流下浓缩至约 1 mL,待净化。

7.2 净化

将石墨化碳黑小柱和中性氧化铝小柱自上而下安装在固相萃取装置上,中性氧化铝固相萃取柱内填充约 10 mm 高无水硫酸钠层。使用前,依次以 3 mL 正己烷、3 mL 丙酮、3 mL 丙酮-正己烷混合溶液(4.6)对净化柱进行预淋洗。将浓缩液(7.1)转移至净化柱中,用 9 mL 丙酮-正己烷混合溶液(4.6)分三次洗涤试管并倾入柱中,控制流速不超过 3 mL/min,收集全部流出液于 10 mL 玻璃试管中,40 ℃氮气流下浓缩至近干。

7.3 碱解

在上述试管中依次加入 1 mL 内标物标准工作液,0.5 mL 无水乙醇和 1 mL 的氢氧化钾溶液(4.7),涡旋混匀 5 min,在 3 000 r/min 下离心 5 min。移取正己烷相于一离心管中,用 1 mL 硫酸钠溶液(4.8)洗涤两次,弃去水相。在正己烷相中加入约 0.5 g 无水硫酸钠脱水,取上层清液供气相色谱和气相色谱质谱测定。

7.4 标准物碱解

取适量浓度的标准工作液，于40 ℃下氮气吹干，按照7.3的步骤进行碱解。

7.5 测定

7.5.1 气相色谱测定参考条件

7.5.1.1 色谱柱：DB-1701石英毛细管柱，30 m×0.53 mm(内径)，膜厚1.0 μm，或相当者。
7.5.1.2 色谱柱温度：70 ℃(1 min)$\xrightarrow{10\ ℃/min}$240 ℃(20 min)。
7.5.1.3 进样口温度：270 ℃。
7.5.1.4 检测器温度：300 ℃。
7.5.1.5 载气：氮气，纯度≥99.999%，流速15 mL/min。
7.5.1.6 尾吹气：氮气，纯度≥99.999%，流速60 mL/min。
7.5.1.7 进样方式：不分流进样；0.75 min后开阀。
7.5.1.8 进样量：1.0 μL。

7.5.2 气相色谱质谱测定参考条件

7.5.2.1 色谱柱：DB-5MS石英毛细管柱，30 m×0.25 mm(内径)，膜厚0.25 μm，或相当者。
7.5.2.2 色谱柱温度：70 ℃(1 min)$\xrightarrow{10\ ℃/min}$240 ℃(20 min)。
7.5.2.3 进样口温度：270 ℃。
7.5.2.4 气相色谱-质谱接口温度：280 ℃。
7.5.2.5 载气：氦气，纯度≥99.999%，流速1.0 mL/min。
7.5.2.6 进样方式：不分流进样，1 min后开阀。
7.5.2.7 进样量：1.0 μL。
7.5.2.8 电离方式：EI。
7.5.2.9 电离能量：70 eV。
7.5.2.10 测定方式：选择离子监测方式(SIM)。
7.5.2.11 艾氏剂监测离子(m/z)：263，265，293；定量离子：263。
7.5.2.12 三氯杀螨醇(碱解产物DBP)监测离子(m/z)：139，111，141，250；定量离子：139。
7.5.2.13 溶剂延迟：10 min。

7.5.3 气相色谱测定

按照确定的气相色谱条件测定样品和标准工作溶液。以三氯杀螨醇碱解产物DBP和内标物艾氏剂的峰面积比为纵坐标，以三氯杀螨醇和艾氏剂的浓度比为横坐标绘制标准工作曲线。以标准曲线对样液进行定量，样液中三氯杀螨醇的碱解产物(DBP)的响应值应在仪器检测的线性范围内，如果残留量超出标准曲线范围，应对提取液进行适当稀释。标准工作溶液和样液等体积穿插进样测定，保留时间定性。在7.5.1给定的色谱条件下，艾氏剂和DBP的保留时间分别为15.4 min和16.5 min。标准品的色谱图参见附录A中图A.1。

7.5.4 气相色谱-质谱检测及确证

对标准工作溶液及样液按7.5.2规定的条件进行测定，如样品中待测物质和内标物的保留时间之比，也就是相对保留时间，与标准工作溶液中对应的相对保留时间相一致，并且在扣除背景后的样品谱图中均出现；同时将样品谱图中各组分定性离子的相对丰度与浓度接近的标准工作溶液谱图中对应的定性离子的相对丰度进行比较,若偏差不超过表1规定的范围,则可判定为样品中存在对应的待测物。在7.5.2条件下,内标物艾氏剂和三氯杀螨醇分解产物DBP的保留时间分别是17.2 min和17.5 min。如果不能确证,应重新进样,以扫描方式(有足够灵敏度)或采用增加其他确证离子的方式来确证。根据定量离子m/z 139对其进行内标法定量。艾氏剂和DBP的气相色谱-质谱选择离子色谱图和全扫描质谱图参见附录B中图B.1和图B.2。

表1 使用气相色谱-质谱定性时相对离子丰度最大允许偏差

相对丰度/%	>50	>20~50	>10~20	≤10
允许的相对偏差/%	±10	±15	±20	±50

7.5.5 空白试验

除不加试样外,均按上述步骤进行。

7.5.6 结果计算

试样中三氯杀螨醇残留量按式(1)计算:

$$X=\frac{A\times c_s\times A_{si}\times c_i}{A_s\times c_{si}\times A_i}\times\frac{V}{m} \qquad \cdots\cdots(1)$$

式中:

X ——试样中三氯杀螨醇残留量,单位为毫克每千克(mg/kg);

A ——样液中DBP的峰面积(或峰高);

c_s ——标准工作液中三氯杀螨醇浓度,单位微克每毫升(μg/mL);

A_{si}——标准工作溶液中内标物的峰面积(或峰高);

c_i ——样液中内标物浓度,单位微克每毫升(μg/mL);

A_s ——标准工作溶液中DBP的峰面积(或峰高);

c_{si} ——标准工作液中内标物浓度,单位微克每毫升(μg/mL);

A_i ——样液中内标物的峰面积(或峰高);

V ——样液最终定容体积,单位毫升(mL);

m ——样液所代表的试样的质量,单位为克(g)。

注:计算结果需将空白值扣除。

8 测定低限、回收率

8.1 测定低限

气相色谱检测方法和气相色谱-质谱检测方法测定三氯杀螨醇残留量的测定低限均为0.05 mg/kg。

8.2 回收率

样品的添加浓度及回收率的实验数据见表2。

表 2　样品的添加浓度及回收率的实验数据(GC)

测定方法	添加浓度 mg/kg	回收率范围 %	测定方法	添加浓度 mg/kg	回收率范围 %
GC	0.05	78～102	GC-MS	0.05	79～98
	0.10	85～105		0.10	83～101
	0.50	86～104		0.50	84～103
	3.0	88～103		3.0	89～102

附　录　A
（资料性附录）
三氯杀螨醇（碱解产物 DBP）及艾氏剂标准品气相色谱图

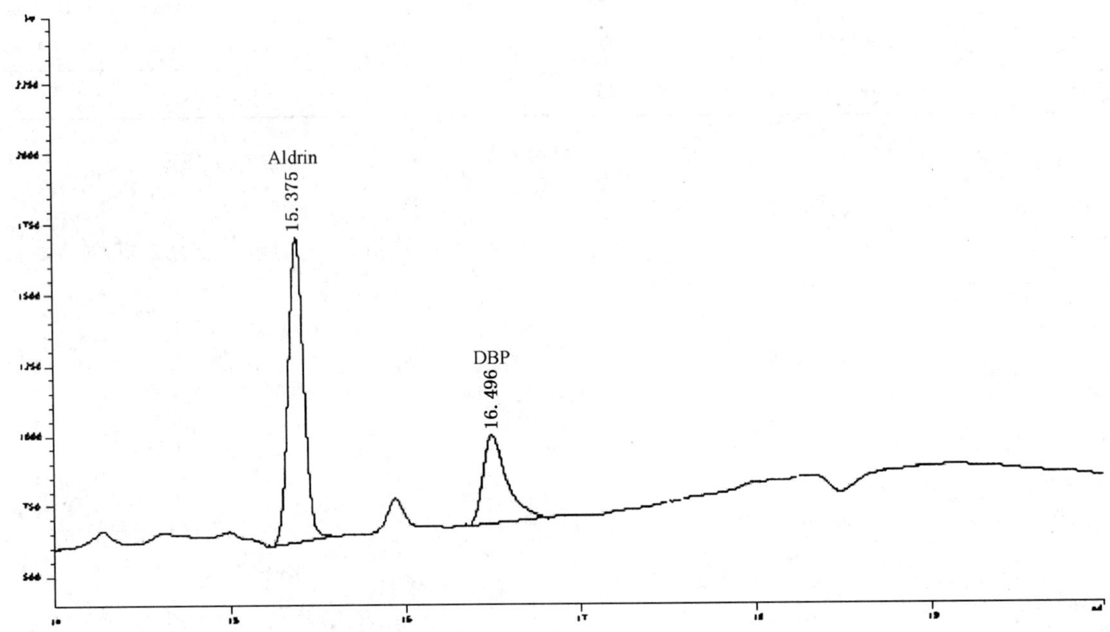

图 A.1　三氯杀螨醇（碱解产物 DBP）及艾氏剂标准品气相色谱图

附　录　B
（资料性附录）
三氯杀螨醇标准品(碱解产物 DBP)和艾氏剂选择离子流色谱图和全扫描质谱图

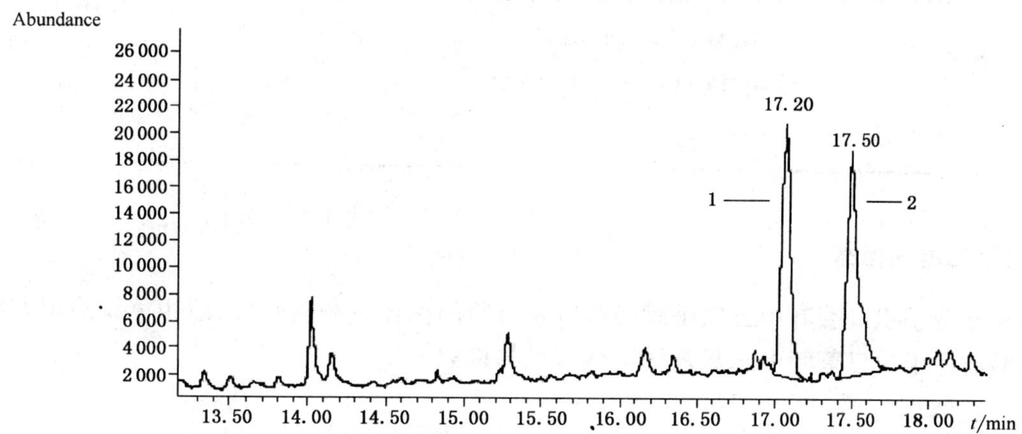

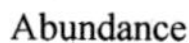

图 B.1　三氯杀螨醇标准品(碱解产物 DBP)和艾氏剂选择离子流色谱图

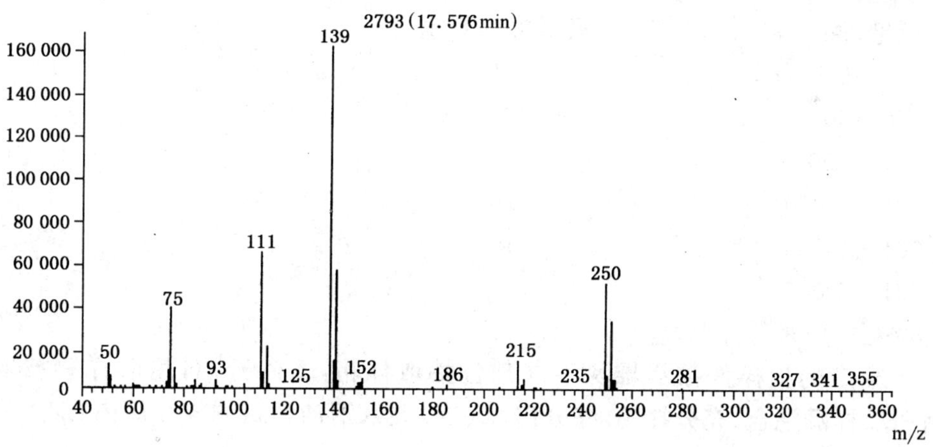

图 B.2　三氯杀螨醇标准品(碱解产物 DBP)全扫描质谱图

中华人民共和国进出口商品检验行业标准

出口茶叶中三氯杀螨醇残留量检验方法 液相色谱法

SN/T 0348.2—95

Method for the determination of dicofol residues in tea for export —Liquid chromatography

1 主题内容与适用范围

本标准规定了出口茶叶中三氯杀螨醇残留量检验的抽样、制样和高压液相色谱测定方法。

本标准适用于出口茶叶中三氯杀螨醇残留量的检验。

2 抽样和制样

2.1 检验批

以不超过 2 000 件为一检验批。

同一检验批的商品应具有相同的特征，如品种、包装、标记、产地、规格和等级等。

2.2 抽样数量

批量，件	最低抽样数量，件
1～5	1
6～50	2
51～500	11
501～1 000	16
1 001～1 500	19
1 501～2 000	20

2.3 抽样方法

按 2.2 规定的抽样件数从堆垛不同部位抽取样箱，逐件开启，用取样铲抽取样品，每箱至少取 500 g。将所取样品混合、充分拌匀，缩分出 500 g。装入清洁密封的样品筒内，加封后标明标记并及时送交实验室。

2.4 试样制备

将取回样品全部磨碎使通过 20 目筛，用四分法匀分出二份，每份 50～100 g，作为试样，立即装入洁净容器内，密封并标明标记。

2.5 试样保存

将试样于－5℃以下冷冻保存。

注：在抽样和制样的操作过程中，必须防止样品受到污染或残留物含量发生变化。

3 测定方法

3.1 方法提要

中华人民共和国国家进出口商品检验局1995-05-29批准　　1995-11-01实施

以丙酮-正己烷混合液提取，蒸发去掉丙酮，磺化法净化，取正己烷相，蒸去正己烷，用甲醇溶解残渣。用配有紫外检测器的液相色谱仪测定，外标法定量。

3.2 试剂和材料

3.2.1 丙酮：分析纯，重蒸馏。

3.2.2 正己烷：分析纯，重蒸馏。

3.2.3 甲醇：紫外光谱纯。

3.2.4 浓硫酸：优级纯，含量98%。

3.2.5 三氯杀螨醇标准品：纯度≥95%。

3.2.6 三氯杀螨醇标准溶液：准确称取适量的标准品，用甲醇配成浓度为1.00 mg/mL的标准储备溶液，再根据需要用甲醇稀释成适当浓度的标准工作溶液。

3.3 仪器和设备

3.3.1 高压液相色谱仪配有紫外检测器。

3.3.2 微量进样器：50 μL。

3.3.3 可调定量移液器。

3.3.4 旋涡混合器。

3.3.5 自动平衡离心机。

3.3.6 恒温水浴锅。

3.3.7 注射器：10 mL。

3.3.8 多功能微量化学样品处理仪或相当仪器。

3.3.9 试管：10 mL。

3.4 测定步骤

3.4.1 提取

称取1.000 g试样于10 mL试管中，移入1.0 mL丙酮和2.0 mL正己烷。将试管放于旋涡混合器上剧烈旋混30 s。然后移入自动平衡离心机中，于3 000 r/min离心2 min。取出，将上清液小心移入10 mL试管中。于装有残渣的试管中再加入1.0 mL丙酮和2.0 mL正己烷；重复上述操作二次，即提取三次。将提取液并于同一试管中，得提取液约8 mL。

将盛有提取液的试管放入恒温水浴锅中，用60℃恒温蒸发、浓缩至约4 mL，取出。

3.4.2 净化

在盛有浓缩提取液的试管中缓慢加入1.5 mL浓硫酸，轻轻摇动，然后置于旋涡混合器上稍作旋混。将试管放入离心机中，于3 500 r/min离心2 min。取出，用注射器将下层磺化液吸出并弃掉。于提取液试管中再加入1.5 mL浓硫酸，旋混30 s，于3 500 r/min离心2 min。取出，用移液器小心将上清液移入一干净试管中。在取出上清液后的试管中加入2 mL正己烷，旋混30 s，于3 500 r/min离心2 min。取出，用移液器将上清液小心移入同一试管中，备用。

3.4.3 浓缩

将盛有正己烷提取液的试管，于50℃空气流下，使正己烷蒸干。准确加入1.00 mL甲醇以溶解残留物，所得溶液即为待测液。

3.4.4 测定

3.4.4.1 色谱条件

a. 色谱柱：150 mm×3.9 mm（内径）不锈钢柱，内填10 μm C_{18}键合固定相；

b. 流动相：甲醇-水（90+10）；

c. 测定波长：230 nm；

d. 流速：0.5 mL/min；

e. 测定温度：室温。

3.4.4.2 色谱测定

根据样液中三氯杀螨醇含量情况，选定峰面积相近的标准工作溶液。标准工作溶液和样液中的三氯杀螨醇响应值均应在仪器检测线性范围内。对标准工作液和样液等体积参插进样测定。在上述色谱条件下，三氯杀螨醇保留时间约为5.5 min。

3.4.5 空白试验

除不加试样外，按上述测定步骤进行。

3.4.6 结果计算和表述

用色谱数据处理机或按下列公式计算：

$$X = \frac{A \cdot c \cdot V}{A_s \cdot m}$$

式中：X——试样中三氯杀螨醇残留量，mg/kg；

A——样液中三氯杀螨醇面积，mm^2；

A_s——标准工作液中三氯杀螨醇峰面积，mm^2；

c——标准工作液中三氯杀螨醇浓度，μg/mL；

V——样液最终定容体积，mL；

m——称取的试样量，g。

注：计算结果需扣除空白值。

4 测定低限，回收率

4.1 测定低限

本方法测定低限为0.1 mg/kg。

4.2 回收率

回收率的实验数据：三氯杀螨醇浓度在0.1～4.0 mg/kg范围内，回收率为79.4%～95.0%。

附加说明：

本标准由中华人民共和国国家进出口商品检验局提出。

本标准由中华人民共和国重庆进出口商品检验局负责起草。

本标准主要起草人刘尧志、张纯勇。

中华人民共和国进出口商品检验行业标准

出口水果中赤霉素残留量检验方法

SN 0350—95

Method for the determination of gibberellic acid residues in fruits for export

1 主题内容与适用范围

本标准规定了出口水果中赤霉素残留量检验的抽样、制样和荧光分光光度测定方法。

本标准适用于出口柑桔中赤霉素残留量的检验。

2 抽样和制样

2.1 检验批

以不超过1 500件为一检验批。

同一检验批的商品应具有相同的特征，如包装、标记、产地、规格和等级等。

2.2 抽样数量

批量，件	最低抽样数，件
1～25	1
26～100	5
101～250	10
251～1 500	15

2.3 抽样方法

按2.2规定的抽样件数随机抽取，逐件开启。每件至少取500 g。作为原始样品，原始样品总量不得少于2 kg。加封后，标明标记，及时送实验室。

2.4 试样制备

将所取混合原始样品缩分出1 kg，取可食部分，经组织捣碎机捣碎，均分成两份，装入洁净容器内，作为试样。密封，并标明标记。

2.5 试样保存

将试样于－18℃以下冷冻保存。

注：在抽样和制样的操作过程中，必须防止样品受到污染或发生残留物含量的变化。

3 测定方法

3.1 方法提要

以丙酮提取样品中赤霉素，然后用乙酸乙酯提取，再用缓冲溶液反提取后，在薄层层析板上除去干扰物质，最后用荧光分光光度法测定。

3.2 试剂和材料

3.2.1 丙酮：分析纯。

3.2.2 乙酸乙酯：分析纯。

3.2.3 硫酸：优级纯。

中华人民共和国国家进出口商品检验局1995-05-29批准　　　　1995-11-01实施

3.2.4 硫酸溶液:50%(V/V)。

3.2.5 乙醇:分析纯。

3.2.6 甲醇:分析纯。

3.2.7 缓冲溶液(pH7):溶解 6.7 g 分析纯磷酸二氢钾和 1.2 g 分析纯氢氧化钠在 1 000 mL 蒸馏水中。

3.2.8 展开剂:氯仿-乙酸乙酯-冰乙酸(10+4+1.6)。

3.2.9 乙醇-硫酸溶液:(9+1)。

3.2.10 硫酸溶液:85%(V/V),将 85 mL 硫酸缓慢加入 15 mL 蒸馏水中。

3.2.11 硅胶 G:薄层层析用。

3.2.12 赤霉素标准品:纯度≥95%。

3.2.13 赤霉素标准溶液:准确称取适量的赤霉素标准品,用甲醇配成浓度 1.00 mg/mL 的标准储备溶液,根据需要再配成适当浓度的标准工作溶液。

3.3 仪器和设备

3.3.1 荧光分光光度计:备有 10 mm 石英池。

3.3.2 锥形瓶:具磨口塞,500 mL。

3.3.3 组织捣碎机。

3.3.4 布氏漏斗。

3.3.5 振荡机。

3.3.6 圆底烧瓶:1 000 mL。

3.3.7 酸度计。

3.3.8 旋转蒸发器。

3.3.9 分液漏斗:250 mL。

3.3.10 涡旋混合器。

3.3.11 离心管:具磨口塞,5 mL、10 mL。

3.3.12 紫外灯:发射波长 365 nm。

3.3.13 硅胶薄层板的涂布:在 20 cm×20 cm 玻璃层析板上将硅胶 G(硅胶-水=1+3)涂布成 0.3 mm 的薄层板,自然干燥 30 min。于 110℃烘箱中活化 1 h,冷却后放置干燥器中备用。

3.3.14 微量注射器:25 μL。

3.4 测定步骤

3.4.1 提取

称取试样 100 g(精确到 0.1 g)于锥形瓶内,加 20 mL 蒸馏水和 125 mL 丙酮,振荡 30 min。混合物经布氏漏斗抽滤;试样和残渣放回锥形瓶中,再用 125 mL 丙酮重复振荡 15 min,再以铺有新滤纸的布氏漏斗抽滤。用 50 mL 丙酮洗涤锥形瓶并倒在滤渣上,抽滤,再用 100 mL 丙酮洗涤残渣并过滤。

3.4.2 净化

将丙酮-水提取液收集于 1 000 mL 圆底烧瓶中,在 30℃水浴上,用旋转蒸发器减压蒸发至丙酮完全除去。剩下的试样水溶液用折叠滤纸过滤,用 50 mL 蒸馏水洗涤烧瓶并通过同一滤器过滤,再用 2×10 mL蒸馏水洗涤滤纸。将滤液转入烧杯中,滴加 50%的硫酸溶液,调至 pH 为 2.5±0.2。将样液定量转入 250 mL 分液漏斗中,以少量蒸馏水洗涤烧杯。然后用 3×50 mL 乙酸乙酯提取,收集乙酸乙酯提取液于第二个分液漏斗中。再用 3×50 mL pH7 的缓冲溶液提取。弃去乙酸乙酯相。收集缓冲溶液提取液于 250 mL 烧杯中,用 50%的硫酸溶液调至 pH2.5±0.2,再将溶液转入第三个 250 mL 分液漏斗中,用 3×50 mL 乙酸乙酯提取。收集乙酸乙酯相,并通过折叠滤纸滤入 250 mL 圆底烧瓶中,于 30℃水浴中旋转蒸发至干。准确加入 1.0 mL 乙酸乙酯以溶解残留物。立即转入 5 mL 离心管,冰浴冷却 5 min,以 2 500 r/min离心 5 min。

3.4.3　薄层分离

在制备好的硅胶薄层板上，离底部 2 cm 的线上分别点加 25 μL 样液和 10 μL 赤霉素标准溶液（10 μL/mL）。自然干燥后放入装有新配制的氯仿-乙酸乙酯-冰乙酸（10+4+1.6）展开剂的密闭槽内，让展开剂上行展开 15 cm，取出。自然干燥后，用玻璃板遮住薄层展开后的样品部分，用乙醇-硫酸（9+1）溶液喷撒薄层展开后的标准样品部位，于 100℃烘箱中加热 10 min。冷却后，在暗室的紫外灯（发射波长 365 nm）下观察，以此来对照标出样品部分相应的赤霉素组分区。将样品的赤霉素组分区域刮下，转入 10 mL 离心管中，加 1 mL 蒸馏水，混合、溶解，置冰浴中冷却 5 min。同时吸取 2.0 mL 标准溶液（含赤霉素 2 μg）到第二个试管中，冰浴冷却 5 min，在每个试管中加入 5 mL 已冷却的 85％硫酸，继续在冰浴中冷却 10 min。取出试管，室温静置 1 h。供荧光分光光度法测定。

3.4.4　测定

3.4.4.1　荧光条件

a.　激发波长：416 nm。

b.　发射波长：462 nm。

3.4.4.2　荧光测定

分别将新制备的样品溶液和标准溶液装入清洁的石英池中，依次放入仪器内，测定每个溶液的荧光强度。

3.4.5　空白试验

除不加样品外，按上述测定步骤进行。

3.4.6　结果计算和表述

按下式计算：

$$X = \frac{E \cdot c \cdot V}{E_s \cdot m}$$

式中：X——试样中赤霉素残留量，mg/kg；

E——样液中赤霉素的荧光强度；

E_s——标准工作溶液中赤霉素的荧光强度；

c——标准工作溶液中赤霉素的浓度，μg/mL；

V——样液最终定容体积；

m——最终样液中所代表的试样量，g。

注：计算结果需扣除空白值。

4　方法的测定低限、回收率

4.1　测定低限：

本方法测定低限为 0.03 mg/kg。

4.2　回收率

回收率的实验数据：赤霉素添加浓度在 0.03～0.2 mg/kg 范围内，回收率为 87.7％～94.3％。

附加说明：

本标准由中华人民共和国国家进出口商品检验局提出。

本标准由中华人民共和国浙江进出口商品检验局负责起草。

本标准主要起草人郑自强、唐红芳。

主要参考文献：

FDA—PESTICIDE ANALYTICAL MANUAL Vol. 2，120.224，1985.

中华人民共和国出入境检验检疫行业标准

SN/T 0351—2009
代替 SN 0351—1995

进出口食品中丙线磷残留量检测方法

Determination of ethoprophos residues in foods for import and export

2009-07-07 发布 2010-01-16 实施

中华人民共和国国家质量监督检验检疫总局 发布

前 言

本标准代替 SN 0351—1995《出口粮谷中丙线磷残留检测方法》。

本标准与 SN 0351—1995 相比，主要变化如下：

——扩大了使用范围；

——增加了液相色谱-质谱/质谱确证方法；

——取消了 SN 0351—1995 的“2 抽样和制样”，增加了“试样制备与保存”；

——改进了样品前处理技术路线。

本标准附录 A 和附录 B 均为资料性附录。

本标准由国家认证认可监督管理委员会提出并归口。

本标准起草单位：中华人民共和国广东出入境检验检疫局、中华人民共和国浙江出入境检验检疫局、中华人民共和国北京出入境检验检疫局、中华人民共和国河北出入境检验检疫局。

本标准主要起草人：陈捷、谢建军、王岚、吴映旋、林海丹、郑自强、徐超一、王凤池。

本标准于 1995 年首次发布，本次为第一次修订。

进出口食品中丙线磷残留量检测方法

1 范围

本标准规定了进出口食品中丙线磷残留量检测的气相色谱测定和液相色谱-质谱/质谱确证方法。

本标准适用于大米、绿豆、菠菜、荷兰豆、柑橘、葡萄、板栗、茶叶、猪肉、鸡肉、猪肝、罗非鱼、蜂蜜中丙线磷残留量的测定和确证。

2 方法提要

样品经乙腈或乙酸乙酯提取后，通过固相萃取小柱净化，采用气相色谱（火焰光度检测器）测定，外标法定量。液相色谱-质谱/质谱确证。

3 试剂和材料

除另有规定外，试剂均为分析纯，水为去离子水。

3.1 丙酮。

3.2 乙酸乙酯。

3.3 正己烷。

3.4 乙腈：色谱纯。

3.5 甲醇。

3.6 无水硫酸钠：650 ℃灼烧 4 h，在干燥器内冷却至室温，储于密闭干燥器中备用。

3.7 氯化钠。

3.8 正己烷-丙酮（2＋1，体积比）：取正己烷 100 mL，加入 50 mL 丙酮，混匀。

3.9 丙线磷标准物质（$C_8H_{19}O_2PS_2$，CAS 编号 13194-48-4）：纯度大于等于 99.0%。

3.10 丙线磷标准储备液：准确称取适量丙线磷，用乙酸乙酯配制成浓度为 1.00 mg/mL 的标准储备液，于－18 ℃保存。

3.11 丙线磷标准中间溶液：准确吸取适量标准储备液，用乙酸乙酯稀释至浓度为 100.0 μg/mL 的标准中间溶液，于－18 ℃保存。

3.12 丙线磷标准工作液：使用前根据需要将标准中间溶液用乙酸乙酯稀释成适当浓度的标准工作液。

3.13 石墨化碳黑固相萃取柱：250 mg，3 mL，或相当者。

3.14 氟罗里硅土固相萃取柱：1 000 mg，3 mL，或相当者。

3.15 氨基固相萃取柱：200 mg，3 mL，或相当者。

3.16 CHROMABOND XTR 固相萃取柱：3 000 mg，15 mL，或相当者。

3.17 微孔滤膜：0.45 μm，有机系。

4 仪器和设备

4.1 气相色谱仪：配有火焰光度（FPD-P）检测器。

4.2 液相色谱-质谱/质谱联用仪：配有电喷雾离子源。

4.3 天平：感量 0.1 mg 和 0.01 g。

4.4 食品捣碎机。

4.5 高速均质机。

4.6 离心机:6 000 r/min。

4.7 旋转蒸发仪。

4.8 氮气吹干仪。

4.9 旋涡振荡器。

4.10 振荡器。

4.11 固相萃取装置。

4.12 容量瓶:25 mL。

4.13 具塞塑料离心管:50 mL,聚丙烯。

4.14 浓缩瓶:25 mL。

4.15 具塞玻璃刻度试管:5 mL。

5 样品制备与保存

5.1 样品制备

5.1.1 菠菜、荷兰豆、柑橘、葡萄

取有代表性样品约 500 g,将其可食用部分切碎后,用捣碎机加工成浆状。混匀,装入洁净容器,密闭,标明标记。

5.1.2 大米、绿豆、板栗、茶叶

取有代表性样品约 500 g,用粉碎机粉碎并通过孔径 2.0 mm 圆孔筛。混匀,装入洁净容器,密闭,标明标记。

5.1.3 猪肉、鸡肉、猪肝、罗非鱼

取有代表性样品约 500 g,剔骨去皮,用绞肉机绞碎,混匀,装入洁净容器,密闭,标明标记。

5.1.4 蜂蜜

取代表性样品约 500 g,对无结晶的蜂蜜样品将其搅拌均匀;对有结晶析出的蜂蜜样品,在密闭情况下,将样品瓶置于不超过 60 ℃的水浴中温热,振荡,待样品全部融化后搅匀,迅速冷却至室温,在融化时必须注意防止水分挥发。装入洁净容器,密封,标明标记。

5.2 试样保存

茶叶、蜂蜜、粮谷及坚果类等试样于 0 ℃～4 ℃保存;水果蔬菜类和动物源性食品等试样于－18 ℃以下冷冻保存。

在抽样及制样的操作过程中,应防止样品受到污染或发生残留物含量的变化。

6 测定步骤

6.1 提取

6.1.1 大米、绿豆、板栗

称取 5 g 试样(精确至 0.01 g)于 50 mL 离心管中,加 2 g 无水硫酸钠(3.6),加 15 mL 乙酸乙酯(3.2),匀质提取 1 min,振荡提取 20 min,4 000 r/min 离心 5 min,移取上清液于试管中,再分别用10 mL 乙酸乙酯洗涤残渣两次,合并提取液,45 ℃以下氮吹至约 2 mL,待净化。

6.1.2 菠菜、荷兰豆、柑橘、葡萄

称取 10 g 试样(精确至 0.01 g)于 50 mL 离心管中,加 10 g 无水硫酸钠,加 15 mL 乙酸乙酯,匀质提取 1 min,4 000 r/min 离心 5 min,移取上清液于 25 mL 容量瓶中,再用 10 mL 乙酸乙酯洗涤残渣一次,涡旋振荡 1 min,4 000 r/min 离心 5 min,合并提取液于容量瓶中,用乙酸乙酯定容至刻度。取 12.5 mL 提取液待净化。

6.1.3 猪肉、鸡肉、猪肝、罗非鱼肉

称取试样 5 g(精确至 0.01 g)于 50 mL 离心管中，加入 10 g 无水硫酸钠，15 mL 乙腈，匀质提取 1 min，6 000 r/min 离心 5 min，移取上清液于 25 mL 容量瓶中，再用 10 mL 乙腈萃取残渣一次，合并提取液于容量瓶中，用乙腈定容至刻度，移取 10 mL 提取液待净化。

6.1.4 茶叶

称取 1.0 g 试样(精确至 0.01 g)于 10 mL 离心管中，加 3 mL 水，浸泡 20 min，加 0.5 g 无水硫酸钠，振荡混匀，再分别用 2 mL 乙酸乙酯提取 3 次，旋涡振荡提取 1 min，4 000 r/min 离心 3 min，合并提取液，待净化。

6.1.5 蜂蜜

称取 2 g 试样(精确至 0.01 g)于 50 mL 离心管中，加 3 mL 水，0.5 g 氯化钠(3.7)，振荡混匀，过固相萃取柱(3.16)，保持 5 min 后，用 35 mL 乙酸乙酯淋洗，流速控制为 1 mL/min，滤液过无水硫酸钠收集于 50 mL 浓缩瓶中，在 45 ℃以下旋转浓缩至约 1 mL，待净化。

6.2 净化

6.2.1 大米、绿豆、菠菜、荷兰豆、柑橘、葡萄

石墨化碳黑固相萃取柱(3.13)用 2×2 mL 乙酸乙酯活化，弃去流出液。将待净化溶液过石墨化碳黑固相萃取柱，再用 2×2 mL 乙酸乙酯洗脱，流速控制为 1 mL/min，收集全部流出液于试管中，在 45 ℃以下氮吹至近干，用乙酸乙酯定容至 1.0 mL，待测。

6.2.2 猪肉、鸡肉、猪肝、罗非鱼、板栗

在氟罗里硅土固相萃取柱(3.14)上填装 0.5 g 无水硫酸钠，用 2×2 mL 乙腈(3.4)活化，弃去流出液。取 10 mL 待净化液过柱，用 3 mL 乙腈洗脱，收集全部流出液于 25 mL 浓缩瓶，在 45 ℃以下旋转浓缩至约 2 mL；再过石墨化碳黑固相萃取柱，在柱上填装 0.5 g 无水硫酸钠，用 2×2 mL 乙腈活化。将浓缩液过石墨化碳黑固相萃取柱，再用 3×1 mL 正己烷-丙酮(3.8)洗脱，流速控制为 1 mL/min，收集流出液于试管中，在 45 ℃以下氮吹至约 0.5 mL，用乙酸乙酯定容至 2.0 mL，过 0.45 μm 滤膜(3.17)后，待测。

6.2.3 茶叶

在石墨化碳黑固相萃取柱上填装 0.5 g 无水硫酸钠，用 2×2 mL 乙酸乙酯活化，弃去流出液。将待净化液过柱，用 2×2 mL 乙酸乙酯洗脱，流速控制为 1 mL/min，收集全部过柱溶液，在 45 ℃下吹氮浓缩至约 1 mL。氨基柱(3.15)先用 2×2 mL 正己烷-丙酮活化，将浓缩液过氨基柱后，3×1 mL 正己烷-丙酮洗脱，流速控制为 1 mL/min，收集全部流出液于试管中，在 45 ℃以下氮吹至约 0.5 mL，用乙酸乙酯定容至 1.0 mL，待测。

6.2.4 蜂蜜

在石墨化碳黑固相萃取柱上填装 0.5 g 无水硫酸钠，用 2×2 mL 乙酸乙酯活化，弃去流出液。将待净化浓缩液过石墨化碳黑固相萃取柱后，用 2×2 mL 乙酸乙酯洗脱，流速控制为 1 mL/min，收集全部过柱溶液于试管中，在 45 ℃下吹氮浓缩至约 0.5 mL，用乙酸乙酯定容至 2.0 mL，待测。

6.3 测定

6.3.1 气相色谱条件

a) 色谱柱：HP-5 毛细管柱，30 m×0.32 mm(内径)，0.25 μm，或性能相当者；

b) 升温程序：80 ℃(0.5 min) $\xrightarrow{20\ ℃/min}$ 140 ℃ $\xrightarrow{10\ ℃/min}$ 160 ℃(6 min) $\xrightarrow{25\ ℃/min}$ 270 ℃(5 min)；

c) 进样口温度：220 ℃；

d) 检测器温度：245 ℃；

e) 载气：氮气(纯度 99.999%)，流量 7.0 mL/min；

f) 进样模式：无分流进样；

g) 进样量：1.0 μL。

6.3.2 气相色谱测定

根据样液中丙线磷含量情况，选定峰面积相近的标准工作溶液。标准工作溶液和样液中丙线磷响应值均应在仪器检测线性范围内。标准工作溶液和样液等体积参插进样测定。在上述色谱条件下，丙线磷的保留时间约为 6.8 min。标准品的色谱图参见附录 A 中图 A.1。

6.4 定性确证

6.4.1 LC/MS-MS 质谱条件

6.4.1.1 液相色谱参考条件

a) 色谱柱：Discovery C_{18}柱，150 mm×2.1 mm(内径)，5 μm，或相当者；

b) 柱温：40 ℃；

c) 流动相：甲醇-水(50+50，体积比)；

d) 流速：0.30 mL/min；

e) 进样量：10 μL；

f) 梯度洗脱：见表 1。

表 1 流动相梯度表

时间/min	流速/(mL/min)	水/%	甲醇/%
0.00	0.30	50.0	50.0
3.00	0.30	5.0	95.0
4.00	0.30	5.0	95.0
4.10	0.30	50.0	50.0
10.0	0.30	50.0	50.0

6.4.1.2 质谱参考条件

a) 离子源：电喷雾离子源(ESI)；

b) 扫描方式：负离子扫描；

c) 检测方式：多反应选择离子检测(MRM)；

d) 电喷雾电压(IS)：4 500 V；

e) 雾化气、气帘气、辅助加热气、碰撞气均为高纯氮气及其他合适气体；使用前应调节各气体流量以使质谱灵敏度达到检测要求；

f) 辅助气温度(TEM)：350 ℃；

g) 定性离子对、定量离子对、采集时间、去簇电压及碰撞能量见表 2。

注：非商业性声明，质谱条件是在 API 3 000 液相色谱-质谱/质谱联用仪上完成，此处列出试验用仪器型号仅为提供参考，并不涉及商业目的，鼓励标准使用者尝试不同厂家或型号的仪器。

表 2 丙线磷定性离子对、去簇电压及碰撞能

被测物名称	定性离子对(m/z)	采集时间/ms	去簇电压/V	碰撞能量/V
丙线磷	243.1/97.2	200	70	45
	243.1/130.8			20

6.4.2 液相色谱-质谱/质谱法定性确证

当进行 GC 样品测定时，检出试样中丙线磷残留量大于方法检测限时，取 0.5 mL 气相色谱上机测定溶液，用氮气吹干，用甲醇稀释到适当浓度，以 LC-MS/MS 法定性确证。被测组分选择 1 个母离子，2 个以上子离子，在相同实验条件下，如果样品中待检测物质与标准溶液中对应的保留时间偏差在±2.5%之内；且样品谱图中各组分定性离子的相对丰度与浓度接近的标准溶液谱图中对应的定性离子

的相对丰度进行比较，偏差不超过表3规定的范围，被确证的样品可判定为丙线磷阳性检出。丙线磷标准品的子离子全扫描质谱图和多反应监测(MRM)色谱图参见附录B中图B.1、图B.2。

表3 定性确证时相对离子丰度的最大允许偏差

相对离子丰度/%	>50	>20～50	>10～20	≤10
允许的相对偏差/%	±20	±25	±30	±50

6.5 空白试验

除不加试样外，按上述测定步骤进行。

7 结果计算和表述

用色谱数据处理机或按式(1)计算试样中丙线磷的残留含量，计算结果需扣除空白值。

$$X=\frac{A\times c\times V}{A_s\times m} \quad \cdots\cdots(1)$$

式中：

X——试样中丙线磷含量，单位为微克每千克(μg/kg)；

A——样液中丙线磷的峰面积；

c——标准工作溶液中丙线磷浓度，单位为微克每升(μg/L)；

V——最终样液的定容体积，单位为毫升(mL)；

A_s——标准工作溶液中丙线磷的峰面积；

m——最终样液所代表试样质量，单位为克(g)。

8 测定低限和回收率

8.1 测定低限

丙线磷在大米、绿豆、菠菜、荷兰豆、柑橘、葡萄、板栗和茶叶中的测定低限均为5.0 μg/kg、在猪肉、鸡肉、猪肝、罗非鱼和蜂蜜中测定低限均为10 μg/kg。

8.2 回收率

丙线磷添加浓度及回收率的数据见表4。

表4 丙线磷的回收率

样品名称	添加浓度/(μg/kg)	回收率范围/%
大米	5.0	98.0～100
	20.0	80.0～81.5
	100	88.6～99.7
绿豆	5.0	94.0～100
	20.0	98.5～102
	100	90.8～97.0
菠菜	5.0	84.0～116
	20.0	89.0～104
	100	101.0～112
荷兰豆	5.0	86.0～90.0
	20.0	96.0～100
	100	88.5～92.5

表 4（续）

样品名称	添加浓度/(μg/kg)	回收率范围/%
柑橘	5.0	80.0～88.0
	20.0	80.5～92.5
	100	87.0～99.1
葡萄	5.0	82.0～90.0
	20.0	85.0～95.5
	100	88.6～98.8
猪肉	10	93.0～110
	50	82.4～83.6
	200	80.0～94.8
鸡肉	10	85.0～101
	50	81.0～100
	200	86.1～96.2
罗非鱼	10	79.8～99.3
	50	80.4～102
	200	81.4～92.8
茶叶	5	98.0～106
	20	100～104
	100	82.7～89.9
板栗	10	84.2～91.8
	50	80.1～92.0
	200	80.3～81.5
猪肝	10	88.3～101
	50	80.8～87.0
	200	80.0～88.9
蜂蜜	10	93.0～110
	50	76.2～83.6
	200	79.8～90.5

附 录 A
（资料性附录）
丙线磷的标准物质气相色谱图

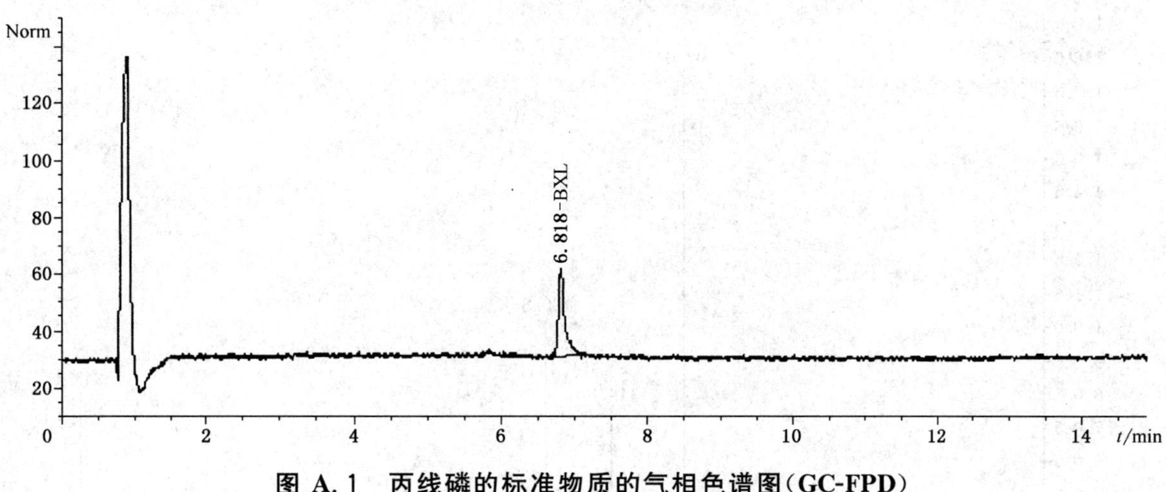

图 A.1 丙线磷的标准物质的气相色谱图(GC-FPD)

附 录 B
（资料性附录）
丙线磷标准物质 LC-MS/MS 质谱图和色谱图

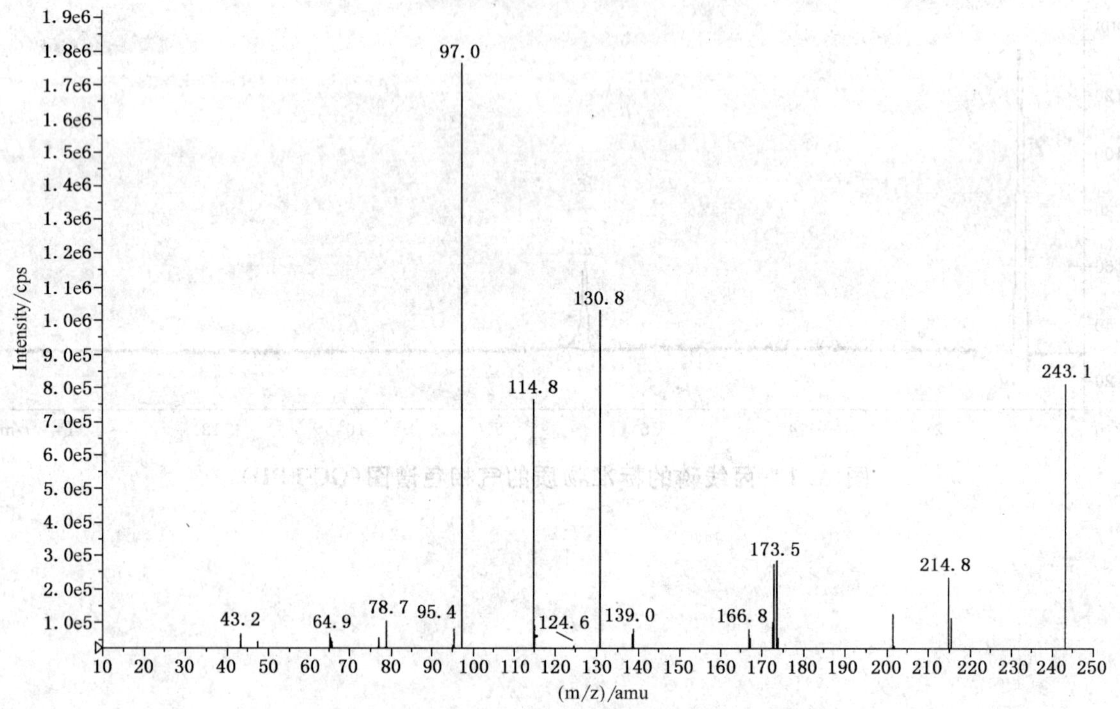

图 B.1 丙线磷标准物质子离子全扫描质谱图

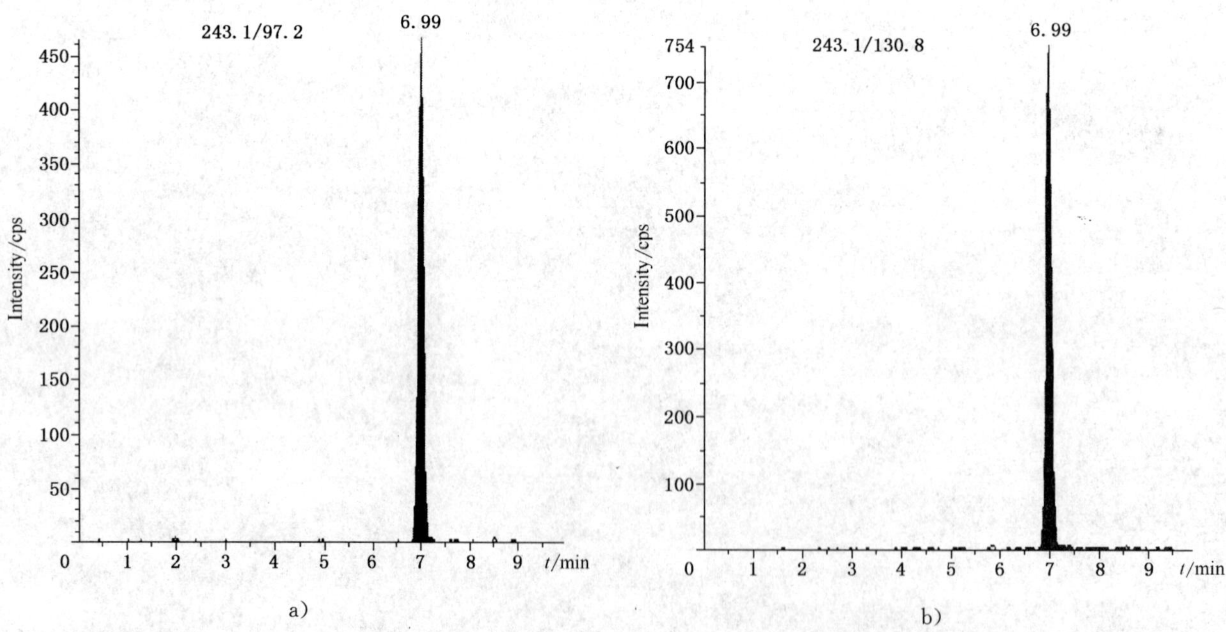

图 B.2 丙线磷标准物质多反应监测(MRM)色谱图(5 μg/L)

中华人民共和国进出口商品检验行业标准

出口粮谷中完灭硫磷残留量检验方法

SN 0488—1995

Method for determination of vamidothion residues in cereals for export

1 主题内容与适用范围

本标准规定了出口粮谷中完灭硫磷残留量检验的抽样、制样和气相色谱测定方法。

本标准适用于出口糙米中完灭硫磷残留量的检验。

2 抽样和制样

2.1 检验批

以不超过 4 000 袋(200 t)为一检验批。

同一检验批的商品应具有相同的特征,如包装、标记、产地、规格和等级等。

2.2 抽样数量

按一批总袋数的平方根〔式(1)〕抽取:

$$a = \sqrt{N} \qquad \cdots\cdots(1)$$

式中:N——全批袋数;

a——抽样袋数。

注:a 值取整数,小数部分向前进位为整数。

2.3 抽样工具

2.3.1 金属单管取样器:全长 55 cm(包括手柄),直径 1.5 cm,沟槽长度应超过袋对角线长度的一半。

2.3.2 取样铲。

2.3.3 分样板。

2.3.4 样品筒(袋):可密封。

2.3.5 分样布或适用铺垫物。

2.4 抽样方法

2.4.1 倒包抽样:从堆垛的各部位随机抽取 2.2 规定的应抽样件数的 10%(每批一般不少于 3 袋),将袋口缝线全部拆开,平置于分样布或其他洁净的铺垫物上,双手紧握袋底两角,提起约成 45°倾角,倒拖 1 m 以上,使袋内货物全部倒出。检查货物的外观、气味、有无发霉、变质等,并查看袋内和袋间品质是否均匀。确认情况正常后,用取样铲随机在各部位抽取样品,立即将样品倒入盛样器内。每袋抽取样品数量应基本一致。

2.4.2 袋内抽样:按 2.2 规定的应抽样袋数的 90%,在堆垛四周上、中、下各层以曲线形走向随机抽取。将取样器(2.3.1)管槽朝下,从每袋一角依斜对角方向插入袋内,然后将管槽旋转朝上,抽出取样器,立即将样品倒入盛样容器内。每袋抽取样品数量应与 2.4.1 基本一致。

中华人民共和国国家进出口商品检验局 1995-11-28 批准　　　　1996-01-01 实施

每批样品总量应不少于 4 kg。

2.4.3　大样缩分

集中袋内和倒包抽样所取全部样品，倒于分样布上，用分样板按四分法缩分出样品不少于 2 kg，放入盛样器内，加封后标明标记并及时送交实验室。

2.5　试样制备

将样品按四分法缩分至 1 kg，全部磨碎并通过 20 目筛，混匀，均分成两份，装入洁净的容器内，密封，标明标记。

2.6　试样保存

将试样于 −5℃以下避光保存。

注：在抽样和制样的操作过程中，必须防止样品受到污染或发生残留物含量的变化。

3　测定方法

3.1　方法提要

糙米中残留的完灭硫磷采用丙酮提取，经液-液分配转入二氯甲烷提取液中。提取液经高锰酸钾溶液氧化，完灭硫磷及其亚砜全部被氧化成完灭硫磷砜，用配有电子俘获检测器的气相色谱仪测定，外标法定量。

3.2　试剂和材料

除另有规定外，试剂均为分析纯，水为蒸馏水或相应的去离子水。

3.2.1　丙酮：重蒸馏。

3.2.2　正己烷：重蒸馏。

3.2.3　无水硫酸钠：650℃灼烧 4 h，冷却后贮于密封容器中备用。

3.2.4　二氯甲烷：重蒸馏，收集 39～41℃馏分。

3.2.5　缓冲液：取 13.62 g 磷酸二氢钾和 2.36 g 氢氧化钠，用水溶解并定容至 1 000 mL(pH7.0)。

3.2.6　高锰酸钾溶液：浓度为 2 g/L 的水溶液。

3.2.7　完灭硫磷标准品：纯度≥99%。

3.2.8　完灭硫磷标准溶液：准确称取适量的完灭硫磷标准品，用少量的丙酮溶解。然后用丙酮配制成浓度为 0.100 mg/mL 的储备液。根据需要，移取一定量稀释液按测定步骤 3.4.3 氧化后制成标准工作液。

3.3　仪器和设备

3.3.1　气相色谱仪，配有电子俘获检测器。

3.3.2　振荡器。

3.3.3　离心机与离心管(具塞，50 mL)。

3.3.4　旋转蒸发器。

3.3.5　旋涡混合器。

3.3.6　空气流浓缩装置。

3.3.7　无水硫酸钠柱：6 cm×1.8 cm(id)，内装 5 cm 高的无水硫酸钠。

3.3.8　微量注射器：10 μL。

3.3.9　脱脂棉：用正己烷回流 2 h，取出，挥发至干，保存在清洁容器中备用。

3.4　测定步骤

3.4.1　提取

称取约 20 g 试样，精确至 0.1 g，置于 250 mL 锥形瓶中，加入 70 mL 丙酮，振荡 30 min，过滤。滤液收集于 100 mL 的容量瓶中。于残渣中再加入 20 mL 丙酮，振荡 30 min，过滤。滤液并入 100 mL 容量瓶中，并以丙酮稀释定容。

3.4.2　净化

准确吸取10.0 mL提取液于具塞离心管中，在25℃的水浴中用旋转蒸发器蒸去有机溶剂。残渣以20 mL水溶解，然后加入10 mL正己烷，在旋涡混合器上混合1 min，再在离心机上以1 000 r/min离心0.5 min。用尖嘴吸管吸出上层有机相，弃去。再用10 mL正己烷同上述方法洗涤水相一次。于水相中加入10 mL二氯甲烷，剧烈振摇1 min。离心后，将下层二氯甲烷层用尖嘴吸管吸入另一离心管中。水相中再加入10 mL二氯甲烷，按上法操作重复两次，合并二氯甲烷提取液。

3.4.3 氧化

将上述溶液在25℃旋转蒸发器上浓缩至近干。用2 mL丙酮溶解残渣，并将其移入125 mL分液漏斗中。用5 mL缓冲液洗涤离心管，洗液并入分液漏斗中。加入20 mL高锰酸钾溶液(2 g/L)，剧烈振荡后放置15 min。加入10 mL二氯甲烷和8 mL水，充分振荡后放置30 min。分出下层(二氯甲烷层)，过无水硫酸钠柱脱水。再用10 mL二氯甲烷，按上述操作重复二次。合并二氯甲烷层。用少量二氯甲烷洗涤无水硫酸钠柱，洗液并入合并的二氯甲烷中。

将上述溶液在25℃旋转蒸发器上浓缩至近干，取下，再在空气流下吹干。加入1.0 mL丙酮，溶解残渣，供气相色谱测定用。

3.4.4 测定

3.4.4.1 色谱条件

a. 色谱柱：石英毛细管柱，0.53 mm(id)×25 m，“农残Ⅱ号”，或相当者。

b. 载气：氮气，纯度≥99.99%，2.0 mL/min。

c. 辅助气：氮气，40 mL/min。

d. 色谱柱温度：180℃。

e. 进样口温度：200℃。

f. 检测器温度：280℃。

g. 进样量：1 μL。

3.4.4.2 色谱测定

根据试样中被测农药含量情况，选定浓度相近的标准工作液。标准工作液和待测样液中农药的响应值均应在仪器检测的线性范围内。对标准工作液与样液等体积参插进样测定。在上述色谱条件下，完灭硫磷砜的保留时间约为7 min。

3.4.5 空白试验

除不称取试样外，均按上述测定步骤进行。

3.5 结果计算和表达

用色谱数据处理机或按式(2)计算试样中完灭硫磷的残留含量：

$$X = \frac{h \cdot c \cdot V}{h_s \cdot m} \qquad \cdots\cdots(2)$$

式中：X——试样中完灭硫磷含量，mg/kg；

h——样液中完灭硫磷砜的色谱峰高，mm；

h_s——标准工作液中完灭硫磷砜的色谱峰高，mm；

c——标准工作液中完灭硫磷的浓度，μg/mL；

V——样液最终定容体积，mL；

m——最终样液所代表的试样量，g。

注：计算结果需将空白值扣除。

4 测定低限、回收率

4.1 测定低限

本方法测定低限为 0.04 mg/kg。

4.2 回收率

回收率的实验数据：完灭硫磷添加浓度在 0.04～1.0 mg/kg 范围内，回收率为 92.8%～103.1%。

附加说明：

本标准由中华人民共和国国家进出口商品检验局提出。

本标准由中华人民共和国上海进出口商品检验局负责起草。

本标准主要起草人朱坚、张静。

中华人民共和国进出口商品检验行业标准

出口粮谷中甲基克杀螨残留量检验方法

SN 0489—1995

Method for the determination of chinomethionat residues in cereals for export

1 主题内容与适用范围

本标准规定了出口粮谷中甲基克杀螨残留量检验的抽样、制样和气相色谱测定方法。

本标准适用于出口糙米中甲基克杀螨残留量的检验。

2 抽样和制样

2.1 检验批

以不超过 4 000 袋(200 t)为一检验批。

同一检验批的商品应具有相同的特征,如包装、标记、产地、规格、等级等。

2.2 抽样数量

按一批总袋数的平方根[式(1)]抽取。

$$a = \sqrt{N} \qquad \cdots\cdots(1)$$

式中:N——全批袋数;

a——抽样袋数。

注:a 值取整数,小数部分向前进位为整数。

2.3 抽样工具

2.3.1 金属单管取样器:全长 55 cm(包括手柄),直径 1.5 cm,沟槽长度应超过袋对角线长度的一半。

2.3.2 取样铲。

2.3.3 分样板。

2.3.4 样品筒(袋):可密封。

2.3.5 分样布或适用铺垫物。

2.4 抽样方法

2.4.1 倒包抽样:从堆垛的各部位随机抽取 2.2 规定的应抽样件数的 10%(每批一般不少于 3 袋),将袋口缝线全部拆开,平置于分样布或其他洁净的铺垫物上,双手紧握袋底两角,提起约成 45°倾角,倒拖 1 m 以上,使袋内货物全部倒出。检查货物的外观、气味、有无发霉、变质等,并查看袋内和袋间品质是否均匀。确认情况正常后,用取样铲随机在各部位抽取样品,立即将样品倒入盛样器内。每袋抽取样品的数量应基本一致。

2.4.2 袋内抽样:按 2.2 规定的应抽样袋数的 90%,在堆垛四周上、中、下各层以曲线形走向随机抽取。将取样器管槽朝下,从每袋一角依斜对角方向插入袋内,然后将管槽旋转朝上,抽出取样器,立即将样品倒入盛样容器内。每袋抽取样品数量应与 2.4.1 基本一致。

中华人民共和国国家进出口商品检验局1995-11-28批准 1996-01-01实施

每批样品总量应不少于 4 kg。

2.4.3 大样缩分

集中袋内和倒包抽样所取全部样品，倒于分样布上，用分样板按四分法缩分出样品不少于 2 kg，加封后标明标记并及时送交实验室。

2.5 试样制备

将样品按四分法缩分至 1 kg，全部磨碎并通过 20 目筛，混匀，均分成两份，装入洁净的容器内，密封，标明标记。

2.6 试样保存

将试样于－5℃以下避光保存。

注：在抽样和制样的操作过程中，必须防止样品受到污染或发生残留物含量的变化。

3 测定方法

3.1 方法提要

糙米中残留的甲基克杀螨用丙酮提取，经弗罗里硅土柱净化，用乙酸乙酯-正己烷混合液洗脱，洗脱液用配有火焰光度检测器、硫滤光片(FPD,S 型)的气相色谱仪测定，外标法定量。

3.2 试剂和材料

除特殊规定外，试剂均为分析纯，水为蒸馏水或相应的去离子水。

3.2.1 丙酮：重蒸馏。

3.2.2 正己烷：重蒸馏。

3.2.3 乙酸乙酯：重蒸馏。

3.2.4 无水硫酸钠：650℃灼烧 4 h，冷却后贮于密闭瓶中备用。

3.2.5 弗罗里硅土：层析用，650℃灼烧 4 h，用前于 130℃干燥 4 h，存于干燥器中，可用 2 d。

3.2.6 甲基克杀螨标准品：纯度≥99%。

3.2.7 甲基克杀螨标准溶液：准确称取适量的甲基克杀螨标准品，用少量苯溶解，然后用正己烷配制成浓度为 0.100 mg/mL 的标准储备液，根据需要再用正己烷配制成适用浓度的标准工作溶液。

3.3 仪器和设备

3.3.1 气相色谱仪，带有火焰光度检测器(FPD)，硫滤光片(394 nm)。

3.3.2 振荡器。

3.3.3 离心管：具塞，50 mL。

3.3.4 旋转蒸发器。

3.3.5 氮气流浓缩装置。

3.3.6 微量注射器：10 μL。

3.3.7 脱脂棉：用正己烷回流 2 h，取出，挥发至干，保存在清洁容器中备用。

3.3.8 层析柱：15 cm×0.5 cm(id)，带有 10 mL 储液斗。于层析柱的下端填入少量脱脂棉，依次装入 0.5 cm 高的无水硫酸钠，2 g 弗罗里硅土和 1 cm 高的无水硫酸钠。使用前制备。

3.4 测定步骤

3.4.1 提取

称取试样约 20 g(精确至 0.1 g)于锥形瓶中，加入 50 mL 丙酮，振荡 45 min，用滤纸过滤，滤液收集于 100 mL 容量瓶中。残渣再用 30 mL 丙酮于锥形瓶中振荡 30 min，过滤，滤液并入 100 mL 容量瓶中。残渣用少量丙酮洗涤，洗液经过滤后并入 100 mL 容量瓶中，用丙酮定容。

3.4.2 净化

准确吸取 5.0 mL 提取液于离心管中，在 40℃旋转蒸发器上浓缩至近干，再在氮气流下吹干。加入 1 mL 正己烷溶解，备用。

用5 mL正己烷预淋层析柱，弃去流出液。待液面下降至上层无水硫酸钠表面时，将上述1 mL正己烷试液倒入柱内，并用乙酸乙酯和正己烷的混合溶液（1＋50）洗涤器皿后倒入柱内。弃去开始流出的9 mL，收集随后流出的12 mL。将收集液在40℃旋转蒸发器上浓缩至近干，再在氮气流下吹干。准确加入0.20 mL正己烷以溶解残留物，供气相色谱测定。

3.4.3 测定

3.4.3.1 色谱条件

a. 色谱柱：玻璃填充柱，2 m×2 mm(id)，5%(m/m)SE-30/Chromosorb W HP 80～100目；

b. 载气：氮气，纯度≥99.99%，40 mL/min；

c. 氢气：75 mL/min；

d. 空气：100 mL/min；

e. 色谱柱温度：225℃；

f. 进样口温度：250℃；

g. 检测器温度：250℃；

h. 进样量：5 μL。

3.4.3.2 色谱测定

根据试样中被测农药含量情况，选定峰高相近的标准工作溶液。标准工作溶液和待测样液中农药的响应值均应在仪器检测的线性范围内。对标准工作液与样液应等体积参插进样测定。在上述色谱条件下，甲基克杀螨保留时间约为2.6 min。

3.4.4 空白试验

除不称取试样外，均按上述测定步骤进行。

3.5 结果计算和表述

用色谱数据处理机或按式(2)计算试样中甲基克杀螨残留：

$$X = \frac{\sqrt{A} \cdot c_s}{\sqrt{A_s} \cdot c} \qquad \cdots\cdots(2)$$

式中：X——试样中甲基克杀螨含量，mg/kg；

A——样液中甲基克杀螨色谱峰面积（或峰高），mm^2（或mm）；

A_s——标准工作液中甲基克杀螨色谱峰面积（或峰高），mm^2（或mm）；

c_s——标准工作液中甲基克杀螨的浓度，μg/mL；

c——最终样液所代表的试样浓度，g/mL。

注：计算结果需扣除空白值。

4 测定低限、回收率

4.1 测定低限

本方法测定低限为0.02 mg/kg。

4.2 回收率

回收率的实验数据：甲基克杀螨添加浓度在0.02～1.00 mg/kg范围内，回收率为95.3%～105.9%。

附加说明：

本标准由中华人民共和国国家进出口商品检验局提出。

本标准由中华人民共和国上海进出口商品检验局负责起草。

本标准主要起草人蔡则慈、陈斌。

中华人民共和国进出口商品检验行业标准

出口粮谷中抑菌灵残留量检验方法

SN 0491—1995

Method for the determination of dichlofluanid residues in cereals for export

1 主题内容与适用范围

本标准规定了出口粮谷中抑菌灵残留量检验的抽样、制样和气相色谱测定方法。

本标准适用于出口糙米中抑菌灵残留量的检验。

2 抽样和制样

2.1 检验批

以不超过 4 000 袋(200t)为一检验批。

同一检验批的商品应具有相同的特征,如包装、标记、产地、规格和等级等。

2.2 抽样数量

按一批总袋数的平方根〔式(1)〕抽取:

$$a=\sqrt{N} \quad \cdots\cdots (1)$$

式中:N——全批袋数;

a——抽样袋数。

注:a 值取整数,小数部分向前进位为整数。

2.3 取样工具

2.3.1 金属单管取样器:全长 55cm(包括手柄),直径 1.5cm,沟槽长度应超过袋对角线长度的一半。

2.3.2 取样铲。

2.3.3 分样板。

2.3.4 样品筒(袋):可密封。

2.3.5 分样布或适用铺垫物。

2.4 抽样方法

2.4.1 倒包抽样

从堆垛的各部位随机抽取 2.2 规定的应抽样件数的 10%(每批一般不少于 3 袋)。将袋口缝线全部拆开,平置于分样布或其他洁净的铺垫物上,双手紧握袋底两角,提起约成 45°倾角,倒拖 1 m 以上,使袋内货物全部倒出。检查货物的外观、气味、有无发霉、变质等,并查看袋内和袋间品质是否均匀。确认情况正常后,用取样铲随机在各部位抽取样品,立即将样品倒入盛样器内。每袋抽取样品数量应基本一致。

2.4.2 袋内抽样

按 2.2 规定的应抽样袋数的 90%,在堆垛四周上、中、下各层以曲线形走向随机抽取。将取样器(2.3.1)管槽朝下,从每袋一角依斜对角方向插入袋内,然后将管槽旋转朝上,抽出取样器,立即将样品

中华人民共和国国家进出口商品检验局1995-11-28批准　　1996-01-01实施

倒入盛样容器内。每袋抽取样品数量应与 2.4.1 基本一致。

每批样品总量应不少于 4 kg。

2.4.3 大样缩分

集中袋内和倒包抽样所取全部样品，倒于分样布上，用分样板按四分法缩分出样品不少于 2 kg，装入盛样容器内，加封后标明标记并及时送交实验室。

2.5 试样制备

将所取原始样品，用四分法缩分至 0.5～1.0 kg，用粉碎机全部粉碎并通过 20 目筛，混匀后均分成两份，装入洁净容器内，作为试样。密封，并标明标记。

2.6 试样保存

将试样于低温(－5℃)避光保存。

注：在抽样和制样的操作过程中，必须防止样品受到污染或发生残留物含量的变化。

3 测定方法

3.1 方法提要

试样中的抑菌灵用丙酮提取，经 7%水脱活的中性氧化铝净化，石油醚定容后，用配有电子俘获检测器的气相色谱仪检测，外标法定量。

3.2 试剂和材料

3.2.1 丙酮：分析纯，重蒸馏。

3.2.2 乙醚：分析纯，重蒸馏。

3.2.3 石油醚：分析纯，重蒸馏。

3.2.4 无水硫酸钠：分析纯，650℃灼烧 4 h，冷却后贮于密闭容器中。

3.2.5 中性氧化铝：层析用，100～200 目，500℃灼烧 4 h，冷却后贮于密闭容器中。用前加 7%水充分混匀，平衡过夜，待用。

3.2.6 抑菌灵标准品：纯度≥99.5%。

3.2.7 抑菌灵标准溶液：准确称取适量的抑菌灵标准品，用石油醚配制成浓度为 1.00mg/mL 的标准储备溶液，根据需要再配成适当浓度的标准工作溶液。

3.3 仪器和设备

3.3.1 气相色谱仪并配有电子俘获检测器。

3.3.2 微型混合器。

3.3.3 离心机。

3.3.4 恒温水浴锅。

3.4 测定步骤

3.4.1 提取

称取试样约 1.0 g(精确到 0.01 g)于 5mL 离心管内，加 2.5 mL 丙酮浸泡 20 min，然后置于微型混合器上混匀 1 min，以 2 000 r/min 离心 3 min。轻轻取出离心管，将上清液小心地倾移到另一 5 mL 具塞离心管中。残渣再用 2.5 mL 丙酮再提取一次，合并提取液。

3.4.2 净化

将盛有提取液的离心管于 45℃水浴中，在氮气流下挥发至近干，取下，冷却至室温。用 4.0 mL 乙醚溶解残渣，加入 1.5 g 经 7%水脱活的中性氧化铝，迅速在微量混合器上混匀 0.5 min，2 000r/min 离心 1 min。立即取上清液 2.0 mL，放于另一离心管中，在 40℃水浴中，于氮气流下挥发至近干，用 1.0 mL 石油醚溶解残渣，加入 0.5 g 无水硫酸钠脱水后，供气相色谱测定。

3.4.3 测定

3.4.3.1 色谱条件

a. 色谱柱：玻璃柱 1 m×2 mm(id)，1.95% OV-210—1.5% OV-17 涂于 Chromosorb W HP(80～100)。

b. 色谱柱温度：200℃。

c. 进样口温度：230℃。

d. 检测器温度：230℃。

e. 载气：氮气，纯度≥99.99%，40 mL/min。

3.4.3.2 色谱测定

根据样液中抑菌灵含量情况，选定峰高相近的标准工作溶液。标准工作溶液和样液中抑菌灵响应值均应在仪器检测线性范围内。对标准工作溶液和样液等体积参插进样测定。在上述色谱条件下，抑菌灵保留时间约为 5.3 min。

3.4.4 空白试验

除不加试样外，按上述测定步骤进行。

3.5 结果计算和表述

用色谱数据处理机或按式(2)计算：

$$X=\frac{h \cdot c \cdot V}{h_s \cdot m} \qquad \cdots\cdots(2)$$

式中：X——试样中抑菌灵含量，mg/kg；

h——样液中抑菌灵的峰高，mm；

h_s——标准工作溶液中抑菌灵的峰高，mm；

c——标准工作溶液中抑菌灵的浓度，μg/mL；

V——样液最终定容体积，mL；

m——最终样液所代表的试样量，g。

注：计算结果需扣除空白值。

4 测定低限、回收率

4.1 测定低限

本方法测定低限为 0.02mg/kg。

4.2 回收率

回收率的实验数据：抑菌灵添加浓度在 0.02～0.2mg/kg 范围，回收率为 85.6%～95.5%。

附加说明：

本标准由中华人民共和国国家进出口商品检验局提出。

本标准由中华人民共和国河北进出口商品检验局负责起草。

本标准主要起草人任世国、段文仲、李冀伟。

中华人民共和国进出口商品检验行业标准

出口粮谷中禾草丹残留量检验方法

SN 0492—1995

Method for the determination of thiobencarb residues in cereals for export

1 主题内容与适用范围

本标准规定了出口粮谷中禾草丹残留量检验的抽样、制样和气相色谱测定方法。

本标准适用于出口糙米中禾草丹残留量的检验。

2 抽样和制样

2.1 检验批

以不超过 4000 袋(200t)为一检验批。

同一检验批的商品应具有相同特征,如包装、标记、产地、规格和等级等。

2.2 抽样数量

按一批总袋数的平方根〔式(1)〕抽取:

$$a=\sqrt{N} \quad \cdots\cdots (1)$$

式中:N——全批袋数;

a——抽样袋数。

注:a 值取整数,小数部分向前进位为整数。

2.3 抽样工具

2.3.1 金属单管取样器:全长 55cm(包括手柄),直径 1.5cm,沟槽长度应超过袋对角线长度的一半。

2.3.2 取样铲。

2.3.3 分样板。

2.3.4 样品筒(袋):可密封。

2.3.5 分样布或适用铺垫物。

2.4 抽样方法

2.4.1 倒包抽样:从堆垛的各部位随机抽取 2.2 规定的应抽样件数的 10%(每批一般不少于 3 袋),将袋口缝线全部拆开,平置于分样布或其他洁净的铺垫物上,双手紧握袋底两角,提起约成 45°倾角,倒拖 1 m 以上,使袋内货物全部倒出。检查货物的外观、气味、有无发霉、变质等,并查看袋内和袋间品质是否均匀。确认情况正常后,用取样铲随机在各部位抽取样品,立即将样品倒入盛样器内,每袋抽取样品数量应基本一致。

2.4.2 袋内抽样:按 2.2 规定的应抽样袋数的 90%,在堆垛四周的上、中、下各层以曲线形走向随机抽取。将取样器(2.3.1)管槽朝下,从每袋一角依斜对角方向插入袋内,然后将管槽旋转朝上,抽出取样器,立即将样品倒入盛样容器内。每袋抽取样品数量应与 2.4.1 基本一致。

每批样品总量应不少于 4 kg。

2.4.3 大样缩分

中华人民共和国国家进出口商品检验局 1995-11-28 批准　　1996-01-01 实施

集中袋内和倒包抽样所取全部样品，倒于分样布上，用分样板按四分法缩分出样品不少于2 kg，装于盛样容器内，加封后标明标记并及时送交实验室。

2.5 试样制备

将样品按四分法缩分至1 kg，全部磨碎并通过20目筛。混匀，均分成两份，装入洁净的容器内，密封，标明标记。

2.6 试样保存

将试样于－5℃以下避光保存。

注：在抽样及制样的操作过程中，必须防止样品受到污染或发生残留物含量的变化。

3 测定方法

3.1 方法提要

糙米中残留的禾草丹采用丙酮-水(3＋1)混合液提取，经与石油醚-乙醚(1＋1)液-液分配，再以弗罗里硅土层析柱净化，用配有火焰光度检测器的气相色谱仪测定，标准曲线法定量。

3.2 试剂和材料

除特殊规定外，所有试剂均为分析纯，水为蒸馏水。

3.2.1 丙酮。

3.2.2 石油醚。

3.2.3 乙醚。

3.2.4 氯化钠溶液：5%(*m/V*)，将50 g氯化钠(G.R.)溶于水中，并稀释至1000 mL。

3.2.5 无水硫酸钠：650℃灼烧4 h。冷却后贮于密封容器中备用。

3.2.6 弗罗里硅土：层析用，80～100目，650℃灼烧4 h，用前在130℃活化3 h，加入5%(*m/m*)水脱活，冷却后贮于密封容器中备用。

3.2.7 禾草丹标准品：纯度≥99%。

3.2.8 禾草丹标准溶液：准确称取适量禾草丹标准品，用少量丙酮溶解，并以丙酮配制成浓度为1.00mg/mL的标准储备液。根据需要再配制成适用浓度的标准工作溶液。

3.3 仪器和设备

3.3.1 气相色谱仪：配有火焰光度检测器，硫滤光片394 nm。

3.3.2 振荡器。

3.3.3 旋转蒸发器。

3.3.4 无水硫酸钠柱：7.5 cm×1.5 cm(id)，内装5 cm高的无水硫酸钠。

3.3.5 玻璃层析柱：25 cm×1.5 cm(id)，自下而上依次填装2 cm高无水硫酸钠，10 g弗罗里硅土，2 cm高无水硫酸钠。使用前用50 mL石油醚预淋洗。

3.4 测定步骤

3.4.1 提取

称取试样约50 g(精确至0.1 g)于具塞锥形瓶中，加入80 mL丙酮-水(3＋1)混合液，振荡提取30 min。将提取液过滤于250 mL分液漏斗中，并用40 mL丙酮-水(3＋1)混合液分三次洗涤残渣，洗液并入分液漏斗中。

3.4.2 净化

加入40 mL石油醚-乙醚(1＋1)混合液和150 mL氯化钠溶液于分液漏斗中，振摇3 min。静置分层，收集上层有机相。水相再用2×40 mL石油醚-乙醚(1＋1)混合液重复提取两次。合并有机相，经无水硫酸钠柱脱水。流出液收集于蒸发瓶中，于40℃水浴中，旋转浓缩至近干。加入5 mL石油醚溶解残渣。将上述溶解液倾入玻璃层析柱中，用50 mL石油醚洗涤，弃去流出液。然后用100 mL乙醚-石油醚(3＋7)混合液洗脱，收集全部洗脱液于蒸发瓶中。于40℃水浴中旋转浓缩至约1 mL，用丙酮定容至

5.00 mL，供气相色谱测定。

3.4.3 测定

3.4.3.1 色谱条件

a. 色谱柱：25 m×0.32 mm(id)×0.25 μm(膜厚)，OV-17 石英毛细管柱；

b. 色谱柱温度：50℃(2 min)$\xrightarrow{30℃/min}$200℃(1 min)$\xrightarrow{4℃/min}$250℃(5 min)；

c. 进样口温度：260℃；

d. 检测器温度：280℃；

e. 载气、尾吹气：氮气，纯度≥99.99%，20 cm/s；尾吹气，40 mL/min；

f. 氢气：80 mL/min；

g. 空气：100 mL/min；

h. 进样方式：不分流进样；

i. 进样量：2 μL。

3.4.3.2 色谱测定

a. 标准曲线的绘制

根据试样中被测农药含量情况，分别等体积地注入 5 个不同适用浓度系列的禾草丹标准工作液于气相色谱仪中，按上述色谱条件进行色谱分析，测定峰高。对浓度、峰高绘制标准曲线。禾草丹的保留时间约为 11 min。

b. 样液测定

准确注入上述等体积的样液于气相色谱中，在标准曲线上求得禾草丹的浓度。其响应值应在标准曲线的范围之内。

3.4.4 空白试验

除不加试样外，均按上述测定步骤进行。

3.5 结果计算和表述

用色谱数据处理机或按式(2)计算试样中禾草丹残留含量：

$$X=\frac{c \cdot V}{m} \qquad (2)$$

式中：X——试样中禾草丹含量，mg/kg；

c——从标准曲线上求得样液中禾草丹的浓度，μg/mL；

V——样液最终定容体积，mL；

m——最终样液所代表的试样量，g。

注：计算结果需将空白值扣除。

4 测定低限、回收率

4.1 测定低限

本方法的测定低限为 0.04 mg/kg。

4.2 回收率

回收率的实验数据：禾草丹添加浓度在 0.04～0.50 mg/kg 范围内，回收率为 82.6%～102.0%。

附加说明：

本标准由中华人民共和国国家进出口商品检验局提出。

本标准由中华人民共和国吉林进出口商品检验局负责起草。

本标准主要起草人牟峻、王明泰。

中华人民共和国进出口商品检验行业标准

出口粮谷中敌百虫残留量检验方法

SN 0493—1995

Method for the determination of trichlorfon residues in cereals for export

1 主题内容与适用范围

本标准规定了出口粮谷中敌百虫残留量检验的抽样、制样和气相色谱测定方法。

本标准适用于出口糙米中敌百虫残留量的检验。

2 抽样和制样

2.1 检验批

以不超过 4000 袋(200 t)为一检验批。

同一检验批的商品应具有相同特征,如包装、标记、产地、规格和等级等。

2.2 抽样数量

按一批总袋数的平方根〔式(1)〕抽取:

$$a=\sqrt{N} \qquad (1)$$

式中:N——全批袋数;

a——抽样袋数。

注:a 值取整数,小数部分向前进位为整数。

2.3 抽样工具

2.3.1 金属单管取样器:全长 55 cm(包括手柄),直径 1.5 cm,沟槽长度应超过袋对角线长度的一半。

2.3.2 取样铲。

2.3.3 分样板。

2.3.4 样品筒(袋):可密封。

2.3.5 分样布或适用铺垫物。

2.4 抽样方法

2.4.1 倒包抽样:

从堆垛的各部位随机抽取 2.2 规定的应抽样件数的 10%(每批一般不少于 3 袋),将袋口缝线全部拆开,平置于分样布或其他洁净的铺垫物上,双手紧握袋底两角,提起约成 45°倾角,倒拖 1 m 以上,使袋内货物全部倒出。检查货物的外观、气味、有无发霉、变质等,并查看袋内和袋间品质是否均匀。确认情况正常后,用取样铲随机在各部位抽取样品,立即将样品倒入盛样器内。每袋抽取样品数量应基本一致。

2.4.2 袋内抽样

按 2.2 规定的应抽样袋数的 90%,在堆垛四周的上、中、下各层以曲线形走向随机抽取。将取样器(2.3.1)管槽朝下,从每袋一角依斜对角方向插入袋内,然后将管槽旋转朝上,抽出取样器,立即将样品倒入盛样容器内。每袋抽取样品数量应与 2.4.1 基本一致。

中华人民共和国国家进出口商品检验局1995-11-28批准　　1996-01-01实施

每批样品总量应不少于 4 kg。

2.4.3 大样缩分

集中袋内和倒包抽样所取全部样品，倒于分样布上，用分样板按四分法缩分出样品不少于 2 kg，加封后标明标记并及时送交实验室。

2.5 试样制备

将样品按四分法缩分至 1 kg，全部磨碎并通过 20 目筛。混匀，均分成两份，装入洁净的容器内，密封，标明标记。

2.6 试样保存

将试样于－5℃以下避光保存。

注：在抽样及制样的操作过程中，必须防止样品受到污染或发生残留物含量的变化。

3 测定方法

3.1 方法提要

糙米中残留的敌百虫采用乙腈-水(1＋1)混合液提取，提取液经与乙酸乙酯液-液分配，用配有火焰光度检测器的气相色谱仪测定，外标法定量。

3.2 试剂和材料

除特殊规定外，所有试剂均为分析纯，水为蒸馏水。

3.2.1 乙腈。

3.2.2 乙酸乙酯。

3.2.3 乙腈-水(1＋1)混合液。

3.2.4 无水硫酸钠：650℃灼烧 4 h。冷却后贮于密封容器中备用。

3.2.5 硫酸钠溶液：2%(m/V)，将 20 g 无水硫酸钠溶于水中，并稀释至 1000mL。使用前用乙酸乙酯饱和。

3.2.6 乙酸乙酯溶液：经硫酸钠溶液饱和的乙酸乙酯。

3.2.7 敌百虫标准品：纯度≥99%。

3.2.8 敌百虫标准溶液：准确称取适量敌百虫标准品，有少量乙酸乙酯溶解，并以乙酸乙酯配制成浓度为 1.00 mg/mL 的标准储备液。根据需要再用乙酸乙酯配制成适用浓度的标准工作溶液。

3.3 仪器和设备

3.3.1 气相色谱仪：配有火焰光度检测器，磷滤光片 526nm。

3.3.2 振荡器。

3.3.3 旋转蒸发器。

3.3.4 无水硫酸钠柱：7.5 cm×1.5 cm(id)，内装 5 cm 高无水硫酸钠。

3.4 测定步骤

3.4.1 提取

称取试样约 20 g(精确至 0.1 g)于具塞锥形瓶中，加入 50 mL 乙腈-水(1＋1)混合液，振荡提取 30 min。将提取液过滤于 250 mL 分液漏斗中，用 30 mL 乙腈分三次洗涤残渣，洗液并入分液漏斗中。

3.4.2 净化

加入 150 mL 硫酸钠溶液于分液漏斗中，再分别用 40 mL、30 mL、20 mL 乙酸乙酯溶液萃取三次。合并乙酸乙酯萃取液，并通过无水硫酸钠柱脱水。流出液收集于蒸发瓶中，于 40℃以下水浴旋转蒸发浓缩至约 1 mL，用乙酸乙酯定容至 5.00 mL，供气相色谱测定。

3.4.3 测定

3.4.3.1 色谱条件

a. 色谱柱：玻璃柱 2 m×2 mm(id)，填充物为 5%(m/m)Carbowax-20M 涂于 Chrom Q (80～100

目)；

b. 色谱柱温度：150℃；

c. 进样口温度：270℃；

d. 检测器温度：280℃；

e. 载气：氮气，纯度≥99.99%，20 mL/min；

f. 氢气：80 mL/min；

g. 空气：100 mL/min；

h. 进样量：5 μL。

3.4.3.2 色谱测定

根据试样中被测农药含量情况，选定浓度相近的标准工作液。标准工作液和待测样液中农药的响应值均应在仪器检测的线性范围内。对标准工作液与样液等体积参插进样测定。在上述色谱条件下，敌百虫的保留时间约为 2 min。

3.4.4 空白试验

除不加试样外，均按上述测定步骤进行。

3.5 结果计算和表述

用色谱数据处理机或按式(2)计算试样中敌百虫残留含量：

$$X=\frac{h \cdot c \cdot V}{h_s \cdot m} \qquad (2)$$

式中：X——试样中敌百虫含量，mg/kg；

h——样液中敌百虫的色谱峰高，mm；

h_s——标准工作液中敌百虫的色谱峰高，mm；

c——标准工作液中敌百虫的浓度，μg/mL；

V——样液最终定容体积，mL；

m——最终样液所代表的试样量，g。

注：计算结果需将空白值扣除。

4 测定低限、回收率

4.1 测定低限

本方法的测定低限为 0.02mg/kg。

4.2 回收率

回收率的实验数据：敌百虫添加浓度在 0.02～1.0 mg/kg 范围内，回收率为 80.0%～107.0%。

附加说明：

本标准由中华人民共和国国家进出口商品检验局提出。

本标准由中华人民共和国吉林进出口商品检验局负责起草。

本标准主要起草人王明泰、牟峻。

中华人民共和国进出口商品检验行业标准

出口粮谷中克瘟散残留量检验方法

SN 0494—95

Method for the determination of edifenphos residues in cereals for export

1 主题内容与适用范围

本标准规定了出口粮谷中克瘟散残留量检验的抽样、制样和气相色谱测定方法。

本标准适用于出口糙米中克瘟散残留量的检验。

2 抽样和制样

2.1 检验批

以不超过 4000 袋(200 t)为一检验批。

同一检验批的商品应具有相同特征，如包装、标记、产地、规格和等级等。

2.2 抽样数量

抽样数量按式(1)计算：

$$a=\sqrt{N} \qquad (1)$$

式中：N——全批袋数；

a——抽样袋数。

注：a 值取整数，小数部分向前进位为整数。

2.3 抽样工具

2.3.1 金属单管取样器：全长 55 cm(包括手柄)，直径 1.5 cm，沟槽长度应超过袋对角线长度的一半。

2.3.2 取样铲。

2.3.3 分样板。

2.3.4 样品筒(袋)：可密封。

2.3.5 分样布或适用铺垫物。

2.4 抽样方法

2.4.1 倒包抽样

从堆垛的各部位随机抽取 2.2 规定的应抽样件数的 10%(每批一般不少于 3 袋)，将袋口缝线全部拆开，平置于分样布或其他洁净的铺垫物上，双手紧握袋底两角，提起约成 45°倾角，倒拖 1 m 以上，使袋内货物全部倒出，检查货物的外观、气味，有无发霉、变质等，并查看袋内和袋间品质是否均匀。确认情况正常后，用取样铲随机在各部位抽取样品，立即将样品倒入盛样器内。每袋抽取样品数量应基本一致。

2.4.2 袋内抽样

按 2.2 规定的应抽样袋数的 90%，在堆垛四周的上、中、下各层以曲线形走向随机抽取。将取样器(2.3.1)管槽朝下，从每袋一角依斜对角方向插入袋内，然后将管槽旋转朝上，抽出取样器，立即将样品倒入盛样容器内。每袋抽取样品数量应与 2.4.1 条基本一致。

每批样品总量应不少于 4 kg。

中华人民共和国国家进出口商品检验局1995-11-28批准　　1996-01-01实施

2.4.3 大样缩分

集中袋内和倒包抽样所取全部样品，倒于分样布上，用分样板按四分法缩分出样品不少于 2 kg，加封后标明标记并及时送交实验室。

2.5 试样制备

将样品按四分法缩分至 1 kg，全部磨碎并通过 20 目筛，混匀，均分成两份，装入洁净的容器内，密封，标明标记。

2.6 试样保存

将试样于 −5℃以下避光保存。

注：在抽样及制样的操作过程中，必须防止样品受到污染或残留物含量发生变化。

3 测定方法

3.1 方法提要

糙米中残留的克瘟散采用丙酮提取，提取液经与石油醚液-液分配，再以弗罗里硅土层析柱净化，用配有火焰光度检测器的气相色谱仪测定，外标法定量。

3.2 试剂和材料

除特殊规定外，所用试剂均为分析纯，水为蒸馏水。

3.2.1 丙酮。

3.2.2 石油醚。

3.2.3 乙酸乙酯。

3.2.4 无水硫酸钠：650℃灼烧 4 h，冷却后贮于密封容器中备用。

3.2.5 硫酸钠溶液：2%(*m/V*)，将 20 g 无水硫酸钠溶于水中，并稀释至 1 000 mL。

3.2.6 弗罗里硅土：层析用，80～100 目，650℃灼烧 4 h，用前在 130℃活化 3 h，加 3%(*m/m*)水脱活，冷却后贮于密封容器中备用。

3.2.7 克瘟散标准品：纯度≥99%。

3.2.8 克瘟散标准溶液：准确称取适量克瘟散标准品，用少量乙酸乙酯溶解，并以乙酸乙酯配制成浓度为 1.00 mg/mL 的标准储备液。根据需要再用 乙酸乙酯配制成适用浓度的标准工作溶液。

3.3 仪器和设备

3.3.1 气相色谱仪：配有火焰光度检测器，磷滤光片 526 nm。

3.3.2 振荡器。

3.3.3 旋转蒸发器。

3.3.4 无水硫酸钠柱：7.5 cm×1.5 cm(id)，内装 5 cm 高无水硫酸钠。

3.3.5 玻璃层析柱：25 cm×1.5 cm(id)，自下而上依次填装 2 cm 高无水硫酸钠，10 g 弗罗里硅土，2 cm 高无水硫酸钠。使用前用 30 mL 乙酸乙酯预淋洗。

3.4 测定步骤

3.4.1 提取

称取试样约 20 g(精确至 0.1 g)于具塞锥形瓶中，加入 50 mL 丙酮，振荡提取 30 min。将提取液过滤于 250 mL 分液漏斗中，并用 30 mL 丙酮分三次洗涤残渣，洗 液并入分液漏斗中。

3.4.2 净化

加入 100 mL 硫酸钠溶液于分液漏斗中，再加入 40 mL 石油醚，振摇 3 min，静置分层。收集上层有机相。水相再分别用 2×30 mL 石油醚重复提取两次，合并有机相，经无水硫酸钠柱脱水，收集于蒸发瓶中，于 40℃水浴下旋转浓缩至约 2 mL。将浓缩液倾入玻璃层析柱中，用 80 mL 乙酸乙酯洗脱，收集全部洗脱液于蒸发瓶中。于 40℃水浴下旋转浓缩至约 1 mL，用乙酸乙酯定容至 5.00 mL，供气相色谱测定。

3.4.3 测定

3.4.3.1 色谱条件

a. 色谱柱：25 m×0.32 mm(id)×0.25 μm(膜厚)，OV-17 石英毛细管柱；

b. 色谱柱温度：50℃(2 min)$\xrightarrow{30℃/min}$200℃(1 min)$\xrightarrow{20℃/min}$280℃(8 min)。

c. 进样口温度：270℃；

d. 检测器温度：280℃；

e. 载气、尾吹气：氮气，纯度≥99.99%；载气，20 cm/s；尾吹气，40 mL/min；

f. 氢气：80 mL/min；

g. 空气：100 mL/min；

h. 进样方式：不分流进样；

i. 进样量：2 μL。

3.4.3.2 色谱测定

根据试样中被测农药含量情况，选定浓度相近的标准工作液。标准工作液和待测样液中农药的响应值均应在仪器检测的线性范围内。对标准工作液与样液等体积参插进样测定。在上述色谱条件下，克瘟散的保留时间约为 14 min。

3.4.4 空白实验

除不加试样外，均按上述测定步骤进行。

3.5 结果计算和表述

用色谱数据处理机或按式(2)计算试样中克瘟散残留含量：

$$X=\frac{h \cdot c \cdot V}{h_s \cdot m} \qquad (2)$$

式中：X——试样中克瘟散含量，mg/kg；

h——样液中克瘟散的色谱峰高，mm；

h_s——标准工作液中克瘟散的色谱峰高，mm；

c——标准工作液中克瘟散的浓度，μg/mL；

V——样液最终定容体积，mL；

m——最终样液所代表的试样量，g。

注：计算结果需将空白值扣除。

4 测定低限、回收率

4.1 测定低限

本方法的测定低限为 0.04 mg/kg。

4.2 回收率

回收率的实验数据：克瘟散添加浓度在 0.04～0.40 mg/kg 范围内，回收率为 80.3%～102.0%。

附加说明：

本标准由中华人民共和国国家进出口商品检验局提出。

本标准由中华人民共和国吉林进出口商品检验局负责起草。

本标准主要起草人牟峻、王明泰。

中华人民共和国进出口商品检验行业标准

出口粮谷中乙嘧硫磷残留量检验方法

SN 0495—95

Method for the determination of etrimfos residues in cereals for export

1 主题内容与适用范围

本标准规定了出口粮谷中乙嘧硫磷残留量检验的抽样、制样和气相色谱测定方法。

本标准适用于出口大米和玉米中乙嘧硫磷残留量的检验。

2 抽样和制样

2.1 检验批

以不超过4000袋(200 t)为一检验批。

同一检验批的商品应具有相同的特征,如包装、标记、产地、规格和等级等。

2.2 抽样数量

2.2.1 袋装商品(一般指大米)

抽样数量按式(1)计算:

$$a=\sqrt{N} \quad \cdots\cdots (1)$$

式中:N——全批袋数;

a——抽样袋数。

注:a 值取整数,小数部分向前进位为整数。

2.2.2 散积商品(一般指玉米)

粮堆高度不超过2m。按粮堆面积划区设点。以 $50m^2$ 为一个取样区,每区设中心及四角(距边线1m处)5个点。每增加一个取样区,增设3个点。

2.3 取样工具

2.3.1 单管取样器:不锈钢管,全长55cm(包括手柄),直径1.5～2.5cm,沟槽长度应超过袋对角线长度的一半,见图1。

2.3.2 双套管取样器;不锈钢管,全长150cm(包括手柄),外管有6个孔腔,内管上有槽,内管直径2.0～2.5cm,见图2。

2.3.3 取样铲。

2.3.4 分样板。

2.3.5 样品筒(袋):可密封。

2.3.6 分样布或适用铺垫物。

2.4 抽样方法

2.4.1 袋装抽样

2.4.1.1 倒包抽样

从堆垛的各部位随机抽取2.2规定的应抽样件数的10%(每批一般不少于3袋),将袋口缝线全部

中华人民共和国国家进出口商品检验局1995-11-28批准 1996-01-01实施

拆开，平置于分样布或其他洁净的铺垫物上，双手紧握袋底两角，提起约成45°倾角，倒拖1m以上，使袋内货物全部倒出。检查货物的外观、气味、有无发霉、变质等，并查看袋内和袋间品质是否均匀。确认情况正常后，用取样铲随机在各部位抽取样品，立即将样品倒入盛样器内。每袋抽取样品数量应基本一致。

2.4.1.2 袋内抽样

按2.2规定的应抽样袋数的90%，在堆垛四周上、中、下各层以曲线形走向随机抽取。将取样器(2.3.1)管槽朝下，从每袋一角依斜对角方向插入袋内，然后将管槽旋转朝上，抽出取样器，立即将样品倒入盛样容器内。每袋抽取样品数量应与2.4.1.1基本一致。

每批样品总量应不少于4kg。

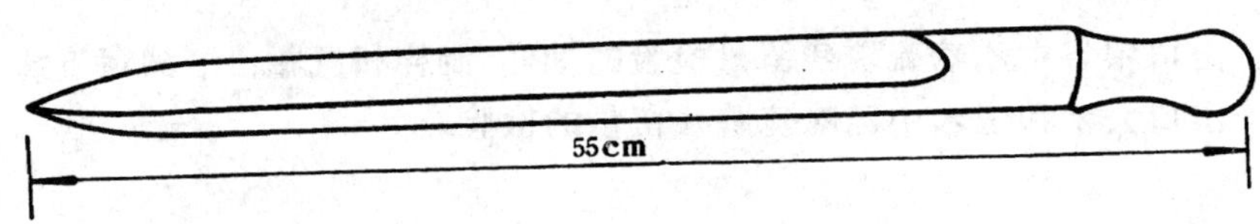

图1 单管取样器

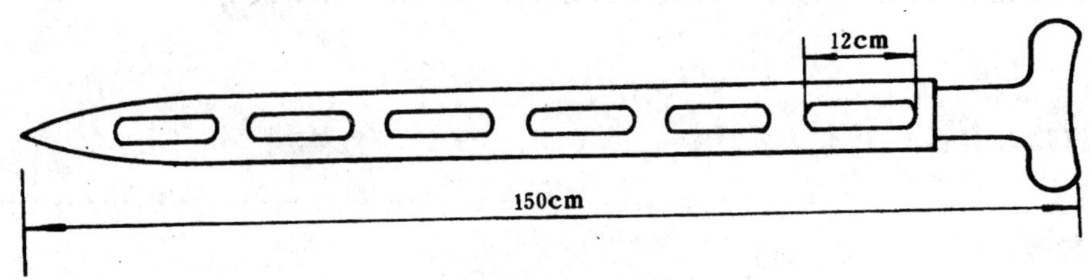

图2 双套管取样器

2.4.2 散集抽样

按2.2.2所设定的取样点，逐点将取样器(2.3.2)插入粮堆至相应深度扦取代表性样品。从各点抽取样量应基本一致，从全批所取得的原始样品量不得少于4kg。

2.4.3 大样缩分

集中袋装抽样(袋内抽样和倒包抽样)或散积抽样所取全部样品，倒于分样布上，用分样板按四分法缩分出样品不少于2kg，装入盛样容器内，加封后标明标记并及时送交实验室。

2.5 试样制备

将所取样品中缩分出约1kg，全部磨碎并通过20目筛，混匀后均分成两份，装入清洁的容器内，作为试样，密封，标明标记。

2.6 试样保存

将试样于−5℃以下避光保存。

注：在抽样和制样过程中，必须防止样品受到污染或发生残留物含量的变化。

3 测定方法

3.1 方法提要

试样中的乙嘧硫磷用正己烷提取，柱头净化，用带火焰光度检测器的气相色谱仪进行测定，外标法定量。

3.2 试剂和材料

除另有规定外，所用试剂均为分析纯，水为蒸馏水。

3.2.1 正己烷：重蒸馏。

3.2.2 丙酮：重蒸馏。

3.2.3 无水硫酸钠：于650℃烧4h，保存于密闭容器内备用。

3.2.4 乙嘧硫磷标准品：含量≥99%。

3.2.5 乙嘧硫磷标准溶液：准确称取适量的乙嘧硫磷标准品，用丙酮配成100μg/mL的标准贮备液，根据需要用正己烷稀释成适当浓度的标准工作液。

3.3 仪器和设备

3.3.1 气相色谱仪：配有火焰光度检测器，磷滤光片(526nm)。气相色谱仪进样口的玻璃衬管内应填入少量(约0.1g)经酸洗、硅烷化(用三甲基氯硅烷)的玻璃棉，进样约500次以后清洗玻璃衬管，并更换玻璃棉。

3.3.2 快速混匀器。

3.3.3 离心机：3 000r/min。

3.3.4 多功能微量化学样品处理仪或其他相当的仪器。

3.3.5 具塞刻度离心管：5 mL。

3.3.6 离心管：25 mL。

3.3.7 尖嘴吸管。

3.3.8 微量注射器：10μL。

3.4 测定步骤

3.4.1 提取与净化

称取约2 g均匀试样(精确至0.01 g)于25 mL离心管中，加入4mL蒸馏水，混匀1 min，放置30 min。再加入1 mL丙酮和2 mL正己烷，混匀1 min，离心3 min。用尖嘴吸管将正己烷提取液转入另一具塞刻度离心管中。用正己烷再提取残渣两次，每次用1 mL正己烷。合并正己烷提取液，用多功能微量化学样品处理仪或其他相当的仪器上(40℃以下)通氮气浓缩至1.0 mL，加入约0.2 g无水硫酸钠脱水后供气相色谱分析。

3.4.2 测定

3.4.2.1 色谱条件

a. 色谱柱：农残Ⅱ号柱，规格：25m×0.53mm(id)；或其他相当的色谱柱；

b. 进样口温度：250℃；

c. 柱温：200℃；

d. 检测器温度：250℃；

e. 载气：氮气，纯度≥99.99%，10 mL/min；尾吹气40 mL/min。

f. 空气：70 mL/min；

g. 氢气：90mL/min；

h. 进样量：5μL。

3.4.2.2 色谱测定

根据样液中乙嘧硫磷含量情况，选定峰面积相近的标准工作溶液。标准工作溶液和样液中乙嘧硫磷响应值均应在仪器检测线性范围内。对标准工作溶液和样液等体积参插进样测定，在上述色谱条件下，乙嘧硫磷保留时间约为3 min。

3.4.3 空白试验

除不加试样外，按上述测定步骤进行。

3.5 结果计算和表述

用色谱数据处理机或按式(2)计算试样中乙嘧硫磷残留量：

$$X=\frac{A \cdot c \cdot V}{A_s \cdot m} \qquad \cdots\cdots (2)$$

式中：X——试样中乙嘧硫磷含量，mg/kg；

A——样液中乙嘧硫磷的峰面积，mm^2；

A_s——标准工作溶液中乙嘧硫磷的峰面积，mm^2；

c——标准工作溶液中乙嘧硫磷的浓度，μg/mL；

V——样液最终定容体积，mL；

m——称取的试样量，g。

注：计算结果需扣除空白值。

4 测定低限、回收率

4.1 测定低限

本方法的测定低限为0.02 mg/kg。

4.2 回收率

回收率的实验数据：乙嘧硫磷浓度在0.02～10.0mg/kg范围内，回收率为80%～108%。

附加说明：

本标准由中华人民共和国国家进出口商品检验局提出。

本标准由中华人民共和国湖南进出口商品检验局负责起草。

本标准主要起草人黄志强、聂洪勇、彭三和。

中华人民共和国进出口商品检验行业标准

出口粮谷中杀草强残留量检验方法

SN 0496—95

Method for the determination of amitrole residues in cereals for export

1 主题内容与适用范围

本标准规定了出口粮谷中杀草强残留量检验的抽样、制样和分光光度测定方法。

本标准适用于出口大米中杀草强残留量的检验。

2 抽样和制样

2.1 检验批

以不超过4000袋(200t)为一检验批。

同一检验批的商品应具有相同特征,如包装、标记、产地、规格和等级等。

2.2 抽样数量

抽样数量按式(1)计算:

$$a = \sqrt{N} \qquad (1)$$

式中:N——全批袋数;

a——抽样袋数。

注:a值取整数,小数部分向前进位为整数。

2.3 抽样工具

2.3.1 单管取样器:不锈钢管,全长55cm(包括手柄),直径1.5cm,沟槽长度应超过袋对角线长度的一半。

2.3.2 取样铲。

2.3.3 分样板。

2.3.4 样品筒(袋):可密封。

2.3.5 分样布或适用铺垫物。

2.4 抽样方法

2.4.1 倒包抽样:从堆垛的各部位随机抽取2.2规定的应抽样件数的10%(每批一般不少于3袋),将袋口缝线全部拆开,平置于分样布或其他洁净的铺垫物上,双手紧握袋底两角,提起约成45°倾角,倒拖1m以上,使袋内货物全部倒出。检查货物的外观、气味、有无发霉、变质等,并查看袋内和袋间品质是否均匀。确认情况正常后,用取样铲随机在各部位抽取样品,立即将样品倒入盛样器内。每袋抽取样品数量应基本一致。

2.4.2 袋内抽样:按2.2规定的应抽样袋数的90%,在堆垛四周上、中、下各层以曲线形走向随机抽取。将取样器(2.3.1)管槽朝下,从每袋一角依斜对角方向插入袋内,然后将管槽旋转朝上,抽出取样器,立即将样品倒入盛样容器内。每袋抽取样品数量应与2.4.1基本一致。

每批样品总量应不少于4kg。

2.4.3 大样缩分

中华人民共和国国家进出口商品检验局1995-11-28批准　　1996-01-01实施

集中袋内和倒包抽样所取全部样品，倒于分样布上，用分样板按四分法缩分出样品不少于 2kg，加封后标明标记并及时送交实验室。

2.5 试样制备

将样品按四分法缩分至 1kg，全部磨碎并通过 20 目筛，混匀，均分成两份，装入洁净的容器内，密封，标明标记。

2.6 试样保存

将试样于－5℃以下避光保存。

注：在抽样及制样操作过程中，必须防止样品受到污染或发生残留物含量的变化。

3 测定方法

3.1 方法提要

样品中的杀草强经甲醇提取，树脂净化，硫酸消化，活性炭脱色，显色剂显色，在波长 455nm 处测定吸光度值，由标准曲线求得其含量。

3.2 试剂

除特殊规定外，所用试剂均为分析纯，水为蒸馏水。热水和热试剂溶液均为 50℃。

3.2.1 浓硫酸：优级纯，ρ 约为 1.84g/mL。

3.2.2 硫酸溶液：浓硫酸-水(75＋25)。

3.2.3 硫酸洗液：0.75％(V/V)，取 1 份硫酸溶液(3.2.2)加 99 份水。

3.2.4 浓氨水：ρ 约为 0.90g/L。

3.2.5 氨水：2mol/L。

3.2.6 过氧化氢溶液：30％溶液。

3.2.7 亚硝酸钠溶液：0.5％(m/V)，现用现配。

3.2.8 氨基磺酸铵溶液：5％(m/V)。

3.2.9 N-1-萘替乙二胺盐酸盐溶液：用 2mol/L 盐酸溶液配制，1％(m/V)，现用现配。

3.2.10 甲醇。

3.2.11 丙酮。

3.2.12 活性炭：于 1L 烧杯中加入 120g 粉末状活性炭、100mL 水和 300mL 浓硫酸(3.2.1)，置沙浴上煮沸并搅拌 2h。用砂芯漏斗抽滤，并用热水洗至中性。将处理过的炭于 130℃烘箱中干燥 48h，贮存于密闭容器中备用。

3.2.13 助滤剂：545 型硅藻土。

3.2.14 树脂：120 氢型离子交换树脂。将 250g 树脂装入砂芯玻璃布氏漏斗，加入 2L 热浓氨水，抽滤，用热水洗至中性。再加入 5mol/L 热盐酸 2L，搅拌、抽滤，用水洗至中性，抽滤 2h 后贮存于密闭容器中备用。使用过的树脂可按上述步骤再生。

3.2.15 杀草强标准品：纯度≥99％。

3.2.16 杀草强标准储备液：准确称取 100.0mg 杀草强标准品，加水溶解，定容至 500mL，4℃保存。

3.2.17 杀草强标准工作液：使用时将杀草强标准储备液根据需要用水稀释至适当浓度。

3.3 仪器和设备

3.3.1 分光光度计。

3.3.2 粉碎机。

3.3.3 振荡器。

3.3.4 玻璃砂芯布氏漏斗：孔径 90～150μm，直径 10cm。

3.3.5 高速均质器。

3.3.6 离心机。

3.3.7 净化柱：300mm×20mm 玻璃柱，填有玻璃棉塞。

3.4 测定步骤

3.4.1 提取

称取试样约 100g（精确至 0.1g）置于均质器中，加 20g 硅藻土、250mL 甲醇，高速均质 3min。把该混合物转移到 500mL 离心杯中，于 3000r/min 离心 5min。将上清液通过内装 1cm 高的硅藻土的砂芯布氏漏斗抽滤，再用 150mL 甲醇重复提取、离心、抽滤。最后用 50mL 甲醇冲洗漏斗中的残渣。将合并的提取液转移到锥形瓶中，加入 15mL 过氧化氢（30%溶液），于 200℃沙浴上煮沸 30min，冷至室温。

3.4.2 树脂纯化

于上述锥形瓶中加入 30g 离子交换树脂，振荡 45min。将内容物转入净化柱（3.3.7）中，弃去流出液。用丙酮洗三次，每次 30mL，再用水洗四次，每次 50mL，弃去洗液。将内容物转回原锥形瓶中，加入 50mL 水和 20mL 浓氨水，于 200℃沙浴上煮沸 30min，立刻转入原净化柱。收集流出液于 400mL 烧杯中，每次用 25mL 2mol/L 的氨水依次洗涤锥形瓶和净化柱，共洗四次。洗液用上述烧杯接收，在沙浴上浓缩至 20mL 后冷却。

3.4.3 净化

在浓缩液中加入 5mL 硫酸溶液（3.2.2）和两个玻璃珠，盖上表面皿，在 200℃沙浴上微沸 10min。冷却后加 50mL 水和 0.8g 活性炭，盖上表面皿，置于沙浴上煮沸 15min。

用铺有滤纸的砂芯布氏漏斗过滤热混合物。滤液收集于 400mL 烧杯中，用 200mL 热硫酸洗液（3.2.3）洗涤烧杯和漏斗，再用 50mL 热水冲洗，合并滤液和洗液，并浓缩至 15mL。于该浓缩液中加 50mL 水和 0.2g 活性炭，重复上述的煮沸、过滤、浓缩。浓缩液冷却后，用水定容至 25mL，混匀。

3.4.4 显色测定

将上述定容的 25mL 试液用滤纸过滤。取两个 25mL 锥形瓶，分别加入 5mL 试液、1mL 水和 3mL 硫酸溶液（3.2.2），混匀。再加入 0.5mL 亚硝酸钠溶液，混匀。静置 40min 后，加入 0.5mL 氨基磺酸铵溶液，立即放入超声浴中 30s，并不断用吸管吹气。然后在 2min 内向其中一瓶中加入 0.5mL N-1-萘替乙二胺盐酸盐溶液并搅动；另一瓶中加 0.5mL 水，混匀，作为空白。两瓶均静置 5min 以上。然后在 25min 内，用水作对照，在波长 455nm 处测两溶液的吸光度，从样品读数中减去空白值。

3.4.5 标准曲线

向一组锥形瓶中分别加入含 0、1、2、4、8、16 和 24μg 杀草强标准工作液 5mL，然后向每瓶加 1mL 水、3mL 硫酸溶液（3.2.2），混匀。再加 0.5mL 亚硝酸钠的溶液，混匀，静置 40min。按 3.4.4 步骤进行显色，测吸光度。以吸光度对杀草强的量作标准曲线。

3.5 结果计算和表述

按式（1）计算样品中杀草强的含量：

$$X=\frac{m_1 \cdot V_1}{m_0 \cdot V_2} \qquad (1)$$

式中：X——试样中杀草强的含量，μg/g；

m_0——试样量，g。

m_1——从标准曲线上查得样液中杀草强的量，μg；

V_1——样液最终定容体积（25mL），mL；

V_2——用于显色测定的样液体积（5mL），mL；

4 测定低限、回收率

4.1 测定低限

本方法的测定低限为 0.05μg/g。

4.2 回收率

回收率的实验数据：杀草强添加浓度在 0.05～0.1μg/g 范围内，回收率为 93.2%～99.2%。

附加说明：

本标准由中华人民共和国国家进出口商品检验局提出。

本标准由中华人民共和国烟台进出口商品检验局负责起草。

本标准主要起草人陈冰、张宁、孙先同、穆兆纯、王洪兵。

中华人民共和国进出口商品检验行业标准

出口茶叶中多种有机氯农药残留量检验方法

SN 0497—95

Method for the determination of the multiple residues of organochlorine pesticides in tea for export

1 主题内容与适用范围

本标准规定了出口茶叶中六六六(BHC)及异构体、滴滴涕(DDT)及异构体和同型物(DDD、DDE)、七氯、环氧七氯、艾氏剂、狄氏剂、异狄氏剂、六氯苯(HCB)等多种有机氯农药残留量检验的抽样、制样和气相色谱测定方法。

本标准适用于出口茶叶中14种有机氯农药(α-BHC、β-BHC、γ-BHC、δ-BHC、o,p′-DDT、p,p′-DDT、p,p′-DDD、p,p′-DDE、七氯、环氧七氯、艾氏剂、狄氏剂、异狄氏剂、六氯苯)残留量的检验。

2 抽样和制样

2.1 检验批

以不超过2 000箱/50 t为一检验批。

同一检验批内商品应具有相同的特征,如包装、标记、产地、规格、等级等。

2.2 抽样数量

批量,件	最低抽样数,件
1～5	1
6～50	2
51～500	11
501～1 000	16
1 001～1 500	19
1 501～2 000	20

2.3 抽样方法

按2.2条规定的抽样件数从堆装的不同部位随机抽取样箱,逐件开启。打开箱盖,将箱内茶叶全部倒入塑料布上,用取样铲在各部位抽取茶样,每件抽取的量约500 g,作为原始样。将所取全部原始样品充分拌匀,用四分法(或用分样器)缩分出约500 g,立即装入清洁、干燥的样品筒内密封,并标明标记,及时送实验室。

2.4 试样制备

将所取回的样品全部磨碎,使通过20目筛。混匀,均分成两份,装入清洁的容器内,作为试样。密封,并标明标记。

2.5 试样保存

将试样于－5℃以下避光保存。

注:在抽样和制样的操作过程中,必须防止样品受到污染或发生残留物含量的变化。

中华人民共和国国家进出口商品检验局1995-11-28批准　　1996-01-01实施

3 测定方法

3.1 方法提要

试样中有机氯农药残留用正己烷-丙酮提取，经弗罗里硅土-活性炭柱净化，减压浓缩后，用配有电子俘获检测器的气相色谱仪测定，内标法定量。

3.2 试剂和材料

除另有规定外，试剂均为分析纯，水为蒸馏水。

3.2.1 正己烷：重蒸馏。

3.2.2 丙酮：重蒸馏。

3.2.3 苯：重蒸馏。

3.2.4 乙醚。

3.2.5 弗罗里硅土：使用前需经650℃灼烧1～3 h，冷却后贮于干燥器中保存，其活性可维持4天。超过4天则应重新在130℃的烘箱中干燥10 h以上。其月桂酸值应控制在100～120 mg/g。必要时可加入2%～3%蒸馏水脱活。

3.2.6 活性炭：取100 g活性炭加入500 mL浓盐酸，煮沸1 h。冷却，待活性炭沉下后，用倾泻法倒去盐酸液。加入500 mL水，煮沸0.5 h，用布氏漏斗抽滤，并用蒸馏水洗涤至中性，于110℃烘干备用。

3.2.7 无水硫酸钠：650℃灼烧4 h，冷却后贮于密闭容器中。

3.2.8 有机氯农药标准品：α-BHC、β-BHC、γ-BHC、δ-BHC、p，p′-DDT、o，p′-DDT、p，p′-DDE、p，p′-DDD、六氯苯、狄氏剂、异狄氏剂、七氯、环氧七氯、艾氏剂、纯度均≥99%。

3.2.9 内标物：百菌清，纯度≥99%。

3.2.10 14种有机氯农药标准溶液：准确称取适量的各种农药标准品，分别用正己烷配成浓度各为100 μg/mL的标准贮备液。

3.2.11 内标物溶液：称取适量的百菌清内标品，用苯配成浓度为100 μg/mL的内标贮备液；再用正己烷稀释至浓度为10 μg/mL的内标工作液。

3.2.12 农药混合标准工作液：取适量的农药标准贮备液和内标贮备液，用正己烷稀释至浓度分别为α-BHC、γ-BHC、δ-BHC、HCB为0.02 μg/mL；β-BHC、七氯、环氧七氯、艾氏剂为0.04 μg/mL；狄氏剂、异狄氏剂、p，p′-DDE为0.05 μg/mL；p，p′-DDD、o，p′-DDT、p，p′-DDT为0.10 μg/mL；内标物百菌清为0.1 μg/mL，混合成混合标准工作液，或根据仪器响应情况可适当稀释后使用。

3.2.13 洗脱液：乙醚-正己烷(6+94)；乙醚-正己烷(15+85)。

3.3 仪器和设备

3.3.1 气相色谱仪，配有电子俘获检测器，并带有清洗气的不分流毛细管进样系统。

3.3.2 索氏提取器。

3.3.3 旋转蒸发器。

3.3.4 全玻璃系统蒸馏装置。

3.3.5 弗罗里硅土-活性炭柱：25 cm×1.5 cm(id)的玻璃柱，自下而上按次填入脱脂棉、10 g弗罗里硅土、0.5 g活性炭，上面覆盖1～2 cm厚无水硫酸钠。使用前用50 mL正己烷淋洗。

3.3.6 微量注射器：10 μL。

3.3.7 恒温水浴锅。

3.4 测定步骤

3.4.1 提取、净化

称取试样约5 g(精确到0.01 g)于滤纸筒中，置于索氏提取器内。加100 mL正己烷-丙酮(8+2)，于80～90℃水浴中回流提取4 h。减压浓缩至溶液为5 mL，倒入弗罗里硅土-活性炭柱中，依次用200 mL乙醚-正己烷(6+94)溶液和100 mL乙醚-正己烷(15+85)溶液洗脱，控制流速在5 mL/min。收集全部洗脱液，并在50℃下减压浓缩至体积约1 mL。加入内标工作液10 μL，混匀，供气相色谱测定。

3.4.2 测定

3.4.2.1 色谱条件

a. 载气：氮气，纯度≥99.99%，线速度20 cm/s，尾吹气流速20 mL/min；

b. 色谱柱：SE-30石英毛细管柱，25 m×0.30 mm(id)×0.25 μm(膜厚)；

c. 检测器：电子俘获检测器；

d. 进样口温度：200℃；

e. 检测器温度：240℃；

f. 柱温：程序升温：

$$40℃(2\ \text{min})\xrightarrow{20℃/\text{min}}160℃(5\ \text{min})\xrightarrow{0.4℃/\text{min}}166℃\xrightarrow{1.0℃/\text{min}}210℃(5\ \text{min});$$

g. 进样方式：不分流进样；

h. 进样体积：1～3 μL；

i. 开启清洗气时间：2 min。

3.4.2.2 色谱测定

根据样液中有机氯农药含量情况，选定浓度相近的标准工作溶液。标准工作液和待测样液中农药的响应值均应在仪器检测的线性范围内。对标准工作液与样液等体积参插进样测定。在上述色谱条件下，各农残组分的出峰顺序和参考保留时间如表1所示。

表1 各农残组分在SE-30柱上的出峰顺序和参考保留时间

出峰顺序	α-BHC	β-BHC	HCB	γ-BHC	δ-BHC	百菌清	七氯	艾氏剂
参考保留时间 min	22.09	23.32	23.77	25.05	25.69	27.36	35.66	40.86

出峰顺序	环氧七氯	p,p′-DDE	狄氏剂	异狄氏剂	p,p′-DDD	o,p′-DDT	p,p′-DDT
参考保留时间 min	46.73	56.26	57.06	59.31	63.75	65.16	70.73

注：随着载气流速和柱子条件的变化，各农残组分的保留时间会有所变化，表中数值仅供参考。

3.4.3 空白试验

除不加试样外，按上述测定步骤进行。

3.5 结果计算和表述

用色谱数据处理机或按下式计算试样中各农药残留含量：

$$x_i=\frac{h_i\cdot m_{\text{is}}\cdot h'_{\text{is}}\cdot c_i}{h_{\text{is}}\cdot h'_i\cdot c_{\text{is}}\cdot m}$$

式中：x_i——试样中农药 i 残留物含量，mg/kg；

h_i——样液中农药 i 的峰高，mm；

h_{is}——样液中内标物的峰高，mm；

h'_i——标准工作液中农药 i 的峰高，mm；

h'_{is}——标准工作液中内标物的峰高，mm；

m_{is}——样液中加入内标物的量，μg；

c_i——标准工作液中农药 i 的浓度，μg/mL；

c_{is}——标准工作液中内标物的浓度，μg/mL；

m——试样量，g。

注：计算结果须扣除空白值。

4 测定低限和回收率

本方法各农药的测定低限和回收率实验数据分别如表 2 所示。

表 2 各农残组分的测定低限和回收率

农残名称	测定低限，mg/kg	添加浓度，mg/kg	回收率，%
α-BHC	0.004	0.004～0.100	75.0～105.0
β-BHC	0.010	0.010～0.100	80.0～106.0
HCB	0.002	0.002～0.200	80.0～110.0
γ-BHC	0.002	0.002～0.100	90.0～120.0
δ-BHC	0.002	0.002～0.100	90.0～110.0
七氯	0.004	0.004～0.100	78.0～120.0
艾氏剂	0.004	0.004～0.100	80.0～108.7
环氧七氯	0.004	0.004～0.100	85.0～99.0
p,p′-DDE	0.010	0.010～0.200	80.0～102.0
狄氏剂	0.005	0.005～0.200	83.4～101.7
异狄氏剂	0.005	0.005～0.200	82.7～96.0
p,p′-DDD	0.010	0.010～0.600	76.8～110
o,p′-DDT	0.020	0.020～0.300	75.0～98.4
p,p′-DDT	0.020	0.020～0.300	75.4～108

附加说明：

本标准由中华人民共和国国家进出口商品检验局提出。

本标准由中华人民共和国云南进出口商品检验局负责起草。

本标准主要起草人彭云霞、刘敏、张东婺、丁容、雷心恒。

中华人民共和国进出口商品检验行业标准

出口水果蔬菜中百菌清残留量检验方法

SN 0499—95

Method for the determination of chlorothalonil residues in fruits and vegetables for export

1 主题内容与适用范围

本标准规定了出口水果蔬菜中百菌清残留量检验的抽样、制样和气相色谱测定方法。

本标准适用于出口柑桔和青刀豆中百菌清残留量的检验。

2 抽样和制样

2.1 检验批

以不超过1 500件为一检验批。

同一检验批的商品应具有相同的特征，如包装、标记、产地、规格和等级等。

2.2 抽样数量

批量，件	最低抽样数，件
1～25	1
26～100	5
101～250	10
251～1 500	15

2.3 抽样方法

按2.2规定的抽样件数随机抽取，逐件开启，每件至少取500 g作为原始样品，原始样品总量不得少于2 kg。加封后，标明标记，及时送实验室。

2.4 试样制备

将所取原始样品缩分出1 kg，取可食部分，经组织捣碎，均分成两份，装入洁净容器内，作为试样，密封，并标明标记。

2.5 试样保存

将试样于－18℃以下冷冻保存。

注：在抽样和制样的操作过程中，必须防止样品受到污染或发生残留物含量的变化。

3 测定方法

3.1 方法提要

试样经磷酸酸化，以石油醚提取，在石油醚-中性氧化铝-乙醚体系中净化，用配有电子俘获检测器的气相色谱仪测定，外标法定量。

3.2 试剂

除特殊规定外，所用试剂均为分析纯，水为重蒸馏水。

中华人民共和国国家进出口商品检验局1995-11-28批准　　1996-01-01实施

3.2.1 磷酸。

3.2.2 石油醚(30～60℃)。

3.2.3 乙醚。

3.2.4 磷酸溶液:1+1(V/V)。

3.2.5 氧化铝:中性、层析用,70～325 目,常态。

3.2.6 百菌清标准品:纯度≥99%。

3.2.7 百菌清标准溶液:准确称取适量的百菌清标准品,用石油醚配成 0.100 mg/mL 的标准溶液,根据需要再配成适当浓度的标准工作液。

3.3 仪器和设备

3.3.1 气相色谱仪,配有电子俘获检测器。

3.3.2 高速组织捣碎机。

3.3.3 旋涡混匀器。

3.3.4 离心机:0～5 000 r/min。

3.3.5 多功能微量化样品处理仪或相当者。

3.3.6 离心管:50 mL、25 mL。

3.3.7 微量注射器:10 μL。

3.4 测定步骤

3.4.1 提取

称取约 2 g 试样(精确至 0.01 g)于 50 mL 离心管中,加入 1 mL 磷酸溶液(1+1),混匀,加入 4 mL 石油醚,在旋涡混匀器上混匀 1 min。以 3 000 r/min 离心 2 min,将石油醚层移至 25 mL 离心管中。残渣再用 4 mL 石油醚以同样步骤提取一次,合并有机相。

3.4.2 净化

于石油醚提取液中加入 1 g 中性氧化铝,在旋涡混匀器上混匀 1 min,以 3 000 r/min 离心 2 min,将石油醚层全部倾弃。氧化铝层用 3×4 mL 乙醚提取,将乙醚层合并于另一支 25 mL 离心管中,置多功能微量化样品处理仪上,于 40℃通氮气挥发浓缩至干,用石油醚定容至 1.00 mL,供气相色谱测定。

3.4.3 测定

3.4.3.1 色谱条件

a. 毛细管色谱柱:HP-1(dimethylpolysiloxane,Gum)10 m×0.53 mm(id)×2.65 μm 石英柱或相当的色谱柱;

b. 色谱柱温:190℃;

c. 进样口温度:230℃;

d. 检测器温度:300℃;

e. 载气、尾吹气:氮气(纯度≥99.99%);载气流速 4 mL/min;尾吹气流速 40 mL/min;

f. 进样方式:填充柱进样口进样;

g. 进样量:2 μL。

3.4.3.2 色谱测定

根据样液中百菌清含量情况,选择峰高相近的标准工作溶液。标准工作溶液和样液中百菌清的响应值均应在仪器检测线性范围内。对标准工作溶液和样液等体积参插进样测定。在上述色谱条件下百菌清保留时间约为 2.2 min。

3.4.4 空白试验

除不加试样外,按上述测定步骤进行。

3.4.5 结果计算和表述

用色谱数据处理机或按下式计算试样中百菌清含量:

$$X = \frac{h \cdot c \cdot V}{h_s \cdot m}$$

式中：X——试样中百菌清含量,mg/kg；

h——样液中百菌清的峰高,mm；

h_s——标准工作溶液中百菌清的峰高,mm；

c——标准工作液中百菌清的浓度,μg/mL；

V——样液最终定容体积,mL；

m——称取的试样量,g。

注：计算结果需扣除空白值。

4 测定低限、回收率

4.1 测定低限

本方法的测定低限为 0.01 mg/kg。

4.2 回收率

回收率的实验数据：百菌清添加浓度在 0.01～2.0 mg/kg 范围内,回收率为 90.4%～100.2%。

附加说明：

本标准由中华人民共和国国家进出口商品检验局提出。

本标准由中华人民共和国厦门进出口商品检验局负责起草。

本标准主要起草人周昱、刘胜利。

中华人民共和国进出口商品检验行业标准

出口水果中多果定残留量检验方法

SN 0500—95

Method for the determination of dodine residues in fruits for export

1 主题内容与适用范围

本标准规定了出口水果中多果定残留量检验的抽样和制样及分光光度测定方法。

本标准适用于出口苹果中多果定残留量的检验。

2 抽样和制样

2.1 检验批

以不超过 1 500 件为一检验批，同一检验批的商品应具有相同的特征，如包装、标记、产地、规格和等级等。

2.2 抽样数量

批量，件	最低抽样数，件
1～25	1
26～100	5
101～250	10
251～1 500	15

2.3 抽样方法

按 2.2 规定的抽样件数抽取，逐件开启，每件至少取 500 g 作为原始样品，原始样品总量不得少于 2 kg。加封后，标明标记，及时送实验室。

2.4 试样制备

将所取的原始样品用缩分法分出约 500 g，去核切成块状后分成两份，装入洁净的容器内，作为试样。密封，并标明标记。

2.5 试样保存

将试样于－18℃以下冷冻保存。

注：在抽样和制样的操作过程中，必须防止样品受到污染和发生残留物含量的变化。

3 测定方法

3.1 方法提要

试样中多果定经用甲醇-三氯甲烷(2＋1)提取、四氯化碳净化。加溴甲酚紫使与多果定络合，用三氯甲烷提取络合物，用缓冲液洗涤。用氢氧化钠溶液水解络合物，并抽提出指示剂。最后用分光光度计于 590 nm 处测定水溶液中指示剂的吸光度，并用标准曲线法定量。

3.2 试剂和材料

3.2.1 溴甲酚紫溶液：取 0.4 g 重结晶指示剂级的溴甲酚紫溶于 75 mL 0.01 mol/L 氢氧化钠溶液中，必要时滴加 0.01 mol/L 氢氧化钠溶液，使其 pH 达 6.0～6.1。过滤，用不含二氧化碳的水稀释至

中华人民共和国国家进出口商品检验局 1995-11-28 批准　　1996-01-01 实施

500 mL，存于棕色瓶中。

3.2.2 缓冲溶液：pH5.5。将83.65 g二水合磷酸二氢钠和8.05 g磷酸氢二钠溶解于不含二氧化碳的水中，并稀释至1 L。

3.2.3 多果定标准溶液

3.2.3.1 标准储备溶液：130 μg/mL(甲醇溶液)。

3.2.3.2 标准工作溶液：13 μg/mL，吸取25 mL储备液，用甲醇稀释至250 mL。

3.2.4 甲醇：分析纯。

3.2.5 三氯甲烷：分析纯。

3.2.6 四氯化碳：分析纯。

3.2.7 氢氧化钠：分析纯。

3.2.8 氯化钠：分析纯。

3.2.9 二次重蒸水。

3.3 仪器和设备

3.3.1 分光光度计。

3.3.2 高速掺和器。

3.3.3 分液漏斗：250 mL，500 mL。

3.3.4 烧杯：400 mL。

3.4 测定步骤

3.4.1 提取

按每100 g试样中加入400 mL甲醇-三氯甲烷(2+1)溶剂的比例，置于高速掺和器中研磨。于平底漏斗中经双层滤纸进行抽滤，用甲醇-三氯甲烷(2+1)按100 mL/100 g试样用量洗涤滤纸上的残渣。测量提取液的体积，转移相当于50 g试样的提取液至400 mL烧杯中。

3.4.2 净化

向盛有提取液的烧杯中加入数颗玻璃珠和1 mL浓盐酸。在蒸汽浴上蒸发至50 mL，加30 mL 30%氯化钠溶液和100 mL甲醇，冷却后，移入500 mL分液漏斗中，用50 mL四氯化碳缓缓倒转分液漏斗6～8次进行提取。分层后弃去四氯化碳层。另用50 mL四氯化碳重复提取，加倍翻转分液漏斗的次数，弃去四氯化碳层。再用50 mL四氯化碳，缓缓摇动30 s进行提取，最后再用50 mL四氯化碳剧烈振摇1 min进行提取，并弃去四氯化碳层。

用4 mol/L氢氧化钠溶液调节试液的pH至约5.5(使用pH计)，然后加入20 mL pH5.5的缓冲溶液和20 mL溴甲酚紫溶液，把pH重新调节至5.5，用三氯甲烷提取络合物两次，每次用50 mL，振摇2 min。将合并的提取液用25 mL pH5.5的缓冲溶液，振摇30 s，然后将三氯甲烷层转移至另一分液漏斗中。再加25 mL pH5.5的缓冲液，振摇1 min，静置10 min，将三氯甲烷溶液转移至另一个分液漏斗中，加20 mL0.05 mol/L氢氧化钠溶液，振摇，以除去所有络合的指示剂和任何可能存在的有机酸。于三氯甲烷层中再加入5 mL溴甲酚紫溶液和20 mL pH5.5的缓冲溶液，振摇3 min，使多果定再络合。弃去水层，三氯甲烷层用pH5.5缓冲溶液洗涤三次，每次15 mL，振摇1 min。转移三氯甲烷层于干燥的250 mL分液漏斗中，用移液管加入20 mL 0.05 mol/L氢氧化钠溶液，振摇2 min。氢氧化钠水溶液供分光光度法测定。

3.4.3 测定

3.4.3.1 分光光度计条件

测定波长：590 nm。

3.4.3.2 标准曲线的绘制

分别吸取0.5、1.0、2.0、3.0、4.0和5.0 mL标准工作溶液至盛有100 mL甲醇、50 mL水、30 mL 30%氯化钠溶液、20 mL溴甲酚紫溶液和20 mL pH5.5缓冲溶液的一组分液漏斗中，调节每一溶液的

pH 至 5.5，然后按 3.4.2 中，从“用三氯甲烷提取络合物两次，每次用 50 mL，振摇 2 min……”开始继续进行，于 590 nm，测定每个水溶液的吸光度，然后以吸光度对微克多果定绘制标准曲线，对标准不必作空白校正。

3.4.4 空白试验

除不加试样外，按上述测定步骤进行。

3.5 结果计算和表述

从标准曲线上求得整分试液中多果定的微克数，再按下式计算试样中多果定的含量。

$$X = m/M$$

式中：X——试样中多果定含量，mg/kg；

m——从标准曲线上求得的整分试液中多果定的量，μg；

M——整分试液所代表的试样量，g。

4 测定低限、回收率

4.1 测定低限

本方法的测定低限为 0.2 mg/kg。

4.2 回收率

回收率的实验数据：多果定添加浓度在 0.20～5.2 mg/kg 范围内，回收率为 90%～106.4%。

附加说明：

本标准由中华人民共和国国家进出口商品检验局提出。

本标准由中华人民共和国广东进出口商品检验局负责起草。

本标准主要起草人梁伟大、李辉、彭肖颜。

中华人民共和国进出口商品检验行业标准

出口水产品中毒杀芬残留量检验方法

SN 0502—95

Method for the determination of toxaphene residues in aquatic products for export

1 主题内容与适用范围

本标准规定了出口水产品中毒杀芬残留量检验的抽样和制样及气相色谱测定方法。

本标准适用于出口鲅鱼、扇贝柱中毒杀芬残留量的检验。

2 抽样和制样

2.1 检验批

以不超过10 000件为一检验批。

同一检验批的商品应具有相同的特征，如包装、标记、产地、规格和等级等。

2.2 抽样数量

批量，件		最低抽样数，件
冷冻品	活品、盐藏品	
≤150	≤90	3
151～3 200	91～500	8
3 201～10 000	501～1 200	13
	1 201～10 000	20

2.3 抽样方法

按2.2规定的抽样件数随机抽取，逐件开启。每件至少取500g为原始样品，原始样品总量不少于2kg，加封后，标明标记，及时送实验室。

2.4 试样制备

将抽取的样品去鳞、去骨后，将可食部分充分捣碎，充分混匀，用四分法缩分出不少于1 000g，作为试样，装入清洁的容器中，加封后，标明标记。

2.5 试样保存

将试样于－18℃以下冷冻保存。

注：在抽样及制样的操作过程中，必须防止样品受到污染或发生残留物含量的变化。

3 测定方法

3.1 方法提要

样品中的毒杀芬经用石油醚提取，净化、浓缩后，用配有电子俘获检测器的气相色谱仪测定，外标法定量。

3.2 试剂和材料

所用水为蒸馏水，所用试剂除特殊规定外均为分析纯。

中华人民共和国国家进出口商品检验局1995-11-28批准　　1996-01-01实施

3.2.1　无水硫酸钠：经650℃灼烧4h，置于干燥器内备用。

3.2.2　无水硫酸钠柱：25mm(id)×200mm玻璃柱，内装50mm高的无水硫酸钠。

3.2.3　石油醚：30～60℃，经全玻璃装置重蒸馏。

3.2.4　乙醚：经全玻璃装置重蒸馏。

3.2.5　乙腈：色谱纯，用石油醚饱和。

3.2.6　氯化钠溶液：饱和溶液。

3.2.7　弗罗里硅土：675℃灼烧2h，置于干燥器内，用前于130℃烘5h。

3.2.8　弗罗里硅土柱：22mm(id)×200mm玻璃柱，内装100mm高的活化的弗罗里硅土，顶上加10mm高的无水硫酸钠。

3.2.9　毒杀芬标准品：已知纯度(约78%)。

3.2.10　毒杀芬标准储备溶液：准确称取适量的毒杀芬标准品，用石油醚配成浓度为100μg/mL的标准储备溶液，根据需要再配成适当浓度的标准工作溶液。

3.3　仪器和设备

3.3.1　气相色谱仪：配有电子俘获检测器。

3.3.2　微量注射器：10μL。

3.3.3　高速组织捣碎机。

3.3.4　恒温水浴。

3.3.5　马弗炉。

3.3.6　烘箱。

3.3.7　旋转蒸发器或K-D浓缩器。

3.3.8　分液漏斗：1 000mL，125mL。

3.3.9　刻度试管：10mL，具磨口塞。

3.4　测定步骤

3.4.1　提取

3.4.1.1　鱼类

称取约50g(精确至0.1g)试样于高速组织捣碎机中，加100g无水硫酸钠，混匀。加150mL石油醚，均质2min。上清液通过铺有两层滤纸的12cm布氏漏斗滤入500mL抽滤瓶中。用2×100mL石油醚提取捣碎机中残渣，每次3min，过滤，合并提取液。转移残渣至布氏漏斗上，以3×50mL石油醚洗涤。全部滤液过无水硫酸钠柱，收集流出液。用少量石油醚洗柱，合并石油醚流出液。于旋转蒸发器中蒸发至近干，用少量石油醚转移残渣至已知重量的烧杯中，在60℃水浴上蒸发，得到脂肪，称量并记录脂肪量。

称取3g脂肪于125mL分液漏斗中，加石油醚使之总体积为15mL，加30mL用石油醚饱和的乙腈，振荡1min。分层后，放乙腈层至盛有650mL水、40mL饱和氯化钠溶液及100mL石油醚的1L分液漏斗中。用3×30mL石油醚饱和的乙腈液洗125mL分液漏斗中的液体，合并乙腈层于1L分液漏斗中。放1L分液漏斗中的水层至另一1L分液漏斗中，加100mL石油醚至第二个分液漏斗中，振摇15s，弃去水层。合并石油醚层，以2×100mL水洗涤。将石油醚层过无水硫酸钠柱、收集于500mLK-D浓缩器中，以3×10mL石油醚洗涤漏斗及柱。合并石油醚洗液于浓缩器中，浓缩至5～10mL。

3.4.1.2　扇贝柱

称取约100g(精确至0.1g)试样于高速组织捣碎机中，加200mL乙腈，均质2min，通过铺有滤纸的12cm布氏漏斗滤入500mL抽滤瓶中。转移滤液至1L分液漏斗中，加100mL石油醚，振摇1～2min，再加10mL饱和氯化钠液和600mL水，振摇30～40s。弃去水层。以2×100mL水洗涤。转移溶剂层于100mL具塞量筒中，加15g无水硫酸钠，振摇，转至K-D浓缩器上浓缩至5～10mL。

3.4.2　净化

用50mL石油醚预洗弗罗里硅土柱(3.2.8)，将试样提取液移入柱中，以5mL/min速度过柱，用

200mL 乙醚-石油醚(6+94)以 5mL/min 速度洗脱。收集洗脱液，于旋转蒸发器上浓缩至 5mL。

3.4.3 测定

3.4.3.1 色谱条件

a. 色谱柱：玻璃柱，2m×2mm(id)，填充物为 1.95%OV-210+1.5%OV-17，涂于 Chromosorb W HP；

b. 柱温：195℃(10min)$\xrightarrow{10℃/min}$225℃(8min)；

c. 进样口温度：250℃；

d. 检测器温度：300℃；

e. 载气：氮气，纯度大于等于 99.99%，30mL/min。

3.4.3.2 色谱测定

分别准确注射 1μL 样液及标准工作溶液于气相色谱仪中，按 3.4.3.1 条件进行色谱分析，响应值均应在仪器检测的线性范围内。毒杀芬含量采用最后四个峰的峰面积总和进行定量(峰 V，W，X，Y)。在上述条件下，峰 V、W、X、Y 的保留时间分别为 14.5min、15.3min、17.0min、18.2min。

3.5 空白试验

除不称取样品外，按上述测定步骤进行。

3.6 结果计算和表述

用色谱数据处理机或按下式计算试样中毒杀芬残留含量：

$$X=\frac{A\cdot c\cdot V}{A_s\cdot m}$$

式中：X——试样中毒杀芬残留含量，mg/kg；

A——样液中毒杀芬四个峰的峰面积之和，mm^2；

A_s——标准工作溶液中毒杀芬四个峰的峰面积之和，mm^2；

c——标准工作溶液中毒杀芬的浓度，μg/mL；

V——最终样液体积，mL；

m——最终样液相当的样品重量，g。

注：空白值应从计算结果中扣除。

4 测定低限、回收率

4.1 测定低限

本方法的测定低限为 0.5mg/kg。

4.2 回收率

回收率的实验数据：毒杀芬添加浓度在 0.5～5.0mg/kg 范围内，回收率为 84.5%～89.5%。

附加说明：

本标准由中华人民共和国国家进出口商品检验局提出。

本标准由中华人民共和国烟台进出口商品检验局负责起草。

本标准主要起草人李立、穆兆纯、刘桂荣、沈志刚、王洪兵。

中华人民共和国出入境检验检疫行业标准

SN/T 0519—2010
代替 SN 0519—1996

进出口食品中丙环唑残留量的检测方法

Determination of propiconazole residue in food for import and export

2010-11-01 发布　　2011-05-01 实施

中华人民共和国
国家质量监督检验检疫总局　发布

前　言

本标准按照 GB/T 1.1—2009 给出的规则起草。

本标准代替 SN 0519—1996《出口粮谷中丙环唑残留量检验方法》。

本标准与 SN 0519—1996 相比，主要技术变化如下：

——标准名称修改为“进出口食品中丙环唑残留量的检测方法”；

——取消了“抽样和制样”，增加了“试样制备与保存”；

——扩大了样品基质的适用范围；

——气相色谱检测器由氮磷检测器改为电子捕获检测器；

——增加了气相色谱-质谱检测方法。

本标准由国家认证认可监督管理委员会提出并归口。

本标准起草单位：中华人民共和国陕西出入境检验检疫局、中华人民共和国上海出入境检验检疫局、中华人民共和国江苏出入境检验检疫局、中华人民共和国天津出入境检验检疫局、中华人民共和国吉林出入境检验检疫局。

本标准主要起草人：李建华、何强、孔祥虹、乐爱山、朱坚、沈崇钰、沈伟建、葛宝坤、王云凤、王明泰。

本标准所代替标准的历次版本发布情况为：

——SN 0519—1996。

进出口食品中丙环唑残留量的检测方法

1 范围

本标准规定了食品中丙环唑残留量的气相色谱检测方法和气相色谱-质谱检测与确证方法。

本标准适用于大米、荞麦、绿豆、苹果、草莓、香蕉、柑橘、韭菜、西兰花、蘑菇、枸杞子、茶叶、板栗、蜂蜜、猪肾、牛肉、鸡肉、鱼肉等食品中丙环唑残留量的测定和确证。

2 方法提要

试样用乙酸乙酯或乙腈提取，经 C_{18} 和石墨化炭黑固相萃取柱净化，用配备电子捕获检测器的气相色谱仪和气相色谱-质谱仪进行检测和确证，外标法定量。

3 试剂和材料

除另有规定外，所用试剂均为分析纯，水为二次蒸馏水。

3.1 乙酸乙酯。

3.2 乙腈。

3.3 甲醇：液相色谱级。

3.4 氯化钠。

3.5 无水硫酸钠：经 650 ℃灼烧 4 h，置于密闭容器中备用。

3.6 甲醇-水溶液(60+40，体积比)：量取 60 mL 甲醇(3.3)与 40 mL 水混合。

3.7 丙环唑标准物质(Propiconazole，$C_{15}H_{17}Cl_2N_3O_2$，CAS 编号：60207-90-7)：纯度大于等于 99%。

3.8 丙环唑标准储备溶液：准确称取适量的丙环唑标准物质，用乙酸乙酯配制成 1 000 μg/mL 的标准储备溶液，于 0 ℃～4 ℃储存。

3.9 丙环唑标准工作溶液 A：根据需要用乙酸乙酯将储备液稀释配制成适当浓度的标准工作溶液，供气相色谱测定，此溶液于 0 ℃～4 ℃储存。

3.10 丙环唑标准工作溶液 B：根据需要用空白基质提取液将储备液稀释配制成适当浓度的标准工作溶液，供气相色谱-质谱测定使用，现用现配。

3.11 C_{18} 固相萃取柱：500 mg，3 mL；使用前分别用 5 mL 甲醇和 5 mL 水预淋洗柱子，流速 1 mL/min。

3.12 石墨化炭黑固相萃取柱：250 mg，3 mL；使用前用 5 mL 甲醇预淋洗柱子，流速 1 mL/min。

4 仪器和设备

4.1 气相色谱仪：配电子捕获检测器(ECD)。

4.2 气相色谱-质谱联用仪：配电子轰击离子源(EI 源)。

4.3 组织捣碎机。

4.4 粉碎机。

4.5 电子天平：感量分别为 0.01 mg 和 0.01 g。

4.6 涡旋混合器。

4.7 均质器:10 000 r/min。

4.8 具塞离心管:聚丙烯,50 mL。

4.9 旋转蒸发器。

4.10 氮吹仪。

4.11 离心机:5 000 r/min。

4.12 固相萃取装置。

5 试样制备与保存

5.1 试样制备

5.1.1 苹果、草莓、香蕉、柑橘、枸杞子、韭菜、西兰花、蘑菇

取代表性样品约500 g,将其可食用部分切碎(不可水洗),用组织捣碎机加工成浆状,混匀,装入洁净的容器内,密闭并标明标记。

5.1.2 大米、荞麦、绿豆、茶叶、板栗

取代表性样品约500 g,用粉碎机粉碎并通过2.0 mm圆孔筛,混匀,装入洁净的容器内,密闭并标明标记。

5.1.3 猪肾、牛肉、鸡肉、鱼肉

取代表性样品约500 g,将其可食用部分切碎后,用组织捣碎机充分捣碎,混匀,装入洁净的容器内,密闭并标明标记。

5.1.4 蜂蜜

取代表性样品约500 g,对无结晶蜂蜜样品将其搅拌均匀;对有结晶析出的蜂蜜样品,在密闭情况下,将样品瓶置于不超过60 ℃的水浴中温热,振荡,待样品全部融化后搅匀,迅速冷却至室温。在融化时应注意防止水分挥发。装入洁净的容器内,密闭并标明标记。

5.2 试样保存

大米、荞麦、绿豆、茶叶、板栗、蜂蜜等试样于0 ℃~4 ℃保存;苹果、草莓、香蕉、柑橘、韭菜、西兰花、蘑菇、枸杞子、猪肾、牛肉、鸡肉、鱼肉等试样于−18 ℃以下冷冻保存。

在制样的操作过程中,应防止样品受到污染或发生残留物含量的变化。

6 测定步骤

6.1 提取

6.1.1 大米、荞麦、绿豆、板栗、猪肾、牛肉、鸡肉、鱼肉

称取5 g试样(精确至0.01 g)于50 mL离心管中,加入10 g无水硫酸钠,20 mL乙酸乙酯,10 000 r/min均质提取2 min,3000 r/min离心10 min,上清液倒入浓缩瓶中。残渣再用2×20 mL乙酸乙酯重复提取两次,合并提取液于浓缩瓶中,于45 ℃浓缩至近干,加5 mL甲醇-水溶液溶解残渣,待净化。

6.1.2 茶叶、苹果、草莓、香蕉、柑橘、韭菜、西兰花、蘑菇、枸杞子、蜂蜜

称取 5 g(精确至 0.01 g)试样于 50 mL 离心管中,加入 5 g 氯化钠,10 mL 水(对于茶叶,加水后静置 30 min),20 mL 乙腈,涡旋振荡提取 10 min,3 000 r/min 离心 10 min,上清液转移到浓缩瓶中。残渣再用 2×20 mL 乙腈重复提取两次,合并提取液于浓缩瓶中,于 45 ℃浓缩至近干,加 5 mL 甲醇-水溶液溶解残渣,待净化。

6.2 净化

将上述提取液(6.1)通过经活化过的 C_{18} 固相萃取柱(3.11),再用 5 mL 甲醇-水溶液淋洗 C_{18} 固相萃取柱,保持液滴流速约 1 mL/min,弃去流出液。将 C_{18} 固相萃取柱抽干后与石墨化炭黑固相萃取柱(3.12)(柱内填约 1 cm 高无水硫酸钠)依次串接,在 C_{18} 固相萃取柱中加入 3 mL 甲醇洗脱,待甲醇全部流过 C_{18} 固相萃取柱后,弃掉 C_{18} 固相萃取柱,再用 8 mL 甲醇洗脱石墨化炭黑固相萃取柱,收集全部洗脱液,于 40 ℃水浴中氮气吹干,用乙酸乙酯溶解定容至 1.0 mL,供气相色谱和气相色谱-质谱测定和确证。

6.3 测定

6.3.1 气相色谱条件

气相色谱条件如下:

a) 色谱柱:DB-35 弹性石英毛细管柱,0.25 mm(内径)×30 m,膜厚 0.25 μm,或相当者;
b) 色谱柱温度:80 ℃(1 min) $\xrightarrow{20\ ℃/min}$ 230 ℃(1 min) $\xrightarrow{4\ ℃/min}$ 250 ℃(8 min) $\xrightarrow{30\ ℃/min}$ 280 ℃(5 min);
c) 进样口温度:250 ℃;
d) 检测器温度:280 ℃;
e) 载气:氮气,纯度大于等于 99.999%,流量 1.0 mL/min;
f) 尾吹气:90 mL/min;
g) 进样方式:无分流进样,1 min 后开阀;
h) 进样量:1.0 μL。

6.3.2 气相色谱-质谱条件

气相色谱-质谱条件如下:

a) 色谱柱:石英毛细管柱 DB-1701,0.25 mm(内径)×30 m,膜厚 0.25 μm,或相当者;
b) 色谱柱温度:80 ℃(1 min) $\xrightarrow{15\ ℃/min}$ 230 ℃(1 min) $\xrightarrow{4\ ℃/min}$ 250 ℃(5 min) $\xrightarrow{20\ ℃/min}$ 270 ℃(5 min);
c) 进样口温度:250 ℃;
d) 色谱-质谱接口温度:270 ℃;
e) 载气:氦气,纯度≥99.999%,0.6 mL/min;
f) 进样量:1.0 μL;
g) 进样方式:不分流进样,1 min 后开阀;
h) 电离方式:EI;
i) 电离能量:70 eV;
j) 测定方式:选择离子监测方式(SIM);
k) 监测离子(m/z):259,173,191,261;定量离子(m/z):259;

l) 溶剂延迟:10 min。

6.3.3 气相色谱检测

根据样液中丙环唑含量情况,选定与样液浓度相近的标准工作溶液(3.9),标准工作溶液和样液中丙环唑的响应值均应在仪器检测线性范围内。标准工作溶液和样液等体积参插进样测定,以保留时间定性,测量峰面积与标准工作溶液比较进行定量。在6.3.1给定的色谱条件下,丙环唑及异构体的保留时间约为19.2 min和19.4 min。丙环唑标准品的色谱图参见附录A中图A.1。

6.3.4 气相色谱-质谱检测及确证

根据样液中丙环唑含量情况,选定与样液浓度相近的标准工作溶液(3.10),标准工作溶液和样液中丙环唑的响应值均应在仪器检测线性范围内。标准工作溶液和样液等体积参插进样测定。

在6.3.2规定的气相色谱-质谱条件下,样品中待测物质的保留时间与标准工作溶液中对应的保留时间的偏差在±2.5%以内,且样品中被测物质的相对离子丰度与浓度相当的标准工作溶液的相对离子丰度允许偏差不超过表1规定的范围,则可确定样品中存在对应的被测物。在上述气相色谱-质谱条件下,丙环唑及异构体的保留时间约为18.5 min和18.7 min。丙环唑标准品的气相色谱-质谱总离子流图和全扫描质谱图参见附录B中图B.1和图B.2。

表1 使用定性气相色谱-质谱时相对离子丰度最大允许偏差

相对丰度/%	>50	>20~50	>10~20	≤10
允许的相对偏差/%	±20	±25	±30	±50

6.4 空白试验

除不称取试样外,均按上述检测步骤进行。

6.5 结果计算和表述

用色谱数据处理软件或按式(1)计算试样中丙环唑残留量:

$$X=\frac{A\times c_s\times V}{A_s\times m} \qquad \cdots\cdots(1)$$

式中:

X ——试样中丙环唑的残留量,单位为毫克每千克(mg/kg);

A ——样液中丙环唑及异构体的色谱峰面积之和;

c_s ——标准工作液中丙环唑的浓度,单位为微克每毫升(μg/mL);

V ——样液最终定容体积,单位为毫升(mL);

A_s ——标准工作液中丙环唑及异构体的色谱峰面积之和;

m ——最终样液所代表的试样质量,单位为克(g)。

注:计算结果须扣除空白值。

7 测定低限和回收率

7.1 测定低限

本方法中气相色谱法和气相色谱-质谱法的测定低限均为0.01 mg/kg。

7.2 回收率

本方法中气相色谱法和气相色谱-质谱法回收率的数据分别见表 2 和表 3。

表 2　样品的添加浓度及回收率的数据(GC)

样品名称	添加浓度 mg/kg	回收率范围 %	样品名称	添加浓度 mg/kg	回收率范围 %
大米	0.010	81.6～84.4	蘑菇	0.010	84.3～90.8
	0.020	76.7～79.7		0.020	85.1～93.8
	0.050	73.2～84.2		0.050	85.3～98.1
荞麦	0.010	70.9～83.1	枸杞子	0.010	76.9～86.1
	0.020	75.9～85.5		0.020	75.9～90.5
	0.050	71.8～86.7		0.050	77.8～92.7
绿豆	0.010	87.1～99.3	茶叶	0.010	76.5～90.3
	0.020	88.9～99.9		0.020	85.6～95.8
	0.050	83.9～103.8		0.050	92.1～98.7
苹果	0.010	92.9～100.9	板栗	0.010	79.5～91.7
	0.020	96.3～102.7		0.020	88.3～97.8
	0.050	94.6～102.2		0.050	89.7～100.5
草莓	0.010	95.2～101.1	蜂蜜	0.010	88.0～104.7
	0.020	94.4～107.6		0.020	79.1～105.1
	0.050	91.1～103.8		0.050	90.1～95.5
香蕉	0.010	75.5～98.2	猪肾	0.010	76.8～88.9
	0.020	88.3～92.8		0.020	78.5～89.6
	0.050	86.2～109.7		0.050	79.2～89.5
柑橘	0.010	98.4～105.5	牛肉	0.010	76.5～89.7
	0.020	95.6～112.4		0.020	78.7～89.2
	0.050	85.2～112.3		0.050	78.8～86.9
韭菜	0.010	88.7～94.8	鱼肉	0.010	78.2～88.1
	0.020	87.6～93.8		0.020	80.0～89.7
	0.050	89.3～98.2		0.050	82.9～90.8
西兰花	0.010	86.9～92.0	鸡肉	0.010	75.3～86.7
	0.020	86.5～94.3		0.020	81.3～87.9
	0.050	86.4～96.7		0.050	85.6～91.3

表 3 样品的添加浓度及回收率的数据(GC-MS)

样品名称	添加浓度 mg/kg	回收率范围 %	样品名称	添加浓度 mg/kg	回收率范围 %
大米	0.010	74.7～90.6	蘑菇	0.010	93.5～91.7
	0.020	76.0～81.1		0.020	86.3～94.8
	0.050	75.9～83.8		0.050	85.8～99.1
荞麦	0.010	72.2～79.8	枸杞子	0.010	74.4～83.3
	0.020	75.7～82.6		0.020	77.3～87.2
	0.050	74.6～85.4		0.050	78.3～90.8
绿豆	0.010	87.4～96.6	茶叶	0.010	76.2～92.2
	0.020	90.3～97.4		0.020	85.2～97.9
	0.050	90.3～103.4		0.050	88.3～99.9
苹果	0.010	88.6～101.8	板栗	0.010	84.0～93.9
	0.020	86.5～97.0		0.020	88.5～96.5
	0.050	93.4～98.1		0.050	88.6～99.6
草莓	0.010	93.9～102.2	蜂蜜	0.010	92.6～103.1
	0.020	92.1～102.9		0.020	85.2～102.2
	0.050	95.3～104.1		0.050	88.2～98.4
香蕉	0.010	96.0～93.6	猪肾	0.010	75.8～88.9
	0.020	84.4～94.3		0.020	79.9～90.8
	0.050	91.2～99.5		0.050	79.5～91.7
柑橘	0.010	94.5～103.6	牛肉	0.010	76.6～88.4
	0.020	96.8～103.4		0.020	77.9～85.7
	0.050	96.1～107.0		0.050	79.6～87.4
韭菜	0.010	87.3～95.6	鱼肉	0.010	77.0～86.2
	0.020	88.9～95.4		0.020	80.8～88.8
	0.050	90.2～99.8		0.050	83.2～90.6
西兰花	0.010	85.1～94.7	鸡肉	0.010	76.9～87.2
	0.020	88.2～93.3		0.020	80.3～88.3
	0.050	87.8～95.3		0.050	85.3～90.3

附　录　A
（资料性附录）
丙环唑标准品气相色谱图

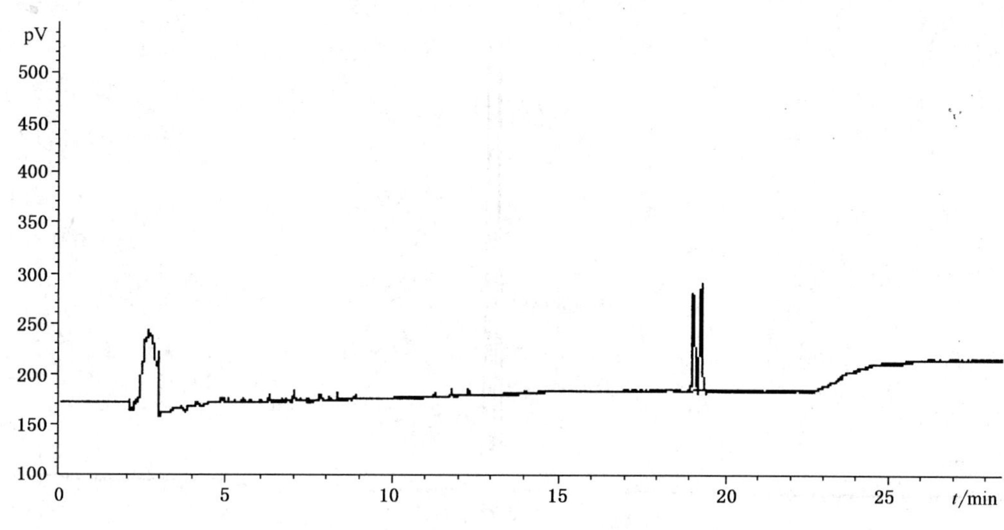

图 A.1　丙环唑标准品气相色谱图

附 录 B
（资料性附录）
丙环唑标准品总离子流色谱图和质谱图

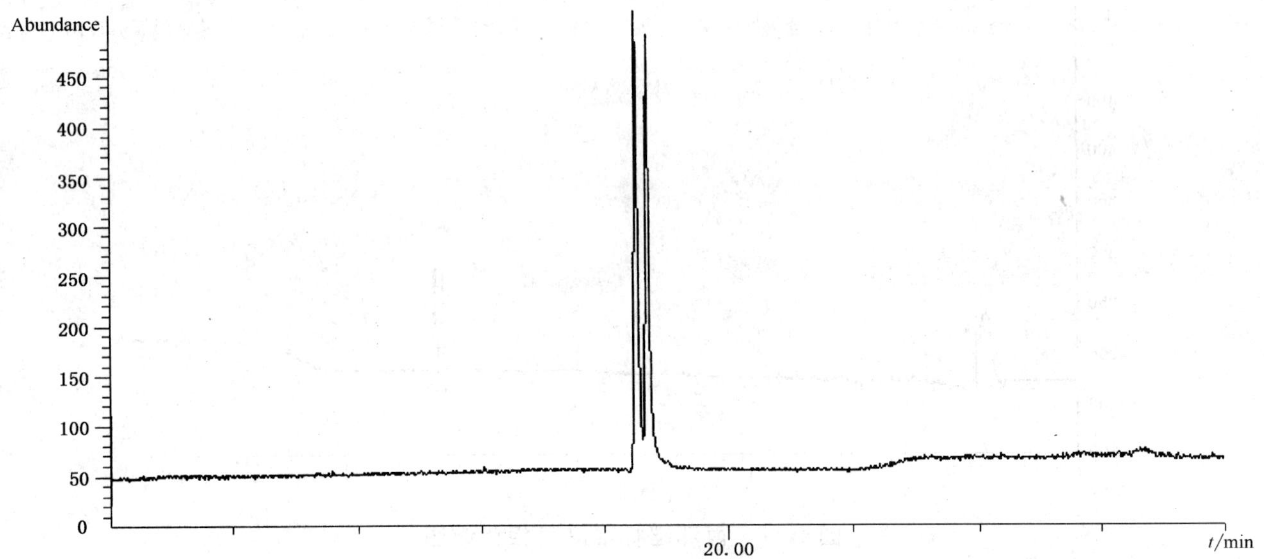

图 B.1 丙环唑标准品总离子流色谱图

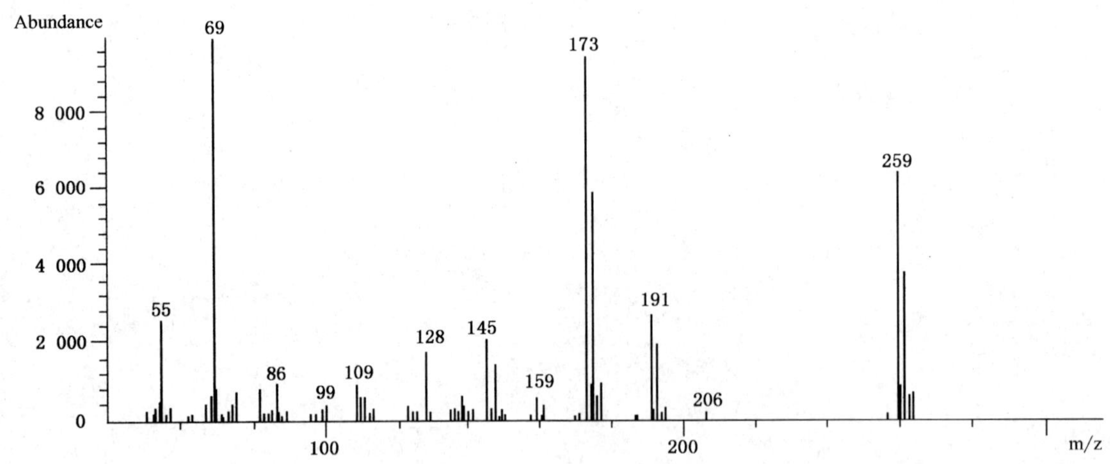

图 B.2 丙环唑质谱图

前　　言

本标准是根据GB/T 1.1—1993《标准化工作导则　第1单元:标准的起草与表述规则　第1部分:标准编写的基本规定》及SN/T 0001—1995《出口商品中农药、兽药残留量及生物毒素检验方法标准编写的基本规定》的要求而进行编写的。其中测定方法参考国内外有关文献,经研究、改进和验证后而制定的。本标准同时制定了抽样和制样方法。

测定低限是根据国际上对粮谷中烯菌灵残留量的最高限量和测定方法的灵敏度而制定的。

附录A为提示的附录。

本标准由中华人民共和国国家进出口商品检验局提出并归口。

本标准起草单位:中华人民共和国上海进出口商品检验局。

本标准主要起草人:陈家华。

中华人民共和国进出口商品检验行业标准

出口粮谷中烯菌灵残留量检验方法

SN 0520—1996

Method for the determination of imazalil residues in cereals for export

1 范围

本标准规定了出口粮谷中烯菌灵残留量检验的抽样、制样和液相色谱测定方法。

本标准适用于出口大米中烯菌灵残留量的检验。

2 抽样和制样

2.1 检验批

以不超过 4 000 袋(200 t)为一检验批。

同一检验批的商品应具有相同的特征,如包装、标记、产地、规格和等级等。

2.2 抽样数量按一批总袋数的平方根〔式(1)〕抽取:

$$a = \sqrt{N} \quad \cdots\cdots(1)$$

式中:N——全批袋数;

a——抽样袋数。

注:a 值取整数,小数部分向前进位为整数。

2.3 抽样工具

2.3.1 金属单管取样器:全长 55 cm(包括手柄),直径 1.5 cm,沟槽长度应超过袋对角线长度的一半。

2.3.2 取样铲。

2.3.3 分样板。

2.3.4 样品筒(袋):可密封。

2.3.5 分样布或适用铺垫物。

2.4 抽样方法

2.4.1 倒包抽样

从堆垛的各部位随机抽取 2.2 规定的应抽样件数的 10%(每批一般不少于 3 袋),将袋口缝线全部拆开,平置于分样布或其他洁净的铺垫物上,双手紧握袋底两角,提起约成 45°倾角,倒拖 1 m 以上,使袋内货物全部倒出。检查货物的外观、气味、有无发霉、变质等,并查看袋内和袋间品质是否均匀。确认情况正常后,用取样铲随机在各部位抽取样品,立即将样品倒入盛样器内。每袋抽取样品数量应基本一致。

2.4.2 袋内抽样

按 2.2 规定的应抽样袋数的 90%,在堆垛四周上、中、下各层以曲线形走向随机抽取。将取样器(2.3.1)管槽朝下,从每袋一角依斜对角方向插入袋内,然后将管槽旋转朝上,抽出取样器,立即将样品倒入盛样容器内。每袋抽取样品数量应与 2.4.1 基本一致。

每批样品总量应不少于 4 kg。

中华人民共和国国家进出口商品检验局1996-04-29批准　　1996-10-01实施

2.4.3 大样缩分

集中袋内和倒包抽样所取全部样品，倒于分样布上，用分样板按四分法缩分出样品不少于 2 kg，盛于样品筒内，加封后标明标记并及时送交实验室。

2.5 试样制备

将样品按四分法缩分至 1 kg，全部磨碎并通过 20 目筛，混匀，均分成两份试样，装入洁净的容器内，密封，标明标记。

2.6 试样保存

将试样于－5℃以下避光保存。

注：在抽样和制样的操作过程中，必须防止样品受到污染或发生残留物含量的变化。

3 测定方法

3.1 方法提要

以乙酸乙酯提取样品中的烯菌灵，稀硫酸反提取，酸相碱化后用乙酸乙酯提取，蒸去乙酸乙酯，残渣溶解于流动相中。用配有紫外检测器的液相色谱仪测定，外标法定量。

3.2 试剂和材料

除另有规定外，试剂均为分析纯，水为蒸馏水。

3.2.1 乙酸乙酯：重蒸馏。

3.2.2 乙腈：紫外光谱级。

3.2.3 硫酸：优级纯，ρ 约 1.84 g/mL。

3.2.4 硫酸水溶液：0.1 mol/L。

3.2.5 氢氧化钠溶液：1 mol/L。

3.2.6 碳酸钠溶液：5%（m/V）。

3.2.7 磷酸盐缓冲液：分别称取 0.2 mol/L 磷酸二氢钾 68 mL、0.2 mol/L 磷酸氢二钠 32 mL，混匀，pH 调至 7.5。移取 10 mL 置于 1 L 容量瓶中，加入 1 mol/L 氯化钠溶液 2 mL，混匀，用水定容至刻度。

3.2.8 无水硫酸钠：650℃灼烧 4 h，冷却后贮于密闭容器中备用。

3.2.9 烯菌灵标准品：纯度≥99%。

3.2.10 烯菌灵标准溶液：准确称取适量的烯菌灵标准品，用甲醇配制成浓度为 100 μg/mL 的标准储备液。根据需要移取适量储备液，用氮气将甲醇吹去后用流动相配制成适当浓度的标准工作溶液。

3.3 仪器和设备

3.3.1 液相色谱仪：配有紫外检测器。

3.3.2 匀质机：3 000 r/min。

3.3.3 离心机：5 000 r/min。

3.3.4 旋转蒸发器。

3.3.5 微量注射器：25 μL、100 μL。

3.4 测定步骤

3.4.1 提取和净化

称取试样约 5 g（精确至 0.1 g），置于 50 mL 离心管中。加入 2 g 无水硫酸钠、25 mL 乙酸乙酯，均质 2 min，离心 1 min（5 000 r/min），将上清液移入 125 mL 分液漏斗中。残渣用 25 mL 乙酸乙酯按上述操作重复处理一次，合并上清液于分液漏斗中。用 20 mL 碳酸钠溶液洗涤乙酸乙酯相，弃去碳酸钠洗液。用 20 mL 蒸馏水洗乙酸乙酯相，弃去水相。乙酸乙酯相分别用 20、10 mL 硫酸溶液（0.1 mol/L）提取，合并硫酸相，弃去乙酸乙酯相。用 10 mL 乙酸乙酯洗涤硫酸相，弃去乙酸乙酯相。用 1 mol/L 氢氧化钠溶液碱化酸溶液（约 10 mL）后，用 2×5 mL 乙酸乙酯提取，合并乙酸乙酯相，并经无水硫酸钠脱水，收集于梨形瓶中，在水浴 50℃的旋转蒸发器上蒸发至近干。准确加入 1 mL 流动相（3.4.2.1c）以溶解残渣，经 0.45 μm 滤膜过滤后供液相色谱测定。

3.4.2 测定

3.4.2.1 液相色谱条件

a) 色谱柱：径向加压柱 Z-modul Bondapak C_{18}，10 cm×8 mm(id)粒度 10 μm；

b) 检测器：UV，204 nm；

c) 流动相：乙腈-磷酸盐缓冲液(1+1)；

d) 流速：2 mL/min；

e) 色谱柱温度：室温。

3.4.2.2 液相色谱测定

根据样液中烯菌灵含量情况，选定峰高相近的标准工作溶液。标准工作溶液和样液中烯菌灵的响应值均应在仪器的检测线性范围内。对标准工作溶液和样液等体积参插进样测定。在上述色谱条件下烯菌灵的保留时间约为 9 min。标准品色谱图见附录 A 中图 A1。

3.4.3 空白试验

除不加试样外，均按上述测定步骤进行。

3.5 结果计算和表述

用色谱数据处理机或按式(2)计算试样中烯菌灵残留量：

$$X = \frac{h \cdot c \cdot V}{h_s \cdot m} \qquad \cdots\cdots(2)$$

式中：X——试样中烯菌灵残留量，mg/kg；

h——样液中烯菌灵的色谱峰高，mm；

h_s——标准工作溶液中烯菌灵的色谱峰高，mm；

c——标准工作溶液中烯菌灵浓度，μg/mL；

V——样液最终定容体积，mL；

m——最终样液所代表的试样量，g。

注：计算结果需扣除空白值。

4 测定低限、回收率

4.1 测定低限

本方法的测定低限为 0.025 mg/kg。

4.2 回收率

回收率的实验数据：

烯菌灵浓度在 0.025 mg/kg 时，回收率为 94.0%；

烯菌灵浓度在 0.050 mg/kg 时，回收率为 101.0%；

烯菌灵浓度在 1.00 mg/kg 时，回收率为 91.0%。

附 录 A
（提示的附录）
标准品色谱图

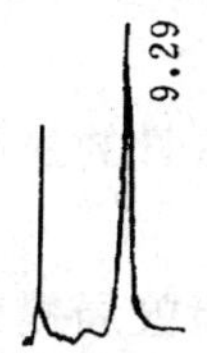

图 A1 烯菌灵色谱图

前　言

本标准是根据GB/T 1.1—1993《标准化工作导则　第1单元:标准的起草与表述规则　第1部分:标准编写的基本规定》及SN/T 0001—1995《出口商品中农药、兽药残留量及生物毒素检验方法标准编写的基本规定》的要求进行编写的。其中测定方法参考国内外有关文献,经研究、改进和验证后而制定的。本标准同时制定了抽样和制样方法。

测定低限是根据国际上对粮谷中特丁磷残留量的最高限量和测定方法的灵敏度而制定的。

附录A为提示的附录。

本标准由中华人民共和国国家进出口商品检验局提出并归口。

本标准起草单位:中华人民共和国吉林进出口商品检验局。

本标准主要起草人:牟峻、荣会、王大宁。

中华人民共和国进出口商品检验行业标准

出口粮谷中特丁磷残留量检验方法

SN 0522—1996

Method for the determination of terbufos residues in cereals for export

1 范围

本标准规定了出口粮谷中特丁磷残留量检验的抽样、制样和气相色谱测定方法。

本标准适用于出口糙米中特丁磷残留量的检验。

2 抽样和制样

2.1 检验批

以不超过 4 000 袋(200 t)为一检验批。

同一检验批的商品应具有相同特征,如包装、标记、产地、规格和等级等。

2.2 抽样数量

按一批总袋数的平方根〔式(1)〕抽取:

$$a = \sqrt{N} \quad \cdots\cdots(1)$$

式中:N——全批袋数;

a——抽样袋数。

注:a 值取整数,小数部分向前进位为整数。

2.3 抽样工具

2.3.1 金属单管取样器:全长 55 cm(包括手柄),直径 1.5 cm,沟槽长度应超过袋对角线长度的一半。

2.3.2 取样铲。

2.3.3 分样板。

2.3.4 样品筒(袋):可密封。

2.3.5 分样布或适用铺垫物。

2.4 抽样方法

2.4.1 倒包抽样:从堆垛的各部位随机抽取 2.2 规定的应抽样件数的 10%(每批一般不少于 3 袋),将袋口缝线全部拆开,平置于分样布或其他洁净的铺垫物上,双手紧握袋底两角,提起约成 45°倾角,倒拖约 1 m,使袋内货物全部倒出。检查货物的外观、气味、有无发霉、变质等,并查看袋内和袋间品质是否均匀。确认情况正常后,用取样铲随机在各部位抽取样品,立即将样品倒入盛样容器内。每袋抽取样品数量应基本一致。

2.4.2 袋内抽样:按 2.2 规定的应抽样袋数的 90%,在堆垛四周的上、中、下各层以曲线形走向随机抽取。将取样器(2.3.1)管槽朝下,从每袋一角依斜对角方向插入袋内,然后将管槽旋转朝上,抽出取样器,立即将样品倒入盛样容器内。每袋抽取样品数量应与 2.4.1 基本一致。

每批样品总量应不少于 4 kg。

2.4.3 大样缩分

中华人民共和国国家进出口商品检验局1996-04-29批准 1996-10-01实施

集中袋内和倒包抽样所取全部样品，倒于分样布上，用分样板按四分法缩分出样品不少于 2 kg，盛于样品筒内，加封后标明标记并及时送交实验室。

2.5 试样制备

将样品按四分法缩分至 1 kg，全部磨碎并通过 20 目筛，混匀，均分成两份试样，装入洁净的容器内，密封，标明标记。

2.6 试样保存

将试样于 -5℃以下避光保存。

注：在抽样及制样的操作过程中，必须防止样品受到污染或发生残留物含量的变化。

3 测定方法

3.1 方法提要

糙米中残留的特丁磷采用丙酮-水(7+3)提取，提取液经与乙酸乙酯液-液分配，浓缩后，再以 PT-硅镁柱净化，用配有火焰光度检测器的气相色谱仪测定，外标法定量。

3.2 试剂和材料

除另有规定外，所用试剂均为分析纯，水为蒸馏水。

3.2.1 丙酮。

3.2.2 乙酸乙酯。

3.2.3 正己烷。

3.2.4 无水硫酸钠：650℃灼烧 4 h，冷却后贮于密闭容器中备用。

3.2.5 氯化钠。

3.2.6 氯化钠溶液：10%(m/V)，将 100 g 氯化钠溶于水中，并稀释至 1 000 mL。

3.2.7 PT-硅镁柱：层析用(2 g)。

3.2.8 特丁磷标准品：纯度≥99%。

3.2.9 特丁磷标准溶液：准确称取适量特丁磷标准品，用少量乙酸乙酯溶解，并以乙酸乙酯配制成浓度为 1.00 mg/mL 的标准储备液。根据需要再配制成适用浓度的标准工作溶液。

3.3 仪器和设备

3.3.1 气相色谱仪：配有火焰光度检测器、磷滤光片 526 nm。

3.3.2 振荡器。

3.3.3 旋转蒸发器。

3.3.4 无水硫酸钠柱：7.5 cm×1.5 cm(id)，内装 5 cm 高的无水硫酸钠。

3.3.5 玻璃注射器：10 mL。

3.4 测定步骤

3.4.1 提取

称取试样约 20 g(精确至 0.1 g)于 250 mL 具塞锥形瓶中，加入 80 mL 丙酮-水(7+3)，振荡提取 30 min。将提取液过滤于 500 mL 分液漏斗中。将残渣再用 30 mL 丙酮振荡提取 30 min，过滤，合并滤液于上述分液漏斗中。

3.4.2 净化

加入 150 mL 氯化钠溶液于上述分液漏斗中，再加入 50 mL 乙酸乙酯，振摇 3 min，静置分层。收集上层有机相。水相再用 50 mL 乙酸乙酯重复提取一次，合并有机相。经无水硫酸钠柱脱水，收集于梨形瓶中，于 40℃水浴中旋转浓缩至近干，再用氮气流吹干，加入 1 mL 正己烷以溶解残渣。

用 10 mL 正己烷预洗 PT-硅镁柱，将浓缩液注入接有 PT-硅镁柱的玻璃注射器中过柱。用 10 mL 乙酸乙酯-正己烷(2+8)混合液分两次洗脱，收集全部流出液于梨形瓶中，于 40℃水浴中旋转浓缩至近干，再用氮气流吹干。加入 2.00 mL 乙酸乙酯以溶解残渣，溶液供气相色谱测定。

3.4.3 测定

3.4.3.1 色谱条件Ⅰ

a) 色谱柱：5 m×0.53 mm(id)×2.65 μm(膜厚)，HP-1石英毛细管柱；

b) 色谱柱温度：165℃；

c) 进样口温度：250℃；

d) 检测器温度：270℃；

e) 载气、尾吹气：氮气，纯度≥99.99%。载气，3 mL/min，尾吹气，30 mL/min；

f) 氢气：80 mL/min；

g) 空气：100 mL/min；

h) 进样方式：填充柱进样口进样；

i) 进样量：3 μL。

3.4.3.2 色谱条件Ⅱ

a) 色谱柱：25 m×0.32 mm(id)×0.25 μm(膜厚)，HP-1701石英毛细管柱；

b) 色谱柱温度：50℃(2 min)$\xrightarrow{30℃/min}$170℃(1 min)$\xrightarrow{3℃/min}$230℃(1 min)$\xrightarrow{8℃/min}$280℃(5 min)；

c) 进样口温度：270℃；

d) 检测器温度：280℃；

e) 载气、尾吹气：氮气，纯度≥99.99%。载气，20 cm/s，尾吹气，30 mL/min；

f) 氢气：80 mL/min；

g) 空气：100 mL/min；

h) 进样方式：无分流进样，2 min后开阀；

i) 进样量：2 μL。

3.4.3.3 色谱测定

根据试样中被测农药含量情况，选定浓度相近的标准工作液。标准工作液和待测样液中农药的响应值均应在仪器检测的线性范围内。对标准工作液与样液等体积参插进样测定。在色谱条件Ⅰ下，特丁磷的保留时间约为5 min，在色谱条件Ⅱ下，特丁磷的保留时间约为12 min。标准品色谱图，见附录A中图A1(色谱条件Ⅰ)和图A2(色谱条件Ⅱ)。

3.4.4 空白实验

除不加试样外，均按上述测定步骤进行。

3.5 结果计算和表述

用色谱数据处理机或按式(2)计算试样中特丁磷残留含量：

$$X = \frac{h \cdot c \cdot V}{h_s \cdot m} \qquad \cdots\cdots(2)$$

式中：X——试样中特丁磷含量，mg/kg；

h——样液中特丁磷的色谱峰高，mm；

h_s——标准工作液中特丁磷的色谱峰高，mm；

c——标准工作液中特丁磷的浓度，μg/mL；

V——样液最终定容体积，mL；

m——最终样液所代表的试样量，g。

注：计算结果需将空白值扣除。

4 测定低限、回收率

4.1 测定低限

本方法的测定低限为0.005 mg/kg。

4.2 回收率

回收率的实验数据：

特丁磷添加浓度在 0.005 mg/kg 时，回收率为 88.0%（条件Ⅰ）或 89.0%（条件Ⅱ）；

特丁磷添加浓度在 0.050 mg/kg 时，回收率为 90.8%（条件Ⅰ）或 90.8%（条件Ⅱ）；

特丁磷添加浓度在 0.200 mg/kg 时，回收率为 89.5%（条件Ⅰ）或 87.1%（条件Ⅱ）。

附 录 A
（提示的附录）
标准品气相色谱图

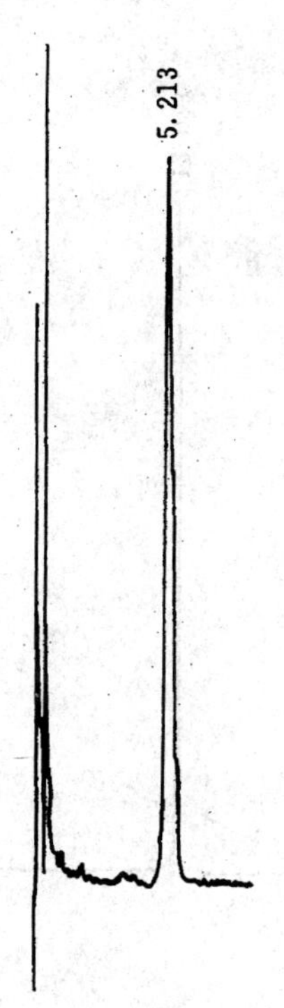

图 A1　特丁磷标准品气相色谱图(色谱条件Ⅰ)

图 A2 特丁磷标准品气相色谱图(色谱条件Ⅱ)

前　　言

本标准是根据GB/T 1.1—1993《标准化工作导则　第1单元:标准的起草与表述规则　第1部分:标准编写的基本规定》及SN/T 0001—1995《出口商品中农药、兽药残留量及生物毒素检验方法标准编写的基本规定》的要求而进行编写的。其中测定方法采用了美国食品药物管理局农药残留量分析手册Vol. Ⅰ,Sec. 212.13中乐杀螨残留量检验方法。技术内容与原方法相同,经验证后,按规定格式要求作了编辑性修改。在标准中同时制定了抽样和制样方法。

测定低限是根据国际上对水果中乐杀螨残留量的最高残留限量和测定方法的灵敏度而制定的。

附录A为提示的附录。

本标准由中华人民共和国国家进出口商品检验局提出并归口。

本标准起草单位:中华人民共和国山东进出口商品检验局。

本标准主要起草人:刘钢、孙忠松、高建国。

中华人民共和国进出口商品检验行业标准

出口水果中乐杀螨残留量检验方法

SN 0523—1996

Method for the determination of binapacryl residues in fruits for export

1 范围

本标准规定了出口水果中乐杀螨残留量检验的抽样、制样和气相色谱测定方法。

本标准适用于出口苹果中乐杀螨残留量的检验。

2 抽样和制样

2.1 检验批

以不超过 1 500 件为一检验批。

同一检验批的商品应具有相同的特征,如包装、标记、产地、规格和等级等。

2.2 抽样数量

批量,件	最低抽样数,件
1～25	1
26～100	5
101～250	10
251～1 500	15

2.3 抽样方法

按 2.2 规定的抽样件数随机抽取,逐件开启。每件至少取 500 g 作为原始样品。原始样品总量不得少于 2 kg。加封后,标明标记,及时送实验室。

2.4 试样制备

将所取原始样品缩分出 1 kg,取可食部分,经组织捣碎机捣碎,均分成两份,装入洁净容器内作为试样。密封,标明标记。

2.5 试样保存

将试样于－18℃以下冷冻保存。

注:在取样和试样制备的操作过程中,必须防止样品受到污染或发生残留物含量的变化。

3 测定方法

3.1 方法提要

用水-乙腈提取试样中残留的乐杀螨,再用石油醚提取。经弗罗里硅土柱净化,洗脱液浓缩后,用配有电子俘获检测器的气相色谱仪测定,外标法定量。

3.2 试剂和材料

除另有规定外,所用试剂均为分析纯,水为蒸馏水。

3.2.1 乙腈。

3.2.2 石油醚:重蒸馏。

中华人民共和国国家进出口商品检验局1996-04-29批准　　　1996-10-01实施

3.2.3 乙醚。

3.2.4 正己烷。

3.2.5 无水硫酸钠:650℃灼烧 4 h,贮于密闭容器中备用。

3.2.6 弗罗里硅土:层析用,80 目～100 目,680℃灼烧 6 h,贮于干燥器内,放于暗处。使用前于 130℃烘 5 h,两天内有效。

3.2.7 氯化钠溶液:饱和水溶液。

3.2.8 乙醚-石油醚溶液(15+85)。

3.2.9 乐杀螨标准品:纯度≥99%。

3.2.10 乐杀螨标准溶液:准确称取适量的乐杀螨标准品,用正己烷溶解,并配制成 0.10 mg/mL 的标准储备溶液。再根据需要用正己烷稀释储备液配成适当浓度的标准工作溶液。

3.3 仪器和设备

3.3.1 气相色谱仪并配有电子俘获检测器。

3.3.2 组织捣碎机。

3.3.3 布氏漏斗。

3.3.4 分液漏斗:100 mL。

3.3.5 微量注射器:10 μL。

3.3.6 K-D 浓缩器。

3.3.7 弗罗里硅土柱:20 cm×2 cm(id),内装 10 cm 高的弗罗里硅土(3.2.6)。顶部装 1 cm 高的无水硫酸钠。使用前用 40 mL～50 mL 石油醚预洗。

3.4 测定步骤

3.4.1 提取

称取 100 g 试样(精确至 1 g),置于组织捣碎机中,加入 200 mL 乙腈和 50 mL 水。高速混合 2 min,通过铺有滤纸的布氏漏斗抽滤。将滤液移至分液漏斗中,加入 100 mL 石油醚,振摇 1 min～2 min,再加入 10 mL 氯化钠溶液和 600 mL 水,用力振摇 30 s～45 s。静置分层,弃去水相。用 2×100 mL 水洗涤,弃去水相。加入 15 g 无水硫酸钠,用力振摇(勿使提取液与无水硫酸钠在一起超过 1 h),用 K-D 浓缩器浓缩至 5 mL～10 mL 后进行净化。

3.4.2 净化

将石油醚提取液移入弗罗里硅土柱内,以 5 mL/min 的流速流过柱子,然后用 2×5 mL 的石油醚洗涤容器并倒入柱内。用少量的石油醚冲洗柱壁,再用 200 mL 石油醚以 5 mL/min 的流速淋洗柱子,弃去上述流出液,用 200 mL 乙醚-石油醚溶液(15+85)以 5 mL/min 的流速洗脱。用带有刻度收集器的 K-D 浓缩器将洗脱液浓缩并定容至 10 mL。

3.4.3 测定

3.4.3.1 气相色谱条件:

a) 色谱柱:玻璃填充柱,2 m×3 mm(id);内填涂有 10%DC 200 或 OV-101 的 Chromosorb W-HP,80 目～100 目;

b) 色谱柱温度:200℃;

c) 进样口温度:220℃;

d) 检测器温度:230℃;

e) 载气:氮气,纯度≥99.99%,60 mL/min;

f) 进样体积:2 μL。

3.4.3.2 色谱测定

根据试样中被测农药含量情况,选定色谱峰高相近的标准工作溶液,标准工作溶液和待测样液中农药的响应值均应在仪器检测的线性范围内。对标准工作液与样液应等体积进样测定。在上述色谱条件下,乐杀螨的保留时间约为12 min。标准品色谱图见附录A中图A1。

3.4.4 空白试验

除不加试样外,均按上述步骤进行。

3.4.5 结果计算和表述

用色谱数据处理机或按式(1)计算试样中乐杀螨残留含量:

$$X = \frac{h \cdot c \cdot V}{h_s \cdot m} \quad \cdots\cdots(1)$$

式中:X——试样中乐杀螨含量,mg/kg;

h——样液中乐杀螨的色谱峰高,mm;

h_s——标准工作液中乐杀螨的色谱峰高,mm;

c——标准工作液中乐杀螨的浓度,μg/mL;

V——样液最终定容体积,mL;

m——最终样液所代表的试样量,g。

注:计算结果需将空白值扣除。

4 测定低限、回收率

4.1 测定低限

本方法的测定低限为0.05 mg/kg。

4.2 回收率

回收率的实验数据:

乐杀螨的添加浓度在0.05 mg/kg时,回收率为95.9%;

乐杀螨的添加浓度在0.30 mg/kg时,回收率为98.4%;

乐杀螨的添加浓度在1.00 mg/kg时,回收率为101.0%。

附 录 A
（提示的附录）
标准品色谱图

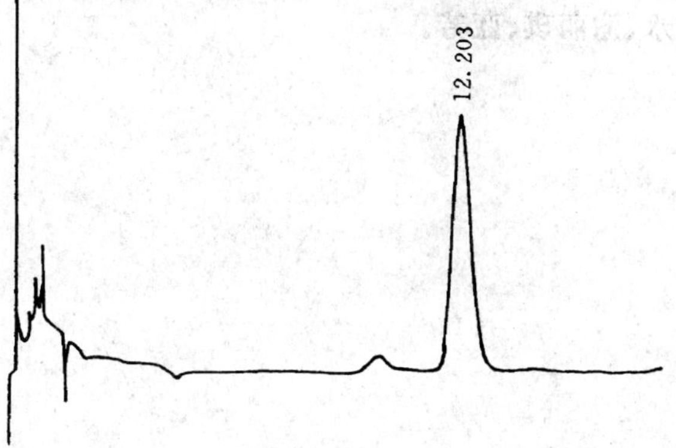

图 A1 乐杀螨标准品色谱图

前　言

本标准是根据 GB/T 1.1—1993《标准化工作导则　第 1 单元:标准的起草与表述规则　第 1 部分:标准编写的基本规定》及 SN/T 0001—1995《出口商品中农药、兽药残留量及生物毒素检验方法标准编写的基本规定》的要求而进行编写的。其中测定方法等同采用了美国 AOAC 公定分析方法(1990 年十五版 972.29),技术内容相同,经验证后,按规定格式要求作了编辑性修改。在标准中同时制定了抽样和制样方法。

测定低限是根据国际上通常规定的最高限量以及本方法的灵敏度而制定的。

本标准由中华人民共和国国家进出口商品检验局提出并归口。

本标准起草单位:中华人民共和国深圳进出口商品检验局。

本标准主要起草人:潘坤永、谢丽琪、蓝芳。

中华人民共和国进出口商品检验行业标准

出口水果、蔬菜中福美双残留量检验方法

SN 0525—1996

Method for the determination of thiram residues in fruits and vegetables for export

1 范围

本标准规定了出口水果、蔬菜中福美双残留量检验的抽样、制样和分光光度测定方法。

本标准适用于出口苹果、芹菜中福美双残留量的检验。

2 抽样和制样

2.1 检验批

以不超过 1 500 件为一检验批。

同一检验批的商品应具有相同特征，如包装、标记、产地、规格和等级等。

2.2 抽样数量

批量，件	最低抽样数，件
1～25	1
26～100	5
101～250	10
251～1 500	15

2.3 抽样方法

按 2.2 规定的抽样件数随机抽取，逐件开启。每件至少取 500 g 作为原始样品，原始样品总量不得少于 4 kg，加封后，标明标记，及时送交实验室。

2.4 样品制备

将所取的原始样取可食部分，经组织捣碎，均分成两份，装入清洁容器内，作为试样，加封后，并标明标记。

2.5 试样保存

将试样于－18℃以下冷冻保存。

注：在抽样及制样操作过程中，必须防止样品受到污染或发生残留物含量的变化。

3 测定方法

3.1 方法提要

用三氯甲烷提取试样中残留的福美双，并用固体碘化铜处理，形成棕褐色的可溶于三氯甲烷的二甲基二硫代氨基甲酸铜，于 440 nm 处测定吸光度，用标准曲线法定量。

3.2 试剂和材料

除特殊规定外，试剂均为分析纯。

中华人民共和国国家进出口商品检验局1996-04-29批准　　1996-10-01实施

3.2.1　三氯甲烷。

3.2.2　碘化亚铜。

3.2.3　无水硫酸钠:650℃灼烧 4 h 后,储于密封容器中保存备用。

3.2.4　福美双标准品:纯度≥99%。

3.2.5　福美双标准溶液

3.2.5.1　标准储备液:500 μg/mL。称取 50.0 mg 福美双标准品,用三氯甲烷溶解,然后用三氯甲烷定容至 100 mL。

3.2.5.2　标准工作液:25 μg/mL。准确吸取 5.0 mL 标准储备液,用三氯甲烷定容至 100 mL。

3.3　仪器和设备

3.3.1　分光光度计。

3.3.2　锥形瓶:具塞,25 mL。

3.3.3　容量瓶:25 mL,100 mL。

3.4　测定步骤

3.4.1　提取

称取约 2 kg(精确至 1 g)试样,放入合适的容器内,加入 500 mL 三氯甲烷,用软木塞封紧,剧烈振摇 5 min,提取液倾入烧瓶内。

3.4.2　脱水

在所得的提取液中,按每 100 mL 用约 5 g 的比例,加入无水硫酸钠,塞住瓶口,振摇 5 min,经折叠的 12 号滤纸或其他同等物过滤,滤液供测定用。

3.4.3　测定

3.4.3.1　标准工作曲线的绘制

分别吸取 0.30、0.50、1.00、2.00、5.00、10.00 mL 标准工作液于 25 mL 容量瓶中,用三氯甲烷稀释至刻度。该溶液分别含福美双 0.30、0.50、1.00、2.00、5.00、10.00 μg/mL。

分别取约 10 mL 上述溶液于具塞锥形瓶中,各加 10 mg 碘化亚铜,放置 1 h。其间,并不时振摇,然后用定量滤纸(φ9 cm)过滤。以三氯甲烷作参比,在 440 nm 波长处测吸光度 A,以 A 对福美双浓度 μg/mL作图,得标准工作曲线。

3.4.3.2　样液的测定

取约 10 mL 滤液(3.4.2)到具塞锥形瓶中,按 3.4.3.1 从"各加 10 mg 碘化亚铜"起,往下进行。另以一份未加碘化亚铜处理的滤液,作参比。由标准工作曲线得到以 μg/mL 表示的福美双浓度。

3.5　结果计算与表述

按式(1)计算试样中福美双残留量:

$$X = \frac{c \cdot V}{m} \qquad \cdots\cdots(1)$$

式中:X——试样中福美双含量,mg/kg;

c——标准工作曲线上得到的样液中福美双浓度,μg/mL;

V——提取试样所用的三氯甲烷体积,mL;

m——试样量,g。

4　测定低限、回收率

4.1　测定低限

本方法的测定低限:0.3 mg/kg。

4.2　回收率

回收率的实验数据:

福美双的添加浓度在 0.30 mg/kg 时，苹果和芹菜试样的回收率分别为 100.7%和 95.9%；
福美双的添加浓度在 1.10 mg/kg 时，苹果和芹菜试样的回收率分别为 99.6%和 93.1%；
福美双的添加浓度在 7.04 mg/kg 时，苹果和芹菜试样的回收率分别为 97.6%和 99.1%。

前　言

本标准是根据GB/T 1.1—1993《标准化工作导则　第1单元:标准的起草与表述规则　第1部分:标准编写的基本规定》中标准编写的基本规定及SN/T 0001—1995《出口商品中农药、兽药残留量及生物毒素检验方法标准编写的基本规定》进行编写的。其中测定方法采用了美国公职分析化学家学会(AOAC)公定分析方法第十五版960.43中增效醚残留物分析方法。技术内容与原方法相同,经验证后,按规定格式要求作了编辑性修改。在标准中同时制定了抽样和制样方法。

测定低限是根据国际上对粮谷中增效醚残留量的最高限量和测定方法的灵敏度而制定的。

本标准由中华人民共和国国家进出口商品检验局提出并归口。

本标准起草单位:中华人民共和国河南进出口商品检验局。

本标准主要起草人:杨冀州、刘亚风、杜爱荣、刘朝辉。

本标准系首次发布的行业标准。

中华人民共和国进出口商品检验行业标准

出口粮谷中增效醚残留量检验方法

SN 0526—1996

Method for the determination of piperonyl butoxide residues in cereals for export

1 范围

本标准规定了出口粮谷中增效醚残留量检验的抽样、制样和分光光度测定方法。

本标准适用于出口大米和大麦中增效醚残留量的检验。

2 抽样和制样

2.1 检验批

以不超过 4 000 袋(200 t)为一检验批。

同一检验批的商品应具有相同的特征,如包装、标记、产地、规格、等级等。

2.2 抽样数量

按一批总袋数的平方根式(1)抽取:

$$a = \sqrt{N} \quad \cdots\cdots(1)$$

式中:N——全批袋数;

a——抽样袋数。

注:a 值取整数,小数部分向前进位为整数。

2.3 抽样工具

2.3.1 单管取样器:不锈钢管,全长 55 cm(包括手柄),直径 1.5 cm,沟槽长度应超过袋对角线长度的二分之一。

2.3.2 取样铲。

2.3.3 分样板。

2.3.4 样品筒(袋):可密封。

2.3.5 分样布或适用铺垫物。

2.4 抽样方法

2.4.1 倒包抽样

从堆垛的各部位随机抽取 2.2 规定的应抽样件数的 10%(每批一般不少于 3 袋),将袋口缝线全部拆开,平置于分样布或其他洁净的铺垫物上,双手紧握袋底两角,提起约成 45°倾角,倒拖约 1 m,使袋内货物全部倒出。检查货物的外观、气味、有无发霉、变质等,并查看袋内和袋间品质是否均匀。确认情况正常后,用取样铲随机在各部位抽取样品,立即将样品倒入盛样器内。每袋抽取样品数量应基本一致。

2.4.2 袋内抽样

按 2.2 规定的应抽样袋数的 90%,在堆垛四周上、中、下各层以曲线形走向随机抽取。将取样器管槽朝下,从每袋一角依斜对角方向插入袋内,然后将管槽旋转朝上,抽出取样器,立即将样品倒入盛样容器内。每袋抽取样品数量应与 2.4.1 基本一致。

中华人民共和国国家进出口商品检验局1996-04-29批准 1996-10-01实施

每批样品总量应不少于 4 kg。

2.4.3 大样缩分

集中袋内和倒包抽样所取全部样品，倒于分样布上，用分样板按四分法缩分出不少于 2 kg 的样品，加封后标明标记并及时送交实验室。

2.5 试样制备

将样品按四分法缩分出约 1 kg，全部磨碎，通过 20 目筛，混匀，均分成两份试样，装入洁净容器内，密封，标明标记。

2.6 试样保存

将试样于－5℃以下避光保存。

注：在抽样和制样的操作过程中，必须防止样品受到污染或发生残留物含量的变化。

3 测定方法

3.1 方法提要

用三氯甲烷提取试样中残留的增效醚，提取液经蒸干，残渣用氢氧化钾甲醇溶液溶出，正己烷液液分配净化后经硫酸分解，增效醚释放出的甲醛与变色酸反应，比色法定量。

3.2 试剂和材料

除另有规定外，试剂均为分析纯，水为蒸馏水。

3.2.1 硫酸：优级纯。

3.2.2 氢氧化钾。

3.2.3 三氯甲烷：经全玻璃装置重蒸馏。

3.2.4 正已烷：经全玻璃装置重蒸馏。

3.2.5 甲醇：优级纯。如需要可按下述方法净化：1 L 甲醇加约 10 g 铝粉和 10 g 氢氧化钠，回流 1 h，然后蒸取 800～900 mL。

3.2.6 变色酸二钠盐（1,8-二羟基萘-3,6-二磺酸钠）。

3.2.7 氢氧化钾甲醇溶液：14 g/mL，溶解 1.4 g 氢氧化钾于 5 mL 水和 95 mL 甲醇中。

3.2.8 硫酸溶液：62.5%（V/V）。

3.2.9 变色酸溶液：100 g/L，溶解 10 g 变色酸二钠盐于 100 mL 水中，避光过滤。使用当天配制。

3.2.10 增效醚标准品：纯度≥99%。

3.2.11 增效醚标准溶液：准确称取适量的增效醚标准品，用少量苯溶解，然后用苯配成浓度为 0.100 mg/mL的标准贮备液，根据需要，再用苯配成适当浓度的标准工作溶液。

3.3 仪器和设备

3.3.1 分光光度计。

3.3.2 分液漏斗：60 mL。

3.3.3 试管或离心管：150 mm×15 mm(id)，25～50 mL，具塞。

3.3.4 索氏抽取器。

3.3.5 空气流浓缩装置。

3.4 测定步骤

3.4.1 提取

称取试样约 25 g（精确到 0.1 g），在索氏提取器中用三氯甲烷提取 4 h，提取后测量提取液体积（V）。

3.4.2 净化

取 25 mL（或适当体积，V_1）提取液于小烧杯或离心管中用空气流吹干。加入 5 mL 氢氧化钾甲醇溶液，稍稍加热到足以让蜡状残渣熔化（但不要煮沸）。放置 30 min，其间大约每 10 min 剧烈旋摇一次。将此溶液转入分液漏斗中，用水清洗小烧杯两次，每次 5 mL。洗液并入分液漏斗。向分液漏斗中加 15 mL 正己烷，剧烈振摇 1 min，待静置分层后弃去水层。将正己烷层定量转移到具塞试管或具塞离心管中，用空气流将其吹干。可适当加热，但吹至最后 1～2 mL 时不能加热。

3.4.3 测定

准确加 1 mL 变色酸溶液和 5 mL 硫酸溶液于吹干的残余物中，旋摇确保试剂能与全部残余物接触。把试管放进沸水中，塞上塞子，最初稍松，随后塞紧。加热 45 min 后取出，于盛有冷水的烧杯内冷却至室温，用移液管加 5 mL 水，混匀。同时做一试剂空白，并以此溶液为参比液，在分光光度计的 575 nm 处测量样液的吸光度。

3.4.4 标准曲线制作

分别吸取含有 0、20、40、60、80 和 100 μg 增效醚的标准工作液于 6 个具塞试管中，在蒸气浴上用空气流蒸发，蒸发到最后 1～2 mL 苯时，不加热，继续用空气流吹干后按 3.4.3 同样操作。在分光光度计上，以试剂空白作参比液，分别测定标准溶液的吸光度，作出以增效醚的微克数对吸光度的标准曲线。

3.4.5 结果计算

按式(2)计算试样中增效醚的含量：

$$X = \frac{m_1 \cdot V}{m \cdot V_1} \qquad \cdots\cdots(2)$$

式中：X——试样中增效醚含量，mg/kg；

m_1——由标准曲线求得的样液中增效醚量，μg；

m——试样量，g；

V——提取液总体积，mL；

V_1——提取液分取体积，mL。

4 测定低限、回收率

4.1 测定低限

本方法的测定低限为 0.5 mg/kg。

4.2 回收率

回收率的实验数据：

增效醚的添加浓度在 0.5 mg/kg 时，回收率为大米 99.2%，大麦 98.9%；

增效醚的添加浓度在 10.0 mg/kg 时，回收率为大米 98.0%，大麦 96.5%；

增效醚的添加浓度在 20.0 mg/kg 时，回收率为大米 103.8%，大麦 104.8%。

前　言

本标准是根据GB/T 1.1—1993《标准化工作导则　第1单元:标准的起草与表述规则　第1部分:标准编写的基本规定》中标准编写的基本规定及SN/T 0001—1995《出口商品中农药、兽药残留量及生物毒素检验方法标准编写的基本规定》的要求而进行编写的。其中测定方法采用了美国食品药物管理局农药残留量分析手册(FDA,“Pesticide Analytical Manual”,Volume Ⅱ,Sec. 180.320)中灭虫威残留量分析方法。技术内容与原方法相同,经验证后,按规定格式要求作了编辑性修改。在标准中同时制定了抽样和制样方法。

测定低限是根据国际上对粮谷中灭虫威残留量的最高限量和测定方法的灵敏度而制定的。

附录A为提示的附录。

本标准由中华人民共和国国家进出口商品检验局提出并归口。

本标准起草单位:中华人民共和国上海进出口商品检验局。

本标准主要起草人:朱坚。

本标准系首次发布的行业标准。

中华人民共和国进出口商品检验行业标准

出口粮谷中灭虫威残留量检验方法

SN 0527—1996

Method for the determination of methiocarb residues in cereals for export

1 范围

本标准规定了出口粮谷中灭虫威残留量检验的抽样、制样和气相色谱测定方法。

本标准适用于出口糙米中灭虫威残留量的检验。

2 抽样和制样

2.1 检验批

以不超过 4 000 袋(200 t)为一检验批。

同一检验批的商品应具有相同的特征,如包装、标记、产地、规格和等级等。

2.2 抽样数量

按一批总袋数的平方根式(1)抽取:

$$a = \sqrt{N} \qquad \cdots\cdots(1)$$

式中:N——全批袋数;

a——抽样袋数。

注:a 值取整数,小数部分向前进位为整数。

2.3 抽样工具

2.3.1 金属单管取样器:全长 55 cm(包括手柄),直径 1.5 cm,沟槽长度应超过袋对角线长度的一半。

2.3.2 取样铲。

2.3.3 分样板。

2.3.4 样品筒(袋):可密封。

2.3.5 分样布或适用铺垫物。

2.4 抽样方法

2.4.1 倒包抽样

从堆垛的各部位随机抽取 2.2 规定的应抽样件数的 10%(每批一般不少于 3 袋),将袋口缝线全部拆开,平置于分样布或其他洁净的铺垫物上,双手紧握袋底两角,提起约成 45°倾角,倒拖约 1 m,使袋内货物全部倒出。检查货物的外观、气味、有无发霉、变质等,并查看袋内和袋间品质是否均匀。确认情况正常后,用取样铲随机在各部位抽取样品,立即将样品倒入盛样器内。每袋抽取样品数量应基本一致。

2.4.2 袋内抽样

按 2.2 规定的应抽样袋数的 90%,在堆垛四周上、中、下各层以曲线形走向随机抽取。将取样器(2.3.1)管槽朝下,从每袋一角依斜对角方向插入袋内,然后将管槽旋转朝上,抽出取样器,立即将样品倒入盛样容器内。每袋抽取样品的数量应与 2.4.1 基本一致。

每批样品总量应不少于 4 kg。

中华人民共和国国家进出口商品检验局1996-04-29批准　　1996-10-01实施

2.4.3 大样缩分

集中袋内和倒包抽样所取全部样品，倒于分样布上，用分样板按四分法缩分出样品不少于 2 kg，盛于样品筒内，加封后标明标记并及时送交实验室。

2.5 试样制备

将样品按四分法缩分至 1 kg，全部磨碎并通过 20 目筛，混匀，均分成两份试样，装入洁净的容器内，密封，标明标记。

2.6 试样保存

将试样于－5℃以下避光保存。

注：在抽样和制样的操作过程中，必须防止样品受到污染或发生残留物含量的变化。

3 测定方法

3.1 方法提要

糙米中残留的灭虫威及其代谢物(砜和亚砜)采用丙酮提取，提取液中色素和油脂类杂质用氯化铵-磷酸溶液除去。经高锰酸钾溶液氧化，灭虫威及其亚砜全部被氧化成灭虫威砜，经硅烷化处理后，用配有火焰光度检测器的气相色谱仪测定，外标法定量。

3.2 试剂和材料

除另有规定外，试剂均为分析纯，水为蒸馏水。

3.2.1 丙酮：经加高锰酸钾回流 1 h 后，重蒸馏。

3.2.2 正己烷：重蒸馏。

3.2.3 无水硫酸钠：650℃灼烧 4 h，冷却后贮于密闭容器中备用。

3.2.4 三氯甲烷：重蒸馏。

3.2.5 沉淀剂：取 1.25 g 氯化铵和 25 mL 磷酸(85%)用蒸馏水稀释至 1 L。

3.2.6 高锰酸钾溶液：0.1 mol/L 水溶液。

3.2.7 双(三甲基硅烷基)三氟乙酰胺。

3.2.8 硫酸镁溶液：取 20 g 无水硫酸镁，溶解于 80 mL 水中。

3.2.9 灭虫威标准品：纯度≥99%。

3.2.10 灭虫威标准溶液：

a) 灭虫威标准储备溶液：准确称取 0.05 g 的灭虫威标准品于 100 mL 的容量瓶中，用少量的丙酮溶解。然后再用丙酮稀释至刻度，混匀。配制成浓度为 0.5 mg/mL 的储备液。

b) 灭虫威标准工作溶液：根据需要，准确移取适量的标准储备液，用丙酮配制成适当浓度的标准工作液。须每五天配制一次。使用时移取一定量标准工作溶液，按测定步骤 3.4.3 氧化及测定步骤 3.4.4 硅烷化后制成硅烷化标准工作液。

3.3 仪器和设备

3.3.1 气相色谱仪并配有火焰光度检测器，带有硫(393 nm)滤光片。

3.3.2 组织捣碎机。

3.3.3 旋转蒸发器。

3.3.4 微量注射器：10 μL。

3.3.5 无水硫酸钠柱：6 cm×1.8 cm(id)，内装 5 cm 高的无水硫酸钠。

3.3.6 刻度试管：具塞，10 mL。

3.4 测定步骤

3.4.1 提取

称取约 25 g 试样(精确至 0.1 g)，置于组织捣碎机中，加入 500 mL 三氯甲烷，高速混合 3 min。过滤，并收集 250 mL 滤液于一 500 mL 圆底烧瓶中，于 40℃的旋转蒸发器上浓缩至近干。

3.4.2 净化

将上述残留物用 40 mL 丙酮溶解，加入 50 mL 沉淀剂，混匀，放置 30 min 并不时旋转。用布氏漏斗过滤，用 20 mL 丙酮洗涤圆底烧瓶的壁，同时加 25 mL 沉淀剂于圆底烧瓶中，并用此混合液洗涤滤垫。再用 20 mL 丙酮及 25 mL 沉淀剂洗涤滤垫一次。将滤液合并于 250 mL 分液漏斗内，用 50 mL 三氯甲烷，洗涤抽滤瓶，洗液并入分液漏斗内。振摇 30 s，静置分层。将下层溶液放入 300 mL 圆底烧瓶中，继用 50 mL 三氯甲烷重复提取两次，合并三氯甲烷层。将提取液在 40℃的旋转蒸发器上浓缩至近干。

3.4.3 氧化

用 2 mL 丙酮溶解残渣，加入 5 mL 硫酸镁溶液及 30 mL 高锰酸钾溶液，加入时淋洗烧瓶的壁，混匀，静置 15 min(不要超过 15 min)。将溶液全部移入 125 mL 的分液漏斗中，用 30 mL 三氯甲烷洗涤圆底烧瓶，洗液并入分液漏斗中。振摇 30 s，静置分层(必要时可离心)。将下层液通过无水硫酸钠柱流入 300 mL 圆底烧瓶中，然后以 30 mL 三氯甲烷重复提取两次，均通过无水硫酸钠柱流入同一圆底烧瓶中。最后用少量三氯甲烷洗涤无水硫酸钠柱。将提取液在 40℃旋转蒸发器上浓缩至 1～2 mL。然后加 4～6 mL 丙酮，用移液管从圆底烧瓶中将溶液定量地移入 10 mL 刻度试管内。用氮气流浓缩混合液至约 1.5 mL。

3.4.4 硅烷化

将 0.1 mL 双(三甲基硅烷基)三氟乙酰胺加入到上述的刻度试管内，塞紧，充分混合。用丙酮定容至 2.0 mL，塞紧，静置过夜。样液供气相色谱测定用。

注：样品的提取、沉淀、氧化及硅烷化必须在一天内完成，然后静置过夜。

3.4.5 测定

3.4.5.1 气相色谱条件

a) 色谱柱：玻璃填充柱，2 m×2 mm(id)，填充物为 1%(*m*/*m*)OV-17 涂于 Gas Chromosorb Q (80～100 目)；

b) 载气：氮气，纯度≥99.99%，40 mL/min；

c) 氢气：75 mL/min；

d) 空气：100 mL/min；

e) 柱温：200℃；

f) 进样口温度：220℃；

g) 检测器温度：250℃；

h) 进样量：5 μL。

3.4.5.2 气相色谱测定

a) 标准曲线的制备

根据试样中被测农药含量情况，按 3.4.5.1 规定的色谱条件，分别等体积地注入 4 个不同适当浓度的、经硅烷化的灭虫威砜标准工作液系列。测量其峰面积(或峰高)，绘制峰面积(或峰高)对灭虫威浓度的双对数标准曲线。在上述色谱条件下，经硅烷化的灭虫威砜的保留时间约为 4 min。标准品的色谱图见附录 A 中图 A1。

b) 样液测定

准确注入与上述标准工作液等体积的样液，用所得的峰面积(或峰高)在标准曲线上求得样液中灭虫威的浓度。

3.4.6 空白试验

除不称取试样外，均按上述测定步骤进行。

3.5 结果计算和表述

用色谱数据处理机或按式(2)计算试样中灭虫威的残留含量：

$$X = \frac{c \cdot V}{m} \quad \cdots\cdots\cdots\cdots\cdots\cdots\cdots\cdots\cdots\cdots\cdots(2)$$

式中：X——试样中灭虫威含量，mg/kg；

c——从标准曲线上求得的样液中灭虫威的浓度，μg/mL；

V——样液最终定容体积，mL；

m——最终样液所代表的试样量，g。

注：计算结果需将空白值扣除。

4 测定低限、回收率

4.1 测定低限

本方法的测定低限为 0.03 mg/kg。

4.2 回收率

回收率的实验数据：

灭虫威的添加浓度在 0.03 mg/kg 时，回收率为 99.2%；

灭虫威的添加浓度在 0.05 mg/kg 时，回收率为 100.0%；

灭虫威的添加浓度在 1.00 mg/kg 时，回收率为 98.8%。

附　录　A
（提示的附录）
标准品色谱图

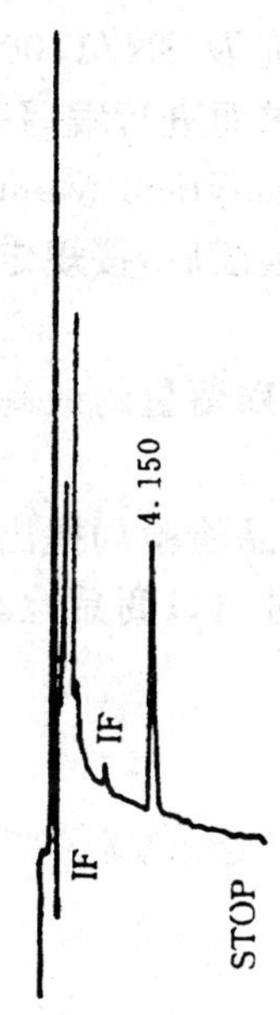

图 A1　标准品(经硅烷化的灭虫威砜)色谱图

前　　言

本标准是根据GB/T 1.1—1993《标准化工作导则　第1单元:标准的起草与表述规则　第1部分:标准编写的基本规定》中标准编写的基本规定及SN/T 0001—1995《出口商品中农药、兽药残留量及生物毒素检验方法标准编写的基本规定》的要求而进行编写的。其中测定方法采用了美国食品药物管理局《农药残留量分析手册》(FDA,"Pesticide Analytical Manual",Volume II,sec. 180. 377)中除虫脲残留量分析方法。但在技术内容上稍有改变,经验证后,按规定格式要求作了编辑性修改。同时在标准中制定了抽样和制样方法。

测定低限是根据国际上对粮谷中除虫脲残留量的最高限量和测定方法的灵敏度而制定的。

附录A为提示的附录。

本标准由中华人民共和国国家进出口商品检验局提出并归口。

本标准起草单位:中华人民共和国四川进出口商品检验局。

本标准主要起草人:盛毅、袁琼绮。

本标准系首次发布的行业标准。

中华人民共和国进出口商品检验行业标准

出口粮谷中除虫脲残留量检验方法

SN 0528—1996

Method for the determination of diflubenzuron residues in cereals for export

1 范围

本标准规定了出口粮谷中除虫脲残留量检验的抽样、制样和液相色谱测定方法。

本标准适用于出口大米中除虫脲残留量的检验。

2 抽样和制样

2.1 检验批

以不超过 4 000 袋(200 t)为一检验批。

同一检验批的商品应具有相同的特征,如包装、标记、产地、规格和等级等。

2.2 抽样数量

按一批总袋数的平方根式(1)抽取:

$$a = \sqrt{N} \qquad \cdots\cdots(1)$$

式中:N——全批袋数;

a——抽样袋数。

注:a 值取整数,小数部分向前进位为整数。

2.3 抽样工具

2.3.1 单管取样器:不锈钢管,全长 55 cm(包括手柄),直径 1.5 cm,沟槽长度应超过袋对角线长度的一半。

2.3.2 取样铲。

2.3.3 分样板。

2.3.4 样品筒(袋):可密封。

2.3.5 分样布或适用铺垫物。

2.4 抽样方法

2.4.1 倒包抽样

从堆垛的各部位随机抽取 2.2 规定的应抽样件数的 10%(每一批一般不少于 3 袋),将袋口缝线全部拆开,平置于分样布或其他洁净的铺垫物上,双手紧握袋底两角,提起约成 45°倾角,倒拖约 1 m,使袋内货物全部倒出。查看货物的外观、气味、有无发霉、变质等,并查看袋内和袋间品质是否均匀。确认情况正常后,用取样铲随机在各部位抽取样品,立即将样品倒入盛样器内。每袋抽取样品数量应基本一致。

2.4.2 袋内抽样

按 2.2 规定的应抽样袋数的 90%,在堆垛四周上、中、下各层以曲线形走向随机抽取。将取样器(2.3.1)管槽朝下,从每袋一角依斜对角方向插入袋内,然后将管槽旋转朝上,抽出取样器,立即将样品倒入盛样容器内。每袋抽取样品数量应与 2.4.1 基本一致。

中华人民共和国国家进出口商品检验局1996-04-29批准 1996-10-01实施

每批样品总量不少于 4 kg。

2.4.3 大样缩分

集中袋内抽样和倒包抽样所取全部样品，倒于分样布上，用分样板按四分法缩分出样品不少于 2 kg，装入盛样容器内，加封后标明标记并及时送交实验室。

2.5 试样制备

将所取样品中缩分出约 1 kg，全部磨碎并通过 20 目筛，混匀后均分成两份，装入清洁的容器内，作为试样，密封，标明标记。

2.6 试样保存

试样于－5℃以下避光保存。

注：在抽样和制样的操作过程中，必须防止样品受到污染或发生残留物含量的变化。

3 测定方法

3.1 方法提要

用乙腈提取试样中残留的除虫脲，经正己烷液-液分配净化后，用带紫外检测器的液相色谱仪测定，外标法定量。

3.2 试剂和材料

所用水为高纯水。

3.2.1 乙腈：色谱纯，用前脱气。

3.2.2 正己烷：分析纯，重蒸馏。

3.2.3 除虫脲标准品：纯度≥99%。

3.2.4 除虫脲标准溶液：准确称取适量的除虫脲标准品，用乙腈配成浓度为 100 μg/mL 的标准贮备液。根据需要，移取适量的标准贮备液，用乙腈配制成适当浓度的标准工作液。

3.3 仪器和设备

3.3.1 液相色谱仪：配有紫外检测器。

3.3.2 超声波清洗器。

3.3.3 快速混匀器。

3.3.4 离心机：3 000 r/min。

3.3.5 水浴锅。

3.3.6 离心管：10 mL。

3.3.7 离心管：10 mL，具塞，带刻度。

3.3.8 尖嘴吸管。

3.3.9 微量注射器：25 μL。

3.4 测定步骤

3.4.1 提取

称取约 1 g 均匀试样(精确到 0.01 g)于 10 mL 离心管中。加入 2 mL 乙腈，混匀提取 2 min，离心 5 min。用尖嘴吸管将乙腈提取液转入 10 mL 刻度离心试管中。再每次用 1 mL 乙腈提取残渣二次。合并乙腈提取液。

3.4.2 净化

在刻度离心试管中加入 2 mL 正己烷，混匀提取 2 min。放置分层后，用尖嘴吸管将上层正己烷液吸出并弃去。在水浴上(40℃以下)通氮气将净化后的乙腈提取液浓缩近干。用乙腈定容至 1.0 mL，离心 2 min。上清液供液相色谱测定。

3.4.3 测定

3.4.3.1 液相色谱条件

a) 色谱柱:ODS-C18,100 mm×4.5 mm(id),粒度 5 μm;

b) 波长:254 nm;

c) 流动相:乙腈-水(50+50),配制后,经 0.45 μm 滤膜抽滤、脱气;

d) 流速:1 mL/min;

e) 进样量:20 μL。

3.4.3.2 液相色谱测定

根据样液中除虫脲含量情况,选定峰面积相近的标准工作溶液。标准工作溶液和样液中除虫脲的响应值均应在仪器检测线性范围内。将标准工作溶液和样液等体积穿插进样测定,在上述色谱条件下,除虫脲保留时间约为 7 min。标准品色谱图见附录 A 中图 A1。

3.4.4 空白试验

除不称取试样外,均按上述测定步骤进行。

3.5 结果计算和表述

用色谱数据处理机或按式(2)计算试样中除虫脲残留量:

$$X = \frac{A \cdot c \cdot V}{A_s \cdot m} \qquad \cdots\cdots(2)$$

式中:X——试样中除虫脲残留的含量,mg/kg;

A——样液中除虫脲的峰面积,mm^2;

A_s——标准工作溶液中除虫脲的峰面积,mm^2;

c——标准工作溶液的浓度,μg/mL;

V——样液最终定容体积,mL;

m——称取的试样量,g。

注:计算结果需将空白值扣除。

4 测定低限、回收率

4.1 测定低限

本方法的测定低限为 0.020 mg/kg。

4.2 回收率

回收率的实验数据:

除虫脲添加浓度在 0.02 mg/kg 时,回收率为 90.0%;

除虫脲添加浓度在 0.10 mg/kg 时,回收率为 96.4%;

除虫脲添加浓度在 1.00 mg/kg 时,回收率为 94.5%。

附 录 A
(提示的附录)
标准品色谱图

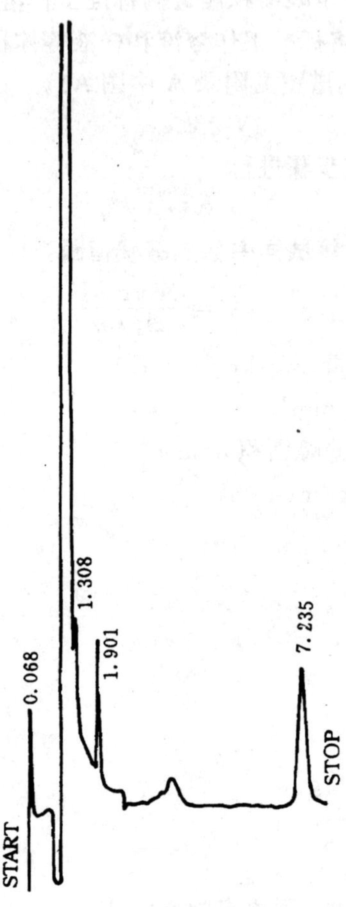

图 A1 除虫脲标准品色谱图

前 言

本标准是根据GB/T 1.1—1993《标准化工作导则 第1单元:标准的起草与表述规则 第1部分:标准编写的基本规定》中标准编写的基本规定及SN/T 0001—1995《出口商品中农药、兽药残留量及生物毒素检验方法标准编写的基本规定》的要求进行编写的。其中测定方法采用了美国AOAC《公定分析方法》第15版984.21节所载的《动物脂肪中有机氯农药残留量测定方法(凝胶渗透色谱法)》。技术内容与原方法相同,经验证后,按规定格式要求作了编辑性修改。在标准中同时制定了抽样和制样方法。

测定低限是根据国际上对肉品脂肪中甲氧滴滴涕残留量的最高限量和测定方法的灵敏度而制定的。

本标准的附录A为提示的附录。

本标准由中华人民共和国国家进出口商品检验局提出并归口。

本标准起草单位:中华人民共和国山东进出口商品检验局。

本标准主要起草人:孙军、鞠永涛、墨东升。

本标准系首次发布的行业标准。

中华人民共和国进出口商品检验行业标准

出口肉品中甲氧滴滴涕残留量检验方法

SN 0529—1996

Method for the determination of methoxychlor residues in meat for export

1 范围

本标准规定了出口肉品中甲氧滴滴涕残留量的抽样、制样和气相色谱测定方法。

本标准适用于出口牛肉、鹅肉中甲氧滴滴涕残留量的检验。

2 抽样与制样

2.1 检验批

以不超过2 500件为一检验批。

同一检验批的商品应具有相同特征，如包装、标志、产地、规格和等级等。

2.2 抽样数量

批量，件	最低抽样数，件
1～25	1
26～100	5
101～250	10
251～500	15
501～1 000	17
1 001～2 500	20

2.3 抽样方法

按2.2规定的抽样件数随机抽取，逐件开启。每件取一袋作为原始样品，原始样品总量不少于2 kg，放入清洁容器内，加封后，标明标记，及时送交实验室。

如每件中无小包装，或有小包装但每袋重量超过2 kg，则可用灭菌的锋利刀具在抽出的包件中，每件割取不少于100 g样品，混合后置清洁容器内，作为混合原始样。混合原始样的总量不少于2 kg。盛入清洁容器内，加封后，标明标记，及时送交实验室。

2.4 试样的制备

从取回原始样品中取出部分有代表性样品，将可食部分放入高速组织捣碎机中捣碎均匀。充分混匀，用四分法缩分出不少于500 g作为试样。装入清洁的容器中，加封后，标明标记。

2.5 试样保存

将试样于－18℃以下冷冻保存。

注：在抽样及制样的操作过程中，必须防止样品受到污染或发生残留物含量的变化。

中华人民共和国国家进出口商品检验局1996-04-29批准　　1996-10-01实施

3 测定方法

3.1 方法提要

从试样中熔出脂肪，然后称取脂肪样，溶解于二氯甲烷-环己烷(1+1)中，用凝胶渗透色谱法(GPC)将甲氧滴滴涕残留物从脂肪中分离出来。用配有电子俘获检测器(ECD)的气相色谱仪进行测定。用外标法定量，结果以脂肪计。

3.2 试剂和材料

除另有规定外，试剂均为分析纯，水为蒸馏水。

3.2.1 二氯甲烷：经全玻璃装置重蒸馏。

3.2.2 环己烷：经全玻璃装置重蒸馏。

3.2.3 石油醚：经全玻璃装置重蒸馏，收集60℃～90℃馏份。

3.2.4 甲氧滴滴涕标准品：纯度≥99%。

3.2.5 甲氧滴滴涕标准溶液：溶解10.0 mg甲氧滴滴涕标准品于少量石油醚中，用石油醚定容至100 mL，摇匀，作为标准储备溶液，浓度为100 μL/mL。根据需要再用石油醚稀释配成适当浓度的标准工作溶液。

3.2.6 玉米油：不含甲氧滴滴涕。

3.3 仪器和设备

3.3.1 气相色谱仪：配备电子俘获检测器(ECD)。

3.3.2 微量注射器：10 μL。

3.3.3 干燥箱。

3.3.4 旋转蒸发器。

3.3.5 氮气：纯度≥99.99%。

3.3.6 凝胶色谱柱：60 cm×2.5 cm(id)，内填60 g Biobeads SX-3树脂(聚苯乙烯二乙烯聚苯)或相当者，200～400目，分子量范围≥400。用前需用2.0 g添加甲氧滴滴涕标准品的玉米油，做对应的流出曲线和添加回收率实验，以确定洗脱、收集条件。

3.3.7 凝胶渗透色谱系统(GPC)：由恒流泵，凝胶色谱柱(3.3.6)及紫外检测器构成。校准流速为5 mL/min。

3.4 测定步骤

3.4.1 脂肪的熔制

称取足量试样，置于带有玻璃棉塞的玻璃漏斗中。将漏斗置于250 mL烧杯中，放在100℃±1℃的干燥箱中加热，直至停止滴油为止，充分混匀。

3.4.2 净化

称取2.0 g(精确至0.1 g)上述混匀的液态脂肪，置于10 mL容量瓶中，用二氯甲烷-环己烷溶液(1+1)溶解并稀释至10 mL，充分混匀。如有颗粒状物质存在，则离心或过滤。取5 mL样液注入经校准的GPC进样管(进样管容纳5 mL样液，即相当于1.0 g脂肪试样)，通过凝胶渗透色谱系统进行净化。用二氯甲烷-环己烷溶液(1+1)洗脱，洗脱液收集于250 mL长颈烧瓶中。于30℃以下旋转蒸发至近干。用10 mL石油醚(或其他适用于气相色谱电子俘获检测器的溶剂)将其溶解并定量转移至刻度试管中，在氮气流下浓缩至5.0 mL。

3.4.3 测定

3.4.3.1 气相色谱条件

a） 色谱柱：1 850 mm×2 mm(id)玻璃柱，填充物为1.95%OV-210+1.5%OV-17，涂于Chromosorb W-HP(100～120目)；

b） 柱温：210℃；

c) 进样口温度：240℃；

d) 检测器温度：250℃；

e) 载气：氮气，纯度≥99.99%，流量 45 mL/min；

f) 进样量：5μL。

3.4.3.2 气相色谱测定

分别等体积注入标准工作溶液及样液于气相色谱仪中，按 3.4.3.1 条件进行分析，响应值均应在仪器检测的线性范围内。在上述色谱条件下，甲氧滴滴涕的保留时间约为 15 min。标准品色谱图见附录 A 中图 A1。

3.4.4 空白试验

除不称取试样外，按上述测定步骤进行。

3.5 结果计算和表述

用色谱数据处理机或按式(1)计算试样中甲氧滴滴涕残留含量：

$$X = \frac{c \cdot h \cdot V}{h_s \cdot m} \qquad (1)$$

式中：X——试样脂肪中甲氧滴滴涕残留含量(以脂肪基计)，mg/kg；

h——样液中甲氧滴滴涕的峰高，mm；

h_s——标准工作溶液中甲氧滴滴涕的峰高，mm；

c——标准工作溶液中甲氧滴滴涕的浓度，μg/mL；

V——样液最终定容体积，mL；

m——最终样液所代表的脂肪量，g。

注：空白值应从计算结果中扣除。

4 测定低限、回收率

4.1 测定低限

本方法测定低限为 0.05 mg/kg。

4.2 回收率

回收率的实验数据：

甲氧滴滴涕添加浓度在 0.05 mg/kg 时，回收率为牛肉 88.0%，鹅肉 83.8%；

甲氧滴滴涕添加浓度在 0.50 mg/kg 时，回收率为牛肉 85.4%，鹅肉 101%；

甲氧滴滴涕添加浓度在 3.00 mg/kg 时，回收率为牛肉 94.5%，鹅肉 103%。

附 录 A
（提示的附录）
标准品色谱图

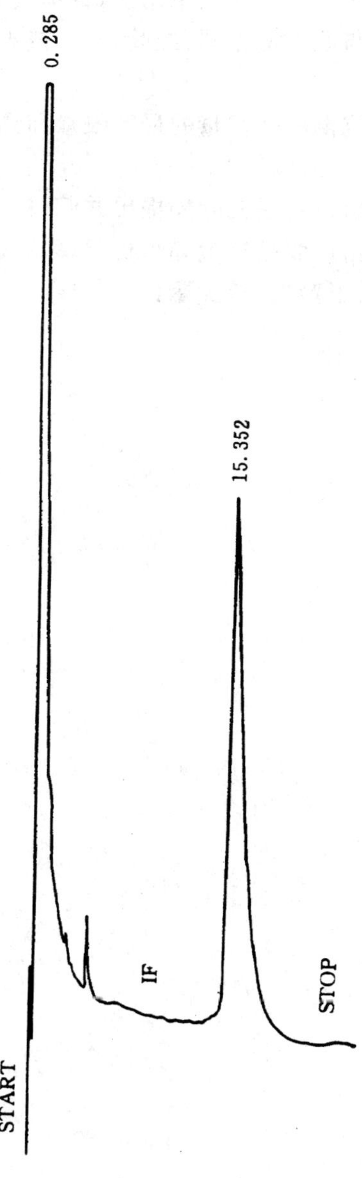

图 A1 甲氧滴滴涕标准品(0.05 mg/kg)色谱图

前　言

本标准是根据GB/T 1.1—1993《标准化工作导则　第1单元:标准的起草与表述规则　第1部分:标准编写的基本规定》及SN/T 0001—1995《出口商品中农药、兽药残留量及生物毒素检验方法标准编写的基本规定》的要求而进行编写的。其中测定方法采用了《日本食品中农药残留限量及检验方法》中所载抗倒胺残留量分析方法。技术内容与原方法相同,经验证后,按规定格式要求作了编辑性修改。在标准中同时制定了抽样和制样方法。

测定低限是根据国际上对粮谷中抗倒胺残留量的最高限量和测定方法的灵敏度而制定的。

附录A为提示的附录。

本标准由中华人民共和国国家进出口商品检验局提出并归口。

本标准由中华人民共和国山东进出口商品检验局负责起草。

本标准主要起草人:明云龙、张鑫、王新国、李少骞。

本标准为首次发布的行业标准。

中华人民共和国进出口商品检验行业标准

出口粮谷中抗倒胺残留量检验方法

SN 0532—1996

Method for the determination of inabenfide residues in cereals for export

1 范围

本标准规定了出口粮谷中抗倒胺残留量检验的抽样、制样和气相色谱测定方法。

本标准适用于出口大米中抗倒胺残留量的检验。

2 抽样和制样

2.1 检验批

以不超过4 000袋(200 t)为一检验批。

同一检验批的商品应具有相同的特征,如包装、标记、产地、等级和规格等。

2.2 抽样数量

按一批总袋数的平方根〔式(1)〕抽取:

$$a = \sqrt{N} \quad \cdots\cdots(1)$$

式中:N——全批袋数;

a——抽样袋数。

注:a值取整数,小数部分向前进位为整数。

2.3 抽样工具

2.3.1 单管取样器:不锈钢管,全长55 cm(包括手柄),直径1.5 cm,沟槽长度应超过袋对角线长度的一半。

2.3.2 取样铲。

2.3.3 分样板。

2.3.4 样品筒(袋):可密封。

2.3.5 分样布或适用铺垫物。

2.4 抽样方法

2.4.1 倒包抽样

从堆垛的各部位随机抽取2.2规定的应抽样件数的10%(每批一般不少于3袋),将袋口缝线全部拆开,平置于分样布或其他洁净的铺垫物上,双手紧握袋底两角,提起约成45°倾角,倒拖约1 m,使袋内货物全部倒出。检查货物的外观、气味、有无发霉、变质等,并查看袋内和袋间品质是否均匀。确认情况正常后,用取样铲随机在各部位抽取样品,立即将样品倒入盛样器内。每袋抽取样品数量应基本一致。

2.4.2 袋内抽样

按2.2规定的应抽样袋数的90%,在堆垛四周上、中、下各层以曲线形走向随机抽取。将取样器(2.3.1)管槽朝下,从每袋一角依斜对角方向插入袋内,然后将管槽旋转朝上,抽出取样器,立即将样品倒入盛样容器内。每袋抽取样品数量应与2.4.1基本一致。

中华人民共和国国家进出口商品检验局1996-04-29批准　　　　1996-10-01实施

每批样品总量应不少于 4 kg。

2.4.3 大样缩分

集中袋内和倒包抽样所取全部样品，倒于分样布上，用分样板按四分法缩分出样品不少于 2 kg，盛于样品筒内，加封后标明标记并及时送交实验室。

2.5 试样制备

将样品按四分法缩分到 1 kg，全部磨碎并通过 420 μm 标准筛，混匀，均分成两份试样，装入洁净容器中，密封，标明标记。

2.6 试样保存

将试样于－5℃以下避光保存。

注：在抽样和制样的操作过程中，必须防止样品受到污染或发生残留物含量的变化。

3 测定方法

3.1 方法提要

大米中残留的抗倒胺用丙酮-水提取，提取液用正己烷净化。再用二氯甲烷提取，过弗罗里硅土柱净化。经氯乙酰化后，用配有电子俘获检测器的气相色谱仪进行检测，外标法定量。

3.2 试剂和材料

除另有规定外，试剂均为分析纯，水为蒸馏水。

3.2.1 丙酮：重蒸馏。

3.2.2 硅藻土：硅藻土 545。

3.2.3 盐酸水溶液：2 mol/L。

3.2.4 氢氧化钠水溶液：10 mol/L。

3.2.5 正己烷：重蒸馏。

3.2.6 二氯甲烷：重蒸馏。

3.2.7 无水硫酸钠：650℃灼烧 4 h，冷却后贮存于密闭容器中。

3.2.8 三氯甲烷：重蒸馏。

3.2.9 乙腈：重蒸馏。

3.2.10 苯：重蒸馏。

3.2.11 氯乙酸酐：纯度≥99%。

3.2.12 氯乙酸酐苯溶液：5%。取 5 mL 氯乙酸酐，用苯稀释至 100 mL。

3.2.13 弗罗里硅土：100～200 目，640℃灼烧 5 h，冷却后密闭贮存，用前在 130℃加热 5 h 以上。

3.2.14 硅胶：100～200 目，用前在 130℃加热 5 h 以上。

3.2.15 抗倒胺标准品：纯度≥99%。

3.2.16 抗倒胺标准溶液：准确称适量的抗倒胺标准品，用丙酮配成浓度为 100 μg/mL 的标准储备溶液，根据需要再配成适当浓度的标准工作液。

3.2.17 碳酸氢钠饱和水溶液。

3.3 仪器和设备

3.3.1 气相色谱仪：配有电子俘获检测器。

3.3.2 旋转蒸发器或 K-D 浓缩器。

3.3.3 振荡器。

3.3.4 弗罗里硅土柱：300 mm×15 mm(id)玻璃柱，内装 10 g 弗罗里硅土，上加 5 g 无水硫酸钠。

3.3.5 硅胶柱：300 mm×15 mm(id)玻璃柱，内装 10 g 硅胶，上加 5 g 无水硫酸钠。

3.4 测定步骤

3.4.1 提取

称取试样约 20 g(精确至 0.1 g)于 500 mL 具塞锥形瓶中,加入 40 mL 水,放置 2 h。然后加入 100 mL丙酮,剧烈振荡 30 min,静置。经铺有 1 cm 厚硅藻土的布氏漏斗抽滤。收取残渣,加入100 mL丙酮-水(7+3),与上述同样操作一次。将滤液合并,于 40℃减压浓缩至约 70 mL。将此液移入500 mL分液漏斗中,加入 150 mL 盐酸溶液(2 mol/L)及 100 mL 正己烷,剧烈振荡 5 min,静置。分取水层于 500 mL 分液漏斗中,加入 50 mL 正己烷,与上述同样操作一次,弃去正己烷层。水相用氢氧化钠溶液(10 mol/L)中和后,加 100 mL 二氯甲烷,振荡 5 min,静置。分取二氯甲烷层于锥形瓶中。于水相中再加入100 mL二氯甲烷,与上述同样操作一次。将二氯甲烷层合并于上述锥形瓶中,加适量无水硫酸钠,放置30 min,并间隔振摇,过滤。用 20 mL 二氯甲烷洗涤锥形瓶后过滤。合并二氯甲烷液,于 40℃减压蒸发至干。加入 5 mL 三氯甲烷以溶解残渣。

3.4.2 净化

用三氯甲烷淋洗弗罗里硅土柱,待液面与柱上端齐平时,将上述溶液定量转移入柱。以 100 mL 三氯甲烷淋洗,弃去流出液。然后用 200 mL 乙腈-三氯甲烷(1+19)洗脱。收集洗脱液,于 40℃减压浓缩至干。加 50 mL 苯以溶解残渣。

3.4.3 氯乙酰化

于 3.4.2 所得溶液中加入 10 mL 氯乙酸酐苯溶液(5%),移入 250 mL 分液漏斗中,加入 0.1 mL 吡啶,剧烈振荡 30 min,静置。加 30 mL 苯及 50 mL 水,剧烈振荡 1 min,静置,弃去水相。然后用 50 mL 碳酸氢钠饱和水溶液洗涤,弃去水相。再用 50 mL 水洗涤。转移苯层于 100 mL 锥形瓶中。加入适量无水硫酸钠,放置 30 min,并间隔振摇。过滤,用 10 mL 苯洗涤锥形瓶及残渣,洗液并入滤液中。于 40℃减压浓缩至干。加入 5 mL 丙酮-正己烷(3+7)以溶解残渣。

用丙酮-正己烷(3+7)淋洗硅胶柱,待液面与柱上端齐平时,将上述溶液定量转移入柱。以 50 mL 丙酮-正己烷(3+7)淋洗,弃去流出液。改用 120 mL 丙酮-正己烷(2+3)洗脱,弃去前 30 mL 流出液,收集随后的 90 mL 流出液,于 40℃减压浓缩至干。加丙酮溶解残渣,定容至 20 mL。供气相色谱测定。

3.4.4 测定

3.4.4.1 色谱条件

a) 色谱柱:1.5 m×2.0 mm(id)玻璃柱,填充物为 1.5%OV-17+1.95%OV-210 涂于 Chromosorb W-HP(100～200 目);

b) 载气:氮气,纯度≥99.99%,30 mL/min;

c) 柱温:220℃;

d) 进样口温度:280℃;

e) 检测器温度:280℃。

3.4.4.2 色谱测定

根据试样中抗倒胺含量情况,选定峰面积相近的标准工作液。标准工作液和样品中抗倒胺响应值均应在仪器检测线性范围内。标准工作溶液应穿插在样液间等体积注入,进行测定。在上述色谱条件下,氯乙酰化的抗倒胺保留时间约为 5.6 min。标准品色谱图见附录 A 中图 A1。

3.4.5 空白试验

除不加试样外,按上述测定步骤进行。

3.4.6 结果计算和表述

用色谱数据处理仪或按式(2)计算:

$$X = \frac{A \cdot c \cdot V}{A_s \cdot m} \qquad \cdots\cdots(2)$$

式中:X——试样中抗倒胺残留的含量,mg/kg;

A——样液中氯乙酰化的抗倒胺峰面积,mm^2;

A_s——标准工作液中氯乙酰化的抗倒胺峰面积，mm^2；

c——标准工作液中抗倒胺的浓度，μg/mL；

V——样液最终定容体积，mL；

m——称取的试样量，g。

注：空白值应从计算结果中扣除。

4 测定低限、回收率

4.1 测定低限

本方法测定低限为 0.02 mg/kg。

4.2 回收率

回收率的实验数据：

抗倒胺的添加浓度在 0.02 mg/kg 时，回收率为 80.0％；

抗倒胺的添加浓度在 0.05 mg/kg 时，回收率为 90.0％；

抗倒胺的添加浓度在 0.10 mg/kg 时，回收率为 97.0％。

附　录　A

（提示的附录）

标准品色谱图

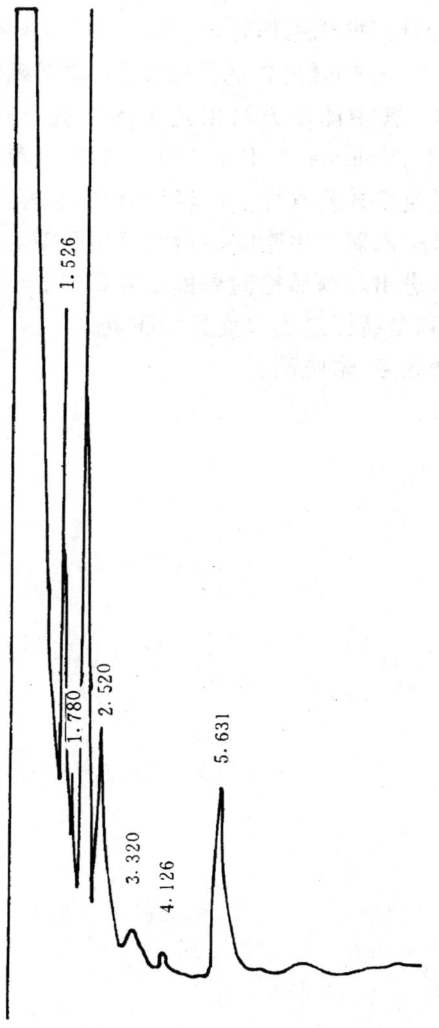

图 A1　抗倒胺标准品(经氯乙酰化的抗倒胺)色谱图

前　言

本标准是根据GB/T 1.1—1993《标准化工作导则　第1单元:标准的起草与表述规则　第1部分:标准编写的基本规定》及SN/T 0001—1995《出口商品中农药、兽药残留量及生物毒素检验方法标准编写的基本规定》的要求进行编写的。其中测定方法采用了美国食品药物管理局农药残留量分析手册(FDA,“Pesticide Analytical Manual”,Volume Ⅱ,Sec. 180.178)中乙氧三甲喹啉残留量分析方法。技术内容与原方法相同,经验证后,按规定格式要求作了编辑性修改。在标准中同时制定了抽样和制样方法。

测定低限是根据国际上对水果中乙氧三甲喹啉的最高残留限量和测定方法的灵敏度而制定的。

本标准由中华人民共和国国家进出口商品检验局提出并归口。

本标准起草单位:中华人民共和国浙江进出口商品检验局。

本标准主要起草人:郑自强、唐红芳、朱晓雨。

本标准为首次发布的行业标准。

中华人民共和国进出口商品检验行业标准

出口水果中乙氧三甲喹啉残留量检验方法

SN 0533—1996

Method for the determination of ethoxyquin residues in fruits for export

1 范围

本标准规定了出口水果中乙氧三甲喹啉残留量检验的抽样、制样和荧光分光光度测定方法。

本标准适用于出口苹果中乙氧三甲喹啉残留量的检验。

2 抽样和制样

2.1 检验批

以不超过1 500件为一检验批。

同一检验批的商品应具有相同的特征，如包装、标记、产地、规格和等级等。

2.2 抽样数量

批量，件	最低抽样数，件
1～25	1
26～100	5
101～250	10
251～1 500	15

2.3 抽样方法

按2.2规定的抽样件数随机抽取，逐件开启。每件至少取500 g作为原始样品，原始样品总量不得少于2 kg。加封后，标明标记，及时送实验室。

2.4 试样制备

将所取原始样品缩分出1 kg，取可食部分，经组织捣碎机捣碎，均分成两份，装入洁净容器内，作为试样。密封，并标明标记。

2.5 试样保存

将试样于－18℃以下冷冻保存。

注：在抽样和制样的操作过程中，必须防止样品受到污染或发生残留物含量的变化。

3 测定方法

3.1 方法提要

试样经异辛烷提取、净化，用荧光分光光度计测定氧化处理前后的样液荧光值，标准曲线法定量。

3.2 试剂和材料

除另有规定外，试剂均为分析纯，水为蒸馏水。

3.2.1 异辛烷。

3.2.2 碳酸钠溶液：10％水溶液（m/V）。

中华人民共和国国家进出口商品检验局1996-04-29批准　　1996-10-01实施

3.2.3 氢氧化钾溶液:50%水溶液(m/V)。

3.2.4 盐酸溶液:0.5 mol/L。

3.2.5 高锰酸钾溶液:0.04%水溶液(m/V)。

3.2.6 乙氧三甲喹啉标准品:已知纯度,例如93.8%。

3.2.7 乙氧三甲喹啉标准溶液:准确称取适量的乙氧三甲喹啉标准品,用异辛烷配成浓度为0.100 mg/mL的标准储备溶液,根据需要再配成适当浓度的标准工作溶液。

3.3 仪器和设备

3.3.1 荧光分光光度计,配有10 mm石英池。

3.3.2 组织捣碎机。

3.3.3 分液漏斗:125 mL。

3.3.4 容量瓶:100 mL。

3.4 测定步骤

3.4.1 提取和净化

称取试样约12 g(精确到0.01 g)于组织捣碎机内,加5 mL碳酸钠溶液(10%)和200 mL异辛烷,充分掺合匀浆,过滤。取50 mL滤液于分液漏斗内,用3×25 mL盐酸溶液(0.5 mol/L)提取。合并酸性提取液,用氢氧化钾溶液(50%)中和,并过量几滴。用3×25 mL异辛烷提取,合并提取液。用25 mL蒸馏水洗涤,将经水洗过的异辛烷提取液置于100 mL容量瓶内,加异辛烷至刻度,供荧光测定。

3.4.2 测定

3.4.2.1 荧光条件

a. 激发波长:370 nm;

b. 发射波长:415 nm。

3.4.2.2 标准曲线的绘制

在4个50 mL的容量瓶中,分别加入0.5,2.0,6.0和10.0 mL标准工作溶液(0.5 μg/mL),用异辛烷稀释定容。此溶液需当天配制。依次测定每个溶液的荧光强度,把刚读过数值的25 mL异辛烷溶液与15 mL高锰酸钾溶液(0.04%)一起振摇。分层后,同前,读取经氧化处理后的异辛烷溶液的荧光强度。并从第一次读取的数值中减去第二次读取的数值,便得“净”读数,即乙氧三甲喹啉的荧光强度。以荧光强度与对应的乙氧三甲喹啉浓度(μg/mL)绘制标准曲线。

3.4.2.3 样液测定

根据样液中乙氧三甲喹啉含量,在仪器检测的线性范围内,按3.4.2.2测定步骤测定样液中乙氧三甲喹啉的荧光强度。由标准曲线求得样液中乙氧三甲喹啉的浓度(μg/mL)。

3.4.3 空白试验

除不加试样外,按上述测定步骤进行。

3.5 结果计算和表述

按式(1)计算试样中乙氧三甲喹啉残留含量:

$$X = \frac{c \cdot V}{m} \qquad \cdots\cdots (1)$$

式中:X——试样中乙氧三甲喹啉残留量,mg/kg;

c——从标准曲线上求得的样液中乙氧三甲喹啉浓度,μg/mL;

V——最终样液的体积,mL;

m——最终样液所代表的试样量,g。

注:计算结果需扣除空白值。

4 测定低限、回收率

4.1 测定低限

本方法的测定低限为0.3 mg/kg。

4.2 回收率

回收率的实验数据：

乙氧三甲喹啉的添加浓度在0.3 mg/kg时，回收率为92.9%；

乙氧三甲喹啉的添加浓度在1.0 mg/kg时，回收率为91.1%；

乙氧三甲喹啉的添加浓度在3.0 mg/kg时，回收率为91.5%。

前　　言

本标准是根据GB/T 1.1—1993《标准化工作导则　第1单元:标准的起草与表述规则　第1部分:标准编写的基本规定》及SN/T 0001—1995《出口商品中农药、兽药残留量及生物毒素检验方法标准编写的基本规定》的要求进行编写的。其中测定方法是参考国内外有关文献,经研究、改进和验证后而制定的。本标准同时制定了抽样和制样方法。

测定低限是根据国际上对粮谷及油籽中氯苯胺灵残留量的最高限量和测定方法的灵敏度而制定的。

本标准附录A为提示的附录。

本标准由中华人民共和国国家进出口商品检验局提出并归口。

本标准起草单位:中华人民共和国吉林进出口商品检验局。

本标准主要起草人:李庆才、牟峻、荣会。

本标准系首次发布的行业标准。

中华人民共和国进出口商品检验行业标准

出口粮谷及油籽中氯苯胺灵残留量检验方法

SN 0583—1996

Method for the determination of chlorpropham residues in cereals and oil seeds for export

1 范围

本标准规定了出口粮谷及油籽中氯苯胺灵残留量检验的抽样、制样和气相色谱测定方法。

本标准适用于出口糙米、玉米、大豆、花生仁中氯苯胺灵残留量的检验。

2 抽样和制样

2.1 检验批

以不超过 200 t 为一检验批。200 t 袋装糙米约 4 000 袋；袋装玉米或大豆约 2 200 袋；袋装花生仁约 2 400 袋。玉米或大豆有时为散装品。

同一检验批的商品应具有相同特征，如包装、标记、产地、规格和等级等。

2.2 抽样数量

2.2.1 袋装货品

按式(1)计算抽样袋数：

$$a = \sqrt{N} \qquad \cdots\cdots(1)$$

式中：N——全批袋数；

a——抽样袋数。

注：a 值取整数，小数部分向前进位为整数。

2.2.2 散积货品(玉米或大豆)

货堆高度不超过 2 m。按货堆面积划区设点。以 50 m^2 为一个取样区，每区设中心及四角(距边线 1 m处)5 个点。每增加一个取样区，增设 3 个点。

2.3 抽样工具

2.3.1 金属单管取样器：全长 55 cm(包括手柄)，直径 1.5～2.0 cm，沟槽长度应超过袋对角线长度的一半。

2.3.2 金属双套管取样器：全长分 1 m、2 m(均包括手柄)两种。内、外管同部位分段开几个槽口，每个槽口长 15～20 cm，口宽 2.0～2.5 cm。内管的内径为 2.5～3.0 cm；取样器的探头长约 7 cm。

2.3.3 取样铲或取样勺。

2.3.4 分样板。

2.3.5 盛样器：筒或袋，可密封。

2.3.6 分样布或适用铺垫物。

2.4 抽样方法

2.4.1 袋装抽样

中华人民共和国国家进出口商品检验局1996-11-15批准　　1997-05-01实施

2.4.1.1 倒包抽样:从堆垛的各部位随机抽取 2.2.1 规定的应抽样袋数的 10%(每批一般不少于 3 袋),将袋口缝线全部拆开,平置于分样布或其他洁净的铺垫物上,双手紧握袋底两角,提起约成 45°倾角,倒拖约 1 m,使袋内货物全部倒出。查看袋内和袋间品质是否均匀。确认情况正常后,用取样铲随机在各部位抽取样品,并立即将样品倒入盛样器内。每袋抽取样品的数量应基本一致。

2.4.1.2 袋内抽样:按 2.2.1 规定的应抽样袋数(扣除倒包抽样袋数),在堆垛四周的上、中、下各层以曲线形走向随机抽取。然后按糙米、玉米、大豆、花生仁,用下述方法进行取样:

对糙米,用金属单管取样器(2.3.1)槽口朝下,从每袋一角依斜对角方向插入袋内,然后将管槽旋转朝上,抽出取样器,立即将样品倒入盛样器内。

对玉米或大豆,用 1 m 长的金属双套管取样器(2.3.2),关闭槽口,从每袋一角依斜对角方向插入袋内,然后旋转内管以开启槽口,待样品流满内管后,再旋转内管以关闭槽口。抽出取样器,立即将样品倒入盛样器内。

对花生仁,将应抽各袋拆开袋口缝线 3～5 针,用取样勺从开口处抽取样品。立即缝好袋口,并将所取样品倒入盛样器内。

每袋抽取样品的数量应与 2.4.1.1 基本一致。每批所抽取的样品总量应不少于 4 kg。

2.4.2 散积抽样:按 2.2.2 规定的取样点,逐点抽取样品。将取样器(2.3.2)槽口关闭,以倾斜 45°角度插入货堆至相应深度,旋转取样器内管以开启槽口,待样品流满内管后,再旋转内管以关闭槽口。抽出取样器,立即将样品倒入盛样器内。从各点所抽取样品的数量应基本一致。

每批所抽取的样品总量应不少于 4 kg。

2.4.3 大样缩分

袋装样品:合并从倒包和袋内抽样所取全部样品,倒于分样布上,用分样板按四分法缩分样品至不少于 2 kg,倒入盛样器内,加封后标明标记,并及时送交实验室。

散积样品:将抽取的全部样品,倒于分样布上,以下按上述袋装样品方法进行。

2.5 试样制备

2.5.1 制样工具

2.5.1.1 磨碎机。

2.5.1.2 粉碎机。

2.5.1.3 筛子:20 目筛,2.0 mm 圆孔筛。

2.5.1.4 分样板。

2.5.1.5 盛样瓶:具塞广口瓶。

2.5.2 制样方法

2.5.2.1 糙米、玉米或大豆试样制备:将样品按四分法缩分至 1 kg,用磨碎机(2.5.1.1)全部磨碎并通过 20 目筛。混匀,均分成两份作为试样,分装入洁净的盛样器内,密封,标明标记。

2.5.2.2 花生仁试样制备:将样品按四分法缩分至 500 g,用样品粉碎机(2.5.1.2)粉碎,使全部通过 2.0 mm 圆孔筛。混匀,均分成两份作为试样,分装于洁净的盛样器内,密闭,标明标记。

2.6 试样保存

将试样于－5℃以下避光保存。

注:在抽样及制样的操作过程中,必须防止样品受到污染或发生残留物含量的变化。

3 测定方法

3.1 方法提要

试样中残留的氯苯胺灵采用甲醇提取,提取液经与正己烷进行液-液分配,再以弗罗里硅土柱净化,用配有氮磷检测器的气相色谱仪测定,外标法定量。

3.2 试剂和材料

除另有规定外，所用试剂均为分析纯，水为重蒸馏水。

3.2.1 甲醇。

3.2.2 正己烷。

3.2.3 丙酮。

3.2.4 无水硫酸钠：650℃灼烧4 h，冷却后贮于密封容器中备用。

3.2.5 氯化钠溶液：5%(*m*/*V*)。将50 g氯化钠溶于水中，并稀释至1 000 mL。

3.2.6 弗罗里硅土：层析用，80～100目，650℃灼烧4 h，用前在130℃活化3 h，冷却后贮于密封容器中备用。

3.2.7 氯苯胺灵标准品：纯度≥99%。

3.2.8 氯苯胺灵标准溶液：准确称取适量氯苯胺灵标准品，用少量丙酮溶解，并以丙酮配制成浓度为1.00 mg/mL的标准储备液。根据需要再用丙酮稀释成适当浓度的标准工作溶液。

3.3 仪器和设备

3.3.1 气相色谱仪：配有氮磷检测器。

3.3.2 振荡器。

3.3.3 旋转蒸发器。

3.3.4 无水硫酸钠柱：7.5 cm×1.5 cm(id)，内装5 cm高无水硫酸钠。

3.3.5 玻璃净化柱：25 cm×1.5 cm(id)，自下而上依次填装2 cm高无水硫酸钠、10 g弗罗里硅土、2 cm高无水硫酸钠。使用前用50 mL正己烷预淋洗。

3.3.6 微量注射器：10 μL。

3.4 测定步骤

3.4.1 提取

称取试样约20 g(精确至0.1 g)于250 mL具塞锥形瓶中，加入50 mL甲醇，振荡提取30 min。将提取液过滤于500 mL分液漏斗中，并用50 mL甲醇分两次洗涤残渣，合并滤液于上述分液漏斗中。

3.4.2 净化

加入150 mL氯化钠溶液于上述分液漏斗中，再加入50 mL正己烷，振摇3 min，静置分层。收集上层有机相。水相再用50 mL正己烷重复提取一次，合并有机相。经无水硫酸钠柱脱水，收集于梨形瓶中，于低于40℃水浴中用旋转蒸发器浓缩至近干，加入5 mL丙酮-正己烷(1+50)以溶解残渣。

将溶解液倾入玻璃净化柱中，用100 mL丙酮-正己烷(1+50)混合液洗脱，弃去最初50 mL流出液，收集随后50 mL流出液于梨形瓶中，于低于40℃水浴中用旋转蒸发器浓缩至近干，再用氮气流吹干，准确加入2.00 mL丙酮溶解残渣，溶液供气相色谱测定。

3.4.3 测定

3.4.3.1 色谱条件

a) 色谱柱：OV-17，石英毛细管柱，25 m×0.32 mm(id)，膜厚0.25 μm；

b) 色谱柱温度：50℃(2 min)$\xrightarrow{30℃/min}$200℃(10 min)；

c) 进样口温度：220℃；

d) 检测器温度：230℃；

e) 载气：氮气，纯度≥99.99%，2.5 mL/min；

f) 尾吹气：氮气，纯度≥99.99%，30 mL/min；

g) 氢气：4 mL/min；

h) 空气：100 mL/min；

i) 进样方式：无分流进样，1 min后开阀；

j) 进样量：2 μL。

3.4.3.2 色谱测定

根据样液中被测农药含量情况，选定浓度相近的标准工作液。标准工作液和待测样液中农药的响应值均应在仪器检测的线性范围内。对标准工作液与样液等体积参插进样测定。在色谱条件下，氯苯胺灵的保留时间约为 10 min。标准品色谱图见附录 A 中图 A1。

3.4.4 空白试验

除不加试样外，均按上述测定步骤进行。

3.5 结果计算和表述

用色谱数据处理机或按式(2)计算试样中氯苯胺灵残留含量：

$$X = \frac{h \cdot c \cdot V}{h_s \cdot m} \quad \cdots\cdots\cdots\cdots (2)$$

式中：X——试样中氯苯胺灵残留含量，mg/kg；

h——样液中氯苯胺灵的色谱峰高，mm；

h_s——标准工作液中氯苯胺灵的色谱峰高，mm；

c——标准工作液中氯苯胺灵的浓度，μg/mL；

V——样液最终定容体积，mL；

m——最终样液所代表的试样量，g。

注：计算结果需将空白值扣除。

4 测定低限、回收率

4.1 测定低限

本方法的测定低限为 0.05 mg/kg。

4.2 回收率

4.2.1 糙米中氯苯胺灵的回收率实验数据：

氯苯胺灵添加浓度在 0.05 mg/kg 时，回收率为 93.5%；

氯苯胺灵添加浓度在 0.20 mg/kg 时，回收率为 90.2%；

氯苯胺灵添加浓度在 1.00 mg/kg 时，回收率为 89.6%。

4.2.2 玉米中氯苯胺灵的回收率实验数据：

氯苯胺灵添加浓度在 0.05 mg/kg 时，回收率为 96.8%；

氯苯胺灵添加浓度在 0.20 mg/kg 时，回收率为 89.5%；

氯苯胺灵添加浓度在 1.00 mg/kg 时，回收率为 91.6%。

4.2.3 大豆中氯苯胺灵的回收率实验数据：

氯苯胺灵添加浓度在 0.05 mg/kg 时，回收率为 92.7%；

氯苯胺灵添加浓度在 0.20 mg/kg 时，回收率为 88.2%；

氯苯胺灵添加浓度在 1.00 mg/kg 时，回收率为 92.6%。

4.2.4 花生仁中氯苯胺灵的回收率实验数据：

氯苯胺灵添加浓度在 0.05 mg/kg 时，回收率为 89.2%；

氯苯胺灵添加浓度在 0.20 mg/kg 时，回收率为 94.2%；

氯苯胺灵添加浓度在 1.00 mg/kg 时，回收率为 92.2%。

附 录 A
（提示的附录）
标准品气相色谱图

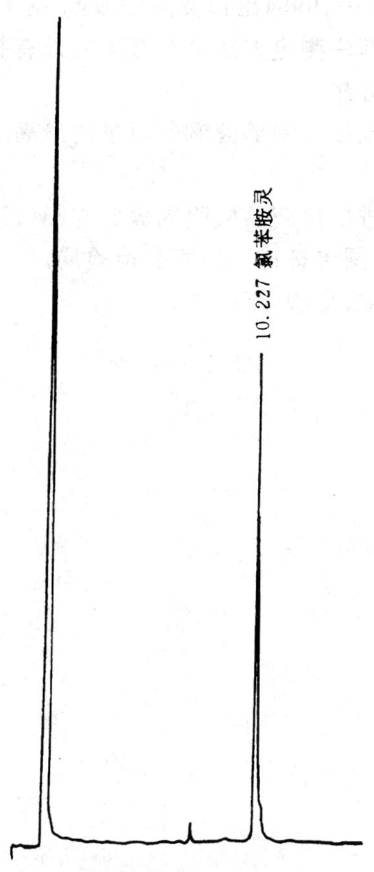

图 A1 氯苯胺灵标准品气相色谱图

前　言

本标准是根据GB/T 1.1—1993《标准化工作导则　第1单元:标准的起草与表述规则　第1部分:标准编写的基本规定》及SN/T 0001—1995《出口商品中农药、兽药残留量及生物毒素检验方法标准编写的基本规定》的要求进行编写的。其中测定方法是参考国内外有关文献,经研究、改进和验证后而制定的。本标准同时制定了抽样和制样方法。

测定低限是根据国际上对粮谷及油籽中烯菌酮残留量的最高限量和测定方法的灵敏度而制定的。

本标准附录A为提示的附录。

本标准由中华人民共和国国家进出口商品检验局提出并归口。

本标准起草单位:中华人民共和国吉林进出口商品检验局。

本标准主要起草人:荣会、王明太、牟峻、李庆才。

本标准系首次发布的行业标准。

中华人民共和国进出口商品检验行业标准

出口粮谷及油籽中烯菌酮残留量检验方法

SN 0584—1996

Method for the determination of vinclozolin residues in cereals and oil seeds for export

1 范围

本标准规定了出口粮谷及油籽中烯菌酮残留量检验的抽样、制样和气相色谱测定方法。

本标准适用于出口糙米、玉米、大豆、花生仁中烯菌酮残留量的检验。

2 抽样和制样

2.1 检验批

以不超过200 t 为一检验批。200 t 袋装糙米约4 000袋；袋装玉米或大豆约2 200袋；袋装花生仁约2 400袋。玉米或大豆有时为散装品。

同一检验批的商品应具有相同特征，如包装、标记、产地、规格和等级等。

2.2 抽样数量

2.2.1 袋装货品

按式(1)计算抽样袋数：

$$a = \sqrt{N} \qquad \cdots\cdots(1)$$

式中：N——全批袋数；

a——抽样袋数。

注：a 值取整数，小数部分向前进位为整数。

2.2.2 散积货品(玉米或大豆)

货堆高度不超过2 m。按货堆面积划区设点。以50 m^2 为一个取样区，每区设中心及四角(距边线1 m处)5个点。每增加一个取样区，增设3个点。

2.3 抽样工具

2.3.1 金属单管取样器：全长55 cm(包括手柄)，直径1.5～2.0 cm，沟槽长度应超过袋对角线长度的一半。

2.3.2 金属双套管取样器：全长分1 m、2 m(均包括手柄)两种。内、外管同部位分段开几个槽口，每个槽口长15～20 cm，口宽2.0～2.5 cm。内管的内径为2.5～3.0 cm；取样器的探头长约7 cm。

2.3.3 取样铲或取样勺。

2.3.4 分样板。

2.3.5 盛样器：筒或袋，可密封。

2.3.6 分样布或适用铺垫物。

2.4 抽样方法

2.4.1 袋装抽样

中华人民共和国国家进出口商品检验局1996-11-15批准 1997-05-01实施

2.4.1.1 倒包抽样：从堆垛的各部位随机抽取2.2.1规定的应抽样袋数的10%(每批一般不少于3袋)，将袋口缝线全部拆开，平置于分样布或其他洁净的铺垫物上，双手紧握袋底两角，提起约成45°倾角，倒拖约1 m，使袋内货物全部倒出。查看袋内和袋间品质是否均匀。确认情况正常后，用取样铲随机在各部位抽取样品，并立即将样品倒入盛样器内。每袋抽取样品的数量应基本一致。

2.4.1.2 袋内抽样：按2.2.1规定的应抽样袋数(扣除倒包抽样袋数)，在堆垛四周的上、中、下各层以曲线形走向随机抽取。然后按糙米、玉米、大豆、花生仁，用下述方法进行取样：

对糙米，用金属单管取样器(2.3.1)槽口朝下，从每袋一角依斜对角方向插入袋内，然后将管槽旋转朝上，抽出取样器，立即将样品倒入盛样器内。

对玉米或大豆，用1 m长的金属双套管取样器(2.3.2)，关闭槽口，从每袋一角依斜对角方向插入袋内，然后旋转内管以开启槽口，待样品流满内管后，再旋转内管以关闭槽口。抽出取样器，立即将样品倒入盛样器内。

对花生仁，将应抽各袋拆开袋口缝线3～5针，用取样勺从开口处抽取样品。立即缝好袋口，并将所取样品倒入盛样器内。

每袋抽取样品的数量应与2.4.1.1基本一致。每批所抽取的样品总量应不少于4 kg。

2.4.2 散积抽样：按2.2.2规定的取样点，逐点抽取样品。将取样器(2.3.2)槽口关闭，以倾斜45°角度插入货堆至相应深度，旋转取样器内管以开启槽口，待样品流满内管后，再旋转内管以关闭槽口。抽出取样器，立即将样品倒入盛样器内。从各点所抽取样品的数量应基本一致。

每批所抽取的样品总量应不少于4 kg。

2.4.3 大样缩分

袋装样品：合并从倒包和袋内抽样所取全部样品，倒于分样布上，用分样板按四分法缩分样品至不少于2 kg，倒入盛样器内，加封后标明标记，并及时送交实验室。

散积样品：将抽取的全部样品，倒于分样布上，以下按上述袋装样品方法进行。

2.5 试样制备

2.5.1 制样工具

2.5.1.1 磨碎机。

2.5.1.2 粉碎机。

2.5.1.3 筛子：20目筛，2.0 mm圆孔筛。

2.5.1.4 分样板。

2.5.1.5 盛样瓶：具塞广口瓶。

2.5.2 制样方法

2.5.2.1 糙米、玉米或大豆试样制备：将样品按四分法缩分至1 kg，用磨碎机(2.5.1.1)全部磨碎并通过20目筛。混匀，均分成两份作为试样，分装入洁净的盛样器内，密封，标明标记。

2.5.2.2 花生仁试样制备：将样品按四分法缩分至500 g，用样品粉碎机(2.5.1.2)粉碎，使全部通过2.0 mm圆孔筛。混匀，均分成两份作为试样，分装于洁净的盛样器内，密闭，标明标记。

2.6 试样保存

将试样于－5℃以下避光保存。

注：在抽样及制样的操作过程中，必须防止样品受到污染或发生残留物含量的变化。

3 测定方法

3.1 方法提要

试样中残留的烯菌酮采用石油醚提取，提取液经乙腈反提取后，用硅胶层析柱净化，再以氯乙酰氯衍生化，用配有电子俘获检测器的气相色谱仪测定，外标法定量。

3.2 试剂和材料

除另有规定外，所用试剂均为分析纯。

3.2.1 石油醚：重蒸馏。

3.2.2 乙腈：重蒸馏。

3.2.3 丙酮。

3.2.4 氯乙酰氯溶液：20%(V/V)，取 20 mL 氯乙酰氯溶于 80 mL 石油醚中，混匀后，避光低温保存。

3.2.5 无水硫酸钠：650℃灼烧 4 h，冷却后贮于密封容器中备用。

3.2.6 硅胶：层析用，100～200 目，用前在 120℃活化 3 h，冷却后贮于密封容器中备用。

3.2.7 烯菌酮标准品：纯度≥99%。

3.2.8 烯菌酮标准溶液：准确称取适量烯菌酮标准品，用少量石油醚溶解，并以石油醚配制成浓度为 0.100 mg/mL 的标准储备液。根据需要再以石油醚稀释成适当浓度的标准工作溶液。

3.3 仪器和设备

3.3.1 气相色谱仪：配有电子俘获检测器。

3.3.2 振荡器。

3.3.3 旋转蒸发器。

3.3.4 恒温水浴锅。

3.3.5 超声波发生器。

3.3.6 玻璃净化柱：25 cm×1.5 cm(id)，自下而上依次填装 2 cm 高无水硫酸钠、15 g 硅胶、2 cm 高无水硫酸钠。使用前用 50 mL 石油醚预淋洗。

3.3.7 微量注射器：10 μL。

3.4 测定步骤

3.4.1 提取

称取试样约 20 g(精确至 0.1 g)，置于 250 mL 具塞锥形瓶中，加入 50 mL 石油醚，振荡提取 30 min。将提取液过滤于 250 mL 分液漏斗中，并用 50 mL 石油醚分两次洗涤残渣，过滤，合并滤液于上述分液漏斗中。

3.4.2 净化

加入 50 mL 乙腈于上述分液漏斗中，振摇 1 min，静置 10 min。收集下层乙腈相，上层石油醚相再分别用 2×50 mL 乙腈提取。合并乙腈相于梨形瓶中，于低于 40℃水浴中用旋转蒸发器浓缩至近干，用 15 mL石油醚分三次超声波振荡溶解残渣。并将溶解液倾入玻璃净化柱中，用 150 mL 石油醚淋洗，弃去流出液，再加入 100 mL 丙酮-石油醚(5+95)混合液洗脱，收集洗脱液于梨形瓶中，于低于 40℃水浴中用旋转蒸发器浓缩至干。

3.4.3 衍生化

用 20 mL 石油醚超声波溶解残渣，加入 0.5 mL 氯乙酰氯溶液，加塞后，于室温下避光放置30 min，放置期间进行断续轻摇。反应结束后，于低于 40℃水浴中用旋转蒸发器浓缩至干。加入 50 mL 石油醚以溶解残渣，于低于 40℃水浴中用旋转蒸发器浓缩至干。准确加入 10.0 mL 石油醚以溶解残渣，溶液供气相色谱测定。

3.4.4 标准物衍生化

准确移取 10.0 mL 适当浓度的烯菌酮标准工作溶液于具塞试管中，用氮气吹干，按 3.4.3 操作进行衍生化后，供气相色谱测定。

3.4.5 测定

3.4.5.1 色谱条件

a) 色谱柱：填充柱 3 m×3.2 mm(id)，填充物为 10%(m/m)SE-30 涂于 Chromosorb W AW-DMCS(80～100 目)；

b) 色谱柱温度：185℃；

c) 进样口温度:260℃;

d) 检测器温度:260℃;

e) 载气:氮气,纯度≥99.99%,40 mL/min;

f) 进样量:1 μL。

3.4.5.2 色谱测定

根据样液中被测农药含量情况,选定浓度相近的标准工作液。标准工作液和待测样液中农药的响应值均应在仪器检测的线性范围内。对衍生化的标准工作液与样液应等体积参插进样测定。在上述色谱条件下,烯菌酮氯乙酰化物的保留时间约为 6.6 min。标准品色谱图见附录 A 中图 A1。

3.4.6 空白试验

除不加试样外,均按上述测定步骤进行。

3.5 结果计算和表述

用色谱数据处理机或按式(2)计算试样中烯菌酮残留含量:

$$X = \frac{h \cdot c \cdot V}{h_s \cdot m} \qquad \cdots\cdots(2)$$

式中:X——试样中烯菌酮残留含量,mg/kg;

h——样液中烯菌酮氯乙酰化衍生物的色谱峰高,mm;

h_s——标准工作液中烯菌酮氯乙酰化衍生物的色谱峰高,mm;

c——标准工作液中烯菌酮的浓度,μg/mL;

V——样液最终定容体积,mL;

m——最终样液所代表的试样量,g。

注:计算结果需将空白值扣除。

4 测定低限、回收率

4.1 测定低限

本方法的测定低限为 0.020 mg/kg。

4.2 回收率

4.2.1 糙米中烯菌酮的回收率实验数据:

烯菌酮添加浓度在 0.020 mg/kg 时,回收率为 96.2%;

烯菌酮添加浓度在 0.050 mg/kg 时,回收率为 92.1%;

烯菌酮添加浓度在 0.200 mg/kg 时,回收率为 89.0%。

4.2.2 玉米中烯菌酮的回收率实验数据:

烯菌酮添加浓度在 0.020 mg/kg 时,回收率为 92.7%;

烯菌酮添加浓度在 0.050 mg/kg 时,回收率为 96.3%;

烯菌酮添加浓度在 0.200 mg/kg 时,回收率为 93.5%。

4.2.3 大豆中烯菌酮的回收率实验数据:

烯菌酮添加浓度在 0.020 mg/kg 时,回收率为 89.2%;

烯菌酮添加浓度在 0.050 mg/kg 时,回收率为 87.1%;

烯菌酮添加浓度在 0.200 mg/kg 时,回收率为 84.0%。

4.2.4 花生仁中烯菌酮的回收率实验数据:

烯菌酮添加浓度在 0.020 mg/kg 时,回收率为 89.2%;

烯菌酮添加浓度在 0.050 mg/kg 时,回收率为 85.9%;

烯菌酮添加浓度在 0.200 mg/kg 时,回收率为 82.0%。

附 录 A
（提示的附录）
标准品气相色谱图

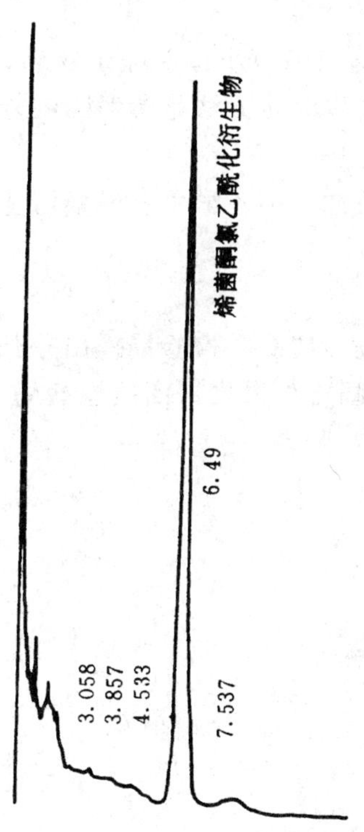

图 A1 烯菌酮标准品氯乙酰化衍生物气相色谱图

前　言

本标准是根据GB/T 1.1—1993《标准化工作导则　第1单元:标准的起草与表述规则　第1部分:标准编写的基本规定》及SN/T 0001—1995《出口商品中农药、兽药残留量及生物毒素检验方法标准编写的基本规定》的要求进行编写的。其中测定方法是参考国内外有关文献,经研究、改进和验证后而制定的。本标准同时制定了抽样和制样方法。

测定低限是根据国际上对粮谷及油籽中乙酰甲胺磷残留量的最高限量和测定方法的灵敏度而制定的。

本标准附录A为提示的附录。

本标准由中华人民共和国国家进出口商品检验局提出并归口。

本标准起草单位:中华人民共和国吉林进出口商品检验局。

本标准主要起草人:王明太、牟峻、荣会。

本标准系首次发布的行业标准。

中华人民共和国进出口商品检验行业标准

出口粮谷及油籽中乙酰甲胺磷残留量检验方法 SN 0585—1996

Method for the determination of acephate residues in cereals and oil seeds for export

1 范围

本标准规定了出口粮谷及油籽中乙酰甲胺磷残留量检验的抽样、制样和气相色谱测定方法。

本标准适用于出口糙米、玉米、大豆、花生仁中乙酰甲胺磷残留量的检验。

2 抽样和制样

2.1 检验批

以不超过200 t为一检验批。200 t袋装糙米约4 000袋；袋装玉米或大豆约2 200袋；袋装花生仁约2 400袋。玉米或大豆有时为散装品。

同一检验批的商品应具有相同特征，如包装、标记、产地、规格和等级等。

2.2 抽样数量

2.2.1 袋装货品

按式(1)计算抽样袋数：

$$a = \sqrt{N} \qquad \cdots\cdots (1)$$

式中：N——全批袋数；

a——抽样袋数。

注：a值取整数，小数部分向前进位为整数。

2.2.2 散积货品(玉米或大豆)

货堆高度不超过2 m。按货堆面积划区设点。以50 m^2为一个取样区，每区设中心及四角(距边线1 m处)5个点。每增加一个取样区，增设3个点。

2.3 抽样工具

2.3.1 金属单管取样器：全长55 cm(包括手柄)，直径1.5～2.0 cm，沟槽长度应超过袋对角线长度的一半。

2.3.2 金属双套管取样器：全长分1 m、2 m(均包括手柄)两种。内、外管同部位分段开几个槽口，每个槽口长15～20 cm，口宽2.0～2.5 cm。内管的内径为2.5～3.0 cm；取样器的探头长约7 cm。

2.3.3 取样铲或取样勺。

2.3.4 分样板。

2.3.5 盛样器：筒或袋，可密封。

2.3.6 分样布或适用铺垫物。

2.4 抽样方法

2.4.1 袋装抽样

中华人民共和国国家进出口商品检验局1996-11-15批准 1997-05-01实施

2.4.1.1 倒包抽样：从堆垛的各部位随机抽取2.2.1规定的应抽样袋数的10%（每批一般不少于3袋），将袋口缝线全部拆开，平置于分样布或其他洁净的铺垫物上，双手紧握袋底两角，提起约成45°倾角，倒拖约1 m，使袋内货物全部倒出。查看袋内和袋间品质是否均匀。确认情况正常后，用取样铲随机在各部位抽取样品，并立即将样品倒入盛样器内。每袋抽取样品的数量应基本一致。

2.4.1.2 袋内抽样：按2.2.1规定的应抽样袋数（扣除倒包抽样袋数），在堆垛四周的上、中、下各层以曲线形走向随机抽取。然后按糙米、玉米、大豆、花生仁，用下述方法进行取样：

对糙米，用金属单管取样器（2.3.1），槽口朝下，从每袋一角依斜对角方向插入袋内，然后将管槽旋转朝上，抽出取样器，立即将样品倒入盛样器内。

对玉米或大豆，用1 m长的金属双套管取样器（2.3.2），关闭槽口，从每袋一角依斜对角方向插入袋内，然后旋转内管以开启槽口，待样品流满内管后，再旋转内管以关闭槽口。抽出取样器，立即将样品倒入盛样器内。

对花生仁，将应抽各袋拆开袋口缝线3～5针，用取样勺从开口处抽取样品。立即缝好袋口，并将所取样品倒入盛样器内。

每袋抽取样品的数量应与2.4.1.1基本一致。每批所抽取的样品总量应不少于4 kg。

2.4.2 散积抽样：按2.2.2规定的取样点，逐点抽取样品。将取样器（2.3.2）槽口关闭，以倾斜45°角度插入货堆至相应深度，旋转取样器内管以开启槽口，待样品流满内管后，再旋转内管以关闭槽口。抽出取样器，立即将样品倒入盛样器内。从各点所抽取样品的数量应基本一致。

每批所抽取的样品总量应不少于4 kg。

2.4.3 大样缩分

袋装样品：合并从倒包和袋内抽样所取全部样品，倒于分样布上，用分样板按四分法缩分样品至不少于2 kg，倒入盛样器内，加封后标明标记，并及时送交实验室。

散积样品：将抽取的全部样品，倒于分样布上，以下按上述袋装样品方法进行。

2.5 试样制备

2.5.1 制样工具

2.5.1.1 磨碎机。

2.5.1.2 粉碎机。

2.5.1.3 筛子：20目筛，2.0 mm圆孔筛。

2.5.1.4 分样板。

2.5.1.5 盛样瓶：具塞广口瓶。

2.5.2 制样方法

2.5.2.1 糙米、玉米或大豆试样制备：将样品按四分法缩分至1 kg，用磨碎机（2.5.1.1）全部磨碎并通过20目筛。混匀，均分成两份作为试样，分装入洁净的盛样器内，密封，标明标记。

2.5.2.2 花生仁试样制备：将样品按四分法缩分至500 g，用样品粉碎机（2.5.1.2）粉碎，使全部通过2.0 mm圆孔筛。混匀，均分成两份作为试样，分装于洁净的盛样器内，密闭，标明标记。

2.6 试样保存

将试样于－5℃以下避光保存。

注：在抽样及制样的操作过程中，必须防止样品受到污染或发生残留物含量的变化。

3 测定方法

3.1 方法提要

粮谷或油籽中残留的乙酰甲胺磷采用乙酸乙酯提取，提取液经硅胶层析柱净化，用配有火焰光度检测器的气相色谱仪测定，外标法定量。

3.2 试剂和材料

除另有规定外,所用试剂均为分析纯,水为重蒸馏水。

3.2.1 乙酸乙酯。

3.2.2 丙酮。

3.2.3 乙醚。

3.2.4 无水硫酸钠:650℃灼烧 4 h,冷却后贮于密封容器中备用。

3.2.5 硅胶:层析用,100～200 目,用前在 180℃活化 3 h,冷却后贮于密封容器中备用。

3.2.6 乙酰甲胺磷标准品:纯度≥99%。

3.2.7 乙酰甲胺磷标准溶液:准确称取适量的乙酰甲胺磷标准品,用少量丙酮溶解,并以丙酮配制成浓度为 1.00 mg/mL 的标准储备液。根据需要再用丙酮稀释成适用浓度的标准工作溶液。

3.3 仪器和设备

3.3.1 气相色谱仪:配有火焰光度检测器,磷滤光片(526 nm)。

3.3.2 振荡器。

3.3.3 旋转蒸发器。

3.3.4 玻璃层析柱:25 cm×1.5 cm(内径),自下而上依次填装 2 cm 高无水硫酸钠、10 g 硅胶、2 cm 高无水硫酸钠。使用前用 50 mL 乙醚预淋洗。

3.3.5 微量注射器:10 μL。

3.4 测定步骤

3.4.1 提取

称取试样约 20 g(精确至 0.1 g)于 250 mL 具塞锥形瓶中,加入 50 g 无水硫酸钠和 100 mL 乙酸乙酯,振荡提取 30 min。将提取液过滤于梨形瓶中,并用 50 mL 乙酸乙酯分两次洗涤残渣,合并滤液于梨形瓶中,于低于 40℃水浴中用旋转蒸发器浓缩至近干,并用氮气流吹干。加入 10 mL 乙醚溶解残渣。

3.4.2 净化

将溶解液倾入玻璃层析柱中过柱后,用 150 mL 乙醚淋洗,弃去流出液。然后用 100 mL 丙酮进行洗脱,收集洗脱液,于低于 40℃水浴中用旋转蒸发器浓缩至近干,再用氮气流吹干。准确加入 5.00 mL 丙酮溶解残渣,溶液供气相色谱测定。

3.4.3 测定

3.4.3.1 色谱条件

a) 色谱柱:HP-5,石英毛细管柱,25 m×0.32 mm(id),膜厚 0.25μm;

b) 色谱柱温度:50℃ (2 min)$\xrightarrow{30℃/min}$180℃(1 min)$\xrightarrow{3℃/min}$200℃(1 min);

c) 进样口温度:220℃;

d) 检测器温度:230℃;

e) 载气:氮气,纯度≥99.99%,2.5 mL/min;

f) 尾吹气:氮气,纯度≥99.99%,30 mL/min;

g) 氢气:80 mL/min;

h) 空气:100 mL/min;

i) 进样方式:无分流进样,1 min 后开阀;

j) 进样量:2 μL。

3.4.3.2 色谱测定

根据样液中被测农药含量情况,选定浓度相近的标准工作液。标准工作液和待测样液中农药的响应值均应在仪器检测的线性范围内。对标准工作液与样液等体积参插进样测定。在上述色谱条件下,乙酰甲胺磷的保留时间约为 8 min。标准品色谱图见附录 A 中图 A1。

3.4.4 空白试验

除不加试样外,均按上述测定步骤进行。

3.5 结果计算和表述

用色谱数据处理机或按式(2)计算试样中乙酰甲胺磷残留含量：

$$X = \frac{h \cdot c \cdot V}{h_s \cdot m} \quad \cdots\cdots(2)$$

式中：X——试样中乙酰甲胺磷含量，mg/kg；

h——样液中乙酰甲胺磷的色谱峰高，mm；

h_s——标准工作液中乙酰甲胺磷的色谱峰高，mm；

c——标准工作液中乙酰甲胺磷的浓度，μg/mL；

V——样液最终定容体积，mL；

m——最终样液所代表的试样量，g。

注：计算结果需将空白值扣除。

4 测定低限、回收率

4.1 测定低限

本方法的测定低限为0.04 mg/kg。

4.2 回收率

4.2.1 糙米中乙酰甲胺磷的回收率实验数据：

乙酰甲胺磷添加浓度在0.04 mg/kg时，回收率为93.9%；

乙酰甲胺磷添加浓度在0.20 mg/kg时，回收率为96.4%；

乙酰甲胺磷添加浓度在1.00 mg/kg时，回收率为100.3%。

4.2.2 玉米中乙酰甲胺磷的回收率实验数据：

乙酰甲胺磷添加浓度在0.04 mg/kg时，回收率为93.6%；

乙酰甲胺磷添加浓度在0.20 mg/kg时，回收率为94.8%；

乙酰甲胺磷添加浓度在1.00 mg/kg时，回收率为92.3%。

4.2.3 大豆中乙酰甲胺磷的回收率实验数据：

乙酰甲胺磷添加浓度在0.04 mg/kg时，回收率为88.6%；

乙酰甲胺磷添加浓度在0.20 mg/kg时，回收率为95.4%；

乙酰甲胺磷添加浓度在1.00 mg/kg时，回收率为95.3%。

4.2.4 花生仁中乙酰甲胺磷的回收率实验数据：

乙酰甲胺磷添加浓度在0.04 mg/kg时，回收率为83.9%；

乙酰甲胺磷添加浓度在0.20 mg/kg时，回收率为94.8%；

乙酰甲胺磷添加浓度在1.00 mg/kg时，回收率为95.5%。

附　录　A
（提示的附录）
标准品气相色谱图

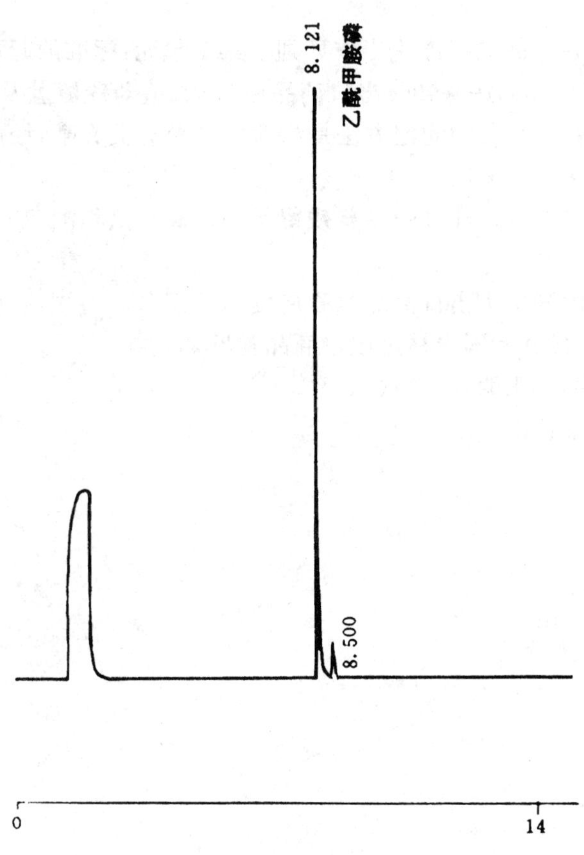

图 A1　乙酰甲胺磷标准品气相色谱图

前　　言

本标准是根据GB/T 1.1—1993《标准化工作导则　第1单元:标准的起草与表述规则　第1部分:标准编写的基本规定》及SN/T 0001—1995《出口商品中农药、兽药残留量及生物毒素检验方法标准编写的基本规定》的要求进行编写的。其中测定方法是参考国内外有关文献,经研究、改进和验证后而制定的。本标准同时制定了抽样和制样方法。

测定低限是根据国际上对粮谷及油籽中特普残留量的最高限量和测定方法的灵敏度而制定的。

本标准附录A为提示的附录。

本标准由中华人民共和国国家进出口商品检验局提出并归口。

本标准起草单位:中华人民共和国吉林进出口商品检验局。

本标准主要起草人:陈明岩、王明太、牟峻。

本标准系首次发布的行业标准。

中华人民共和国进出口商品检验行业标准

出口粮谷及油籽中特普残留量检验方法

SN 0586—1996

Method for the determination of tetraethyl pyrophosphate residues in cereals and oil seeds for export

1 范围

本标准规定了出口粮谷及油籽中特普残留量检验的抽样、制样和气相色谱测定方法。

本标准适用于出口糙米、玉米、花生仁中特普残留量的检验。

2 抽样和制样

2.1 检验批

以不超过 200 t 为一检验批。200 t 袋装糙米约 4 000 袋；袋装玉米约 2 200 袋；袋装花生仁约 2 400 袋。玉米有时为散装品。

同一检验批的商品应具有相同特征，如包装、标记、产地、规格和等级等。

2.2 抽样数量

2.2.1 袋装货品

按式(1)计算抽样袋数：

$$a = \sqrt{N} \qquad \cdots\cdots(1)$$

式中：N——全批袋数；

a——抽样袋数。

注：a 值取整数，小数部分向前进位为整数。

2.2.2 散积货品(玉米)

货堆高度不超过2 m。按货堆面积划区设点。以 50 m² 为一个取样区，每区设中心及四角(距边线 1 m处)5 个点。每增加一个取样区，增设 3 个点。

2.3 抽样工具

2.3.1 金属单管取样器：全长 55 cm(包括手柄)，直径 1.5～2.0 cm，沟槽长度应超过袋对角线长度的一半。

2.3.2 金属双套管取样器：全长分 1 m、2 m(均包括手柄)两种。内、外管同部位分段开几个槽口，每个槽口长 15～20 cm，口宽 2.0～2.5 cm。内管的内径为 2.5～3.0 cm；取样器的探头长约 7 cm。

2.3.3 取样铲或取样勺。

2.3.4 分样板。

2.3.5 盛样器：筒或袋，可密封。

2.3.6 分样布或适用铺垫物。

2.4 抽样方法

2.4.1 袋装抽样

中华人民共和国国家进出口商品检验局1996-11-15批准　　　　1997-05-01实施

2.4.1.1 倒包抽样：从堆垛的各部位随机抽取 2.2.1 规定的应抽样袋数的 10%（每批一般不少于 3 袋），将袋口缝线全部拆开，平置于分样布或其他洁净的铺垫物上，双手紧握袋底两角，提起约成 45°倾角，倒拖约 1 m，使袋内货物全部倒出。查看袋内和袋间品质是否均匀。确认情况正常后，用取样铲随机在各部位抽取样品，并立即将样品倒入盛样器内。每袋抽取样品的数量应基本一致。

2.4.1.2 袋内抽样：按 2.2.1 规定的应抽样袋数（扣除倒包抽样袋数），在堆垛四周的上、中、下各层以曲线形走向随机抽取。然后按糙米、玉米、花生仁，用下述方法进行取样：

对糙米，用金属单管取样器（2.3.1）槽口朝下，从每袋一角依斜对角方向插入袋内，然后将管槽旋转朝上，抽出取样器，立即将样品倒入盛样器内。

对玉米，用 1 m 长的金属双套管取样器（2.3.2），关闭槽口，从每袋一角依斜对角方向插入袋内，然后旋转内管以开启槽口，待样品流满内管后，再旋转内管以关闭槽口。抽出取样器，立即将样品倒入盛样器内。

对花生仁，将应抽各袋拆开袋口缝线 3～5 针，用取样勺从开口处抽取样品。立即缝好袋口，并将所取样品倒入盛样器内。

每袋抽取样品的数量应与 2.4.1.1 基本一致。每批所抽取的样品总量应不少于 4 kg。

2.4.2 散积抽样：按 2.2.2 规定的取样点，逐点抽取样品。将取样器（2.3.2）槽口关闭，以倾斜 45°角度插入货堆至相应深度，旋转取样器内管以开启槽口，待样品流满内管后，再旋转内管以关闭槽口。抽出取样器，立即将样品倒入盛样器内。从各点所抽取样品的数量应基本一致。

每批所抽取的样品总量应不少于 4 kg。

2.4.3 大样缩分

袋装样品：合并从倒包和袋内抽样所取全部样品，倒于分样布上，用分样板按四分法缩分样品至不少于 2 kg，倒入盛样器内，加封后标明标记，并及时送交实验室。

散积样品：将抽取的全部样品，倒于分样布上，以下按上述袋装样品方法进行。

2.5 试样制备

2.5.1 制样工具

2.5.1.1 磨碎机。

2.5.1.2 粉碎机。

2.5.1.3 筛子：20 目筛，2.0 mm 圆孔筛。

2.5.1.4 分样板。

2.5.1.5 盛样瓶：具塞广口瓶。

2.5.2 制样方法

2.5.2.1 糙米、玉米试样制备：将样品按四分法缩分至 1 kg，用磨碎机（2.5.1.1）全部磨碎并通过 20 目筛。混匀，均分成两份作为试样，分装入洁净的盛样器内，密封，标明标记。

2.5.2.2 花生仁试样制备：将样品按四分法缩分至 500 g，用样品粉碎机（2.5.1.2）粉碎，使全部通过 2.0 mm 圆孔筛。混匀，均分成两份作为试样，分装于洁净的盛样器内，密闭，标明标记。

2.6 试样保存

将试样于－5℃以下避光保存。

注：在抽样及制样的操作过程中，必须防止样品受到污染或发生残留物含量的变化。

3 测定方法

3.1 方法提要

试样中残留的特普采用三氯甲烷提取，提取液经过滤、蒸干。残渣用乙腈溶解，乙腈溶液经与正己烷进行液-液分配，并蒸干。残渣用丙酮溶解，丙酮溶液经活性炭-Celite 柱净化，用配有火焰光度检测器的气相色谱仪测定，外标法定量。

3.2 试剂和材料

除另有规定外，所用试剂均为分析纯，水为重蒸馏水。

3.2.1 三氯甲烷。

3.2.2 乙腈。

3.2.3 正己烷。

3.2.4 丙酮。

3.2.5 无水硫酸钠：650℃灼烧 4 h，冷却后贮于密封容器中备用。

3.2.6 活性炭：层析用，8～20 目，650℃灼烧3 h，以浓盐酸煮沸后，用水洗至中性，用前在 130℃活化 3 h，冷却后贮于密封容器中备用。

3.2.7 助滤剂：Celite 545，80～100 目，使用前用丙酮洗涤。

3.2.8 特普标准品：纯度≥99%。

3.2.9 特普标准溶液：准确称取适量特普标准品，用少量丙酮溶解，并以丙酮配制成浓度为 1.00 mg/mL的标准储备液。根据需要再以丙酮稀释成适用浓度的标准工作溶液。

3.3 仪器和设备

3.3.1 气相色谱仪：配有火焰光度检测器，磷滤光片 526 nm。

3.3.2 振荡器。

3.3.3 旋转蒸发器。

3.3.4 玻璃层析柱：25 cm×1.5 cm(id)，自下而上依次填装2 cm高无水硫酸钠，2 g 活性炭-助滤剂(1+1)。使用前用20 mL丙酮预淋洗。

3.3.5 微量注射器：10 μL。

3.4 测定步骤

3.4.1 提取

称取试样约 50 g(精确至 0.1 g)于 250 mL 具塞锥形瓶中，加入 100 g 无水硫酸钠和 100 mL 三氯甲烷，振荡提取 30 min。抽滤提取液于梨形瓶中，并用 100 mL 三氯甲烷分两次洗涤残渣并过滤，合并滤液于同一梨形瓶中，于低于 30℃水浴中旋转浓缩至近干。加入 50 mL 正己烷饱和的乙腈以溶解残渣。

3.4.2 净化

将溶液移至 125 mL 分液漏斗中。加入 50 mL 正己烷，振摇 3 min，静置分层，弃去正己烷相，乙腈相再分别用 2×25 mL 正己烷重复洗涤两次，收集乙腈层于梨形瓶中。于 40℃水浴中旋转浓缩至近干，加入10 mL丙酮以溶解残渣。

将溶液倾入玻璃净化柱中，加入 20 mL 丙酮洗脱，收集洗脱液于梨形瓶中，在低于 30℃水浴中旋转浓缩至近干，准确加入 1.00 mL 丙酮溶解残渣，供气相色谱测定。

3.4.3 测定

3.4.3.1 色谱条件

a) 色谱柱：OV-1，石英毛细管柱，5 m×0.53 mm(id)，膜厚 2.65μm；

b) 色谱柱温度：160℃；

c) 进样口温度：180℃；

d) 检测器温度：200℃；

e) 载气：氮气，纯度≥99.99%，3 mL/min；

f) 尾吹气：氮气，纯度≥99.99%，30 mL/min；

g) 氢气：75 mL/min；

h) 空气：100 mL/min；

i) 进样量：2 μL。

3.4.3.2 色谱测定

根据样液中被测农药含量情况，选定浓度相近的标准工作液。标准工作液和待测样液中农药的响应值均应在仪器检测的线性范围内。对标准工作液与样液等体积参插进样测定。在上述色谱条件下，特普的保留时间约为 2 min。标准品色谱图见附录 A 中图 A1。

3.4.4　空白试验

除不加试样外，均按上述测定步骤进行。

3.5　结果计算和表述

用色谱数据处理机或按式(2)计算试样中特普残留含量：

$$X=\frac{h\cdot c\cdot V}{h_s\cdot m} \qquad \cdots\cdots(2)$$

式中：X——试样中特普残留含量，mg/kg；

h——样液中特普的色谱峰高，mm；

h_s——标准工作液中特普的色谱峰高，mm；

c——标准工作液中特普的浓度，μg/mL；

V——样液最终定容体积，mL；

m——最终样液所代表的试样量，g。

注：计算结果需将空白值扣除。

4　测定低限、回收率

4.1　测定低限

本方法的测定低限为 0.010 mg/kg。

4.2　回收率

4.2.1　糙米中特普的回收率实验数据：

特普添加浓度在 0.010 mg/kg 时，回收率为 91.0%；

特普添加浓度在 0.100 mg/kg 时，回收率为 97.1%；

特普添加浓度在 0.500 mg/kg 时，回收率为 95.7%。

4.2.2　玉米中特普的回收率实验数据：

特普添加浓度在 0.010 mg/kg 时，回收率为 92.0%；

特普添加浓度在 0.100 mg/kg 时，回收率为 99.9%；

特普添加浓度在 0.500 mg/kg 时，回收率为 99.1%。

4.2.3　花生仁中特普的回收率实验数据：

特普添加浓度在 0.010 mg/kg 时，回收率为 85.0%；

特普添加浓度在 0.100 mg/kg 时，回收率为 97.3%；

特普添加浓度在 0.500 mg/kg 时，回收率为 98.7%。

附　录　A
（提示的附录）
标准品气相色谱图

图 A1　特普标准品气相色谱图

前　　言

本标准是根据GB/T 1.1—1993《标准化工作导则　第1单元:标准的起草与表述规则　第1部分:标准编写的基本规定》及SN/T 0001—1995《出口商品中农药、兽药残留量及生物毒素检验方法标准编写的基本规定》的要求进行编写的。其中测定方法是参考国内外有关文献,经研究、改进和验证后而制定的。本标准同时制定了抽样和制样方法。

测定低限是根据国际上对粮谷中草丙磷残留量的最高限量和测定方法的灵敏度而制定的。

本标准附录A为提示的附录。

本标准由中华人民共和国国家进出口商品检验局提出并归口。

本标准起草单位:中华人民共和国吉林进出口商品检验局。

本标准主要起草人:牟峻、荣会、王大宁。

本标准系首次发布的行业标准。

中华人民共和国进出口商品检验行业标准

出口粮谷中草丙磷残留量检验方法

SN 0587—1996

Method for the determination of glufosinate residues in cereals for export

1 范围

本标准规定了出口粮谷中草丙磷残留量检验的抽样、制样和气相色谱测定方法。

本标准适用于出口糙米中草丙磷(铵盐)残留量的检验。

2 抽样和制样

2.1 检验批

以不超过4 000袋(200 t)为一检验批。

同一检验批的商品应具有相同特征,如包装、标记、产地、规格和等级等。

2.2 抽样数量

按一批总袋数的平方根式(1)抽取:

$$a = \sqrt{N} \quad \cdots\cdots(1)$$

式中:N——全批袋数;

a——抽样袋数。

注:a值取整数,小数部分向前进位为整数。

2.3 抽样工具

2.3.1 金属单管取样器:全长55 cm(包括手柄),直径1.5 cm,沟槽长度应超过袋对角线长度的一半。

2.3.2 取样铲。

2.3.3 分样板。

2.3.4 样品筒(袋):可密封。

2.3.5 分样布或适用铺垫物。

2.4 抽样方法

2.4.1 倒包抽样:从堆垛的各部位随机抽取2.2规定的应抽样袋数的10%(每批一般不少于3袋),将袋口缝线全部拆开,平置于分样布或其他洁净的铺垫物上,双手紧握袋底两角,提起约成45°倾角,倒拖约1 m,使袋内货物全部倒出。查看袋内和袋间品质是否均匀。确认情况正常后,用取样铲随机在各部位抽取样品,立即将样品倒入盛样容器内。每袋抽取样品数量应基本一致。

2.4.2 袋内抽样:按2.2规定的应抽样袋数的90%,在堆垛四周的上、中、下各层以曲线形走向随机抽取。将取样器(2.3.1)管槽朝下,从每袋一角依斜对角方向插入袋内,然后将管槽旋转朝上,抽出取样器,立即将样品倒入盛样容器内。每袋抽取样品数量应与2.4.1基本一致。

每批样品总量应不少于4 kg。

2.4.3 大样缩分

集中袋内和倒包抽样所取全部样品,倒于分样布上,用分样板按四分法缩分出样品不少于2 kg,加

中华人民共和国国家进出口商品检验局1996-11-15批准　　1997-05-01实施

封后标明标记并及时送交实验室。

2.5 试样制备

将样品按四分法缩分至1 kg，全部磨碎并通过20目筛，混匀，均分成两份，作为试样，装入洁净的容器内，密封，标明标记。

2.6 试样保存

将试样于−5℃以下避光保存。

注：在抽样及制样的操作过程中，必须防止样品受到污染或发生残留物含量的变化。

3 测定方法

3.1 方法提要

糙米中残留的草丙磷及其代谢物3-甲基膦丙酸，用水、三氯甲烷混合提取，抽滤，收集水相与三氯甲烷相。振摇，进行液-液分配。离心，收集水相提取液。经强碱性阴离子交换树脂柱净化。然后用原乙酸三甲酯进行衍生化。再过PT-中性氧化铝柱净化后，用配有火焰光度检测器的气相色谱仪测定，外标法定量。分别测定草丙磷铵盐和3-甲基膦丙酸后再计算为以草丙磷铵盐计的总量。

3.2 试剂和材料

除另有规定外，所有试剂均为分析纯，水为重蒸馏水或相应的去离子水。

3.2.1 三氯甲烷。

3.2.2 二氯甲烷。

3.2.3 甲醇。

3.2.4 丙酮。

3.2.5 正己烷。

3.2.6 冰乙酸。

3.2.7 原乙酸三甲酯〔$CH_3C(OCH_3)_3$〕。

3.2.8 强碱性阴离子交换树脂：AGI-X8，200～400目。

3.2.9 PT-中性氧化铝柱：层析用(2 g)。

3.2.10 助滤剂：Celite 545，使用前用水、三氯甲烷洗涤。

3.2.11 草丙磷铵盐($C_5H_{15}N_2O_4P$)标准品：纯度≥99%。

3.2.12 3-甲基膦丙酸($C_4H_9O_4P$)标准品：纯度≥99%。

3.2.13 标准溶液：分别准确称取适量的草丙磷铵盐和3-甲基膦丙酸标准品，用水配制成浓度为1.00 mg/mL的标准储备液。根据需要再用水稀释成适用浓度的标准工作溶液。

3.3 仪器和设备

3.3.1 气相色谱仪：配有火焰光度检测器，磷滤光片526 nm。

3.3.2 振荡器。

3.3.3 离心机。

3.3.4 旋转蒸发器。

3.3.5 超声波发生器。

3.3.6 玻璃层析柱：25 cm×1.5 cm(内径)。

3.3.7 玻璃注射器：10 mL。

3.3.8 微量注射器：10 μL。

3.4 测定步骤

3.4.1 提取

称取试样约20 g(精确至0.1 g)于250 mL具塞锥形瓶中，加入50 mL三氯甲烷及50 mL水，振荡提取30 min。在平底漏斗内铺上5 g助滤剂，抽滤提取液。残渣再用40 mL水及50 mL三氯甲烷重复提取一次，并抽滤。合并滤液，充分振摇后，于 3 000 r/min 下离心 5 min。将上层水相转移至 100 mL 容量瓶中，用水稀释定容。

3.4.2 净化

称取 5 g AGI-X8 强碱性阴离子树脂伴以去离子水装入玻璃层析柱中。加入 30 mL 水预淋洗后，准确移取 25 mL 上述提取液，注入玻璃层析柱中，控制流速为 1.5 mL/min，用 30 mL 水洗涤，弃去流出液。然后用 100 mL 乙酸水溶液(50%，V/V)进行洗脱，收集全部洗脱液。在低于 60℃水浴中旋转浓缩至近干，最后用氮气流吹干。加入 1 mL 冰乙酸，超声波溶解 10 min，并将溶液定量转移至 10 mL 旋盖试管中。

3.4.3 衍生化

用 4 mL 原乙酸三甲酯分两次各超声波 3 min 以洗涤容器，并将洗涤液移入上述试管中，加塞混匀后，置于 100℃水浴中加热 2 h，冷却后用氮气流吹干。加入 5 mL 正己烷-二氯甲烷(1+1)混合液，用超声波溶解 5 min。

用 10 mL 丙酮预洗 PT-中性氧化铝柱，将甲酯化溶液注入到接有 PT-中性氧化铝柱的玻璃注射器中过柱。用 10 mL 正己烷-二氯甲烷(1+1)混合液淋洗后，弃去流出液。再以 10 mL 甲醇-二氯甲烷(5+95)混合液洗脱，收集洗脱液。在低于 40℃水浴中旋转浓缩至干，准确加入 2.00 mL 丙酮，超声波溶解 3 min，溶液供气相色谱测定。

3.4.4 标准物衍生化

分别取 2.00 mL 适用浓度的草丙磷铵盐和 3-甲基膦丙酸标准工作溶液于 10 mL 旋盖试管中，用氮气流吹干后。加入 1 mL 冰乙酸和 4 mL 原乙酸三甲酯，加塞混匀后，置于 100℃水浴中加热 2 h。冷却后用氮气流吹干，准确加入 2.00 mL 丙酮，超声波溶解3 min，溶液供气相色谱测定。

3.4.5 测定

3.4.5.1 色谱条件

a) 色谱柱：OV-17，石英毛细管柱，25 m×0.32 mm(id)，膜厚 0.25 μm；

b) 色谱柱温度：50℃(2 min)$\xrightarrow{30℃/min}$170℃(1 min)$\xrightarrow{4℃/min}$250℃(2 min)；

c) 进样口温度：270℃；

d) 检测器温度：280℃；

e) 载气：氮气，纯度≥99.99%，20 cm/s；

f) 尾吹气：氮气，纯度≥99.99%，50 mL/min；

g) 氢气：80 mL/min；

h) 空气：100 mL/min；

i) 进样方式：无分流进样，1 min 后开阀；

j) 进样量：2 μL。

3.4.5.2 色谱测定

根据样液中被测农药含量情况，选定浓度相近的标准工作液。标准工作液和待测样液中衍生化农药的响应值均应在仪器检测的线性范围内。对甲酯化后的标准工作液与样液应分别等体积参插进样测定。在上述色谱条件下，3-甲基膦丙酸甲酯的保留时间约为 8 min，草丙磷甲酯的保留时间约为 15 min。衍生化标准品色谱图见附录 A 中图 A1。

3.4.6 空白实验

除不加试样外，均按上述测定步骤进行。

3.5 结果计算和表述

用色谱数据处理机或按式(2)分别计算试样中 3-甲基膦丙酸和草丙磷铵盐残留含量：

$$X_i = \frac{h_i \cdot c_{is} \cdot V}{h_{is} \cdot m} \quad \cdots\cdots(2)$$

式中：X_i——试样中3-甲基膦丙酸或草丙磷铵盐含量，mg/kg；

h_i——样液中3-甲基膦丙酸甲酯或草丙磷甲酯的色谱峰高，mm；

h_{is}——标准工作液中3-甲基膦丙酸甲酯或草丙磷甲酯的色谱峰高，mm；

c_{is}——标准工作液中3-甲基膦丙酸或草丙磷铵盐的浓度，μg/mL；

V——样液最终定容体积，mL；

m——最终样液所代表的试样量，g。

注：计算结果需将空白值扣除。

按式(3)计算试样中草丙磷铵盐总含量：

$$X = 1.30X_A + X_B \quad \cdots\cdots(3)$$

式中：X——试样中草丙磷铵盐总含量(以草丙磷铵盐计)，mg/kg；

1.30——3-甲基膦丙酸换算成草丙磷铵盐的换算系数；

X_A——试样中3-甲基膦丙酸含量，mg/kg；

X_B——试样中草丙磷铵盐含量，mg/kg。

4 测定低限、回收率

4.1 测定低限

本方法草丙磷铵盐的测定低限为0.020 mg/kg；3-甲基膦丙酸的测定低限为0.005 mg/kg。

4.2 回收率

回收率的实验数据：

草丙磷(铵盐)总含量添加浓度在0.006 5 mg/kg时，回收率为92.3%，

草丙磷(铵盐)总含量添加浓度在0.020 0 mg/kg时，回收率为89.5%，

草丙磷(铵盐)总含量添加浓度在0.026 5 mg/kg时，回收率为90.4%，

草丙磷(铵盐)总含量添加浓度在0.132 5 mg/kg时，回收率为91.4%，

草丙磷(铵盐)总含量添加浓度在0.530 0 mg/kg时，回收率为88.1%。

附 录 A
（提示的附录）
标准品气相色谱图

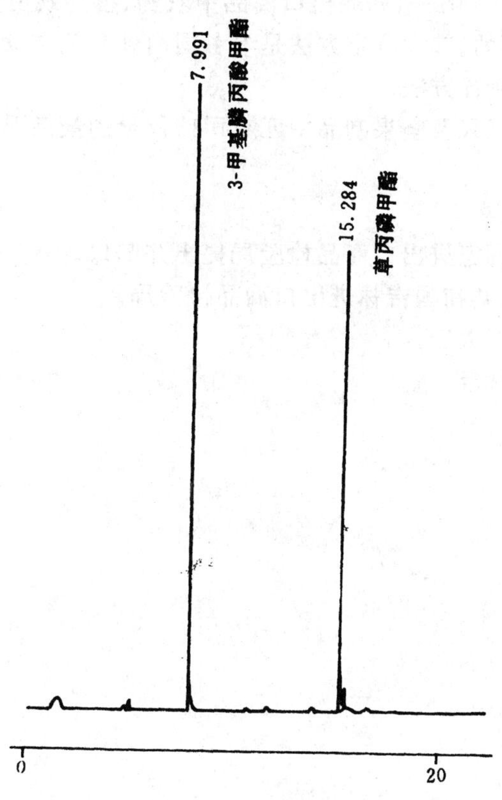

图 A1 3-甲基膦丙酸甲酯和草丙磷甲酯标准品气相色谱图

前　言

本标准是根据GB/T 1.1—1993《标准化工作导则　第1单元:标准的起草与表述规则　第1部分:标准编写的基本规定》及SN/T 0001—1995《出口商品中农药、兽药残留量及生物毒素检验方法标准编写的基本规定》的要求进行编写的。其中测定方法是参考国内外有关文献,经研究、改进和验证后而制定的。本标准同时制定了抽样和制样方法。

测定低限是根据国际上对坚果及坚果制品中匹克司残留量的最高限量和测定方法的灵敏度而制定的。

本标准附录A为提示的附录。

本标准由中华人民共和国国家进出口商品检验局提出并归口。

本标准起草单位:中华人民共和国吉林进出口商品检验局。

本标准主要起草人:牟峻、王大宁。

本标准系首次发布的行业标准。

中华人民共和国进出口商品检验行业标准

出口坚果及坚果制品中匹克司残留量检验方法

SN 0588—1996

Method for the determination of pyrifenox residues in nuts and nut products for export

1 范围

本标准规定了出口坚果及坚果制品中匹克司残留量检验的抽样、制样和气相色谱测定方法。

本标准适用于出口核桃、栗子、杏仁中匹克司残留量的检验。

2 抽样和制样

2.1 检验批

以不超过 50 t 为一检验批。50 t 袋装核桃约 1 000 袋；袋装栗子约 710 袋；袋装杏仁约 625 袋。同一检验批的商品应具有相同特征，如包装、标记、产地、规格和等级等。

2.2 抽样数量

按式(1)计算抽样袋数：

$$a = \sqrt{N} \qquad \cdots\cdots(1)$$

式中：N——全批袋数；

a——抽样袋数。

注：a 值取整数，小数部分向前进位为整数。

2.3 抽样工具

2.3.1 取样铲或取样勺。

2.3.2 分样板。

2.3.3 盛样器：筒或袋，可密封。

2.3.4 分样布或适用铺垫物。

2.4 抽样方法

2.4.1 核桃的抽样方法

2.4.1.1 倒包抽样：从堆垛的各部位随机抽取 2.2 所规定的应抽样袋数的 10%（每批一般不少于 3 袋），将袋口缝线全部拆开，平置于分样布或其他洁净的铺垫物上，双手紧握袋底两角，提起约成 45℃倾角，倒拖约 1 m，使袋内货物全部倒出。查看袋内和袋间品质是否均匀。确认情况正常后，用取样铲随机在各部位抽取样品，并立即将样品倒入盛样器中。每袋抽取样品的数量应基本一致，并不得少于 20 颗。

2.4.1.2 袋内抽样：按 2.2 规定的应抽样袋数（扣除倒包抽样袋数），在堆垛四周的上、中、下各层以曲线形走向随机抽取。将应抽各袋拆开袋口缝线 3～5 针，用取样勺从开口处抽取样品。立即缝好袋口，并将所取样品倒入盛样器内，每袋抽取样品的数量应与 2.4.1.1 基本一致。

合并倒包和袋内抽样所取全部样品，倒于分样布上，用分样板按四分法缩分出不少于 500 颗。倒入盛样器中，加封后标明标记，并及时送实验室。

中华人民共和国国家进出口商品检验局1996-11-15批准　　　　1997-05-01实施

2.4.2 栗子的抽样方法

2.4.2.1 倒包抽样:同 2.4.1.1,但每袋抽取样品的数量应不少于 500 g。

2.4.2.2 袋内抽样:同 2.4.1.2。

合并倒包和袋内抽样所取全部样品,倒于分样布上,用分样板按四分法缩分出不少于 4 kg。倒入盛样器中,加封后标明标记,并及时送实验室。

2.4.3 杏仁的抽样方法

2.4.3.1 倒包抽样:同 2.4.1.1,但每袋抽取样品的数量应不少于 200 g。

2.4.3.2 袋内抽样:同 2.4.1.2。

合并倒包和袋内抽样所取全部样品,倒于分样布上,用分样板按四分法缩分出不少于 2 kg。倒入盛样器中,加封后标明标记,并及时送实验室。

2.5 试样制备

2.5.1 制样工具

2.5.1.1 样品切碎机或粉碎机。

2.5.1.2 筛子:2.0 mm 圆孔筛。

2.5.1.3 分样板。

2.5.1.4 盛样瓶:具塞广口瓶。

2.5.2 制样方法

将核桃、栗子去壳,取可食部分,杏仁取原样,用四分法缩分出约 200 g。用样品切碎机或粉碎机,将缩分出的样品全部粉碎或切削成尺寸不大于 1 mm 能通过 2.0 mm 圆孔筛的碎粒。充分混匀,均分成两份作为试样,分装于洁净的盛样器内,密闭,标明标记。

2.6 试样保存

将试样于－5℃以下避光保存。

注:在抽样及制样的操作过程中,必须防止样品受到污染或发生残留物含量的变化。

3 测定方法

3.1 方法提要

试样中残留的匹克司采用甲醇提取,提取液经与二氯甲烷液-液分配,再经弗罗里硅土柱净化,用配有电子俘获检测器的气相色谱仪测定,外标法定量。残留量以匹克司的 E 体和 Z 体的总量计。

3.2 试剂和材料

除另有规定外,所用试剂均为分析纯,水为重蒸馏水。

3.2.1 甲醇。

3.2.2 二氯甲烷。

3.2.3 乙酸乙酯。

3.2.4 正己烷。

3.2.5 无水硫酸钠:650℃灼烧 4 h,冷却后贮于密封容器中备用。

3.2.6 乙酸铅溶液:5%(m/V)。将 5 g 乙酸铅溶于水中,并稀释至 100 mL。

3.2.7 氯化钠溶液:5%(m/V),将 50 g 氯化钠溶于水中,并稀释至 1 000 mL。

3.2.8 弗罗里硅土:层析用,80～100 目,650℃灼烧 4 h,用前在 130℃活化 3 h,冷却后贮于密封容器中备用。

3.2.9 匹克司标准品:纯度(E+Z)≥99%。

3.2.10 匹克司标准溶液:准确称取适量匹克司标准品,用少量乙酸乙酯溶解,并以乙酸乙酯配制成浓度为 1.00 mg/mL 的标准储备液。根据需要再用乙酸乙酯稀释成适当浓度的标准工作溶液。

3.3 仪器和设备

3.3.1 气相色谱仪:配有电子俘获检测器。

3.3.2 振荡器。

3.3.3 旋转蒸发器。

3.3.4 无水硫酸钠柱:7.5 cm×1.5 cm(内径),内装 5 cm 高无水硫酸钠。

3.3.5 玻璃层析柱:25 cm×1.5 cm(内径),自下而上依次填装 2 cm 高无水硫酸钠、10 g 弗罗里硅土、2 cm高无水硫酸钠。使用前用 50 mL 正己烷预淋洗。

3.4 测定步骤

3.4.1 提取

称取试样约 20 g(精确至 0.1 g)于 250 mL 具塞锥形瓶中,加入 10 mL 乙酸铅溶液,再加入 100 mL 甲醇,振荡提取 30 min。抽滤提取液至梨形瓶中,并用 50 mL 甲醇分两次洗涤残渣,合并滤液,于低于 40℃水浴中旋转浓缩至约 50 mL。

3.4.2 净化

将浓缩液移至 500 mL 分液漏斗中,加入 200 mL 氯化钠溶液,再加入 50 mL 二氯甲烷,振摇3 min,静置分层。收集二氯甲烷相。水相再用 50 mL 二氯甲烷重复提取一次,合并有机相。经无水硫酸钠柱脱水,收集于梨形瓶中,于 40℃水浴中旋转浓缩至干,加入 10 mL 乙酸乙酯-正己烷(3+17)溶解残渣。

将溶液倾入玻璃层析柱中过柱,用 50 mL 乙酸乙酯-正己烷(3+17)混合液淋洗,弃去流出液。再用 100 mL 乙酸乙酯-正己烷(3+7)洗脱,收集洗脱液于低于 40℃水浴中旋转浓缩至干。用乙酸乙酯溶解残渣并准确定容至 10 mL,供气相色谱测定。

3.4.3 测定

3.4.3.1 色谱条件

a) 色谱柱:OV-1,石英毛细管柱,25 m×0.53 mm(内径),膜厚 1.0 μm;

b) 色谱柱温度:205℃;

c) 进样口温度:270℃;

d) 检测器温度:280℃;

e) 载气:氮气,纯度≥99.99%,2.5 mL/min;

f) 尾吹气:氮气,纯度≥99.99%,30 mL/min;

g) 进样方式:无分流进样,1 min 后开阀;

h) 进样量:1 μL。

3.4.3.2 色谱测定

根据样液中被测农药含量情况,选定浓度相近的标准工作液。标准工作液和待测样液中农药的响应值均应在仪器检测的线性范围内。对标准工作液与样液等体积参插进样测定。在上述色谱条件下,匹克司 E 体的保留时间约为 9 min,匹克司 Z 体的保留时间约为 11 min。标准品色谱图见附录 A 中图 A1。

3.4.4 空白实验

除不加试样外,均按上述测定步骤进行。

3.5 结果计算和表述

用色谱数据处理机或按式(2)计算试样中匹克司残留含量:

$$X = \frac{h \cdot c \cdot V}{h_s \cdot m} \qquad \cdots\cdots(2)$$

式中:X——试样中匹克司残留含量,mg/kg;

h——样液中匹克司的色谱峰高(E 体与 Z 体峰高之和),mm;

h_s——标准工作液中匹克司的色谱峰高(E 体与 Z 体峰高之和),mm;

c——标准工作液中匹克司的浓度,μg/mL;

V——样液最终定容体积,mL;

m——最终样液所代表的试样量,g。

注:计算结果需将空白值扣除。

4 测定低限、回收率

4.1 测定低限

本方法的测定低限为0.20 mg/kg。

4.2 回收率

4.2.1 核桃中匹克司的回收率实验数据:

匹克司添加浓度在0.20 mg/kg时,回收率为89.8%;

匹克司添加浓度在1.00 mg/kg时,回收率为92.6%;

匹克司添加浓度在2.00 mg/kg时,回收率为88.6%。

4.2.2 栗子中匹克司的回收率实验数据:

匹克司添加浓度在0.20 mg/kg时,回收率为94.8%;

匹克司添加浓度在1.00 mg/kg时,回收率为89.6%;

匹克司添加浓度在2.00 mg/kg时,回收率为92.9%。

4.2.3 杏仁中匹克司的回收率实验数据:

匹克司添加浓度在0.20 mg/kg时,回收率为91.5%;

匹克司添加浓度在1.00 mg/kg时,回收率为91.5%;

匹克司添加浓度在2.00 mg/kg时,回收率为91.3%。

附　录　A
（提示的附录）
标准品气相色谱图

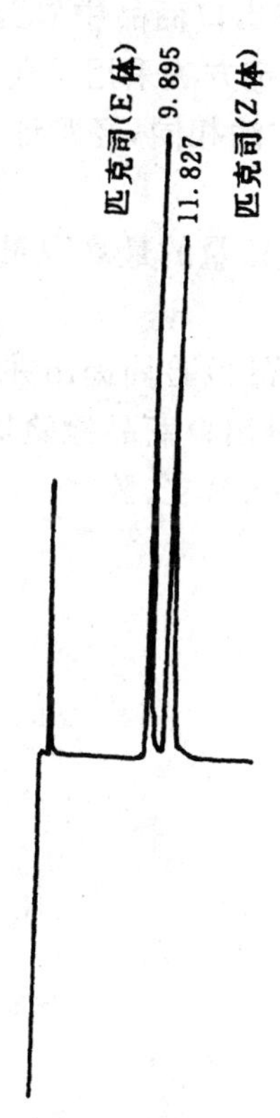

图 A1　匹克司(E+Z)标准品气相色谱图

前　言

本标准是根据GB/T 1.1—1993《标准化工作导则　第1单元:标准的起草与表述规则　第1部分:标准编写的基本规定》及SN/T 0001—1995《出口商品中农药、兽药残留量及生物毒素检验方法标准编写的基本规定》的要求而进行编写的。其中测定方法采用了美国食品药物管理局的农药残留量分析手册(FDA-PAM)中的有关方法。技术内容与原方法相同,经验证后,按规定格式要求作了编辑性修改。在标准中同时制定了抽样和制样方法。

测定低限是根据国际上对2,4-滴丁酯残留量的最高限量和测定方法的灵敏度而制定的。

本标准附录A为提示的附录。

本标准由中华人民共和国国家进出口商品检验局提出并归口。

本标准起草单位:中华人民共和国山东进出口商品检验局。

本标准主要起草人:张宁、刘桂荣、穆兆纯、李立、陈冰。

本标准系首次发布的行业标准。

中华人民共和国进出口商品检验行业标准

出口肉及肉制品中2,4-滴丁酯残留量检验方法

SN 0590—1996

Method for the determination of 2,4-D butyl ester residues in meat and meat products for export

1 范围

本标准规定了出口肉及肉制品中2,4-滴丁酯残留量检验的抽样、制样和气相色谱测定方法。

本标准适用于出口猪肉和牛肉中2,4-滴丁酯残留量的检验。

2 抽样和制样

2.1 检验批

以不超过2 500件为一检验批。

同一检验批的商品应具有相同特征,如包装、标记、产地、规格和等级等。

2.2 抽样数量

批量,件	最少抽样数,件
1～25	1
26～100	5
101～250	10
251～500	15
501～1 000	17
1 001～2 500	20

2.3 抽样方法

按2.2规定的抽样件数,随机抽取,逐件开启。从每件中取一袋作为原始样品。总量不少于2 kg。放入清洁容器内,加封后,标明标记,及时送交实验室。

如每件中无小包装或有小包装但每袋重量超过2 kg者,则可用锋利刀(用酒精灭菌过)在抽出的包件中,每件割取不少于100 g,混合后置于清洁容器内,作为混合原始样。混合原始样的重量不少于2 kg。加封后,标明标记,及时送交实验室。

2.4 试样制备

从所取混合原始样中取出有代表性样品约1 kg,取可食部分,经组织捣碎机捣碎均匀,均分成两份,装入洁净容器内,作为试样。密封,标明标记。

2.5 试样保存

将试样于−18℃以下冷冻保存。

注:在抽样及制样的操作过程中,必须防止样品受到污染或发生残留物含量的变化。

中华人民共和国国家进出口商品检验局1996-11-15批准　　1997-05-01实施

3 测定方法

3.1 方法提要

样品中残留的2,4-滴丁酯经石油醚提取,提取液经用乙腈进行液液分配,再经弗罗里硅土柱净化后,用配有电子俘获检测器的气相色谱仪测定,外标法定量。

3.2 试剂和材料

除另有规定外,所用试剂均为分析纯,水为蒸馏水。

3.2.1 石油醚:经全玻璃装置重蒸馏,收集30～60℃馏分。

3.2.2 乙腈:经全玻璃装置重蒸馏。

3.2.3 乙醚:经全玻璃装置重蒸馏。

3.2.4 正己烷:经全玻璃装置重蒸馏。

3.2.5 无水硫酸钠:650℃灼烧4 h,置于干燥器内备用。

3.2.6 弗罗里硅土:677℃灼烧2 h,用前在130℃烘5 h。

3.2.7 氯化钠溶液:饱和水溶液。

3.2.8 乙腈:经石油醚饱和。

3.2.9 淋洗剂:乙醚-石油醚(6+94)。

3.2.10 2,4-滴丁酯标准品:纯度≥99%。

3.2.11 2,4-滴丁酯标准溶液:准确称取适量的2,4-滴丁酯标准品,用正己烷配成浓度为100 μg/mL的标准储备溶液,根据需要再配成适当浓度的标准工作溶液。

3.3 仪器和设备

3.3.1 气相色谱仪:配有电子俘获检测器。

3.3.2 微量注射器:10 μL。

3.3.3 高速组织捣碎机。

3.3.4 马弗炉。

3.3.5 旋转蒸发器。

3.3.6 布氏漏斗:内径12 cm。

3.3.7 无水硫酸钠柱:200 mm×25 mm(id),玻璃柱,内装10 cm高的无水硫酸钠。

3.3.8 弗罗里硅土柱:200 mm×22 mm(id),玻璃柱,内装10 cm弗罗里硅土,顶部装1 cm无水硫酸钠。

3.3.9 K-D浓缩器。

3.4 测定步骤

3.4.1 提取

准确称取约10 g试样(脂肪含量≤3 g)(精确至0.1 g),置于高速组织捣碎机中,加20 g无水硫酸钠,混匀。再加50 mL石油醚,高速捣碎2 min。石油醚上清液经垫有两层滤纸的布氏漏斗抽滤,滤液转入100 mL容量瓶中。残渣继续用2×20 mL石油醚提取,每次捣碎3 min,过滤。合并滤液于上述容量瓶中,用石油醚定容,混匀后,于−18℃冰箱中放置过夜。

准确移取10 mL上述溶液于一125 mL分液漏斗中,加入5 mL石油醚和30 mL石油醚饱和的乙腈,振荡1 min,静置分层。将下层转入已装有650 mL水、40 mL氯化钠饱和溶液及100 mL石油醚的1 L分液漏斗中。上层再用3×30 mL石油醚饱和的乙腈提取,合并乙腈提取液。振摇30～45 s,静置分层。将水层转入另一1 L分液漏斗中,水层中加入100 mL石油醚,振摇15 s,静置分层,弃去水层,合并石油醚层。用2×100 mL水于分液漏斗中,洗石油醚层,静置分层,弃去水层。石油醚层过无水硫酸钠柱,流出液收集于500 mL K-D浓缩器中。用3×10 mL石油醚洗涤分液漏斗及无水硫酸钠柱,洗液并入K-D浓缩器中,在60℃水浴中浓缩至5～10 mL。

3.4.2 净化

在弗罗里硅土柱中，加入 50 mL 石油醚，调节流速约为 5 mL/min。待液面降至无水硫酸钠层时，弃去石油醚流出液。将上述浓缩的提取液加入柱中，收集流出液于 100 mL K-D 浓缩器中。用 200 mL 淋洗剂(3.2.9)洗脱，收集洗脱液于同一浓缩器中，在水浴上浓缩至干。准确加入 1.00 mL 正己烷，溶解残渣，供气相色谱测定。

3.4.3 测定

3.4.3.1 气相色谱条件

a) 色谱柱：HP-17，10 m×0.53 mm(id)，膜厚 2.0 μm。或相当者；

b) 色谱柱温度：185℃；

c) 进样口温度：250℃；

d) 检测器温度：300℃；

e) 载气：氮气，纯度≥99.99%，30 mL/min；

f) 进样量：1 μL；

g) 进样方式：无分流进样。

3.4.3.2 气相色谱测定

根据样液中 2,4-滴丁酯含量情况，选定峰高相近的标准工作溶液。标准工作溶液和样液中 2,4-滴丁酯的响应值均应在仪器检测的线性范围内。对标准工作溶液和样液等体积参插进样测定，在上述色谱条件下，2,4-滴丁酯的保留时间约为 2.2 min。2,4-滴丁酯标准品色谱图见附录 A 中图 A1。

3.5 空白试验

除不称取样品外，按上述测定步骤进行。

3.6 结果计算和表述

用色谱数据处理机或按式(1)计算样液中 2,4-滴丁酯残留含量：

$$X = \frac{A \cdot c \cdot V}{A_s \cdot m} \qquad \cdots\cdots (1)$$

式中：X——试样中 2,4-滴丁酯残留含量，mg/kg；

A——样液中 2,4-滴丁酯的峰面积，mm^2；

A_s——标准工作溶液中 2,4-滴丁酯的峰面积，mm^2；

c——标准工作溶液中 2,4-滴丁酯的浓度，μg/mL；

V——最终样液体积，mL；

m——最终样液相当的样品重量，g。

注：空白值应从计算结果中扣除。

4 测定低限、回收率

4.1 测定低限

本方法的测定低限为 0.01 mg/kg。

4.2 回收率

回收率的实验数据：

猪肉中 2,4-滴丁酯添加浓度和回收率数据：

添加浓度在 0.01 mg/kg 时，回收率为 76.0%；

添加浓度在 0.05 mg/kg 时，回收率为 83.4%；

添加浓度在 0.10 mg/kg 时，回收率为 91.9%；

牛肉中 2,4-滴丁酯添加浓度和回收率数据：

添加浓度在 0.01 mg/kg 时，回收率为 76.0%；

添加浓度在 0.05 mg/kg 时，回收率为 81.7%；

添加浓度在 0.10 mg/kg 时，回收率为 90.2%。

附 录 A
（提示的附录）
标准品色谱图

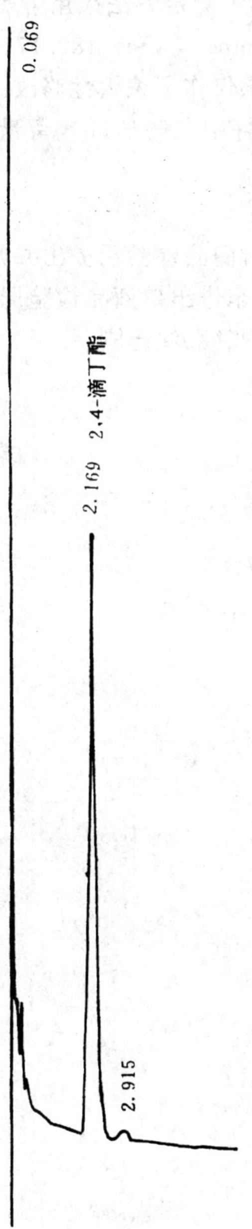

图 A1 2,4-滴丁酯标准品气相色谱图

前　　言

本标准是根据GB/T 1.1—1993《标准化工作导则　第1单元:标准的起草与表述规则　第1部分:标准编写的基本规定》及SN/T 0001—1995《出口商品中农药、兽药残留量及生物毒素检验方法标准编写的基本规定》的要求而进行编写的。其中测定方法采用了美国食品药物管理局农药残留量分析手册(FDA,"Pesticide Analytical Manual,"Volume Ⅰ,Sec. 180.171)中二嗪硫磷残留量分析方法。技术内容与原方法相同,经验证后,按规定格式要求仅作了编辑性修改。在标准中同时制定了抽样和制样方法。

测定低限是根据国际上对粮谷及油籽中二嗪硫磷残留量的最高限量和测定方法的灵敏度而制定的。

本标准的附录A是提示的附录。

本标准由中华人民共和国国家进出口商品检验局提出并归口。

本标准起草单位:中华人民共和国山东进出口商品检验局。

本标准主要起草人:陈冰、刘桂荣、穆兆纯、沈志刚、张宁。

本标准系首次发布的行业标准。

中华人民共和国进出口商品检验行业标准

出口粮谷及油籽中二嘧硫磷残留量检验方法

SN 0591—1996

Method for the determination of dioxathion residues in cereals and oil seeds for export

1 范围

本标准规定了出口粮谷及油籽中二嘧硫磷残留量检验的抽样、制样和气相色谱测定方法。

本标准适用于出口豌豆和花生仁中二嘧硫磷残留量的检验。

2 抽样和制样

2.1 检验批

以不超过200 t为一检验批。200 t袋装豌豆约2 200袋;袋装花生仁约2 400袋。

同一检验批的商品应具有相同的特征,如包装、标记、产地、规格和等级等。

2.2 抽样数量

2.2.1 袋装货品

按式(1)计算抽样袋数:

$$a = \sqrt{N} \qquad \cdots\cdots(1)$$

式中:N——全批袋数;

a——抽样袋数。

注:a值取整数,小数部分向前进位为整数。

2.2.2 散积货品(豌豆)

货堆高度不超过2 m。按货堆面积划区设点。以50 m^2为一个取样区,每区设中心及四角(距边线1 m处)5个点。每增加一个取样区,增设3个点。

2.3 抽样工具

对豌豆或花生仁不用单管取样品。

2.3.1 金属双套管取样器:全长1 m、2 m(包括手柄)两种。内、外管同部位分段开几个槽口,每个槽口长15～20 cm,口宽2.0～2.5 cm。内管的内径为2.5～3.0 cm;取样器的探头长约7 cm。

2.3.2 取样铲或取样勺。

2.3.3 分样板。

2.3.4 盛样器:筒或袋,可密封。

2.3.5 分样布或适用铺垫物。

2.4 抽样方法

2.4.1 袋装抽样

2.4.1.1 倒包抽样:从堆垛的各部位随机抽取2.2.1规定的应抽样件数的10%(每批一般不少于3袋),将袋口缝线全部拆开,平置于分样布或其他洁净的铺垫物上,双手紧握袋底两角,提起约成45°倾

中华人民共和国国家进出口商品检验局1996-11-15批准　　1997-05-01实施

角，倒拖约 1 m，使袋内货物全部倒出。查看袋内和袋间品质是否均匀。确认情况正常后，用取样铲随机在各部位抽取样品，并立即将样品倒入盛样器内。每袋抽取样品数量应基本一致。

2.4.1.2 袋内抽样：按 2.2.1 规定的应抽样件数（扣除倒包抽样件数），在堆垛四周上、中、下各层以曲线形走向随机抽取。然后按豌豆、花生仁，用下述方法进行取样：

对豌豆，用 1 m 长的金属双套管取样器（2.3.1），关闭槽口，从每袋一角依斜对角方向插入袋内，然后旋转内管以开启槽口，待样品流满内管后，再旋转内管以关闭槽口。抽出取样器，立即将样品倒入盛样器内。

对花生仁，将应抽各件拆开袋口缝线 3～5 针，用取样勺从开口处抽取样品。立即缝好袋口，并将所取样品倒入盛样器内。

每袋所取样品的量应与 2.4.1.1 基本一致。每批所抽取的样品总量应不少于 4 kg。

2.4.2 散积抽样：按 2.2.2 规定的取样点，逐点抽取样品。将取样器（2.3.1）槽口关闭，以倾斜 45°角度插入货堆至相应深度，旋转取样器内管以开启槽口，待样品流满内管后，再旋转内管以关闭槽口。抽出取样器，立即将样品倒入盛样器内。从各点所抽取的样品量应基本一致。

每批所抽取的样品总量应不少于 4 kg。

2.4.3 大样缩分

袋装样品：合并从袋内和倒包抽样所取全部样品，倒于分样布上，用分样板按四分法缩分出样品不少于 2 kg，盛于样品筒内，加封后标明标记并及时送交实验室。

散积样品：将抽取的全部样品，倒于分样布上，以下按上述袋装样品方法进行。

2.5 试样制备

2.5.1 制样工具

2.5.1.1 磨碎机。

2.5.1.2 粉碎机。

2.5.1.3 筛子：20 目筛，2.0 mm 圆孔筛（用于花生）。

2.5.1.4 分样板。

2.5.1.5 盛样瓶：具塞广口瓶。

2.5.2 制样方法

2.5.2.1 豌豆试样制备：将样品按四分法缩分至 1 kg，用磨碎机（2.5.1.1）全部磨碎并通过 20 目筛。混匀，均分成两份作为试样。分装入洁净的盛样器内，密封，标明标记。

2.5.2.2 花生仁试样制备：将样品按四分法缩分至 500 g，用样品粉碎机（2.5.1.2）粉碎，使全部通过 2.0 mm 圆孔筛。混匀，均分成两份作为试样。分装于洁净的盛样器内，密闭，标明标记。

2.6 试样保存

将试样于－5℃以下避光保存。

注：在抽样及制样操作过程中，必须防止样品受到污染或发生残留物含量的变化。

3 测定方法

3.1 方法提要

豌豆或花生仁中残留的二噁硫磷采用乙腈提取，提取液经液液分配转入二氯甲烷中，再经活性炭柱净化，用配有火焰光度检测器的气相色谱仪测定，外标法定量。

3.2 试剂和材料

除另有规定外，试剂均为分析纯，水为蒸馏水或相应的去离子水。

3.2.1 二氯甲烷：重蒸时收集 39℃～41℃馏分。

3.2.2 乙酸乙酯：重蒸馏。

3.2.3 乙腈：重蒸馏。

3.2.4 乙腈-水(2+1)溶液。

3.2.5 活性炭:于1 L烧杯中加入100 g粉末状活性炭、250 mL浓盐酸,调成浆状,盖上表面皿,在磁力搅拌下煮沸1 h。加250 mL水搅拌,再煮沸30 min。经布氏漏斗过滤,并用水洗至中性,在130℃烘箱中烘干,冷却后贮存于密闭容器中备用。

3.2.6 氧化镁:取500 g左右,用水调至浆状,在蒸汽浴上加热30 min后用布氏漏斗抽滤。在105℃~130℃干燥过夜,冷却后密闭保存。

3.2.7 硅藻土:Celite 545。

3.2.8 混合吸附剂:将1份酸处理过的活性炭,2份氧化镁和4份酸洗处理的硅藻土混匀,密闭保存。

3.2.9 二嗯硫磷标准品:纯度≥95%。

3.2.10 二嗯硫磷标准溶液:准确称取适量的二嗯硫磷标准品,用乙酸乙酯配制成浓度为100 mg/L储备液,4℃下保存。根据需要稀释成适当浓度的标准工作液。

3.2.11 洗脱溶液:乙腈-苯(1+1)。

3.3 仪器和设备

3.3.1 气相色谱仪并配有火焰光度检测器,磷滤光片526 nm。

3.3.2 均质器。

3.3.3 旋转蒸发器。

3.3.4 活性炭柱:220 mm×18 mm(内径)层析柱,配有连接管连接真空滤器。将1 g硅藻土装入层析柱底部(轻击),加入6 g混合吸附剂(轻击),然后再装入2 cm的玻璃棉。

3.4 测定步骤

3.4.1 提取

称取约10 g试样(精确至0.1 g),置于250 mL均质杯中,加入30 mL乙腈水溶液,高速均质3 min。抽滤,滤液转入250 mL分液漏斗,用20 mL乙腈水溶液洗均质杯及残渣,滤液并入分液漏斗。向分液漏斗中加入50 mL二氯甲烷,振荡1 min,静置分层,将二氯甲烷层放入100 mL容量瓶,用20,10 mL二氯甲烷洗涤水相,合并二氯甲烷,并用二氯甲烷定容至刻度。

3.4.2 净化

用100 mL洗脱溶液预洗活性炭柱,弃去预洗液。从容量瓶中准确移取20 mL二氯甲烷液过柱,调节流量为5 mL/min,然后用120 mL洗脱液洗脱,用数毫升乙酸乙酯淋洗柱端及真空滤器连接管。收集全部流出液,在70℃水浴中浓缩至近干,用乙酸乙酯定容至1.0 mL,供气相色谱测定。

3.4.3 测定

3.4.3.1 气相色谱条件

a) 色谱柱:填充柱,1.85 m×2 mm(内径),10%(*m/m*)OV-101涂于WHP(100~120目)上;

b) 色谱柱温度:175℃;

c) 进样口温度:220℃;

d) 检测器温度:220℃;

e) 载气:高纯氮,纯度≥99.99%,30 mL/min;

f) 氢气:45 mL/min;

g) 空气:50 mL/min;

h) 氧气:10 mL/min;

i) 进样量:2 μL。

3.4.3.2 气相色谱测定

根据样液中被测农药含量情况,选定峰面积相近的标准工作液。标准工作液和待测样液中农药的响应值均应在仪器检测的线性范围内。对标准工作液与样液等体积参插进样测定。在上述色谱条件下,二嗯硫磷的保留时间约为9 min。标准品色谱图见附录A中图A1。

3.4.4 空白试验

除不称取试样外，均按上述测定步骤进行。

3.5 结果计算和表述

用色谱数据处理机或按式(2)计算试样中二嗯硫磷的残留含量：

$$X=\frac{A\cdot c\cdot V}{A_s\cdot m} \qquad \cdots\cdots(2)$$

式中：X —— 试样中二嗯硫磷含量，mg/kg；

A —— 样液中二嗯硫磷的色谱峰面积，mm^2；

A_s —— 标准工作液中二嗯硫磷的色谱峰面积，mm^2；

c —— 标准工作液中二嗯硫磷的浓度，μg/mL；

V —— 样液最终定容体积，mL；

m —— 最终样液所代表的试样量，g。

注：计算结果需将空白值扣除。

4 测定低限、回收率

4.1 测定低限

本方法的测定低限为 0.05 mg/kg。

4.2 回收率

4.2.1 豌豆中二嗯硫磷的回收率实验数据：

二嗯硫磷添加浓度在 0.05 mg/kg 时，回收率为 81.0%；

二嗯硫磷添加浓度在 0.10 mg/kg 时，回收率为 92.6%；

二嗯硫磷添加浓度在 0.25 mg/kg 时，回收率为 97.1%。

4.2.2 花生仁中二嗯硫磷的回收率实验数据：

二嗯硫磷添加浓度在 0.05 mg/kg 时，回收率为 76.6%；

二嗯硫磷添加浓度在 0.10 mg/kg 时，回收率为 94.4%；

二嗯硫磷添加浓度在 0.25 mg/kg 时，回收率为 102.7%。

附 录 A

（提示的附录）

标准品气相色谱图

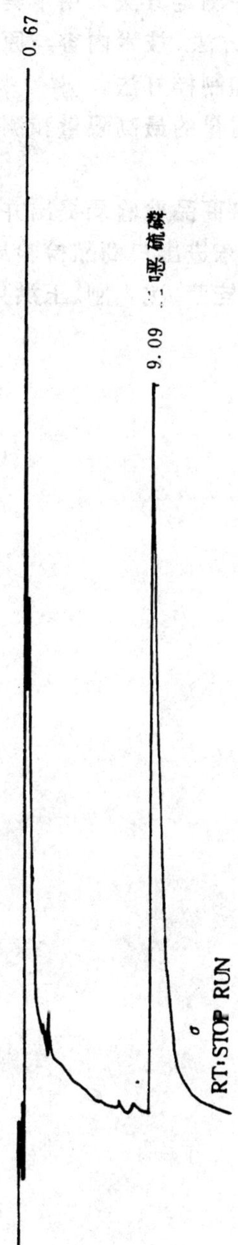

图 A1 二嗯硫磷标准品气相色谱图

前　言

本标准是根据GB/T 1.1—1993《标准化工作导则　第1单元:标准的起草与表述规则　第1部分:标准编写的基本规定》及SN/T 0001—1995《出口商品中农药、兽药残留量及生物毒素检验方法标准编写的基本规定》的要求而进行编写的。其中测定方法采用了美国食品药物管理局的农药残留量分析手册(FDA—PAM)中180.362方法Ⅱ规定的方法。技术内容与原方法相同,经验证后,按规定格式要求作了编辑性修改。在标准中同时制定了抽样和制样方法。

测定低限是根据国际上对苯丁锡残留量的最高限量和测定方法的灵敏度而制定的。

本标准的附录A是提示的附录。

本标准由中华人民共和国国家进出口商品检验局提出并归口。

本标准起草单位:中华人民共和国山东进出口商品检验局。

本标准主要起草人:李立、穆兆纯、刘桂荣、沈志刚、王洪兵。

本标准系首次发布的行业标准。

中华人民共和国进出口商品检验行业标准

出口粮谷及油籽中苯丁锡残留量检验方法

SN 0592—1996

Method for the determination of fenbutatin oxide residues in cereals and oil seeds for export

1 范围

本标准规定了出口粮谷及油籽中苯丁锡残留量检验的抽样、制样和气相色谱测定方法。

本标准适用于出口豌豆和花生仁中苯丁锡残留量的检验。

2 抽样和制样

2.1 检验批

以不超过 200 t 为一检验批。200 t 袋装豌豆约 2 200 袋；袋装花生仁约 2 400 袋。

同一检验批的商品应具有相同的特征，如包装、标记、产地、规格和等级等。

2.2 抽样数量

2.2.1 袋装货品

按式(1)计算抽样袋数：

$$a = \sqrt{N} \quad \cdots\cdots (1)$$

式中：N——全批袋数；

a——抽样袋数。

注：a 值取整数，小数部分向前进位为整数。

2.2.2 散积货品(豌豆)

货堆高度不超过 2 m。按货堆面积划区设点。以 50 m² 为一个取样区，每区设中心及四角(距边线 1 m处)5 个点。每增加一个取样区，增设 3 个点。

2.3 抽样工具

2.3.1 金属双套管取样器：全长 1 m，2 m(包括手柄)两种。内、外管同部位分段开几个槽口，每个槽口长 15～20 cm，口宽 2.0～2.5 cm。内管的内径为 2.5～3.0 cm；取样器的探头长约 7 cm。

2.3.2 取样铲或取样勺。

2.3.3 分样板。

2.3.4 盛样器：筒或袋，可密封。

2.3.5 分样布或适用铺垫物。

2.4 抽样方法

2.4.1 袋装抽样

2.4.1.1 倒包抽样：从堆垛的各部位随机抽取 2.2.1 规定的应抽样件数的 10%(每批一般不少于 3 袋)，将袋口缝线全部拆开，平置于分样布或其他洁净的铺垫物上，双手紧握袋底两角，提起约成 45°倾角，倒拖约 1 m，使袋内货物全部倒出。查看袋内和袋间品质是否均匀。确认情况正常后，用取样铲随机

中华人民共和国国家进出口商品检验局1996-11-15批准　　　1997-05-01实施

在各部位抽取样品，并立即将样品倒入盛样器内。每袋抽取样品数量应基本一致。

2.4.1.2 袋内抽样：按2.2.1规定的应抽样件数（扣除倒包抽样件数），在堆垛四周上、中、下各层以曲线形走向随机抽取。然后按豌豆、花生仁，用下述方法进行取样：

对豌豆，用1 m长的金属双套管取样器（2.3.1），关闭槽口，从每袋一角依斜对角方向插入袋内，然后旋转内管以开启槽口，待样品流满内管后，再旋转内管以关闭槽口。抽出取样器，立即将样品倒入盛样器内。

对花生仁，将应抽各件拆开袋口缝线3～5针，用取样勺从开口处抽取样品。立即缝好袋口，并将所取样品倒入盛样器内。

每袋所取样品的量应与2.4.1.1基本一致。每批所抽取的样品总量应不少于4 kg。

2.4.2 散积抽样（对散积豌豆）：按2.2.2规定的取样点，逐点抽取样品。将取样器（2.3.1）槽口关闭，以倾斜45°角度插入货堆至相应深度，旋转取样器内管以开启槽口，待样品流满内管后，再旋转内管以关闭槽口。抽出取样器，立即将样品倒入盛样器内。从各点所抽取的样品量应基本一致。

每批所抽取的样品总量应不少于4 kg。

2.4.3 大样缩分

2.4.3.1 袋装样品：合并从袋内和倒包抽样所取全部样品，倒于分样布上，用分样板按四分法缩分出样品不少于2 kg，盛于样品筒内，加封后标明标记并及时送交实验室。

2.4.3.2 散积样品：将抽取的全部样品，倒于分样布上，以下按上述袋装样品方法进行。

2.5 试样制备

2.5.1 制样工具

2.5.1.1 磨碎机。

2.5.1.2 粉碎机。

2.5.1.3 筛子：20目筛，2.0 mm圆孔筛（用于花生仁）。

2.5.1.4 分样板。

2.5.1.5 盛样瓶：具塞广口瓶。

2.5.2 制样方法

2.5.2.1 豌豆试样制备：将样品按四分法缩分至1 kg，用磨碎机（2.5.1.1）全部磨碎并通过20目筛。混匀，均分成两份作为试样。分装入洁净的盛样器内，密封，标明标记。

2.5.2.2 花生仁试样制备：将样品按四分法缩分至500 g，用样品粉碎机（2.5.1.2）粉碎，使全部通过2.0 mm圆孔筛。混匀，均分成两份作为试样。分装于洁净的盛样器内，密闭，标明标记。

2.6 试样保存

将试样于－5℃以下避光保存。

注：在抽样及制样操作过程中，必须防止样品受到污染或发生残留物含量的变化。

3 测定方法

3.1 方法提要

试样中残留的苯丁锡用二氯甲烷提取，提取液经浓缩，与浓盐酸反应，将苯丁锡转化为氯化衍生物，经氧化铝柱净化后，用配有电子俘获检测器的气相色谱仪测定，外标法定量。

3.2 试剂和材料

除另有规定外，试剂均为分析纯，水为蒸馏水。

3.2.1 二氯甲烷：经全玻璃装置重蒸馏，收集39～41℃馏分。

3.2.2 正己烷：经全玻璃装置重蒸馏。

3.2.3 浓盐酸：ρ约1.19 g/mL。

3.2.4 氧化铝：中性，100～200目，550℃灼烧4 h，冷却后贮于密闭容器内备用，可保存一周。

3.2.5 无水硫酸钠:经650℃灼烧4 h,置于干燥器内备用。

3.2.6 苯:重蒸馏。

3.2.7 苯丁锡标准品:纯度≥98%。

3.2.8 苯丁锡标准溶液:准确称取适量的苯丁锡标准品,用正己烷配制成浓度为100 μg/mL储备液,根据需要用正己烷稀释成适当浓度的标准工作溶液。

3.3 仪器和设备

3.3.1 气相色谱仪并配有电子俘获检测器。

3.3.2 高速组织捣碎机。

3.3.3 震荡器。

3.3.4 旋转蒸发器。

3.3.5 氧化铝柱:30 cm×1 cm(内径)玻璃柱,底部装入2 cm高的无水硫酸钠,并加入25 mL正己烷,然后加入4 g氧化铝,轻敲柱赶出气泡,放出正己烷,再加2 cm高的无水硫酸钠。再用25 mL正己烷淋洗柱。

3.3.6 具塞试管:25 mL。

3.3.7 离心机。

3.4 测定步骤

3.4.1 提取

称取约40 g试样(精确至0.1 g),置于掺合器中,加入200 mL二氯甲烷,高速掺合3 min。移入离心管,离心5 min。将离心管放入冰水浴中10 min,取出后通过漏斗中用二氯甲烷润湿的棉花球过滤到500 mL蒸发瓶中,用2×50 mL二氯甲烷提取残渣,同上操作。合并滤液,在蒸汽浴上,浓缩至约5 mL,冷却后用5 g无水硫酸钠使之干燥,用正己烷定容至40 mL。

3.4.2 酸化

3.4.2.1 样液:准确移取5.0 mL提取液于25 mL具塞离心试管中,通氮气吹干溶剂,加2.5 mL浓盐酸振荡反应30 min,再加5 mL蒸馏水和10.0 mL正己烷,机械振荡5 min,离心5 min。

3.4.2.2 标准工作液:取适当浓度的标准工作液5.0 mL,通氮气吹干溶剂,按3.4.2.1步骤酸化,但最后溶液仍定容为5.0 mL,使酸化后的标准工作液所相当的苯丁锡浓度不变。

3.4.3 净化

用25 mL正己烷预洗氧化铝柱,准确移取5.0 mL正己烷提取液(3.4.2.1)于柱中,弃去流出液。用75 mL苯洗脱,收集全部洗脱液,于蒸汽浴上浓缩至1~2 mL,用正己烷定容至5 mL。

3.4.4 测定

3.4.4.1 气相色谱条件

a) 色谱柱:填充柱,2 m×4 mm,3%OV-1;

b) 色谱柱温度:260℃;

c) 进样口温度:290℃;

d) 检测器温度:300℃;

e) 载气:氮气,纯度≥99.99%,46 mL/min;

f) 进样量:1 μL;

g) 进样方式:无分流进样。

3.4.4.2 气相色谱测定

对标准工作液与样液应等体积参插进样测定。标准工作溶液和待测样液中农药的响应值均应在仪器检测的线性范围内。在上述色谱条件下,苯丁锡的氯化衍生物保留时间约为1.3 min。苯丁锡标准品的氯化衍生物的气相色谱图见附录A中图A1。

3.4.5 空白试验

除不加试样外，均按上述测定步骤进行。

3.4.6　结果计算和表述

用色谱数据处理机或按式(2)计算试样中苯丁锡的残留量：

$$X=\frac{A\cdot c\cdot V}{A_s\cdot m}\qquad\cdots\cdots(2)$$

式中：X —— 试样中苯丁锡残留含量，mg/kg；

A —— 样液中苯丁锡氯化衍生物的峰面积，mm^2；

A_s —— 标准工作液中苯丁锡氯化衍生物峰面积，mm^2；

c —— 标准工作溶液中苯丁锡的浓度，μg/mL；

V —— 样液最终定容体积，mL；

m —— 最终样液所代表的试样量，g。

注：计算结果需将空白值扣除。

4　测定低限、回收率

4.1　测定低限

本方法测定低限为 0.1 mg/kg。

4.2　回收率

花生中苯丁锡添加浓度和回收率的数据：

添加浓度在 0.1 mg/kg 时，回收率为 87.1%；

添加浓度在 0.2 mg/kg 时，回收率为 89.4%；

添加浓度在 0.5 mg/kg 时，回收率为 94.5%。

豌豆中苯丁锡添加浓度和回收率的数据：

添加浓度在 0.1 mg/kg 时，回收率为 86.7%；

添加浓度在 0.2 mg/kg 时，回收率为 90.5%；

添加浓度在 0.5 mg/kg 时，回收率为 95.5%。

附 录 A
（提示的附录）
标准品气相色谱图

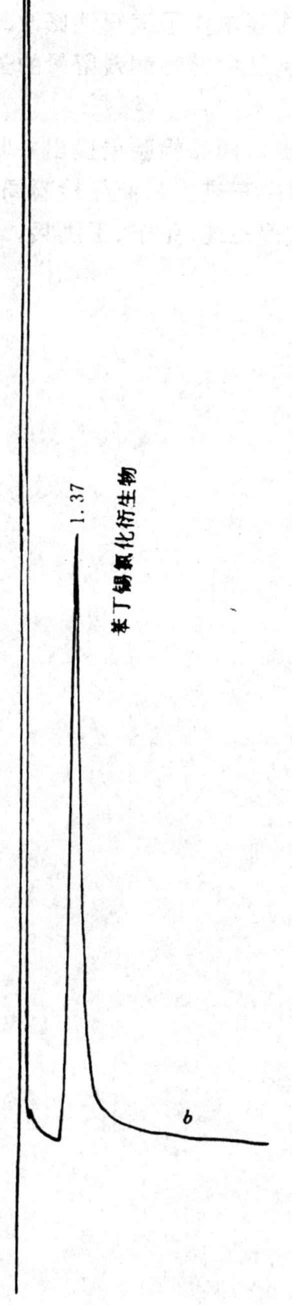

图 A1 苯丁锡标准品的氯化衍生物的气相色谱图

前　　言

本标准是根据GB/T 1.1—1993《标准化工作导则　第1单元:标准的起草与表述规则　第1部分:标准编写的基本规定》及SN/T 0001—1995《出口商品中农药、兽药残留量及生物毒素检验方法标准编写的基本规定》的要求而进行编写的。其中测定方法采用了美国食品药物管理局农药残留量分析手册(FDA,"Pesticide Analytical Manual",Volume Ⅱ,Sec. 180.316)中辟哒酮残留量分析方法。但在技术内容上稍作改变,经验证后,按规定格式要求作了编辑性修改。在标准中同时制定了抽样和制样方法。

测定低限是根据国际上对肉及肉制品中辟哒酮残留量的最高限量和测定方法的灵敏度而制定的。

本标准的附录A是提示的附录。

本标准由中华人民共和国国家进出口商品检验局提出并归口。

本标准起草单位:中华人民共和国山东进出口商品检验局。

本标准主要起草人:沈志刚、李立、穆兆纯、张宁、王洪兵。

本标准系首次发布的行业标准。

中华人民共和国进出口商品检验行业标准

出口肉及肉制品中辟哒酮残留量检验方法

SN 0593—1996

Method for the determination of pyrazon residues in meat and meat products for export

1 范围

本标准规定了出口肉及肉制品中辟哒酮检验的抽样、制样和气相色谱测定方法。

本标准适用于出口猪肉和牛肉中辟哒酮残留量的检验。

2 抽样和制样

2.1 检验批

以不超过2 500件为一检验批。

同一检验批的商品应具有相同特征,如包装、标记、产地、规格和等级等。

2.2 抽样数量

批量,件	最低抽样数,件
1～25	1
26～100	5
101～250	10
251～500	15
501～1 000	17
1 001～2 500	20

2.3 抽样方法

按2.2规定的抽样件数,随机抽取,逐件开启。从每件中取一袋作为原始样品。总量不少于2 kg。放入清洁容器内,加封后,标明标记,及时送交实验室。

如每件中无小包装或有小包装但每袋重量超过2 kg者,可用锋利刀(用酒精灭菌过)在抽出的包件中,每件割取不少于100 g,混合后置于洁净容器内,作为混合原始样。混合原始样的重量不少于2 kg。加封后,标明标记,及时送交实验室。

2.4 试样制备

从所取混合原始样中取出代表性样品约1 kg,取可食部分,经组织捣碎机捣碎均匀,均分成两份,装入洁净容器内,作为试样。密封,标明标记。

2.5 试样保存

将试样于－18℃以下冷冻保存。

注:在抽样及制样的操作过程中,必须防止样品受到污染或发生残留物含量的变化。

中华人民共和国国家进出口商品检验局1996-11-15批准　　1997-05-01实施

3 测定方法

3.1 方法提要

样品中的辟哒酮经丙酮-乙腈溶液提取、冷冻过滤、净化，以正己烷为溶剂，用配有电子俘获检测器的气相色谱仪测定，外标法定量。

3.2 试剂和材料

除另有规定外，试剂均为分析纯，水为蒸馏水。

3.2.1 无水硫酸钠：经650℃灼烧4 h，置于干燥器内冷却备用。

3.2.2 乙腈：重蒸馏。

3.2.3 丙酮：重蒸馏。

3.2.4 丙酮-乙腈溶液：5+95。

3.2.5 正己烷：重蒸馏。

3.2.6 辟哒酮标准品：纯度≥99%。

3.2.7 辟哒酮标准溶液：准确称取适量的辟哒酮标准品，用正己烷配成浓度为100 μg/mL的标准储备溶液。使用时根据需要再用正己烷稀释成适当浓度的标准工作溶液。

3.3 仪器和设备

3.3.1 气相色谱仪：配有电子俘获检测器。

3.3.2 微量注射器：10 μL。

3.3.3 高速组织捣碎机。

3.3.4 恒温水浴。

3.3.5 布氏漏斗。

3.4 测定步骤

3.4.1 提取、净化

称取约20 g试样(精确至0.1 g)置于研钵中，加60 g无水硫酸钠，研磨均匀后，移于250 mL锥形瓶中，加入100 mL丙酮-乙腈(3.2.4)溶液，振荡30 min，通过布氏漏斗抽滤，用2×40 mL丙酮-乙腈溶液同上操作。合并滤液。

将滤液于-18℃冰箱中放置1 h，然后迅速过滤于200 mL容量瓶中，用丙酮定容。

准确移取10 mL净化液于具塞试管内，氮气吹干，准确加入1.00 mL正己烷，溶解残渣，供气相色谱测定。

3.4.2 测定

3.4.2.1 色谱条件

a）毛细管色谱柱：HP-17，10 m×0.53 mm(id)，膜厚：2.0 μm，或相当者；

b）柱温：240℃；

c）进样口温度：270℃；

d）检测器温度：300℃；

e）载气：氮气，纯度≥99.99%，15 mL/min；

f）进样量：1 μL；

g）进样方式：无分流进样。

3.4.2.2 色谱测定：根据试样中辟哒酮含量情况，选定峰高相近的标准工作液，标准工作液和样液中辟哒酮响应值均应在仪器检测线性范围内。对标准工作液和样液等体积参插进样测定。在上述色谱条件下，辟哒酮的保留时间约为6 min。辟哒酮标准品的色谱图见附录A中图A1。

3.5 空白试验

除不称取试样外，均按上述测定步骤进行。

3.6 结果计算和表述

用色谱数据处理机或按式(1)计算试样中辟哒酮残留含量：

$$X = \frac{A \cdot c \cdot V}{A_s \cdot m} \quad \cdots\cdots(1)$$

式中：X——试样中辟哒酮残留量含量，mg/kg；

A——样液中辟哒酮的色谱峰面积，mm^2；

A_s——标准工作液中辟哒酮的色谱峰面积，mm^2；

c——标准工作液中辟哒酮的浓度，μg/mL；

V——样液最终定容体积，mL；

m——最终样液相当的试样重量，g。

注：计算结果需扣除空白值。

4 测定低限、回收率

4.1 测定低限

本方法的测定低限为 0.01 mg/kg。

4.2 回收率

回收率的实验数据：

猪肉中辟哒酮添加浓度在 0.01 mg/kg 时，回收率为 80.0%；

猪肉中辟哒酮添加浓度在 0.10 mg/kg 时，回收率为 87.9%；

猪肉中辟哒酮添加浓度在 0.50 mg/kg 时，回收率为 98.7%；

牛肉中辟哒酮添加浓度在 0.01 mg/kg 时，回收率为 80.0%；

牛肉中辟哒酮添加浓度在 0.10 mg/kg 时，回收率为 93.6%；

牛肉中辟哒酮添加浓度在 0.50 mg/kg 时，回收率为 99.6%。

附 录 A
（提示的附录）
标准品色谱图

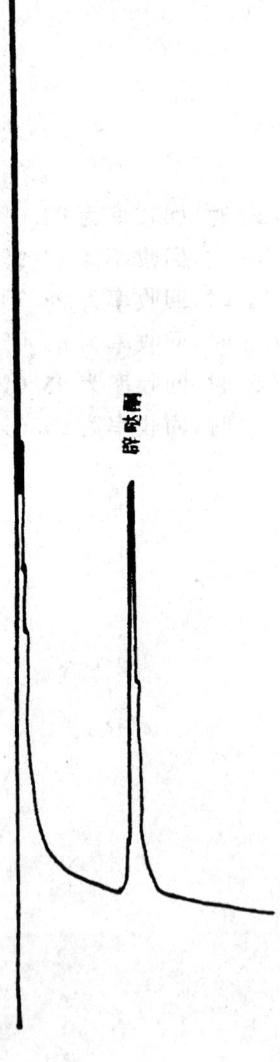

图 A1 辟哒酮标准品气相色谱图

前　　言

本标准是根据GB/T 1.1—1993《标准化工作导则　第1单元：标准的起草与表述规则　第1部分：标准编写的基本规定》及SN/T 0001—1995《出口商品中农药、兽药残留量及生物毒素检验方法标准编写的基本规定》的要求进行编写的。其中测定方法是参考国内外有关文献，经研究、改进和验证后而制定的。本标准同时制定了抽样和制样方法。

测定低限是根据国际上对肉和肉制品中西玛津残留量的最高限量和测定方法的灵敏度而制定的。

本标准的附录A是提示的附录。

本标准由中华人民共和国国家进出口商品检验局提出并归口。

本标准起草单位：中华人民共和国辽宁进出口商品检验局和沈阳农业大学。

本标准主要起草人：姜莉、牛森、周艳明、宫英姿、宋文斌。

本标准系首次发布的行业标准。

中华人民共和国进出口商品检验行业标准

出口肉及肉制品中西玛津残留量检验方法

SN 0594—1996

Method for the determination of simazine residues in meat and meat products for export

1 范围

本标准规定了出口肉和肉制品中西玛津残留量的抽样、制样和气相色谱测定方法。

本标准适用于出口牛肉中西玛津残留量的检验。

2 抽样和制样

2.1 检验批

以不超过2 500件为一检验批。

同一检验批的商品应具有相同的特征，如包装、标记、产地、规格和等级等。

2.2 抽样数量

批量，件	最低抽样数，件
1～25	1
26～100	5
101～250	10
251～500	15
501～1 000	17
1 001～2 500	20

2.3 抽样方法

按2.2规定的抽样件数随机抽取，逐件开启。从每件内至少取100 g作为原始样品，原始样品总量不少于2 kg。加封后，标明标记，及时送交实验室。

2.4 试样制备

将所取原始样品缩分出1 kg，经均质机搅碎，混匀，均分成两份，分别装入洁净容器内，作为试样。密封并标明标记。

2.5 试样保存

将试样于－18℃以下冷冻保存。

注：在抽样和制样的操作过程中，必须防止样品受到污染或发生残留物含量的变化。

3 测定方法

3.1 方法提要

试样经用二氯甲烷-甲醇混合液提取，提取液经弗罗里硅土柱净化，用配有氮磷检测器的气相色谱仪测定，外标法定量。

中华人民共和国国家进出口商品检验局1996-11-15批准　　1997-05-01实施

3.2 试剂和材料

除另有规定外，所用试剂均为分析纯，水为重蒸馏水。

3.2.1 丙酮-石油醚混合液：(15+85)溶液。

3.2.2 二氯甲烷-甲醇混合液：(9+1)溶液。

3.2.3 无水硫酸钠：于650℃灼烧4 h，用前于105℃烘4 h，冷却后贮于密闭容器中，备用。

3.2.4 弗罗里硅土：层析用，100～200目，在650℃灼烧4 h，用前于130℃烘5 h，冷却后贮于密闭容器中，备用。

3.2.5 西玛津标准品：纯度≥98%。

3.2.6 西玛津标准溶液：准确称取适量的西玛津标准品，用丙酮配制成浓度为0.10 mg/mL的标准储备液。根据需要再用丙酮稀释成适用浓度的标准工作溶液。

3.3 仪器和设备

3.3.1 气相色谱仪：配有氮磷检测器。

3.3.2 旋转蒸发器。

3.3.3 超声波水浴。

3.3.4 弗罗里硅土柱：玻璃柱，40 cm×1.5 cm(内径)，自上而下依次填装2 cm高无水硫酸钠，10 g弗罗里硅土，2 cm高无水硫酸钠。使用前用丙酮-石油醚混合液(15+85)预淋洗。

3.4 测定步骤

3.4.1 提取

称取试样约30 g(精确至0.1 g)，加30 g无水硫酸钠(3.2.3)，研磨成粉状，转入锥形瓶中。加入100 mL二氯甲烷-甲醇(9+1)混合液，超声振荡20 min。用布氏漏斗抽滤，保留滤液。残渣再用100 mL二氯甲烷-甲醇混合液(9+1)，如上述操作。合并滤液于旋转蒸发器的蒸发瓶中，于50℃水浴中减压蒸至近干。

3.4.2 净化

用20 mL丙酮-石油醚(15+85)分三次将上述残渣溶解，溶液注入弗罗里硅土柱中净化。用100 mL丙酮-石油醚(15+85)洗脱，控制流速每秒2～3滴，流出液接收于旋转蒸发器的蒸发瓶中。于60℃水浴中减压蒸至近干，用丙酮定容至5.0 mL，供气相色谱法测定。

注：浓缩时避免蒸干。

3.4.3 测定

3.4.3.1 色谱条件

a) 色谱柱 HP-1，5 m×0.53 mm(id)，膜厚2.65 μm；

b) 色谱柱温度：155℃；

c) 进样口温度：240℃；

d) 检测器温度：250℃；

e) 氮气：纯度≥99.99%，40 mL/min；

f) 氢气：2 mL/min；

g) 空气：140 mL/min；

h) 进样量：2 μL；

i) 进样方式：无分流进样。

3.4.3.2 色谱测定

根据样液中西玛津含量情况，选定峰高相近的标准工作溶液。标准工作溶液和样液中西玛津响应值均应在仪器检测线性范围内。对标准工作溶液和样液等体积参插进样测定。在上述色谱条件下，西玛津色谱峰保留时间约为2.2 min。西玛津标准品色谱图见附录A中图A1。

3.4.4 空白试验

除不加试样外，均按上述测定步骤进行。

3.4.5 结果计算和表述

用色谱数据处理机或按式(1)计算：

$$X = \frac{h \cdot c \cdot V}{h_s \cdot m} \quad \cdots\cdots(1)$$

式中：X——试样中西玛津残留含量，mg/kg；

h——样液中西玛津的色谱峰高，mm；

h_s——标准工作溶液中西玛津的峰高，mm；

c——标准工作溶液中西玛津的浓度，μg/mL；

V——样液最终定容体积，mL；

m——最终样液所代表的试样量，g。

注：计算结果需扣除空白值。

4 测定低限、回收率

4.1 测定低限

本方法的测定低限为 0.02 mg/kg。

4.2 回收率

回收率的实验数据：

西玛津的添加浓度在 0.02 mg/kg 时，回收率为 89.6%；

西玛津的添加浓度在 0.05 mg/kg 时，回收率为 91.42%；

西玛津的添加浓度在 0.1 mg/kg 时，回收率为 89.87%。

附 录 A
（提示的附录）
标准品色谱图

图 A1 西玛津标准品色谱图

前　　言

本标准是根据GB/T 1.1—1993《标准化工作导则　第1单元:标准的起草与表述规则　第1部分:标准编写的基本规定》及SN/T 0001—1995《出口商品中农药、兽药残留量及生物毒素检验方法标准编写的基本规定》的要求进行编写的。其中测定方法是参考国内外有关文献,经过研究、改进和验证后制定的。本标准同时制定了抽样和制样方法。

测定低限是根据国际上对粮谷中稀禾啶的最高残留限量和测定方法的灵敏度制定的。

本标准的附录A是提示的附录。

本标准由中华人民共和国国家进出口商品检验局提出并归口。

本标准起草单位:中华人民共和国辽宁进出口商品检验局。

本标准主要起草人:王洪涛、姜伟、李永军、吴斌、张庆玉。

本标准系首次发布的行业标准。

中华人民共和国进出口商品检验行业标准

出口粮谷中稀禾啶残留量检验方法

SN 0596—1996

Method for the determination of sethoxydim residues in cereals for export

1 范围

本标准规定了出口粮谷中稀禾啶残留量检验的抽样、制样和气相色谱测定方法。

本标准适用于出口玉米中稀禾啶残留量的检验。

2 抽样和制样

2.1 检验批

散积玉米以不超过 200 t 为一检验批；袋装玉米(每袋约 90 kg)以约 2 200 袋为一检验批。

同一检验批的商品应具有相同的特征，如包装、标记、产地、规格和等级等。

2.2 抽样数量

2.2.1 袋装玉米

按式(1)计算抽样袋数：

$$a = \sqrt{N} \qquad \cdots\cdots (1)$$

式中：a——抽样袋数；

N——全批袋数。

注：a 值取整数，小数部分向前进位为整数。

2.2.2 散积玉米

粮堆高度不超过 2 m。按粮堆面积划区设点。以 50 m^2 为一个取样区，每区设中心及四角(距边线 1 m 处)5 个点。每增加一个取样区，增设 3 个点。

2.3 抽样工具

2.3.1 金属双套管取样器：全长分 1 m，2 m(均包括手柄)两种。内、外管同部位分段开几个槽口，每个槽口长 15～20 cm，口宽 2.0～2.5 cm。内管的内径为 2.5～3.0 cm，取样器的探头长约 7 cm。

2.3.2 取样铲。

2.3.3 分样板。

2.3.4 盛样器：筒或袋，可密封。

2.3.5 分样布或适用铺垫物。

2.4 抽样方法

2.4.1 袋装抽样

2.4.1.1 倒包抽样：从堆垛的各部位随机抽取 2.2.1 规定的应抽样袋数的 10%(每批一般不少于 3 袋)，将袋口缝线全部拆开，平置于分样布或其他洁净的铺垫物上，双手紧握袋底两角，提起约成 45°倾角，倒拖约 1 m，使袋内货物全部倒出。查看袋内和袋间品质是否均匀，确认情况正常后，用取样铲随机在各部位抽取样品，并立即将样品倒入盛样器内。每袋抽取样品的量应基本一致。

中华人民共和国国家进出口商品检验局1996-11-15批准　　　　1997-05-01实施

2.4.1.2 袋内抽样:按2.2.1规定的应抽样袋数(扣除倒包抽样袋数),在堆垛四周上、中、下各层以曲线形走向随机抽取。将取样器(2.3.1)槽口关闭,从每袋一角依斜对角方向插入袋内,然后旋转内管以开启槽口,待样品流满内管后,再旋转内管以关闭槽口。抽出取样器,立即将样品倒入盛样器内,每袋抽取样品的量应与2.4.1.1基本一致。

每批所抽取的样品总量应不少于4 kg。

2.4.2 散积抽样:按2.2.2规定的取样点,逐点抽取样品。将取样器(2.3.1)槽口关闭,以倾斜45°角度插入粮堆至相应深度,旋转取样器内管以开启槽口,待样品流满内管后,再旋转内管以关闭槽口。抽出取样器,立即将样品倒入盛样器内。从各点所抽取的样品量应基本一致。

每批所抽取的样品总量应不少于4 kg。

2.4.3 大样缩分

2.4.3.1 袋装样品:合并从袋内和倒包抽样所取全部样品,倒于分样布上,用分样板按四分法缩分样品至不少于2 kg,盛于盛样器内,加封后标明标记,并及时送交实验室。

2.4.3.2 散积样品:将抽取的全部样品,倒于分样布上,以下按上述袋装样品方法进行。

2.5 试样制备

将样品按四分法缩分至1 kg,全部磨碎并通过20目筛。混匀,均分成两份作为试样,分装入洁净的盛样器内,密封,标明标记。

2.6 试样保存

试样于-5℃以下避光保存。

注:在抽样和制样的操作过程中,必须防止样品受到污染或发生残留物含量的变化。

3 测定方法

3.1 方法提要

玉米中残留的稀禾啶及其代谢物采用甲醇提取,经氧化及甲酯化处理后,采用硅胶层析柱净化,用配有火焰光度检测器(硫滤光片)的气相色谱仪测定,标准曲线法定量。测定结果包括稀禾啶及其代谢物,均以稀禾啶含量计。

3.2 试剂和材料

除另有规定外,试剂均为分析纯,水为蒸馏水。

3.2.1 甲醇:重蒸馏。

3.2.2 二氯甲烷:重蒸馏。

3.2.3 正己烷:用5 A分子筛脱水24 h,重蒸馏。

3.2.4 丙酮:经加高锰酸钾回流1 h后,重蒸馏。

3.2.5 氢氧化钙。

3.2.6 过氧化氢溶液:30%。

3.2.7 冰乙酸。

3.2.8 氯化钠。

3.2.9 硫酸:ρ约1.84 g/mL。

3.2.10 甲醇-水溶液(1+1)。

3.2.11 盐酸溶液:12 mol/L。

3.2.12 氢氧化钡溶液:1%水溶液(m/m)。

3.2.13 硫酸-甲醇溶液(1+20)。

3.2.14 饱和碳酸氢钠水溶液。

3.2.15 硅藻土。

3.2.16 硅胶:层析用,60~100目,130℃烘4 h,贮于干燥器内备用。

3.2.17 稀禾啶标准品：纯度≥99%。

3.2.18 稀禾啶标准溶液：

a）稀禾啶标准储备液：准确称取0.10 g(准确至0.000 1 g)的稀禾啶标准品于100 mL的容量瓶中，用少量的甲醇溶解，然后再用甲醇稀释至刻度，混匀。配制成浓度为1.00 mg/mL的储备液。

b）稀禾啶标准工作液：根据需要准确移取适量的标准储备液，用甲醇稀释成适当浓度的标准工作液。须每周配制一次。根据需要移取一定量标准工作液，按测定步骤3.4.2～3.4.4进行氧化、酯化及净化后制成标准工作液的试液。

3.3 仪器和设备

3.3.1 气相色谱仪并配有火焰光度检测器，带有硫滤光片(394 nm)。

3.3.2 回流装置。

3.3.3 玻璃层析柱：30 cm×1.2 cm(内径)，具50 mL贮液斗。

3.3.4 离心机。

3.3.5 振荡器。

3.3.6 旋转蒸发器。

3.3.7 微量注射器：10 μL。

3.4 测定步骤

3.4.1 提取

称取约20 g试样(精确至0.1 g)，置于250 mL锥形瓶中，加入100 mL甲醇，振荡30 min，静置，倾取上清液。于残余物中加入50 mL甲醇，重复上述步骤。合并上清液于500 mL锥形瓶中，加入150 mL水、4 g氢氧化钙，振摇1 min，静置。用上敷1 cm厚硅藻土的滤纸抽滤。用30 mL甲醇-水(1+1)洗涤容器及残渣，抽滤，合并滤液。用12 mol/L盐酸调节滤液至pH小于1，加入约50 g氯化钠，摇匀。用100 mL二氯甲烷分三次(50，30，20 mL)提取，合并提取液，于40℃水浴中蒸干。

3.4.2 氧化

在上述残渣中加入100 mL氢氧化钡溶液(1%)，接回流冷凝器，缓缓加热回流。当开始出现回流时，从侧管加入10 mL过氧化氢溶液(30%)，回流10 min，再加入10 mL过氧化氢溶液(30%)，继续回流15 min。将溶液冷却至室温，用12 mol/L盐酸溶液调节pH小于1，加入20 g氯化钠，用二氯甲烷提取两次，每次用80 mL。合并提取液，于40℃水浴中蒸干。加5 mL冰乙酸酸化，于70℃水浴中用旋转蒸发器蒸干。

3.4.3 酯化

加入50 mL硫酸-甲醇(1+20)溶液，加热回流30 min。冷却至室温后，用饱和碳酸氢钠溶液调节pH至中性(略大于7)。用100 mL二氯甲烷分两次提取，合并提取液。于40℃水浴中蒸发至约5 mL，加入2 g硅胶，继续蒸发至干。

3.4.4 净化

将8 g硅胶加入适量正己烷-丙酮(85+15)中，搅匀，装入层析柱中。将3.4.3中已蒸干的2 g硅胶装入柱中，用5 mL丙酮洗涤容器，移入层析柱中。用75 mL正己烷-丙酮(85+15)溶液淋洗层析柱，弃去淋洗液。用200 mL的正己烷-丙酮-甲醇(85+10+5)淋洗层析柱，收集淋洗液。于40℃水浴中蒸发至约3 mL，移入离心管，以3 000 r/min离心10 min。取上清液，用5 mL丙酮洗涤沉淀物，搅匀，离心，取上清液。合并上清液于心形瓶中，于40℃水浴中蒸干，用丙酮溶解并定容至1 mL，供气相色谱测定。

3.4.5 测定

3.4.5.1 气相色谱条件

a）色谱柱：石英毛细管柱25 m×0.32 mm(id)，膜厚0.52 μm，5%苯甲基硅氧烷；

b）载气：氢气，1 mL/min；

c）尾吹气：氮气，纯度≥99.99%，40 mL/min；

d）燃烧气：氢气，50 mL/min；

e）助燃气：空气，60 mL/min；

f）进样口温度：250℃；

g）检测器温度：235℃；

h）柱温：程序升温，初温 60℃，保持 1 min，以 40 ℃/min 速度升至 220℃，保持 10 min；

i）进样方式：不分流进样，1 min 后打开清扫阀。

3.4.5.2 气相色谱测定

3.4.5.2.1 标准曲线的制备

根据试样中被测农药含量情况，按 3.4.5.1 规定的色谱条件，分别等体积地注入 5 个不同适当浓度的，经氧化、酯化及净化的稀禾啶标准工作液系列。测量其峰面积（或峰高），绘制峰面积（或峰高）对稀禾啶浓度的双对数标准曲线。在上述色谱条件下被测物的保留时间约为 10.2 min。稀禾啶标准品的色谱图见附录 A 中图 A1。

3.4.5.2.2 样液测定

准确注入与上述标准工作液等体积的样液，用所得峰面积（或峰高）在标准曲线上求得样液中被测物稀禾啶的浓度。

3.4.6 空白试验

除不称取试样外，均按上述测定步骤进行。

3.5 结果计算与表述

用色谱数据处理机或按式(2)计算试样中稀禾啶的残留量。

$$X = \frac{c \cdot V}{m} \qquad \cdots\cdots(2)$$

式中：X——试样中稀禾啶含量，mg/kg；

c——从标准曲线上求得的样液中稀禾啶的浓度，μg/mL；

V——样液最终定容体积，mL；

m——最终样液所代表的试样量，g。

注：计算结果需将空白值扣除。

4 测定低限、回收率

4.1 测定低限

本方法的测定低限为 0.04 mg/kg。

4.2 回收率

回收率的实验数据：

稀禾啶的添加浓度在 0.04 mg/kg 时，回收率为 85.3%；

稀禾啶的添加浓度在 0.20 mg/kg 时，回收率为 82.3%；

稀禾啶的添加浓度在 1.00 mg/kg 时，回收率为 91.9%。

附 录 A
（提示的附录）
标准品色谱图

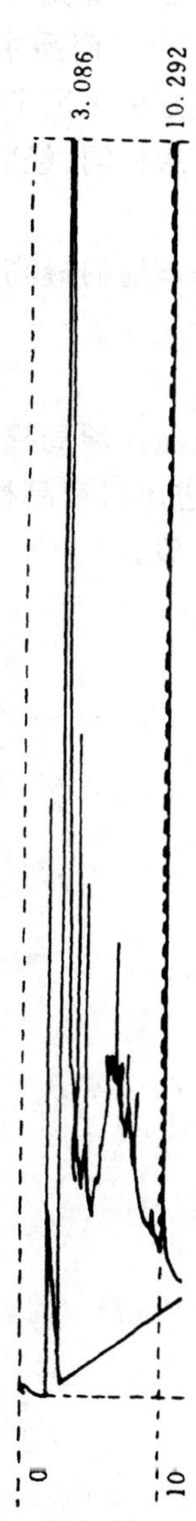

图 A1 稀禾啶标准品(经氧化和酯化)气相色谱图

前　言

本标准是根据GB/T 1.1—1993《标准化工作导则　第1单元:标准的起草与表述规则　第1部分:标准编写的基本规定》及SN/T 0001—1995《出口商品中农药、兽药残留量及生物毒素检验方法标准编写的基本规定》的要求进行编写的。其中测定方法采用了日本《食品卫生检验手册》中邻苯基苯酚和邻苯基苯酚钠残留量分析方法。技术内容与原方法相同,经验证后,按规定要求作了编辑性修改。在标准中同时制定了抽样和制样方法。

测定低限是根据国际上对水果中邻苯基苯酚的最高限量和测定方法的灵敏度而制定的。

本标准的附录A为标准的附录。

本标准的附录B为提示的附录。

本标准由中华人民共和国国家进出口商品检验局提出并归口。

本标准起草单位:中华人民共和国辽宁进出口商品检验局。

本标准主要起草人:姜伟、王喆、袁铮、尹毅。

本标准系首次发布的行业标准。

中华人民共和国进出口商品检验行业标准

出口水果中邻苯基苯酚及其钠盐残留量检验方法

SN 0597—1996

Method for the determination of *o*-phenylphenol and its sodium salt residues in fruits for export

1 范围

本标准规定了出口水果中邻苯基苯酚及其钠盐残留量检验的抽样、制样和气相色谱测定方法。

本标准适用于出口柑桔中邻苯基苯酚及其钠盐残留量的检验。

2 抽样和制样

2.1 检验批

以不超过1 500件为一检验批。

同一检验批的商品应具有相同的特征，如包装、标记、产地、规格、等级等。

2.2 抽样数量

批量，件	最低抽样数，件
1～25	1
26～100	5
101～250	10
251～1 500	15

2.3 抽样方法

按2.2规定的抽样件数随机抽取，逐件开启。每件至少取500 g作为原始样品，原始样品总量不得少于2 kg。加封后，标明标记，及时送实验室。

2.4 试样制备

将所取的原始样品缩分出1 kg，取可食部分，经组织捣碎机捣碎，均分成两份，装入洁净容器内，作为试样。密封，并标明标记。

2.5 试样保存

将试样于－18℃以下冷冻保存。

注：在抽样和制样的操作过程中，必须防止样品受到污染或发生残留物含量的变化。

3 测定方法

3.1 方法提要

置试样于蒸馏装置中，酸化后加水蒸馏，馏出分析物吸收于甲苯中。吸收液经净化后，用氢火焰离子化检测器-气相色谱法测定，标准曲线法定量。定量时均以邻苯基苯酚定量，如报告为钠盐，再以换算系数换算。

3.2 试剂和材料

中华人民共和国国家进出口商品检验局1996-11-15批准　　1997-05-01实施

除另有规定外,试剂均为分析纯,水为蒸馏水。

3.2.1 氯化钠。

3.2.2 磷酸。

3.2.3 硅酮:SE-30。

3.2.4 甲苯:重蒸馏。

3.2.5 正己烷:重蒸馏。

3.2.6 氢氧化钠溶液:1 mol/L 水溶液。

3.2.7 硫酸溶液:5 mol/L 水溶液。

3.2.8 无水硫酸钠:于 650℃灼烧 4 h,贮于密闭容器中备用。

3.2.9 邻苯基苯酚标准品:纯度≥99%。

3.2.10 邻苯基苯酚标准液:

3.2.10.1 邻苯基苯酚标准储备液:准确称取 0.1 g(精确至 0.001 g)邻苯基苯酚标准品,置于 100 mL 容量瓶中,用少量正己烷溶解。然后再用正己烷稀释至刻度,混匀。配制成浓度为 1.0 mg/mL 的储备液。

3.2.10.2 邻苯基苯酚标准工作液:根据需要,准确移取适量的标准储备液,用正己烷稀释成适当浓度的标准工作液。标准工作溶液须每周配制一次。

3.3 仪器和设备

3.3.1 气相色谱仪并配有氢火焰离子化检测器。

3.3.2 组织捣碎机。

3.3.3 蒸馏装置:回流及冷凝部件见附录 A。

3.3.4 旋转蒸发器。

3.3.5 微量进样器 5 μL。

3.4 测定步骤

3.4.1 提取

称取均质试样约 50 g(精确至 0.1 g),转移至 1 000 mL 圆底烧瓶中,加水 200 mL、氯化钠 50 g、磷酸 2 mL、硅酮 2～3 滴和少量沸石,装上回流器及冷凝器。再加水至基线处,然后缓缓加入甲苯 3 mL。加热圆底烧瓶,待烧瓶内的液体开始沸腾后,激烈蒸馏 2 h。冷却,打开回流器活塞,除去水,将甲苯层移入分液漏斗中。用正己烷 10 mL,水 20 mL 洗涤回流器。将每次洗液合并入分液漏斗。

3.4.2 净化

于分液漏斗中加入 1 mol/L 氢氧化钠 15 mL,充分摇混,将水层移入另一分液漏斗。重复上述操作,合并水层。于合并的水层中加入 5 mol/L 硫酸 6 mL、氯化钠 10 g 和正己烷 25 mL,充分摇混,分离出正己烷层。再加入正己烷 25 mL,重复上述操作一次。合并正己烷层,加入少量无水硫酸钠脱水。将正己烷层移入浓缩器内,减压浓缩至约 3 mL,再加正己烷准确定容至 5 mL,作为样液,供色谱测定。

3.4.3 测定

3.4.3.1 气相色谱条件

a) 色谱柱:玻璃填充柱,1.5 m×3 mm(id),3%硅酮 SE-30/Chromosorb W AW DMCS(60～80 目);

b) 载气:氮气,纯度≥99.99%,25 mL/min;

c) 氢气:50 mL/min;

d) 空气:500 mL/min;

e) 柱温:130℃;

f) 进样口温度:150℃;

g) 检测器温度:250℃;

h) 进样量:0.5 μL。

3.4.3.2 气相色谱测定

3.4.3.2.1 标准曲线的制备

根据试样中被测农药含量情况，按3.4.3.1规定的色谱条件，分别等体积地注入5个不同适当浓度的标准工作液系列。测定其峰面积(或峰高)，绘制峰面积(或峰高)对邻苯基苯酚的标准曲线。在上述色谱条件下，被测物的保留时间约为9.2 min。标准品色谱图见附录B中图B1。

3.4.3.2.2 样液测定

准确注入与上述标准工作液等体积的样液，用所得峰面积(或峰高)在标准曲线上求得样液中被测物邻苯基苯酚的浓度。

3.4.4 空白试验

除不称取试样外，均按上述测定步骤进行。

3.5 结果计算与表达

用色谱数据处理机或按式(1)或式(2)计算试样中邻苯基苯酚或邻苯基苯酚钠残留含量：

$$X_1 = \frac{c \cdot V}{m} \qquad \cdots\cdots(1)$$

$$X_2 = X_1 \times 1.129 \qquad \cdots\cdots(2)$$

式中：X_1——试样中邻苯基苯酚含量，mg/kg；

X_2——试样中邻苯基苯酚钠含量，mg/kg；

c——从标准曲线上求得的样液中邻苯基苯酚的浓度，μg/mL；

V——样液最终定容体积，mL；

m——最终样液所代表的试样量，g；

1.129——邻苯基苯酚换算为邻苯基苯酚钠的换算系数。

注：计算结果需将空白值扣除。

4 测定低限、回收率

4.1 测定低限

本方法测定低限为0.5 mg/kg。

4.2 回收率

回收率的实验数据：

邻苯基苯酚的添加浓度在0.5 mg/kg时，回收率为84.6%；

邻苯基苯酚的添加浓度在2.5 mg/kg时，回收率为88.4%；

邻苯基苯酚的添加浓度在5.0 mg/kg时，回收率为90.0%；

邻苯基苯酚的添加浓度在10.0 mg/kg时，回收率为86.1%。

附 录 A
（标准的附录）

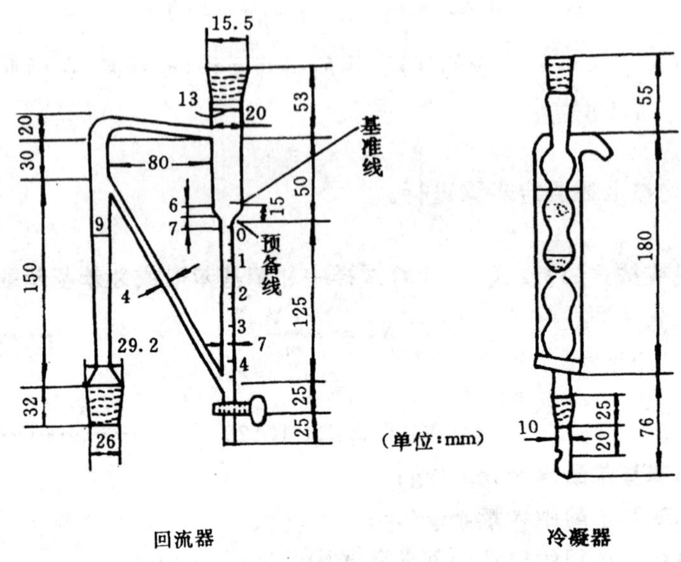

回流器　　　冷凝器

图 A1　蒸馏装置的回流及冷凝器

附 录 B
（提示的附录）
标准品色谱图

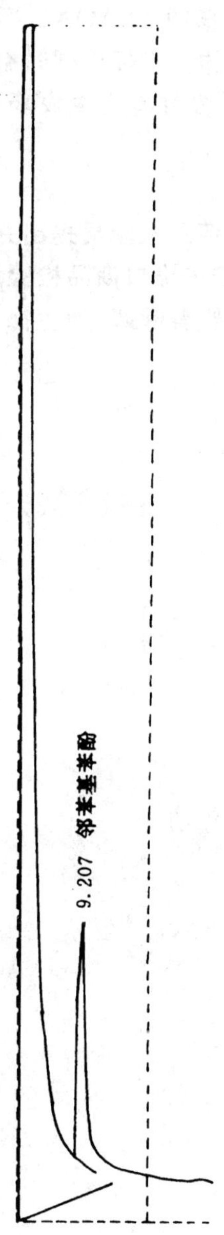

图 B1 邻苯基苯酚标准品色谱图

前　言

本标准是根据GB/T 1.1—1993《标准化工作导则　第1单元:标准的起草与表述规则　第1部分:标准编写的基本规定》及SN/T 0001—1995《出口商品中农药、兽药残留量及生物毒素检验方法标准编写的基本规定》进行编写的。其中测定方法参照了“AOAC 第15版983.21”中所载的有机氯农药残留量的检验方法,通过研究、改进和验证后制定的。本标准同时制定了抽样和制样方法。

测定低限是根据国际上对水产品中的多种有机氯农药残留最高限量和测定方法的灵敏度而制定的。

本标准的附录A为提示的附录。

本标准由中华人民共和国国家进出口商品检验局提出并归口。

本标准起草单位:中华人民共和国辽宁进出口商品检验局。

本标准主要起草人:宋文斌、姜伟、王喆、曹际娟、刘生梅、孙海鸥。

本标准系首次发布的行业标准。

中华人民共和国进出口商品检验行业标准

出口水产品中多种有机氯农药残留量检验方法

SN 0598—1996

Method for the determination of the multiple residues of organochlorine pesticides in aquatic products for export

1 范围

本标准规定了出口水产品中的六六六(BHC)及异构体、六氯苯(HCB)、七氯、环氧七氯、艾氏剂、狄氏剂、异狄氏剂、滴滴涕(DDT)及异构体和类似物(DDD、DDE)残留量检验的抽样、制样和气相色谱测定方法。

本标准适用于出口鳕鱼中14种有机氯农药(α-BHC、β-BHC、γ-BHC、δ-BHC、六氯苯、七氯、环氧七氯、艾氏剂、狄氏剂、异狄氏剂、o,p'-DDT、p,p'-DDT、p,p'-DDD、p,p'-DDE)残留量的检验。

2 抽样和制样

2.1 检验批

以不超过10 000箱为一检验批。同一检验批的商品应具有相同的特征,如包装、标记、产地、规格和等级等。

2.2 抽样数量

批量,箱	最低抽样数,箱
150及以下	3
151～3 200	8
3 201～10 000	13

2.3 抽样方法

按2.2规定的抽样箱数随机抽取,逐件开启。每箱至少取500 g作为原始样品,原始样品总量不得少于2 kg。装入盛样器内,加封后,标明标记,及时送实验室。

2.4 试样制备

将抽取的样品去鳞、去骨、去内脏后,将所有可食部分充分搅碎和混匀。用四分法缩分出1 kg,均分为二份,分别装入洁净容器内,作为试样。密封,并标明标记。

2.5 试样保存

将试样于－18℃以下冷冻保存。

注:在抽样和制样的操作过程中,必须防止样品受到污染或发生残留物含量的变化。

3 测定方法

3.1 方法提要

试样经与无水硫酸钠一起研磨干燥后,用丙酮-石油醚提取农药残留,提取液经氟罗里硅土柱净化,

中华人民共和国国家进出口商品检验局1996-11-15批准　　1997-05-01实施

净化后样液用配有电子俘获检测器的气相色谱仪测定，外标法定量。

3.2 试剂和材料

所用试剂除注明外均为分析纯，水为蒸馏水。

3.2.1 丙酮：重蒸馏。

3.2.2 石油醚：沸程60～90℃。经氧化铝(3.3.2)柱净化后用全玻璃蒸馏器蒸馏，收集60～90℃馏分。

3.2.3 乙醚：重蒸馏。

3.2.4 乙醚-石油醚淋洗溶液：15＋85。

3.2.5 无水硫酸钠：650℃灼烧4 h，冷却后，储于密闭容器中。

3.2.6 氧化铝：层析用，中性，100～200目，800℃灼烧4 h，冷却至室温储于密闭容器中备用。使用前，应在130℃干燥2 h。

3.2.7 氟罗里硅土：60～100目，650℃灼烧4 h，冷却后储于密闭容器内备用。使用前于130℃烘1 h。

注：每批氟罗里硅土用前应做淋洗曲线。

3.2.8 有机氯农药标准品：α-BHC、β-BHC、γ-BHC、δ-BHC、六氯苯、七氯、环氧七氯、艾氏剂、狄氏剂、异狄氏剂、o,p'-DDT、p,p'-DDT、p,p'-DDD、p,p'-DDE标准品，纯度均≥99%。

3.2.9 14种有机氯农药标准溶液：准确称取适量的每种农药标准品，分别用少量苯溶解，然后用石油醚配成浓度各为0.100 mg/mL的标准储备溶液。根据需要再以石油醚配制成适用浓度的混合标准工作溶液。

3.3 仪器和设备

3.3.1 气相色谱仪：配有电子俘获检测器。

3.3.2 氧化铝净化柱：300 mm×20 mm(内径)玻璃柱，装入氧化铝(3.2.6)40 g，上端装入10 g无水硫酸钠(3.2.5)干法装柱，流量为2 mL/min。

注：该柱可连续净化处理石油醚1 000 mL。

3.3.3 氟罗里硅土净化柱：200 mm×20 mm(内径)玻璃柱，装入氟罗里硅土(3.2.7)13 g，上端装入5 g无水硫酸钠(3.2.5)，干法装柱，使用前用40 mL石油醚(3.2.2)淋洗。

3.3.4 索氏提取器：250 mL。

3.3.5 绞肉机。

3.3.6 全玻璃重蒸馏装置。

3.3.7 玻璃研钵：口径11.5 cm。

3.3.8 旋转蒸发器或氮气流浓缩装置：配有250 mL蒸发瓶。

3.3.9 微量注射器：10 μL。

3.3.10 脱脂棉：经过丙酮-石油醚(2＋8)混合液抽提6 h处理过。

3.4 测定步骤

3.4.1 提取

称取试样10.0 g(精确至0.1 g)于研钵中，加15 g无水硫酸钠(3.2.5)研磨几分钟，将试样制成干松粉末。装入滤纸筒内。放入索氏提取器中。在提取器的瓶中加入100 mL丙酮-石油醚(2＋8)混合液，在水浴上提取6 h(回流速度每小时10～12次)。将提取液减压或氮气流浓缩至约5 mL。

3.4.2 净化

将提取液(3.4.1)全部移入氟罗里硅土净化柱(3.3.3)中。弃去流出液。注入200 mL乙醚-石油醚淋洗液(3.2.4)进行洗脱。开始时，取部分乙醚-石油醚混合液反复清洗提取瓶，并把洗液注入净化柱中。洗脱流速为2～3 mL/min，收集流出液于250 mL蒸发瓶中。在减压或氮气流中浓缩并定容至10 mL，供气相色谱测定。

3.4.3 测定

3.4.3.1 色谱条件

a）色谱柱：SGE 毛细管柱（或等效的色谱柱），25 m×0.53 mm（内径），膜厚：0.15 μm。固定相：HT5（非极性）键合相；

b）载气：氮气（纯度≥99.99%），10 mL/min；

c）助气：氮气（纯度≥99.99%），40 mL/min；

d）柱温：程序升温如下：

$$100℃ \xrightarrow{5℃/min} 140℃ \xrightarrow{10℃/min} 200℃ \xrightarrow{15℃/min} 230℃$$

2 min　　　　　　　　　　　　　　　　5 min

e）进样口温度：200℃；

f）检测器温度：300℃；

g）进样方式：柱头进样方式。

3.4.3.2　色谱测定

根据样液中有机氯农药种类和含量情况，选定峰高相近的相应标准工作混合液。标准工作混合液和样液中各有机氯农药响应值均应在仪器检测线性范围内。对标准工作混合液和样液等体积参插进样测定。在上述色谱条件下，各有机氯农药出峰顺序和保留时间如下。14 种有机氯农药标准品的色谱图见附录 A 中图 A1。

农药名称	保留时间，min
α-BHC	10.55
HCB	10.76
γ-BHC	11.75
β-BHC	12.10
δ-BHC	12.90
七氯	13.08
艾氏剂	13.97
环氧七氯	15.04
狄氏剂	16.28
p，p'-DDE	16.44
异狄氏剂	16.75
o，p'-DDT	17.12
p，p'-DDD	17.44
p，p'-DDT	17.92

3.4.4　空白试验

除不加试样外，均按上述测定步骤进行。

3.4.5　结果计算和表述

用色谱数据处理机或按式（1）计算试样中各有机氯农药残留量：

$$X_i = \frac{h_i \cdot c \cdot V}{h_{is} \cdot m} \qquad \cdots\cdots(1)$$

式中：X_i——试样中各有机氯农药残留量，mg/kg；

h_i——样液中各有机氯农药的峰高，mm；

h_{is}——标准工作溶液中各有机氯农药的峰高，mm；

c——标准工作溶液中各有机氯农药的浓度，μg/mL；

V——最终样液的体积，mL；

m——称取试样量，g。

注：计算结果需扣除空白值。

4 方法的测定低限、回收率

4.1 测定低限

本方法的测定低限分别为：

农药名称	测定低限，mg/kg
α-BHC	0.005
HCB	0.005
γ-BHC	0.005
β-BHC	0.005
δ-BHC	0.005
七氯	0.01
艾氏剂	0.01
环氧七氯	0.02
狄氏剂	0.01
p,p'-DDE	0.02
异狄氏剂	0.02
o,p'-DDT	0.025
p,p'-DDD	0.025
p,p'-DDT	0.025

4.2 回收率

回收率的实验数据：

农药名称	添加浓度，mg/kg	回收率，%
α-BHC	0.005	89.28
	0.01	91.15
	0.05	90.16
HCB	0.005	86.24
	0.01	89.84
	0.05	89.93
γ-BHC	0.005	92.86
	0.01	93.06
	0.05	91.26
β-BHC	0.005	89.50
	0.01	88.94
	0.05	90.28
δ-BHC	0.005	86.14
	0.01	89.99
	0.05	90.44
七氯	0.01	91.88
	0.02	92.00
	0.1	91.91
艾氏剂	0.01	91.91
	0.02	91.92
	0.1	92.67

环氧七氯	0.02	94.57
	0.04	92.80
	0.2	93.00
狄氏剂	0.01	90.04
	0.02	93.11
	0.1	93.57
p,p'-DDE	0.02	94.71
	0.04	94.73
	0.2	95.65
异狄氏剂	0.02	92.15
	0.04	91.91
	0.2	93.45
o,p'-DDT	0.025	93.64
	0.05	93.54
	0.25	94.22
p,p'-DDD	0.025	92.00
	0.05	94.80
	0.25	96.29
p,p'-DDT	0.025	92.89
	0.05	94.27
	0.25	94.08

附 录 A
（提示的附录）
标准品色谱图

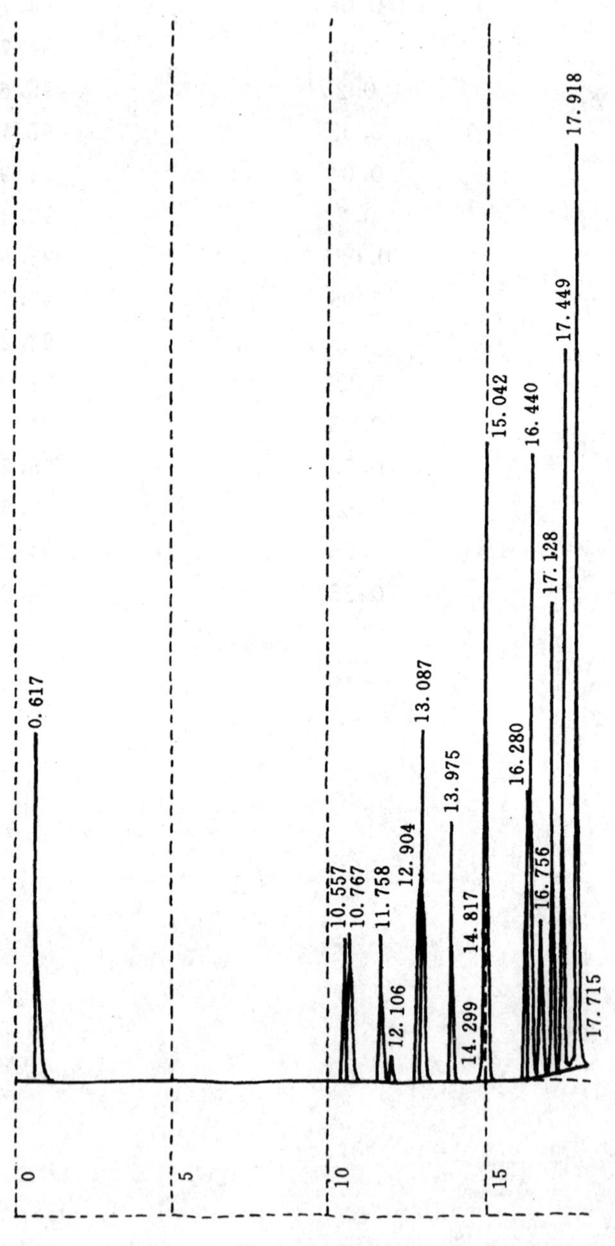

图中：10.557 min 为 α-BHC
10.767 min 为 HCB
11.758 min 为 γ-BHC
12.106 min 为 β-BHC
12.904 min 为 δ-BHC
13.087 min 为七氯
13.975 min 为艾氏剂
15.042 min 为环氧七氯
16.280 min 为狄氏剂
16.440 min 为 p,p'-DDE
16.756 min 为异狄氏剂
17.128 min 为 o,p'-DDT
17.449 min 为 p,p'-DDD
17.918 min 为 p,p'-DDT

图 A1 14 种有机氯农药标准品色谱图

前　　言

本标准是根据GB/T 1.1—1993《标准化工作导则　第1单元:标准的起草与表述规则　第1部分:标准编写的基本规定》及SN/T 0001—1995《出口商品中农药、兽药残留量及生物毒素检验方法标准编写的基本规定》的要求而进行编写的。其中测定方法采用了美国食品药物管理局的农药残留量分析手册中的方法。技术内容与原方法相同,经验证后,按规定格式要求作了编辑性修改。在标准中同时制定了抽样和制样方法。

测定低限是根据国际上对粮谷中氟乐灵残留量的最高限量和测定方法的灵敏度而制定的。

本标准的附录A为提示的附录。

本标准由中华人民共和国国家进出口商品检验局提出并归口。

本标准起草单位:中华人民共和国内蒙古进出口商品检验局。

本标准主要起草人:张曦静、包杰、潘国卿。

本标准系首次发布的行业标准。

中华人民共和国进出口商品检验行业标准

出口粮谷中氟乐灵残留量检验方法

SN 0600—1996

Method for the determination of trifluralin residues in cereals for export

1 范围

本标准规定了出口粮谷中氟乐灵残留量检验的抽样、制样和气相色谱测定方法。

本标准适用于出口玉米中氟乐灵残留量的检验。

2 抽样和制样

2.1 检验批

散积以不超过 200 t 为一检验批；袋装以约 2 200 袋为一检验批。

同一检验批的商品应具有相同的特征，如包装、标记、产地、规格和等级等。

2.2 抽样数量

2.2.1 袋装货品

按式(1)计算抽样袋数：

$$a = \sqrt{N} \quad \cdots\cdots\cdots(1)$$

式中：N——全批袋数；

a——抽样袋数。

注：a 值取整数，小数部分向前进位为整数。

2.2.2 散积货品

货堆高度不超过 2 m。按货堆面积分区设点，以 50 m² 为一个取样区，每区设中心及四角(距边缘 1 m处)5 个点，每增加一个取样区，增加 3 个点。

2.3 抽样工具

2.3.1 金属双套管取样器：全长分 1 m、2 m(均包括手柄)两种。内、外管同部位分段开几个槽口，每个槽口长 15～20 cm，口宽 2.0～2.5 cm。内管的内径为 2.5～3.0 cm；取样器的探头长约 7 cm。

2.3.2 取样铲。

2.3.3 分样板。

2.3.4 盛样器：筒或袋，可密封。

2.3.5 分样布或适用铺垫物。

2.4 抽样方法

2.4.1 袋装抽样

2.4.1.1 倒包抽样：从堆垛的各部位随机抽取 2.2.1 规定的应抽样袋数的 10%(每批一般不少于 3 袋)，将袋口缝线全部拆开，平置于分样布或其他洁净的铺垫物上，双手紧握袋底两角，提起约成 45°倾角，倒拖约 1 m，使袋内货物全部倒出。查看袋内和袋间品质是否均匀，确认情况正常后，用取样铲随机

中华人民共和国国家进出口商品检验局 1996-11-15 批准　　　　1997-05-01 实施

在各部位抽取样品，并立即将样品倒入盛样器内。每袋抽取样品的量应基本一致。

2.4.1.2　袋内抽样：按2.2.1规定的应抽样袋数(扣除倒包抽样袋数)，在垛堆四周上、中、下各层以曲线形走向随机抽取。用1 m长的金属双套管取样器(2.3.1)，关闭槽口，从每袋一角依斜对角方向插入袋内，然后旋转内管以开启槽口，待样品流满内管后，再旋转内管以关闭槽口。抽出取样器，立即将样品倒入盛样器内。每袋所抽取样品的量应与2.4.1.1基本一致。

每批所抽取的样品总量应不少4 kg。

2.4.2　散积抽样

按2.2.2规定的取样点，逐点抽取样品。将取样器(2.3.1)槽口关闭，以斜倾45°角度插入粮堆至相应深度，旋转取样器内管以开启槽口，待样品流满内管后，再旋转内管以关闭槽口。抽出取样器，立即将样品倒入盛样器内。从各点所抽取的样品量应基本一致。

每批所抽取的样品总量应不少于4 kg。

2.4.3　大样缩分

袋装样品：合并从袋内和倒包抽样所取全部样品，倒于分样布上，用分样板按四分法缩分样品至不少于2 kg，盛于盛样器内，加封后标明标记，并及时送交实验室。

散积样品：将抽取的全部样品，倒于分样布上，以下按上述袋装样品方法进行。

2.5　试样制备

将样品按四分法缩分至1 kg，全部磨碎并通过20目筛。混匀，均分成两份作为试样，分装入洁净的盛样器内，密封，标明标记。

2.6　试样保存

将试样于－5℃以下避光保存。

注：在抽样和制样的操作过程中，必须防止样品受到污染或发生残留物含量的变化。

3　测定方法

3.1　方法提要

试样中残留的氟乐灵用甲醇提取，提取液经用二氯甲烷进行液液分配。二氯甲烷层经脱水、浓缩、蒸发至干。以正己烷溶解提取物，溶液过弗罗里硅土柱净化后，用电子俘获检测器-气相色谱法测定，外标法定量。

3.2　试剂和材料

除另有规定外，试剂均为分析纯，水为蒸馏水。

3.2.1　甲醇：重蒸馏。

3.2.2　二氯甲烷：重蒸馏。

3.2.3　正己烷：重蒸馏。

3.2.4　苯：重蒸馏。

3.2.5　氯化钠溶液：5%水溶液。

3.2.6　无水硫酸钠：650℃灼烧4 h，冷却后贮于密封容器中备用。

3.2.7　弗罗里硅土：层析用，60～80目，650℃灼烧4 h，贮于密闭容器中。使用前一天再在130℃下烘5 h，冷却后，置于广口瓶中，加入1.5%的水脱活，平衡24 h，密封存放备用。

3.2.8　氟乐灵标准品：纯度≥99%。

3.2.9　氟乐灵标准贮备液：准确称取氟乐灵标准品，用苯配成浓度为0.10 mg/mL的标准储备液。根据需要再用苯稀释成适当浓度的标准工作溶液。

3.3　仪器和设备

3.3.1　气相色谱仪：配有电子俘获检测器。

3.3.2　微量注射器：1 μL，10 μL。

3.3.3 旋转蒸发器。

3.3.4 振荡机。

3.3.5 全玻璃蒸馏装置。

3.3.6 无水硫酸钠柱：50 mL 简形分液漏斗，内装 5 cm 高的无水硫酸钠。

3.3.7 弗罗里硅土柱：具有活塞的 20 cm×2.2 cm(内径)层析管，柱底填约 0.5 cm 脱脂棉，干法装入高 7.5 cm 弗罗里硅土(3.2.7)，上填高 2.5 cm 无水硫酸钠(3.2.6)。使用前用 100 mL 正己烷预淋洗，并在柱中保持正己烷层。

3.3.8 刻度试管：具磨口塞，10 mL。

3.4 测定步骤

3.4.1 提取

称取试样 12.5 g(精确至 0.01 g)，置于 250 mL 具塞锥形烧瓶中，加入 100 mL 甲醇，振荡提取 20 min，过滤于 500 mL 分液漏斗中。用 15 mL 甲醇分三次洗涤残渣，合并提取液和洗液。加入 250 mL 5%氯化钠溶液，混匀。分别用 30，30，20 mL 二氯甲烷提取三次，合并提取液，使通过无水硫酸钠柱，收集于 250 mL 心形瓶中。再用 15 mL 二氯甲烷分三次洗涤无水硫酸钠柱，洗液并入提取液中。用旋转蒸发器在 50℃水浴中蒸去二氯甲烷。

注：二氯甲烷一蒸发完，立即取下心形瓶，以防氟乐灵损失。

3.4.2 净化

加入 5 mL 正己烷，轻轻转动心形瓶，以溶解提取物。使之通过弗罗里硅土柱(3.3.7)，再用 4×5 mL正己烷冲洗心形瓶，转入柱中。用正己烷进行洗脱，前 70 mL 弃去，后 100 mL 保留。收集保留部分洗脱液于 250 mL 心形瓶中，蒸发至干。准确加入 2.0 mL 苯以溶解残渣，溶液转移至 10 mL 具塞玻璃试管中，待色谱测定。

注：避免苯溶液直接暴露在阳光下。

3.4.3 测定

3.4.3.1 色谱条件

a) 色谱柱：玻璃柱 1.6 m×3 mm(id)，填充物为 5%(m/m)SE-30 涂于 Chromosorb W(80～100 目)；

b) 色谱柱温度：180℃；

c) 进样口温度：230℃；

d) 检测器温度：230℃；

e) 载气：氮气，纯度≥99.99%，50 mL/min；

f) 进样量：0.5 μL。

3.4.3.2 气相色谱测定

根据试样中被测农药含量情况，选定峰高相近的标准工作溶液。标准工作液和待测样液中农药的响应值均应在仪器检测的线性范围内。对标准工作液与样液应等体积参插进样测定。在上述色谱条件下，氟乐灵保留时间约为 2.2 min。标准品色谱图见附录 A 中图 A1。

3.4.4 空白试验

除不称取试样外，均按上述测定步骤进行。

3.5 结果计算和表述

用色谱数据处理机或按式(2)计算试样中氟乐灵的残留含量：

$$X = \frac{V \cdot c \cdot h}{m \cdot h_s} \qquad \cdots\cdots (2)$$

式中：X——试样中氟乐灵含量，mg/kg；

h——样液中氟乐灵的峰高，mm；

h_s——标准工作液中氟乐灵的峰高，mm；

c——标准工作液中氟乐灵的浓度，μg/mL；

V——样液最终定容体积，mL；

m——最终样液所代表的试样量，g。

注：计算结果需将空白值扣除。

4 测定低限、回收率

4.1 测定低限

本方法的测定低限为 0.005 mg/kg。

4.2 回收率

玉米中氟乐灵的添加浓度和回收率的实验数据：

添加浓度在 0.005 mg/kg 时，回收率为 90.0%；

添加浓度在 0.010 mg/kg 时，回收率为 92.0%；

添加浓度在 0.050 mg/kg 时，回收率为 94.0%。

附　录　A
（提示的附录）
标准品色谱图

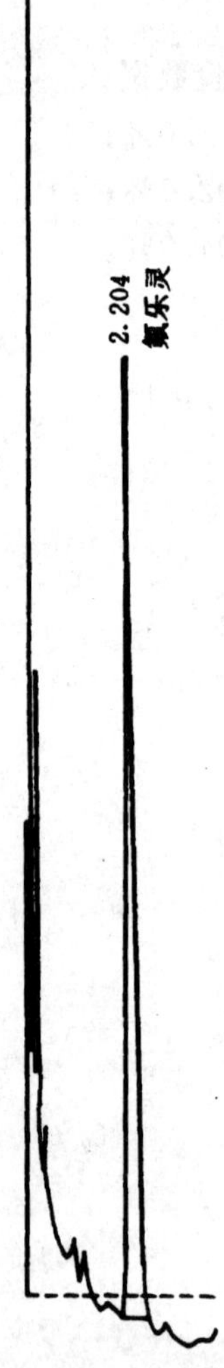

图 A1　氟乐灵标准品色谱图

前　　言

本标准是根据GB/T 1.1—1993《标准化工作导则　第1单元:标准的起草与表述规则　第1部分:标准编写的基本规定》及SN/T 0001—1995《出口商品中农药、兽药残留量及生物毒素检验方法标准编写的基本规定》进行编写的。其中测定方法参考国内外有关文献,经研究、改进和验证后而制定的。本标准同时制定了抽样和制样方法。

测定低限是根据国际上对毒虫畏残留量的最高限量及本测定方法的灵敏度而制定的。

本标准的附录A为提示的附录。

本标准由中华人民共和国国家进出口商品检验局提出并归口。

本标准起草单位:中华人民共和国天津进出口商品检验局。

本标准主要起草人:林安清、高晓敏、唐翊。

本标准系首次发布的行业标准。

中华人民共和国进出口商品检验行业标准

出口粮谷中毒虫畏残留量检验方法

SN 0601—1996

Method for the determination of chlorfenvinphos residues in cereals for export

1 范围

本标准规定了出口粮谷中毒虫畏残留量检验的抽样、制样和气相色谱和气相色谱-质谱测定方法。

本标准适用于出口糙米中毒虫畏残留量的检验。

2 抽样和制样

2.1 检验批

以不超过4 000袋(200 t)为一检验批。

同一检验批的商品应具有相同的特征,如包装、标记、产地、规格和等级等。

2.2 抽样数量

按一批总袋数的平方根[式(1)]抽取:

$$a = \sqrt{N} \qquad \cdots\cdots(1)$$

式中:N——全批袋数;

a——抽样袋数。

注:a值取整数,小数部分向前进位为整数。

2.3 抽样工具

2.3.1 单管取样器:不锈钢管,全长55 cm(包括手柄),直径1.5 cm,沟槽长度应超过袋对角线长度的一半。

2.3.2 取样铲。

2.3.3 分样板。

2.3.4 样品筒(袋):可密封。

2.3.5 分样布或适用铺垫物。

2.4 抽样方法

2.4.1 倒包抽样:从堆垛的各部位随机抽取2.2规定的应抽样件数的10%(每批一般不少于3袋),将袋口缝线全部拆开,平置于分样布或其他洁净的铺垫物上,双手紧握袋底两角,提起约45°倾角,倒拖约1 m,使袋内货物全部倒出,查看袋内和袋间品质是否均匀。确认情况正常后,用取样铲随机在各部位抽取样品,立即将样品倒入盛样器内。每袋抽取样品量应基本一致。

2.4.2 袋内抽样:按2.2规定的应抽样袋数的90%,在堆垛四周上、中、下各层以曲线形走向随机抽取。将取样器(2.3.1)管槽朝下,从每袋一角依斜对角方向插入袋内,然后将管槽旋转朝上,抽出取样器,立即将样品倒入盛样容器内。每袋抽取样品数量应与2.4.1基本一致。

每批样品所抽取总量应不少于4 kg。

中华人民共和国国家进出口商品检验局1996-11-15批准　　1997-05-01实施

2.4.3 大样缩分

集中袋内和倒包抽样所取全部样品，倒于分样布上，用分样板按四分法缩分出样品不少于 2 kg，盛于样品筒内，加封后标明标记并及时送交实验室。

2.5 试样制备

将样品按四分法缩分至 1 kg，全部磨碎并通过 20 目筛，混匀，均分成两份，装入洁净的容器内作为试样，密封并标明标记。

2.6 试样保存

将试样于－5℃以下避光保存。

注：在抽样和制样的操作过程中，必须防止样品受到污染或发生残留物含量的变化。

3 测定方法

3.1 方法提要

试样中的毒虫畏用正己烷-异丙醇提取，经弗罗里硅土柱净化，浓缩，定容后，用气相色谱仪-电子俘获检测器法测定，外标法定量。如有必要可用质谱法确证。

3.2 试剂和材料

除另有规定外，试剂均为分析纯，水为蒸馏水。

3.2.1 异丙醇。

3.2.2 正己烷：重蒸馏。

3.2.3 乙腈：色谱纯。

3.2.4 无水乙醚。

3.2.5 无水硫酸钠：经 650℃灼烧 4 h，置干燥器内备用。

3.2.6 弗罗里硅土：PR，60～100 目，Fluka Chemie AG 或相当者。使用前于 130℃烘约 3 h。于干燥器中冷却备用。于两周内可使用。

3.2.7 硅藻土：Celite545。

3.2.8 毒虫畏标准品：纯度≥98%，含有 Z-异构体与 E-异构体。

3.2.9 毒虫畏标准溶液：准确称取适量的毒虫畏标准品（3.2.8），用正己烷（3.2.2）配成浓度为 100 μg/mL的标准储备溶液，根据需要再用正己烷稀释成适当浓度的标准工作溶液。

3.3 仪器和设备

3.3.1 气相色谱仪：带有电子俘获检测器。

3.3.2 弗罗里硅土净化柱：300 mm×10 mm(id)玻璃柱，装入弗罗里硅土（3.2.6）＋Celite（3.2.7）按（4＋1）混合的混合物 1 g，上端装入 1 g 无水硫酸钠（3.2.5）。使用前用正己烷（3.2.2）10 mL 淋洗。

3.3.3 植物粉碎器。

3.3.4 高速均质器：8 000～24 000 r/min。

3.3.5 旋转蒸发器：配有 250 mL 心形蒸发瓶。

3.3.6 微量注射器：10 μL。

3.4 测定步骤

3.4.1 提取

称取试样约 20 g（精确到 0.1 g）于 250 mL 锥形瓶中，加入正己烷-异丙醇（3＋1）80 mL 于高速均质器上均质 3 min。然后抽滤于 500 mL 分液漏斗中。用 20 mL 异丙醇分几次洗残渣，再过滤于上述分液漏斗中。用 6×80 mL 2%硫酸钠水溶液洗涤提取液，每次弃去水洗液，直洗至在水中无异丙醇气味时为止。将提取液过无水硫酸钠柱，用正己烷洗无水硫酸钠柱，均收集在 100 mL 刻度量筒中，定容至60 mL。该提取液为 1 g 试样/3 mL。

3.4.2 净化

取一份相当于 2 g 试样的正己烷提取液，置于 50 mL 分液漏斗，加 10 mL 正己烷饱和的乙腈，用力振摇 1 min，静置分层。弃去己烷层。再用 10 mL 正己烷洗涤乙腈层，弃去正己烷。将乙腈用干燥空气流蒸发至干，用 2 mL 正己烷溶解残渣，转移至净化柱(3.3.2)中。用无水乙醚-正己烷(1+4)混合液以 1～2 滴/s 的流速洗脱，弃去前 10 mL 洗脱液后，接收 40 mL 洗脱液于 250 mL 心形瓶中。在旋转蒸发器上于 40℃浓缩至近干。用 5.0 mL 正己烷溶解残留物，供气相色谱和色谱/质谱测定。

3.4.3 测定

3.4.3.1 色谱条件

a) 色谱柱：玻璃柱，2 m×3.0 mm(id)，用 2.5%OV17+3.3%QF-1 涂于 Chromosorb W AW-DMCS(80～100 目)填充；

b) 载气：氮气，纯度≥99.99%；

c) 流量：60 mL/min；

d) 进样口温度：290℃；

e) 检测器温度：290℃；

f) 柱温：220℃。

3.4.3.2 色谱测定

根据样液中毒虫畏含量情况，选定峰高相近的标准工作溶液。标准工作溶液和样液中毒虫畏响应值均应在仪器的检测线性范围内。对标准工作溶液和样液等体积穿插进样测定，在上述色谱条件下，毒虫畏两种异构体的保留时间分别约为 9 min(E-异构体)和 10 min(Z-异构体)。毒虫畏标准品气相色谱图，见附录 A 中图 A1。

3.4.4 气相色谱-质谱确证试验

3.4.4.1 气相色谱-质谱条件：

a) 色谱柱：石英毛细管柱，DB-5，30 m×0.25 mm(id)×0.25 μm(膜厚)，或者相当的；

b) 载气：氦气，纯度≥99.99%，1 mL/min；

c) 色谱柱温度：程序升温：60 ℃不保持，以 40 ℃/min 速度升至 150 ℃，不保持，以 20 ℃/min 速度升至 250℃，保持 15 min；

d) 进样口温度：250℃；

e) 色谱-质谱接口温度：250℃；

f) 离子源温度：200℃；

g) 进样量：1 μL；

h) 进样方式：无分流，1 min 后开阀；

i) 电离方式：EI；

j) 测定方式：全扫描方式；

k) 扫描范围：30～450 amu；

l) 溶剂延迟：3 min。

3.4.4.2 质谱确证：分别取标准工作溶液和样液(3.4.2)1 μL 按 3.4.4.1 规定的条件进行测定。如果样液中出现与标准溶液中毒虫畏相同保留时间的峰，则用谱库对其检索，进行确证。

3.4.5 空白试验

除不加试样外，均按上述步骤进行。

3.4.6 结果计算和表述

用色谱数据处理机或按式(2)计算试样中毒虫畏残留量：

$$X = \frac{(h_1 + h_2) \cdot c \cdot V}{(h_{s_1} + h_{s_2}) \cdot m} \qquad \cdots\cdots(2)$$

式中：X——试样中毒虫畏残留量，mg/kg；

h_1——样液中Z-体毒虫畏的峰高,mm;

h_2——样液中E-体毒虫畏的峰高,mm;

h_{s_1}——标准工作溶液中Z-体毒虫畏的峰高,mm;

h_{s_2}——标准工作溶液中E-体毒虫畏的峰高,mm;

c——标准工作溶液中毒虫畏的浓度,μg/mL;

V——最终样液的体积,mL;

m——最终样液所相当的试样量,g。

注:计算结果需扣除空白值。

4 测定低限,回收率

4.1 测定低限

本方法的测定低限为 0.02 mg/kg。

4.2 回收率

回收率的实验数据:

毒虫畏添加浓度在 0.02 mg/kg 时,回收率为 82.5%;

毒虫畏添加浓度在 0.05 mg/kg 时,回收率为 89.0%;

毒虫畏添加浓度在 0.20 mg/kg 时,回收率为 96.3%。

附 录 A
（提示的附录）
标准品气相色谱图

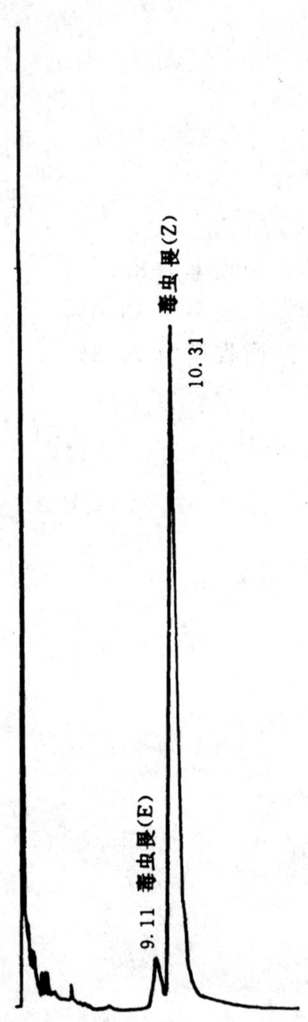

图 A1 毒虫畏标准气相色谱

前　　言

本标准是根据GB/T 1.1—1993《标准化工作导则　第1单元:标准的起草与表述规则　第1部分:标准编写的基本规定》及SN/T 0001—1995《出口商品中农药、兽药残留量及生物毒素检验方法标准编写的基本规定》进行编写的。其中测定方法是参考国内外有关文献,经研究、改进和验证后而制定的。本标准同时还制定了抽样和制样方法。

测定低限是根据国际上对匹唑芬残留量的最高限量及本测定方法的灵敏度而规定的。

本标准的附录A为提示的附录。

本标准由中华人民共和国国家进出口商品检验局提出并归口。

本标准起草单位:中华人民共和国天津进出口商品检验局。

本标准主要起草人:唐翊、高晓敏、林安清。

本标准系首次发布的行业标准。

中华人民共和国进出口商品检验行业标准

出口粮谷中匹唑芬残留量检验方法

SN 0602—1996

Method for the determination of pyrazoxyfen residues in cereals for export

1 范围

本标准规定了出口粮谷中匹唑芬残留量检验的抽样、制样和液相色谱测定方法。

本标准适用于出口糙米中匹唑芬残留量的检验。

2 抽样和制样

2.1 检验批

以不超过 4 000 袋(200 t)为一检验批。

同一检验批的商品应具有相同的特征,如包装、标记、产地、规格和等级等。

2.2 抽样数量

按一批总袋数的平方根[式(1)]抽取:

$$a = \sqrt{N} \qquad \cdots\cdots(1)$$

式中:N——全批袋数;

a——抽样袋数。

注:a 值取整数,小数部分向前进位为整数。

2.3 抽样工具

2.3.1 单管取样器:不锈钢管。全长 55 cm(包括手柄),直径 1.5 cm,沟槽长度应超过袋对角线长度的一半。

2.3.2 取样铲。

2.3.3 分样板。

2.3.4 样品简(袋):可密封。

2.3.5 分样布或适用铺垫物。

2.4 抽样方法

2.4.1 倒包抽样

从堆垛的各部位随机抽取 2.2 规定的应抽样袋数的 10%(每批一般不少于 3 袋),将袋口缝线全部拆开,平置于分样布或其他洁净的铺垫物上,双手紧握袋底两角,提起约成 45°倾角,倒拖约 1 m,使袋内货物全部倒出。查看袋内和袋间品质是否均匀。确认情况正常后,用取样铲随机在各部位抽取样品,立即将样品倒入盛样器中。每袋抽取样品的量应基本一致。

2.4.2 袋内抽样

按 2.2 规定的应抽样袋数的 90%,在堆垛四周上、中、下各层以曲线形走向随机抽取。将取样器(2.3.1)管槽朝下,从每袋一角依斜对角方向插入袋内,然后将管槽旋转朝上,抽出取样器,立即将样品倒入盛样器内。每袋抽取样品数的量应与 2.4.1 基本一致。

中华人民共和国国家进出口商品检验局1996-11-15批准　　　　1997-05-01实施

每批样品所抽取的样品总量应不少于 4 kg。

2.4.3 大样缩分

集中袋内和倒包抽样所取全部样品，倒于分样布上，用分样板按四分法缩分出样品不少于 2 kg，盛于样品筒中，加封后标明标记并及时送交实验室。

2.5 试样制备

将样品按四分法缩分至 1 kg，全部磨碎并通过 20 目筛，混匀，均分成两份，装入洁净的容器内作为试样，密封，标明标记。

2.6 试样保存

将试样于－5℃以下避光保存。

注：在抽样和制样的操作过程中，必须防止样品受到污染或发生残留物含量的变化。

3 测定方法

3.1 方法提要

试样中的匹唑芬用水-丙酮(35＋65)混合溶液提取，提取液经氟罗里硅土柱净化，用配有紫外检测器的液相色谱仪检测，外标法定量。

3.2 试剂和材料

所用试剂除另有规定外均为分析纯，水为蒸馏水。

3.2.1 丙酮。

3.2.2 石油醚：沸程 30～60℃，重蒸馏。

3.2.3 无水硫酸钠：经 650℃灼烧 4 h，置干燥器内备用。

3.2.4 氟罗里硅土：Florisil PR，60～100 目，Fluka Chemie AG 或相当者。650℃灼烧 5 h，冷却后贮于密闭容器内备用。使用前于 130℃下烘 3 h。

3.2.5 氯化钠。

3.2.6 甲醇：液相色谱用。

3.2.7 乙腈：液相色谱用。

3.2.8 匹唑芬标准品：纯度≥99.9%。

3.2.9 匹唑芬标准溶液：准确称取适量的匹唑芬标准品，用甲醇(3.2.6)配成浓度为 1.00 mg/mL 的标准贮备溶液，根据需要再用甲醇稀释成适当浓度的标准工作溶液。

3.3 仪器和设备

3.3.1 高效液相色谱仪：带有紫外检测器。

3.3.2 氟罗里硅土净化柱：300 mm×15 mm(内径)玻璃柱，装入氟罗里硅土(3.2.4)15 g，上端装入5 g 无水硫酸钠(3.2.3)。使用前用 30 mL 丙酮-石油醚混合液(1.5＋18.5)淋洗。

3.3.3 植物粉碎器。

3.3.4 高速均质器。

3.3.5 旋转蒸发器：配有 250 mL 茄形蒸发瓶。

3.3.6 玻璃抽滤器：配有 0.45 μm 过滤膜。

3.3.7 微孔滤膜过滤器：MF-O 型。

3.3.8 超声波发生器。

3.3.9 微量注射器：100 μL。

3.4 测定步骤

3.4.1 提取

称取粉碎的试样 20 g(精确到 0.1 g)于一个 250 mL 锥形瓶中，加入 100 mL 水-丙酮(35＋65)混合溶液，于高速均质器上均质 3 min。将样液抽滤到一个 250 mL 茄形瓶中。收取滤纸上的残留物置于原均质器中，加入 50 mL 丙酮，重复上述操作。合并滤液于同一个 250 mL 茄形瓶中，在 40℃水浴中旋转浓缩至约 30 mL。然后转移至一个预先加有 200 mL 5%氯化钠溶液的 500 mL 分液漏斗中，加入 100 mL 石油醚，激烈振荡约 2 min。静置分层后，将水相转移至另一个 500 mL 分液漏斗中，并加入 50 mL 石油醚，重复振荡、分层。弃去水相，石油醚层过无水硫酸钠柱，流出液合并到另一个 250 mL 茄形瓶中。在 40℃下旋转浓缩以除去石油醚。用 10 mL 丙酮-石油醚混合液(1.5+18.5)溶解残留物。

3.4.2 净化

在氟罗里硅土净化柱(3.3.2)中加入 30 mL 丙酮-石油醚混合液(1.5+18.5)，使其流出至柱上端留有少量溶液。然后加入 3.4.1 中提取所得样液，注入 100 mL 丙酮-石油醚混合液(1.5+18.5)，弃去流出液。再注入 50 mL 丙酮-石油醚混合液(3.5+16.5)进行洗脱(流速为 1～2 滴/s)，收集洗脱液 50 mL 于 250 mL 茄形瓶中。在 40℃下旋转浓缩以除去溶剂。用 2.0 mL 乙腈定容，供测定。

3.4.3 测定

3.4.3.1 色谱条件

a) 色谱柱：RP-C_{18}，YWG，10 μm，250 mm×4.6 mm(内径)；或相当的。

b) 流动相：乙腈-水((60+40)。配制后，经 0.45 μm 滤膜抽滤，脱气；

c) 流速：1.0 mL/min；

d) 检测波长：250 nm；

e) 柱温：25℃；

f) 进样量：20 μL。

3.4.3.2 色谱测定

根据样液中匹唑芬含量情况，选定峰高相近的标准工作溶液。标准工作溶液和样液中匹唑芬响应值均应在仪器检测线性范围内。对标准工作溶液和样液等体积穿插进样测定。在上述色谱条件下，匹唑芬的保留时间约为 12 min。匹唑芬标准品液相色谱图，见附录 A 中图 A1。

3.4.4 空白试验

除不加试样外，均按上述步骤进行。

3.4.5 结果计算和表述

用色谱数据处理机或按式(2)计算试样中匹唑芬残留量：

$$X = \frac{h \cdot c \cdot V}{h_s \cdot m} \qquad \cdots\cdots(2)$$

式中：X——试样中匹唑芬残留量，mg/kg；

h——样液中匹唑芬的色谱峰高，mm；

h_s——标准工作溶液中匹唑芬的色谱峰高，mm；

c——标准工作溶液中匹唑芬的浓度，μg/mL；

V——最终样液的体积，mL；

m——最终样液所相当的试样量，g。

注：计算结果需扣除空白值。

4 测定低限、回收率

4.1 测定低限

本方法的测定低限为 0.02 mg/kg。

4.2 回收率

回收率的实验数据：

匹唑芬添加浓度在 0.02 mg/kg 时，回收率为 90.04%；

匹唑芬添加浓度在 0.10 mg/kg 时，回收率为 90.98%；

匹唑芬添加浓度在 0.50 mg/kg 时，回收率为 90.79%。

附　录　A

（提示的附录）

标准品色谱图

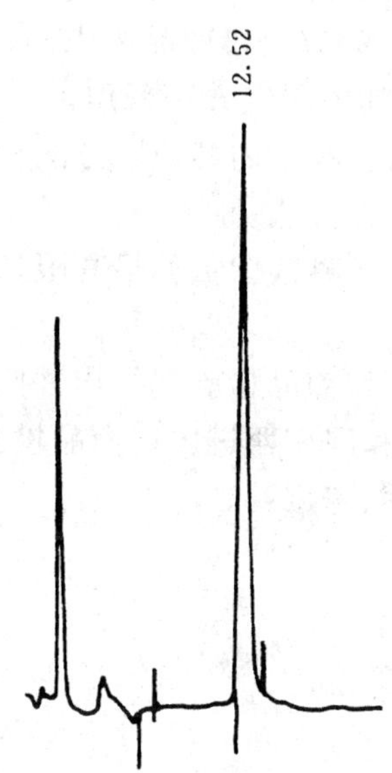

图 A1　匹唑芬标准液相色谱图

前　言

本标准是根据GB/T 1.1—1993《标准化工作导则　第1单元:标准的起草与表述规则　第1部分:标准编写的基本规定》及SN/T 0001—1995《出口商品中农药、兽药残留量及生物毒素检验方法标准编写的基本规定》的要求而进行编写的。其中测定方法采用了《日本食品中农药残留量限量及检验方法》(续一)中所载的路咪啉残留量分析方法。技术内容与原方法相同,经验证后,按规定格式要求作了编辑性修改。在标准中同时制定了抽样和制样方法。

测定低限是根据国际上对粮谷中路咪啉残留量的最高限量和测定方法的灵敏度而制定的。

本标准的附录A为提示的附录。

本标准由中华人民共和国国家进出口商品检验局提出并归口。

本标准负责起草单位:中华人民共和国广西进出口商品检验局。

本标准主要起草人:覃小林、田继军、陈振鸿。

本标准系首次发布的行业标准。

中华人民共和国进出口商品检验行业标准

出口粮谷中路咪啉残留量检验方法

SN 0603—1996

Method for the determination of tralomethrin residues in cereals for export

1 范围

本标准规定了出口粮谷中路咪啉残留量检验的抽样、制样和气相色谱测定方法。

本标准适用于出口糙米中路咪啉残留量的检验。

2 抽样和制样

2.1 检验批

以不超过 4 000 袋(200 t)为一检验批。

同一检验批的商品应具有相同的特征,如包装、标记、产地、规格和等级等。

2.2 抽样数量

按式(1)计算抽样袋数:

$$a = \sqrt{N} \qquad \cdots\cdots(1)$$

式中:N——全批袋数;

a——抽样袋数。

注:a 值取整数,小数部分向前进位为整数。

2.3 抽样工具

2.3.1 金属单管取样器:全长 55 cm(包括手柄),直径 1.5~2.0 cm,沟槽长度应超过袋对角线长度的一半。

2.3.2 取样铲。

2.3.3 分样板。

2.3.4 盛样器:筒或袋,可密封。

2.3.5 分样布或适用铺垫物。

2.4 抽样方法

2.4.1 倒包抽样:从堆垛的各部位随机抽取 2.2 规定的应抽件数的 10%(每批一般不少于 3 袋),将袋口缝线全部拆开,平置于分样布或其他洁净的铺垫物上,双手紧握袋底两角,提起约成 45°倾角,倒拖约 1 m,使袋内货物全部倒出。查看袋内和袋间品质是否均匀。确认情况正常后,用取样铲随机在各个部位抽取样品,并立即将样品倒入盛样器内。每袋抽取样品的量应基本一致。

2.4.2 袋内抽样:按 2.2 规定的应抽样件(扣除倒包抽样件数),在堆垛四周上、中、下各层以曲线形走向随机抽取。将取样器(2.3.1)管槽朝下,从每袋一角依斜对角方向插入袋内,然后将管槽旋转朝上,抽出取样器,立即将样品倒入盛样器内。每袋抽取样品的量应与 2.4.1 基本上一致。

每批所抽取的样品总量应不少于 4 kg。

2.4.3 大样缩分:合并袋内和倒包抽样所取全部样品,倒于分样布上,用分样板按四分法缩分出样品不

中华人民共和国国家进出口检验局 1996-11-15 批准　　1997-05-01 实施

少于 2 kg,盛于样品筒内,加封后标明标记,并及时送交实验室。

2.5 试样制备

2.5.1 制样工具

2.5.1.1 磨碎机。

2.5.1.2 筛子:20 目筛。

2.5.1.3 分样板。

2.5.1.4 盛样瓶:具塞广口瓶。

2.5.2 制样方法

将样品按四分法缩分至 1 kg,全部磨碎并通过 20 目筛,混匀,均分成两份,作为试样,分装入洁净的容器内,密封,标明标记。

2.6 试样保存

将试样于－5℃以下避光保存。

注:在抽样和制样的操作过程中,必须防止样品受到污染或发生残留物含量的变化。

3 测定方法

3.1 方法提要

糙米中残留的路咪啉用丙酮-水提取,提取液中色素和脂肪用氯化铵-磷酸溶液沉淀除去。提取液在经液液分配和弗罗里硅土柱净化后,用配有电子俘获检测器的气相色谱仪测定,外标法定量。如有必要可用气相色谱-质谱法确证。

3.2 试剂和材料

除另有规定外,试剂均为分析纯,水为蒸馏水。

3.2.1 丙酮:重蒸馏。

3.2.2 硅藻土:实验试剂,100～200 目。650℃灼烧 4 h,冷却后存放于干燥器中备用。

3.2.3 无水硫酸钠:650℃灼烧 4 h,冷却后贮于密封容器中备用。

3.2.4 正己烷:重蒸馏。

3.2.5 凝聚液:取 2 g 氯化铵及 4 mL 磷酸(ρ 约 1.7 g/mL),加水为 400 mL。

3.2.6 乙醚:重蒸馏。

3.2.7 弗罗里硅土:层析用,60～100 目,650℃灼烧 4 h,冷却后储于密闭容器中。使用前于 130℃下活化 3 h。存放干燥器中冷却后备用。

3.2.8 路咪啉标准品:纯度≥98%。

3.2.9 路咪啉标准溶液:准确称取适量的路咪啉标准品(3.2.8),用正己烷(3.2.4)配成浓度为 20 μg/mL 的标准储备液,根据需要再配制成适当浓度的标准工作溶液。

3.3 仪器和设备

3.3.1 气相色谱仪并配有电子俘获检测器。或配有质谱检测器。

3.3.2 弗罗里硅土净化柱:30 cm×1.5 cm(内径)玻璃柱,装入弗罗里硅土(3.2.7)5 g,上端装入 5 g 无水硫酸钠(3.2.3)。使用前需用标准溶液对其进行校准。

3.3.3 旋转蒸发器。

3.3.4 微量注射器:10 μL。

3.3.5 布氏漏斗。

3.3.6 植物粉碎器。

3.4 测定步骤

3.4.1 提取

称取试样约 5 g(精确到 0.01 g)置于 250 mL 锥形瓶中,加入 60 mL 丙酮及 20 mL 水,搅拌 5 min,

用上铺 1 cm 厚硅藻土的布氏漏斗抽滤于抽滤瓶中。收取残渣于锥形瓶中，加入 60 mL 丙酮，振摇均匀，同上操作。滤液合并于梨形圆底烧瓶中，在旋转蒸发器上于 40℃水浴中浓缩至约 20 mL。

将此液移入 300 mL 分液漏斗中，加入 100 mL 5%氯化钠溶液和 100 mL 正己烷，剧烈振荡 5 min，静置，分出正己烷。在水层中加入 50 mL 正己烷，同上操作，合并正己烷提取液于 300 mL 锥形瓶中。加入适量的无水硫酸钠，放置 1 h 并不时振摇。过滤于梨形烧瓶中。然后用 20 mL 正己烷洗涤锥形瓶和滤纸上的残渣，过滤，重复操作两次。合并滤液和洗液，在旋转蒸发器上 40℃水浴中浓缩至近干。

残留物中加入 50 mL 丙酮使溶解，加入 50 mL 凝聚液(3.2.5)及 2 g 硅藻土，轻轻摇匀，放置 5 min。用上铺 1 cm 厚硅藻土的布氏漏斗抽滤。用 50 mL 丙酮-凝聚液(1+1)洗涤上述梨形烧瓶及滤垫，抽滤。合并滤液及洗液于 300 mL 分液漏斗。在分液漏斗中加入 5 g 氯化钠及 50 mL 正己烷，剧烈振荡 5 min，静置，分出正己烷。于水层中加入 50 mL 正己烷，同上操作。提取液合并于 300 mL 锥形瓶中。加入适量的无水硫酸钠，放置 30 min 并不时振摇，过滤于梨形烧瓶中。用 20 mL 正己烷洗涤锥形瓶及滤纸上的残渣，过滤。合并滤液和洗液，于 40℃水浴中除去正己烷。于残留物中加入乙醚-正己烷(1+19)10 mL 溶解。

3.4.2 净化

在弗罗里硅土柱(3.3.2)中注入 3.4.1 所得溶液后，注入 50 mL 乙醚-正乙烷(1+19)混合液，弃去流出液。然后注入 100 mL 乙醚-正己烷(3+7)混合液，收集流出液于梨形烧瓶中，在旋转蒸发器上于 40℃水浴中浓缩至干。用 5.00 mL 正己烷溶解残留物，供气相色谱测定用。

3.4.3 测定

3.4.3.1 气相色谱条件

a) 色谱柱：农残-Ⅱ，25 m×0.53 mm(id)，膜厚为 0.5 μm；

b) 载气：氮气，纯度≥99.99%，5 mL/min；

c) 尾吹气：氮气，纯度≥99.99%，30 mL/min；

d) 进样品温度：300℃；

e) 色谱柱温度：260℃；

f) 检测器温度：300℃；

g) 进样方式：无分流，直接进样方式。

3.4.3.2 气相色谱测定

根据试样中被测农药含量情况，选定峰高相近的标准工作溶液。标准工作溶液和待测样液中农药的响应值均应在仪器检测的线性范围内。对标准工作液与样液等体积参插进样测定，在上述色谱条件下，路咪啉保留时间约为 7.2 min。路咪啉标准品气相色谱图，见附录 A 中图 A1。

3.4.4 气相色谱-质谱确证试验

3.4.4.1 气相色谱-质谱条件

a) 色谱柱：DB-17，30 m×0.25 mm(id)，膜厚为 0.25 μm；

b) 载气：氦气，纯度≥99.99%，0.9 mL/min；

c) 色谱柱温度：恒温 260℃，保持 45 min；

d) 进样口温度：270℃；

e) 色谱-质谱接口温度：270℃；

f) 进样量：2 μL；

g) 进样方式：无分流，2 min 后开阀；

h) 电离方式：EI；

i) 电子倍增器电压：1.35 kV；

j) 测定方式：离子监测方式；

k) 监测离子(m/z)：253、181、174；

l）溶剂延迟：8 min。

3.4.4.2 质谱确证

对标准溶液及样液均按3.4.4.1规定的条件进行测定。如果样液中与标准溶液中在相同的保留时间有峰出现，必要时，用质谱法对其进行确证。

3.4.5 空白试验

除不加试样外，均按上述测定步骤进行。

3.5 结果计算和表述

用色谱数据处理机或按式(2)计算试样中路咪啉的残留含量：

$$X = \frac{h \cdot c \cdot V}{h_s \cdot m} \qquad \cdots\cdots(2)$$

式中：X——试样中路咪啉含量，mg/kg；

h——样液中路咪啉的色谱峰高，mm；

h_s——标准工作液中路咪啉的色谱峰高，mm；

c——标准工作液中路咪啉的浓度，μg/mL；

V——样液中最终定容体积，mL；

m——最终样液所代表的试样量，g。

注：计算结果需将空白值扣除。

4 测定低限、回收率

4.1 测定低限

本方法测定低限为0.02 mg/kg。

4.2 回收率

回收率的试验数据：

路咪啉的添加浓度在0.02 mg/kg时，回收率为84.3%；

路咪啉的添加浓度在0.05 mg/kg时，回收率为88.7%；

路咪啉的添加浓度在0.20 mg/kg时，回收率为95.9%。

附 录 A
（提示的附录）
标准品气相色谱图

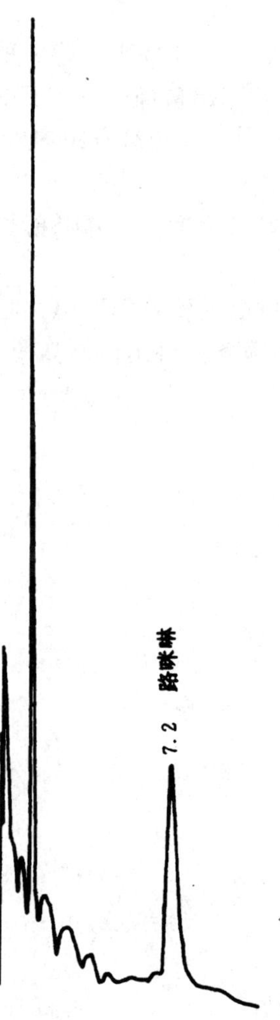

图 A1 路咪啉标准品气相色谱图

前　　言

本标准是根据GB/T 1.1—1993《标准化工作导则　第1单元:标准的起草与表述规则　第1部分:标准编写的基本规定》及SN/T 0001—1995《出口商品中农药、兽药残留量及生物毒素检验方法标准编写的基本规定》的要求进行编写的。其中测定方法参考国内外有关文献,经研究、改进和验证后而制定的。本标准同时制定了抽样和制样方法。

测定低限是根据国际上对蔬菜中杜烯残留量的最高限量和测定方法的灵敏度而制定的。

本标准的附录A是提示的附录。

本标准由中华人民共和国国家进出口商品检验局提出并归口。

本标准负责起草单位:中华人民共和国浙江进出口商品检验局。

本标准主要起草人:商学彬、沈力生。

本标准系首次发布的行业标准。

中华人民共和国进出口商品检验行业标准

出口蔬菜中杜烯残留量检验方法

SN 0604—1996

Method for the determination of durene residues in vegetables for export

1 范围

本标准规定了出口蔬菜中杜烯残留量检验的抽样、制样和气相色谱测定方法。

本标准适用于出口西红柿中杜烯残留量的检验。

2 抽样和制样

2.1 检验批

以不超过1 500件为一检验批。

同一检验批的商品应具有相同的特征。如包装、标记、产地、规格和等级等。

2.2 抽样数量

批量,件	最低抽样数,件
1～25	1
26～100	5
101～250	10
251～1 500	15

2.3 抽样方法

按2.2规定的抽样件数随机抽取,逐件开启。每件至少取500 g作为原始样品,原始样品总量不得少于2 kg。加封后,标明标记,及时送实验室。

2.4 试样制备

将所取原始样品缩分出1 kg,取可食部分,经组织捣碎机捣碎,均分成两份,装入洁净容器内,作为试样,密封,并标明标记。

2.5 试样保存

将试样于－18℃以下冷冻保存。

注:在抽样和制样的操作过程中,必须防止样品受到污染或发生残留物含量的变化。

3 测定方法

3.1 方法提要

以正己烷提取试样中残留的杜烯,用水蒸气蒸馏作进一步提取和分离。经无水硫酸钠脱水,中性氧化铝柱净化,浓缩后定容。用配有氢火焰检测器的气相色谱仪测定,外标法定量。

3.2 试剂和材料

除特殊规定外,试剂均为分析纯,水为蒸馏水。

3.2.1 正己烷:在1 L正己烷中,加4 g氢氧化钠,水浴回流2 h,用全玻璃装置重蒸馏,收集67～69℃馏分。浓缩100倍,检查无杜烯色谱峰和干扰峰。

中华人民共和国国家进出口商品检验局1996-11-15批准　　1997-05-01实施

3.2.2 无水硫酸钠：在 650℃灼烧 4 h，置于干燥器中备用。

3.2.3 中性氧化铝：层析用，100～200 目。在 650℃灼烧 4 h，置于干燥器内备用。用前在 140℃烘箱中活化 3 h。

3.2.4 杜烯标准品：纯度≥99.0%。

3.2.5 杜烯标准溶液：准确称取适量的杜烯标准品，用正己烷配成浓度为 200 μg/mL 的标准贮备溶液，根据需要再用正己烷稀释成适当浓度的标准工作溶液。

3.3 仪器和设备

3.3.1 气相色谱仪：配有氢火焰检测器。

3.3.2 高速组织捣碎机。

3.3.3 旋转蒸发器。

3.3.4 分液漏斗：250 mL。

3.3.5 刻度试管，具磨口塞，5 mL 或 10 mL。

3.3.6 微量注射器：5 μL 或 10 μL。

3.3.7 水蒸气蒸馏装置：全玻璃标准磨口 24# 或 19#，其中蒸馏瓶为 1 000mL，接收瓶为 250 mL。

3.3.8 氧化铝柱：200 mm×15 mm(内径)玻璃柱。柱底部填少量玻璃棉，依次装入 3 g 无水硫酸钠(3.2.2)，5 g 中性氧化铝(3.2.3)，15 g 无水硫酸钠。用 20 mL 正己烷(3.2.1)预淋洗。

3.4 测定步骤

3.4.1 提取和净化

称取试样约 100 g(精确到 0.1 g)于均质杯中，加水 100 mL，正己烷 30 mL，高速均质 2 min。将均浆液移入 1 000 mL 蒸馏瓶中，用 100 mL 水淋洗均质杯，淋洗液并入蒸馏瓶中，连接水蒸气蒸馏装置。先缓慢蒸出正己烷，然后增大水蒸气，继续蒸馏 0.5 h 后，停止水蒸气蒸馏。冷至室温后，用 30 mL 正己烷淋洗弯管、冷凝管、接收管，淋洗液并入接收瓶中，转入分液漏斗中，分出正己烷相，水相用 20 mL 正己烷分两次提取。合并正己烷相。将正己烷相过氧化铝柱，用 20 mL 正己烷淋洗，收集全部流出液，于 35℃水浴中用旋转蒸发器减压浓缩至约 2 mL。浓缩液转入 5 mL 具塞刻度试管中，用 2 mL 正己烷淋洗瓶壁，并入试管中，以平缓氮气流或空气流浓缩，定容至 2 mL，供气相色谱测定。

3.4.2 测定

3.4.2.1 色谱条件

a) 色谱柱：LZ 农残-Ⅱ石英毛细管柱，25 m×0.53 mm(内径)，或相当的色谱柱；

b) 载气：氮气，纯度≥99.99%，25 mL/min；

c) 氢气：纯度≥99.9%，30 mL/min；

d) 空气：375 mL/min；

e) 色谱柱温度：50℃ (2 min) $\xrightarrow{10℃/min}$ 80℃ (2 min) $\xrightarrow{30℃/min}$ 230℃ (5 min)；

f) 进样口温度：270℃；

g) 检测器温度：300℃；

h) 进样口：分流/不分流毛细管进样口；

i) 进样方式：不分流进样，0.5 min 后开阀；

j) 进样量：3 μL。

3.4.2.2 色谱测定

根据样液中杜烯含量的情况选定峰面积相近的标准工作溶液。标准工作溶液和样液中杜烯的响应值均应在仪器检测线性范围内。对标准工作溶液和样液等体积参插进样测定。在上述色谱条件下，杜烯的保留时间约为 4 min。标准品的色谱图见附录 A 中图 A1。

3.4.3 空白试验

除不加试样外，按上述操作步骤进行。

3.4.4 结果计算和表述

用色谱数据处理机或按式(1)计算试样中杜烯残留量。

$$X=\frac{A\cdot c\cdot V}{A_s\cdot m} \qquad \cdots\cdots(1)$$

式中:X——试样中杜烯含量,mg/kg;

A——样液中杜烯的色谱峰面积,mm^2;

A_s——标准工作液中杜烯的色谱峰面积,mm^2;

c——标准工作液中杜烯的浓度,μg/mL;

V——样液最终定容体积,mL;

m——最终样液所代表的试样量,g。

注:计算结果需扣除空白值。

4 测定低限、回收率

4.1 测定低限

本方法的测定低限为0.02 mg/kg。

4.2 回收率

回收率的实验数据:

杜烯添加浓度在0.02 mg/kg时,回收率为90.8%;

杜烯添加浓度在0.05 mg/kg时,回收率为90.6%;

杜烯添加浓度在0.50 mg/kg时,回收率为88.9%。

附 录 A
（提示的附录）
标准品气相色谱图

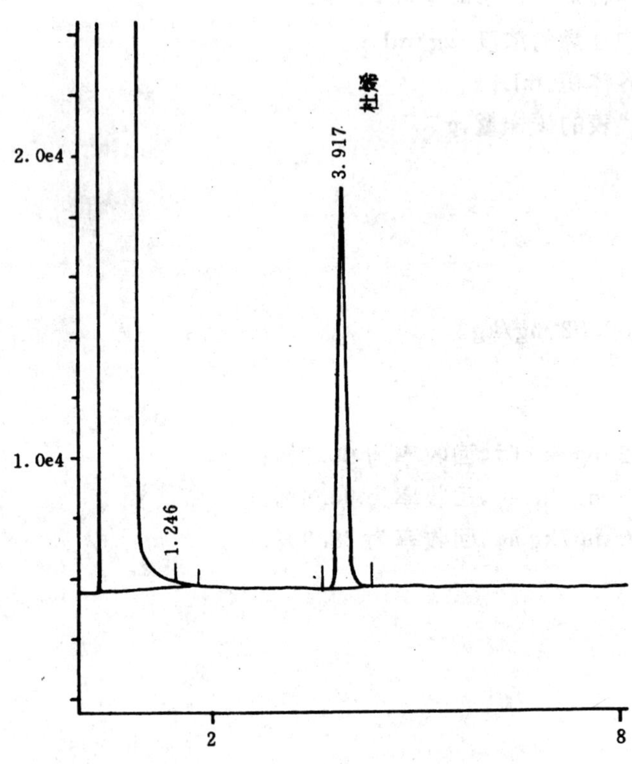

图 A1 杜烯标准品气相色谱图

前　　言

本标准是根据GB/T 1.1—1993《标准化工作导则　第1单元:标准的起草与表述规则　第1部分:标准编写的基本规定》及SN/T 0001—1995《出口商品中农药、兽药残留量及生物毒素检验方法标准编写的基本规定》的要求而进行编写的。其中测定方法采用了《日本食品中农药残留量限量及检验方法》(续一)中所载的双苯唑菌醇残留量分析方法。技术内容与原方法相同,经验证后,按规定格式要求作了编辑性修改。在标准中同时制定了抽样和制样方法。

测定低限是根据国际上对粮谷中双苯唑菌醇残留量的最高限量和测定方法的灵敏度而制定的。

本标准的附录A为提示的附录。

本标准由中华人民共和国国家进出口商品检验局提出并归口。

本标准起草单位:中华人民共和国上海进出口商品检验局。

本标准主要起草人:朱坚。

本标准系首次发布的行业标准。

中华人民共和国进出口商品检验行业标准

出口粮谷中双苯唑菌醇残留量检验方法

SN 0605—1996

Method for the determination of bitertanol residues in cereals for export

1 范围

本标准规定了出口粮谷中双苯唑菌醇残留量检验的抽样、制样和气相色谱测定方法。

本标准适用于出口玉米、糙米中双苯唑菌醇残留量的检验。

2 抽样和制样

2.1 检验批

以不超过 200 t 为一检验批。200 t 袋装糙米约 4 000 袋；袋装玉米，则约 2 200 袋。

同一检验批的商品应具有相同的特征，如包装、标记、产地、规格和等级等。

2.2 抽样数量

2.2.1 袋装货品

按式(1)计算抽样袋数：

$$a = \sqrt{N} \qquad \cdots\cdots (1)$$

式中：N——全批袋数；

a——抽样袋数。

注：a 值取整数，小数部分向前进位为整数。

2.2.2 散积货品(玉米)

货堆高度不超过 2 m。按货堆面积划区设点，以 50 m² 为一个取样区，每区设中心及四角(距边线 1 m处)5 个点。每增加一个取样区，增设 3 个点。

2.3 抽样工具

2.3.1 金属单管取样器：全长 55 cm(包括手柄)，直径 1.5～2.5 cm，沟槽长度应超过袋对角线长度的一半。

2.3.2 金属双套管取样器：全长分 1 m、2 m(均包括手柄)两种。内、外管同部位分段开三个槽口，每个槽口长 15～20 cm，口宽 2.0～2.5 cm。内管的内径为 2.5～3.0 cm；取样器的探头长约 7 cm。

2.3.3 取样铲。

2.3.4 分样板。

2.3.5 盛样器：筒或袋，可密封。

2.3.6 分样布或适用的铺垫物。

2.4 抽样方法

2.4.1 袋装抽样

2.4.1.1 倒包抽样：从堆垛的各部位随机抽取 2.2.1 规定的应抽样件数的 10%(每批一般不少于 3

中华人民共和国国家进出口商品检验局 1996-11-15 批准　　　　1997-05-01 实施

袋),将袋口缝线全部拆开,平置于分样布或其他洁净的铺垫物上,双手紧握袋底两角,提起约成45°倾角,倒拖约1 m,使袋内货物全部倒出。查看袋内和袋间品质是否均匀。确认情况正常后,用取样铲随机在各部位抽取样品,立即将样品倒入盛样器内。每袋抽取样品的量应基本一致。

2.4.1.2 袋内抽样:按2.2.1规定的应抽样件(扣除倒包抽样件数),在堆垛四周上、中、下各层以曲线形走向随机抽取。然后按糙米、玉米,用下述方法进行取样:

对糙米,用金属单管取样器(2.3.1),槽口朝下,从每袋一角依斜对角方向插入袋内,然后将管槽旋转朝上,抽出取样器,立即将样品倒入盛样器内。

对玉米,用1 m长的金属双套管取样器(2.3.2),关闭槽口,从每袋一角依斜对角方向插入袋内,然后旋转内管以开启槽口,待样品流满内管后,再旋转内管以关闭槽口。抽出取样器,立即将样品倒入盛样器内。

每袋所抽取的样品的量应与2.4.1.1基本一致。每批所抽取的样品总量应不少于4 kg。

2.4.2 散积抽样:按2.2.2规定的取样点,逐点抽取样品。将取样器(2.3.2)槽口关闭,以倾斜45°角度插入粮堆至相应深度,旋转取样器内管以开启槽口,待样品流满内管后,再旋转内管以关闭槽口。抽出取样器,立即将样品倒入盛样器内。从各点中抽取的样品量应基本一致。

每批所抽取的样品总量应不少于4 kg。

2.4.3 大样缩分

袋装样品:合并从袋内和倒包抽样所取全部样品,倒于分样布上,用分样板按四分法缩分样品至不少于2 kg,盛于盛样器内,加封后标明标记,并及时送交实验室。

散积样品:将抽取的全部样品,倒于分样布上,以下按上述袋装样品方法进行。

2.5 试样制备

将样品按四分法缩分至1 kg,全部磨碎并通过20目筛。混匀,均分成两份试样,装入洁净的容器内,密封,标明标记。

2.6 试样保存

将试样于−5℃以下避光保存。

注:在抽样和制样的操作过程中,必须防止样品受到污染或发生残留物含量的变化。

3 测定方法

3.1 方法提要

样品中残留的双苯唑菌醇用丙酮-水提取,提取液先后经乙酸乙酯及乙腈液液分配净化,再经弗罗里硅土柱净化后,用配有氮磷检测器的气相色谱仪测定,外标法定量。如有必要可用气相色谱-质谱法确证。

3.2 试剂和材料

除另有规定外,试剂均为分析纯,水为蒸馏水。

3.2.1 丙酮:重蒸馏。

3.2.2 乙酸乙酯:重蒸馏。

3.2.3 乙醚:重蒸馏。

3.2.4 乙腈:重蒸馏。

3.2.5 正己烷:重蒸馏。

3.2.6 无水硫酸钠:650℃灼烧4 h,贮于密封容器中备用。

3.2.7 弗罗里硅土:650℃灼烧4 h,贮于密封容器中,使用前在130℃下烘2 h,贮于干燥器内冷却备用。

3.2.8 丙酮-正己烷(3+17)。

3.2.9 氯化钠溶液:饱和水溶液。

3.2.10 双苯唑菌醇标准品:纯度≥98%。

3.2.11 双苯唑菌醇标准溶液:准确称取适量的双苯唑菌醇标准品,用丙酮配制成浓度为 1.0 mg/mL 的标准储备液,再根据需要用丙酮配成适当浓度的标准工作溶液。

3.3 仪器和设备

3.3.1 气相色谱仪并配有氮磷检测器。必要时还需配有质谱检测器。

3.3.2 离心机。

3.3.3 旋转蒸发器。

3.3.4 微量注射器:10 μL。

3.3.5 无水硫酸钠柱:6 cm×1.8 cm(内径),内装 5 cm 高的无水硫酸钠。

3.3.6 层析柱:30 cm×1.8 cm(内径),具砂芯,柱内先装 10 g 弗罗里硅土,再装 8 g 无水硫酸钠。

3.4 测定步骤

3.4.1 提取

称取约 10 g 试样(精确至 0.1 g),置于 250 mL 离心管中。加入 20 mL 水,用搅棒拌匀,放置 2 h。

加入 100 mL 丙酮于上述离心管中,搅拌 2 min,在 3 000 r/min 下离心 5 min。上清液转入 250 mL 烧瓶中。再加入 50 mL 丙酮,同上操作。将合并的提取液在 40℃的旋转蒸发器上除去丙酮。

将烧瓶中溶液移入 250 mL 分液漏斗,并加入 50 mL 氯化钠饱和溶液,用 100 mL 乙酸乙酯分数次洗涤烧瓶,并入分液漏斗,剧烈振摇 5 min,静置分层。收集上部乙酸乙酯层,并通过无水硫酸钠柱脱水,滤入 250 mL 烧瓶中。再用 100 mL 乙酸乙酯,同上操作。用少量乙酸乙酯洗涤无水硫酸钠柱,合并洗液和提取液。在 40℃下用旋转蒸发器蒸发近干。

加入 15 mL 正己烷以溶解残渣,并将溶液移入 125 mL 分液漏斗中。用 30 mL 正己烷饱和的乙腈洗涤烧瓶,并入分液漏斗,剧烈振摇 5 min,静置分层,下层转入另一个 125 mL 的分液漏斗中。再加入 30 mL 正己烷饱和的乙腈,同上操作,合并提取液。在提取液中加入 50 mL 乙腈饱和的正己烷,轻轻振摇数次,静置分层,将下层转入 100 mL 鸡心瓶中,并在 50℃下用旋转蒸发器蒸发近干。加入 2 mL 正己烷以溶解残渣。

3.4.2 净化

在层析柱中,加入 20 mL 正己烷,弃去流出液。待液面降至无水硫酸钠层时,将上述的提取液加入柱中,待液面降至无水硫酸钠层时,用 5 mL 正己烷洗涤器皿,加入柱内,继用 45 mL 正己烷、150 mL 丙酮-正己烷(3+17)按序淋洗,弃去流出液。最后用 130 mL 乙醚洗脱,收集洗脱液于 150 mL 鸡心瓶中,在 30℃下用旋转蒸发器蒸发近干。准确加入 2 mL 正己烷以溶解残渣后,供气相色谱测定。

3.4.3 测定

3.4.3.1 气相色谱条件

a) 色谱柱:SE-54,30 m×0.32 mm(id),膜厚 0.25 μm 或相当者;

b) 载气:氮气,纯度≥99.99%,1.2 mL/min;

c) 辅助气:氮气,纯度≥99.99%,20 mL/min;

d) 氢气:3.5 mL/min;

e) 空气:100 mL/min;

f) 色谱柱温度:

程序升温:60℃保持 1 min,以 10℃/min 速度升至 290℃,保持 5 min;

g) 进样口温度:250℃;

h) 检测器温度:320℃;

i) 进样量:1 μL;

j) 进样方式:无分流,1 min 后开阀。

3.4.3.2 气相色谱测定

根据样液中被测农药含量情况，选定峰高相近的标准工作溶液。标准工作溶液和待测样液中农药的响应值均应在仪器检测的线性范围内。对标准工作液与样液应等体积参插进样测定，在上述色谱条件下，双苯唑菌醇保留时间约为 23 min。标准品色谱图见附录 A 中图 A1。

3.4.4 气相色谱-质谱确证

3.4.4.1 气相色谱-质谱条件

a) 色谱柱：SE-54，30 m×0.32 mm(id)，膜厚 0.25 μm 或相当者；

b) 载气：氦气，纯度≥99.99%，1.2 mL/min；

c) 色谱柱温度：

程序升温：60℃保持 1 min，以 10℃/min 速度升至 290℃，保持 5 min；

d) 进样口温度：250℃；

e) 色谱-质谱接口温度：280℃；

f) 进样量：2 μL；

g) 进样方式：无分流，1 min 后开阀；

h) 电离能量：70 eV；

i) 电离方式：EI；

j) 电子倍增器电压：自动调谐值加 200 V；

k) 测定方式：离子监测方式；

l) 监测离子(m/z)：170、168、141；

m) 溶剂延迟：15 min。

3.4.4.2 质谱确证试验

对标准溶液及样液均按 3.4.4.1 规定的条件进行测定。如果样液与标准品溶液的选择离子图中，在相同保留时间有峰出现，则用质谱图对其确证。

3.4.5 空白试验

除不称取试样外，均按上述测定步骤进行。

3.5 结果计算和表述

用色谱数据处理机或按式(2)计算试样中双苯唑菌醇的残留含量：

$$X=\frac{A\cdot c\cdot V}{A_s\cdot m} \qquad \cdots\cdots(2)$$

式中：X ——试样中双苯唑菌醇含量，mg/kg；

A ——样液中双苯唑菌醇的色谱峰面积，mm^2；

A_s ——标准工作液中双苯唑菌醇的色谱峰面积，mm^2；

c ——标准工作液中双苯唑菌醇的浓度，μg/mL；

V ——样液最终定容体积，mL；

m ——最终样液所代表的试样量，g。

注：计算结果需将空白值扣除。

4 测定低限、回收率

4.1 测定低限

本方法测定低限为 0.05 mg/kg。

4.2 回收率

回收率的实验数据：

玉米中双苯唑菌醇的添加浓度和回收率的数据：

添加浓度在 0.05 mg/kg 时，回收率为 93.0%；

添加浓度在0.10 mg/kg时，回收率为96.8%；
添加浓度在1.00 mg/kg时，回收率为95.1%。
糙米中双苯唑菌醇的添加浓度和回收率的数据：
添加浓度在0.05 mg/kg时，回收率为93.4%；
添加浓度在0.10 mg/kg时，回收率为95.6%；
添加浓度在1.00 mg/kg时，回收率为97.4%。

附 录 A
（提示的附录）
标准品色谱图

图 A1 双苯唑菌醇标准品色谱图

前　　言

本标准是根据GB/T 1.1—1993《标准化工作导则　第1单元:标准的起草与表述规则　第1部分:标准编写的基本规定》及SN/T 0001—1995《出口商品中农药、兽药残留量及生物毒素检验方法标准编写的基本规定》的要求而进行编写的。其中测定方法是参考国内外有关文献,经研究、改进和验证后制定。本标准同时制定了抽样和制样方法。

测定低限是根据国际上对鲜乳中噻菌灵残留量的最高限量和测定方法的灵敏度而制订的。

本标准的附录A为提示的附录。

本标准由中华人民共和国国家进出口商品检验局提出并归口。

本标准负责起草单位:中华人民共和国广东进出口商品检验局。

本标准主要起草人:张思群、李辉、梁伟大。

本标准系首次发布的行业标准。

中华人民共和国进出口商品检验行业标准

出口乳及乳制品中噻菌灵残留量检验方法 荧光分光光度法

SN 0606—1996

Method for the determination of thiabendazole residues in milk and milk products for export —Fluorescence spectrophotometry

1 范围

本标准规定了出口乳及乳制品中噻菌灵残留量检验的抽样、制样和荧光分光光度测定方法。

本标准适用于出口鲜乳中噻菌灵残留量的检验。

2 抽样和制样

2.1 检验批

以不超过 50 000 瓶为一检验批。

同一检验批的商品应具有相同的特征，如包装、标记、产地、规格和等级等。

2.2 抽样数量

批量，瓶	最低抽样数，瓶
10 000 以下	2
10 000～20 000	3
20 001～30 000	4
30 001～40 000	5
40 001～50 000	6

2.3 抽样方法

按 2.2 规定的抽样瓶数随机抽取，在所取的样瓶上标明记号，及时送实验室。

2.4 试样制备

将所取回的样瓶，充分混匀，分取约 250 mL 作为试样。装入洁净的容器内，密封，标明标记。

2.5 试样保存

将试样于－5℃以下保存。

注：在抽样和制样的操作过程中，必须防止样品受到污染或发生残留物含量的变化。

3 测定方法

3.1 方法提要

用氢氧化钾皂化试样中的脂肪，用乙酸乙酯提取噻菌灵，再用盐酸溶液抽提乙酸乙酯提取液中噻菌灵。用荧光分光光度法测定，标准曲线法定量。

3.2 试剂和材料

除另有规定外，所用试剂均为分析纯，水为蒸馏水。

中华人民共和国国家进出口商品检验局1996-11-15批准　　1997-05-01实施

3.2.1 氢氧化钾溶液：50%(m/V)水溶液。

3.2.2 氢氧化钾溶液：0.05%(m/V)水溶液。

3.2.3 盐酸溶液：0.1 mol/L。

3.2.4 乙酸乙酯。

3.2.5 噻菌灵标准品：纯度≥99%。

3.2.6 噻菌灵标准溶液：准确称取适量的噻菌灵标准品，用盐酸溶液配成浓度为0.100 mg/mL的标准贮备液。根据需要再用盐酸溶液稀释成适当浓度的标准工作溶液。

3.3 仪器和设备

3.3.1 荧光分光光度计。

3.3.2 冷凝管。

3.3.3 分液漏斗：125 mL。

3.3.4 锥形瓶：100 mL，具磨口。

3.3.5 电热水浴锅。

3.3.6 容量瓶：10 mL。

3.4 测定步骤

3.4.1 皂化

称取试样10 g(精确至0.1 g)于锥形瓶中，加入7 mL氢氧化钾溶液(3.2.1)，接上冷凝管，在沸腾的水浴上回流皂化40 min，取下，充分冷却。

3.4.2 提取

将皂化液移入分液漏斗中，用10 mL水洗涤锥形瓶，洗液并入同一分液漏斗。加入15 mL乙酸乙酯，轻摇0.5 min，静止分层。将水层转入另一分液漏斗，用15 mL乙酸乙酯再提取一次，剧烈振摇1 min，静止分层。合并乙酸乙酯提取液。

3.4.3 净化

用20 mL氢氧化钾溶液(3.2.2)洗涤乙酸乙酯提取液，剧烈振摇1 min，分层后，弃去水层。再加入20 mL氢氧化钾溶液(3.2.2)轻摇洗涤一次，弃去水层。用2×5 mL盐酸溶液(0.1 mol/L)提取乙酸乙酯层。合并盐酸提取液于10 mL容量瓶中，并用盐酸溶液(0.1 mol/L)定容。供荧光分光光度法测定。

3.4.4 测定

3.4.4.1 荧光分光光度法测定条件

激发波长：307 nm；发射波长：359 nm。不同型号仪器，可根据实际情况调节，以获得最佳激发波长和发射波长。

3.4.4.2 标准曲线的绘制

分别吸取0.2，0.5，1.0，5.0和10.0 mL标准工作溶液至一组10 mL容量瓶中，用盐酸溶液(0.1 mol/L)定容，于荧光分光光度计上测定各荧光吸光度，以荧光吸光度对噻菌灵浓度绘制标准曲线。标准品的荧光吸光度扫描图见附录A中图A1。

3.4.4.3 样液测定

取3.4.3中定容后的样液，于荧光分光光度计上测定样液的荧光强度。从标准曲线上查得样液中噻菌灵浓度。

3.4.5 空白试验

除不加试样外，均按上述测定步骤进行。

3.5 结果计算和表述

按式(1)计算试样中噻菌灵的残留含量：

$$X = \frac{c \cdot V}{m} \quad \cdots\cdots (1)$$

式中：X——试样中噻菌灵含量，mg/kg；

c——从标准曲线上查得的样液中噻菌灵的浓度，μg/mL；

V——定容后样液的体积，mL；

m——试样的重量，g。

注：计算结果需将空白值扣除。

4 测定低限、回收率

4.1 测定低限

本方法的测定低限为 0.02 mg/kg。

4.2 回收率

回收率的实验数据：

噻菌灵的添加浓度在 0.02 mg/kg 时，回收率为 102%；

噻菌灵的添加浓度在 0.10 mg/kg 时，回收率为 96.5%；

噻菌灵的添加浓度在 0.50 mg/kg 时，回收率为 99.6%。

附 录 A
（提示的附录）
标准品荧光吸光度扫描图

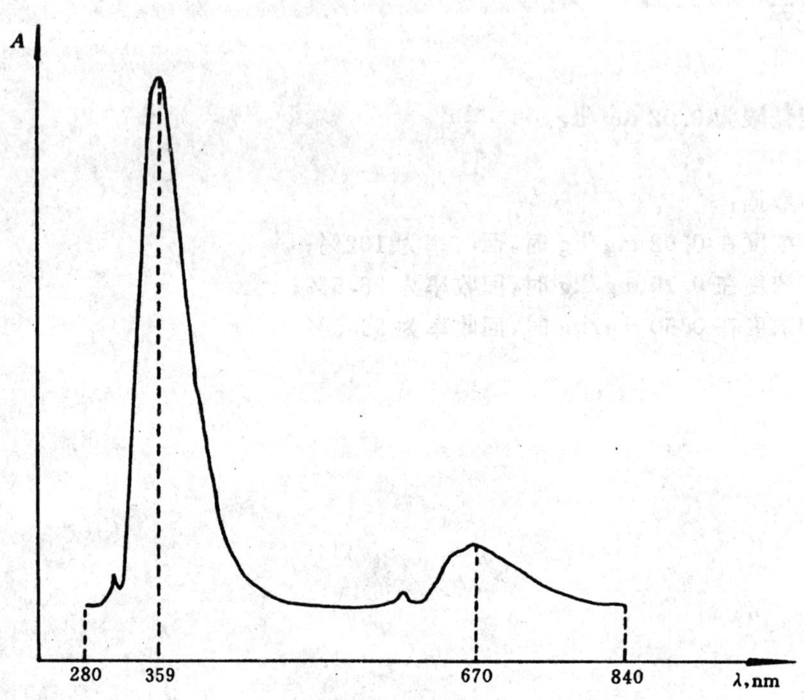

图 A1 噻菌灵标准品荧光吸光度扫描图

前　言

本标准是根据GB/T 1.1—1993《标准化工作导则　第1单元:标准的起草与表述规则　第1部分:标准编写的基本规定》及SN/T 0001—1995《出口商品中农药、兽药残留量及生物毒素检验方法标准编写的基本规定》的要求进行编写的。其中测定方法是参考国内外有关文献,经研究、改进和验证后制定的。本标准同时制定了抽样和制样方法。

测定低限是根据国际上对水果中三唑酮残留量的最高限量和测定方法的灵敏度而制定的。

本标准的附录A、附录B均为提示的附录。

本标准由中华人民共和国国家进出口商品检验局提出并归口。

本标准由中华人民共和国厦门进出口商品检验局负责起草。

本标准主要起草人:周昱、林立毅、邹伟。

本标准系首次发布的行业标准。

中华人民共和国进出口商品检验行业标准

出口水果中三唑酮残留量检验方法

SN 0636—1997

Method for the determination of triadimefon residues in fruits for export

1 范围

本标准规定了出口水果中三唑酮残留量检验的抽样、制样、气相色谱测定及气相色谱-质谱确证方法。

本标准适用于出口苹果中三唑酮残留量的检验。

2 抽样和制样

2.1 检验批

以不超过1 500件为一检验批。

同一检验批的商品应具有相同的特征，如包装、标记、产地、规格、等级等。

2.2 抽样数量

批量，件	最低抽样数，件
1～25	1
26～100	5
101～250	10
251～1 500	15

2.3 抽样方法

按2.2规定的抽样件数随机抽取，逐件开启，每件至少取500 g作为原始样品，原始样品总量不得少于2 kg，放入清洁容器内，加封后，标明标记，及时送实验室。

2.4 试样制备

将取得的原始样品缩分出1 kg，取可食部分，经组织捣碎机捣碎，均分成两份，装入洁净容器内，作为试样。密封并标明标记。

2.5 试样保存

将试样于－18℃以下冷冻保存。

注：在抽样和制样的操作过程中，必须防止样品受到污染和发生残留物含量的变化。

3 测定方法

3.1 方法提要

试样中残留的三唑酮用丙酮提取，提取液经与石油醚进行液-液分配净化。石油醚提取液经定容后，用配有电子俘获检测器的气相色谱仪测定，外标法定量。必要时用气相色谱-质谱法确证。

3.2 试剂和材料

除另有规定外，所用试剂均为分析纯，水为蒸馏水。

3.2.1 丙酮：重蒸馏。

中华人民共和国国家进出口商品检验局1997-08-15批准　　　　1998-01-01实施

3.2.2 石油醚：沸程 60～90℃，重蒸馏。

3.2.3 无水硫酸钠：在 650℃灼烧 4 h，置于干燥器中备用。

3.2.4 硫酸钠溶液：饱和水溶液。

3.2.5 三唑酮标准品：纯度≥99.0%。

3.2.6 三唑酮标准溶液：准确称取适量的三唑酮标准品，用丙酮配成 0.200 mg/mL 的标准储备溶液。根据需要再用石油醚稀释成适当浓度的标准工作溶液。

3.3 仪器设备

3.3.1 气相色谱仪并配有电子俘获检测器及质谱检测器。

3.3.2 高速组织捣碎机。

3.3.3 旋涡混匀器。

3.3.4 离心机：0～5 000 r/min。

3.3.5 多功能微量化样品处理仪或相当者。

3.3.6 离心管：50 mL。

3.3.7 容量瓶：10 mL。

3.3.8 微量注射器：10 μL。

3.4 测定步骤

3.4.1 提取

称取约 5 g 试样（精确至 0.01 g）于 50 mL 离心管中，加入 5 mL 丙酮，在旋涡混匀器上混匀 2 min。

3.4.2 净化

于上述提取液中加入 10 mL 饱和硫酸钠溶液、3 mL 石油醚，在旋涡混匀器上混匀 2 min，以 3 000 r/min 离心 2 min，将石油醚层移至 10 mL 容量瓶中。水相再用 2×3 mL 石油醚提取，合并石油醚层，并用石油醚定容至刻度，此溶液供气相色谱测定。

3.4.3 测定

3.4.3.1 色谱条件

a）色谱柱：HP-5，10 m×0.53 mm（内径），膜厚 2.65 μm，熔融石英毛细管柱或相当的色谱柱；

b）柱温：200℃；

c）进样口温度：230℃；

d）检测器温度：300℃；

e）载气、尾吹气：氮气，纯度≥99.99%；载气流速：5 mL/min；尾吹气流速：30 mL/min；

f）进样方式：直接进样；

g）进样量：2 μL。

3.4.3.2 色谱测定

根据样液中三唑酮的含量情况，选择峰高相近的标准工作液。标准工作液和样液中三唑酮的响应值均应在仪器检测线性范围内。对标准工作液和样液等体积参插进样测定。在上述色谱条件下，三唑酮的保留时间约为 9.1 min。标准品色谱图见附录 A 中图 A1。

3.4.4 确证

3.4.4.1 气相色谱-质谱条件

a）色谱柱：HP-5MS，30 m×0.25 mm（内径），膜厚 0.25 μm，熔融石英毛细管柱或相当者；

b）载气：氦气，纯度≥99.995%，流速：0.5 mL/min；

c）色谱柱温度：程序升温：80℃保持 1 min，以 10℃/min 升至 250℃保持 5 min；

d）进样口温度：230℃；

e）色谱-质谱接口温度：280℃；

f）进样量：2 μL；

g) 进样方式:无分流进样,1 min 后开阀;

h) 电子轰击源(EI);

i) 电离能量:70 eV;

j) 电子倍增器电压:自动调谐加 200 V;

k) 测定方式:选择离子监测方式(SIM);

l) 监测离子(m/z):293、208、181;

m) 溶剂延迟:6 min。

3.4.4.2 气相色谱-质谱确证

对 3.4.2 中最后所得的样液浓缩至近干并用石油醚定容至 2.00 mL。对标准溶液及样液均按 3.4.4.1规定的条件进行测定。如果样液中与标准溶液相同的保留时间有峰出现,则对其进行质谱确证。在上述色谱-质谱确证条件下,三唑酮保留时间约为 10.3 min,监测离子强度比(m/z)293∶208∶181=(21±3)∶100∶(33±5)。标准品色谱-质谱图见附录 B 中图 B1。

3.4.5 空白试验

除不加试样外,按上述测定步骤进行。

3.4.6 结果计算和表述

用色谱数据处理机或按式(1)计算试样中三唑酮残留含量:

$$X = \frac{h \cdot c \cdot V}{h_s \cdot m} \qquad \cdots\cdots(1)$$

式中:X——试样中三唑酮残留含量,mg/kg;

h——样液中三唑酮的色谱峰高,mm;

h_s——标准工作液中三唑酮的色谱峰高,mm;

c——标准工作液中三唑酮的浓度,μg/mL;

V——样液最终定容体积,mL;

m——最终样液所代表的试样量,g。

注:计算结果需扣除空白值。

4 测定低限、回收率

4.1 测定低限

本方法测定低限为 0.05 mg/kg。

4.2 回收率

苹果中三唑酮的添加浓度和回收率的实验数据:

0.05 mg/kg 时,回收率为 94.3%;

0.5 mg/kg 时,回收率为 97.3%;

1.0 mg/kg 时,回收率为 99.5%。

附 录 A
（提示的附录）
标准品色谱图

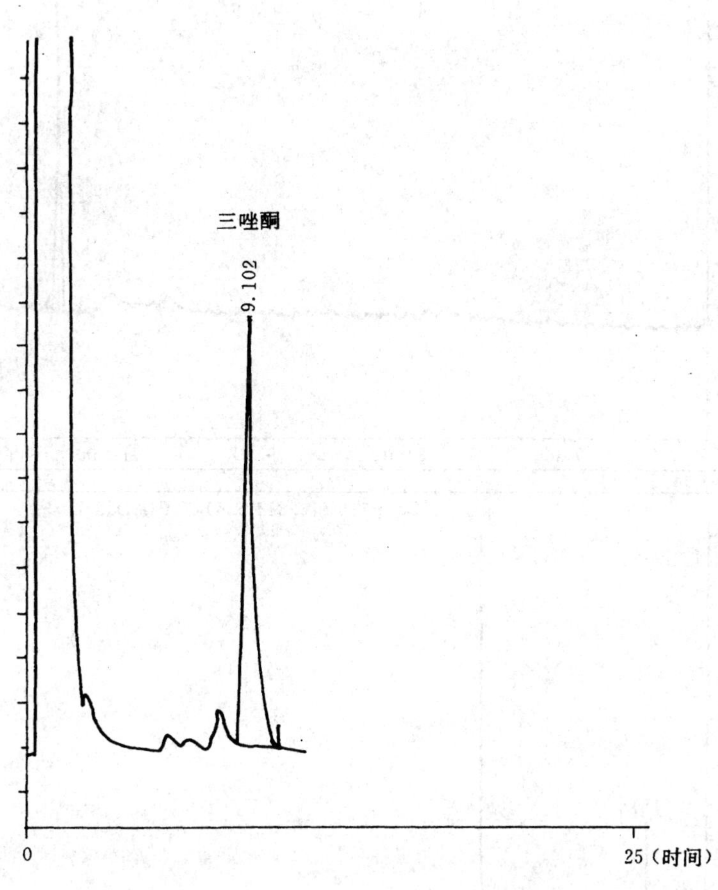

图 A1 三唑酮标准品气相色谱图

附　录　B
（提示的附录）
标准品色谱-质谱图

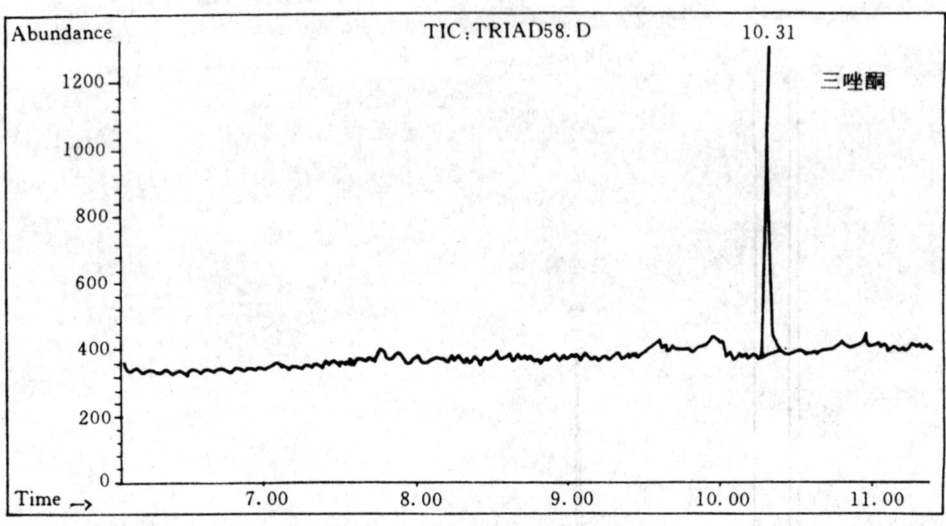

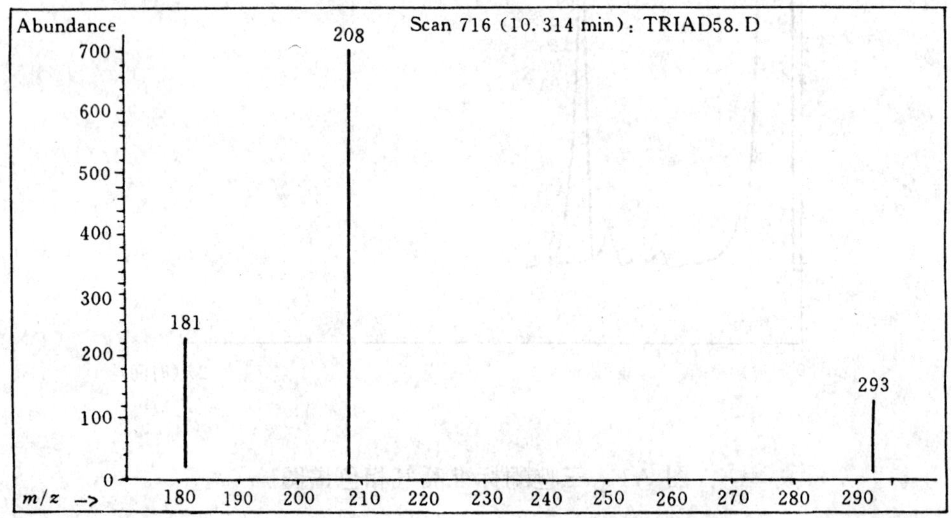

图 B1　三唑酮标准品色谱-质谱图

前　　言

本标准是根据GB/T 1.1—1993《标准化工作导则　第1单元:标准的起草与表述规则　第1部分:标准编写的基本规定》及SN/T 0001—1995《出口商品中农药、兽药残留量及生物毒素检验方法标准编写的基本规定》的要求进行编写的。其中测定方法是参考国内外有关文献,经研究、改进和验证后制定的。本标准同时制定了抽样和制样方法。

测定低限是根据国际上对肉及肉制品中利谷隆残留量的最高限量和测定方法的灵敏度而制定的。

本标准的附录A为提示的附录。

本标准由中华人民共和国国家进出口商品检验局提出并归口。

本标准由中华人民共和国上海进出口商品检验局负责起草。

本标准主要起草人:王宝根、陈余英。

本标准系首次发布的行业标准。

中华人民共和国进出口商品检验行业标准

出口肉及肉制品中利谷隆残留量检验方法

SN 0639—1997

Method for the determination of linuron residues in meats and meat products for export

1 范围

本标准规定了出口肉及肉制品中利谷隆残留量检验的抽样、制样和气相色谱测定方法。

本标准适用于出口猪肉中利谷隆残留量的检验。

2 抽样和制样

2.1 检验批

以不超过 2 500 件为一检验批。

同一检验批的商品应具有相同特征，如包装、标记、产地、规格和等级等。

2.2 抽样数量

批量，件	最低抽样数，件
1～25	1
26～100	5
101～250	10
251～500	15
501～1 000	17
1 001～2 500	20

2.3 抽样方法

按 2.2 规定的抽样件数随机抽取，逐件开启。从每件中取一袋作为原始样品，其总量不少于 2 kg，放入清洁容器内，加封后，标明标记，及时送交实验室。

如每件中无小包装，或有小包装但每袋重量超过 2 kg 者，可用经灭菌的锋利刀，在抽出的包件中，每件割取不少于 100 g，混合后置于洁净容器内，作为混合原始样。混合原始样的重量不少于 2 kg。加封后，标明标记，及时送交实验室。

2.4 试样制备

从所取全部样品中取出有代表性样品约 1 kg，经组织捣碎机充分捣碎均匀，均分成两份，分别装入洁净容器内作为试样。加封并标明标记。

2.5 试样保存

将试样于－18℃以下冷冻保存。

注：在抽样及制样的操作过程中，必须防止样品受到污染或发生残留物含量的变化。

3 测定方法

3.1 方法提要

中华人民共和国国家进出口商品检验局1997-08-15批准　　1998-01-01实施

试样中残留的利谷隆用丙酮-乙腈提取，提取液于－18℃冰箱中冷冻放置，迅速过滤，滤液通过弗罗里硅土柱净化，丙酮-正己烷洗脱，洗脱液用配有电子俘获检测器的气相色谱仪测定，外标法定量。

3.2 试剂和材料

除另有规定外，所用试剂均为分析纯，水为重蒸馏水。

3.2.1 乙腈：重蒸馏。

3.2.2 丙酮：重蒸馏。

3.2.3 苯：重蒸馏。

3.2.4 乙醚。

3.2.5 正已烷：优级纯，重蒸馏，收集68～69℃馏分。

3.2.6 无水硫酸钠：650℃灼烧4 h，冷却后贮于密闭容器中备用。

3.2.7 弗罗里硅土(牌号：Fluka或相当者)：80～100目，650℃灼烧4 h，冷却后贮于密闭容器中，使用前在130℃下烘5 h，贮于干燥器内。

3.2.8 利谷隆标准品：纯度≥99%。

3.2.9 利谷隆标准溶液：准确称取适量的利谷隆标准品，用苯配制成浓度为1.0 mg/mL的标准储备液，根据需要再用正已烷稀释成适当浓度的标准工作溶液。

3.3 仪器和设备

3.3.1 气相色谱仪并配有电子俘获检测器。

3.3.2 震荡器。

3.3.3 组织捣碎机。

3.3.4 布氏漏斗。

3.3.5 离心管：60 mL，具塞。

3.3.6 层析柱：20 cm×1.5 cm(内径)。

3.3.7 微量注射器：10 μL。

3.3.8 全玻璃系统蒸馏装置。

3.3.9 脱脂棉：用丙酮-正已烷(1＋9)回流2 h，取出挥发至干，保存在清洁容器中备用。

3.3.10 空气(或氮气)流浓缩装置。

3.3.11 旋转蒸发器。

3.4 测定步骤

3.4.1 提取

称取约20 g试样(精确至0.1 g)于研钵中，加60 g无水硫酸钠，研磨均匀后，移入250 mL锥形瓶中。加100 mL丙酮-乙腈(5＋95)，震荡30 min。通过布氏漏斗抽滤，并用10 mL丙酮-乙腈(5＋95)洗涤残渣(残渣留在锥形瓶中)，抽滤。继加60 mL丙酮-乙腈(5＋95)再震荡30 min，抽滤，并用20 mL丙酮乙腈(5＋95)洗涤残渣(残渣倒入漏斗上)，合并全部滤液。

3.4.2 净化

将滤液于－18℃冰箱中放置1 h，然后迅速过滤于200 mL容量瓶中，用丙酮定容。准确吸取10 mL于具塞离心管中，用氮气流浓缩至近干，加约2 mL正已烷以溶解残渣。

于层析柱的下端填入少量脱脂棉，依次装入0.5 cm高的无水硫酸钠、3.5 g弗罗里硅土和1 cm高的无水硫酸钠。用20 mL正已烷预淋柱，弃去流出液。待液面降至无水硫酸钠上层时，将上述溶液倒入柱内，并用10 mL乙醚-正已烷(1＋9)分数次洗涤离心管，倒入柱内，继用10 mL乙醚-正已烷(1＋9)淋洗，弃去流出液。最后用丙酮-正已烷(1＋9)洗脱层析柱，收集洗脱液50 mL于离心管中(流速约30滴/min，或约1.25 mL/min)，在45℃水浴中减压浓缩至近干。用1.0 mL正已烷溶解残渣，溶液供气相色谱测定。

3.4.3 测定

3.4.3.1　气相色谱条件

a) 色谱柱:石英毛细管柱,HP608,30 m×0.53 mm(内径)×0.88 μm(液膜厚度)或相当者;

b) 载气:氮气,纯度≥99.99%,2.5 mL/min;

c) 辅助气:氮气,纯度≥99.99%,40 mL/min;

d) 色谱柱温度:

程序升温:80℃保持 0.5 min,以 10℃/min 速度升至 220℃,保持 5 min;

e) 进样口温度:250℃;

f) 检测器温度:300℃;

g) 进样量:1 μL;

h) 进样方式:无分流或直接进样方式。

3.4.3.2　色谱测定

根据样液中被测农药含量情况,选定峰高相近的标准工作溶液。标准工作液和待测样液中利谷隆的响应值均应在仪器检测的线性范围内。标准工作液与样液应等体积参插进样测定。在上述色谱条件下,利谷隆的保留时间约为 10.8 min;标准品的色谱图见附录 A 中图 A1。

3.4.4　空白试验

除不称取试样外,均按上述测定步骤进行。

3.5　结果计算和表述

用色谱数据处理机或按式(1)计算试样中利谷隆的残留含量:

$$X = \frac{h \cdot c \cdot V}{h_s \cdot m} \qquad \cdots\cdots(1)$$

式中:X ——试样中利谷隆残留含量,mg/kg;

h ——样液中利谷隆的色谱峰高,mm;

h_s ——标准工作液中利谷隆的色谱峰高,mm;

c ——标准工作液中利谷隆的浓度,μg/mL;

V ——样液最终定容体积,mL;

m ——最终样液所代表的试样量,g。

注:计算结果需将空白值扣除。

4　测定低限、回收率

4.1　测定低限

本方法的测定低限为 0.05 mg/kg。

4.2　回收率

利谷隆的添加浓度和回收率的实验数据:

0.05 mg/kg 时,回收率为 99.0%;

0.20 mg/kg 时,回收率为 101.5%;

1.00 mg/kg 时,回收率为 99.9%。

附 录 A
（提示的附录）
标准品色谱图

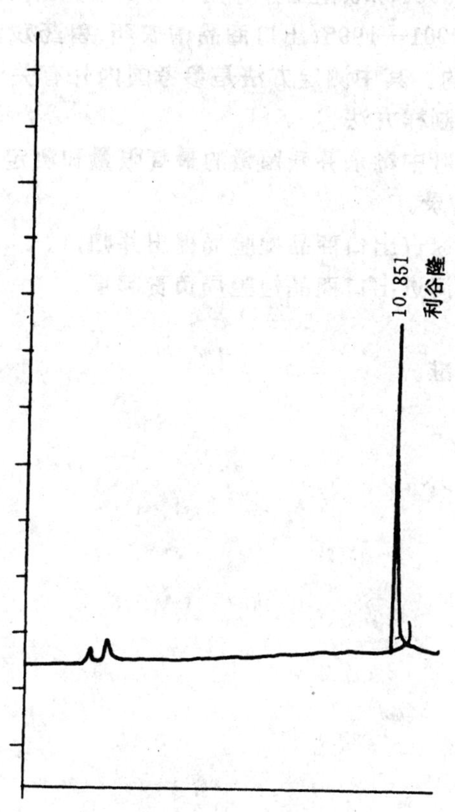

图 A1 利谷隆标准品的气相色谱图

前　言

本标准是根据GB/T 1.1—1993《标准化工作导则　第1单元:标准的起草与表述规则　第1部分:标准编写的基本规定》及SN/T 0001—1995《出口商品中农药、兽药残留量及生物毒素检验方法标准编写的基本规定》的要求进行编写的。其中测定方法是参考国内外有关资料,经研究、改进和验证后制定的。在标准中同时制定了抽样和制样方法。

测定低限是根据国际上对烟叶中毒杀芬残留量的最高限量和测定方法的灵敏度而制定的。

本标准的附录A为提示的附录。

本标准由中华人民共和国国家进出口商品检验局提出并归口。

本标准由中华人民共和国上海进出口商品检验局负责起草。

本标准主要起草人:朱坚。

本标准系首次发布的行业标准。

中华人民共和国进出口商品检验行业标准

出口烟叶中毒杀芬残留量检验方法

SN 0640—1997

Method for the determination of toxaphene residues in tobacco for export

1 范围

本标准规定了出口烟叶中毒杀芬残留量检验的抽样、制样和气相色谱测定方法。

本标准适用于出口烟叶中毒杀芬残留量的检验。

2 抽样和制样

2.1 检验批

以不超过1 000件为一检验批。

同一检验批的商品应具有相同的特征，如包装、标记、产地、规格和等级等。

2.2 抽样数量

批量，件	最低抽样数，件
≤50	2
51～100	4
101～150	5
151～200	6
≥201	每增加50件（不足50件按50件计）增取一件

2.3 抽样方法

按2.2规定的抽样件数，随机抽取，逐件打开。每件烟叶打开一端，分左、中、右三个部位随机取三个点，每点取一把，未扎把者，拣取叶片。每批所取的样品总量不少于1 kg，装入塑料袋里，作为原始样品，加封后，标明标记，及时送交实验室。

2.4 试样制备

将取回的原始样品全部磨碎或随机地取部分磨碎，使全部通过20目筛。用四分法均分成两份（每份约250 g），作为试样，分别装入洁净的容器内，密封，标明标记。

2.5 试样保存

将试样于－5℃以下避光保存。

注：在抽样和制样的操作过程中，必须防止样品受到污染或发生残留物含量的变化。

3 测定方法

3.1 方法提要

试样中残留的毒杀芬用正己烷经索氏提取器提取，提取液经浓硫酸处理以除去部分杂质。加氢氧化钾-甲醇溶液，回流，以脱去部分氯化氢，再经弗罗里硅土柱净化，正己烷洗脱。洗脱液经浓缩、定容后，用配有电子俘获检测器的气相色谱仪测定，外标法测量毒杀芬经脱氯化氢后的主峰，进行定量。

3.2 试剂和材料

中华人民共和国国家进出口商品检验局1997-08-15批准　　1998-01-01实施

除另有规定外,所用试剂均为分析纯,水为蒸馏水。

3.2.1 正己烷:经中性氧化铝柱净化后,重蒸馏。

3.2.2 甲醇:重蒸馏。

3.2.3 浓硫酸:密度(ρ)约 1.84 g/mL。

3.2.4 氢氧化钾。

3.2.5 无水硫酸钠:650℃灼烧 4 h,贮于密封容器中备用。

3.2.6 弗罗里硅土:650℃灼烧 4 h,贮于密封容器中,使用前在 130℃下烘 2 h,贮于干燥器内冷却备用。

3.2.7 中性氧化铝:550℃灼烧 4 h,贮于密封容器中,使用前在 130℃下烘 2 h,贮于干燥器内冷却备用。

3.2.8 硫酸钠溶液:2%水溶液。

3.2.9 氢氧化钾-甲醇溶液:50 g 氢氧化钾中加入 100 mL 甲醇。

3.2.10 毒杀芬标准品:已知纯度≥78%。

3.2.11 毒杀芬标准溶液:准确称取适量的毒杀芬标准品,用正己烷配成浓度为 1.00 mg/mL 的标准储备液,根据需要,用正己烷将毒杀芬标准溶液稀释成适当浓度的标准工作溶液。以下按 3.4.2 脱氯化氢和 3.4.3 净化步骤进行。

3.3 仪器和设备

3.3.1 气相色谱仪并配有电子俘获检测器。

3.3.2 离心机。

3.3.3 旋转蒸发器。

3.3.4 旋涡混匀器。

3.3.5 微量注射器:10 μL。

3.3.6 无水硫酸钠柱:6 cm×1.8 cm(内径),内装 2 cm 高的无水硫酸钠。

3.3.7 弗罗里硅土柱:30 cm×1.8 cm(内径),具砂芯,柱内先装 5.6 g 弗罗里硅土,再装 2 g 无水硫酸钠。

3.3.8 中性氧化铝柱:30 cm×2.2 cm(内径),具砂芯,柱内装 10 cm 高的中性氧化铝。此柱可处理 1 000 mL的正己烷,流速为 5 mL/min。

3.3.9 离心管:50 mL,具磨口塞。

3.3.10 索氏提取器。

3.4 测定步骤

3.4.1 提取

称取约 5 g 试样(精确至 0.1 g),置于滤纸筒内,装入 150 mL 索氏提取器中。加 100 mL 正己烷于提取瓶中,在水浴中回流浸抽 2 h(每小时回流 10~12 次)。取出滤纸筒,将提取瓶内溶剂蒸发至约40 mL。取下提取瓶,将提取液转入 50 mL 容量瓶中,用 2×4 mL 正己烷洗涤提取瓶,并入容量瓶中,用正己烷定容至刻度。

准确移取 10 mL 提取液于 50 mL 离心管中。先加 20 mL 正己烷,再加 3 mL 浓硫酸。在旋涡混匀器上混匀 1 min 后,于 1 000 r/min 下离心 0.5 min。用吸管吸出下层酸层并弃去。将正己烷层转入另一离心管中,用 2 mL 正己烷洗涤离心管,合并正己烷层。再用 2×3 mL 浓硫酸,同上操作两次。加入 10 mL硫酸钠溶液,在旋涡混匀器上混匀 1 min 后,于 1 000 r/min 离心 0.5 min。用吸管吸出下层水层并弃去。于 50℃用旋转蒸发器蒸发至 0.5~1.0 mL(切勿蒸干)。

3.4.2 脱氯化氢

加入 20 mL 氢氧化钾-甲醇溶液于上述离心管中,套上冷凝管,在(92±2)℃水浴中回流 1 h。取下离心管并冷却至室温。加入 20 mL 水和 10 mL 正己烷,剧烈振摇 2 min,于1 000 r/min下离心 0.5 min。

用吸管吸出上层正己烷层，并通过无水硫酸钠柱脱水，滤入另一离心管。于水层中再加入 10 mL 正己烷，以后同上操作。用少量正己烷洗涤无水硫酸钠柱。合并正己烷层，并在 40℃用旋转蒸发器浓缩至约 5 mL。

3.4.3 净化

在弗罗里硅土柱中，加入 20 mL 正己烷，调节流速约为 5 mL/min。待液面降至无水硫酸钠层时，将上述的浓缩液加入柱中，待液面降至无水硫酸钠层时，用 5 mL 正己烷洗涤器皿，洗液加入柱内，继用 95 mL正己烷淋洗，弃去流出液。立即用 150 mL 正己烷洗脱，收集全部洗脱液于 250 mL 烧瓶中，在 40℃用旋转蒸发器浓缩至约 1 mL（切勿蒸干）。将浓缩液转入 5 mL 的刻度试管内，用少量正己烷洗涤烧瓶，并入刻度试管，定容至 5.0 mL。溶液供气相色谱测定。

3.4.4 测定

3.4.4.1 气相色谱条件

a）色谱柱：2 m×2 mm（内径）玻璃柱，内填 1.5%（*m/m*）OV-17+1.95%（*m/m*）OV-210 涂于 Chromosorb W HP（80～100 目）；

b）载气：氮气，纯度≥99.99%，40 mL/min；

c）色谱柱温度：200℃；

d）进样口温度：220℃；

e）检测器温度：280℃；

f）进样量：5 μL。

3.4.4.2 气相色谱测定

根据样液中被测农药含量情况，选定峰高相近的标准工作溶液。标准工作溶液和待测样液中脱氯化氢后的毒杀芬的响应值均应在仪器检测的线性范围内。对标准工作液与样液应等体积参插进样测定。在上述色谱条件下，脱氯化氢后的毒杀芬主峰保留时间约为 6.4 min。标准品色谱图见附录 A 中图 A1。

3.4.5 空白试验

除不称取试样外，均按上述测定步骤进行。

3.5 结果计算和表述

用色谱数据处理机或按式(1)计算试样中毒杀芬的残留含量：

$$X = \frac{h \cdot c \cdot V}{h_s \cdot m} \qquad \cdots\cdots(1)$$

式中：X——试样中毒杀芬残留含量，mg/kg；

h——样液中经脱氯化氢后的毒杀芬色谱主峰高，mm；

h_s——标准工作液中脱氯化氢后的毒杀芬色谱主峰高，mm；

c——标准工作液中毒杀芬的浓度，μg/mL；

V——样液最终定容体积，mL；

m——最终样液所代表的试样量，g。

注：计算结果需将空白值扣除。

4 测定低限、回收率

4.1 测定低限

本方法测定低限为 0.5 mg/kg。

4.2 回收率

烟叶中毒杀芬的添加浓度及其回收率的实验数据：

在 0.50 mg/kg 时，回收率为 84.8%；

在 5.00 mg/kg 时，回收率为 92.2%；

在 10.0 mg/kg 时，回收率为 95.8%。

附　录 A
（提示的附录）
标准品色谱图

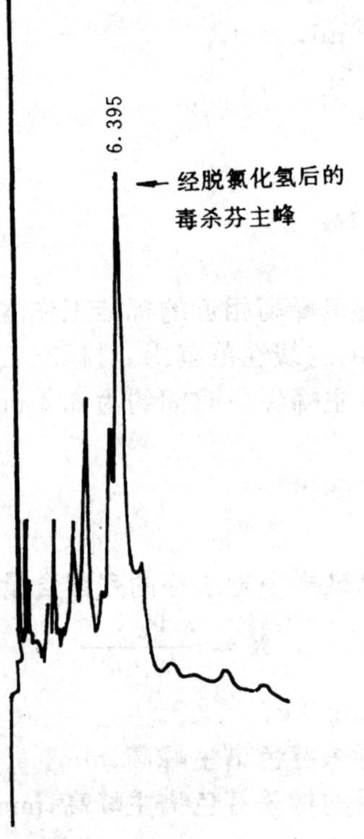

图 A1　毒杀芬标准品经脱氯化氢后的气相色谱图

前　言

本标准是根据GB/T 1.1—1993《标准化工作导则　第1单元:标准的起草与表述规则　第1部分:标准编写的基本规定》及SN/T 0001—1995《出口商品中农药、兽药残留量及生物毒素检验方法标准编写的基本规定》的要求进行编写的。其中测定方法是参考了国内外有关资料,经研究、改进和验证后制定的。在标准中同时制定了抽样和制样方法。

测定低限是根据国际上对肉及肉制品中残杀威残留量的最高限量和测定方法的灵敏度而制定的。

本标准的附录A为提示的附录。

本标准由中华人民共和国国家进出口商品检验局提出并归口。

本标准由中华人民共和国上海进出口商品检验局负责起草。

本标准主要起草人:蔡则慈、倪昕路。

本标准系首次发布的行业标准。

中华人民共和国进出口商品检验行业标准

出口肉及肉制品中残杀威残留量检验方法

SN 0642—1997

Method for the determination of propoxur residues in meats and meat products for export

1 范围

本标准规定了出口肉及肉制品中残杀威残留量检验的抽样、制样和气相色谱测定方法。

本标准适用于出口猪肉中残杀威残留量的检验。

2 抽样和制样

2.1 检验批

以不超过2 500件为一检验批。

同一检验批的商品应具有相同的特征，如包装、标记、产地、规格和等级等。

2.2 抽样数量

批量，件	最低抽样数，件
1～25	1
26～100	5
101～250	10
251～500	15
501～1 000	17
1 001～2 500	20

2.3 抽样方法

按2.2规定的抽样件数，随机抽取，逐件开启。从每件中取一袋作为原始样品，其总量不少于2 kg，放入清洁容器内，加封后，标明标记，及时送交实验室。

如每件中无小包装，或有小包装但每袋重量超过2 kg者，则可用灭菌后的锋利刀在抽出的包件中，每件割取不少于100 g，混合后置于清洁容器内，作为混合原始样。混合原始样的重量不少于2 kg。加封后，标明标记，及时送交实验室。

2.4 试样制备

从原始样品中分取出约1 kg，经捣碎机充分捣碎，混匀，均分成两份，分别装入清洁的容器内，作为试样，加封并标明标记。

2.5 试样保存

将试样于－18℃以下冷冻保存。

注：在抽样和制样的操作过程中，必须防止样品受到污染或发生残留物含量的变化。

中华人民共和国国家进出口商品检验局1997-08-15批准　　1998-01-01实施

3 测定方法

3.1 方法提要

试样中残留的残杀威用甲醇提取，提取液经与石油醚进行液-液分配净化。水相中被测物再用二氯甲烷提取，经脱水、浓缩后用配有氮磷检测器的气相色谱仪测定，外标法定量。

3.2 试剂和材料

除另有规定外，所用试剂均为分析纯，水为蒸馏水。

3.2.1 甲醇：重蒸馏。

3.2.2 无水硫酸钠：650℃灼烧4 h，冷却后贮于密封容器中备用。

3.2.3 硫酸钠溶液：2%水溶液。

3.2.4 石油醚：60～90℃，重蒸馏。

3.2.5 二氯甲烷：与浓硫酸充分振摇后，重蒸馏。

3.2.6 正己烷：重蒸馏。

3.2.7 残杀威标准品：纯度≥99%。

3.2.8 残杀威标准溶液：准确称取适量的残杀威标准品，用苯配制成浓度为1.0 mg/mL的标准储备液，再根据需要用正己烷稀释成适当浓度的标准工作溶液。

3.3 仪器和设备

3.3.1 气相色谱仪并配有氮磷检测器。

3.3.2 振荡器。

3.3.3 布氏漏斗。

3.3.4 分液漏斗。

3.3.5 水浴锅。

3.3.6 真空旋转蒸发器。

3.3.7 微量注射器：5 μL。

3.4 测定步骤

3.4.1 提取与净化

称取约10 g试样(精确至0.01 g)置于250 mL锥形瓶中，加入50 mL甲醇，加塞在振荡器上振荡1 h。用布氏漏斗抽滤，用20 mL甲醇分三次洗涤锥形瓶及残渣，过滤，合并滤液。将滤液移入250 mL分液漏斗中，用100 mL硫酸钠溶液(2%)分三次洗涤抽滤瓶，洗液并入上述分液漏斗。于分液漏斗中加入50 mL石油醚，充分振摇1 min，静置分层。将下层水相放入另一250 mL分液漏斗中，弃去石油醚层。再用25 mL石油醚同上操作一次。于水相中加入50 mL二氯甲烷，剧烈振摇2 min后，静置分层。二氯甲烷层经无水硫酸钠柱滤入150 mL烧瓶中。再用2×25 mL二氯甲烷提取，弃去水相，合并二氯甲烷相。用少量二氯甲烷洗涤柱，洗液与提取液合并。于旋转蒸发器(水浴温度为50℃)上浓缩至近干，然后用氮气流吹干。用1.0 mL正己烷溶解残渣，溶液供气相色谱测定。

3.4.2 测定

3.4.2.1 气相色谱条件

a) 色谱柱：石英毛细管柱，DB-1，10 m×0.32 mm(内径)，液膜厚度1 μm，或相当者；

b) 载气：氮气，纯度≥99.99%，2 mL/min；

c) 氢气：4.25 mL/min；

d) 空气：175 mL/min；

e) 辅助气：氮气，纯度≥99.99%，25 mL/min；

f) 色谱柱温度：程序升温，80℃保持1 min，以10℃/min的速度升至220℃，保持5 min；

g) 进样口温度：250℃；

h）检测器温度：300℃；

i）进样量：1 μL；

j）进样方式：无分流，1 min 后开阀。

3.4.2.2 气相色谱测定

根据样液中被测农药含量情况，选定与样液峰高相近的标准工作溶液。标准工作溶液和待测样液中农药的响应值均应在仪器检测的线性范围内。对标准工作液与样液应等体积参插进样测定。在上述色谱条件下，残杀威保留时间约为 8.4 min。标准品的色谱图见附录 A 中图 A1。

3.4.3 空白试验

除不加试样外，均按上述测定步骤进行。

3.5 结果计算和表述

用色谱数据处理机或按式(1)计算试样中残杀威的残留含量：

$$X = \frac{h \cdot c \cdot V}{h_s \cdot m} \qquad \cdots\cdots(1)$$

式中：X——试样中残杀威残留含量，mg/kg；

h——样液中残杀威的色谱峰高，mm；

h_s——标准工作液中残杀威的色谱峰高，mm；

c——标准工作液中残杀威的浓度，μg/mL；

V——样液最终定容体积，mL；

m——最终样液所代表的试样量，g。

注：计算结果需将空白值扣除。

4 测定低限、回收率

4.1 测定低限

本方法测定低限为 0.05 mg/kg。

4.2 回收率

猪肉中残杀威的添加浓度及其回收率的实验数据：

在 0.05 mg/kg 时，回收率为 106%；

在 0.50 mg/kg 时，回收率为 94.8%；

在 2.00 mg/kg 时，回收率为 90.5%。

附 录 A
（提示的附录）
标准品色谱图

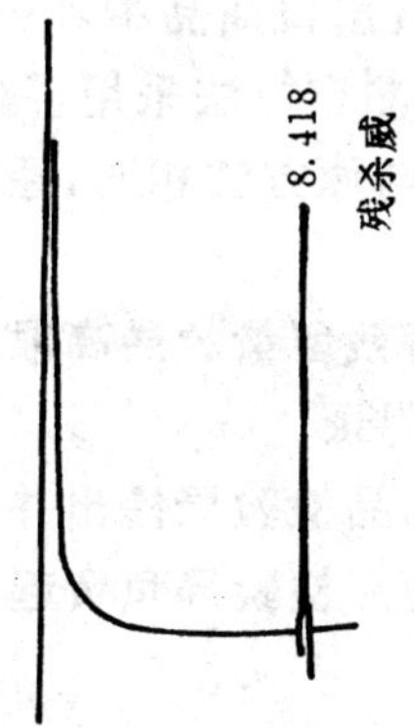

图 A1 残杀威标准品的色谱图

前　言

本标准是根据GB/T 1.1—1993《标准化工作导则　第1单元:标准的起草与表述规则　第1部分:标准编写的基本规定》及SN/T 0001—1997《出口商品中农药、兽药残留量及生物毒素检验方法标准编写的基本规定》的要求而进行编写的。其中测定方法采用了《日本食品中农药残留量限量及检验方法》(续一)中三唑醇残留量分析方法。技术内容与原方法相同,经验证后,按规定格式要求作了编辑性修改。在标准中同时制定了抽样和制样方法。

测定低限是根据国际上对粮谷中三唑醇残留量的最高限量和测定方法的灵敏度而制定的。

本标准的附录A和附录B均为提示的附录。

本标准由中华人民共和国国家进出口商品检验局提出并归口。

本标准由中华人民共和国上海进出口商品检验局负责起草。

本标准主要起草人:郭德华、陈家华。

本标准系首次发布的行业标准。

中华人民共和国进出口商品检验行业标准

出口粮谷中三唑醇残留量检验方法

SN 0644—1997

Method for the determination of triadimenol residues in cereals for export

1 范围

本标准规定了出口粮谷中三唑醇残留量检验的抽样、制样和气相色谱测定方法和气相色谱-质谱确证方法。

本标准适用于出口大米中三唑醇残留量的检验。

2 抽样和制样

2.1 检验批

以不超过4 000袋(200 t)为一检验批。

同一检验批的商品应具有相同的特征,如包装、标记、产地、规格和等级等。

2.2 抽样数量

按一批总袋数的平方根〔式(1)〕抽取:

$$a = \sqrt{N} \quad \cdots\cdots (1)$$

式中:N——全批袋数;

a——抽样袋数。

注:a值取整数,小数部分向前进位为整数。

2.3 抽样工具

2.3.1 金属单管取样器:不锈钢管,全长55 cm(包括手柄),直径1.5 cm,沟槽长度应超过袋对角线长度的一半。

2.3.2 取样铲。

2.3.3 分样板。

2.3.4 样品筒(袋):可密封。

2.3.5 分样布或适用铺垫物。

2.4 抽样方法

2.4.1 倒包抽样

从堆垛的各部位随机抽取2.2规定的应抽样件数的10%(每批一般不少于3袋),将袋口缝线全部拆开,平置于分样布或其他洁净的铺垫物上,双手紧握袋底两角,提起约成45°倾角,倒拖约1 m,使袋内货物全部倒出。查看袋内和袋间品质是否均匀。确认情况正常后,用取样铲随机在各部位抽取样品,立即将样品倒入盛样器内。每袋抽取样品数量应基本一致。

2.4.2 袋内抽样

按2.2规定的应抽样袋数的90%,在堆垛四周上、中、下各层以曲线形走向随机抽取。将取样器(2.3.1)管槽朝下,从每袋一角依斜对角方向插入袋内,然后将管槽旋转朝上,抽出取样器,立即将样品

中华人民共和国国家进出口商品检验局1997-08-15批准　　1998-01-01实施

倒入盛样容器内。每袋抽取样品数量应与2.4.1基本一致。

每批样品总量应不少于4 kg。

2.4.3 大样缩分

集中袋内和倒包抽样所取全部样品，倒于分样布上，用分样板按四分法缩分出样品不少于2 kg，盛于样品筒内，加封后标明标记并及时送交实验室。

2.5 试样制备

将样品按四分法缩分出约1 kg，全部磨碎并通过20目筛，混匀，均分成两份试样，装入洁净的容器内，密封，标明标记。

2.6 试样保存

将试样于−5℃以下避光保存。

注：在抽样和制样的操作过程中，必须防止样品受到污染或发生残留物含量的变化。

3 测定方法

3.1 方法提要

试样中残留的三唑醇用丙酮-水提取，提取液中色素和脂肪用乙酸锌-磷酸溶液沉淀除去。提取液再经与二氯甲烷进行液-液分配，使被测物进入二氯甲烷层。二氯甲烷层经脱水、浓缩，用配有氮磷检测器的气相色谱仪测定，外标法定量。如有必要可用气相色谱-质谱法确证。

3.2 试剂和材料

除另有规定外，所用试剂均为分析纯，水为蒸馏水。

3.2.1 丙酮：重蒸馏。

3.2.2 硅藻土。

3.2.3 无水硫酸钠：650℃灼烧4 h，冷却后贮于密封容器中备用。

3.2.4 二氯甲烷：磺化后，重蒸馏。

3.2.5 磷酸(85%)。

3.2.6 氢氧化钠溶液：1 mol/L水溶液。

3.2.7 氯化钠：固体。

3.2.8 正已烷：重蒸馏。

3.2.9 乙酸锌溶液：取5 g乙酸锌，溶解于100 mL水中。

3.2.10 三唑醇标准品：纯度≥98%。

3.2.11 三唑醇标准溶液：准确称取适量的三唑醇标准品，用丙酮配制成浓度为1.0 mg/mL的标准储备液，再根据需要用正已烷稀释成适当浓度的标准工作溶液。

3.3 仪器和设备

3.3.1 气相色谱仪并配有氮磷检测器及质谱检测器。

3.3.2 布氏漏斗。

3.3.3 旋转蒸发器。

3.3.4 微量注射器：10 μL。

3.3.5 无水硫酸钠柱：6 cm×1.8 cm(内径)，内装5 cm高的无水硫酸钠。

3.4 测定步骤

3.4.1 提取

称取约10 g试样(精确至0.1 g)，置于200 mL烧杯中。加入20 mL水，用搅棒拌匀，放置2 h。加入100 mL丙酮于上述烧杯中，搅拌3 min，用上铺1 cm厚硅藻土的布氏漏斗抽滤。将漏斗上的残渣全部移回烧杯中，再加入100 mL丙酮，同上操作一次。用少量丙酮洗涤滤垫。合并滤液于300 mL圆底烧瓶中，于40℃的旋转蒸发器上浓缩至约50 mL。

3.4.2 净化

于上述浓缩液中加入 1 mL 磷酸及 100 mL 乙酸锌溶液，混匀，放置 15 min，并不时振摇。然后加 5 g 硅藻土，稍加振摇后，用布氏漏斗抽滤，用少量水洗涤滤垫。将合并滤液移入 500 mL 分液漏斗内，用少量的水洗涤抽滤瓶，合并滤液和洗液。用 1 mol/L 的氢氧化钠溶液将滤液的 pH 调整至约 7。

加入 10 g 氯化钠及 100 mL 二氯甲烷于上述分液漏斗中，激烈振荡 5 min，静置分层。将下层二氯甲烷层通过无水硫酸钠柱脱水，滤入 300 mL 的烧瓶中。在水相中再加入 100 mL 二氯甲烷，同上操作一次。用少量二氯甲烷洗涤无水硫酸钠柱，合并二氯甲烷提取液和洗液。将提取液在 40℃的旋转蒸发器上浓缩至近干，最后用氮气流吹干。准确加入 5 mL 正己烷以溶解残渣，溶液供气相色谱测定。

3.4.3 测定

3.4.3.1 气相色谱条件

a）色谱柱：石英毛细管柱，DB-5，50 m×0.32 mm（内径），膜厚 1.0 μm，或相当者；

b）载气：氮气，纯度≥99.99%，5.0 mL/min；

c）辅助气：氮气，纯度≥99.99%，25 mL/min；

d）氢气：3.5 mL/min；

e）空气：100 mL/min；

f）色谱柱温度：程序升温，200℃保持 1 min，以 10℃/min 速度升至 275℃，保持 6 min；

g）进样口温度：250℃；

h）检测器温度：300℃；

i）进样量：2 μL。

3.4.3.2 气相色谱测定

根据样液中被测农药含量情况，选定峰高相近的标准工作溶液。标准工作溶液和样液中农药的响应值均应在仪器检测的线性范围内。对标准工作液与样液应等体积参插进样测定，在上述色谱条件下，三唑醇保留时间约为 10.3 min。标准品色谱图见附录 A 中图 A1。

必要时，用气相色谱-质谱法进行确证试验。

3.4.4 确证

3.4.4.1 气相色谱-质谱条件

a）色谱柱：石英毛细管柱，DB-5，50 m×0.32 mm（内径），1.0 μm（膜厚）；

b）载气：氦气，纯度≥99.999%，1 mL/min；

c）色谱柱温度：程序升温，200℃保持 1 min，以 10℃/min 速度升至 295℃，保持 10 min；

d）进样口温度：250℃；

e）色谱-质谱接口温度：280℃；

f）进样量：1 μL；

g）进样方式：无分流，2 min 后开阀；

h）电离能量：70 eV；

i）电离方式：EI；

j）电子倍增器电压：自动调谐值加 200 V；

k）测定方式：扫描方式或离子监测方式；

l）扫描范围：50～300 amu；

监测离子（m/z）：168，128，112；

m）溶剂延迟：6 min。

3.4.4.2 气相色谱-质谱确证

对 3.4.2 中最后所得的样液及标准液均按 3.4.4.1 规定的条件进行测定。如果样液中与标准溶液相同的保留时间有监测离子峰出现，则对其进行质谱确证。标准品的质谱图见附录 B 中图 B1。

3.4.5 空白试验

除不称取试样外，均按上述测定步骤进行。

3.5 结果计算和表述

用色谱数据处理机或按式(2)计算试样中三唑醇的残留含量：

$$X = \frac{h \cdot c \cdot V}{h_s \cdot m} \quad \cdots\cdots (2)$$

式中：X ——试样中三唑醇残留含量，mg/kg；

h——样液中三唑醇的色谱峰高，mm；

h_s——标准工作液中三唑醇的色谱峰高，mm；

c——标准工作液中三唑醇的浓度，μg/mL；

V——样液最终定容体积，mL；

m——最终样液所代表的试样量，g。

注：计算结果需将空白值扣除。

4 测定低限、回收率

4.1 测定低限

本方法测定低限为0.05 mg/kg。

4.2 回收率

大米中三唑醇的添加浓度和回收率实验数据：

0.05 mg/kg 时，回收率为97.5%；

0.20 mg/kg 时，回收率为96.8%；

1.00 mg/kg 时，回收率为96.6%。

附　录　A

（提示的附录）

标准品色谱图

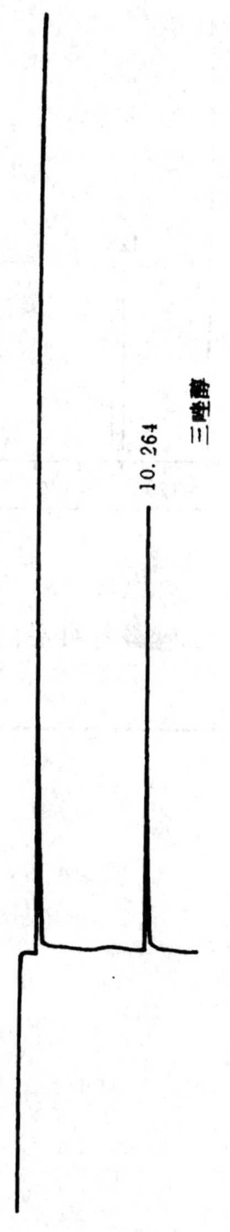

图 A1　三唑醇标准品的气相色谱图

附 录 B
（提示的附录）
标准品质谱图

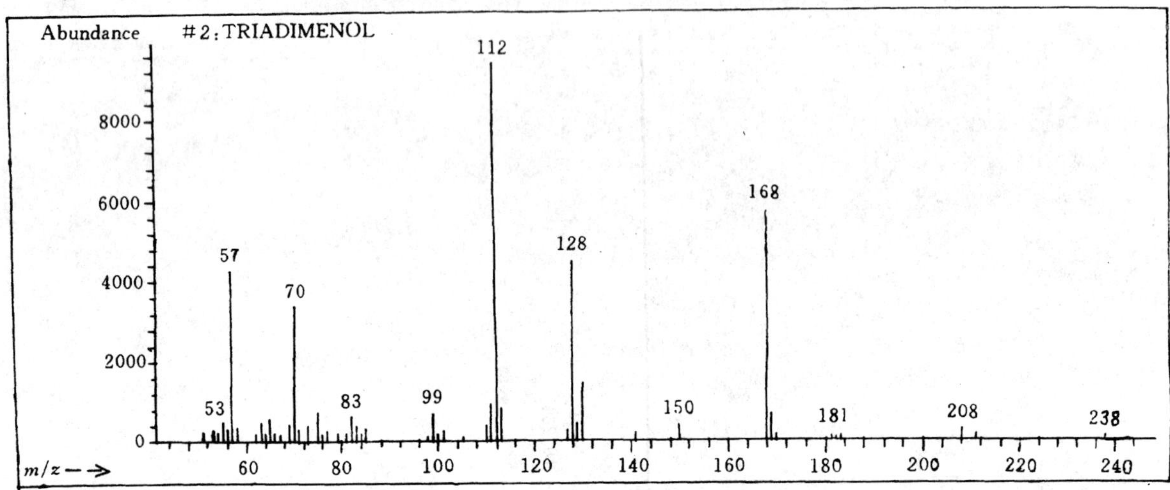

图 B1　三唑醇标准品的质谱图

前　　言

本标准是根据GB/T 1.1—1993《标准化工作导则　第1单元:标准的起草与表述规则　第1部分:标准编写的基本规定》及SN/T 0001—1995《出口商品中农药、兽药残留量及生物毒素检验方法标准编写的基本规定》的要求而进行编写的。其中测定方法是参考国内外有关文献,经研究、改进和验证后制定。本标准同时制定了抽样和制样方法。

测定低限是根据国际上对肉及肉制品中敌草隆残留量的最高限量和测定方法的灵敏度而制定的。

本标准的附录A为提示的附录。

本标准由中华人民共和国国家进出口商品检验局提出并归口。

本标准由中华人民共和国山东进出口商品检验局负责起草。

本标准起草人:李军民、王亚文、曹生君、黄化成。

本标准系首次发布的行业标准。

中华人民共和国进出口商品检验行业标准

出口肉及肉制品中敌草隆残留量检验方法

SN 0645—1997

Method for the determination of diuron residues in meats and meat products for export

1 范围

本标准规定了出口肉及肉制品中敌草隆残留量检验的抽样、制样和液相色谱测定方法。

本标准适用于出口冻牛肉和清蒸牛肉罐头中敌草隆残留量的检验。

2 抽样和制样

2.1 检验批

以不超过2 500件为一检验批。

同一检验批的商品应具有相同的特征，如包装、标记、产地、规格和等级等。

2.2 抽样数量

批量，件	最低抽样数，件
1～25	1
26～100	5
101～250	10
251～500	15
501～1 000	17
1 001～2 500	20

2.3 抽样方法

按2.2规定的抽样件数随机抽取，逐件开启。

2.3.1 肉及肉制品(罐头除外)：从每件中取一袋作为原始样品，其总量不少于2 kg，放入清洁容器内，加封后，标明标记，及时送交实验室。

如每件中无小包装或有小包装但每袋重量超过2 kg者，则可用灭菌过的锋利刀在抽出的包件中，每件割取不少于100 g，混合后置于清洁容器内，作为混合原始样。混合原始样的重量不少于2 kg。加封后，标明标记，及时送交实验室。

2.3.2 罐头：每件随机取一罐。

所抽取的样品应标明标记，及时送交实验室。

2.4 试样制备

2.4.1 肉及肉制品(罐头除外)：从所取全部样品中取出有代表性样品约1 kg，充分搅碎，混匀，均分成两份，分别装入洁净容器内作为试样。密封，标明标记。

2.4.2 罐头：将所取全部样品开罐后，充分搅碎、混匀，取出约1 kg，装入洁净容器内作为试样，密封，标明标记。

中华人民共和国国家进出口商品检验局1997-08-15批准　　1998-01-01实施

2.5　试样保存

将试样于－18℃以下冷冻保存。

注：在抽样及制样的操作过程中，必须防止样品受到污染或发生残留物含量的变化。

3　测定方法

3.1　方法提要

试样中敌草隆残留用甲醇-乙腈(1＋1)提取，提取液经用石油醚脱脂，加水与氯化钠溶液后，再用三氯甲烷提取。提取液经浓缩，残渣用甲醇-乙腈(1＋1)溶解，溶液经中性氧化铝柱净化、定容后，用配有紫外检测器的高效液相色谱仪测定，用外标法定量。

3.2　试剂和材料

除另有规定外，所用试剂均为分析纯，水为蒸馏水。

3.2.1　甲醇：重蒸馏。

3.2.2　乙腈：重蒸馏。

3.2.3　三氯甲烷：重蒸馏。

3.2.4　石油醚：重蒸馏。

3.2.5　无水硫酸钠：经 650℃灼烧 4 h，冷却后置干燥器中备用。

3.2.6　氯化钠溶液：1%水溶液。

3.2.7　中性氧化铝：层析用，100～200 目，经 650℃灼烧 4 h，用前在 130℃活化 4 h，冷却后置干燥器中备用。

3.2.8　敌草隆标准品：纯度≥98.0%。

3.2.9　敌草隆标准溶液：准确称取适量的敌草隆标准品，用甲醇-乙腈(1＋1)配成浓度为 200 μg/mL 的标准储备液。再根据需要用甲醇-乙腈(1＋1)稀释成适当浓度的标准工作溶液。

3.3　仪器和设备

3.3.1　高效液相色谱仪：配有紫外检测器。

3.3.2　高速捣碎机。

3.3.3　振荡器。

3.3.4　旋转蒸发器。

3.3.5　中性氧化铝柱：称取 1 g 中性氧化铝放入末端塞有脱脂棉的小柱(10 cm×5 mm)内，用前用 6～8 mL 甲醇-乙腈(1＋1)预淋洗。

3.4　测定步骤

3.4.1　提取

称取约 10 g 试样(精确至 0.1 g)置于研钵中，加少许甲醇-乙腈(1＋1)，经充分研磨后，用 50 mL 甲醇-乙腈(1＋1)将试样转移至 250 mL 具塞锥形瓶中，摇匀后，于振荡器上振荡 20 min。将提取液用滤纸过滤至 125 mL 分液漏斗中，再用 15 mL 甲醇-乙腈(1＋1)分数次洗涤，合并滤液及洗液。用3×25 mL石油醚洗涤，每次充分振荡，静置分层，弃去石油醚层。然后加 22 mL 水及 3 mL 氯化钠溶液，用3×25 mL 三氯甲烷提取，合并三氯甲烷提取液，并通过 3 g 无水硫酸钠柱脱水后，收集于 250 mL 梨形瓶中。于 45℃水浴下旋转蒸发至干，加入 4 mL 甲醇-乙腈(1＋1)以溶解残渣。

3.4.2　净化

将上述溶液通过中性氧化铝柱，用 4 mL 甲醇-乙腈(1＋1)分数次洗涤烧瓶和柱。收集全部流出液。用甲醇-乙腈(1＋1)定容至 10 mL，混匀。供液相色谱测定用。

3.4.3　测定

3.4.3.1　色谱条件

a) 色谱柱：ODS 柱，15 cm×4.6 mm；

b) 流动相：甲醇-水(1+1)；

c) 流速：0.7 mL/min；

d) 检测波长：245 nm；

e) 进样量：10 μL。

3.4.3.2 色谱测定

根据样液中敌草隆含量情况，选定峰面积与样液相近的标准工作溶液，标准工作溶液和样液中敌草隆响应值均应在仪器检测线性范围内。对标准工作溶液和样液等体积参插进样测定。在上述色谱条件下，敌草隆的保留时间约为12 min。标准品的色谱图见附录A中图A1。

3.5 空白试验

除不称取试样外，均按上述测定步骤进行。

3.6 结果计算与表述

用色谱数据处理机或按式(1)计算试样中敌草隆的残留含量：

$$X = \frac{A \cdot c \cdot V}{A_s \cdot m} \quad \cdots\cdots(1)$$

式中：X——试样中敌草隆残留含量，mg/kg；

A——样液中敌草隆的色谱峰面积，mm^2；

A_s——标准工作液中敌草隆的色谱峰面积，mm^2；

c——标准工作液中敌草隆的浓度，μg/mL；

V——样液最终定容体积，mL；

m——最终样液所代表的试样量，g。

注：计算结果需扣除空白值。

4 测定低限、回收率

4.1 测定低限

本方法的测定低限为0.04 mg/kg。

4.2 回收率

冻牛肉及清蒸牛肉罐头中敌草隆添加浓度及其回收率的实验数据如下。

4.2.1 冻牛肉中的回收率

在0.04 mg/kg时，回收率为77.3%；

在0.50 mg/kg时，回收率为85.6%；

在1.00 mg/kg时，回收率为93.5%。

4.2.2 清蒸牛肉罐头中的回收率

在0.04 mg/kg时，回收率为76.9%；

在0.50 mg/kg时，回收率为93.4%；

在1.00 mg/kg时，回收率为86.6%。

附 录 A
（提示的附录）
标准品色谱图

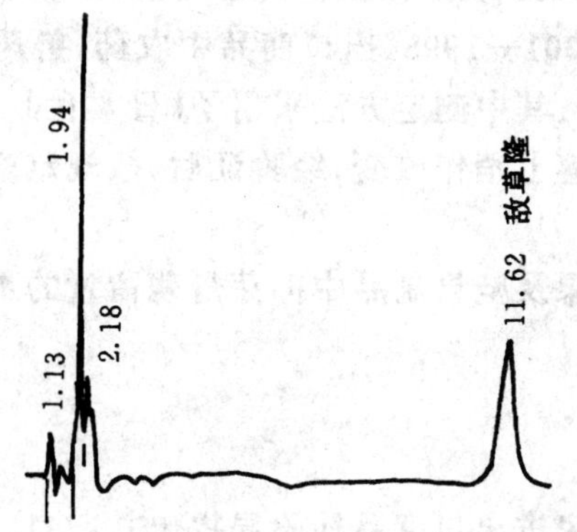

图 A1 敌草隆标准品的液相色谱图

前　言

本标准是根据GB/T 1.1—1993《标准化工作导则　第1单元:标准的起草与表述规则　第1部分:标准编写的基本规定》及SN/T 0001—1995《出口商品中农药、兽药残留量及生物毒素检验方法标准编写的基本规定》的要求进行编写的。其中测定方法采用了《日本食品中农药残留限量及检验方法》中抑芽丹残留量分析方法。但在技术内容上稍作改变,经验证后,按规定格式要求作了编辑性修改。同时在标准中制定了抽样和制样方法。

测定低限是根据国际上对坚果及坚果制品中抑芽丹残留量的最高限量和测定方法的灵敏度而制定的。

本标准附录A为标准的附录。

本标准附录B为提示的附录。

本标准由中华人民共和国国家进出口商品检验局提出并归口。

本标准由中华人民共和国山东进出口商品检验局负责起草。

本标准主要起草人:侯建泉。

本标准系首次发布的行业标准。

中华人民共和国进出口商品检验行业标准

出口坚果及坚果制品中抑芽丹残留量检验方法 分光光度法

SN 0647—1997

Method for the determination of maleic hydrazide residues in nuts and nut products for export —Spectrophotometry

1 范围

本标准规定了出口坚果及坚果制品中抑芽丹残留量检验的抽样、制样和分光光度测定方法。

本标准适用于出口核桃中抑芽丹残留量的检验。

2 抽样和制样

2.1 检验批

以不超过 50 t 为一检验批。

同一检验批的商品应具有相同的特征，如包装、标记、产地、规格和等级等。

2.2 抽样数量

按式(1)计算抽样件数：

$$a = \sqrt{N} \quad \cdots\cdots(1)$$

式中：N——全批件数；

a——抽样件数。

注：a 值取整数，小数点后部分向前进位为整数。

2.3 抽样工具

2.3.1 取样铲或取样勺。

2.3.2 分样板。

2.3.3 盛样筒(袋)：可密封。

2.3.4 分样布或适应铺垫物。

2.4 抽样方法

2.4.1 倒包抽样：从堆垛的各部位随机抽取 2.2 规定的应抽样袋数的 10%(每批一般不少于 3 袋)，将袋口缝线全部拆开，平置于分样布上，双手紧握袋底两角，提起约成 45°倾角，倒拖约 1 m，使袋内货物全部倒出。查看袋内和袋间品质是否均匀。确认情况正常后，用取样铲随机在各部位抽取样品，立即倒入盛样袋中。每袋抽取的样品数量应基本一致，并不得少于 20 颗。

2.4.2 袋内取样：按 2.2 规定的应抽样袋数的 90%，在堆垛四周上、中、下各层以曲线形走向随机抽取样袋。将所抽各袋拆开袋口缝线 3～5 针，用取样勺从开口处抽取样品。立即缝好袋口，并将所取样品倒入盛样袋中。每袋抽取的样品数量应与 2.4.1 基本一致。

2.4.3 大样缩分：合并倒包和袋内取样所取全部样品，倒于分样布上，用分样板按四分法缩分出不少于 500 颗。倒入样品袋中，加封后标明标记，并及时送交实验室。

中华人民共和国国家进出口商品检验局1997-08-15批准 1998-01-01实施

2.5 试样制备

2.5.1 制样工具

2.5.1.1 样品切碎机或粉碎机。

2.5.1.2 筛子:2.0 mm 圆孔筛。

2.5.1.3 分样板。

2.5.1.4 盛样瓶:具塞广口瓶。

2.5.2 制样方法

将原始样品的可食部分用四分法缩分出约 200 g,用样品切碎机或粉碎机切碎或粉碎成可通过 2.0 mm圆孔筛的颗粒。充分混匀,均分成两份,装入清洁的样品瓶内,作为试样。密封并标明标记。

2.6 试样保存

将试样于－5℃以下避光保存。

注:在抽样和制样的操作过程中,必须防止样品受到污染或发生残留物含量的变化。

3 测定方法

3.1 方法提要

试样在碱溶液中被煮沸,以驱除挥发性干扰物。然后加锌粒和氯化亚铁蒸馏,抑芽丹被还原而释放出联氨,并被氮气流排出,吸收于对二甲胺基苯甲醛的酸性溶液中。反应生成的黄色化合物,用分光光度法测定,并用标准曲线法定量。

3.2 试剂和材料

除另有规定外,所用试剂均为分析纯,水为蒸馏水。

3.2.1 氯化亚铁。

3.2.2 锌粒:10～20 目。

3.2.3 对二甲胺基苯甲醛。

3.2.4 氢氧化钠:固体。

3.2.5 氢氧化钠溶液:0.1 mol/L。

3.2.6 硫酸溶液:0.5 mol/L。

3.2.7 显色剂:将 2.0 g 对二甲胺基苯甲醛溶于 100 mL 硫酸溶液中。

3.2.8 抑芽丹标准品:纯度≥98%。

3.2.9 抑芽丹标准储备溶液:准确称取适量抑芽丹标准品,用氢氧化钠溶液(3.2.4)溶解并稀释成浓度为 1.00 mg/mL 的标准储备液。

3.2.10 抑芽丹标准工作溶液:100 μg/mL。吸取 25 mL 标准储备液,用氢氧化钠溶液(3.2.4)稀释至 250 mL。

3.2.11 甲基硅油。

3.2.12 高沸点油。

3.2.13 氮气:纯度≥99%。

3.3 仪器和设备

3.3.1 联氨蒸馏装置:蒸馏瓶容量为 300 mL,带温度计井。温度计量程为 150～190℃,分度值为 0.2°。馏出液接收器为 50 mL,分度为 1 mL。联氨蒸馏装置见附录 A 中图 A1。

3.3.2 可见分光光度计:UV-2501PC,或相当的。

3.4 测定步骤

3.4.1 样液的制备

称取约 5 g 试样(精确至 0.1 g)于 300 mL 蒸馏瓶中,加入 1 mL 甲基硅油、50 g 氢氧化钠和 40 mL 水。温度计井中加入 1 mL 高沸点油,插入温度计。加热上述蒸馏瓶,大约每 20 s 摇动一次,使氢氧化钠完全溶解、溶液开始微沸。加入氢氧化钠后，调节加热的速度，使消化液的温度达到160℃时的时间为11～15 min。当温度到达160℃时，停止加热，使其冷却。当温度降至140℃时，擦干上述蒸馏瓶的接口部，加入5 g锌粒和0.5 g氯化亚铁。立即在接口部涂上薄薄的一层真空油脂，装上蒸馏装置。于50 mL馏出液接受器中加入5.0 mL显色剂，将冷凝管的前端浸入接受器中液面下，接受器用冰水冷却。接通氮气流，调节流量，使接受器内每秒钟产生三个气泡。冷凝管中冷凝水温应保持低于10℃。

加热上述蒸馏瓶，开始沸腾后，调节沸腾的程度，使所产生的泡沫量充满至上述蒸馏瓶的三分之二。

温度达到173℃时，将储水管中的水慢慢地滴下。当温度降至168℃时，停止滴水。继续蒸馏直至达到173℃。反复上述操作进行蒸馏至馏出液达到约35 mL。调整上述一系列操作和加热的速度，使从加入锌粒到结束操作的时间为15～20 min。馏出液用水定容至50.0 mL(如果蒸馏过程中馏出液接收器内溶液出现浑浊或沉淀，可加入2滴硫酸，并轻轻振摇之)。此溶液为样液，须于10 min内按3.4.2.2步骤进行测定。

注：蒸馏结束后，用耐热手套从装置上取下热的蒸馏瓶，取出温度计，用小软木塞将温度计井口密封好，用装有盐酸(1+9)的塑料洗瓶冲洗氮气出口管，然后用水清洗之，以消除氢氧化钠的存在。把蒸馏瓶内的熔融物倒入回收用的大烧杯内，用水淋洗蒸馏瓶3次，再用盐酸洗2次，以除去结壳的烧碱和锌粒。用盐酸(1+9)将蒸馏瓶注满存放直至下次使用。再次使用前应倒掉盐酸并用水清洗蒸馏瓶3次。

3.4.2 测定

3.4.2.1 标准曲线的绘制

取5.0 mL显色剂用水定容至50.0 mL作为参比液。再分别吸取0.0、0.2、0.4、0.6、0.8、1.0、1.5和2.0 mL抑芽丹标准工作液于300 mL蒸馏瓶中，除不称取试样外，按3.4.1的操作步骤进行，所得到的溶液分别在430、460、490 nm的波长下测定其吸光度，按式(2)求出其校正后的吸光度ΔA，然后以ΔA对抑芽丹的量绘制标准曲线。

3.4.2.2 样液的测定

将5.0 mL显色剂用水定容至50.0 mL作为参比液，在430、460、490 nm的波长下测定样液的吸光度，按式(2)求出其校正后的吸光度ΔA，再从标准曲线上查出抑芽丹的量。

3.5 结果的计算和表述

校正吸光度按式(2)计算：

$$\Delta A = B - \frac{C + D}{2} \qquad (2)$$

式中：ΔA——校正吸光度；

C——430 nm的吸光度；

B——460 nm的吸光度；

D——490 nm的吸光度。

试样中抑芽丹残留量按式(3)计算：

$$X = \frac{m_1}{m} \qquad (3)$$

式中：X——试样中抑芽丹残留含量，mg/kg；

m_1——从标准曲线上查得样液中抑芽丹的量，μg；

m——所称取试样量，g。

4 方法的测定低限、回收率

4.1 测定低限

本方法的测定低限为2.0 mg/kg。

4.2 回收率

核桃中抑芽丹添加浓度及其回收率的实验数据：

在 40.0 mg/kg 时，回收率为：95.8%；

在 20.0 mg/kg 时，回收率为：104.9%；

在 2.0 mg/kg 时，回收率为：87.5%。

附 录 A
（标准的附录）
联氨蒸馏装置

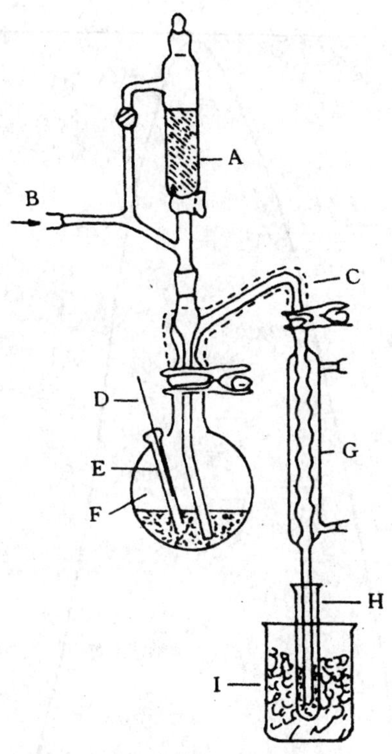

A—储水管；B—氮气入口；C—石棉带；D—温度计；E—温度计井；F—蒸馏瓶；
G—冷凝管；H—接受器；I—玻璃烧杯（冰＋水）

图 A1 联氨蒸馏装置

附 录 B
（提示的附录）
标准品吸收光谱图

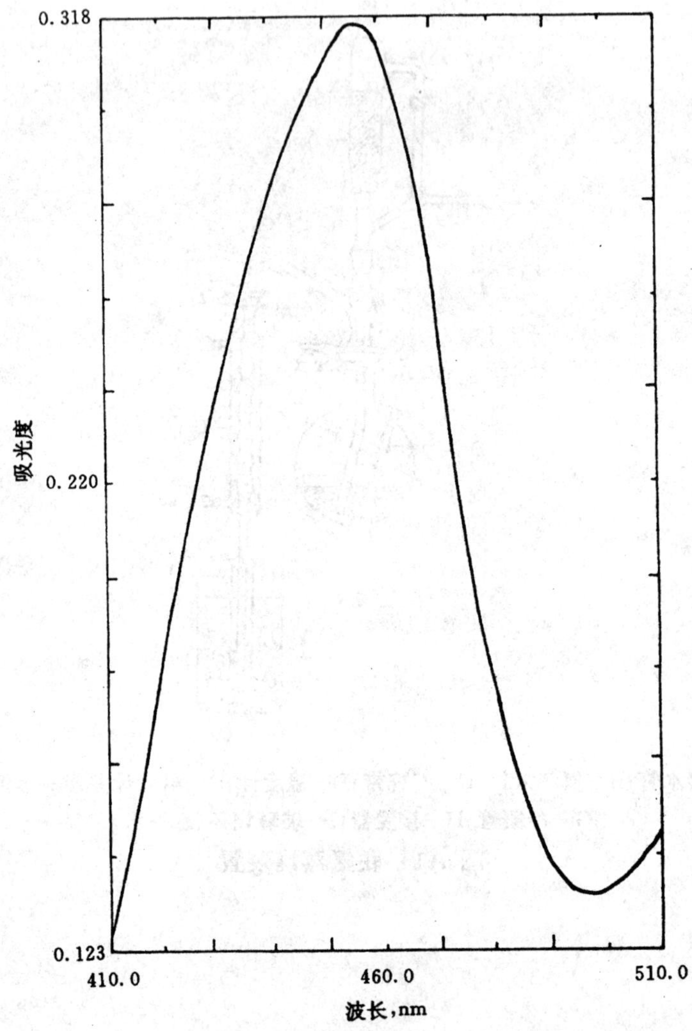

图 B1 抑芽丹标准品有色衍生物的吸收光谱图

前　　言

本标准是根据GB/T 1.1—1993《标准化工作导则　第1单元:标准的起草与表述规则　第1部分:标准编写的基本规定》及SN/T 0001—1995《出口商品中农药、兽药残留量及生物毒素检验方法标准编写的基本规定》的要求进行编写的。其中测定方法是参考了国内外有关文献,经研究、改进和验证后制定的。本标准同时制定了抽样和制样方法。

测定低限是根据国际上对坚果及坚果制品中地乐酚最高残留限量的规定和测定方法的灵敏度而制定的。

本标准附录A为提示的附录。

本标准由中华人民共和国国家进出口商品检验局提出并归口。

本标准由中华人民共和国辽宁进出口商品检验局负责起草。

本标准主要起草人:李淑岩、王春英、孙艳、佟玉玲、张文惠。

本标准系首次发布的行业标准。

中华人民共和国进出口商品检验行业标准

出口坚果及坚果制品中地乐酚残留量检验方法

SN 0648—1997

Method for the determination of dinoseb residues in nuts and nut products for export

1 范围

本标准规定了出口坚果及坚果制品中地乐酚残留量检验的抽样、制样和气相色谱测定方法。

本标准适用于出口栗子中地乐酚残留量的检验。

2 抽样和制样

2.1 检验批

以不超过 50 t(约 710 袋)为一检验批。

同一检验批的商品应具有相同特征,如包装、标记、产地、规格和等级等。

2.2 抽样数量

按式(1)计算抽样袋数:

$$a = \sqrt{N} \qquad \cdots\cdots(1)$$

式中:N——全批袋数;

a——抽样袋数。

注:a 值取整数,小数部分向前进位为整数。

2.3 抽样工具

2.3.1 取样铲或取样勺。

2.3.2 分样板。

2.3.3 盛样器:筒或袋,可密封。

2.3.4 分样布或适用铺垫物。

2.4 抽样方法

2.4.1 倒包抽样:从堆垛的各部位随机抽取 2.2 所规定的应抽样袋数的 10%(每批一般不少于 3 袋),将袋口缝线全部拆开,平置于分样布或其他洁净的铺垫物上,双手紧握袋底两角,提起约成 45°倾角,倒拖约 1 m,使袋内货物全部倒出。查看袋内和袋间品质是否均匀。确认情况正常后,用取样铲随机在各部位抽取样品,并立即将样品倒入盛样器中。每袋抽取样品的量应基本一致,并不得少于 500 g。

2.4.2 袋内抽样:按 2.2 规定的应抽样袋数(扣除倒包抽样袋数),在堆垛四周的上、中、下各层以曲线形走向随机抽取。将应抽各袋拆开袋口缝线 3～5 针,用取样勺从开口处抽取样品。立即缝好袋口,并将所取样品倒入盛样器内,每袋抽取样品的量应和 2.4.1 基本一致,并不得少于 500 g。

合并倒包和袋内抽样所取全部样品,倒于分样布上,用分样板按四分法缩分出不少于 4 kg。倒入盛样器中,加封后标明标记,及时送实验室。

2.5 试样制备

中华人民共和国国家进出口商品检验局1997-08-15批准　　1998-01-01实施

2.5.1 制样工具

2.5.1.1 样品切碎机或粉碎机。

2.5.1.2 筛子:2.0 mm 圆孔筛。

2.5.1.3 分样板。

2.5.1.4 盛样瓶:具塞广口瓶。

2.5.2 制样方法

抽取样品的可食部分,用四分法缩分出约 200 g。用样品切碎机或粉碎机,将缩分出的样品全部粉碎或切削成尺寸不大于 1 mm、能通过 2.0 mm 圆孔筛的碎粒。充分混匀,均分成两份作为试样,分装于洁净的盛样器内,密闭,并标明标记。

2.6 试样保存

试样于−5℃以下避光保存。

注:在抽样和制样的操作过程中,必须防止样品受到污染或发生残留物含量的变化。

3 测定方法

3.1 方法提要

试样中残留的地乐酚经用丙酮提取后,提取液经饱和氯化钠水溶液-正己烷进行液-液分配,正己烷提取液再经弗罗里硅土柱净化。用丙酮-正己烷洗脱,洗脱液再以重氮甲烷试剂甲基化,生成的地乐酚甲基化衍生物(2-异丁基-4,6-二硝基苯甲醚),用配有电子俘获检测器的气相色谱仪测定,外标法定量。

3.2 试剂和材料

除另有规定外,所用试剂均为分析纯,水为蒸馏水。

3.2.1 丙酮:重蒸馏。

3.2.2 正己烷:重蒸馏。

3.2.3 丙酮-正己烷(3+17)。

3.2.4 丙酮-正己烷(1+1)。

3.2.5 无水硫酸钠:于 650℃灼烧 4 h,储于密闭容器中备用。

3.2.6 弗罗里硅土:60~100 目,于 650℃灼烧 6 h,储于密闭容器中。使用前于 130℃烘 1 h。

注:每批弗罗里硅土使用前应做淋洗曲线。

3.2.7 氯化钠溶液:饱和水溶液。

3.2.8 甲醇-水溶液(8+2)。

3.2.9 地乐酚标准品:纯度≥99%。

3.2.10 地乐酚标准溶液:准确称取适量的地乐酚标准品,用少量苯溶解,然后用正己烷稀释成浓度为 0.100 mg/mL 的标准储备溶液。根据需要再以正己烷配成适当浓度的标准工作溶液。

3.2.11 重氮甲烷试剂:将装有 10 mL 氢氧化钾水溶液(6 g/10 mL)、35 mL 乙醇和 10 mL 乙醚的混合液的 125 mL 蒸馏瓶内放入磁棒,并固定在磁力搅拌器加热板上的水浴中。连接滴液漏斗和冷凝器并串连两个 125 mL 的烧瓶,烧瓶中各置有 10 mL 乙醚。冷凝收集管插入乙醚液中。将这两个烧瓶置于冰浴中。滴液漏斗内盛有 21.5 g 的 N-甲基-N-亚硝基-p-甲苯磺酰胺溶于 140 mL 乙醚的溶液(重氮试剂)。加热水浴至 70℃,进行蒸馏,蒸馏瓶内溶液边用磁力搅拌,边滴加重氮试剂,滴完全部溶液的时间控制在 20 min 以上。当蒸馏液近于无色时,停止蒸馏,将两个烧瓶中的液体合并,并在 70℃水浴上重蒸馏。馏出液即为重氮甲烷试剂。密封,于−18℃保存。保存期一个月。

3.3 仪器和设备

3.3.1 均质器:3 000 r/min。

3.3.2 恒温水浴。

3.3.3 全玻璃系统重蒸馏装置。

3.3.4 旋转蒸发器或氮气流浓缩装置:配有 250 mL 心形瓶。

3.3.5 分液漏斗:125 mL。

3.3.6 弗罗里硅土净化柱:玻璃柱,30 cm×10 mm(内径),装入弗罗里硅土 5 g,上端装入少量(约 2 g)无水硫酸钠,干法装柱,使用前用 20 mL 正己烷淋洗。

3.3.7 试管:带旋盖(耐压并气密性的),10 cm×13 mm(内径)。

3.3.8 气相色谱仪:配有电子俘获检测器。

3.3.9 微量注射器:10 μL。

3.4 测定步骤

3.4.1 提取

称取试样约 10 g(精确至 0.1 g)于均质瓶中,加入 50 mL 丙酮,于 3 000 r/min 均质 3 min。过滤提取液于100 mL容量瓶中,并用 50 mL 丙酮分三次洗涤均质瓶及滤渣,洗液并入上述容量瓶中,定容。取 50 mL 提取液于心形瓶中,在 40℃水浴中浓缩至 1~2 mL。

3.4.2 净化

将上述浓缩液移入预先装有 50 mL 饱和氯化钠水溶液和 25 mL 正己烷的分液漏斗中,激烈振荡 1 min,静置分层。将水层移入另一个分液漏斗中。水层中再加入 25 mL 正己烷,按上述方法重复提取一次,合并正己烷层。用 50 mL 饱和氯化钠水溶液洗涤正己烷层一次,弃去水层。再加入适量无水硫酸钠,不断振摇,静置 1 h,用滤纸滤入心形瓶中。用 20 mL 正己烷分两次洗涤分液漏斗,以此洗涤液洗涤滤纸上的残留物。合并两次洗涤液于心形瓶中,在 40℃水浴中浓缩至 1~2 mL。

将上述浓缩液全部移入弗罗里硅土净化柱中。用少量正己烷分三次洗涤心形瓶,洗液并入上述净化柱中,弃去流出液。注入 100 mL 丙酮-正己烷(3+17)进行淋洗,弃去流出液。再注入 25 mL 丙酮-正己烷(1+1)进行洗脱,收集洗脱液于 25 mL 容量瓶中,用正己烷定容至 25 mL。洗脱流速为 1~1.5 mL/min。

3.4.3 甲基化

3.4.3.1 样液甲基化

用移液管移取洗脱液(3.4.2)5 mL于试管内,在 40℃水浴中,通氮气流吹干。取出试管,加入 0.2 mL甲醇-水(8+2),微温使残渣溶解,冷却至室温。加 0.5 mL 重氮甲烷试剂,拧上旋盖,将试管置于 70℃恒温水浴中反应 5~10 min,反应时水浴液面应和反应液面相齐。取出试管,冷却至室温。拧去旋盖,将试管固定在 70℃恒温水浴中,仅使试管圆形底部接触水面,加热 2~3 min,直至乙醚蒸除。加入 5 mL蒸馏水和1.00 mL正己烷,加盖,用力振荡混合 1 min,静置。上层正己烷样液供气相色谱测定。

3.4.3.2 标准工作液的甲基化

取标准工作液 1.0 mL 于试管内,按 3.4.3.1 进行甲基化,最后制成 1 mL 甲基化的标准工作液。

3.4.4 测定

3.4.4.1 色谱条件

a) 色谱柱:玻璃柱,2 m×2 mm(内径),填充物为 3%(*m*/*m*)OV-1 涂于 Chromosorb W HP,80~100 目;

b) 载气:氮气,纯度≥99.99%,60 mL/min;

c) 柱温:170℃;

d) 进样口温度:210℃;

e) 检测器温度:250℃;

f) 进样量:1 μL。

3.4.4.2 色谱测定

根据样液中地乐酚含量情况,选定峰高相近的甲基化的标准工作液。甲基化的标准工作液和样液中地乐酚甲基化衍生物的响应值均应在仪器检测线性范围内。对甲基化的标准工作液和样液等体积参插进样测定。在上述色谱条件下,地乐酚甲基化衍生物色谱峰的保留时间约为 2.2 min。地乐酚标准品甲基化衍生物的色谱图见附录 A 中图 A1。

3.4.5 空白试验

除不加试样外,均按上述操作步骤进行。

3.4.6 结果计算和表述

用色谱数据处理机或按式(2)计算试样中地乐酚的残留含量:

$$X = \frac{h \cdot c \cdot V}{h_s \cdot m} \quad \cdots\cdots (2)$$

式中:X——试样中地乐酚残留含量,mg/kg;

h——样液中地乐酚甲基化衍生物的色谱峰高,mm;

h_s——甲基化的标准工作溶液中地乐酚甲基化衍生物的色谱峰高,mm;

c——甲基化的标准工作溶液中地乐酚的浓度,μg/mL;

V——样液最终定容的体积,mL;

m——最终样液所代表的试样量,g。

注:计算结果需扣除空白值。

4 测定低限、回收率

4.1 测定低限

本方法的测定低限为 0.02 mg/kg。

4.2 回收率

栗子中地乐酚的添加浓度及其回收率实验数据:

0.02 mg/kg 时,回收率为 87.24%;

0.05 mg/kg 时,回收率为 88.85%;

0.20 mg/kg 时,回收率为 91.61%。

附 录 A
(提示的附录)
标准品色谱图

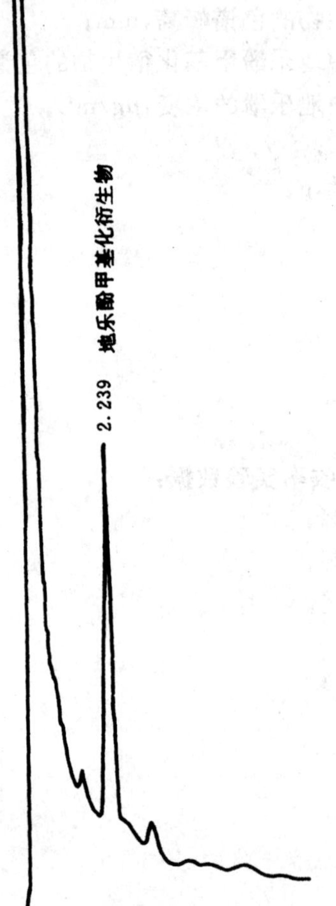

图 A1 地乐酚标准品甲基化衍生物的色谱图

前　　言

本标准是根据GB/T 1.1—1993《标准化工作导则　第1单元:标准的起草与表述规则　第1部分:标准编写的基本规定》及SN/T 0001—1995《出口商品中农药、兽药残留量及生物毒素检验方法标准编写的基本规定》的要求进行编写的。其中测定方法是参考国内外有关文献,经研究、改进和验证后而制定的。本标准同时制定了抽样和制样方法。

测定低限是根据国际上对粮谷中溴甲烷残留量的最高限量和测定方法的灵敏度而制定的。

本标准附录A、附录B为提示的附录。

本标准由中华人民共和国国家进出口商品检验局提出并归口。

本标准由中华人民共和国辽宁进出口商品检验局负责起草。

本标准主要起草人:宋文斌、杨鑫、张华一。

本标准系首次发布的行业标准。

中华人民共和国进出口商品检验行业标准

出口粮谷中溴甲烷残留量检验方法

SN 0649—1997

Method for the determination of methyl bromide residues in cereals for export

1 范围

本标准规定了出口粮谷中溴甲烷残留量检验的抽样、制样和气相色谱测定方法。

本标准适用于出口玉米中溴甲烷残留量的检验。

2 抽样和制样

2.1 检验批

散积玉米以不超过 200 t 为一检验批；袋装玉米(每袋约 90 kg)以约 2 200 袋为一检验批。

同一检验批的商品应具有相同的特征，如包装、标记、产地、规格和等级等。

2.2 抽样数量

2.2.1 袋装货品

按式(1)计算抽样袋数：

$$a = \sqrt{N} \quad \cdots\cdots(1)$$

式中：N ——全批袋数；

a ——抽样袋数。

注：a 值取整数，小数部分向前进位为整数。

2.2.2 散积货品

货堆高度不超过 2 m。按货堆面积划区设点。以 50 m^2 为一个取样区，每区设中心及四角(距边线 1 m处)5 个点。每增加一个取样区，增设 3 个点。

2.3 抽样工具

2.3.1 金属双套管取样器：全长分 1 m、2 m(均包括手柄)两种。内、外管同部位分段开几个槽口，每个槽口长 15～20 cm，口宽 2.0～2.5 cm，内管的内径为 2.5～3.0 cm；取样器的探头长约 7 cm。

2.3.2 取样铲。

2.3.3 分样板。

2.3.4 分样布或适用铺垫物。

2.3.5 样品筒(袋)：可密封。

2.4 抽样方法

2.4.1 袋装抽样

2.4.1.1 倒包抽样：从堆垛的各部位随机抽取 2.2.1 规定的应抽样袋数的 10%(每批一般不少于 3 袋)。将袋口缝线全部拆开，平置于分样布或其他洁净的铺垫物上，双手紧握袋底两角，提起约成 45°倾角，倒拖约 1 m，使袋内货物全部倒出。查看袋内和袋间品质是否均匀，确认情况正常后，用取样铲随机在各部位抽取样品，并立即将样品倒入盛样器内。每袋抽取样品的量应基本一致。

中华人民共和国国家进出口商品检验局1997-08-15批准 1998-01-01实施

2.4.1.2 袋内抽样：按2.2.1规定的应抽样袋数（扣除倒包抽样袋数），在垛堆四周上、中、下各层以曲线形走向随机抽取，用1 m长的金属双套管取样器（2.3.1）关闭槽口，从每袋一角依斜对角方向插入袋内，然后旋转内管，开启槽口，待样品流满内管后，再旋转内管以关闭槽口。抽出取样器，立即将样品倒入盛样器内。每袋所取样品的量应与2.4.1.1基本一致。

每批所抽取的样品总量应不少于4 kg。

2.4.2 散积抽样

按2.2.2规定的取样点，逐点抽取样品。将取样器（2.3.1）槽口关闭，以倾斜45°角度插入货堆至相应深度，旋转取样器内管以开启槽口，待样品流满内管后，再旋转内管以关闭槽口，抽出取样器，立即将样品倒入盛样器内。从各点所抽取的样品量应基本一致。

每批所抽取的样品总量应不少于4 kg。

2.4.3 大样缩分

袋装样品：合并从袋内和倒包抽取全部样品，倒于分样布上，用分样板按四分法缩分样品至不少于2 kg，盛于盛样器内，加封后标明标记，并及时送交实验室。

散积样品：将抽取的全部样品，倒于分样布上，以下按上述袋装样品方法进行。

2.5 试样制备

将样品按四分法缩分至1 kg，混匀，均分成两份，立即装入清洁容器内，作为试样。密封并标明标记。

2.6 试样保存

试样于−18℃以下避光保存。

注

1 缩分样品时，操作尽量要快，以防止溴甲烷的散失。

2 在抽样和制样的操作过程中，必须防止样品受到污染或发生残留物含量的变化。

3 测定方法

3.1 方法提要

试样中的溴甲烷残留于回流提取器中，在氮气流下与硫酸溶液一起加热而被蒸发出，吸收于冰盐浴中的异辛烷中。异辛烷溶液经定容后，用配有电子俘获检测器的气相色谱仪测定，外标法定量。

3.2 试剂和材料

除另有规定外，所用试剂均为分析纯，水为蒸馏水。

3.2.1 异辛烷：在1 000 mL烧瓶内加入500 mL异辛烷，再加入金属钠片5～10 g，接上磨口冷凝器，回流6～8 h。然后用全玻璃蒸馏装置蒸馏，收集97.5～99.5℃之间的馏分。

3.2.2 硫酸溶液：0.05 mol/L。

3.2.3 蒸馏水：用前煮沸20 min，冷却备用。

3.2.4 无水硫酸钠：650℃灼烧4 h，冷却后过筛，取10～20目颗粒，储于密闭容器中，备用。

3.2.5 溴甲烷标准品：纯度≥99%，密度ρ约1.730 g/mL（0℃时）。

3.2.6 溴甲烷标准溶液：准确称取适量的溴甲烷标准品，用异辛烷配成浓度为1.00 mg/mL的标准储备溶液。根据需要再以异辛烷稀释成适用浓度的标准工作溶液。

3.3 仪器和设备

3.3.1 气相色谱仪：配有电子俘获检测器。

3.3.2 酸回流提取器：见附录B中图B1。

3.3.3 容量瓶：25 mL。

3.3.4 电热套：调温型，500 mL，200 W。

3.3.5 全玻璃蒸馏装置。

3.3.6　气体流量计。

3.3.7　冰盐浴。

3.3.8　恒温水浴循环器。

3.4　测定步骤

3.4.1　提取

如附录B中图B1安装好酸回流提取装置。干燥管下部垫少许玻璃棉，装入10 g左右无水硫酸钠。上口用2 mm（内径）聚乙烯管联通到通气管，通气管内加入6～7 cm高的无水硫酸钠。通气管插入25 mL预先装好20 mL异辛烷的容量瓶中，埋入冰盐浴中冷却。冷凝器接到恒温水浴循环器，水浴温度为56～59℃。接通后使冷凝水保持恒温。移开冷凝器，称取试样50.0 g（精确至0.1 g）于提取器的烧瓶中，并同时加入200 mL硫酸溶液，混匀后迅速联接好冷凝器。通入氮气，调整流量为20～30 mL/min，缓缓加热到微沸（约20～30 min），保持微沸通气2 h。加热完毕，关闭氮气流，将通气管抽离吸收液液面，用少量异辛烷多次冲洗通气管内外。取出容量瓶，待容量瓶温度平衡到室温后，定容，溶液供气相色谱分析。

注

1　通气管下口不宜多塞玻璃棉，以硫酸钠不落出为度，否则易发生通气堵塞。

2　冷凝器中水温不能超过60℃，否则水汽带出过多，造成通气管内结冰。

3　因溴甲烷极易挥发，测定前试样应冷冻后再称量。

3.4.2　测定

3.4.2.1　色谱条件

a）色谱柱：玻璃柱，1.5 m×3.2 mm（内径），填充物为10%（*m/m*）DC-200涂于Chromosorb W AW-DMCS（60～80目）；

b）色谱柱温度：70℃；

c）进样口温度：150℃；

d）检测器温度：150℃；

e）载气：氮气，纯度≥99.99%，20 mL/min。

3.4.2.2　色谱测定

根据样液中溴甲烷含量情况，选定峰高相近的标准工作溶液。标准工作溶液和样液中溴甲烷响应值均应在仪器检测线性范围内，对标准工作溶液和样液等体积参插进样测定。在上述色谱条件下，溴甲烷保留时间约为1.0 min。溴甲烷标准品的色谱图见附录A中图A1。

3.4.3　空白试验

除不加试样外，按上述测定步骤进行。

3.4.4　结果计算和表述

用色谱数据处理机或按式(2)计算：

$$X = \frac{h \cdot c \cdot V}{h_s \cdot m} \qquad \cdots\cdots(2)$$

式中：X——试样中溴甲烷残留含量，mg/kg；

h——样液中溴甲烷的峰高，mm；

h_s——标准工作液中溴甲烷的峰高，mm；

c——标准工作液中溴甲烷的浓度，μg/mL；

V——样液最终定容体积，mL；

m——称取试样量，g。

注：计算结果需扣除空白值。

4 测定低限、回收率

4.1 测定低限

本方法的测定低限为 0.02 mg/kg。

4.2 回收率

玉米中溴甲烷添加浓度及其回收率的实验数据：

在 0.02 mg/kg 时，回收率为 82.50%；

在 0.10 mg/kg 时，回收率为 90.90%；

在 0.50 mg/kg 时，回收率为 92.36%。

附 录 A
（提示的附录）
标准品色谱图

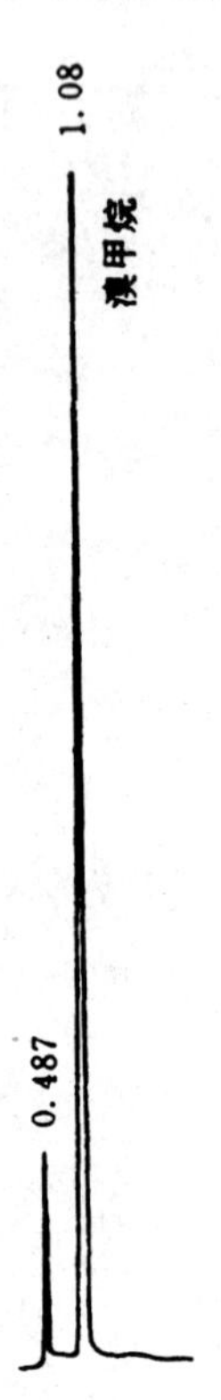

图 A1 溴甲烷标准品色谱图

附 录 B
（提示的附录）
回流提取器

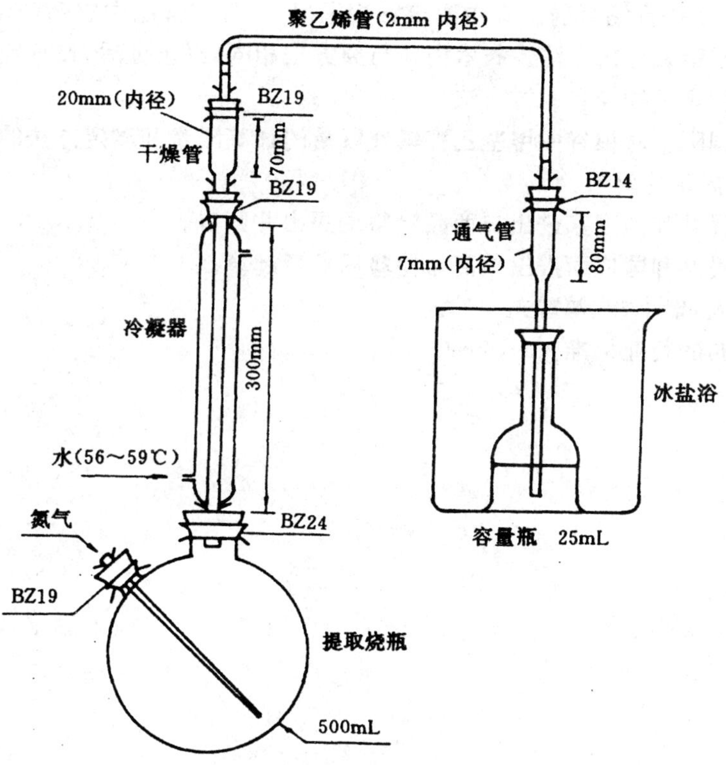

图 B1 酸回流提取器装置图

前　　言

本标准是根据GB/T 1.1—1993《标准化工作导则　第1单元：标准的起草与表述规则　第1部分：标准编写的基本规定》及SN/T 0001—1995《出口商品中农药、兽药残留量及生物毒素检验方法标准编写的基本规定》的要求而进行编写的。其中测定方法采用了《日本食品中农药残留量限量及检验方法》(续二)中甲基乙拌磷残留量分析方法。技术内容与原方法相同，经验证后，按规定格式要求作了编辑性修改。在标准中同时制定了抽样和制样方法。

测定低限是根据国际上对粮谷中甲基乙拌磷残留量的最高限量和测定方法的灵敏度而制定的。

本标准附录A为提示的附录。

本标准由中华人民共和国国家进出口商品检验局提出并归口。

本标准由中华人民共和国广西进出口商品检验局负责起草。

本标准主要起草人：覃小林、傅雪夫。

本标准系首次发布的行业标准。

中华人民共和国进出口商品检验行业标准

出口粮谷中甲基乙拌磷残留量检验方法

SN 0651—1997

Method for the determination of thiometon residues in cereals for export

1 范围

本标准规定了出口粮谷中甲基乙拌磷残留量检验的抽样、制样和气相色谱测定方法。

本标准适用于出口糙米、玉米中甲基乙拌磷残留量的检验。

2 抽样和制样

2.1 检验批

以不超过 200 t 为一检验批。200 t 袋装糙米约 4 000 袋;袋装玉米约 2 200 袋。

同一检验批的商品应具有相同的特征,如包装、标记、产地、规格和等级等。

2.2 抽样数量

2.2.1 袋装货品

按式(1)计算抽样袋数:

$$a = \sqrt{N} \qquad \cdots\cdots(1)$$

式中:N——全批袋数;

a——抽样袋数。

注:a 值取整数,小数部分向前进位为整数。

2.2.2 散积货品(玉米)

货堆高度不超过 2 m。按货堆面积划区设点。以 50 m^2 为一个取样区,每区设中心及四角(距边线 1 m处)5 个点。每增加一个取样区,增设 3 个点。

2.3 抽样工具

2.3.1 金属单管取样器:全长 55 cm(包括手柄),直径 1.5～2.0 cm,沟槽长度应超过袋对角线长度的一半。

2.3.2 金属双套管取样器:全长分 1 m、2 m(均包括手柄)两种。内外管同部位分段开几个槽口,每个槽口长 15～20 cm,口宽 2.0～2.5 cm。内管的内径为 2.5～3.0 cm,取样器的探头长约 7 cm。

2.3.3 取样铲或取样勺。

2.3.4 分样板。

2.3.5 盛样器:筒或袋,可密封。

2.3.6 分样布或适用铺垫物。

2.4 抽样方法

2.4.1 袋装抽样

2.4.1.1 倒包抽样:从堆垛的各部位随机抽取 2.2.1 规定的应抽件数的 10%(每批一般不少于 3 袋),

中华人民共和国国家进出口商品检验局1997-08-15批准　　1998-01-01实施

将袋口缝线全部拆开，平置于分样布或其他洁净的铺垫物上，双手紧握袋底两角，提起约成45°倾角，倒拖约1 m，使袋内货物全部倒出。查看袋内和袋间品质是否均匀。确认情况正常后，用取样铲随机在各个部位抽取样品，并立即将样品倒入盛样器内。每袋抽取样品的量应基本一致。

2.4.1.2 袋内抽样：按2.2.1规定的应抽样件数(扣除倒包抽样件数)，在堆垛四周上、中、下各层以曲线形走向随机抽取。然后按糙米、玉米，用下述方法进行取样：

对糙米，用金属单管取样器(2.3.1)槽口朝下，从每袋一角依斜对角方向插入袋内，然后将管槽旋转朝上，抽出取样器，立即将样品倒入盛样器内。

对玉米，用1 m长的金属双套管取样器(2.3.2)，关闭槽口，从每袋一角依斜对角方向插入袋内，然后旋转内管以开启槽口，待样品流满内管后，再旋转内管以关闭槽口。抽出取样器，立即将样品倒入盛样器内。

每袋抽取样品的量应与2.4.1.1基本上一致。每批所抽取的样品总量应不少于4 kg。

2.4.2 散积抽样(玉米)：按2.2.2规定的取样点，逐点抽取样品。将金属双套管取样器(2.3.2)槽口关闭，以倾斜45°角度插入粮堆至相应的深度，旋转取样器内管以开启槽口，待样品流满内管后，再旋转内管以关闭槽口。抽出取样器，立即将样品倒入盛样器内。从各点所抽取的样品量应基本一致。

每批所抽取的样品总量应不少于4 kg。

2.4.3 大样缩分

袋装样品：合并从袋内和倒包抽样所取全部样品，倒于分样布上，用分样板按四分法缩分出样品不少于2 kg，盛于盛样器内，加封后标明标记，并及时送交实验室。

散积样品：将抽取的全部样品，倒于分样布上，以下按上述袋装样品方法进行。

2.5 试样制备

2.5.1 制样工具

2.5.1.1 磨碎机。

2.5.1.2 筛子：20目筛。

2.5.1.3 分样板。

2.5.1.4 盛样瓶：具塞广口瓶。

2.5.2 制样方法

将样品按四分法缩分至1 kg，用磨碎机全部磨碎，并通过20目筛，混匀，均分成两份，作为试样。分装入洁净的盛样器内，密封，标明标记。

2.6 试样保存

将试样于－5℃以下避光保存。

注：在抽样和制样的操作过程中，必须防止样品受到污染或发生残留物含量的变化。

3 测定方法

3.1 方法提要

试样经水浸泡后，其残留的甲基乙拌磷用丙酮提取。提取液经离心分离，用乙酸乙酯进行液-液分配，使被测物进入乙酸乙酯层，浓缩。残渣用正己烷溶解，再用乙腈提取，使被测物进入乙腈层。蒸发至干，残渣用丙酮溶解，供配有火焰光度检测器的气相色谱仪测定，外标法定量。必要时可用气相色谱-质谱法确证。

3.2 试剂和材料

除另有规定外，所用试剂均为分析纯，水为蒸馏水。

3.2.1 丙酮。

3.2.2 乙酸乙酯。

3.2.3 无水硫酸钠：650℃灼烧4 h，贮于密封容器中备用。

3.2.4 正己烷。

3.2.5 乙腈。

3.2.6 氯化钠溶液:饱和水溶液。

3.2.7 甲基乙拌磷标准品:纯度≥98%。

3.2.8 甲基乙拌磷标准溶液:准确称取适量的甲基乙拌磷标准品,用丙酮配成浓度为1.00 mg/mL的标准储备液。根据需要再用丙酮稀释成适当浓度的标准工作溶液。

3.3 仪器和设备

3.3.1 气相色谱仪并配有火焰光度检测器,磷滤光片(526 nm)及配有质谱检测器。

3.3.2 离心机。

3.3.3 旋转蒸发器。

3.3.4 微量注射器:10 μL。

3.4 测定步骤

3.4.1 提取及净化

称取试样约10.0 g(精确至0.1 g)于一250 mL锥形瓶中,加入20 mL水,放置2 h。

加入100 mL丙酮,搅拌2 min,离心约5 min(3 000 r/min),分出上层清液于梨形烧瓶中。在沉淀中加入50 mL丙酮,搅拌2 min,离心,合并上清液。在旋转蒸发器上于40℃水浴中浓缩至约20 mL。

将此液全部移入300 mL分液漏斗中,加入50 mL氯化钠饱和溶液和100 mL乙酸乙酯,剧烈振荡5 min,静置,分出乙酸乙酯层于一300 mL锥形瓶中。在水层中加入100 mL乙酸乙酯,同上操作,合并乙酸乙酯提取液。加入适量的无水硫酸钠,放置1 h并不时振摇,过滤于梨形烧瓶中。然后用20 mL乙酸乙酯洗涤锥形瓶和滤纸上的残留物,合并滤液和洗液。在旋转蒸发器上40℃水浴中浓缩至近干。

用15 mL正己烷溶解残渣,溶液移入100 mL分液漏斗中。于分液漏斗中加入正己烷饱和的乙腈30 mL,剧烈振荡5 min,静置,分出乙腈层于梨形烧瓶中。在正己烷层中,加入正己烷饱和的乙腈30 mL,同上操作,合并乙腈提取液。于40℃水浴中浓缩至干。准确加入2.00 mL丙酮以溶解残渣,溶液供气相色谱测定用。

3.4.2 测定

3.4.2.1 气相色谱条件

a) 色谱柱:玻璃柱,1.6 m×2.6 mm(内径);填充物为3%OV-1,涂于Gas Chrom Q(80~100目);

b) 载气:氮气,纯度≥99.99%,30 mL/min;

c) 氢气:100 mL/min;

d) 空气:100 mL/min;

e) 进样口温度:270℃;

f) 色谱柱温度:220℃;

g) 检测器温度:270℃;

h) 进样量:1~5 μL。

3.4.2.2 气相色谱测定

根据样液中被测农药含量情况,选定峰高相近的标准工作溶液。标准工作溶液和待测样液中农药的响应值均应在仪器检测的线性范围内。对标准工作液与样液等体积参插进样测定。在上述色谱条件下,甲基乙拌磷保留时间约为1.6 min。标准品色谱图见附录A中图A1。

3.4.3 确证

3.4.3.1 气相色谱-质谱条件:

a) 色谱柱:CBP5,25 m×0.2 mm(内径),膜厚为0.25 μm;

b) 载气:氦气,纯度≥99.99%,0.7 mL/min;

c) 色谱柱温度:180℃;

d) 进样口温度:250℃;

e) 色谱-质谱接口温度:250℃;

f) 进样量:2 μL;

g) 进样方式:无分流,2 min 后开阀;

h) 电离方式:EI;

i) 电子倍增器电压:1.65 kV;

j) 测定方式:离子监测方式;

k) 监测离子(m/z):246、125、88;

l) 溶剂延迟:3 min。

3.4.3.2 气相色谱-质谱确证

对标准溶液及样液均按 3.4.3.1 规定的条件进行测定。如果样液中与标准溶液中在相同的保留时间有峰出现,则用质谱图对其进行确证。

3.4.4 空白试验

除不加试样外,均按上述测定步骤进行。

3.5 结果计算和表述

用色谱数据处理机或按式(2)计算试样中甲基乙拌磷的残留含量:

$$X = \frac{h \cdot c \cdot V}{h_s \cdot m} \qquad \cdots\cdots(2)$$

式中:X——试样中甲基乙拌磷残留含量,mg/kg;

h——样液中甲基乙拌磷的色谱峰高,mm;

h_s——标准工作液中甲基乙拌磷的色谱峰高,mm;

c——标准工作液中甲基乙拌磷的浓度,μg/mL;

V——样液最终定容体积,mL;

m——最终样液所代表的试样量,g。

注:计算结果需将空白值扣除。

4 测定低限、回收率

4.1 测定低限

本方法测定低限为 0.02 mg/kg。

4.2 回收率

甲基乙拌磷添加浓度及其回收率的试验数据:

糙米中:

在 0.02 mg/kg 时,回收率为 84.6%;

在 0.05 mg/kg 时,回收率为 94.0%;

在 1.00 mg/kg 时,回收率为 91.8%。

玉米中:

在 0.02 mg/kg 时,回收率为 83.5%;

在 0.05 mg/kg 时,回收率为 91.7%;

在 1.00 mg/kg 时,回收率为 83.8%。

附　录　A
（提示的附录）
标准品色谱图

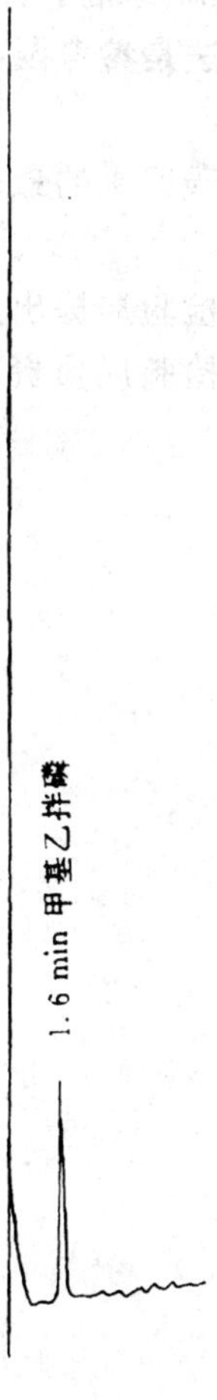

图 A1　甲基乙拌磷标准品气相色谱图

前　言

本标准是根据GB/T 1.1—1993《标准化工作导则　第1单元:标准的起草与表述规则　第1部分:标准编写的基本规定》及SN/T 0001—1995《出口商品中农药、兽药残留量及生物毒素检验方法标准编写的基本规定》的要求进行编写的。其中测定方法是参考国内外有关文献,经研究、改进和验证后而制定的。本标准同时制定了抽样和制样方法。

测定低限是根据国际上对水果中对酞酸铜残留量的最高限量和本测定方法的灵敏度而规定的。

本标准附录A为提示的附录。

本标准由中华人民共和国国家进出口商品检验局提出并归口。

本标准由中华人民共和国天津进出口商品检验局负责起草。

本标准主要起草人:唐翊、佟晖、高晓敏。

本标准系首次发布的行业标准。

中华人民共和国进出口商品检验行业标准

出口水果中对酞酸铜残留量检验方法

SN 0652－1997

Method for the determination of copper terephthalate residues in fruits for export

1 范围

本标准规定了出口水果中对酞酸铜残留量检验的抽样、制样和液相色谱测定方法。

本标准适用于出口柑桔和苹果中对酞酸铜残留量的检验。

2 抽样和制样

2.1 检验批

以不超过 1 500 件为一检验批。

同一检验批的商品应具有相同的特征，如包装、标记、产地、规格和等级等。

2.2 抽样数量

批量，件	最低抽样数，件
1～25	1
26～100	5
101～250	10
251～1 500	15

2.3 抽样方法

按 2.2 规定的抽样件数，随机抽取，逐件开启。每件至少取 500 g 作为原始样品，原始样品总量不得少于 2 kg，放入清洁容器内，加封后，标明标记，及时送实验室。

2.4 试样制备

将所取原始样品缩分出 1 kg，取可食部分，用组织捣碎机捣碎，均分成两份，装入洁净容器内作为试样，密封，并标明标记。

2.5 试样保存

将试样于－18℃以下冷冻保存。

注：在抽样和制样的操作过程中，必须防止样品受到污染或发生残留物含量的变化。

3 测定方法

3.1 方法提要

试样于氢氧化钠溶液中加热回流，溶液经酸化后，用乙酸乙酯提取被分解出的对酞酸，提取物经甲酯化后，再经 C_{18} 柱净化，乙腈-水混合液洗脱，洗脱液用配有紫外检测器的液相色谱仪检测，外标法定量。

3.2 试剂和材料

中华人民共和国国家进出口商品检验局 1997-08-15 批准　　　　1998-01-01 实施

除另有规定外，试剂均为分析纯，水为蒸馏水。

3.2.1 乙酸乙酯。

3.2.2 无水乙醇。

3.2.3 甲醇：液相色谱用。

3.2.4 乙腈：液相色谱用。

3.2.5 硫酸溶液：3 mol/L。

3.2.6 盐酸溶液：12 mol/L。

3.2.7 硫酸钠溶液：2%。

3.2.8 磷酸氢二钠溶液：2%。

3.2.9 氢氧化钠溶液：0.03 mol/L。

3.2.10 无水硫酸钠：650℃灼烧 4 h，贮于密闭容器中备用。

3.2.11 氯化钠。

3.2.12 洗脱液：

a）乙腈-水（2+8）；

b）乙腈-水（2+1）。

3.2.13 甲酯化剂：三氟化硼乙醚-甲醇溶液（1+4），0～4℃储存，每月新配。

3.2.14 对苯二甲酸（即对酞酸）标准品：纯度≥99%。

3.2.15 对苯二甲酸标准溶液：准确称取适量的对苯二甲酸标准品，用热乙醇（约 40℃）溶解，冷却后用乙醇定容，配成浓度为 1.00 mg/L 的标准贮备液。根据需要再用乙醇稀释成适当浓度的标准工作溶液。

3.3 仪器和设备

3.3.1 高效液相色谱仪：配有紫外检测器。

3.3.2 捣碎机。

3.3.3 高速离心机。

3.3.4 玻璃抽滤瓶。

3.3.5 微孔滤膜抽滤器：0.45 μm。

3.3.6 离心管：玻璃，具塞，50 mL。

3.3.7 净化柱：Sep-Pak C_{18}，No. 51910，Waters，或相当者。使用前顺次用 5 mL 乙腈、30 mL 水洗涤。

3.3.8 恒温水浴。

3.3.9 微量注射器：10 μL。

3.3.10 回流设备。

3.4 测定步骤

3.4.1 提取

称取 40 g 试样（精确到 0.1 g）于 500 mL 蒸馏瓶中，加入 150 mL 氢氧化钠溶液（0.03 mol/L），于 100℃水浴中加热回流 1 h。用少量水洗涤冷凝器，洗液合并于蒸馏瓶中，冷却后抽滤。用氢氧化钠溶液（0.03 mol/L）洗涤蒸馏瓶及滤纸上的残渣。合并滤液和洗液，并用氢氧化钠溶液（0.03 mol/L）定容至 200 mL。

吸取 10 mL 上述样液（相当于 2 g 样品）于 100 mL 离心管中，加入 1 mL 硫酸溶液（3 mol/L），轻微旋摇后加入 10 mL 水。然后加入 25 mL 乙酸乙酯，盖塞，剧烈振摇约 2 min，于 2 500 r/min 离心约 3 min。将上层溶液转移至另一个 100 mL 离心管中。向第一个管中再加入 15 mL 乙酸乙酯，重复上述操作。合并乙酸乙酯提取液，再分别用 20 mL、10 mL 磷酸氢二钠溶液（2%）进行两次液-液提取。弃去乙酸乙酯层，合并水层于 100 mL 的离心管中。于水层中加入 2 mL 盐酸溶液（12 mol/L），5 g 氯化钠，30 mL 乙酸乙酯。激烈振荡约 2 min，离心，分取有机层。在水层中再加 15 mL 乙酸乙酯，同上述操作，分取有机层，合并于同一容器。适量无水硫酸钠脱水后，将该有机层转移至 250 mL 心形瓶中，于 40℃水浴旋转浓缩至近干。

3.4.2 甲酯化

向上述心形瓶中加入 2 mL 甲酯化剂(3.2.13),充分溶解残留物,将溶液转移至 25 mL 密封试管中,旋紧盖,于 70℃水浴酯化 1.5 h。冷却后,加入 10 mL 硫酸钠溶液(2%),分别用 5 mL 乙酸乙酯提取两次。合并乙酸乙酯层,经适量无水硫酸钠脱水后,于 40℃水浴旋转浓缩至近干。

3.4.3 净化

加入 1 mL 乙腈于上述残渣中,溶解。再加 4 mL 水,混匀。将该溶液注入净化柱(3.3.7)。依次用 5 mL 水,5 mL 洗脱液〔3.2.12a)〕洗涤,弃去流出液。最后用 2.0 mL 洗脱液〔3.2.12b)〕进行洗脱,收集洗脱液供液相色谱测定。

3.4.4 对苯二甲酸标准工作溶液的处理

准确吸取适当浓度的对苯二甲酸标准工作溶液于一个 25 mL 密封试管中,用氮气流将溶剂吹除,按 3.4.2 甲酯化后,用 2.0 mL 洗脱液〔3.2.12b)〕溶解后供液相色谱测定。

3.4.5 测定

3.4.5.1 色谱条件

a) 色谱柱:Adsorbosphere XL C_{18},250 mm×4.6 mm(内径),5 μm,或相当者。

b) 流动相:乙腈-水(5+5)。配制后,经 0.45 μm 滤膜抽滤,脱气。

c) 流速:0.7 mL/min。

d) 柱温:25℃。

e) 检测波长:242 nm。

f) 进样量:20 μL。

3.4.5.2 色谱测定

根据样液中对苯二甲酸二甲酯含量情况,选定峰高相近的对苯二甲酸二甲酯标准工作溶液。标准工作溶液和样液中对苯二甲酸二甲酯响应值均应在仪器检测线性范围内。对标准工作溶液和样液等体积参插进样测定。在上述色谱条件下,对苯二甲酸二甲酯的保留时间约为 11 min。标准品的液相色谱图,见附录 A 中图 A1。

3.4.6 空白试验

除不加试样外,均按上述步骤进行。

3.5 结果计算和表述

用色谱数据处理机或按式(1)计算试样中对酞酸铜残留含量:

$$X = \frac{h \cdot c \cdot V}{h_s \cdot m} \times 1.371 \qquad \cdots\cdots(1)$$

式中:X——试样中对酞酸铜残留含量,mg/kg;

h——样液中对苯二甲酸二甲酯的峰高,mm;

h_s——标准工作溶液中对苯二甲酸二甲酯的峰高,mm;

c——标准工作溶液中对苯二甲酸的浓度,μg/mL;

V——最终样液的体积,mL;

m——最终样液所相当的试样量,g;

1.371——对酞酸铜[$C_6H_4(COO)_2Cu$]与对苯二甲酸[$C_6H_4(COOH)_2$]分子量之比(即 227.7/166.1=1.371)。

注:计算结果需扣除空白值。

4 测定低限、回收率

4.1 测定低限

本方法的测定低限为 0.5 mg/kg。

4.2 回收率

对酞酸铜添加浓度及其回收率的实验数据：

在柑桔中，浓度在 0.5 mg/kg 时，回收率为 86.8%；

浓度在 5.0 mg/kg 时，回收率为 91.7%；

浓度在 10.0 mg/kg 时，回收率为 88.8%。

在苹果中，浓度在 0.5 mg/kg 时，回收率为 83.5%；

浓度在 5.0 mg/kg 时，回收率为 86.2%；

浓度在 10.0 mg/kg 时，回收率为 85.1%。

附　录　A
（提示的附录）
标准品色谱图

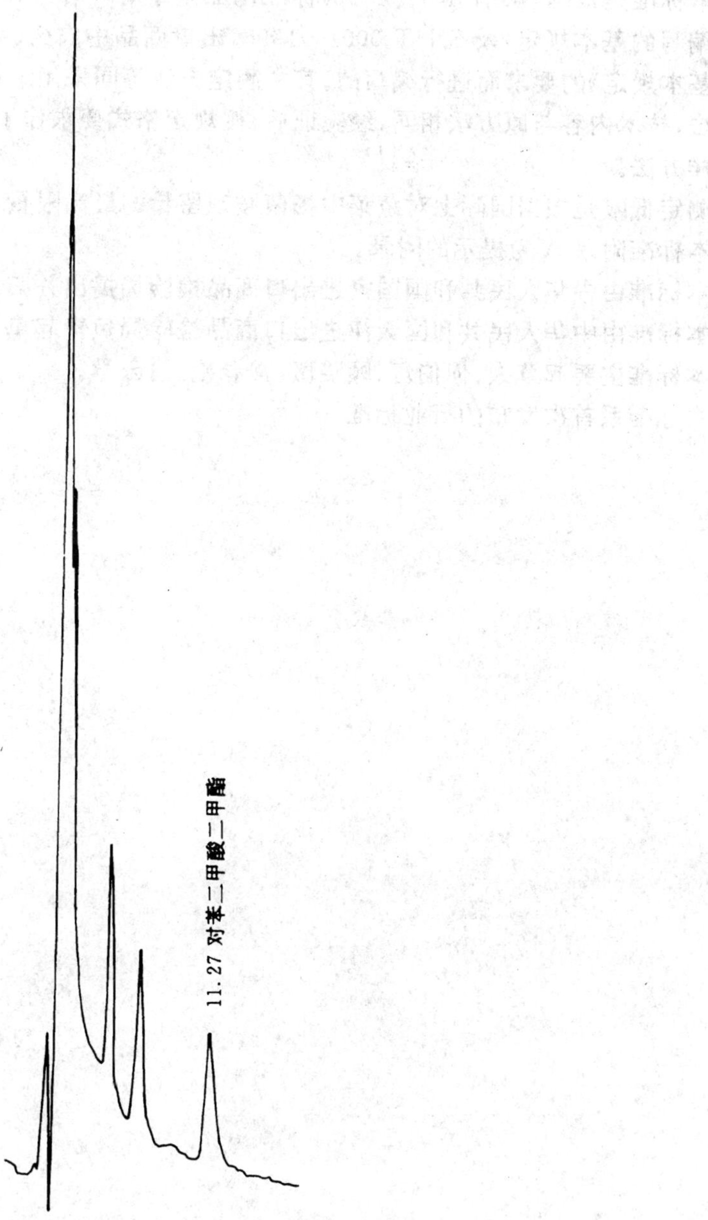

图 A1　对苯二甲酸二甲酯标准品液相色谱图

前　言

本标准是根据GB/T 1.1—1993《标准化工作导则　第1单元:标准的起草与表述规则　第1部分:标准编写的基本规定》及SN/T 0001—1995《出口商品中农药、兽药残留量及生物毒素检验方法标准编写的基本规定》的要求而进行编写的。其中测定方法等同采用了日本《食品卫生检验指针》中杨菌胺残留分析法,技术内容与原方法相同,经验证后,按规定格式要求作了编辑性修改。在标准中同时制定了抽样和制样方法。

测定低限是根据国际上对蔬菜中杨菌胺残留量的最高限量及本方法的灵敏度而制定的。

本标准附录A为提示的附录。

本标准由中华人民共和国国家进出口商品检验局提出并归口。

本标准由中华人民共和国天津进出口商品检验局负责起草。

本标准主要起草人:何伯灯、顾晓薇、常春艳、白云学。

本标准系首次发布的行业标准。

中华人民共和国进出口商品检验行业标准

出口蔬菜中杨菌胺残留量检验方法

SN 0653—1997

Method for the determination of trichlamide residues in vegetables for export

1 范围

本标准规定了出口蔬菜中杨菌胺残留量检验的抽样、制样和气相色谱测定方法。

本标准适用于出口蕃茄中杨菌胺残留量的检验。

2 抽样和制样

2.1 检验批

以不超过 1 500 件为一检验批。

同一检验批的商品应具有相同的特征，如包装、标记、产地、规格和等级等。

2.2 抽样数量

批量，件	最低抽样数，件
1～25	1
26～100	5
101～250	10
251～1 500	15

2.3 抽样方法

按 2.2 规定的抽样件数随机抽取，逐件开启。每件至少取 500 g 作为原始样品，原始样品总量不得少于 2 kg。放入洁净容器中，加封后，标明标记，及时送实验室。

2.4 试样制备

将所取原始样品缩分为 1 kg，取可食部分，经高速均质器捣碎，均分成两份。装入洁净容器内作为试样，密封并标明标记。

2.5 试样保存

将试样于－18℃以下冷冻保存。

注：在抽样和制样的操作过程中，必须防止样品受到污染或发生残留物含量的变化。

3 测定方法

3.1 方法提要

用乙腈和甲醇混合液提取试样中残留的杨菌胺，提取液用二氯甲烷进行液-液分配。二氯甲烷层经蒸发后，残渣用丙酮溶解。丙酮溶液中加硅藻土和凝聚剂，过滤，以去除某些杂质。丙酮溶液再与二氯甲烷进行液-液分配，使被测物进入二氯甲烷层。蒸去二氯甲烷，残渣用苯溶解。然后用乙酸酐进行乙酰化，并经弗罗里硅土柱净化，用乙酸乙酯-正己烷进行洗脱，洗脱液蒸干后，用正己烷溶解。最后用配有电子

中华人民共和国国家进出口商品检验局 1997-08-15 批准　　　　1998-01-01 实施

俘获检测器的气相色谱仪测定，外标法定量。

3.2 试剂和材料

除另有规定外，所用试剂均为分析纯，水为蒸馏水。

3.2.1 甲醇：重蒸馏。

3.2.2 乙腈：色谱纯。

3.2.3 甲醇-乙腈(1+1)。

3.2.4 二氯甲烷：重蒸馏。

3.2.5 丙酮：重蒸馏。

3.2.6 苯：重蒸馏。

3.2.7 吡啶：色谱纯。

3.2.8 乙酸乙酯：重蒸馏。

3.2.9 正已烷：重蒸馏。

3.2.10 二甘醇。

3.2.11 乙酸乙酯-正已烷(1+9)。

3.2.12 乙酸乙酯-正已烷(1+24)。

3.2.13 二甘醇-丙酮(2+98)。

3.2.14 乙酸酐。

3.2.15 盐酸溶液：1 mol/L。

3.2.16 磷酸：85%。

3.2.17 氯化铵。

3.2.18 氯化钠溶液：5%水溶液。

3.2.19 凝聚剂：将2 g氯化铵及4 mL磷酸溶于400 mL水中，混匀。

3.2.20 硅藻土：Celite 545。

3.2.21 丙酮-凝聚剂(2+5)。

3.2.22 无水硫酸钠：经650℃灼烧4 h，置干燥器内备用。

3.2.23 弗罗里硅土：60～100目。在650℃灼烧4 h，置于干燥器内。使用前于130℃烘约3 h。

3.2.24 杨菌胺标准品：纯度≥99.8%。

3.2.25 杨菌胺标准溶液：准确称取适量的杨菌胺标准品，用苯配成浓度为100 μg/mL的标准贮备溶液，根据需要，用苯稀释成适当浓度的标准工作溶液。

3.3 仪器和设备

3.3.1 气相色谱仪并配有电子俘获检测器。

3.3.2 均质器：8 000～24 000 r/min。

3.3.3 振荡器。

3.3.4 分液漏斗：250 mL，1 000 mL。

3.3.5 锥形瓶：具塞，250 mL。

3.3.6 旋转蒸发器：配250 mL梨形瓶。

3.3.7 微量注射器：5 μL。

3.4 测定步骤

3.4.1 提取

称取试样约20.0 g(精确至0.1 g)于250 mL分液漏斗中，加入甲醇-乙腈100 mL，用振荡器激烈振荡30 min。静置，提取液经上敷1 cm厚的硅藻土的滤斗抽滤。将滤纸上的残渣移回分液漏斗，加入50 mL甲醇-乙腈，与上述同样操作。将滤液合并于1 000 mL分液漏斗中。加入氯化钠溶液300 mL及二氯甲烷100 mL，激烈振荡5 min，静置。分取二氯甲烷层于250 mL锥形瓶中。在水层中再加入二氯甲烷100 mL，与上述同样操作，分取二氯甲烷层合并于上述锥形瓶中。于锥形瓶中加入适量无水硫酸钠，振摇，放置30 min后，过滤于梨形瓶中。用二氯甲烷20 mL洗涤锥形瓶，再用此洗液洗涤滤纸上的残渣。将洗液合并于梨形瓶中，于40℃蒸去二氯甲烷。

用20 mL丙酮溶解残留物，加入凝聚剂50 mL及硅藻土2 g，轻轻摇匀后，放置5 min。此溶液抽滤到250 mL分液漏斗中（此漏斗的滤纸上上敷1 cm厚硅藻土）。然后用丙酮-凝聚剂50 mL洗涤上述梨形瓶。再用此溶液洗涤滤纸上的残渣，抽滤，滤液合并于上述分液漏斗中。加入二氯甲烷50 mL，激烈振荡5 min，静置。分取二氯甲烷层于250 mL锥形瓶中。在水层中加入二氯甲烷50 mL，与上述同样操作，分取二氯甲烷层合并于上述锥形瓶中，在锥形瓶中加入适量无水硫酸钠，振摇后，放置30 min，过滤于梨形瓶中。然后用二氯甲烷20 mL洗涤锥形瓶，再用此洗液洗涤滤纸上的残渣，洗液合并于梨形瓶中，于40℃蒸去二氯甲烷。用5 mL苯溶解残留物。

3.4.2 乙酰化

于上述溶液中加入吡啶1 mL及乙酸酐1 mL，加塞，于80℃加热30 min，并不断振摇。冷却后，加入氯化钠溶液50 mL及乙酸乙酯50 mL，移入250 mL分液漏斗中。加入盐酸溶液10 mL，用振荡器激烈振荡混匀，静置，分取乙酸乙酯层于另一250 mL分液漏斗中。加水50 mL，激烈振荡5 min，混匀，静置。分取乙酸乙酯层于250 mL锥形瓶中。在锥形瓶中加入适量无水硫酸钠，摇匀，放置30 min，过滤于梨形瓶中。然后用乙酸乙酯20 mL洗涤锥形瓶，再用此溶液洗涤滤纸上的残渣，将洗液合并于梨形瓶中。加入0.1 mL二甘醇-丙酮。于40℃蒸去乙酸乙酯。残留物用10 mL乙酸乙酯-正己烷(1+24)溶解。

3.4.3 净化

在内径15 mm、长300 mm的柱中装入弗罗里硅土10 g，上面覆盖5 g无水硫酸钠，然后注入经脱水的乙酸乙酯-正己烷(1+24)使液面高于无水硫酸钠层表面。将乙酰化溶液注入柱中，再注入乙酸乙酯-正己烷(1+24)80 mL，弃去流出液。然后用乙酸乙酯-正己烷(1+9)80 mL进行洗脱，收集洗脱液于梨形瓶中。加入0.1 mL二甘醇-丙酮溶液，于40℃蒸去乙酸乙酯及正己烷。用10 mL正己烷溶解残留物，溶液供气相色谱测定。

3.4.4 标准工作溶液的乙酰化

移取10 mL适当浓度的杨菌胺标准工作溶液，按3.4.2进行乙酰化，操作到蒸去乙酸乙酯。残留物用10 mL正己烷溶解。

3.4.5 测定

3.4.5.1 色谱条件

a) 色谱柱：玻璃填充柱，1 m×3 mm（内径），填充物为1.5%(*m*/*m*)OV-17涂于Chromosorb W AW-DMCS(80～100目)；

b) 载气：氮气，纯度≥99.99%，50 mL/min；

c) 色谱柱温度：195℃；

d) 进样口温度：260℃；

e) 检测器温度：280℃；

f) 进样量：2 μL。

3.4.5.2 色谱测定

根据样液中杨菌胺含量情况，选定峰高相近的乙酰化后标准工作溶液。乙酰化后标准工作溶液和样液中杨菌胺乙酰化物响应值均应在仪器检测线性范围内。对标准溶液和样液等体积参插进样测定。在上述色谱条件下，杨菌胺乙酰化物的保留时间约为5 min。杨菌胺标准品乙酰化物气相色谱图，见附录A中图A1。

3.4.6 空白试验

除不称取试样外，均按上述测定步骤进行。

3.4.7 结果计算和表述

用色谱数据处理机或按式(1)计算试样中杨菌胺残留含量：

$$X = \frac{h \cdot c \cdot V}{h_s \cdot m} \quad \cdots\cdots(1)$$

式中：X——试样中杨菌胺残留含量，mg/kg；

h——样液中杨菌胺乙酰化物的色谱峰高，mm；

h_s——标准工作液中杨菌胺乙酰化物的色谱峰高，mm；

c——标准工作液中杨菌胺浓度，μg/mL；

V——样液最终定容体积，mL；

m——最终样液所代表的试样量，g。

注：计算结果需扣除空白值。

4 测定低限、回收率

4.1 测定低限

本方法测定低限为 0.04 mg/kg。

4.2 回收率

杨菌胺添加浓度及其回收率的实验数据：

在 0.04 mg/kg 时，回收率为 83.8%；

在 0.10 mg/kg 时，回收率为 89.0%；

在 0.20 mg/kg 时，回收率为 95.8%。

附 录 A
（提示的附录）
标准品色谱图

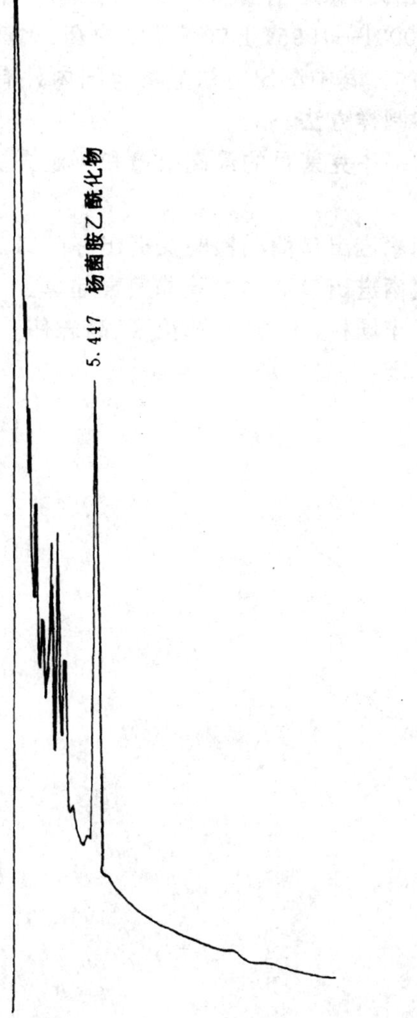

图 A1 杨菌胺标准品乙酰化物气相色谱图

前　　言

本标准是根据GB/T 1.1—1993《标准化工作导则　第1单元：标准的起草与表述规则　第1部分：标准编写的基本规定》及SN/T 0001—1995《出口商品中农药、兽药残留量及生物毒素检验方法标准编写的基本规定》的要求进行编写的。其中测定方法是参考国内外有关文献，经研究、改进和验证后制定的。在标准中同时制定了抽样和制样方法。

测定低限是根据国际上对水果中克菌丹的最高限量和测定方法的灵敏度而制定的。

本标准附录A为提示的附录。

本标准由中华人民共和国国家进出口商品检验局提出并归口。

本标准由中华人民共和国河南进出口商品检验局负责起草。

本标准主要起草人：李选臣、李国村、王志明、郑汝喜、高志伟。

本标准系首次发布的行业标准。

中华人民共和国进出口商品检验行业标准

出口水果中克菌丹残留量检验方法

SN 0654—1997

Method for the determination of captan residues in fruits for export

1 范围

本标准规定了出口水果中克菌丹残留量检验的抽样、制样和高效液相色谱测定方法。

本标准适用于出口苹果中克菌丹残留量的检验。

2 抽样和制样

2.1 检验批

以不超过 1 500 件为一检验批。

同一检验批的商品应具有相同的特征，如包装、标记、产地、规格和等级等。

2.2 抽样数量

批量，件	最低抽样数，件
1～25	1
26～100	5
101～250	10
251～1 500	15

2.3 抽样方法

按 2.2 规定的抽样件数随机抽取，逐件开启，每件至少取 500 g 作为原始样品，原始样品总量不少于 2 kg。加封后，标明标记，及时送实验室。

2.4 试样制备

将所取样品缩分出 1 kg，取可食部分，经组织捣碎机捣碎，均分为两份，装入洁净容器内，作为试样。密封并标明标记。

2.5 试样保存

将试样于－18℃以下冷冻保存。

注：在抽样和制样的操作过程中，必须防止样品受到污染或发生残留物含量的变化。

3 测定方法

3.1 方法提要

试样中残留的克菌丹用丙酮提取，抽滤，提取液经浓缩后，用 Sep-Pak C_{18}柱净化，并用甲醇洗脱，洗脱液经浓缩、定容、过滤后，用配有紫外检测器的高效液相色谱仪测定，外标法定量。

3.2 试剂和材料

除另有规定外，所用试剂均为分析纯，水为蒸馏水。

中华人民共和国国家进出口商品检验局1997-08-15批准　　1998-01-01实施

3.2.1 丙酮。

3.2.2 甲醇:紫外光谱纯。

3.2.3 乙腈:紫外光谱纯。

3.2.4 克菌丹标准品:纯度≥99.0%。

3.2.5 克菌丹标准溶液:

3.2.5.1 克菌丹标准储备液:称取0.1 g(准确至0.000 2 g)的克菌丹标准品于100 mL容量瓶中,用适量的甲醇溶解,再用甲醇稀释至刻度,混匀。配成浓度为1 mg/mL的标准储备液。

3.2.5.2 克菌丹标准工作液:根据需要准确移取适量的克菌丹标准储备液,用甲醇稀释成适当浓度的标准工作液。标准工作溶液需每周配制一次。

3.3 仪器和设备

3.3.1 高效液相色谱仪并配有紫外检测器。

3.3.2 组织捣碎机。

3.3.3 振荡器。

3.3.4 微量进样器:25 μL,100 μL。

3.3.5 容量瓶:2 mL。

3.3.6 离心管:10 mL。

3.3.7 净化柱:Sep-Pak C_{18},用2 mL甲醇活化,并用2 mL水洗过。

3.3.8 滤膜:孔径0.5 μm(有机)。

3.4 测定步骤

3.4.1 提取

称取试样约30 g(精确到0.1 g)于100 mL具塞锥形烧瓶中,加入50 mL丙酮,于振荡器上振荡1 h,提取液用布氏漏斗抽滤,用丙酮约40 mL分三次洗涤残渣及烧瓶。合并滤液和洗液,用氮气吹至20 mL左右。

3.4.2 净化

将浓缩的提取液倒入Sep-Pak C_{18}净化柱中,用10 mL水洗去水溶性杂质。用10 mL甲醇洗脱,收集洗脱液于10 mL的离心管中,用氮气吹至近干,然后用甲醇转移至2 mL容量瓶中,定容。用滤膜过滤,滤液供高效液相色谱测定。

3.4.3 测定

3.4.3.1 高效液相色谱条件

a) 色谱柱:Nova-Pak C_{18}柱,5 μm,25 cm×4 mm(内径);

b) 流动相:甲醇-乙腈-水(35+35+30);

c) 流速:0.8 mL/min;

d) 测定波长:254 nm;

e) 柱温:30℃;

f) 进样量:25 μL。

3.4.3.2 高效液相色谱测定

根据样液中克菌丹的含量情况,选定峰高与样液相近的标准工作溶液。标准工作溶液和待测样液中克菌丹的响应值,均应在仪器检测的线性范围内。对标准溶液和样液应等体积参插进样测定。在上述色谱条件下,克菌丹保留时间约为2.8 min。标准品的色谱图见附录A中图A1。

3.4.4 空白试验

除不称取试样外,均按上述测定步骤进行。

3.5 结果计算和表述

用色谱数据处理机或按式(1)计算试样中克菌丹的残留含量:

$$X = \frac{h \cdot c \cdot V}{h_s \cdot m} \quad \cdots\cdots(1)$$

式中：X——试样中克菌丹残留量，mg/kg；

h——样液中克菌丹的峰高，mm；

h_s——标准工作液中克菌丹的峰高，mm；

c——标准工作液中克菌丹的浓度，μg/mL；

V——样液最终定容体积，mL；

m——最终样液所代表的试样量，g。

注：计算结果需扣除空白值。

4 方法的测定低限、回收率

4.1 测定低限

本方法的测定低限为 0.3 mg/kg。

4.2 回收率

苹果中克菌丹的添加浓度及其回收率的实验数据：

在 0.3 mg/kg 时，回收率为 81.3%；

在 1.0 mg/kg 时，回收率为 84.6%；

在 3.0 mg/kg 时，回收率为 96.1%。

附 录 A
（提示的附录）
标准品色谱图

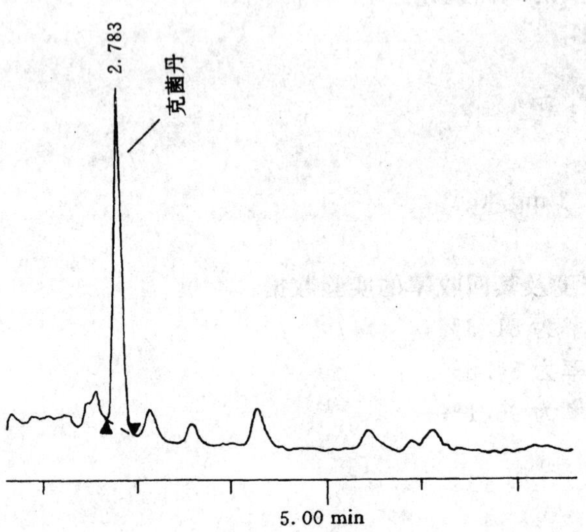

图 A1 克菌丹标准品的液相色谱图

前　言

本标准是根据GB/T 1.1—1993《标准化工作导则　第1单元:标准的起草与表述规则　第1部分:标准编写的基本规定》及SN/T 0001—1995《出口商品中农药、兽药残留量及生物毒素检验方法标准编写的基本规定》的要求而进行编写的。其中测定方法是参考了国内外有关文献,经研究、改进和验证后制定的。在标准中同时制定了抽样和制样方法。

测定低限是根据国际上对蔬菜及油籽中敌麦丙残留量的最高限量和本标准测定方法的灵敏度而制定的。

本标准附录A为提示的附录。

本标准由中华人民共和国国家进出口商品检验局提出并归口。

本标准由中华人民共和国湖南进出口商品检验局负责起草。

本标准主要起草人:袁智能、黄志强、彭三和、聂洪勇。

本标准系首次发布的行业标准。

中华人民共和国进出口商品检验行业标准

出口蔬菜及油籽中敌麦丙残留量检验方法

SN 0655—1997

Method for the determination of dimethiphin residues in vegetables and oil seeds for export

1 范围

本标准规定了出口蔬菜及油籽中敌麦丙残留量检验的抽样、制样和气相色谱测定方法。

本标准适用于出口马铃薯及油菜籽中敌麦丙残留量的检验。

2 抽样和制样

2.1 对马铃薯

2.1.1 检验批

以不超过1 500件商品为一检验批。

同一检验批的商品应具有相同特征,如:包装、标记、产地、规格和等级等。

2.1.2 抽样数量

批量,件	最低抽样数,件
1～25	1
26～100	5
101～250	10
251～1 500	15

2.1.3 抽样方法

按2.1.2规定的抽样件数,随机抽取,逐件开启。每件至少取500 g作为原始样品,原始样品的总量不少于4 kg。装入清洁的容器内,加封后,标明标记并及时送实验室。

2.1.4 试样制备

分取出部分有代表性马铃薯样,每个马铃薯取四分之一,切碎,用四分法缩分出1 kg左右。置高速组织捣碎机中,捣碎成果酱状,均分成两份,装入清洁的容器内,作为试样,密封并标明标记。

2.1.5 试样保存

将试样于−18℃冷冻保存。

2.2 对油菜籽

2.2.1 检验批

以不超过200 t为一检验批。

同一检验批的商品应具有相同的特征,如包装、标记、产地、规格和等级等。

2.2.2 抽样数量

按式(1)计算抽样袋数:

$$a = \sqrt{N} \qquad \cdots\cdots(1)$$

中华人民共和国国家进出口商品检验局1997-08-15批准　　1998-01-01实施

式中：N——全批袋数；

a——抽样袋数。

注：a 值取整数，小数部分向前进位为整数。

2.2.3 抽样工具

2.2.3.1 金属单管取样器：全长55 cm（包括手柄），直径1.5～2.5 cm，沟槽长度应超过袋对角线长度的一半。

2.2.3.2 取样铲。

2.2.3.3 分样板。

2.2.3.4 盛样器：筒或袋，可密封。

2.2.3.5 分样布或适用的铺垫物。

2.2.4 抽样方法

2.2.4.1 倒包抽样：从堆垛的各部位随机抽取2.2.2规定的应抽样件数的10%（每批一般不少于3袋），将袋口缝线全部拆开，平置于分样布或其他洁净的铺垫物上，双手紧握袋底两角，提起约成45°倾角，倒拖约1 m，使袋内货物全部倒出。查看袋内和袋间品质是否均匀。确认情况正常后，用取样铲随机在各部位抽取样品，立即将样品倒入盛样器内。每袋抽取样品的量应基本一致。

2.2.4.2 袋内抽样：按2.2.2规定的应抽样件数（扣除倒包抽样件数），在堆垛四周上、中、下各层以曲线形走向随机按下述方法进行取样：用金属单管取样器（2.2.3.1）槽口朝下，从每袋一角依斜对角方向插入袋内，然后将管槽旋转朝上，抽出取样器，立即将样品倒入盛样器内。

每袋所抽取的样品的量应与2.2.4.1基本一致。每批所抽取的样品总量应不少于4 kg。

2.2.4.3 大样缩分：合并从袋内和倒包抽样所取全部样品，倒于分样布上，用分样板按四分法缩分样品至不少于2 kg，盛于盛样器内，加封后标明标记，并及时送交实验室。

2.2.5 试样制备

将样品按四分法缩分至1 kg，用高速组织捣碎机充分捣碎混匀，均分成两份试样，装入洁净的容器内，作为试样，密封并标明标记。

2.2.6 试样保存

将试样于−5℃以下避光保存。

注：在抽样和制样的操作过程中，必须防止样品受到污染或发生残留物含量的变化。

3 测定方法

3.1 方法提要

以甲醇-水混合溶剂提取试样中敌麦丙，提取液经用正己烷和三氯甲烷进行液-液分配净化后，制成丙酮溶液，用配有火焰光度（硫滤光片）检测器的气相色谱仪测定，标准曲线法定量。

3.2 试剂和材料

除另有规定外，所用试剂均为分析纯，水为蒸馏水。

3.2.1 甲醇。

3.2.2 正己烷。

3.2.3 三氯甲烷。

3.2.4 丙酮。

3.2.5 甲醇-水（9+1）。

3.2.6 氯化钠溶液：10%水溶液。

3.2.7 敌麦丙标准品：纯度≥99%。

3.2.8 敌麦丙标准溶液：准确称取适量的敌麦丙标准品（精确至0.1 mg），用丙酮溶解配成浓度为100 μg/mL的标准贮备液。再根据需要用丙酮稀释成适当浓度的标准工作溶液。

3.3 仪器和设备

3.3.1 气相色谱仪并配有火焰光度(硫滤光片,394 nm)检测器。

3.3.2 快速混匀器或匀浆机。

3.3.3 多功能微量化样品处理仪或相当者。

3.3.4 离心机:4 000 r/min。

3.3.5 微量可调移液管:40～200 μL,200～1 000 μL。

3.3.6 离心管:15 mL。

3.3.7 微量进样器:10 μL。

3.4 测定步骤

3.4.1 提取

称取约 2 g 试样(精确至 0.01 g)于 15 mL 离心管中,加入 6 mL 甲醇-水,于快速混匀器匀浆2 min,然后以 3 000 r/min 离心2 min。将上清液倾入第二支 15 mL 离心管中。再用 5 mL 甲醇-水提取残渣,离心后,提取液并入第二支离心管中。将提取液于 60℃浴温浓缩至约 2 mL。

3.4.2 净化

于第二支离心管中加入 1 mL 氯化钠溶液和 3 mL 正己烷,在快速混匀器上剧烈混合 2 min。离心 2 min后,用尖嘴吸管移去正己烷层,并弃去。再用 3 mL 正己烷重复处理一次。加入 4 mL 水,用 2×4 mL三氯甲烷剧烈混合以从水相中提取敌麦丙。离心 3 min 后,用尖嘴吸管将下层有机相转入第三支离心管中。将提取液于 60℃浴温吹干。以 0.50 mL 丙酮溶解残渣,经离心后,澄清液供气相色谱测定。

3.4.3 测定

3.4.3.1 气相色谱条件

a) 色谱柱:石英毛细管柱,农残Ⅱ号柱,30 m×0.53 mm(内径)×1.0 μm(膜厚)或相当者;

b) 载气:氮气,纯度≥99.99%,5.0 mL/min;

c) 尾吹:氮气,纯度≥99.99%,30 mL/min;

d) 氢气:50 mL/min;

e) 空气:90 mL/min;

f) 色谱柱温度:180℃;

g) 进样口温度:250℃;

h) 检测器温度:250℃;

i) 进样量:2.0 μL;

j) 进样方式:无分流进样。

3.4.3.2 标准曲线的绘制

根据试样中被测农药含量情况,分别等体积地注入 5 个不同适用浓度系列的敌麦丙标准工作液于气相色谱仪中,按上述色谱条件进行色谱分析,测定峰面积。标准工作液中农药的响应值均应在仪器检测的线性范围内。以峰面积的对数对敌麦丙的浓度绘制标准曲线。在上述色谱条件下,敌麦丙保留时间约为 3.4 min。标准品色谱图见附录 A 中图 A 1。

3.4.3.3 样液测定

准确注入上述等体积的样液于气相色谱仪中,求得峰面积,再从标准曲线上求得样液中敌麦丙的浓度。其响应值应在标准曲线的线性范围之内。

3.4.4 空白试验

除不加试样外,均按上述测定步骤进行。

3.5 结果的计算和表述

用色谱数据处理机,或按式(2)计算试样中敌麦丙残留含量:

$$X = \frac{c \cdot V}{m} \qquad \cdots\cdots (2)$$

式中:X——试样中敌麦丙残留含量,mg/kg;

c——从标准曲线上求得样液中敌麦丙的浓度,μg/mL;

V——样液最终定容体积,mL;

m——最终样液所代表的试样量,g。

注:计算结果需扣除空白值。

4 测定低限、回收率

4.1 测定低限

本方法的测定低限为 0.05 mg/kg。

4.2 回收率

敌麦丙的添加浓度及其回收率的实验数据:

在马铃薯中:0.05 mg/kg 时,回收率为 94.9%;

0.10 mg/kg 时,回收率为 95.4%;

1.00 mg/kg 时,回收率为 91.0%。

在油菜籽中:0.05 mg/kg 时,回收率为 95.7%;

0.10 mg/kg 时,回收率为 94.0%;

1.00 mg/kg 时,回收率为 92.2%。

附 录 A
（提示的附录）
标准品色谱图

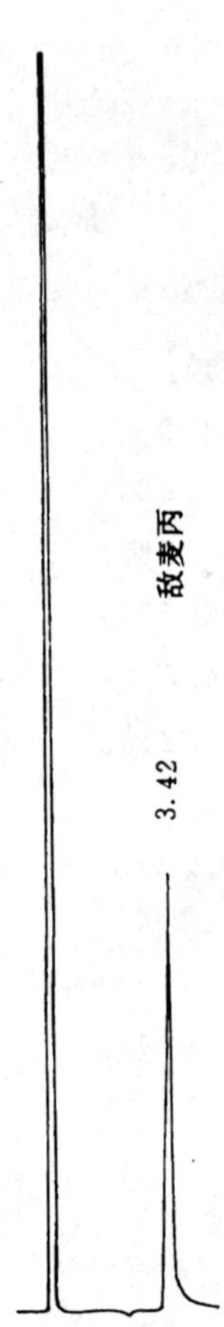

图 A1 敌麦丙标准品气相色谱图

前　　言

本标准是根据GB/T 1.1—1993《标准化工作导则　第1单元：标准的起草与表述规则　第1部分：标准编写的基本规定》及SN/T 0001—1995《出口商品中农药、兽药残留量及生物毒素检验方法标准编写的基本规定》的要求而进行编写的。其中测定方法采用了《日本食品中农药残留量限量及检验方法》(续一)中所载的乙霉威残留量分析方法。技术内容与原方法相同，经验证后，按规定格式要求作了编辑性修改。在标准中同时制定了抽样和制样方法。

测定低限是根据国际上对油籽中乙霉威残留量的最高限量和测定方法的灵敏度而制定的。

本标准的附录A为提示的附录。

本标准由中华人民共和国国家进出口商品检验局提出并归口。

本标准起草单位：中华人民共和国湖南进出口商品检验局。

本标准主要起草人：黄志强、聂洪勇。

本标准系首次发布的行业标准。

中华人民共和国进出口商品检验行业标准

出口油籽中乙霉威残留量检验方法

SN 0656—1997

Method for the determination of diethofencarb residues in oil seeds for export

1 范围

本标准规定了出口油籽中乙霉威残留量检验的抽样、制样、气相色谱测定方法及气相色谱-质谱确证方法。

本标准适用于出口大豆、花生仁中乙霉威残留量的检验。

2 抽样和制样

2.1 检验批

以不超过 200 t 为一检验批。200 t 袋装大豆约 2 200 袋;袋装花生仁约 2 400 袋。大豆有时为散装商品。

同一检验批的商品应具有相同的特征,如包装、标记、产地、规格和等级等。

2.2 抽样数量

2.2.1 袋装货品

按式(1)计算抽样袋数:

$$a = \sqrt{N} \quad \cdots\cdots(1)$$

式中:N——全批袋数;

a——抽样袋数。

注:a 值取整数,小数部分向前进位为整数。

2.2.2 散积货品

货堆高度不超过 2 m。按货堆面积划区设点,以 50 m^2 为一个取样区,每区设中心及四角(距边线 1 m处)5 个点。每增加一个取样区,增设 3 个点。

2.3 抽样工具

2.3.1 金属双套管取样器:全长分 1 m、2 m(均包括手柄)两种。内、外管同部位分段开几个槽口,每个槽口长 15～20 cm,口宽 2.0～2.5 cm。内管的内径为 2.5～3.0 cm,取样器的探头长约 7 cm。

2.3.2 取样铲或取样勺。

2.3.3 分样板。

2.3.4 盛样器:筒或袋,可密封。

2.3.5 分样布或适用的铺垫物。

2.4 抽样方法

2.4.1 袋装抽样

2.4.1.1 倒包抽样:从堆垛的各部位随机抽取 2.2.1 规定的应抽样件数的 10%(每批一般不少于 3 袋),将袋口缝线全部拆开,平置于分样布或其他洁净的铺垫物上,双手紧握袋底两角,提起约成 45°倾

中华人民共和国国家进出口商品检验局1997-08-15批准　　1998-01-01实施

角，倒拖约 1 m，使袋内货物全部倒出。查看袋内和袋间品质是否均匀。确认情况正常后，用取样铲随机在各部位抽取样品，并立即将样品倒入盛样器内。每袋抽取样品的量应基本一致。

2.4.1.2　袋内抽样：按 2.2.1 规定的应抽样件（扣除倒包抽样件数），在堆垛四周上、中、下各层以曲线形走向随机抽取。然后按大豆或花生仁，分别用下述方法进行取样。

对大豆，用 1 m 长的金属双管取样器，关闭槽口，从每袋一角依斜对角方向插入袋内，然后旋转内管以开启槽口，待样品流满内管后，再旋转内管以关闭槽口。抽出取样器，立即将样品倒入盛样器内。

对花生仁，将应抽各袋拆开缝口缝线 3～5 针，用取样勺从开口处抽取样品。立即缝好袋口，并立即将所取样品倒入盛样器内。

每袋所抽取的样品的量应与 2.4.1.1 基本一致。每批所抽取的样品总量应不少于 4 kg。

2.4.2　散积抽样（对大豆）

按 2.2.2 规定的取样点，逐点抽取样品。将取样器（2.3.1）槽口关闭，以倾斜 45°角度插入粮堆至相应深度，旋转取样器内管以开启槽口，待样品流满内管后，再旋转内管以关闭槽口。抽出取样器，立即将样品倒入盛样器内。从各点中抽取的样品量应基本一致。

每批所抽取的样品总量应不少于 4 kg。

2.4.3　大样缩分

袋装样品：合并从袋内和倒包抽样所取全部样品，倒于分样布上，用分样板按四分法缩分样品至不少于 2 kg，盛于盛样器内，加封后标明标记，并及时送交实验室。

散积样品：将抽取的全部样品，倒于分样布上，以下按上述袋装样品方法进行。

2.5　试样制备

2.5.1　大豆试样制备

将样品按四分法缩分至 1 kg，用磨碎机全部磨碎并通过 20 目筛。混匀，均分成两份，分别装入洁净的容器内作为试样。密封，标明标记。

2.5.2　花生仁试样制备

将样品按四分法缩分至 500 g，用样品粉碎机粉碎，使全部通过 2.0 mm 圆孔筛。混匀，均分成两份，分别装于洁净的容器内作为试样。密封，标明标记。

2.6　试样保存

将试样于－5℃以下避光保存。

注：在抽样和制样的操作过程中，必须防止样品受到污染或发生残留物含量的变化。

3　测定方法

3.1　方法提要

试样中残留的乙霉威用丙酮-水提取，提取液先后经乙酸乙酯及乙腈液-液分配净化，再经弗罗里硅土柱净化后，用配有氮磷检测器的气相色谱仪测定，外标法定量。如有必要可用气相色谱-质谱法确证。

3.2　试剂和材料

除另有规定外，所用试剂均为分析纯，水为蒸馏水。

3.2.1　丙酮：重蒸馏。

3.2.2　乙酸乙酯：重蒸馏。

3.2.3　乙醚：重蒸馏。

3.2.4　乙腈：重蒸馏。

3.2.5　正己烷：重蒸馏。

3.2.6　无水硫酸钠：650℃灼烧 4 h，贮于密封容器中备用。

3.2.7　弗罗里硅土：650℃灼烧 4 h，贮于密封容器中，使用前在 130℃下烘 2 h，贮于干燥器内冷却备用。

3.2.8 丙酮-正己烷(3+17)。

3.2.9 氯化钠溶液:饱和水溶液。

3.2.10 乙霉威标准品:纯度≥98%。

3.2.11 乙霉威标准溶液:准确称取适量的乙霉威标准品,用丙酮配制成浓度为1.0 mg/mL的标准储备液,再根据需要用正己烷稀释成适当浓度的标准工作溶液。

3.3 仪器和设备

3.3.1 气相色谱仪并配有氮磷检测器。必要时还需配有质谱检测器。

3.3.2 离心机。

3.3.3 旋转蒸发器。

3.3.4 微量注射器:10 μL。

3.3.5 无水硫酸钠柱:6 cm×1.8 cm(内径),内装5 cm高的无水硫酸钠。

3.3.6 净化柱:30 cm×1.8 cm(内径),具砂芯,柱内先装10 g弗罗里硅土,再装8 g无水硫酸钠。

3.4 测定步骤

3.4.1 提取

称取约10 g试样(精确至0.1 g),置于250 mL具塞锥形瓶中。加入20 mL水,用搅棒拌匀,放置2 h。

加入100 mL丙酮于上述锥形瓶中,振摇2 min,在3 000 r/min下离心5 min。上清液转入另一250 mL烧瓶中。再加入50 mL丙酮,同上操作。将合并的提取液在40℃的旋转蒸发器上除去丙酮。

将烧瓶中溶液移入250 mL分液漏斗,加入50 mL氯化钠饱和溶液,用100 mL乙酸乙酯分数次洗涤烧瓶,并入分液漏斗,剧烈振摇5 min,静置分层。收集上部乙酸乙酯层,并通过无水硫酸钠柱脱水,滤入250 mL烧瓶中。再在分液漏斗中加入100 mL乙酸乙酯,同上操作。用少量乙酸乙酯洗涤无水硫酸钠柱。合并滤液与洗液,并在40℃下用旋转蒸发器蒸发近干。

加入15 mL正己烷以溶解残渣,并将溶液移入125 mL分液漏斗中。用30 mL正己烷饱和的乙腈洗涤烧瓶,洗液并入分液漏斗。剧烈振摇5 min,静置分层。将下层乙腈提取液转入另一个125 mL的分液漏斗中。再在分液漏斗中加入30 mL正己烷饱和的乙腈,同上操作。合并乙腈提取液。在提取液中加入50 mL乙腈饱和的正己烷,轻轻振摇数次,静置分层。将下层转入100 mL心形瓶中,并在50℃下用旋转蒸发器蒸发近干。加入2 mL正己烷以溶解残渣。

3.4.2 净化

在净化柱中,加入20 mL正己烷,弃去流出液。待液面降至无水硫酸钠层时,将上述的提取液加入柱中,待液面降至无水硫酸钠层时,用5 mL正己烷洗涤器皿,加入柱内。继用50 mL正己烷、150 mL丙酮-正己烷(3+17)按序淋洗,弃去流出液。立即用130 mL乙醚洗脱,收集洗脱液于150 mL心形瓶中,在30℃下用旋转蒸发器蒸发近干。用正己烷溶解残渣并定容至2.0 mL,溶液供气相色谱测定。

3.4.3 测定

3.4.3.1 气相色谱条件

a) 色谱柱:SE-54,30 m×0.53 mm(内径),膜厚0.5 μm,或相当者;

b) 载气:氮气,纯度≥99.99%,5 mL/min;

c) 辅助气:氮气,纯度≥99.99%,20 mL/min;

d) 氢气:3.5 mL/min;

e) 空气:100 mL/min;

f) 色谱柱温度:

程序升温:60℃保持1 min,以10℃/min速度升至230℃,保持5 min;

g) 进样口温度:250℃;

h) 检测器温度:280℃;

i）进样量：1 μL。

3.4.3.2 气相色谱测定

根据样液中被测农药含量情况，选定峰高相近的标准工作溶液。标准工作溶液和待测样液中农药的响应值均应在仪器检测的线性范围内。对标准工作液与样液应等体积参插进样测定，在上述色谱条件下，乙霉威保留时间约为 17 min。标准品色谱图见附录 A 中图 A1。

3.4.4 确证

3.4.4.1 气相色谱-质谱条件

a）色谱柱：SE-54，30 m×0.25 mm（内径），膜厚 0.25 μm，或相当者；

b）载气：氦气，纯度≥99.99%，1.0 mL/min；

c）色谱柱温度：

程序升温：60℃保持 1 min，以 10℃/min 速度升至 230℃，保持 5 min；

d）进样口温度：250℃；

e）色谱-质谱接口温度：280℃；

f）进样量：1 μL；

g）进样方式：无分流，1 min 后开阀；

h）电离方式：EI；

i）电离能量：70 eV；

j）电子倍增器电压：自动调谐值加 200 V；

k）监视离子（m/z）：124、225、267；

l）溶剂延迟：10 min。

3.4.4.2 气相色谱-质谱确证

对标准溶液及样液均按 3.4.4.1 规定的条件采用选择离子监视法进行测定。如果样液与标准品溶液的总离子流图，在相同保留时间有峰出现，则用质谱图对其确证，标准品质谱图见附录 A 中图 A2。

3.4.5 空白试验

除不称取试样外，均按上述测定步骤进行。

3.5 结果计算和表述

用色谱数据处理机或按式(2)计算试样中乙霉威的残留含量：

$$X = \frac{h \cdot c \cdot V}{h_s \cdot m} \qquad \cdots\cdots(2)$$

式中：X——试样中乙霉威含量，mg/kg；

h——样液中乙霉威的色谱峰高，mm；

h_s——标准工作液中乙霉威的色谱峰高，mm；

c——标准工作液中乙霉威的浓度，μg/mL；

V——样液最终定容体积，mL；

m——最终样液所代表的试样量，g。

注：计算结果需将空白值扣除。

4 测定低限、回收率

4.1 测定低限

本方法测定低限为 0.05 mg/kg。

4.2 回收率

乙霉威添加浓度及其回收率的实验数据：

在大豆中，0.05 mg/kg 时，回收率为 96.3%；

0.10 mg/kg 时，回收率为 93.2%；

1.00 mg/kg 时，回收率为 100.6%。

在花生仁中，0.05 mg/kg 时，回收率为 92.1%；

0.10 mg/kg 时，回收率为 97.6%；

1.00 mg/kg 时，回收率为 94.6%。

附 录 A
（提示的附录）
标准品气相色谱-质谱图

A1 标准品色谱图

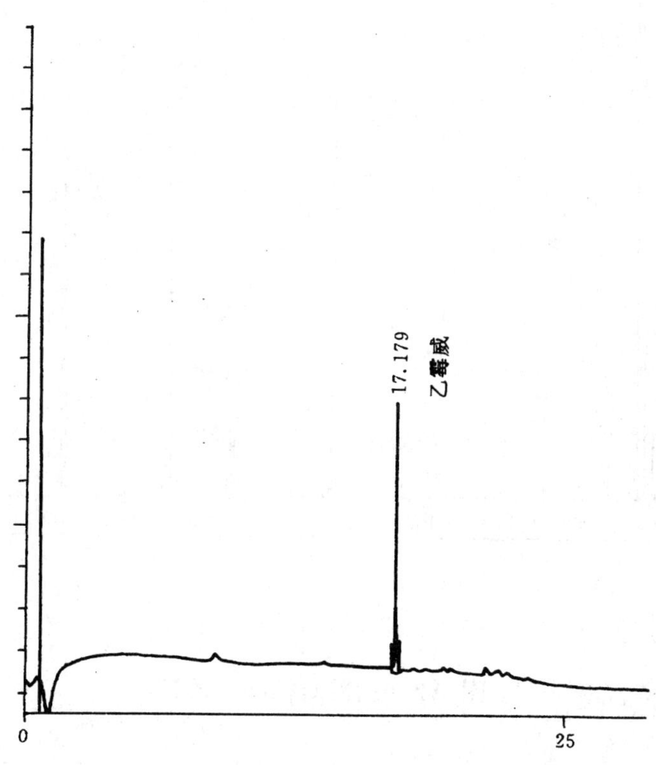

图 A1 乙霉威标准品气相色谱图

A2 标准品质谱图

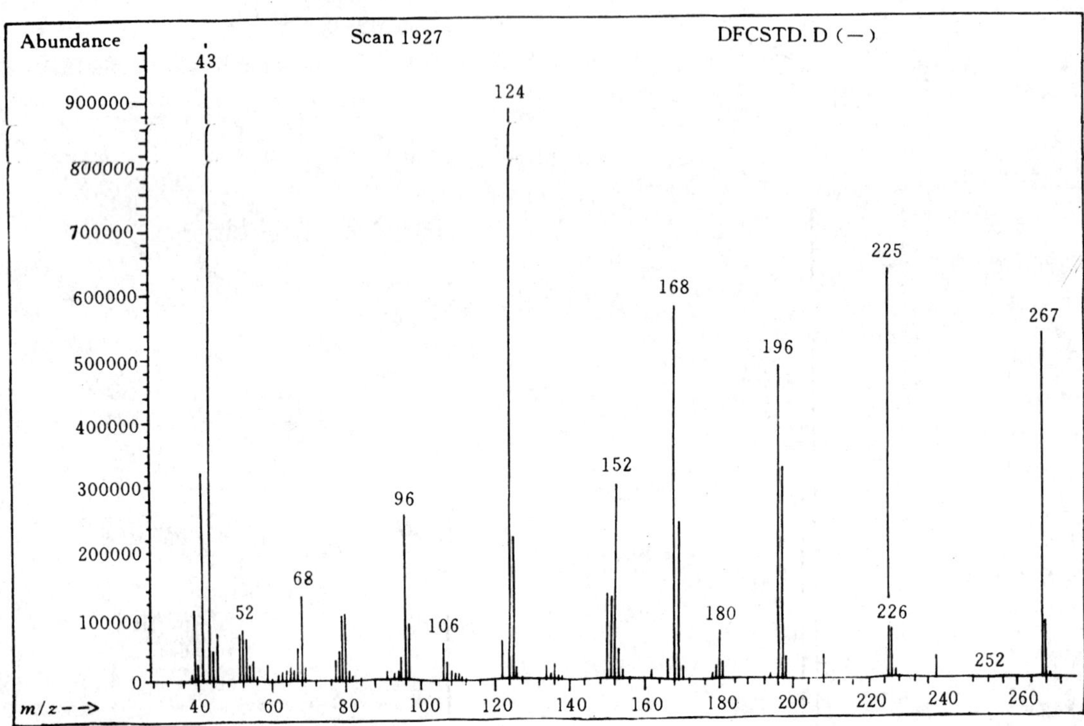

图 A2 乙霉威标准品质谱图

前　言

本标准是根据GB/T 1.1—1993《标准化工作导则　第1单元:标准的起草与表述规则　第1部分:标准编写的基本规定》及SN/T 0001—1995《出口商品中农药、兽药残留量及生物毒素检验方法标准编写的基本规定》的要求进行编写的。其中测定方法是参考国内外有关文献,经研究、改进和验证后而制定的。本标准同时制定了抽样和制样方法。

测定低限是根据国际上对粮谷中三环锡的最高限量和测定方法的灵敏度而制定的。

本标准的附录A为提示的附录。

本标准由中华人民共和国国家进出口商品检验局提出并归口。

本标准起草单位:中华人民共和国辽宁进出口商品检验局。

本标准主要起草人:贾洪祥、宋文斌、白云飞、徐世杰。

本标准系首次发布的行业标准。

中华人民共和国进出口商品检验行业标准

出口粮谷中三环锡残留量检验方法 分光光度法

SN 0657—1997

Method for the determination of cyhexatin residues in cereals for export —Spectrophotometry

1 范围

本标准规定了出口粮谷中三环锡残留量检验的抽样、制样和分光光度测定方法。

本标准适用于出口糙米中三环锡残留量的检验。

2 抽样和制样

2.1 检验批

以不超过4 000袋(200 t)为一检验批。

同一检验批的商品应具有相同的特征,如包装、标记、产地、规格和等级等。

2.2 抽样数量

按式(1)计算抽样袋数:

$$a = \sqrt{N} \qquad \cdots\cdots(1)$$

式中:a——抽取袋数;

N——全批袋数。

注:a 值取整数,小数部分向前进位为整数。

2.3 抽样工具

2.3.1 金属单管抽样器:全长55 cm(包括手柄),直径1.5 cm,沟槽长度应超过袋对角线长度的一半。

2.3.2 取样铲。

2.3.3 分样板。

2.3.4 盛样器:样品筒或袋,可密封。

2.3.5 分样布或适用铺垫物。

2.4 抽样方法

2.4.1 倒包抽样:从堆垛的各部位随机抽取2.2规定的应抽取件数的10%(每批一般不少于3袋),将袋口缝线全部拆开,平置于分样布或其他洁净的铺垫物上,双手紧握袋底两角,提起约成45°倾角倒拖约1 m,使袋内货物全部倒出。查看袋内和袋间品质是否均匀。确认情况正常后,用取样铲随机在各部位抽取样品,并立即将样品倒入盛样器内,每袋抽取样品的量应基本一致。

2.4.2 袋内抽样:按2.2规定的应抽袋数的90%,在堆垛四周上、中、下各层以曲线形走向随机抽取。将取样器(2.3.1)槽口朝下,从每袋一角依斜对角方向插入袋内,然后将管槽旋转向上,抽出取样器,立即将样品倒入盛样器内。每袋抽取样品的量应与2.4.1基本一致。

每批所抽取的样品总量应不少于4 kg。

中华人民共和国国家进出口商品检验局1997-08-15批准　　1998-01-01实施

2.4.3 大样缩分

合并从袋内和倒包抽样所取全部样品，倒于分样布上，用分样板按四分法缩分出样品不少于 2 kg，倒入盛样器内，加封后标明标记，并及时送交实验室。

2.5 试样制备

将样品按四分法缩分至 1 kg，全部磨碎并通过 20 目筛，混匀，均分成两份作为试样。分装入洁净容器内，密封，标明标记。

2.6 试样保存

将试样于－5℃以下避光保存。

注：在抽样和制样的操作过程中，必须防止样品受到污染或发生残留物含量的变化。

3 测定方法

3.1 方法提要

试样中残留的三环锡用正己烷提取，提取液经用乙酸和盐酸净化后，与浓硫酸和浓硝酸一起蒸发至干以分解有机锡。残渣用水溶解后，于溶液中加邻苯二酚紫使与锡离子形成有色配合物，同时加十六烷基三甲基溴化铵，形成三元配合物，以提高测定灵敏度。于分光光度计中测定其吸光度。用标准曲线法定量。

3.2 试剂和材料

除另有规定外，所用试剂均为分析纯，水为蒸馏水。

3.2.1 正己烷。

3.2.2 十六烷基三甲基溴化铵溶液：5.5 mg/mL 水溶液。

3.2.3 邻苯二酚紫溶液：称取 12 mg 邻苯二酚紫，加入 100 mL 水，再加入 2 mL 十六烷基三甲基溴化铵溶液。

3.2.4 抗坏血酸溶液：5%水溶液。

3.2.5 丙酮。

3.2.6 硫酸柠檬酸混合酸溶液：分别取 2.5 mL 浓硫酸、2.5 g 柠檬酸，用水稀释至 100 mL。

3.2.7 浓盐酸：$\rho\approx1.20$ g/mL。

3.2.8 浓硫酸：$\rho\approx1.84$ g/mL。

3.2.9 浓硝酸：$\rho\approx1.51$ g/mL。

3.2.10 冰乙酸。

3.2.11 锡标准品：纯度≥99.99%。

3.2.12 锡标准溶液

3.2.12.1 锡标准储备液（500 μg/mL）：称取 0.250 0 g 锡标准品，溶于 150 mL 浓硝酸中，用水稀释至 500 mL。

3.2.12.2 锡标准中间溶液（10 μg/mL）：移取 10.00 mL 锡标准储备液，加 50 mL 浓硫酸，加 5 mL 浓硝酸。加热至硫酸冒烟，加浓硫酸至 100 mL。冷却至室温，加 50 g 柠檬酸，用水稀释至 500 mL。

3.2.12.3 锡标准工作溶液（0.50 μg/mL）：移取 5.00 mL 锡标准中间液，用水稀释至 100 mL。

3.3 仪器和设备

3.3.1 分光光度计。

3.3.2 电热板。

3.3.3 振荡器。

3.4 测定步骤

3.4.1 样液的制备

称取约 25 g 试样（准确至 0.1 g）于具塞锥形瓶中，加入 100 mL 正己烷，振荡 10 min，静置 1 min，将提取液过滤于分液漏斗中。残渣中再加入 2×50 mL 正己烷，重复提取两次，合并滤液于上述分液漏斗中。加入 10 mL 冰乙酸及 20 mL 浓盐酸，振荡 30 s，弃去酸层。重复操作一次。加入 5 mL 丙酮，转入瓷坩埚，微热蒸发至无乙酸气味为止。

于上述溶液中加入 5 mL 浓硫酸及适量浓硝酸，加热至无色并蒸发至干。冷却，加 5 mL 水，充分混匀后待测。

3.4.2 测定

3.4.2.1 标准曲线的绘制

分别移取 0.0，1.0，2.0，3.0，4.0，5.0 mL 锡标准工作液于一组 50 mL 容量瓶中，分别加入 20 mL 硫酸柠檬酸混合酸溶液、2 mL 抗坏血酸溶液及 5 mL 邻苯二酚紫溶液，用水稀释至刻度，放置 30 min。于波长 660 nm 处，使用 3 cm 比色皿，以试剂空白为参比液测定吸光度，以绘制标准曲线。

3.4.2.2 样液的测定

将样液(3.4.1)转入 50 mL 容量瓶中，其余步骤按 3.4.2.1 操作进行，测定其吸光度，在标准曲线上求得样液中锡的浓度，其吸光度值应在标准曲线的线性范围内。

3.4.3 空白试验

除不称取试样外，均按上述测定步骤进行。

3.5 结果计算和表述

按式(2)计算试样中三环锡残留含量：

$$X = 3.245 \times \frac{c \cdot V}{m} \quad \cdots\cdots\cdots\cdots (2)$$

式中：X——试样中三环锡残留含量，mg/kg；

c——从标准曲线上查得样液中锡的浓度，μg/mL；

V——样液最终定容体积，mL；

m——最终样液所代表的试样量，g；

3.245——将锡(Sn)换算为三环锡($C_{18}H_{34}Sn$)的换算系数。

注：计算结果需扣除空白值。

4 测定低限、回收率

4.1 测定低限

本方法的测定低限为 0.033 mg/kg。

4.2 回收率

糙米中三环锡添加浓度及其回收率的实验数据：

在 0.033 mg/kg 时，回收率为 73.7%；

在 0.132 mg/kg 时，回收率为 82.1%；

在 0.330 mg/kg 时，回收率为 87.7%。

附 录 A
(提示的附录)
标准品吸光度图

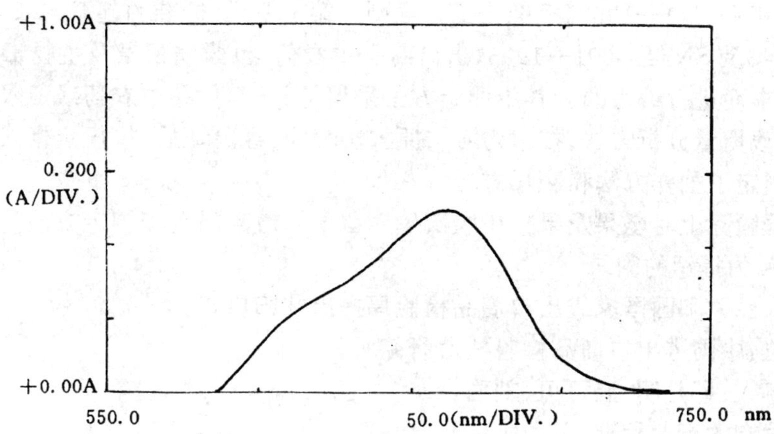

图 A1 锡配合物标准品吸光度图

前　言

本标准是根据GB/T 1.1—1993《标准化工作导则　第1单元：标准的起草与表述规则　第1部分：标准编写的基本规定》及SN/T 0001—1995《出口商品中农药、兽药残留量及生物毒素检验方法标准编写的基本规定》的要求而进行编写的。其中测定方法采用了《日本食品中农药残留限量及检验方法》（续一）中所载的喹硫磷残留量分析方法。技术内容与原方法相同，经验证后，按规定格式要求作了编辑性修改。在标准中同时制定了抽样方法和制样方法。

测定低限是根据国际上对坚果及果仁中喹硫磷残留量的最高限量和测定方法的灵敏度而制定的。

本标准的附录A为提示的附录。

本标准由中华人民共和国国家进出口商品检验局提出并归口。

本标准起草单位：中国进出口商品检验技术研究所。

本标准主要起草人：邱月明、温可可、刘瑜。

本标准系首次发布的行业标准。

中华人民共和国进出口商品检验行业标准

出口坚果及坚果制品中喹硫磷残留量检验方法

SN 0658—1997

Method for the determination of quinalphos residues in nuts and nut products for export

1 范围

本标准规定了出口坚果及坚果制品中喹硫磷残留量检验的抽样、制样和气相色谱测定方法。

本标准适用于出口核桃(包括核桃仁)、杏仁中喹硫磷残留量的检验。

2 抽样和制样

2.1 检验批

以不超过 50 t 为一检验批。50 t 袋装核桃约为 1 000 袋;袋装杏仁约为 625 袋。

同一检验批的商品应具有相同的特征,如包装、标记、产地、规格和等级等。

2.2 抽样数量

按式(1)计算抽样件数:

$$a = \sqrt{N} \quad \cdots\cdots (1)$$

式中:N——全批件数;

a——抽样件数。

注:a 值取整数,小数部分向前进位为整数。

2.3 取样工具

2.3.1 取样铲或取样勺。

2.3.2 分样板。

2.3.3 样品筒(袋):可密封。

2.3.4 分样布或适应铺垫物。

2.4 抽样方法

2.4.1 倒包抽样:从堆垛的各部位随机抽取 2.2 所规定的应抽样袋数的 10%(每批一般不少于 3 袋),将袋口缝线全部拆开,平置于分样布或其他洁净的铺垫物上,双手紧握袋底两角,提起约成 45°倾角,倒拖约 1 m,使袋内货物全部倒出。查看袋内和袋间品质是否均匀。确认情况正常后,用取样铲随机在各部位抽取样品,并立即将样品倒入盛样器中。每袋抽取样品的数量应基本一致,而且核桃样品不得少于 20 颗,杏仁样品不少于 200 g。

2.4.2 袋内抽样:按 2.2 规定的应抽样袋数(扣除倒包抽样袋数),在堆垛四周的上、中、下各层以曲线形走向随机抽取。将应抽取各袋拆开袋口缝线 3～5 针,用取样勺从开口处抽取样品立即缝好袋口,并将所取样品倒入盛样器内,每袋抽取样品的数量应与 2.4.1 基本一致。

合并倒包和袋内抽样所取全部样品,倒于分样布上,用分样板按四分法缩分出核桃样品不少于 500 颗(杏仁样品不少于 2 kg)。倒入盛样器中,加封后标明标记,并及时送实验室。

中华人民共和国国家进出口商品检验局1997-08-15批准　　　　1998-01-01实施

2.5 试样制备

2.5.1 制样工具

2.5.1.1 样品切碎机或粉碎机。

2.5.1.2 筛子:2.0 mm 圆孔筛。

2.5.1.3 分样板。

2.5.1.4 盛样瓶:具塞广口瓶。

2.5.2 制样方法

将核桃去壳,取可食部分,杏仁取原样,用四分法缩分出约 200 g。用样品切碎机或粉碎机,将缩分出样品全部粉碎或切削成尺寸不大于 1 mm 能通过 2.0 mm 圆孔筛的碎粒。充分混匀,均分成两份试样,分装于洁净的盛样器内,密封,标明标记。

2.6 试样保存

将试样于−5℃下保存。

注:在抽样及制样的操作过程中,必须防止样品受到污染或发生残留物含量的变化。

3 测定方法

3.1 方法提要

用丙酮提取试样中的喹硫磷,提取液经浓缩,残渣用乙酸乙酯溶解,溶液经与氯化钠饱和溶液进行液-液分配净化,净化后的乙酸乙酯溶液经蒸干后,制成丙酮样液。然后用配有氮磷检测器的气相色谱仪进行测定,外标法定量。如有必要可用气相色谱-质谱法确证。

3.2 试剂和材料

除另有规定外,所用试剂均为分析纯,水为蒸馏水。

3.2.1 无水硫酸钠:经 650℃灼烧 4 h,置于干燥器内备用。

3.2.2 丙酮:重蒸馏。

3.2.3 乙酸乙酯:重蒸馏。

3.2.4 氯化钠溶液:饱和水溶液。

3.2.5 喹硫磷标准品:纯度≥98%。

3.2.6 喹硫磷标准溶液:准确称取适量的喹硫磷标准品,用苯配成浓度为 1.0 mg/kg 的标准储备液,用时再根据需要用丙酮稀释至适当浓度的标准工作液。

3.3 仪器和设备

3.3.1 气相色谱仪:配备氮磷检测器及质谱检测器。

3.3.2 微量注射器:1 μL。

3.3.3 旋转蒸发器。

3.3.4 离心机:3 000 r/min。

3.4 测定步骤

3.4.1 提取和净化

称取试样 10.0 g(精确至 0.1 g),加水 20 mL,放置 2 h 后。加入 100 mL 丙酮,搅拌 2 min,于离心机上以 3 000 r/min 的转速离心约 5 min。移取上清液于减压浓缩器中。于残渣中再加入 50 mL 丙酮,与上述同样操作。将上清液合并于减压浓缩器中,于 40℃下除去大部分丙酮,再用氮气流蒸发至干。用乙酸乙酯将残渣溶解并转移入预先装有 100 mL 乙酸乙酯和 50 mL 饱和氯化钠溶液的 500 mL 分液漏斗中。剧烈振荡 5 min,静置。移取乙酸乙酯层于一 500 mL 锥形瓶。于水层中再加入 100 mL 乙酸乙酯,与上述同样操作。移取乙酸乙酯层,合并于上述锥形瓶中。加入适量无水硫酸钠,放置并不时振荡 1 h,过滤于减压浓缩器中。用 2×50 mL 乙酸乙酯淋洗锥形瓶及滤纸上的残留物,合并于减压浓缩器中,于 40℃除去大部分乙酸乙酯,改用氮气流吹至近干。残留物用丙酮定容至 10.00 mL,溶液供气相色谱测定。

3.4.2 测定

3.4.2.1 色谱条件

a) 色谱柱：石英毛细管柱，HP-1 30 m×0.32 mm(内径)，液膜厚度 0.25 μm；

b) 载气：氮气，纯度≥99.99%，1.0 mL/min；

c) 尾吹气：氮气，20 mL/min；

d) 氢气：3 mL/min；

e) 空气：100 mL/min；

f) 色谱柱温度：80℃(1 min)$\xrightarrow{20℃/min}$280℃(5 min)；

g) 进样口温度：250℃；

h) 检测器温度：300℃；

i) 进样量：1 μL；

j) 进样方式：无分流，1 min 后开阀。

3.4.2.2 色谱测定

根据样液中被测农药含量情况，选定峰高相近的标准工作溶液。工作溶液和待测样液中农药的响应值均应在仪器检测的线性范围之内。对标准工作液和样液等体积参插进样测定。在上述色谱条件下，喹硫磷的保留时间约为 10.9 min。标准品色谱图见附录 A 中图 A1。

3.4.3 确证

3.4.3.1 气相色谱-质谱条件

a) 色谱柱：石英毛细管柱，DB-5，30 m×0.25 mm(内径)，液膜厚度 0.25 μm，或相当者；

b) 载气：氦气，纯度≥99.99%，1.2 mL/min；

c) 色谱柱温度：70℃(1 min)$\xrightarrow{30℃/min}$250℃(5 min)；

d) 进样口温度：250℃；

e) 色谱-质谱接口温度：280℃；

f) 离子源温度：200℃；

g) 进样量：1 μL；

h) 进样方式：无分流，1 min 后开阀；

i) 电离方式：EI；

j) 电离能量：70 eV；

k) 扫描方式：全扫描，50～650 amu；

l) 溶剂延迟：8 min。

3.4.3.2 色谱-质谱确证

对标准溶液和样液按 3.4.3.1 的条件进行测定时，若样液与标准溶液在保留时间相同的位置有峰出现，则用质谱图对其进行确证。标准品质谱图见附录 A 中图 A2。

3.5 空白试验

除不加试样外，均按上述测定步骤进行。

3.6 结果计算和表述

用色谱数据处理机或按式(2)计算试样中喹硫磷残留含量：

$$X = \frac{h \cdot c \cdot V}{h_s \cdot m} \quad \cdots\cdots(2)$$

式中：X——试样中喹硫磷残留含量，mg/kg；

h——样液色谱图中喹硫磷的峰高，mm；

h_s——标准工作溶液色谱图中喹硫磷的峰高，mm；

c——标准工作溶液中喹硫磷的浓度，μg/mL；

V——样液最终定容体积，mL；

m——称取的试样量，g。

注：计算结果需扣除空白值。

4 测定低限、回收率

4.1 测定低限

本方法对于核桃(核桃仁)、杏仁中喹硫磷残留量的测定低限均为 0.002 mg/kg。

4.2 回收率

核桃样品中添加喹硫磷的浓度和回收率的实验数据：

在 0.002 mg/kg 时，回收率为 85%；

在 0.020 mg/kg 时，回收率为 89%；

在 0.050 mg/kg 时，回收率为 90%。

杏仁样品中添加喹硫磷的浓度和回收率的实验数据：

在 0.002 mg/kg 时，回收率为 89%；

在 0.020 mg/kg 时，回收率为 93%；

在 0.050 mg/kg 时，回收率为 94.2%。

附 录 A
（提示的附录）
标准品气相色谱-质谱图

A1 标准品色谱图

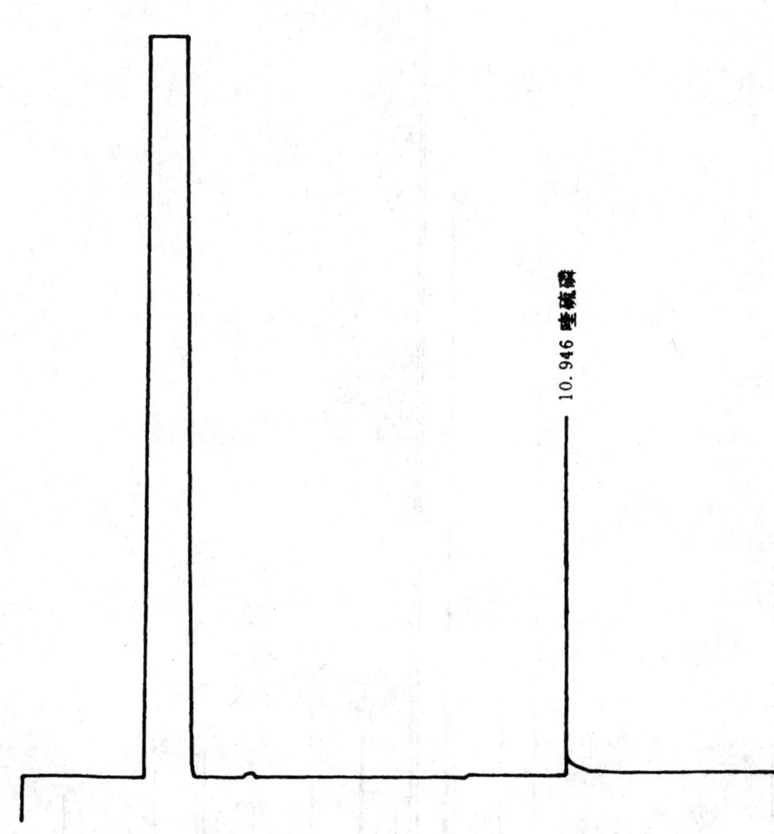

图 A1 喹硫磷标准品的色谱图

A2 标准品质谱图

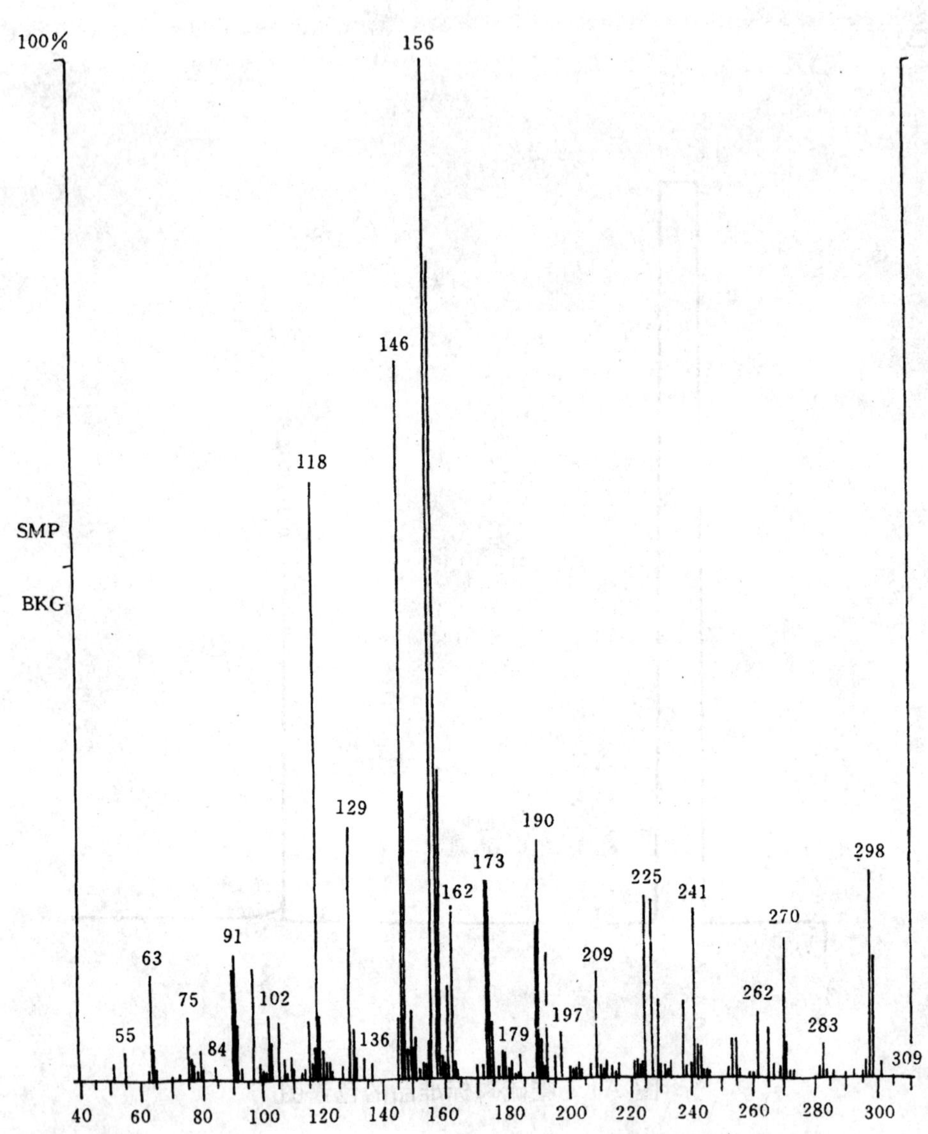

图 A2 喹硫磷标准品的质谱图

前　　言

本标准是根据GB/T 1.1—1993《标准化工作导则　第1单元:标准的起草与表述规则　第1部分:标准编写的基本规定》及SN/T 0001—1995《出口商品中农药、兽药残留量及生物毒素检验方法标准编写的基本规定》的要求进行编写的。其中测定方法是参考国内外有关文献,经研究、改进和验证后而制定的。本标准同时制定了抽样和制样方法。

测定低限是根据国际上对蔬菜中邻苯基苯酚残留量的最高限量和测定方法的灵敏度而制定的。

本标准的附录A为提示的附录。

本标准由中华人民共和国国家进出口商品检验局提出并归口。

本标准起草单位:中国进出口商品检验技术研究所。

本标准主要起草人:王超、刘瑜。

本标准系首次发布的行业标准。

中华人民共和国进出口商品检验行业标准

出口蔬菜中邻苯基苯酚残留量检验方法　液相色谱法

SN 0659—1997

Method for the determination of *o*-phenylphenol residues in vegetables for export —Liquid chromatography

1　范围

本标准规定了出口蔬菜中邻苯基苯酚残留量检验的抽样、制样和液相色谱测定方法。

本标准适用于出口番茄及辣椒中邻苯基苯酚残留量的检验。

2　抽样和制样

2.1　检验批

以不超过1 500件为一个检验批。

同一检验批的商品应具有相同的特征，如包装、标记、产地、规格和等级等。

2.2　抽样数量

批量，件	最低抽样数，件
1～25	1
26～100	5
101～250	10
251～1 500	15

2.3　抽样方法

按2.2规定的抽样件数随机抽取，逐件开启。每件至少取500 g作为原始样品，原始样品总量不得少于2 kg。加封后标明标记，及时送实验室。

2.4　试样制备

将所取原始样品缩分出约1 kg，取可食部分，经组织捣碎机均浆后分成两份，装入洁净容器内，作为试样。密封，并标明标记。

2.5　试样保存

将试样于－18℃以下冷冻保存。

注：在抽样和制样的操作过程中，必须防止样品受到污染或发生残留物含量的变化。

3　测定方法

3.1　方法提要

用乙酸乙酯提取试样中残留邻苯基苯酚。提取液经过滤、浓缩后，用流动相定容。用配有荧光检测器的液相色谱仪测定，外标法定量。

3.2　试剂和材料

中华人民共和国国家进出口商品检验局1997-08-15批准　　　　1998-01-01实施

除另有规定外，试剂均为分析纯，水为蒸馏水。

3.2.1 乙酸乙酯。

3.2.2 甲醇：色谱纯。

3.2.3 乙腈：色谱纯。

3.2.4 磷酸盐缓冲溶液(pH8.0)：称取 1.722 g 磷酸氢二钾与 0.120 g 磷酸二氢钾，溶于水中，然后用水定容至 1 000 mL。

3.2.5 邻苯基苯酚标准品：纯度≥99.5%。

3.2.6 邻苯基苯酚标准溶液：准确称取适量的邻苯基苯酚标准品，用甲醇配成浓度为 500 μg/mL 的标准储备液，根据需要再用流动相稀释成适当浓度的标准工作溶液。

3.3 仪器和设备

3.3.1 液相色谱仪：配有荧光检测器。

3.3.2 注射器：50 μL。

3.3.3 旋转蒸发器。

3.3.4 组织捣碎机。

3.3.5 振荡器。

3.4 测定步骤

3.4.1 提取

称取试样约 10.0 g(精确到 0.1 g)，放入 250 mL 锥形瓶中，加入 50 mL 乙酸乙酯，于振荡器上振荡 30 min。混合物经漏斗过滤，滤液收集在 200 mL 圆底烧瓶中。将残渣再移入原锥形瓶中。加入 30 mL 乙酸乙酯，继续振荡 5 min，过滤。用 10 mL 乙酸乙酯洗涤锥形瓶及漏斗。合并滤液及洗液，于 40℃减压浓缩至约 0.5 mL。用流动相定容至 100 mL。经 0.45 μm 滤膜过滤后，进行液相色谱测定。

3.4.2 测定

3.4.2.1 色谱条件

a) 色谱柱：CLC C_8(M)柱，150 mm×4.6 mm(内径)，或相当者；

b) 保护柱：CLC G-C_8 保护柱，或相当者；

c) 色谱柱温度：35℃；

d) 检测波长：激发波长 285 nm，发射波长 350 nm；

e) 流动相：甲醇-乙腈-磷酸盐缓冲溶液(3+3+4)；

f) 流速：1.0 mL/min。

3.4.2.2 色谱测定

根据样液中邻苯基苯酚含量情况，选定峰高相近的邻苯基苯酚标准工作溶液。标准工作溶液和样液中的邻苯基苯酚的响应值均应在仪器的检测线性范围内。对标准工作液和样液等体积参插进样测定。在上述色谱条件下，邻苯基苯酚的保留时间约为 12.7 min。标准品的色谱图如附录 A 中图 A1。

3.4.3 空白试验

除不称取试样外，均按上述测定步骤进行。

3.5 结果计算和表述

用色谱数据处理机或按式(1)计算试样中邻苯基苯酚的残留含量：

$$X = \frac{h \cdot c \cdot V}{h_s \cdot m} \qquad (1)$$

式中：X——试样中邻苯基苯酚残留含量，mg/kg；

h——样液中邻苯基苯酚的峰高，mm；

h_s——标准工作液中邻苯基苯酚的峰高，mm；

c——标准工作液中邻苯基苯酚的浓度，μg/mL；

V——样液最终定容体积,mL;

m——最终样液所代表的试样量,g。

注:计算结果需扣除空白值。

4 测定低限、回收率

4.1 测定低限

本方法的测定低限为0.5 mg/kg。

4.2 回收率

邻苯基苯酚添加浓度及其回收率的实验数据:

在番茄中,在0.1 mg/kg时,回收率为98.9%;

在0.5 mg/kg时,回收率为98.2%;

在10.0 mg/kg时,回收率为99.6%。

在辣椒中,在0.1 mg/kg时,回收率为100.5%;

在0.5 mg/kg时,回收率为91.4%;

在10.0 mg/kg时,回收率为90.2%。

附 录 A
（提示的附录）
标准品色谱图

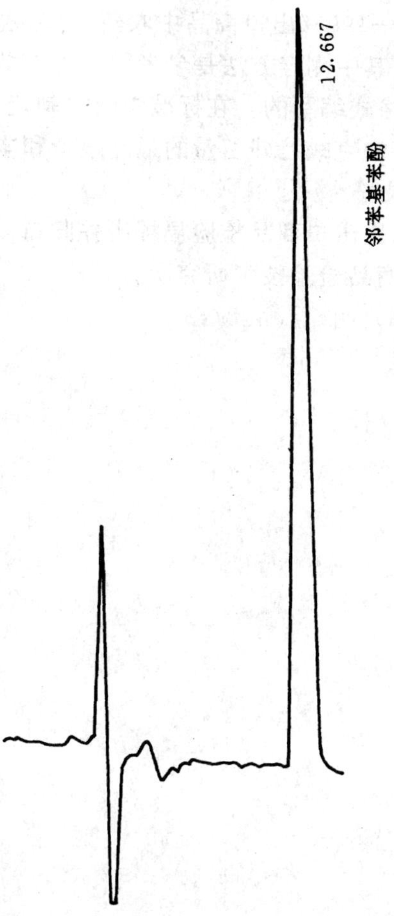

图 A1 邻苯基苯酚标准品液相色谱图

前　言

本标准是根据GB/T 1.1—1993《标准化工作导则　第1单元:标准起草与表述规则　第1部分:标准编写的基本规定》及SN/T 0001—1995《出口商品中农药、兽药残留量及生物毒素检验方法标准编写的基本规定》的要求而进行编写的。其中测定方法是参考国内外有关文献中所载的克螨特残留量分析方法,经研究、改进和验证后,按规定格式编写的。在标准中同时制定了抽样方法和制样方法。

测定低限是根据国际上对粮谷中克螨特残留量的最高限量和本测定方法的灵敏度而制定的。

本标准的附录A为提示的附录。

本标准由中华人民共和国国家进出口商品检验局提出并归口。

本标准起草单位:中国进出口商品检验技术研究所。

本标准主要起草人:温可可、邱月明。

本标准系首次发布的行业标准。

中华人民共和国进出口商品检验行业标准

出口粮谷中克螨特残留量检验方法

SN 0660—1997

Method for the determination of propargite residues in cereals for export

1 范围

本标准规定了出口粮谷中克螨特残留量检验的抽样、制样和气相色谱测定方法。

本标准适用于出口玉米、大米中克螨特残留量的检验。

2 抽样和制样

2.1 检验批

以不超过 4 000 袋(200 t)为一检验批。

同一检验批的商品应具有相同的特征,如包装、标记、产地、规格和等级等。

2.2 抽样数量

2.2.1 袋装货品(大米或玉米)

按一批总袋数的平方根〔式(1)〕抽取:

$$a = \sqrt{N} \quad \cdots\cdots (1)$$

式中:N——全批袋数;

a——抽样袋数。

注:a 值取整数,小数部分向前进位为整数。

2.2.2 散积货品(玉米)

货堆高度不超过 2 m。按货堆面积划区设点,以 50 m^2 为一个取样区,每区在中心和四角(距边线 1 m处)设 5 个点。每增加一个取样区,增加 3 个点。

2.3 抽样工具

2.3.1 金属单管取样器:全长 55 cm(包括手柄),直径 1.5～2.0 cm,沟槽长度应超过袋对角线长度的一半。

2.3.2 金属双套管取样器:长度分 1 m 和 2 m(均包括手柄)两种。内、外管同部位分段开几个槽口,每个槽口长 15～20 cm,口宽 2.0～2.5 cm。内管的内径为 2.5～3.0 cm;取样器的探头长约 7 cm。

2.3.3 取样铲或取样勺。

2.3.4 分样板。

2.3.5 盛样器:样品筒,可密封。

2.3.6 分样布或适用铺垫物。

2.4 抽样方法

2.4.1 袋装抽样(大米或玉米)

2.4.1.1 倒包抽样:从堆垛的各部位随机抽取 2.2.1 规定的应抽样件数的 10%(每批一般不少于 3 袋),将袋口缝线全部拆开,平置于分样布或其他洁净的铺垫物上,双手紧握袋底两角,提起约呈 45°角,

中华人民共和国国家进出口商品检验局 1997-08-15 批准　　1998-01-01 实施

倒拖约1 m,使袋内货物全部倒出。查看袋内和袋间品质是否均匀。确认情况正常后,用取样铲随机在各部位抽取样品,立即将样品倒入盛样器内。每袋所抽取样品的量应基本一致。

2.4.1.2 袋内抽样:按2.2.1规定的应抽样袋数的90%,在堆垛四周上、中、下各层以曲线形走向随机抽取。然后按大米或玉米,分别用下述方法进行取样:

对大米,用金属单管取样器(2.3.1),槽口朝下,从每袋一角依斜对角方向插入袋内,然后将管槽旋转朝上,抽出取样器,立即将样品倒入盛样容器内。每袋抽取样品的量应与2.4.1.1基本一致。

对玉米,用1 m长的金属双套管取样器(2.3.2),关闭槽口,从每袋一角依斜对角方向插入袋内,然后旋转内管以开启槽口,待样品流满内管后,再旋转内管以关闭槽口。抽出取样器,立即将样品倒入盛样器内。每袋抽取的样品量应与2.4.1.1基本一致。

2.4.2 散装抽样(玉米)

按2.2.2的规定设点,逐点抽取样品。将取样器(2.3.2)槽口关闭,以倾斜45°角插入货堆至相应深度,旋转取样器内管以开启槽口,待样品流满内管后,再旋转内管以关闭槽口。抽出取样器,立即将样品倒入盛样器内。从各点所抽取样品的量应基本一致。

每批所抽样品总量应不少于4 kg。

2.4.3 大样缩分

袋装样品:集中袋内和倒包抽样所取全部样品,倒于分样布上,用分样板按四分法缩分出样品不少于2 kg,盛于样品筒内,加封后标明标记,并及时送交实验室。

散积样品:将抽取的全部样品,倒于分样布上,以下按上述袋装样品方法进行。

2.5 试样制备

将样品按四分法缩分至1 kg,全部磨碎并通过20目筛,混匀,均分成两份试样,装入洁净的容器内,密封,标明标记。

2.6 试样保存

将试样于-5℃以下避光保存。

注:在抽样和制样的操作过程中,必须防止样品受到污染或发生残留物含量的变化。

3 测定方法

3.1 方法提要

试样中残留的克螨特用硝基甲烷提取,提取液经与正己烷进行液-液分配后,浓缩,使成甲苯溶液,再经氧化铝柱净化,用配有火焰光度检测器(硫滤光片)的气相色谱仪测定,标准曲线法定量。

3.2 试剂和材料

除另有规定外,试剂均为分析纯,水为蒸馏水。

3.2.1 苯:重蒸馏。

3.2.2 甲苯:重蒸馏。

3.2.3 正己烷:重蒸馏。

3.2.4 硝基甲烷:重蒸馏。

3.2.5 氧化铝:中性,100~200目。550℃灼烧4 h,冷却后贮于密封容器中,使用前在130℃下烘5 h,加5%的水去活。

3.2.6 无水硫酸钠:650℃灼烧4 h,冷却后贮于密封容器中备用。

3.2.7 硫代硫酸钠。

3.2.8 克螨特标准品:纯度≥98%。

3.2.9 克螨特标准溶液:准确称取适量的克螨特标准品,用苯配制成浓度为1.0 mg/mL的标准储备液,再根据需要用正己烷稀释成适当的不同浓度的标准工作溶液。

3.3 仪器和设备

3.3.1 气相色谱仪并配有火焰光度检测器(硫滤光片)。

3.3.2 抽滤瓶:500 mL。

3.3.3 旋转蒸发器。

3.3.4 振荡机。

3.3.5 微量注射器:10 μL。

3.3.6 玻璃柱:30 cm×1.1 cm(内径),具砂芯。

3.4 测定步骤

3.4.1 提取

称取约100 g试样(精确至0.1 g)置于500 mL锥形瓶中,顺序加入100 mL硝基甲烷、5 g无水硫酸钠和1 g硫代硫酸钠,在振荡机上振荡30 min。混合物经布氏漏斗抽滤,以少量硝基甲烷冲洗锥形瓶和滤渣并抽滤。滤液移至250 mL分液漏斗中,加30 mL正己烷,振摇1 min,静置分层。分出下层硝基甲烷于150 mL圆底烧瓶中,用真空旋转蒸发器浓缩至约5 mL,再向浓缩液中加入甲苯50 mL,继续浓缩至20 mL。

3.4.2 净化

在玻璃柱(3.3.6)底部铺少许玻璃棉,依次装入5 g氧化铝和1 g无水硫酸钠。然后,将3.4.1的浓缩液转移入柱中,用30 mL苯洗脱克螨特,收集全部洗脱液于梨形瓶中,浓缩至近干,用正己烷定容至1.0 mL。

3.4.3 测定

3.4.3.1 气相色谱条件

a) 色谱柱:毛细管柱HP-1,30 m×0.53 mm(内径),液膜厚度2.65 μm;

b) 载气:氮气,纯度≥99.99%,13 mL/min;

c) 尾吹:氮气,纯度≥99.99%,30 mL/min;

d) 氢气:36 mL/min;

e) 空气:80 mL/min;

f) 色谱柱温度:95℃;

g) 进样口温度:200℃;

h) 检测器温度:200℃;

i) 进样量:2 μL;

j) 进样方式:直接进样。

3.4.3.2 标准曲线的绘制

根据试样中被测农药含量情况,分别等体积地注入5个适当的不同浓度系列克螨特标准工作溶液于气相色谱仪中,按上述色谱条件进行色谱分析,测定峰高。对浓度的对数和峰高的对数绘制标准曲线。克螨特的保留时间约为5.7 min。标准品色谱图见附录A中图A1。

3.4.3.3 样液测定

准确注入上述等体积的样液于气相色谱仪中,按峰高在标准曲线上求得克螨特的浓度。其响应值应在标准曲线的线性范围内。

3.4.4 空白试验

除不称取试样外,均按上述测定步骤进行。

3.5 结果计算和表述

用色谱数据处理机或按式(2)计算试样中克螨特的残留含量:

$$X = \frac{c \cdot V}{m} \qquad \cdots\cdots (2)$$

式中:X——试样中克螨特残留含量,mg/kg;

c——从标准曲线上求得样液中克螨特的浓度，μg/mL；

V——样液最终定容体积，mL；

m——最终样液所代表的试样量，g。

注：计算结果需将空白值扣除。

4 测定低限、回收率

4.1 测定低限

本方法的测定低限为 0.05 mg/kg。

4.2 回收率

4.2.1 大米中回收率

大米中克螨特的添加浓度及其回收率的实验数据：

0.05 mg/kg 时，回收率为 74.4%；

0.10 mg/kg 时，回收率为 90.6%；

0.50 mg/kg 时，回收率为 96.0%。

4.2.2 玉米中的回收率

玉米中的克螨特添加浓度及其回收率的实验数据：

0.05 mg/kg 时，回收率为 74.6%；

0.10 mg/kg 时，回收率为 86.6%；

0.50 mg/kg 时，回收率为 97.4%。

附 录 A
（提示的附录）
标准品色谱图

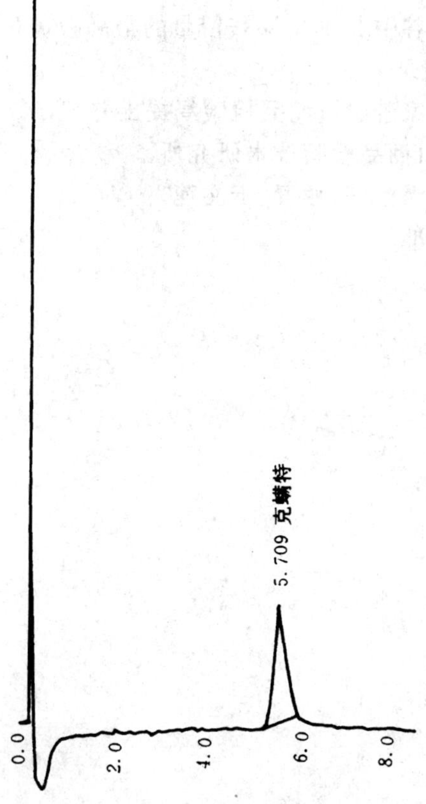

图 A1 克螨特标准品气相色谱图

前　言

本标准是根据GB/T 1.1—1993《标准化工作导则　第1单元:标准的起草与表述规则　第1部分:标准编写的基本规定》及SN/T 0001—1995《出口商品中农药、兽药残留量及生物毒素检验方法标准编写的基本规定》的要求而进行编写的。其中测定方法是参考了国内外有关文献,经研究、改进和验证后制定的。在标准中同时制定了抽样和制样方法。

测定低限是根据国际上对粮谷中2,4,5-涕残留量的最高限量和测定方法的灵敏度而制定的。

本标准的附录A为提示的附录。

本标准由中华人民共和国国家进出口商品检验局提出并归口。

本标准起草单位:中国进出口商品检验技术研究所。

本标准主要起草人:储晓刚、潘健伟、顾青、于文莲。

本标准系首次发布的行业标准。

中华人民共和国进出口商品检验行业标准

出口粮谷中2,4,5-涕残留量检验方法

SN 0661—1997

Method for the determination of 2,4,5-T residues in cereals for export

1 范围

本标准规定了出口粮谷中2,4,5-涕残留量检验的抽样、制样和气相色谱测定方法。

本标准适用于出口大米中2,4,5-涕残留量的检验。

2 抽样和制样

2.1 检验批

以不超过4 000袋(200 t)为一检验批。

同一检验批的商品应具有相同的特征,如包装、标记、产地、规格和等级等。

2.2 抽样数量

按一批总袋数的平方根抽取,见式(1):

$$a = \sqrt{N} \qquad \cdots\cdots(1)$$

式中:N——全批袋数;

a——抽样袋数。

注:a值取整数,小数部分向前进位为整数。

2.3 抽样工具

2.3.1 单管取样器:不锈钢管,全长55 cm(包括手柄),直径1.5~2.5 cm,沟槽长度应超过袋对角线长度的一半。

2.3.2 取样铲。

2.3.3 分样板。

2.3.4 样品筒(袋),可密封。

2.3.5 分样布或适用铺垫物。

2.4 抽样方法

2.4.1 倒包抽样

从堆垛的各个部位随机抽取2.2中规定的应抽样件数的10%(每批一般不少于3袋),将袋口缝线全部拆开,平置于分样布或其他洁净的铺垫物上,双手紧握袋底两角,提起约成45°倾角,倒拖约1 m,使袋内货物全部倒出。查看袋内和袋间品质是否均匀。确认情况正常后,用取样铲随机在各部位抽取样品,立即将样品倒入盛样器内。每袋抽取样品数量应基本一致。

2.4.2 袋内抽样

按2.2中规定的应抽样袋数的90%,在堆垛四周上、中、下各层以曲线走向随机抽取。将取样器

中华人民共和国国家进出口商品检验局1997-08-15批准　　1998-01-01实施

(2.3.1)管槽朝下,从每袋一角依斜对角方向插入袋内,然后将管槽旋转朝上,抽出取样器,立即将样品倒入盛样容器内。每袋抽取样品数量应与2.4.1基本一致。

每批样品总量应不少于4 kg。

2.4.3 大样缩分

集中袋内抽样和倒包抽样所取全部样品,倒于分样布上,用分样板按四分法缩分出样品不少于2 kg,装入盛样器内,加封后标明标记并及时送交实验室。

2.5 试样制备

将样品按四分法缩分出约1 kg,全部磨碎并通过20目筛,混匀后均分成两份,装入洁净容器内作为试样,密封并标明标记。

2.6 试样保存

将试样于−5℃以下避光保存。

注:在抽样和制样的操作过程中,必须防止样品受到污染或发生残留物含量的变化。

3 测定方法

3.1 方法提要

试样中2,4,5-涕残留用酸性甲醇水溶液提取,提取液经调整酸度后,用二氯甲烷进行液-液分配。二氯甲烷提取液经脱水、蒸干后,将残留物用三氟化硼乙醚溶液进行甲酯化,再经弗罗里硅土柱净化,乙醚-正己烷洗脱。洗脱液经蒸干后制成正己烷溶液,用配有电子俘获检测器的气相色谱仪进行测定,外标法定量。

3.2 试剂和材料

除另有规定外,所用试剂均为分析纯,水为蒸馏水。

3.2.1 甲醇:重蒸馏。

3.2.2 二氯甲烷:重蒸馏。

3.2.3 正己烷:重蒸馏。

3.2.4 无水硫酸钠:650℃灼烧4 h,贮于密闭容器中。

3.2.5 弗罗里硅土:60～100目,650℃灼烧4 h,冷却后贮藏于密闭容器中,使用前经130℃灼烧4 h,冷却后加入2%水,贮藏于密闭容器中放置不少于12 h。

3.2.6 饱和氯化钠溶液:400 mL水中加入过量的氯化钠。

3.2.7 硫酸溶液:10%水溶液。取40 mL浓硫酸,慢慢倒入360 mL水中,混匀。

3.2.8 三氟化硼乙醚-甲醇(20+80)混合液。

3.2.9 洗脱液:乙醚-正己烷(2+98)。

3.2.10 2,4,5-涕甲酯标准品:纯度≥98%。

3.2.11 2,4,5-涕甲酯标准溶液:准确称取适量的2,4,5-涕甲酯标准品,用甲醇配成浓度为100 μg/mL的标准储备液,根据需要用甲醇稀释成适当浓度的标准工作液。

3.3 仪器和设备

3.3.1 气相色谱仪:配有电子俘获检测器。

3.3.2 振荡器。

3.3.3 恒温水浴振荡器。

3.3.4 弗罗里硅土柱:玻璃柱,300 mm×10 mm(内径),依次装入60 mm高的弗罗里硅土及40 mm高的无水硫酸钠。

3.3.5 分液漏斗:250 mL。

3.3.6 具塞锥形瓶:250 mL。

3.3.7 梨形瓶:100 mL。

3.4 测定步骤

3.4.1 提取

称取试样约 10 g(精确到 0.1 g)于 250 mL 具塞锥形瓶中,依次加入 20 mL 硫酸溶液、40 mL 甲醇,于振荡器上振荡 20 min。静置 5 min,将上层清液过滤于 250 mL 分液漏斗中。残渣重复上述提取步骤一次。合并滤液于分液漏斗中,加入 10 mL 饱和氯化钠水溶液,用硫酸溶液调整分液漏斗中水相pH≤1。加 30 mL 二氯甲烷,剧烈振荡 2 min,静置分层。移下层有机相于 100 mL 梨形瓶中。再用 30 mL 二氯甲烷提取水相一次,合并有机相,在 40℃水浴上浓缩至近干。

3.4.2 甲酯化

向梨形瓶中加入 3 mL 三氟化硼乙醚-甲醇(20+80),加塞,在 60℃水浴上振荡 1.5 h。取出,冷却至室温。

3.4.3 净化

用 20 mL 正己烷淋洗弗罗里硅土柱(3.3.4),待正己烷液面下降至柱填料表面时,将经过甲酯化反应后的溶液转移到柱中。用总量 10 mL 正己烷洗涤反应瓶两次,洗液倒入柱中,弃去流出液。然后用 30 mL乙醚-正己烷(2+98)洗脱层析柱,弃去前段流出液约 10 mL,收集以后流出液 30 mL。在 40℃水浴上浓缩近干,最后用氮气吹干。用正己烷溶解残渣并定容到 1.0 mL,溶液供气相色谱测定。

3.4.4 测定

3.4.4.1 色谱条件

a) 色谱柱:HP-5 石英毛细管柱,30 m×0.32 mm(内径),膜厚 0.25 μm,或相当者;

b) 载气:氮气,纯度≥99.99%,1.7 mL/min;

c) 柱温:初始温度 100℃,以 15℃/min 的速度升温到 250℃,保持 10 min;

d) 进样口温度:230℃;

e) 检测器温度:280℃;

f) 进样量:1.0 μL;

g) 进样方式:无分流;

h) 辅助气:氮气,40 mL/min。

3.4.4.2 色谱测定

根据样液中 2,4,5-涕甲酯含量情况,选定峰高相近的标准工作液。标准工作溶液和样液中 2,4,5-涕甲酯的响应值均应在仪器检测线性范围内。对标准工作溶液和样液等体积参插进样测定。在上述色谱条件下,2,4,5-涕甲酯的色谱峰保留时间约为 6.5 min。2,4,5-涕甲酯标准品气相色谱图见附录 A 中图 A1。

3.4.5 空白试验

除不加试样外,均按上述测定步骤进行。

3.5 结果计算和表述

用色谱数据处理机或按式(2)计算试样中 2,4,5-涕残留含量:

$$X = \frac{h \cdot c \cdot V}{h_s \cdot m} \times 0.948 \qquad \cdots\cdots(2)$$

式中:X——试样中 2,4,5-涕残留含量,mg/kg;

h——样液中 2,4,5-涕甲酯的峰高,mm;

h_s——标准工作溶液中 2,4,5-涕甲酯的峰高,mm;

c——标准工作溶液中 2,4,5-涕甲酯的浓度,μg/mL;

V——样液最终定容体积,mL;

m——最终样液所代表的试样量,g;

0.948——2,4,5-涕甲酯与2,4,5-涕的换算系数。

注:计算结果须扣除空白值。

4 测定低限、回收率

4.1 测定低限

本方法的测定低限为0.025 mg/kg。

4.2 回收率

2,4,5-涕添加浓度及其回收率的实验数据:

在0.025 mg/kg时,回收率为84.0%;

在0.050 mg/kg时,回收率为93.1%;

在0.10 mg/kg时,回收率为88.4%;

在0.20 mg/kg时,回收率为91.9%;

在0.40 mg/kg时,回收率为92.1%。

附 录 A
(提示的附录)
2,4,5-涕甲酯标准品气相色谱图

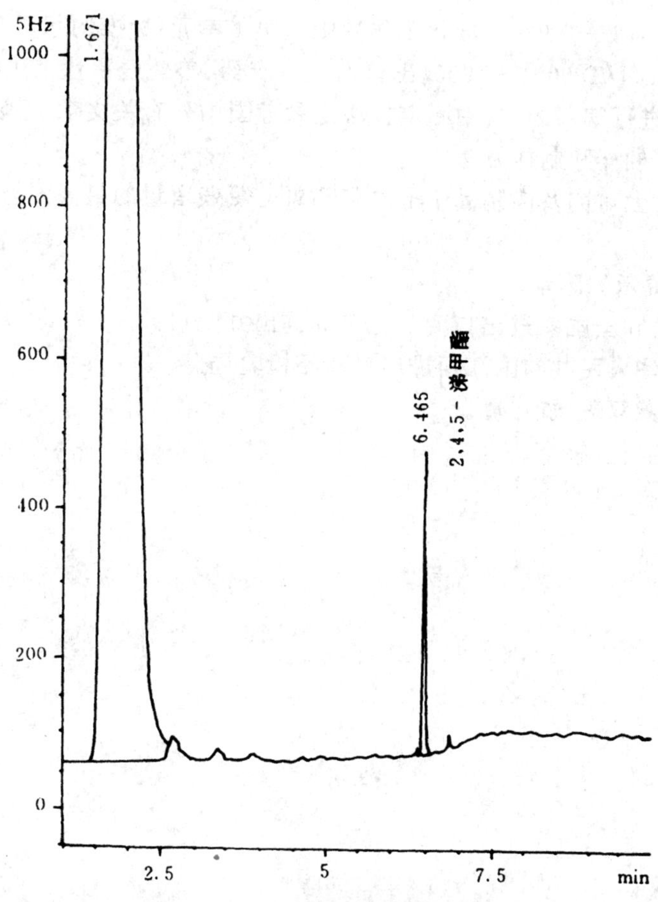

图 A1 2,4,5-涕甲酯标准品气相色谱图

前　　言

本标准是根据GB/T 1.1—1993《标准化工作导则　第1单元：标准的起草与表述规则　第1部分：标准编写的基本规定》及SN/T 0001—1995《出口商品中农药、兽药残留量及生物毒素检验方法标准编写的基本规定》的要求而进行编写的。其中测定方法是参考国内外有关文献，经研究、改进和验证后而制定的。本标准同时制定了抽样和制样方法。

测定低限是根据国际上对肉及肉制品中七氯和环氧七氯残留量的最高限量和测定方法的灵敏度而制定的。

本标准的附录A为提示的附录。

本标准由中华人民共和国国家进出口商品检验局提出并归口。

本标准起草单位：中华人民共和国江西进出口商品检验局。

本标准主要起草人：黎双珍、施小珊。

本标准系首次发布的行业标准。

中华人民共和国进出口商品检验行业标准

出口肉及肉制品中七氯和环氧七氯残留量检验方法

SN 0663—1997

Method for the determination of heptachlor and heptachlor epoxide residues in meats and meat products for export

1 范围

本标准规定了出口肉及肉制品中七氯和环氧七氯残留量检验的抽样、制样和气相色谱测定方法。

本标准适用于出口猪肉中七氯和环氧七氯残留量的检验。

2 抽样和制样

2.1 检验批

以不超过 2 500 件为一检验批。

同一检验批的商品应具有相同的特征,如包装、标记、产地、规格和等级等。

2.2 抽样数量

批量,件	最低抽样数,件
1～25	1
26～100	5
101～250	10
251～500	15
501～1 000	17
1 001～2 500	20

2.3 抽样方法

按 2.2 规定的抽样件数,随机抽取,逐件开启。从每件中取一袋作为原始样品,其总量不少于 2 kg,放入清洁容器内,加封后,标明标记,及时送交实验室。

如每件中无小包装或有小包装但每袋重量超过 2 kg 者,则可用经灭菌的锋利刀在抽出的包件中,每件割取不少于 100 g,混合后置于清洁容器内,作为混合原始样。混合原始样的重量不少于 2 kg。加封后,标明标记,及时送交实验室。

2.4 试样制备

从原始样品中分取出约 1 kg,经捣碎机充分捣碎,混匀,均分成两份,分别装入清洁的容器内,作为试样。加封并标明标记。

2.5 试样保存

将试样于－18℃以下冷冻保存。

注:在抽样和制样的操作过程中,必须防止样品受到污染或发生残留物含量的变化。

中华人民共和国国家进出口商品检验局1997-08-15批准　　1998-01-01实施

3 测定方法

3.1 方法提要

试样中七氯、环氧七氯用丙酮-正己烷提取，提取液经弗罗里硅土柱净化，用乙醚-正己烷洗脱，洗脱液经浓缩、定容后，用配有电子俘获检测器的气相色谱仪进行测定，外标法定量。

3.2 试剂材料

除另有规定外，所用试剂均为分析纯，水为蒸馏水。

3.2.1 丙酮：重蒸馏。

3.2.2 正己烷：重蒸馏。

3.2.3 无水硫酸钠：650℃灼烧 4 h，使用前在 130℃烘 5 h，贮于干燥器中备用。

3.2.4 苯：重蒸馏。

3.2.5 弗罗里硅土：层析用，60～100 目，650℃灼烧 4 h，使用前在 130℃烘 5 h，贮于干燥器中，可用 2 天。

3.2.6 乙醚-正己烷(3＋17)。

3.2.7 丙酮-正己烷(2＋8)。

3.2.8 七氯、环氧七氯标准品：纯度≥99.5%。

3.2.9 七氯、环氧七氯标准溶液：准确称取适量的七氯、环氧七氯标准品，分别用苯配成 0.10 mg/mL 储备液，根据需要再用正己烷稀释成适当浓度的混合标准工作液。

3.3 仪器设备

3.3.1 气相色谱仪：配有电子俘获检测器(ECD)。

3.3.2 快速混匀器。

3.3.3 离心机：3 000 r/min。

3.3.4 具塞离心管：5，10，15，50 mL。

3.3.5 尖嘴吸管。

3.3.6 净化柱：玻璃柱，20 cm×1.5 cm(内径)，于柱下端填少量脱脂棉，依次装入 2 cm 高的无水硫酸钠、5 g 弗罗里硅土和 2 cm 高的无水硫酸钠，使用前制备。

3.3.7 微量注射器：10 μL。

3.4 测定步骤

3.4.1 提取与净化

称取 2 g(精确至 0.01 g)试样于 15 mL 离心管中，加入 3 mL 丙酮-正己烷，在混匀器中快速混匀 1 min。离心 3 min，用尖嘴吸管将丙酮-正己烷提取液转入另一具塞离心管中。再用 3 mL 丙酮-正己烷提取一次。合并丙酮-正己烷提取液，于 60℃浴温并通氮气浓缩至 1 mL。将已制备好的净化柱用 15 mL 乙醚-正己烷进行预淋洗，待液面下降至上层无水硫酸钠表面时，弃去流出液。将提取液倒入柱内，用乙醚-正己烷洗涤器皿，并移入柱中，继用乙醚-正己烷洗脱，收集洗脱液 40 mL 于离心管内。于 60℃浴温并通氮气浓缩至近干，用 1.00 mL 正己烷定容，溶液供气相色谱测定。

3.4.2 测定

3.4.2.1 气相色谱条件

a) 色谱柱：HP-1 柱，5 m×0.53 mm(内径)×2.65 μm；

b) 进样口温度：210℃；

c) 色谱柱温度：170℃；

d) 检测器温度：300℃；

e) 载气：氮气，纯度≥99.99%，3 mL/min；尾吹气流速，37 mL/min；

f) 进样方式：不分流进样；

g）进样量：1 μL。

3.4.2.2 色谱测定

根据样液中七氯、环氧七氯含量情况，选定峰高相近的标准工作溶液，标准工作溶液和样液中七氯、环氧七氯响应值均在仪器检测线性范围内。对标准工作溶液和样液等体积参插进样测定，在上述色谱条件下，七氯保留时间约为 6.3 min，环氧七氯保留时间约为 10.6 min。

3.4.3 空白试验

除不加试样外，按上述测定步骤进行。

3.4.4 结果计算和表述

用色谱数据处理机或按式(1)计算试样中七氯、环氧七氯残留含量：

$$X=\frac{h\cdot c\cdot V}{h_s\cdot m} \quad\cdots\cdots(1)$$

式中：X——试样中七氯或环氧七氯的含量，mg/kg；

h——样液中七氯或环氧七氯的峰高，mm；

h_s——标准工作溶液中七氯或环氧七氯的峰高，mm；

c——标准工作溶液中七氯或环氧七氯的浓度，μg/mL；

V——样液最终定容体积，mL；

m——称取的试样量，g。

注：计算结果需扣除空白值。

4 测定低限、回收率

4.1 测定低限

本方法的测定低限为 0.04 mg/kg。

4.2 回收率

猪肉中七氯和环氧七氯添加浓度及其回收率的实验数据：

七氯浓度在 0.04 mg/kg 时，回收率为 94.1%；

七氯浓度在 0.20 mg/kg 时，回收率为 89.5%；

七氯浓度在 1.00 mg/kg 时，回收率为 99.3%；

环氧七氯浓度在 0.04 mg/kg 时，回收率为 91.9%；

环氧七氯浓度在 0.20 mg/kg 时，回收率为 93.8%；

环氧七氯浓度在 1.00 mg/kg 时，回收率为 97.2%。

附 录 A
（提示的附录）
标准品色谱图

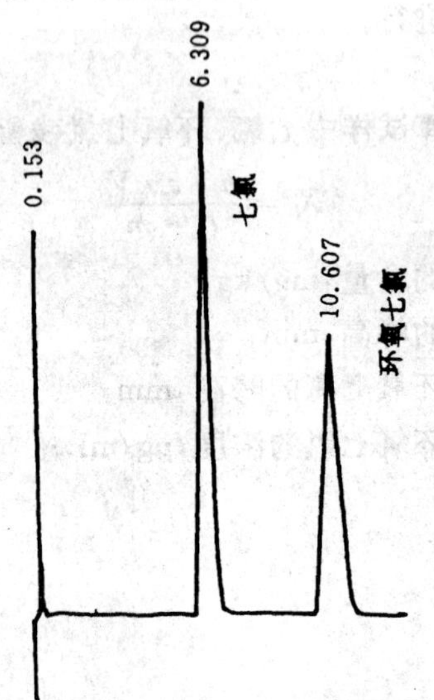

图 A1 七氯及环氧七氯标准品色谱图

前　言

本标准是根据GB/T 1.1—1993《标准化工作导则　第1单元:标准的起草与表述规则　第1部分:标准编写的基本规定》及SN/T 0001—1995《出口商品中农药、兽药残留量及生物毒素检验方法标准编写的基本规定》的要求而进行编写的。其中测定方法是参考国内外有关资料,经研究、改进和验证后制定的。在标准中同时制定了抽样和制样方法。

测定低限是根据国际上对定菌磷残留量的最高限量和测定方法的灵敏度而制定的。

本标准附录A为提示的附录。

本标准由中华人民共和国国家进出口商品检验局提出并归口。

本标准由中华人民共和国上海进出口商品检验局负责起草。

本标准主要起草人:倪昕路、蔡则慈。

本标准系首次发布的行业标准。

中华人民共和国进出口商品检验行业标准

出口肉及肉制品中定菌磷残留量检验方法

SN 0675—1997

Method for the determination of pyrazophos residues in meats and meat products for export

1 范围

本标准规定了出口肉及肉制品中定菌磷残留量检验的抽样、制样和气相色谱测定方法。

本标准适用于出口猪肉中定菌磷残留量的检验。

2 抽样和制样

2.1 检验批

以不超过 2 500 件为一检验批。

同一检验批的商品应具有相同的特征，如包装、标记、产地、规格和等级等。

2.2 抽样数量

批量，件	最低抽样数，件
1～25	1
26～100	5
101～250	10
251～500	15
501～1 000	17
1 001～2 500	20

2.3 抽样方法

按 2.2 规定的抽样件数，随机抽取，逐件开启。从每件中取一袋作为原始样品，其总量不少于2 kg，放入清洁容器内，加封后，标明标记，及时送交实验室。

如每件中无小包装或有小包装但每袋重量超过 2 kg 者，则可用灭菌后的锋利刀在抽出的包件中，每件割取不少于 100 g，混合后置于清洁容器内，作为混合原始样品。混合原始样品的重量不少于 2 kg。加封后，标明标记，及时送交实验室。

2.4 试样制备

从原始样品中分取出约 1 kg，经捣碎机充分捣碎，混匀，均分成两份，分别装入清洁的容器内，作为试样，加封并标明标记。

2.5 试样保存

将试样于－18℃以下冷冻保存。

注：在抽样和制样的操作过程中，必须防止样品受到污染或发生残留物含量的变化。

3 测定方法

3.1 方法提要

试样中残留的定菌磷用丙酮-正己烷回流提取，提取液经与乙腈进行液-液分配后，使被测物进入乙

中华人民共和国国家进出口商品检验局1997-08-15批准　　1998-01-01实施

腈相。乙腈相经用硫酸钠溶液稀释后与正己烷进行液-液分配，使被测物进入正己烷相。正己烷溶液再经弗罗里硅土柱净化后，用配有火焰光度检测器的气相色谱仪测定，外标法定量。

3.2 试剂和材料

除另有规定外，所用试剂均为分析纯，水为蒸馏水。

3.2.1 丙酮：重蒸馏。

3.2.2 正己烷：重蒸馏。

3.2.3 乙腈。

3.2.4 无水硫酸钠：650℃灼烧 4 h，冷却后贮于密封容器中备用。

3.2.5 硫酸钠溶液：2%水溶液。

3.2.6 弗罗里硅土：60～100 目，650℃灼烧 4 h，用前于 130℃烘 4 h，置于干燥器中备用。

3.2.7 硅藻土：Celite 545，60～80 目。

3.2.8 定菌磷标准品：纯度≥99%。

3.2.9 定菌磷标准溶液：称取适量的定菌磷标准品（准确至 0.1 mg），用正己烷配制成浓度为 1.0 mg/mL的标准贮备液，再根据需要用正己烷稀释成适当浓度的标准工作溶液。

3.3 仪器和设备

3.3.1 气相色谱仪并配有火焰光度检测器，磷滤光片（526 nm）。

3.3.2 索氏抽提器。

3.3.3 旋涡混合器。

3.3.4 离心机。

3.3.5 真空旋转蒸发器。

3.3.6 试管：具塞，10 mL。

3.3.7 离心管：具塞，60 mL。

3.3.8 水浴锅。

3.3.9 净化柱：20 cm×1.8 cm（内径），在柱底部垫少量脱脂棉，依次装入少量无水硫酸钠、2 g 弗罗里硅土及 0.5 g 硅藻土的混合物、1 cm 高的无水硫酸钠，充分装实。

3.3.10 无水硫酸钠小柱。

3.3.11 微量注射器：10 μL 或 5 μL。

3.4 测定步骤

3.4.1 提取

称取约 10 g 试样（精确至 0.01 g）于研钵中，加约 30 g 无水硫酸钠，研磨至干松状。装入滤纸筒中，于索氏抽提器内加入 130 mL 丙酮-正己烷（30＋100），回流抽提 2 h。取出滤纸筒，将溶液浓缩至约 40 mL，经无水硫酸钠小柱滤入 50 mL 容量瓶，并用少量正己烷洗涤小柱，合并于容量瓶中，并用正己烷定容至刻度。

3.4.2 净化

准确吸取 5 mL 提取液于试管中，加 5 mL 经正己烷饱和的乙腈，在旋涡混合器上强烈混匀 2 min，离心（转速为 3 000 r/min）1 min 后，用滴管将乙腈层吸入离心管中。再用 5 mL、2 mL 经正己烷饱和的乙腈重复以上操作。合并乙腈相，弃去正己烷相。于乙腈相中加入 8 mL 经乙腈饱和的正己烷，强烈混匀 1 min，离心（转速为 3 000 r/min）1 min 后，弃去正己烷层，再用 8 mL 经乙腈饱和的正己烷重复操作一次。在乙腈相中加入 25 mL 硫酸钠溶液（2%）及 10 mL 经乙腈饱和的正己烷，强烈混匀 2 min，经离心（转速为 3 000 r/min）1 min 后，将正己烷层吸入另一离心管中。再用 2×10 mL 经乙腈饱和的正己烷重复操作，弃去水相，合并正己烷相。于合并的正己烷相中加入 20 mL 硫酸钠溶液（2%）混匀 0.5 min，离心（转速为 3 000 r/min）1 min 后，弃去水相。再用 20 mL 硫酸钠溶液（2%）重复操作一次。将正己烷相经无水硫酸钠小柱滤入离心管中。用少量正己烷洗涤小柱，合并正己烷溶液。用真空旋转蒸发器（水浴

50℃)浓缩至约 1 mL。

取净化柱用 15 mL 正己烷预淋,待液面与柱填充料表面相平时,将浓缩液移入柱中。待液面与柱填充料表面相平时,用 5 mL 丙酮-正己烷(10+90)淋洗离心管并将洗液移入柱中,弃去流出液。即用 30 mL丙酮-正己烷(10+90)进行洗脱,收集全部洗脱液。于真空旋转蒸发器中(水浴 50℃)浓缩至近干,然后用氮气流吹干。以 1.0 mL 正己烷溶解残渣,溶液供气相色谱测定。

3.4.3 测定

3.4.3.1 气相色谱条件

a) 色谱柱:石英毛细管柱,25 m×0.53 mm(内径),农残 1 号(兰州化学物理研究所)或相当者;

b) 载气:氮气,纯度≥99.99%,10 mL/min;

c) 氢气:75 mL/min;

d) 空气:100 mL/min;

e) 色谱柱温度:程序升温,190℃保持 1 min,以 10℃/min 的速度升至 240℃,保持 5 min;

f) 进样口温度:250℃;

g) 检测器温度:280℃;

h) 进样量:1～5 μL。

3.4.3.2 气相色谱测定

根据样液中被测农药含量情况,选定峰高相近的标准工作溶液。标准工作溶液和待测样液中农药的响应值均应在仪器检测的线性范围内。对标准工作液与样液应等体积参插进样测定。在上述色谱条件下,定菌磷保留时间约为 6.6 min。标准品色谱图见附录 A 中图 A1。

3.4.4 空白试验

除不称取试样外,均按上述测定步骤进行。

3.5 结果计算和表述

用色谱数据处理机或按式(1)计算试样中定菌磷的残留含量:

$$X = \frac{h \cdot c \cdot V}{h_s \cdot m} \qquad \cdots\cdots(1)$$

式中:X——试样中定菌磷残留含量,mg/kg;

h——样液中定菌磷的色谱峰高,mm;

h_s——标准工作液中定菌磷的色谱峰高,mm;

c——标准工作液中定菌磷的浓度,μg/mL;

V——样液最终定容体积,mL;

m——最终样液所代表的试样量,g。

注:计算结果需将空白值扣除。

4 测定低限、回收率

4.1 测定低限

本方法测定低限为 0.05 mg/kg。

4.2 回收率

猪肉中定菌磷的添加浓度及其回收率的实验数据:

在 0.05 mg/kg 时,回收率为 95.8%;

在 0.50 mg/kg 时,回收率为 98.4%;

在 2.00 mg/kg 时,回收率为 98.8%。

附 录 A
（提示的附录）
标准品色谱图

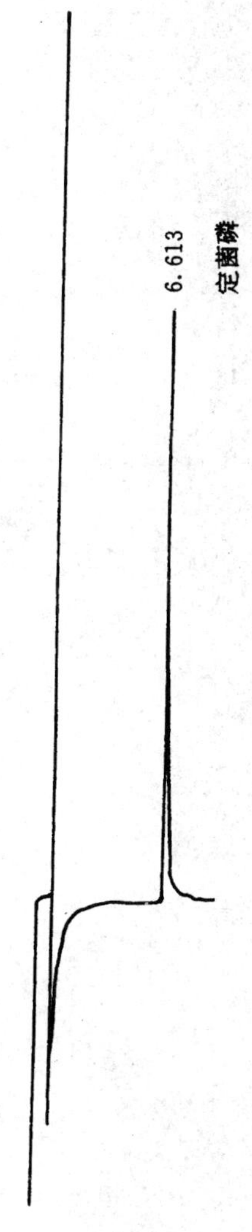

图 A1 定菌磷标准品的色谱图